MBA MPA MPAcc MEM 联考

总第8版

鑫全工作室

逻辑 1000题
一点通 解析分册

2023版

鑫全工作室图书策划委员会 编
主 编 熊师路 赵鑫全
副主编 李一平
参 编 段 凯 师晓童 乔俊皓 王浩宇 崔 琳

北京理工大学出版社
BEIJING INSTITUTE OF TECHNOLOGY PRESS

版权专有　侵权必究

图书在版编目（CIP）数据

逻辑1000题一点通：MBA、MPA、MPAcc、MEM联考/熊师路，赵鑫全主编．--北京：北京理工大学出版社，2022.3（2022.6重印）

（专业学位硕士联考应试精点系列）

ISBN 978-7-5763-1131-0

Ⅰ.①逻… Ⅱ.①熊… ②赵… Ⅲ.①逻辑-研究生-入学考试-题解 Ⅳ.①B81-44

中国版本图书馆CIP数据核字（2022）第039703号

出版发行 / 北京理工大学出版社有限责任公司
社　　址 / 北京市海淀区中关村南大街5号
邮　　编 / 100081
电　　话 / （010）68914775（总编室）
　　　　　（010）82562903（教材售后服务热线）
　　　　　（010）68944723（其他图书服务热线）
网　　址 / http://www.bitpress.com.cn
经　　销 / 全国各地新华书店
印　　刷 / 三河市中晟雅豪印务有限公司
开　　本 / 787毫米×1092毫米　1/16
印　　张 / 38.75　　　　　　　　　　　　　　责任编辑 / 多海鹏
字　　数 / 1154千字　　　　　　　　　　　　　文案编辑 / 多海鹏
版　　次 / 2022年3月第1版　2022年6月第3次印刷　责任校对 / 周瑞红
定　　价 / 92.00元　　　　　　　　　　　　　　责任印制 / 李志强

图书出现印装质量问题，请拨打售后服务热线，本社负责调换

配套服务使用说明

一、官方答疑

答疑小程序

扫描上方二维码或微信下滑
搜索"考研有问必答"小程序

专为考研学子开设的公益答疑频道，每天会有老师在线回复疑问，及时答疑解惑；另设置专属VIP一对一名师答疑，可直接与名师互动；如遇问题请及时咨询技术老师，QQ：342218140。

二、专业备考指导

考生可扫描下方二维码获得专业老师的专业咨询建议和备考指导。

MPAcc 官方微博　　MBA 官方微博　　物流与工业工程官方微博　　396 经济类官方微博

三、视频课程

扫描封面二维码，观看视频课程。

四、图书勘误

扫描下方二维码获取图书勘误。

五、投诉建议

全国统一投诉热线：400-807-7070。如果遇其他学习服务问题，也可以在新浪微博@鑫全讲堂-赵鑫全，或@考研大熊老师进行投诉。

前 言

帮助考生掌握联考科目逻辑的考试特点及命题规律,在强化及冲刺阶段全面提升解题速度和解题技巧,最大限度帮助考生提高逻辑成绩,这是编写本书的最直接的动机和目的。

本书分为两大部分——《专项突破手册》及"26套全真模拟试卷"(试题、解析各一册)。《专项突破手册》总结了考试中必考的12种重难点题型,归纳了应试技巧与方法,并设置了对应的习题,帮助考生在最短的时间内熟练掌握应试所需要的解题思路。"全真模拟试卷"的每套试题均为精心设置,配有参考答案、知识点与考点分析以及精点详细解析,能帮助广大考生快速提升应试能力。

为更好地帮助考生限时刷题,提升实际得分能力,本书严格参考真题的命题趋势和试卷结构编组模拟试题。第1~9套参考2022~2014年管理类联考真题的试卷结构,难度均符合真题的难度,希望考生熟悉真题的命题规律。第10~18套参考2023年考研最新的命题趋势进行编组,其中第10~12套难度低于真题难度,第13~15套难度接近真题,第16~18套难度高于真题,希望考生通过这9套题目稳步提升,训练套题解题能力。第19~26套严格参考2015~2022年管理类联考真题的试卷结构,希望考生能彻底掌握真题的命题规律与命题趋势。

本书有以下三大特色:

一、重难点专项突破,帮助考生突破应试瓶颈。将考试的重难点部分细分为12大专项,总结基本解题方法与解题思路,严格匹配对应的题目,帮助考生进行训练提高。

二、对全部逻辑试题进行全方位解析。区别于其他辅导用书,本书针对解题进行详细说明。每个步骤的重点都有具体的解析。对于题干,用最精炼的语言帮助考生迅速找到核心信息、精准定位推理关系及论证关系。对于选项,用逻辑推理的基本知识点和基本技巧推理分析选项中的正确理由及排除理由,让考生理解选项之间的细微差异,找到选项中的陷阱。

三、为使考生真正达到刷题、提分的效果,及时查漏补缺,本书针对重难点专项突破部分的试题提供视频讲解,考生扫描封面上的二维码即可获取观看方式。与此同时,学习过程中如遇疑问,可采用如下方式与作者交流:

- 方式1:关注作者新浪微博:@考研大熊老师;@鑫全讲堂-赵鑫全,进行提问。
- 方式2:关注作者微信公众号:微信搜索"大熊老师"以及"赵鑫全"进行交流。

希望本书能够帮助广大考生快速突破联考逻辑科目,取得理想成绩,同时也欢迎考生对本书提出宝贵的修改意见和建议,以使本书更加完善。

熊师路

目 录

配套服务使用说明

前言

逻辑模拟试卷（一）答案与解析 …………………………………………… 1

逻辑模拟试卷（二）答案与解析 …………………………………………… 13

逻辑模拟试卷（三）答案与解析 …………………………………………… 26

逻辑模拟试卷（四）答案与解析 …………………………………………… 38

逻辑模拟试卷（五）答案与解析 …………………………………………… 49

逻辑模拟试卷（六）答案与解析 …………………………………………… 61

逻辑模拟试卷（七）答案与解析 …………………………………………… 72

逻辑模拟试卷（八）答案与解析 …………………………………………… 85

逻辑模拟试卷（九）答案与解析 …………………………………………… 98

逻辑模拟试卷（十）答案与解析 …………………………………………… 109

逻辑模拟试卷（十一）答案与解析 ………………………………………… 120

逻辑模拟试卷（十二）答案与解析 ………………………………………… 131

逻辑模拟试卷（十三）答案与解析 ………………………………………… 142

逻辑模拟试卷（十四）答案与解析 ………………………………………… 153

逻辑模拟试卷（十五）答案与解析 ………………………………………… 165

逻辑模拟试卷（十六）答案与解析 ………………………………………… 176

逻辑模拟试卷（十七）答案与解析 ………………………………………… 187

逻辑模拟试卷（十八）答案与解析 ………………………………………… 198

逻辑模拟试卷（十九）答案与解析 ………………………………………… 210

逻辑模拟试卷（二十）答案与解析 …………………………………………… 221

逻辑模拟试卷（二十一）答案与解析 ………………………………………… 232

逻辑模拟试卷（二十二）答案与解析 ………………………………………… 244

逻辑模拟试卷（二十三）答案与解析 ………………………………………… 255

逻辑模拟试卷（二十四）答案与解析 ………………………………………… 267

逻辑模拟试卷（二十五）答案与解析 ………………………………………… 278

逻辑模拟试卷（二十六）答案与解析 ………………………………………… 291

逻辑模拟试卷（一）答案与解析

序号	答案	知识点与考点	序号	答案	知识点与考点
1	B	形式逻辑—假言判断	16	D	分析推理—分组
2	A	论证逻辑—支持	17	A	分析推理—分组
3	C	分析推理—对应	18	E	形式逻辑—假言判断
4	B	论证逻辑—支持	19	C	论证逻辑—削弱
5	D	形式逻辑—假言判断	20	B	分析推理—对应
6	B	论证逻辑—支持	21	D	分析推理—对应
7	B	形式逻辑—假言判断	22	D	论证逻辑—削弱
8	D	论证逻辑—支持	23	E	论证逻辑—削弱
9	E	论证逻辑—削弱	24	C	分析推理—对应+排序
10	B	分析推理—对应	25	C	分析推理—对应+排序
11	D	论证逻辑—推结论	26	A	论证逻辑—解释
12	D	分析推理—对应	27	C	形式逻辑—假言综合推理
13	A	论证逻辑—解释	28	E	论证逻辑—支持
14	A	形式逻辑—假言综合推理	29	D	分析推理—对应
15	B	形式逻辑—假言判断	30	C	分析推理—对应

1. 答案 B

题干信息	①应对发展环境变化（P1）→实施创新驱动发展战略（Q）； ②加快转变经济发展方式（P2）→实施创新驱动发展战略（Q）； ③更好引领我国经济发展新常态（P3）→实施创新驱动发展战略（Q）。 考生注意，"除哪项外都可能为假"选的是一定为真的项。

选项	解释	结果
A	选项 = ¬P3→Q，可能为真。	淘汰
B	选项 = P2→Q，一定为真。	正确
C	选项 = P1∨Q，可能为真。	淘汰
D	选项 = P2∧Q，可能为真。	淘汰
E	选项 = ¬P2∀Q，可能为真。	淘汰

2. 答案 A

题干信息	前提：不论何种职业，都需要就业者有较高的综合素养（特别是日常思维素养）。→结论：大学教育应当把通识教育放在最重要的地位。

(续)

选项	解释	结果
A	选项直接"搭桥"建立关系，考生试想，如果专业教育也可以提高学生的日常思维素养，那么大学教育就把专业教育放在重要地位即可；由于掌握专业知识和技能无助于提高日常思维素养，而就业又需要较高的综合素养，因此大学教育一定要把通识教育放在重要地位。	正确
B	选项与提高综合素养无关，无法支持。	淘汰
C	仅仅只是增加一门考试科目，并不能体现通识教育的地位。倘若这门课仅仅只是选修，那能起到的作用就更加有限。	淘汰
D	选项削弱题干结论，说明大学教育只需重视专业教育即可。	淘汰
E	选项与提高学生的综合素养无关，无法支持。	淘汰

3. 答案 C

	解题步骤
第一步	整理题干信息：①甲坐 C 座∨乙坐 C 座→丙坐 B 座；②戊坐 C 座→丁坐 F 座；③丁坐 B 座（确定信息）。
第二步	将条件③"丁坐 B 座"代入到条件①中可得"甲不坐 C 座∧乙不坐 C 座"，再将条件③"丁坐 B 座"代入到条件②中可得"戊不坐 C 座"；此时题干条件均已用完且正确答案未出，故可结合剩余法进一步分析：坐在 C 座的不是甲、不是乙、不是丁、不是戊，因此坐在 C 座的是丙，答案选 C。

4. 答案 B

题干信息	题干结论：气候变暖（因）→龙卷风爆发次数增加（果）。

选项	解释	结果
A	选项属于"有因无果"的削弱。	淘汰
B	选项构建"有因有果"的支持，直接说明题干论证关系是正确的。	正确
C	选项属于"有因无果"的削弱。	淘汰
D	选项属于"存在他因"的削弱，直接指出是"雷暴天气→龙卷风"。	淘汰
E	选项不涉及"气候变暖"对"龙卷风的影响"，属于无关选项。	淘汰

5. 答案 D

题干信息	①小赵和小刘是好朋友（即：小赵和小刘彼此认识）。 ②小赵单位同处室的同事→收到了小赵短信通知。 ③小刘小区∧小刘认识的人→收到了小刘短信通知。 ④小赵小刘互通电话（确定信息）。 ⑤小刘收到了小赵发送的短信通知（确定信息）。 ⑥小赵没收到小刘发送的短信通知（确定信息）。

逻辑模拟试卷（一）答案与解析

（续）

	解题步骤
第一步	观察题干，本题属于有确定信息的假言判断推理题，将确定信息代入题干推理即可得出答案。
第二步	将确定信息⑥代入到条件③中，可知：小赵没收到小刘发送的短信通知→"小赵不在小刘所居住的小区∨小刘不认识小赵"。再结合条件①，根据相容选言判断否定必肯定的规则可推知：小赵不在小刘所居住的小区。故观察选项可知答案选 D。
提 示	为帮助考生更好理解，其他选项补充说明如下： 题干不涉及是否去过家里，故排除 A；将⑤和②联合，小刘收到小赵的短信通知，属于肯定 Q 位，推不出两个人是否是同事，故排除 B 和 C；由第二步可知，E 选项一定为真，排除。

6. 答案 B

题干信息	食用蘑菇，也就是麦角硫因（因）→降低老年人患轻度认知障碍的风险（果）。	
选项	解释	结果
A	选项与题干无关，题干中"轻度认知障碍"≠选项中"心脏病"。	淘汰
B	选项直接指出麦角硫因的水平低，会导致患轻度认知障碍，直接支持题干的论证关系。	正确
C	题干不涉及"蘑菇的类型"对于轻度认知障碍的影响，而是"蘑菇中的麦角硫因"对轻度认知障碍是否有影响。	淘汰
D	只能从食物中获取麦角硫因与是否能影响轻度认知障碍无关。	淘汰
E	选项指出没食用蘑菇，也没患有轻度认知障碍，也就是不一定需要食用蘑菇来降低患轻度认知障碍的风险，属于无因有果的削弱。	淘汰

7. 答案 B

题干信息	党办：从甲、乙、丙 3 人中选派出一至两人。 人事处：¬甲→¬乙∧¬丙。 业务处：甲→¬乙∧¬丙。
第一步	人事处与业务处两句话构成二难推理，可得知一定有¬乙∧¬丙。
第二步	又因为党办的条件为甲、乙、丙 3 人中选派出一至两人，故选派甲。答案选 B。

8. 答案 D

题干信息	3 种神经递质的浓度失衡（因）导致了抑郁症（果）。	
选项	解释	结果
A	与题干因果关系无关，不能支持。	淘汰

(续)

选项	解释	结果
B	该项因果倒置，是对题干因果关系的削弱。	淘汰
C	抑郁症的高发人群与题干的因果关系无关，不能支持。	淘汰
D	研制药物平衡了3种神经递质浓度（无因），药物对治疗抑郁症起到作用（无果），强有力地支持了题干的因果关系。	正确
E	心理压抑导致的结果，与题干的论证无关，不能支持。	淘汰

9. 答案 E

题干信息	结论：①胶原蛋白不会保持皮肤年轻；②表皮干细胞的更新（因）→保持皮肤年轻（果）。		
选项	解释		结果
A	其他化合物是胶原蛋白吗？不得而知，考生注意与选项 E 的区别，思考同一律原则。		淘汰
B	表皮干细胞的再生能力会衰退，那究竟能不能持续保持皮肤年轻呢？不得而知。		淘汰
C	选项指出"存在他因"，也就是充足的睡眠和乐观的心态导致皮肤年轻化，但没有否定题干的本因，削弱力度较弱。这是近几年削弱题常见的干扰项，考生一定仔细体会。		淘汰
D	胶原蛋白的表达在不同干细胞之间存在很大差异。是什么差异？胶原蛋白对表皮干细胞的更新起到促进还是抑制作用，不得而知，属于无态度选项。		淘汰
E	选项直接指出，胶原蛋白→表皮干细胞的更新→保持皮肤年轻，直接说明最根本的影响因素依然是胶原蛋白，削弱力度最强。		正确
提示	考生注意，当题干给出了"甲：X1→Y"和"乙：X2→Y"，这两个观点时，削弱甲最好的方式便是：X2→X1→Y。与此同时，削弱乙最好的方式便是：X1→X2→Y。		

10. 答案 B

题干信息	①赵去北京∨钱去北京→李去重庆∧周不去重庆。 ②钱去北京∨李去重庆→周去重庆∧赵不去天津。 ③李不去重庆∨周不去重庆→赵去北京。 ④每人只去一个城市，每个城市至少去一个人。
解题步骤	
第一步	题干信息中没有确定信息，故此时优先从"重复"信息最多的"李"入手，结合③和①可得：李不去重庆→赵去北京→李去重庆，矛盾，故可得李一定去重庆。再代入②可得：周去重庆，赵不去天津。此时再将"周去重庆"代入①可得：赵不去北京∧钱不去北京。
第二步	由④可知去这四个城市的人数一定是"1+1+1+2"的组合，结合上一步可得，重庆去了两人（李和周），因此剩下三个城市各去一人。由于赵不去重庆，不去天津，也不去北京，因此赵去上海。由于钱不去北京，钱不去重庆，且钱不去上海，因此钱去天津。根据剩余法可知，孙去北京。观察选项可知，答案选 B。

逻辑模拟试卷（一）答案与解析

(续)

提 示	解题步骤
	此时的对应关系如下表，考生可借助对应关系表更好地解题：

	赵	钱	孙	李	周
北京	×	×	√	×	×
重庆	×	×	×	√	√
天津	×	√	×	×	×
上海	√	×	×	×	×

11. 答案 D

题干信息	①中国武术进不了北京奥运会。②中国武术推广的是武术套路。③中国武术派生出散打项目，但不代表武术比赛的主流。④中国武术有的纯属商业性表演，有的武术选手拍过电影和电视剧，使得外国观众误以为是一种表演的艺术。

选项	解释	结果
A	选项结合①②能推出。	淘汰
B	选项结合①④能推出。	淘汰
C	选项结合①④能推出。	淘汰
D	题干不涉及"武术邀请赛的数量"与能否进入奥运会的关系，故该项推不出。	正确
E	选项结合①③能推出。	淘汰

12. 答案 D

题干信息	①四个留学生甲、乙、丙、丁，分别来自英、法、德、美四个国家，他们入学前的职业也各不相同。 ②德国人是医生。 ③美国人年龄最小且是警察。 ④丙比德国人年纪大。 ⑤乙是法官且与英国人是好朋友。 ⑥丁从未学过医。

	解题步骤
第一步	观察信息，从重复提到次数最多的信息入手，德国人出现了两次。根据②确认德国人是医生，根据④可知德国人不是丙，根据⑤可知德国人不是乙，根据⑥可知德国人不是丁，因此德国人是甲。
第二步	还是从重复信息入手，观察到③④都出现了年龄信息，根据③可知美国人年龄最小且是警察，根据④可知美国人不是丙，根据⑤可知美国人不是乙，上一步已得到信息德国人是甲，因此美国人是丁。
第三步	根据⑤乙和英国人是朋友，因此法国人是乙，英国人是丙。答案选 D。

· 5 ·

13. 答案 A

题干信息	解释的现象：长尾猴面对来自空中和地面的袭击会发出明显不同的警告声音。	
选项	解释	结果
A	选项直接解释，说明不同的声音是为了互相警告同伴采用不同的方式应对不同的敌人的袭击，因此才要发出不同的声音。	正确
B	选项能解释，但较多和较少的差异，并不是本质上的差异，不如 A 选项力度强。	淘汰
C	选项只涉及不同的目光，不涉及为何发出不同的声音，不能解释。	淘汰
D	选项不能解释，如果没有动物能袭击长尾猴，那么长尾猴就没必要发出声音警告。	淘汰
E	选项迷惑性很大，考生注意，题干解释的对象是长尾猴应对不同天敌的手段不同，而不是不同的天敌应对长尾猴的不同。	淘汰

14. 答案 A

题干信息	①北京∨上海； ②天津、北京、成都至多选择两个城市开店； ③上海、成都、广州至少选择两个城市开店； ④上海→不天津。
解题步骤	
第一步	本题属于假言综合推理题，题干没有确定信息，但题干中"上海"出现了3次，故可考虑从关于"上海"的信息出发，结合"两难推理"得出确定信息。
第二步	若不在上海开店，则分别结合条件①和③可知"在北京开店""在成都和广州开店"，再代入到条件②中可得"不在天津开店"，即"不上海→不天津"。 若在上海开店，则结合条件④可知"上海→不天津"。
第三步	根据两难推理的公式"P→Q+¬P→Q"可得"Q"为真，故可知"不在天津开店"，答案选 A。
提 示	考生注意：A 选项＝不成都∨不天津，相容选言判断一肢为真即整体为真。

15. 答案 B

题干信息	①根据"如果 A，那么 B，除非 C"＝A∧¬B→C，将题干信息转化为：能保持健硕迷人的身材∧不能控制高脂肪和高热量食物的摄入量→能坚持一套科学合理的健身计划＝不能保持健硕迷人的身材∨能控制高脂肪和高热量食物的摄入量∨能坚持一套科学合理的健身计划（M∨N∨R）。 ②根据"如果 A，如果 B，那么 C"＝A∧B→C，将题干信息转化为：能控制高脂肪和高热量食物的摄入量∧能保持科学合理的作息规律→能拥有一个令人嫉妒的健康体魄＝不能控制高脂肪和高热量食物的摄入量∨不能保持科学合理的作息规律∨能拥有一个令人嫉妒的健康体魄（¬N∨S∨Q）。

(续)

选项	解释	结果
A	"健康的体魄"和"保持健硕迷人的身材"的关系不确定，推不出。	淘汰
B	选项=¬S∧¬Q→M∨R。由②可得¬S∧¬Q→¬N，再由①可得¬N→M∨R，故选项能推出。	正确
C	选项=¬N∧¬M→¬R，不符合选言判断否定必肯定的原则。	淘汰
D	选项肯定S，什么也推不出。	淘汰
E	选项=¬M∨N∨¬R，不符合信息①，推不出。	淘汰

16. 答案 D

17. 答案 A

题干信息	①从7名企业家中选3名；②甲入选→庚入选；③要么丁入选，要么戊入选；④己入选→丙入选；⑤乙∨丙。		
解题步骤			
16题	观察题干信息，从7名企业家中选3名。根据信息③，丁和戊这两个人中必定要入选一人；根据信息⑤，乙和丙至少入选一人，此时，剩下的甲、己、庚至多能选一个；由信息②可知，若甲入选，庚一定入选，此时入选人数至少为4人，与题干信息相矛盾，因此甲一定不能入选。答案选D。		
17题	第一步	本题给出确定的附加条件"丙没有入选"，故将之代入⑤可得乙一定入选，代入④可得己没有入选。	
	第二步	由上题可知甲没有入选。再结合③可知，丁和戊一定有一个人入选，一个人不入选，由于7个人中选3个人，那么庚一定要入选。因此，乙和庚一定入选。答案选A。	

18. 答案 E

题干信息	①组织管理形态进化（P1）→数字化与透明型组织∨混沌化与智能型组织∨动态化与成长型组织（Q1）； ②数字化与透明型组织（P2）→组织内成员共享同源信息（Q2）； ③混沌化与智能型组织（P3）→做到放权（Q3）； ④动态化与成长型组织（P4）→在管理中抛开完美和不出错的心态，更多关注动态成长、持续调优（Q4）。	
选项	解释	结果
A	选项=¬Q3→¬P1，根据题干信息可知，¬Q3→¬P3，由于¬P3≠Q1，因此无法推出¬P1。	淘汰
B	选项=¬Q2→¬P1，根据题干信息可知，¬Q2→¬P2，由于¬P2≠Q1，因此无法推出¬P1。	淘汰
C	选项否定了条件④中的P位，无法推出确定为真的信息。	淘汰
D	选项=P1→P2∨P3，根据题干信息可知，P1→Q1，但Q1为真无法判断P2∨P3的真假。	淘汰

(续)

选项	解释	结果
E	根据 P→Q=¬P∨Q，信息①=组织管理形态没有进化∨数字化与透明型组织∨混沌化与智能型组织∨动态化与成长型组织，再根据相容选言判断"否定必肯定"的原则，可得：组织管理形态进化∧没有实现混沌化与智能型组织∧没有实现数字化与透明型组织→动态化与成长型组织，再联合④，根据肯定 P 推出肯定 Q 可得：在管理中抛开完美和不出错的心态，更多关注动态成长、持续调优。选项能得出。	正确

19. 答案 C

题干信息	题干观点：风扇在炎炎夏日中能起到降温效果（促进皮肤热量对流和汗液蒸发），对人体有益无害。		

选项	解释	结果
A	并不一致≠益处和害处的对比，很可能人们都认为有益处，只是益处不同而已。	淘汰
B	选项支持了题干观点，说明风扇降温对人体是有益的。	淘汰
C	选项指出了风扇降温会更容易中暑，对人体是有害的，削弱了题干观点。	正确
D	选项仅仅只是指出了风扇在特定情况下降温效果降低，但没有具体指出对人体有害，故削弱力度有限。	淘汰
E	选项指出了风扇降温效果打折扣且使人们的心情更容易烦躁，说明了有缺陷，但也不能等同于对人体有危害，故削弱力度有限。	淘汰

20. 答案 B

21. 答案 D

题干信息	①每人只能挑选一种花灯，每种花灯只能有一人挑选； ②乙选刨花灯→丙不选稻草灯∧己不选芝麻灯； ③丁不选鱼鳞灯∨戊不选刨花灯→己选鱼鳞灯∧丙选稻草灯。		

		解题步骤
20题	第一步	本题属于"假言+对应"的综合推理题，题干条件中没有确定信息，但观察发现②和③中的"丙不选稻草灯"和"丙选稻草灯"为矛盾信息，故可考虑从关于"丙"的信息入手，结合反证法得出确定信息。
	第二步	联合②和③（需逆否）可推得：乙选刨花灯→丙不选稻草灯→丁选鱼鳞灯∧戊选刨花灯。此时乙和戊都选刨花灯，与①矛盾，故乙不选刨花灯，20题答案选 B。
21题	第一步	由附加条件可知"甲、丙、己各自选择芝麻灯、稻草灯和谷壳灯中的一种"，结合①"每人只能挑选一种花灯"可得"己不选鱼鳞灯"。
	第二步	将"己不选鱼鳞灯"代入到③中可知"丁选鱼鳞灯且戊选刨花灯"。由于新得出的确定信息无法继续代入题干进行推理且正确答案未出，故此时可结合剩余法思想：还剩一个人是"乙"，还剩一种花灯是"蛋壳灯"，进而可快速得出"乙选择蛋壳灯"，21题答案选 D。

逻辑模拟试卷（一）答案与解析

22. 答案 D

题干信息	本题为方法可行类题目。目的：解决日益严重的交通拥堵问题。方法：大幅降低市区地面公交线路的票价，吸引乘客优先乘坐公交车。	
选项	解释	结果
A	说明方法无效果，但"一些"力度较弱。考生注意，削弱时论证主体如果只是其中一部分，一般就会降低削弱力度。就像老弱病残孕乘客只是公交乘客中的一部分。	淘汰
B	选项指出单位的公车是造成交通堵塞的重要因素之一，却并没有指出是最主要的因素，选项只是指出题干方法有缺陷，也应该考虑单位公车，但削弱力度不如D选项直接指出方法不可行强。考生请仔细体会。	淘汰
C	选项与题干目的无关，题干目的并没有强调提升乘车的舒适性。	淘汰
D	选项直接指出方法不可行，根本达不到目的。因为这些私家车主不会选择乘坐公交车，也就无法减少交通拥堵。考生注意，做削弱方法可行类问题时，优先指出方法无法达到目的，这是最强的削弱。	正确
E	"交通事故率增加"与题干目的无关，题干目的是为了解决交通拥堵，而不是解决交通事故。	淘汰

23. 答案 E

题干信息	因：压力大→果：导致高水平不孕不育	
选项	解释	结果
A	削弱背景信息，研究者的身份与研究的结果并不能等同，故力度弱。	淘汰
B	选项指出"有因无果"，但"有的"量度弱，因此削弱的力度也弱。	淘汰
C	选项指出"无因有果"，但"有的"量度弱，因此削弱的力度也弱。	淘汰
D	类比削弱，但大鼠和人类在生育能力上是否具有可比性，不得而知，故削弱力度较弱。	淘汰
E	选项属于"因果倒置"的削弱，直接割裂关系，力度最强。	正确

24. 答案 C

25. 答案 C

题干信息	①B第三个上场，B与C上场顺序不相邻； ②哈士奇第四个上场； ③E养贵宾，A不养哈士奇； ④边牧和哈士奇之间隔了1只狗。
解题步骤	
第一步	本题属于"对应+排序"结合的试题，首先可明确对应情况，5位狗主人各自对应一只宠物狗，故属于"一一对应"。

(续)

	解题步骤
第二步	分析题干条件：由①可得 C 或者第一个上场，或者第五个上场；观察条件①和②属于相同话题，故联合可得，哈士奇的主人不是 B，也不是 C；再联合③进一步可知，哈士奇的主人不是 E，也不是 A，故哈士奇的主人是 D。根据④可推知，边牧第二个上场，将已得出的确定信息填入下表： 	上场顺序	1	2	3	4	5	 |---|---|---|---|---|---| | 主人 | | | B | D | | | 宠物狗 | | 边牧 | | 哈士奇 | |
第三步	观察上一步得到的表格，结合条件③可知，E 只能第一个上场，或者第五个上场；联合①可得，"C 和 E 分别选择第一个或第五个中的一个上场"，故 A 第二个上场，24 题答案选 C。
第四步	根据条件③可知，E 养贵宾，联合上题得到的信息"C 和 E 分别选择第一个或第五个中的一个上场"，再结合 25 题附加条件"金毛第五个上场"可得，E 第一个上场，C 第五个上场。进一步可知，贵宾第一个上场，柴犬第三个上场，补全表格信息如下： 	上场顺序	1	2	3	4	5	 |---|---|---|---|---|---| | 主人 | E | A | B | D | C | | 宠物狗 | 贵宾 | 边牧 | 柴犬 | 哈士奇 | 金毛 | 故 25 题答案选 C。

26. 答案 A

题干信息	这是一道解释差异的题目。比较对象：海鹦和北极燕鸥。同：都以鳗鱼为食。差：数量下降比例不同。		
选项	解释		结果
A	选项直接指出是由于转换食物的差异导致海鹦和北极燕鸥存活率的差异，能解释。		正确
B	选项不能解释，如果条件相似，那么在该岛上这两种海鸟的数量是稳定的。		淘汰
C	解释鳗鱼的数量下降，并没有解释题干比较对象的差异。		淘汰
D	选项指出比较对象的"同"，"同"不能用来解释"差异"。		淘汰
E	无关选项。		淘汰

27. 答案 C

| 题干信息 | ①荀攸∨贾诩；
 ②不荀攸∨不程昱；
 ③荀攸、刘晔、蒋济去 2 人；
 ④贾诩=郭嘉；
 ⑤郭嘉∨程昱；
 ⑥不程昱→不刘晔。 |

· 10 ·

逻辑模拟试卷（一）答案与解析

（续）

	解题步骤
第一步	本题属于假言综合推理题，题干没有确定信息，但题干中"荀攸"出现了3次，故可考虑从关于"荀攸"的信息出发，结合"两难推理"得出确定信息。
第二步	假设挑选荀攸，则联合②④⑤可得，荀攸$\xrightarrow{②}$不程昱$\xrightarrow{⑤}$郭嘉$\xrightarrow{④}$贾诩（此时没有任何矛盾，称为：可能真）； 假设不挑选荀攸，则根据①可知，不荀攸$\xrightarrow{①}$贾诩（此时没有任何矛盾，称为：可能真）。 根据两难推理的公式"P→Q+¬P→Q"可得"Q"为真，故可知挑选贾诩。
第三步	根据上步得出的确定信息"挑选贾诩"，并联合③④⑤⑥可得，贾诩$\xrightarrow{④}$郭嘉$\xrightarrow{⑤}$不程昱$\xrightarrow{⑥}$不刘晔$\xrightarrow{③}$荀攸∧蒋济。 整理上述信息，挑选贾诩、郭嘉、荀攸和蒋济，不挑选程昱和刘晔，故答案选C。

28. 答案 E

题干信息	题干观点：气温升高将加剧野生动物传染病的暴发。	
选项	解释	结果
A	气候变化≠气温变化，再者，始终面临着患传染病的风险，也无法说明是否会"加剧"。故选项支持力度较弱。	淘汰
B	选项指出气温低也会导致传染病暴发的风险升高，削弱题干观点。	淘汰
C	选项迷惑性较大，题干强调的是"发病的几率"，而选项强调的是"发病后传播的速度快"。考生一定注意，"转移话题"的干扰项是近几年命题的热点。	淘汰
D	题干强调的是"传染病"，而不是"病毒"，考生注意论证时核心概念要一致。	淘汰
E	选项直接构建关系，即"气温越高，野生动物患传染病风险越高"，是最好的支持。	正确

29. 答案 D

30. 答案 C

题干信息	①方中不去中岳→方中不去西岳∧方中不去北岳； ②泽西去南岳→方中不去东岳； ③不去东岳∨不去中岳； ④泽西不去东岳→泽西不去北岳； ⑤文东去西岳→北凯去西岳； ⑥文东不去南岳→北凯不去南岳； ⑦北凯去南岳→殿南去南岳； ⑧除小嵩以外，每人所去的山的名称中的方位与自己名字中的方位均不相同； ⑨六个人分别至少去了五岳中的两座，每座山只有三个人去。

· 11 ·

(续)

	解题步骤
第一步	根据题干信息⑧可知，殿南一定不去南岳、方中一定不去中岳，代入题干条件①⑦可得：方中不去西岳、方中不去北岳、北凯不去南岳。由于每人至少去两座山，因此方中一定去东岳和南岳。由方中去东岳联合条件②可得：泽西不去南岳，此时不去南岳的有泽西、殿南和北凯，根据条件⑨可得：文东和小嵩一定去南岳。 此时六人的情况如下表：（每行3个√，每列至少2个√） |	文东	泽西	殿南	北凯	方中	小嵩
---	---	---	---	---	---	---
东岳	×				√	
西岳		×			×	
南岳	√	×	×	×	√	√
北岳				×	×	
中岳					×		 故29题答案为D选项。
第二步	30题给出附加条件"北凯去了东岳"，联合条件③可得：北凯不去中岳，由于每人至少去了两座山，北凯不去南岳、北岳、中岳，北凯一定去东岳和西岳。
第三步	由29题可知，泽西不去西岳和南岳，结合条件④，若泽西不去东岳，那么也一定不去北岳，此时便只能去一座山，与条件⑨矛盾，因此泽西一定去东岳。再联合条件③可得：泽西一定不去中岳，进而可得泽西一定去北岳。
第四步	由此根据每行3个√，每列至少2个√，以及附加条件"小嵩只去了其中两座山"，补齐表格如下： |	文东	泽西	殿南	北凯	方中	小嵩
---	---	---	---	---	---	---
东岳	×	√	×	√	√	×
西岳	√	×	√	√	×	×
南岳	√	×	×	×	√	√
北岳	√	√	√	×	×	×
中岳	√	×	√	×	×	√	 故30题答案为C选项。

逻辑模拟试卷（二）答案与解析

序号	答案	知识点与考点	序号	答案	知识点与考点
1	B	论证逻辑—支持	16	D	分析推理—对应+分组
2	E	形式逻辑—假言判断	17	C	论证逻辑—支持
3	D	论证逻辑—支持	18	E	分析推理—分组
4	D	分析推理—真话假话	19	B	论证逻辑—假设
5	E	论证逻辑—解释	20	D	分析推理—对应
6	D	分析推理—分组	21	E	论证逻辑—支持
7	C	论证逻辑—削弱	22	A	分析推理—分组
8	B	形式逻辑—假言判断	23	D	分析推理—分组
9	B	形式逻辑—假言判断	24	C	论证逻辑—削弱
10	C	分析推理—真话假话	25	C	论证逻辑—支持
11	C	分析推理—对应	26	B	形式逻辑—假言判断
12	C	分析推理—分组+对应	27	C	形式逻辑—信息比照
13	B	论证逻辑—假设	28	E	论证逻辑—支持
14	D	论证逻辑—支持	29	A	分析推理—对应
15	B	分析推理—对应+分组	30	C	分析推理—对应

1. 答案 B

	解题步骤
第一步	根据因此找到题干的前提和结论： 前提：金和铜具有可锻性。 结论：不允许制造工具和武器。
第二步	本题可以根据论证逻辑做题的方式，采用"搭桥"思路，也可以根据假言三段论的思想来做，本题稍有变形。
第三步	前提：肯定 P 补充：只要 P，就 Q / 如果 P，那么 Q 结论：肯定 Q（肯定和否定是相对的）
结果	因此可以补充：只要具有可锻性，就不允许制造工具和武器。答案选 B。

2. 答案 E

题干信息	①演讲比赛获奖∧六年级（P1）→平板电脑（Q1/P2）→班干部（Q2）。 ②数学竞赛获奖∧五年级（P3）→一等奖学金（Q3）。 ③马丽是六年级班干部。 ④李明不是班干部。
解题步骤	
第一步	条件③肯定了①的 Q2 位，因此关于马丽什么也推不出，因此排除 A 和 B。
第二步	条件④否定了①的 Q2 位，可得李明"或者演讲比赛没有获奖∨不是六年级的学生"，根据相容选言判断，否定必肯定的原则，答案选 E。

3. 答案 D

题干信息	尹研究员：①种群个体数量减少（P1）∧种群的出生率、死亡率或性别比发生偶然变动（P2）→直接导致种群的灭绝（Q）；②尼安德特人当时已经"濒危"（P1）→尼安德特人灭绝（Q）。

选项	解释	结果
A	选项采取他因削弱的方式，提出了新的论据，是因为没有父母照顾后代才导致尼安德特人灭绝，削弱了尹研究员的观点，因此，应排除。	淘汰
B	选项构建"非洲某部落"进行类比，指出导致部落灭绝的不是人口"濒危"，而是幼儿患麻疹导致死亡，削弱题干论证关系。	淘汰
C	选项强调的是"蛋白质与存活的关系"，无法支持题干强调的"种群个体数量减少、出生率或性别比与种群灭绝的关系"，与题干论证无关。	淘汰
D	尹研究员的前提为 P1∧P2→Q，结论为 P1→Q，要想保证尹研究员的结论成立，就必须保证 P2 成立，即种群的出生率、死亡率或性别比发生偶然变动，选项说明了种群的出生率太低，最能支持尹研究员的观点。	**正确**
E	选项采取他因削弱的方式，提出了新的论据，是因为近亲繁殖导致尼安德特人灭绝，削弱了尹研究员的观点，因此，应排除。	淘汰

4. 答案 D

题干信息	① 甲不是罪犯∧乙是罪犯；② 乙是罪犯→甲是罪犯 = 乙不是罪犯∨甲是罪犯； ③ 乙是罪犯→丙不是罪犯 = 乙不是罪犯∨丙不是罪犯；④ 丁不是罪犯。
解题步骤	
第一步	判断真假。考生注意，①和②恰好属于矛盾关系，必有一真一假，由于四句话只有一句为真，因此③和④一定为假。
第二步	③假可得，乙是罪犯且丙是罪犯为真；④假可得，丁是罪犯为真。如果甲是罪犯，则①假②真；如果甲不是罪犯，则①真②假。因此答案选 D。

逻辑模拟试卷（二）答案与解析

5. 答案 E

题干信息	服务性企业数量的迅速增加，以及美国劳动力中被这种公司雇佣的劳动力的比例升高导致不到一半的工作遵守标准的 40 小时/周的工作时间。		
选项	解释		结果
A	选项不能解释，选项不涉及服务行业对于早九晚五工作的影响。		淘汰
B	选项不能解释，白天看护小孩，工作时间在早九晚五的时间范围里，那应该会增加早九晚五工作时间的人数。		淘汰
C	选项不能解释，考生注意，兼职与全职工作强调的是工作性质，而非工作的时间段。		淘汰
D	选项不能解释，制造业和非服务性行业的工作时间段与服务型企业无关。		淘汰
E	选项直接说明，服务性企业必须在早九晚五之外提供服务，那么雇佣的劳动力也只能在非早九晚五的时间段工作，题干强调服务型企业雇佣的劳动力比例增加，那么就导致非早九晚五的工作增加，能解释。		正确

6. 答案 D

题干信息	① 小赵在自立组∨小钱在自立组。 ② 小赵、小周、小吴，3 选 2 在自立组。 ③ 小钱和小孙，要么两人都在自立组，要么两人都在自强组。(小钱和小孙同组)。 ④ 小赵、小李不同组。 ⑤ 小孙、小李不同组。 ⑥ 小李不在自立组→小周不在自立组。
解题步骤	
第一步	观察发现，题干没有确定信息，故可优先考虑从重复 3 次的条件"小李"出发，此时结合④和⑤，由于小李和小赵不同组，小李和小孙也不同组，在分两组的前提下，只能是小赵和小孙同组。再结合③可知，小赵、小钱、小孙三个人同组。
第二步	从重复的"小赵"和"小钱"出发，结合①可知，小赵、小钱、小孙三个人都在自立组。再结合④可知，小李在自强组。
第三步	由上一步可知，小李在自强组，即不在自立组代入⑥可得：小周不在自立组，小周在自强组。再结合②，由于小周在自强组，那么剩下的小吴只能在自立组。
结 果	此时分组情况如下：自立组有小赵、小钱、小孙、小吴；自强组有小李、小周。观察选项可知答案选 D。

7. 答案 C

题干信息	前提：多种鱼类死亡，但蟹有适应污染水质的生存能力 结论：上述沿岸的捕蟹业和蟹类加工业将不会像渔业同行那样受到严重影响

· 15 ·

(续)

	解题步骤
第一步	分析题干论证。题干前提是鱼类和蟹类生存能力的差异，得出结论是蟹业和渔业受影响的差异，显然隐含的假设是污染水质对于鱼类的数量的影响和蟹类的数量的影响是一致的。
第二步	削弱时，质疑题干隐含的假设力度最强。C选项直接指出污染水质对于蟹类的影响和鱼类影响是一致的，蟹类失去了食物，数量也会下降，是最强的削弱。

8. 答案 B

题干信息	①只能三个人得到会员资格，三个人得不到会员资格。 ②甲得到会员资格→乙得不到会员资格。 ③乙得不到会员资格→丁得到会员资格的概率是50%；乙得到会员资格→丙得到会员资格∧丁得不到会员资格。 ④甲得不到会员资格∨戊得不到会员资格。 ⑤丙得到会员资格→戊得到会员资格∧庚得到会员资格。

	解题步骤
第一步	明确题干的分组情况，只能三个人得到会员资格，三个人得不到会员资格。由于题干中没有确定信息，故可优先考虑从重复信息最多的条件入手进行解题，由于关于"乙"的信息重复了3次，故优先从关于"乙"的信息入手。考生注意，题干问不可能得到会员资格的人，故此时可考虑用反证法，这是近几年重点的命题思路。
第二步	若乙得到会员资格，联合③⑤可得，乙得到会员资格 —③→ 丙得到会员资格∧丁得不到会员资格 —⑤→ 戊得到会员资格∧庚得到会员资格。 观察发现，此时乙、丙、戊和庚均得到会员资格，与①矛盾，故假设错误，乙没有得到会员资格，答案选B。

9. 答案 B

	解题步骤
第一步	整理题干信息： ① 甲是肇事者∧乙是肇事者→¬丙是肇事者； ② ¬乙是肇事者→¬丁是肇事者； ③ 甲是肇事者∧丙是肇事者。
第二步	根据③可知"丙是肇事者"，结合①可得"¬甲是肇事者∨¬乙是肇事者"，由于已知"甲是肇事者"，所以可知"乙不是肇事者"，因此根据条件②可知丁也不是肇事者。综上可知，甲和丙是肇事者，乙和丁不是肇事者。
第三步	B选项"并非或者乙是肇事者或者丁是肇事者" = "乙不是肇事者∧丁不是肇事者"，因此，B为正确答案。

逻辑模拟试卷（二）答案与解析

10. 答案 C

题干信息	① 该宿舍有的女生被录取了； ② 该宿舍有的女生没有被录取； ③ 并非该宿舍有的女生没有被录取； ④ 该宿舍的王玲以优异的成绩被录取了； ⑤ 以上陈述中有两个是假的。

解题步骤	
第一步	判断真假。②和③为矛盾关系，一真一假，所以①和④一真一假。
第二步	①和④为包含关系，若④为真则①为真，所以④为假，①为真。
第三步	④为假可知王玲没有以优异成绩被录取则可能没录取也可能低分录取，①为真可知该宿舍有的女生被录取了。
第四步	"该女生宿舍所有人都没有被录取"一定为假，答案为 C。（注意，题干要求选择一定为假的一项）

11. 答案 C

解题步骤	
第一步	确定需要对应的维度和组度。2维5组，甲、乙、丙、丁、戊分别对应5把伞。
第二步	画出相应的表格并将题干中的信息填入表格中，如下： |	甲	乙	丙	丁	戊
---	---	---	---	---	---
甲的伞	×		×		×
乙的伞	×	×	×		
丙的伞		×	×	×	
丁的伞	×	×	√	×	×
戊的伞			×	×	×	
第三步	因为每行每列都空余两个不能确定，因此从假设入手，甲只可能拿了丙或者戊的伞。假设甲拿走了丙的伞，将表格补充完整得到： |	甲	乙	丙	丁	戊
---	---	---	---	---	---
甲的伞	×	×	×	√	×
乙的伞	×	×	×	×	√
丙的伞	√	×	×	×	×
丁的伞	×	×	√	×	×
戊的伞	×	√	×	×	×	 观察表格中的情况，得出：甲拿走了丙的伞，乙拿走了戊的伞，丙拿走了丁的伞，丁拿走了甲的伞，戊拿走了乙的伞。此时乙和戊互相拿错了伞，与题干中没有两个人相互拿错了雨伞矛盾，因此甲拿走了戊的伞。

(续)

	解题步骤				
第四步	将甲拿走了戊的伞列入表格中得到：				

	甲	乙	丙	丁	戊
甲的伞	×	√	×	×	×
乙的伞	×	×	×	√	×
丙的伞	×	×	×	×	√
丁的伞	×	×	√	×	×
戊的伞	√	×	×	×	×

答案选 C。

12. 答案 C

题干信息	①甲只能选择一门课程。 ②丙选择管理学→丁选择社会学∧丁选择经济学。 ③乙不选择心理学∧乙不选择美学。 ④每门课程只有一个人选择。 ⑤每个人都要选择课程，但最多只能选择2门课程。 ⑥丙选择了管理学（确定信息）。

	解题步骤
第一步	观察题干，本题属于有确定信息的假言判断推理题，优先考虑将确定信息代入推理。将确定信息⑥代入条件②可得：丁会选择社会学∧丁选择经济学。
第二步	结合③④可知，由于乙不选择心理学∧乙不选择美学，那么乙只能选择创业基础。由上一步可知：丁已经选了2门，不能再选心理学和美学；丙选了1门管理学。再结合④①可知丙在心理学和美学只能选1门，采用"剩余法思想"可知，剩下的甲一定要选择心理学和美学中其中的一门。
第三步	观察选项可知，答案选 C。

13. 答案 B

	解题步骤
第一步	整理题干论证。前提：赢得大众认可和喜爱的影视作品，无不是从普通百姓故事中提炼真情实感。→结论：综艺节目要想取得进步，要更加关注大众人群的兴趣点。
第二步	分析题干论证。前提和结论是两个不同事物进行类比，此时需要"搭桥"建立关系，保证二者具有可比性。
第三步	分析选项。观察选项可知，B 选项符合题干隐含的假设。如果受众不同，那么关注点就未必会相同。

逻辑模拟试卷（二）答案与解析

14. 答案 D

题干信息	①被观察的有强迫症倾向的患者，都不能克制自己的言行。 ②强迫症患者，想说什么就说，想做什么就做。	
选项	解释	结果
A	选项迷惑性较大，考生注意，题干论证的对象是"被观察的有强迫症倾向的患者"，而不是"具有强迫症倾向的患者"。	淘汰
B	选项不能支持，考生注意，题干不涉及"没有强迫症倾向的人"，故无法判断。	淘汰
C	选项与题干信息②相冲突。	淘汰
D	选项符合信息①，一定为真。	正确
E	选项无法判断真假，题干只是在描述客观事实，而不涉及主观态度"强迫症倾向的患者应该如何调整"。	淘汰

15. 答案 B

16. 答案 D

题干信息	共有李娜、叶楠和赵芳三位女性： ①学识渊博2位，善良2位，温柔2位，有钱2位。 ②每位女性的特点不能超过三个（332组合）。 ③李娜：学识渊博→有钱。 ④叶楠和赵芳：善良→温柔。 ⑤李娜和赵芳：有钱→温柔。
解题步骤	
第一步	先从出现次数多的"李娜"和"赵芳"入手。 对于李娜：学识渊博→有钱→温柔，若李娜不温柔，那么可以得出她没钱并且学识不渊博，那么李娜就只能是善良一个特点了，与题干②矛盾，因此李娜一定温柔。 对于赵芳：结合条件④⑤，若赵芳不温柔，则她既不善良，也没钱，那么她只有学识渊博一个特点了，与题干②矛盾，因此可得：赵芳一定温柔。
第二步	根据题干已知信息填表格（注：每个特点都是两个人，3人的特点数应是"3、3、2"组合） 		学识渊博	善良	温柔	有钱
---	---	---	---	---
李娜			√	
叶楠			×	
赵芳			√	| 结合条件④，根据叶楠不温柔，得出她不善良。 |	学识渊博	善良	温柔	有钱
---	---	---	---	---
李娜		√		
叶楠	√	×	×	√
赵芳		√	√		 （根据①，"善良"的人有两位）

·19·

(续)

	解题步骤
第三步	结合上图，根据条件③可知，若李娜学识渊博，那么李娜将会有四个特点，与题干论证矛盾，因此李娜不具有学识渊博这个特点，由于已得出叶楠有两个特点，所以李娜和赵芳都有三个特点。画表格如下：

	学识渊博	善良	温柔	有钱
李娜	×	√	√	√
叶楠	√	×	×	√
赵芳	√	√	√	×

（因为每个特点都恰有两个名额，因此倒推出赵芳没钱，并且赵芳学识渊博）

第四步	综上可知，15题答案为B，16题答案为D。

17. 答案 C

题干信息	题干论证关系为，方法：在该区域放生一些没有寄生细菌的老鼠，跳蚤在幼虫时期寄生在带有病菌的灰鼠身上的几率就会降低。→目的：降低了人们被跳蚤叮咬以后感染钩端螺旋体疾病的几率。

选项	解释	结果
A	选项强调的是"跳蚤本身的健康"，与题干强调的"人们的健康"不同，很难支持。	淘汰
B	题干强调的是"跳蚤对人们感染钩端螺旋体疾病几率的影响"，而选项却强调的是"灰鼠对人们感染钩端螺旋体疾病几率的影响"，显然论证关系不一致，不能支持。	淘汰
C	选项直接说明"幼虫时期是否接触患病的灰鼠"对于跳蚤传染疾病具有决定性的影响，那么只要解决了这个传染途径，就能很好地降低人们被跳蚤叮咬以后感染钩端螺旋体疾病的几率。	正确
D	是否存在其他方式导致人们被钩端螺旋体病感染，与"跳蚤对人们感染钩端螺旋体疾病几率的影响"无关。	淘汰
E	题干不涉及人们与小动物"被跳蚤叮咬以后感染钩端螺旋体疾病的几率"的比较，无法支持。	淘汰

18. 答案 E

题干信息	①不丙→丁 ②不甲∧丙→戊 ③不戊∨不己 ④己（确定信息）

逻辑模拟试卷（二）答案与解析

(续)

	解题步骤
第一步	观察题目，本题属于有确定信息的分组题，可以将确定信息代入题干信息解题。
第二步	将条件④代入条件③可得：不戊，代入条件②可得：⑤甲∨不丙=丙→甲。
第三步	将选项代入题干信息，A选项与条件①矛盾，B选项与条件⑤矛盾，C选项与条件④矛盾，D选项与条件⑤矛盾，E选项不与题干信息矛盾，因此E选项为正确答案。

19. 答案 B

题干信息	精神分裂症（果）是由大脑的物质结构受损（因）而引起的。	
选项	解释	结果
A	选项削弱题干论证，指出是大脑本身大小的差异，而与物质受损的原因无关。	淘汰
B	保证因果不倒置，即精神分裂症不会导致大脑的物质结构受损，必须假设。	正确
C	题干论证对象是"同卵双生子中患精神分裂症的和没患精神分裂症者"之间的比较，选项不涉及是否患精神分裂症。	淘汰
D	题干论证对象是"同卵双生子中患精神分裂症的和没患精神分裂症者"之间的比较，而不是选项强调的患有精神分裂症之间的比较。	淘汰
E	无关选项。	淘汰

20. 答案 D

	解题步骤
第一步	本题要求表中每行每列以及对角线上的汉字不能重复也不能遗漏，类似于"数独问题"，由于选项"确定"且求符合题干要求的选项，因此优先采用代入选项排除法。
第二步	根据题目中每行每列的汉字均不能重复，也不能遗漏，因此第1列第4行不能填"数"，第1列第5行不能填"书"，第1列第6行不能填"射"，由此可排除选项A、B、C。还剩D和E两个选项无法确定。
第三步	此时需要进一步寻找确定信息，观察第3列第4行可填入的汉字为"礼"，由此可排除E选项，答案选D。

21. 答案 E

	解题步骤
第一步	整理题干论证。前提：人均电视机数量最多的村子感染靠蚊子传染的疾病的发病率最低。→结论：人们在室内停留时间更多降低了被蚊虫叮咬的几率。
第二步	分析题干论证。题干论证要想成立，显然需要"搭桥"建立关系。也就是看电视要与在室内停留的时间有关，故答案选E。其他选项均不涉及论证的关系。

22. 答案 A

题干信息	①如果第一年做领队，第二年不能参与素质拓展。 ②在第二年做领队的人在第一年必须参与过素质拓展。 ③钱和甲不能一起参与素质拓展。 ④孙和乙不能一起参与素质拓展。 ⑤每一年，李和甲中有且只有一位参与素质拓展。 ⑥医师：赵、钱、孙 和李，选两人。抓药师傅：甲、乙和丙，选两人。
第一步	孙如果在第一年做了领队，联合信息①可知，第二年孙不参与素质拓展。 第一年的素质拓展队员有：孙、赵、甲、丙（联合信息③④⑤⑥）。
第二步	因为信息②，所以第二年的领队一定在赵、甲、丙之间产生。选项 A 正确。

23. 答案 D

题干信息	①如果第一年做领队，第二年不能参与素质拓展。 ②在第二年做领队的人在第一年必须参与过素质拓展。 ③钱和甲不能一起参与素质拓展。 ④孙和乙不能一起参与素质拓展。 ⑤每一年，李和甲中有且只有一位参与素质拓展。 ⑥医师：赵、钱、孙 和李，选两人。抓药师傅：甲、乙和丙，选两人。
第一步	题干有重复的信息"甲"，由于题干没有确定的信息，可优先考虑从"甲"出发，用两难的思路解题。
第二步	若"甲"参与素质拓展，则钱和李都不能去，此时去的医师是赵和孙，再结合④可知，乙不能去，此时去的抓药师傅只能是甲和丙。 若"甲"不参与素质拓展，则去的抓药师傅只能是乙和丙。 由上述假设可知，无论如何，丙一定要去，故答案选 D。

24. 答案 C

题干信息	根据题干中专家的建议可确定本题为方法可行类题目。整理题干目的和方法： 目的：获得对人体健康有益的特殊维生素。方法：不应该削皮。

选项	解释	结果
A	选项属于方法有恶果，不能清洗掉杀虫剂残余物，就可能在获得对健康有益的维生素的同时，也获得了不益于健康的物质。但削弱力度不如 C。	淘汰
B	不能被人体充分消化吸收，那么可能无法达到对人体健康有益的目的，但削弱力度不如 C。	淘汰
C	选项直接说明方法不可行，危害大于收益，说明得不偿失。A 选项虽然说明有恶果，却没有直接进行收益和恶果的比较，因此不如 C 力度强。	正确
D	与专家建议无关，不能削弱。	淘汰
E	可以用人工物质合成，只能说明这种维生素的来源不唯一，但是至于直接食用皮果皮是否对人体有益则无法判断，选项不能削弱。	淘汰

逻辑模拟试卷（二）答案与解析

25. 答案 C

题干信息	研究人员认为在高二氧化碳环境中孵化的鱼，生存的能力将会减弱。	
选项	解释	结果
A	支持论证，说明二氧化碳软化海洋生物的外壳和骨骼，减弱鱼的生存能力。	淘汰
B	支持论证，选项指出二氧化碳含量高导致氧气含量低进而影响海洋生物的生存能力。	淘汰
C	削弱论证，选项说明二氧化碳有利于海洋生物生存。	正确
D	支持论证，选项通过小丑鱼的特例说明二氧化碳会危害海洋生物的生存能力。	淘汰
E	支持论证，选项通过求异法说明二氧化碳会影响鱼的生存能力。	淘汰

26. 答案 B

题干信息	① 2022 年实行延期退休制度，延期退休的员工：具有丰富经验的"先进员工"∨有当地户口的低收入员工。 ② 有当地户口的低收入员工（P）→居住在旧城区(Q)。 ③ "先进员工"（P）→居住在新城区(Q)。	
选项	解释	结果
A	选项指出具有丰富经验的"先进员工"和低收入可能同时存在，但由于 P∨Q 为真时，P∧Q 可能为真，故选项不一定真。	淘汰
B	选项的推理过程为：外地户口的低收入员工→不是有当地户口的低收入员工→具有丰富经验的"先进员工"→"先进员工"→居住在新城区。考生注意理解概念间的关系，外地户口和当地户口是矛盾关系，故外地户口的员工一定不是当地户口的员工；有丰富经验的"先进员工"和先进员工是包含关系，是有丰富经验的"先进员工"一定可得出是"先进员工"。	正确
C	居住在旧城区代入②，肯定 Q 什么也推不出。	淘汰
D	选项不涉及"收入高低"，什么也推不出。	淘汰
E	选项不涉及"先进员工"，什么也推不出。	淘汰

27. 答案 C

选项	解释	结果
A	丙选手的助跑流畅，其空中动作被评为简单，但入水动作被评为中等，不符合选项判断。	淘汰
B	甲选手的助跑连贯，其起跳、空中和入水动作都被评为难，不符合选项判断。	淘汰
C	丙选手起跳和空中动作被评为简单，其助跑被评为流畅；戊选手起跳和空中动作被评为简单，其助跑被评为流畅，符合题干断定。	正确

· 23 ·

(续)

选项	解释	结果
D	丁选手起跳、空中和入水动作都没有被评为难，但其助跑被评为连贯，不符合选项判断。	淘汰
E	乙选手起跳、空中动作都没有被评为难，但其助跑被评为平稳，不符合选项判断。	淘汰

28. 答案 E

题干信息	根据"由于""导致"可确定本题属于因果关系型题目。 因：紫外线辐射上升。→果：青蛙数量下降。		
选项	解释		结果
A	选项属于无因有果，削弱。		淘汰
B	选项指出作为青蛙猎物的昆虫数量下降导致青蛙数量下降，存在他因，削弱。		淘汰
C	选项指出是杀虫剂的浓度高导致青蛙数量下降，属于存在他因的削弱。		淘汰
D	选项指出有壳没受到紫外线辐射的乌龟数量也下降，就说明数量下降与紫外线无关，削弱。		淘汰
E	选项直接构成求异法支持，即有辐射和没辐射的差异导致青蛙数量的差异，最能支持。		正确

29. 答案 A

题干信息	①5部电影中，每家影院只放映3部电影（每个电影院放映3部电影，有2部电影不放映）。 ②放映《纸飞机》→不能放映《山河》。 ③丁影院放映《山河》∨《岁月》→甲影院放映《山河》∧《岁月》。 ④丁影院放映《极寒之城》→戊影院放映《岁月》∧《极寒之城》∧《呼吸之野》。 ⑤《纸飞机》∨《山河》∨《岁月》至少有2部电影在甲影院放映→乙影院放映《纸飞机》∧《山河》∧《岁月》。
解题步骤	
第一步	由于问题中没有给出"确定的附加信息"，故可从重复出现的信息《纸飞机》和《山河》入手，此时结合条件②和⑤进行推理。由②可知，放映《纸飞机》的影院不能放映《山河》，即《纸飞机》和《山河》不能同时在乙影院放映，代入条件⑤可得：⑥《纸飞机》、《山河》、《岁月》三部电影至多有一部在甲影院放映。
第二步	此时将⑥结合③进行推理，由于《纸飞机》《山河》《岁月》三部电影至多有一部在甲影院放映，即《山河》∧《岁月》不能都在甲影院放映，结合③可得：⑦丁影院不放映《山河》∧丁影院不放映《岁月》。再联合条件①可知，丁影院放映《纸飞机》《极寒之城》和《呼吸之野》。将其代入到条件④中进行推理，可知戊影院放映《岁月》∧《极寒之城》∧《呼吸之野》，结合条件①可知，戊影院此时放映了3部电影，因此戊影院不放映《纸飞机》∧戊影院不放映《山河》。观察选项可知答案选 A。

· 24 ·

30. 答案 **C**

	解题步骤
第一步	本题给出了额外的附加条件"没有电影可以在所有影院都放映",故此时可结合对应关系和剩余思想进行解题。
第二步	联合上一题的条件①和条件⑥可知,由于每家影院需要放映3部电影,因此甲影院一定会放映《极寒之城》和《呼吸之野》,再结合上一题的推理结果可列表如下: |	《纸飞机》	《山河》	《岁月》	《极寒之城》	《呼吸之野》
---	---	---	---	---	---
甲影院				√	√
乙影院					
丙影院					
丁影院	√	×	×	√	√
戊影院	×	×	√	√	√	 (每行对应3√)
第三步	分析上述表格可知,乙和丙两家影院均放映3部电影,故乙和丙的对应关系应该是6个√和4个×;根据条件②,由于放映《纸飞机》的影院不放映《山河》,故针对乙影院和丙影院这两行,《纸飞机》和《山河》的放映情况有两种可能: (1)《纸飞机》和《山河》都不放映(此时4个×); (2)两部电影一个放映一个不放映,即至少有2个×。 由于没有电影可以在所有影院都放映,故针对乙影院和丙影院这两行,《极寒之城》和《呼吸之野》的放映情况有三种可能: (1)两部电影分别在两个影院中放映(2个×); (2)两部电影在其中一个电影院都不放映(2~3个×); (3)两个电影院均不放映上述两部电影(4个×),即至少有2×。 此时利用剩余思想,已经确定了4个×的位置,那么剩余的都是√,即乙影院和丙影院都放映《岁月》。此时的对应关系如下表: |	《纸飞机》	《山河》	《岁月》	《极寒之城》	《呼吸之野》
---	---	---	---	---	---
甲影院				√	√
乙影院	至少2×		√	至少2×	
丙影院			√		
丁影院	√	×	×	√	√
戊影院	×	×	√	√	√	 故答案选C。

逻辑模拟试卷（三）答案与解析

序号	答案	知识点与考点	序号	答案	知识点与考点
1	D	形式逻辑—假言判断	16	D	形式逻辑—信息比照
2	C	论证逻辑—削弱	17	C	形式逻辑—假言判断
3	C	论证逻辑—假设	18	A	论证逻辑—假设
4	E	分析推理—对应	19	C	论证逻辑—支持
5	D	形式逻辑—结构相似	20	A	论证逻辑—支持
6	A	分析推理—对应	21	E	分析推理—对应
7	D	分析推理—对应	22	C	分析推理—对应
8	E	论证逻辑—支持	23	A	论证逻辑—支持
9	D	分析推理—数据分析	24	D	论证逻辑—支持
10	B	论证逻辑—削弱	25	D	论证逻辑—支持
11	D	形式逻辑—信息比照	26	B	论证逻辑—支持
12	A	分析推理—分组	27	B	形式逻辑—假言判断
13	C	分析推理—分组	28	C	形式逻辑—结构相似
14	C	分析推理—分组	29	C	分析推理—方位排序+真话假话
15	D	论证逻辑—对话焦点	30	B	分析推理—方位排序+真话假话

1. 答案 D

题干信息	①企业不尊重消费者→给竞争对手制造机会； ②给竞争对手制造机会→消费群体流失； ③消费群体流失→对企业造成更大的盈利压力。 联合①②③可推得：④企业不尊重消费者（P）→给竞争对手制造机会（Q）→消费群体流失（M）→对企业造成更大的盈利压力（N）。

选项	解释	结果
A	选项=¬Q→¬M，与④推理不一致。	淘汰
B	选项=¬P→¬N，与④推理不一致。	淘汰
C	选项=¬P→¬M，与④推理不一致。	淘汰
D	选项=¬N→¬P=P→N，与④推理一致。	正确
E	题干的论证主体为视频行业，而非任何行业，故选项的真假无法判断。	淘汰

· 26 ·

逻辑模拟试卷（三）答案与解析

2. 答案 C

题干信息	专家的预测：面向家庭和个人的服务机器人，将超越工业机器人，成为下一个爆发式增长的市场。	
选项	解释	结果
A	价格居高不下≠市场销量不会增长，倘若需求很大呢？故选项削弱力度弱。	淘汰
B	"有的尚未量产"，如果只是极少数，那么也不影响整体市场供给，故削弱力度较弱。	淘汰
C	选项直接说明，根本不可能达到量产的标准，那么形成爆发式增长的市场就无从谈起了，削弱力度最强。	正确
D	选项能削弱，但有差距不等于不能实现量产，也不等于不能形成爆发式增长的市场。	淘汰
E	选项能削弱，但软件开发上的差距未必就不能满足顾客需求，进一步形成市场。	淘汰

3. 答案 C

	解题步骤
第一步	观察问题可知，本题属于"补前提"的题型，此时需要优先考虑"三段论"模型。
第二步	整理题干论证。 前提：没有一个抽象的哲学命题能够通过观察或实验而被验证为真 补前提：不能通过观察或实验而被验证为真→无法知道真实性（C选项恰好与之等价） 结论：无法知道抽象的哲学命题的真实性 考生注意体会假言三段论的相关结构，及时复习《逻辑精点》强化篇相关内容。

4. 答案 E

题干信息	①每人都去2个城市出差，且每个城市都有2~3人去。 ②彭山去北京→甘生不去上海。 ③甘生和宗敬一起出差。 ④朱希和谢海只去上海和杭州出差。（确定信息）
解题步骤	
第一步	本题属于两类事物对应中的"多对多"问题，故可优先考虑列表，将确定信息④填入表格后进一步推理。列表如下： |	沈阳	北京	上海	杭州
---	---	---	---	---
彭山				
谢海	×	×	√	√
甘生				
朱希	×	×	√	√
宗敬					

· 27 ·

(续)

	解题步骤
第二步	根据①可得：每行有2√和2×，每列2~3√。结合③可知，若甘生和宗敬去上海，则"上海"一列出现4√，与①矛盾，故甘生和宗敬不能去上海，同理，甘生和宗敬也不能去杭州。由于"每人都去2个城市出差"，故甘生和宗敬都去沈阳和北京出差。此时的对应关系如下表：

	沈阳	北京	上海	杭州
彭山				
谢海	×	×	√	√
甘生	√	√	×	×
朱希	×	×	√	√
宗敬	√	√	×	×

观察选项可知，答案选E。

5. 答案 D

题干信息	P：享受到公司发放的特殊津贴→Q：M（在本公司连续工作20年以上）∨N（具有突出业绩的职工）。因为小周只在长城公司工作了3年∧享受公司发放的特殊津贴（¬M∧P），所以一定做出了突出的业绩（N）。 题干推理属于：P→M∨N，因为¬M∧P，所以N。

选项	解释	结果
A	选项推理形式为：P→M∧N，因为M∧¬P，所以¬N。与题干推理不一致。	淘汰
B	选项推理形式为：P→M∨N，因为M∧¬N，所以¬P。与题干推理不一致。	淘汰
C	选项推理形式为：M∧N→Q，因为M∧¬Q，所以¬N。与题干推理不一致。	淘汰
D	选项推理属于：P→M∨N，因为¬M∧P，所以N。与题干推理一致。	正确
E	选项推理是充要条件，与题干的充分条件不符。	淘汰

6. 答案 A

题干信息	①每个区域只能养一种鱼类，每种鱼类也只能在一个区域养殖； ②乙区不养殖鲢鱼→甲区养殖鳙鱼； ③丁区养殖草鱼或鲫鱼→庚区养殖青鱼； ④甲区不养殖鳙鱼→丁区养殖草鱼； ⑤己区不养殖青鱼→乙区养殖鳊鱼∨鲤鱼。

	解题步骤
第一步	本题属于"假言+对应"的综合推理题，观察题干条件：虽然没有确定信息，但题干出现"甲区养殖鳙鱼"和"甲区不养殖鳙鱼"这一组矛盾信息，故可考虑从关于"甲区"的信息入手，串联后结合"反证法"得出确定信息。

逻辑模拟试卷（三）答案与解析

（续）

	解题步骤
第二步	联合条件①②③④⑤可推得：甲区不养殖鳙鱼 —④→ 丁区养殖草鱼→丁区养殖草鱼或鲫鱼 —③→ 庚区养殖青鱼→己区不养殖青鱼 —⑤→ 乙区养殖鳊鱼∨鲤鱼→乙区不养殖鲢鱼 —②→ 甲区养殖鳙鱼。
第三步	根据反证法的公式"P→¬P"可知"P"为假，即甲区养殖鳙鱼，故答案选A。

7. 答案 D

题干信息	①每个区域只能养一种鱼类，每种鱼类也只能在一个区域养殖； ②乙区不养殖鲢鱼→甲区养殖鳙鱼； ③丁区养殖草鱼或鲫鱼→庚区养殖青鱼； ④甲区不养殖鳙鱼→丁区养殖草鱼； ⑤己区不养殖青鱼→乙区养殖鳊鱼∨鲤鱼。 ⑥乙区养殖鲢鱼∧戊区养殖鳊鱼（确定信息）。

	解题步骤
第一步	本题附加条件给出了"确定信息"，故此时将"确定信息"代入题干进行推理即可快速解题。
第二步	将⑥"乙区养殖鲢鱼"代入⑤可得己区养殖青鱼；由于己区养殖青鱼，根据①可得庚区就不养殖青鱼，结合③可知丁区不养殖草鱼且丁区不养殖鲫鱼。
第三步	由于甲区养殖鳙鱼（由上题可知），己区养殖青鱼，丁区不养殖草鱼和鲫鱼，再结合⑥可推得，丁区只能养殖鲤鱼，故答案选D。

8. 答案 E

题干信息	前提：研究人的笔迹→结论：分析书写者的性格特点和心理状态

选项	解释	结果
A	选项不涉及人的性格特点和心理状态，故不能支持。	淘汰
B	选项不涉及人的性格特点和心理状态，故不能支持。	淘汰
C	选项支持力度有限，不涉及一定要分析人的性格特点和心理状态，很可能是实际工作需要书写能力。	淘汰
D	选项构建的论证关系是"人的日常行为"和"人的性格特点和心理状态"的关系，故不能支持。	淘汰
E	选项直接构建论证关系支持，表明"人的笔迹"和"人的性格特点和心理状态"有关联，力度最强。	正确

· 29 ·

9. 答案 D

题干信息	接受过高等教育的丈夫要多于妻子。所以，我们可以得到以下几种组合。			
		组合 A	组合 B	组合 C	组合 D
	男	接受过高等教育的丈夫	接受过高等教育的丈夫	未接受过高等教育的丈夫	未接受过高等教育的丈夫
	女	接受过高等教育的妻子	未接受过高等教育的妻子	接受过高等教育的妻子	未接受过高等教育的丈夫
	因此，由题干信息可得出 A+B>A+C，所以，B>C。			

选项	解释	结果
I	与接受过高等教育的女性结婚的男性为 A+C，与接受过高等教育的男性结婚的女性为 A+B，由于 A+B>A+C，故该项得不出。	不能推出
II	与未接受过高等教育的女性结婚的男性为 B+D，与未接受过高等教育的男性结婚的女性为 C+D，由于 B+D>C+D，故该项能推出。	能推出
III	与未接受过高等教育的女性结婚的接受过高等教育的男性为 B，与未接受过高等教育的男性结婚的接受过高等教育的女性为 C，由于 B>C，故该项能推出。	能推出

10. 答案 B

题干信息	前提：健康的老人与疑似患认知障碍症的老人牙齿数量的差异→结论：牙齿健康的老人患认知障碍症的概率比较低。

选项	解释	结果
A	选项与题干论证无关。	淘汰
B	选项直接割裂关系，说明牙齿的数量与是否患认知障碍症无关。同时，选项强调"随机抽取"，更加说明论证关系无法成立。	正确
C	选项迷惑性较大，考生试想，即便口腔老化程度与老年痴呆症没关系，那么与除老年痴呆症之外的其他认知障碍症是否有关系呢？显然不得而知，何况选项还有"诉诸无知"的嫌疑。	淘汰
D	题干论证关系不涉及"年龄"对于患"认知障碍症"的影响，故无关。	淘汰
E	选项直接指出牙齿数量少（无因），患认知障碍症的可能性大（无果），支持题干论证关系。	淘汰

11. 答案 D

题干信息	本题属于形式逻辑中的信息比照题，故逐一代选项验证即可。

选项	解释	结果
A	沈阳的期待指数为 83.2，小于 90，淘汰。	淘汰

(续)

选项	解释	结果
B	长春的传播影响力为85.8，小于86，淘汰。	淘汰
C	沈阳的美誉度、核心竞争力和传播影响力都高于85，但游客期待指数小于85，与选项矛盾，淘汰。	淘汰
D	哈尔滨的游客期待指数和核心竞争力都大于95，并且美誉度大于90；其他城市都不满足P位，不构成矛盾，故选项符合。	正确
E	呼伦贝尔的美誉度和核心竞争力都小于95，但传播影响力小于85，淘汰。	淘汰

12. 答案 A

13. 答案 C

题干信息	①选绿色→不选蓝色∧不选灰色； ②选蓝色→不选棕色∧不选黄色； ③选红色→选白色； ④选橙色→选黑色； ⑤选白色→不选黑色。

	解题步骤
12题	选项信息一大片，题干问题问可能为真时，可优先考虑用排除法。B选项与信息④矛盾，C选项与信息⑤矛盾；D选项只有黑色，与题干黑、白、灰、棕四种颜色选两种矛盾；E选项与信息②矛盾；故答案选A。
13题	蓝色代入②可得不选棕色，也不选黄色；代入①可得不选绿色；联合③④⑤可得"选红色→选白色→不选黑色→不选橙色"，也就是红色和橙色一定有一个不选，由于已经不选黄色和绿色，剩下的青色和紫色都得选，故答案选C。

14. 答案 C

题干信息	①每名演员只能试镜一个角色。 ②李不试镜周朴园∨孙不试镜周朴园→周试镜周朴园∧赵试镜周朴园。 ③赵不试镜繁漪∨吴不试镜繁漪∨郑不试镜繁漪→周试镜周冲∧孙试镜繁漪。

	解题步骤
第一步	观察题干信息发现，题干条件中没有确定信息，故此时优先考虑从重复出现的信息入手，将题干条件联合推理。
第二步	观察发现②和③中的"周试镜周朴园"和"周试镜周冲"为反对概念，故可优先从关于"周"的信息出发进行串联。联合②③可推得，李不试镜周朴园∨孙不试镜周朴园 —②→ 周试镜周朴园∧赵试镜周朴园→周不试镜周冲（由①可得） —③→ 赵试镜繁漪∧吴试镜繁漪∧郑试镜繁漪。
第三步	根据上步可知，若李不试镜周朴园∨孙不试镜周朴园，则赵同时试镜周朴园和繁漪，与①矛盾，因此李试镜周朴园∧孙试镜周朴园，故答案选C。

15. 答案 D

题干信息	伦理学家：小说和电影等文艺作品对目前社会日益严重的道德问题有不可推卸的责任。 作家：如果目前社会确实存在日益严重的道德问题，要对此负责的也不应是小说或电影。 二者争论的焦点是：小说和电影是否应当对目前日益严重的道德问题负责？	
选项	解释	结果
A	伦理学家和作家都赞同目前社会存在严重的道德问题，这个不是争论的焦点，排除。	淘汰
B	选项中"无节制地在小说或电影中展示有道德缺陷的人所做的有道德缺陷的事"只有伦理学家提到，因此不属于争论的焦点。	淘汰
C	只有作家提到，伦理家没提到，因此这不是争论的焦点。	淘汰
D	是伦理学家和作家都提到的，是二者共同的论点，因此是正确答案。	正确
E	伦理学家仅提到了小说不完全是商品，并不是他的观点，而且作家根本没提，因此不是争论的焦点。	淘汰

16. 答案 D

题干信息	①共有三类菜品供选择，分别为刺身、水果和蔬菜。 ②刺身编号分别为 a、b、c，水果编号为 X、Y、Z，蔬菜编号为 1、2、3。 ③刺身之间不可相邻。 ④每份拼盘中至少要有一个果蔬对（即水果与蔬菜相邻成为果蔬对）。 ⑤当出现多个果蔬对时，这些果蔬之间必须要以某个刺身相隔。 由于题干没有确定信息且选项"确定"，故优先考虑代入选项排除法。	
选项	解释	结果
A	选项与③矛盾，排除。	淘汰
B	选项与④矛盾，排除。	淘汰
C	选项与⑤矛盾，排除。	淘汰
D	选项与题干条件均不矛盾。	正确
E	选项与⑤矛盾，排除。	淘汰

17. 答案 C

	解题步骤
第一步	符号化题干信息： ①种梭梭∨种柠条。 ②种梭梭→不种沙拐枣∧不种胡杨=种胡杨∨种沙拐枣→不种梭梭。 ③不种胡杨→不种红柳∨不种花棒。 ④不种柠条→种花棒。 ⑤种胡杨。
第二步	将确定信息⑤"种胡杨"代入条件②中可知，"不种梭梭"为真；将其代入到①中可得，不种梭梭→种柠条，答案选 C。

逻辑模拟试卷（三）答案与解析

18. 答案 A

题干信息	整理题干论证。前提：①政府资助的项目数量减少，私人基金资助的项目数量增加；②私人基金不希望资助的项目导致争议。→结论：可能产生争议结果的研究项目在整个受资助研究项目中的比例肯定会因此降低。
解题步骤	
第一步	分析题干论证。结论是关于产生争议结果的研究项目与不产生争议的项目之间的数量关系，而前提只涉及了私人基金资助的项目导致项目争议，而不涉及政府资助的项目的情况。由此，要想保证题干论证成立，必须搭桥，建立政府资助和产生争议的项目之间的关系。
第二步	搭桥建立假设。结论分子：争议项目数量。分母：争议项目数量+不受争议项目数量。现在已知，分数比值变小，不受争议项目数量增大，那么必须起码保证争议项目数量是不变，或者更小。因此 A 选项直接建立假设，政府倾向于产生争议的项目，而政府资助的项目数量减少，就能得出产生争议项目的数量减少。

19. 答案 C

题干信息	前提（因）：K 县 8 年前实施了禁止狩猎的法规。 结论（果）：野生动物数量剧增、村民的正常生活受到严重的干扰甚至危害。		
选项	解释	结果	
A	题干未涉及"野生动物之间"的关系，属无关选项。	淘汰	
B	表明禁止狩猎可以维持人和野生动物的自然平衡，削弱背景信息。	淘汰	
C	无因无果支持，虽然是"K 县周边县"，支持力度较弱，但却是选项中唯一一个支持项。	**正确**	
D	表明是其他原因导致了野生动物数量的急剧增长，并不是由于禁止狩猎的法规造成的，属于他因削弱。	淘汰	
E	H 县也有禁止狩猎法规，却无伤人事件，属于有因无果削弱。	淘汰	

20. 答案 A

题干信息	中国官员断言"欧盟搬起石头砸自己的脚"意味着：欧盟对光伏产品设限对中国企业的不利影响实际上会给欧盟企业带来不利影响。考生注意，题干论证的对象是企业。		
选项	解释	结果	
A	选项直接指出会对欧盟企业带来不利影响，是最直接的支持。	**正确**	
B	选项直接指出会对欧盟消费者带来不利影响，属于间接支持，考生注意，直接支持的力度强于间接支持，抓住核心词"企业"很重要。	淘汰	
C	与中国官员的断言无关。	淘汰	
D	与中国官员的断言无关。	淘汰	
E	选项削弱中国官员的断言，说明会对欧盟带来好处。	淘汰	

21. 答案 E

22. 答案 C

题干信息	①每家公司会向2家证券交易所提交上市申请，且每家证券交易所都收到了2~3家公司的上市申请。 ②帮风向港交所提交申请→太维没有向纽交所提交申请。 ③禾航和生欣选择了相同的证券交易所。 ④耀博和太维只向纽交所和纳斯达克提交了上市申请（确定信息）。

解题步骤

第一步	由于题干中存在确定信息，故优先考虑从确定信息入手进行推理。
第二步	将确定信息④代入到②中可得，帮风没有向港交所提交申请，由于本题属于"对应题"，此时可将题干确定信息列表如下： |	上交所	港交所	纽交所	纳斯达克
---	---	---	---	---
帮风		×		
耀博	×	×	√	√
生欣				
太维	×	×	√	√
禾航					
第三步	结合①可知，上表中每列2~3√。观察上表，若生欣向纽交所提交上市申请，则根据③可知，禾航也会向纽交所提交申请，此时"纽交所"一列有4√，与①矛盾，故生欣和禾航都没有申请纽交所，同理，生欣和禾航也没有申请纳斯达克。此时列表如下： |	上交所	港交所	纽交所	纳斯达克
---	---	---	---	---
帮风		×		
耀博	×	×	√	√
生欣	√	√	×	×
太维	×	×	√	√
禾航	√	√	×	×	 观察选项可知，21题答案选E。
第四步	22题问题处给出附加条件，中美两国的证券交易所收到的上市申请总数相同，由上一步已知条件中，申请纽交所和纳斯达克的有4人次，申请上交所和港交所的有4人次，要想满足人次一样多，只能是分别去了5人次，帮风只能选择去上交所，此时才满足共去了5人次。观察选项可知，22题答案选C。

23. 答案 A

题干信息	紧扣题干结论：站立听课的学生比坐着的学生更加专注。主要论证的是听课的姿势对于听课效率的影响。

逻辑模拟试卷（三）答案与解析

（续）

选项	解释	结果
A	选项指出"站立"使得注意力更加集中，直接建立"站立"和"专注"的论证关系，支持力度最强。	正确
B	题干不涉及"对学生身体健康"的影响，故选项与题干论证无关。	淘汰
C	选项指出"站立"会使得个别人"分心"，削弱题干论证关系。	淘汰
D	选项直接削弱题干论证关系，指出"内向"和"活泼"的差异使得注意力有差异。	淘汰
E	选项直接削弱题干论证关系，指出"站立"会分散人的"注意力"。	淘汰

24. 答案 D

题干信息	题干结论：在儿童成长过程中，打屁股→智商低、攻击性行为高等负面影响。	
选项	解释	结果
A	选项迷惑性较大，该项只能说明智商低与打屁股有关，但却无法得出究竟是因为打屁股导致智商低，还是智商低导致打屁股，故不能支持。	淘汰
B	选项针对的是攻击性强和智商低的关系，而不涉及造成这两者的原因。	淘汰
C	选项只能说明存在打屁股的行为，但却不涉及打屁股造成的后果。	淘汰
D	选项直接指出，"在成长过程中"这个论证范围内，"打屁股"会造成"负面影响"，直接支持关系。考生注意，"只"在此时也加强了力度。	正确
E	选项迷惑性较大，题干强调的是仅仅是"打屁股"，而不是"体罚孩子"，选项扩大了题干的论证对象，故支持力度有限。	淘汰

25. 答案 D

题干信息	方法：摄入咖啡因替代注射胰岛素。 目的：控制糖尿病人的血糖浓度。	
选项	解释	结果
A	研究成果发表在全球顶尖的医学期刊上，只能说明题干中的方法适用于小鼠，但是否适用于人类，人类与小鼠在病理上是否有可比性，不得而知，故支持力度有限。	淘汰
B	选项只能证明注射胰岛素有缺陷，但是题干的方法是否可行，不得而知。	淘汰
C	选项与"控制血糖浓度"无关，无法支持。	淘汰
D	选项直接指出小鼠和人类有可比性，也能说明题干方法可行，最能支持。	正确
E	选项指出题干的方法只适用于小鼠，但不适用于人类，削弱题干论证。	淘汰

· 35 ·

26. 答案 B

题干信息	CEO 的决定：通过适度降价不能提高 A 品牌的销售业绩。	
选项	解释	结果
A	选项能支持，但力度较弱。试想，虽然会引起一些老顾客不满，但如果能吸引新的顾客购买，进而增加销量呢？	淘汰
B	选项直接指出"销量"与"价格"无关，那么降价就无法提高销售业绩。	正确
C	选项不涉及"降价"是否能增加销量，无关选项。	淘汰
D	选项试图利用 B 品牌进行类比，指出 B 品牌使用其他手段提高了销量，却与 A 品牌关系不大。	淘汰
E	选项不涉及"降价"是否能增加销量，无关选项。	淘汰

27. 答案 B

题干信息	①名不正（P1）→言不顺（Q1/P2）→事不成（Q2/P3）→礼乐不兴（Q3/P4）→刑罚不中（Q4/P5）→民无所措手足（Q5）。②君子名之→必可言→必可行。	
选项	解释	结果
A	从题干信息②只能推出，有的言而有信的是君子。故选项无法判断。	淘汰
B	选项＝民泰然自若，从容不迫（¬Q5）→言顺（¬P2）。结合题干信息①逆否，可以推出该选项。	正确
C	选项＝言不顺（Q1）→名不正（P1）。不符合假言推理规则。	淘汰
D	选项＝名正（¬P1）→礼乐兴（¬Q3）。不符合假言推理规则。	淘汰
E	选项＝民无所措手足（Q5）→名不正（P1）。不符合假言推理规则。	淘汰

28. 答案 C

题干信息	因为：①爱因斯坦相对论是正确的（A）→（顺时运动的物体→不超过光速）(B→C)；②量子力学预测（D）→基本粒子超子时速超过光速（¬C）。所以：爱因斯坦理论正确（A）→（量子力学预测错误）∨基本粒子超子不是顺时运动物体（¬D∨¬B）。	
选项	解释	结果
A	选项不涉及假言判断，与题干推理不一致。	淘汰
B	选项推理为：A→B∨C，¬B→C，¬C∧B，显然与题干推理不一致。	淘汰
C	选项推理结构为：因为：①医学断定正确（A）→（人的大脑缺氧→只存活几分钟）(B→C)；②目击者声称（D）→巫师不止存活几分钟（¬C）。所以：医学断定正确（A）→（目击者声称的不是事实)∨巫师大脑并没有完全缺氧（¬D∨¬B）。	正确
D	选项不涉及假言判断，与题干推理不一致。	淘汰
E	选项与题干推理不一致。	淘汰

逻辑模拟试卷（三）答案与解析

29. 答案 C

题干信息	①丁的左手边第二个座位是乙，丁的座位号最大（即丁在7号位）。**（确定信息）** ②甲的座位号>戊的座位号>庚的座位号。③甲在4号位∨甲在5号位→丙在2号位。 ④奇数号的人说真话，偶数号的人说假话。⑤庚和己回答：丙坐在偶数位。

解题步骤

第一步	题干存在确定信息，故此时可优先考虑将确定信息代入推理得出事实；同时本题涉及圆桌的"位置关系"，因此可考虑作图辅助理解。
第二步	根据条件①可得，由于乙坐在丁左手边的第二个座位，因此乙在2号位；联合条件③，此时丙不能在2号位，进而可得甲不在4号位，也不在5号位，此时甲的座位号只可能是1、3、6号；再结合条件②，由于甲>戊>庚，可推得甲只能在6号位，如图所示： 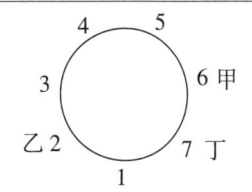
第三步	此时只能考虑真假关系，进而判定座位号。结合条件④和⑤可知庚和己的回答存在两种可能：第一种可能，若庚和己都在奇数位，此时两人都说真话，丙事实上在偶数位（即丙在4号位）；第二种可能，若庚和己都在偶数位，此时两人都说假话，丙事实上在奇数位，但观察上图可知，甲在6号位，乙在2号位，偶数位只剩一个，无法满足庚和己都在偶数位。此时只能是第一种可能为真（考生注意：庚和己的回答不可能是一真一假，如果一真一假的话，庚和己的回答就不会相同），也就是丙事实上在偶数位，即4号位，因此答案选 C。

30. 答案 B

题干信息	①丁的左手边第二个座位是乙，丁的座位号最大（即丁在7号位）。**（确定信息）** ②甲的座位号>戊的座位号>庚的座位号。③甲在4号位∨甲在5号位→丙在2号位。 ④奇数号的人说真话，偶数号的人说假话。⑤丁说：戊和己隔着一个人坐。

解题步骤

第一步	由上一题可知确定的事实是：丁=7号；乙=2号；甲=6号。此时结合④和⑤可知，丁说的是真话，也就是戊和己隔着一个人坐，那么此时戊和己就存在两种可能：第一种可能是1号和3号；第二种可能是3号和5号。若戊是3号，结合信息②，则庚是1号，与己是1号矛盾；因此戊和己就只可能是5号和3号。
第二步	若戊在5号，己在3号，此时剩下的庚和丙就只能是1号和4号，此时存在2种可能：第一种可能是庚在1号、丙在4号；第二种可能是庚在4号、丙在1号。如图所示：（注：□代表可以换位） 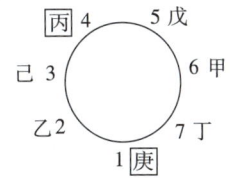
第三步	若戊在3号，己在5号，由于戊大于庚，此时只有一种情况，那就是庚在1号，丙在4号。如图所示： 综上所述，上述七人的座位顺序共有3种情况，答案选 B。 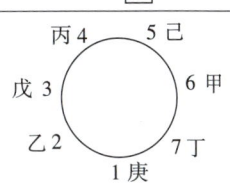

逻辑模拟试卷（四）答案与解析

序号	答案	知识点与考点	序号	答案	知识点与考点
1	E	形式逻辑—假言判断	16	E	分析推理—对应
2	C	论证逻辑—支持	17	A	论证逻辑—削弱
3	B	分析推理—对应	18	D	论证逻辑—对话焦点
4	A	论证逻辑—假设	19	D	论证逻辑—假设
5	A	分析推理—分组	20	E	论证逻辑—支持
6	A	分析推理—分组	21	D	分析推理—排序
7	B	论证逻辑—支持	22	A	分析推理—对应
8	E	论证逻辑—评价	23	E	形式逻辑—假言判断
9	A	论证逻辑—支持	24	B	分析推理—分组
10	B	形式逻辑—信息比照	25	B	分析推理—分组
11	C	分析推理—对应	26	E	论证逻辑—支持
12	C	分析推理—对应	27	A	论证逻辑—削弱
13	D	分析推理—真话假话	28	C	论证逻辑—削弱
14	B	形式逻辑—结构相似	29	B	分析推理—对应
15	C	形式逻辑—假言判断	30	C	分析推理—对应

1. 答案 E

题干信息	题干断定：丰硕成果∧获得认可(M∧N)→团队成员会对他们的成绩感到愉悦(Q)。 题干问题："除了哪项外都可能为假" 即要选一定为真的选项。		
选项	解释		结果
A	选项=¬Q→¬M∨N，与题干不相符。		淘汰
B	选项=(M∧N)∨¬Q，与题干不相符。		淘汰
C	选项=¬Q→(M∧N)，与题干不相符。		淘汰
D	选项=¬Q→(M∧N)，与题干不相符。		淘汰
E	选项=¬Q→(¬M∨¬N)，是题干的逆否命题，与题干相符。		正确

2. 答案 C

题干信息	题干结论为：基因改造的蚊子①不再具备感染疟疾的能力∧②能妨碍野生蚊子繁衍→有效切断人与蚊子的疟疾传播途径→根绝疟疾。

(续)

选项	解释	结果
A	选项削弱题干结论。	淘汰
B	选项削弱题干结论,如果需要疟疾才能生存,说明无法根绝疟疾。	淘汰
C	选项直接支持结论,转基因蚊子本身不会再感染疟疾,再加上野生蚊子灭亡,此时就没有疟疾传播的途径,进而能够根绝疟疾。	正确
D	新型蚊子是否能够根绝疟疾,无法判断。	淘汰
E	选项不涉及转基因蚊子对疟疾的影响,故不能支持。	淘汰

3. 答案 B

题干信息	①赵是原画师∨赵是UI设计师→孙是策划师。 ②钱是UI设计师∨李是UI设计师→赵是原画师。 ③孙是动画设计师∨孙是角色设计师。

解题步骤		
第一步	本题属于"假言+对应"的综合推理题,虽然题干没有确定信息,但根据③可知"孙不是策划师",其与"①孙是策划师"互为矛盾,故可优先从关于"孙"的信息入手进行推理。	
第二步	联合条件①②③可得:孙是动画设计师∨孙是角色设计师→孙不是策划师──①→赵不是原画师∧赵不是UI设计师──②→钱不是UI设计师∧李不是UI设计师。	
第三步	由于题干条件均已用完且正确答案未得出,故考虑使用排除剩余法:由于UI设计师不是孙、不是赵、不是钱、不是李,则UI设计师是周,答案选B。	

4. 答案 A

题干信息	前提:排放的每种化学物质被河道水量稀释。→结论:河道在许可证的保护之下,可以免受排放到它里面的化学物质对它产生的不良影响。

选项	解释	结果
A	选项直接针对论证关系,"每种"不会产生不良影响,还需要保证"合起来"不会产生不良影响,否则题干结论就无法成立,故选项必须假设。	正确
B	选项不必假设,题干论证要想成立,只需要假设这些化学物质被稀释后无害即可,不必假设会快速散开,考生试想,即便不会快速散开,能被稀释就能保证题干论证成立。	淘汰
C	选项不必假设,考生试想,即便是完全禁止向河道内排放化学物质,那么也不能否认许可证对于保护河道不产生不良影响,题干论证仍可成立。	淘汰
D	选项迷惑性较大,考生试想,题干论证关系是"单种的危害"与"多种的危害",强调的更多是化学物质的种类,而不是绝对的数量。	淘汰
E	选项不必假设,题干不涉及伤害的对象是人还是其他动物。	淘汰

· 39 ·

5. 答案 A

题干信息	①张华∀王军； ②孙涛∀李明； ③孙涛→赵静； ④郭凯→王军； ⑤刘刚不参加（确定信息）。

	解题步骤
第一步	本题属于分组题，根据题干信息可知，从7人中挑选4人，剩余3人，因此可结合"剩余法"思想进行解题。
第二步	联合①②⑤可知，不参加研讨会的3人从张华、王军、孙涛、李明和刘刚中选出，故剩余的2人一定参加研讨会，即赵静和郭凯参加研讨会；由于正确答案未出，故此时考虑将新得到的确定信息代回题干进行推理，将"郭凯参加研讨会"代入④中可推知：王军参加研讨会，因此答案选A。

6. 答案 A

题干信息	①张华∀王军； ②孙涛∀李明； ③孙涛→赵静； ④郭凯→王军。 由于题干没有确定信息且选项"确定"，故可优先考虑代入选项排除法。

选项	解释	结果
A	若选择刘刚和郭凯，根据条件④可得，选择王军；根据③，若选择孙涛，则要选择赵静，此时共选择5名员工，与题干矛盾，故不能选择孙涛。再结合②可得，选择李明，由于此时已选择4人，故赵静一定不选（从7人中选4人剩余3人）。	正确
B	若选择王军和刘刚，根据题干条件，无法确定剩余两名员工的人选，排除。	淘汰
C	若选择赵静和郭凯，根据题干条件，无法确定剩余两名员工的人选，排除。	淘汰
D	若选择赵静和孙涛，根据题干条件，无法确定剩余两名员工的人选，排除。	淘汰
E	若选择赵静和王军，根据题干条件，无法确定剩余两名员工的人选，排除。	淘汰
提示	考生可自行尝试假言的"优选技巧"进行快速解题。	

7. 答案 B

题干信息	前提：每次仅仅是减少了非基本服务的费用。 结论：学校官员能够落实进一步的削减经费，而不会减少任何基本服务的费用。

选项	解释	结果
A	选项可以支持，即使提供的基本服务和非基本服务一样有效，基本服务费用仍有可能被削减。原因在于是否削减基本服务费用仅与经费是否充足有关，而与服务效果无关。因此本项属于支持选项而不是论证成立所必须假设的。	淘汰

（续）

选项	解释	结果
B	选项属于假设支持，考生试想，基本服务费用和非基本服务费用是矛盾关系，题干论证指出，减少非基本服务的费用就可以实现在整体上削减经费的同时，不减少基本服务费用，那么要想使题干论证成立，必须保证存在非基本服务费用才行，如果不存在，那么就一定会带来基本服务费用的减少，题干论证就不成立。	正确
C	选项不能支持，价格估计实际没有增加，那么费用实际是否增加无法判断。	淘汰
D	选项支持前提，力度较弱，但结论基本服务费用是否减少无法判断。	淘汰
E	选项不能支持，削减经费的潜在影响与题干论证无关。	淘汰

8. 答案 E

	解题步骤
第一步	本题属于论证评价题型。先找到结论，然后再去寻找与之相关的前提，进而判定论证结构。
第二步	观察发现②、④和①均属于观点，但一般而言①中的"传统观点"大都表示背景信息，通常作为前提，故②和④属于结论，由于④有"同时"作为联结词，故最后的结论应该是②④，③中含有"然而"这个转折词，应该紧跟在①之后，故本题的论证结构为：⑤①③②④。故答案选 E。

9. 答案 A

题干信息	实验者的结论：患者应该根据自己的需求选择合适的药物，而不应该仅仅依靠"新旧"来做出判断。	
选项	解释	结果
A	选项削弱实验者的结论，说明新药有作用，要根据"新旧"来判断药物的疗效。	正确
B	选项支持实验者的结论，说明"新旧"与药物的疗效无关，不能作为选择依据。	淘汰
C	选项支持实验者的结论，说明"新旧"针对不同的疾病，不能作为选择依据。	淘汰
D	选项支持实验者的结论，说明"新药"有副作用，不能完全作为选择的依据。	淘汰
E	选项支持实验者的结论，说明"新旧"与药物的疗效无关，不能作为选择依据。	淘汰

10. 答案 B

	解题步骤
第一步	①密码最短为两个数字，可以重复。 ②1 不能为首。 ③在某一密码数字中有 2→2 就得出现两次或两次以上。 ④3 不是最后一个数字∧3 不是倒数第二个数字。 ⑤某一密码数字中有 1→有 4。 ⑥某一密码数字中没有 2→5 不是最后一个数字。
第二步	由于问题处给出附加条件"2 和 5 分别在 3 位密码的前两位"，即该 3 位数字的密码中一定要有 2，结合③可得，"2"必须出现两次或两次以上，即第三位数字应为"2"，答案选 B。

11. 答案 C

	解题步骤
第一步	本题要求表中每行每列的汉字不能重复也不能遗漏，类似于"数独问题"，可从涉及信息最多的小方格入手进行解题。
第二步	观察题干方阵，由于每行每列的汉字不能重复也不能遗漏，因此第1行第1列应填入"出"，第1行第4列应填入"师"，进而可知，方阵中第5行第4列应填入"名"，第4行第4列应填入"高"，整理可得，第2行第4列应填入"出"，答案选C。

12. 答案 C

题干信息	① 4位男士中，有3个高个子，2名博士，1人长相英俊； ② 王威和吴刚都是博士； ③ 刘大伟和李强身高相同； ④ 李强和王威并非都是高个子。
	解题步骤
第一步	由②知王威和吴刚都是博士，再由条件①知只有2名博士，因此可知李强、刘大伟不是博士，不符合要求。
第二步	由③知刘大伟和李强身高相同，加上①信息"4位男士中有3位高个子"，则由一个个子矮可知刘大伟和李强不可能是矮个子，那他俩都是高个子。
第三步	由④李强和王威并非都是高个子，既然李强是高个子，那王威一定是矮个子（注：涉及选言判断的含义，虽简单，但也要弄清楚），不符合要求。
结 果	只有吴刚符合要求，答案为C。

13. 答案 D

题干信息	①赵：丁第一。②钱：甲不是第一名∧乙不是第二名。 ③孙：乙是第二名→丙不是第三名。④李：甲不是第一名→乙是第二名。
	解题步骤
第一步	判断真假。条件②和条件④是矛盾关系，必然一真一假，由于只有一人预测正确，所以条件①和③为假。
第二步	推出事实。①为假可得丁不是第一名，③为假可得乙是第二名并且丙是第三名，因此丁是第四名，甲是第一名。因此答案选D。

14. 答案 B

题干信息	推理结构：所有P都是Q，因为¬P，所以¬Q。
选项	解释	结果
A	选项推理结构：所有的P都是Q，因为P，所以Q。与题干推理不一致。	淘汰

(续)

选项	解释	结果
B	选项推理结构：所有P都是Q，因为¬P，所以¬Q。与题干推理一致。	正确
C	选项推理结构：所有的P都是Q，因为P，所以Q。与题干推理不一致。	淘汰
D	选项推理结构：所有的P都是Q，因为Q，所以P。与题干推理不一致。	淘汰
E	选项推理结构：所有的P都是Q，因为P，所以Q。与题干推理不一致。	淘汰

15. 答案 C

题干信息	根据"除非Q，否则不P"=P→Q，可将题干信息转化为：成为免试推荐生(P)→成绩名列前三∧有两位教授推荐(Q)。		
选项	解释		结果
Ⅰ	选项=¬P∧Q，与题干不构成矛盾。		淘汰
Ⅱ	选项=P∧¬Q，与题干构成矛盾。		正确
Ⅲ	选项=P∧¬Q，与题干构成矛盾。		正确

16. 答案 E

题干信息	①每人获得一枚奖章，每人获得的奖章均不相同； ②甲获得诗歌奖章∨甲获得散文奖章； ③乙获得童话奖章→丁不获得小说奖章； ④丙获得小说奖章→甲获得科幻奖章； ⑤戊不获得科幻奖章→丁获得诗歌奖章； ⑥丙不获得小说奖章→乙获得童话奖章。
解题步骤	
第一步	本题属于"假言+对应"的综合题目，由于没有确定信息，但根据②可知，"甲不获得科幻奖章"，其与④中"甲获得科幻奖章"构成矛盾，故可优先从关于"甲"的信息出发进行推理。
第二步	联合②③④⑥可得，甲获得诗歌奖章∨甲获得散文奖章→甲不获得科幻奖章——④→丙不获得小说奖章——⑥→乙获得童话奖章——③→丁不获得小说奖章，由于题干中无可用确定信息且正确答案未出，故结合排除剩余法：获得小说奖章的不是甲、不是乙、不是丙、不是丁，因此戊获得小说奖章。进一步可知，戊一定不获得科幻奖章，代入⑤中可知，丁获得诗歌奖章。
第三步	整理信息如下： 乙获得童话奖章，戊获得小说奖章，丁获得诗歌奖章，联合②可知，甲获得散文奖章，丙获得科幻奖章，答案选E。

17. 答案 A

题干信息	家长对孩子教育控制减弱的观点：许多家长对孩子接受教育类型的控制权被转移到专职教育人员那里。

（续）

选项	解释	结果
A	选项说明这种控制权没有完全转移，因为学校的管理者会听从家长的建议，说明家长实际上仍然拥有相当的控制权，削弱题干观点。	正确
B	观点不涉及"学生"和"专职教育人员"的数量，属无关选项。	淘汰
C	选项表明控制权在学校，支持题干观点。	淘汰
D	选项表明控制权在学校，同样支持题干观点。	淘汰
E	选项表明控制权不在家长，支持题干观点。	淘汰

18. 答案 D

	解题步骤
第一步	整理二者论证。 ①张教授：依据对人类社会和历史的贡献程度，有的歌星的出场费比诺贝尔奖金高是不合理的。 ②李研究员：依据商业回报规律，有的歌星的酬金比诺贝尔奖金高是合理的。 ③张教授：诺贝尔没有从诺贝尔奖获得者的发现中获得商业回报→诺贝尔奖金不该设立。
第二步	分析二者论证。③张教授的论证在强调按照商业回报规律，诺贝尔奖金设置便不合理，也就是二人争论的焦点是什么是判别个人收入合理性的标准，是对人类社会的贡献，还是商业回报。因此答案选 D。

19. 答案 D

	解题步骤
第一步	整理题干论证。前提：大明要么违背说真话的承诺（默认的承诺），要么违背对小红的承诺（表达的承诺）。→结论：老师认为要说真话（遵守默认的承诺）。
第二步	分析题干的论证关系发现，老师的话要想成立，就需"搭桥"建立关系，也就是遵守默认的承诺比遵守表达的承诺更好，即违背默认的承诺比违背表达的承诺更不好，因此答案选 D。本题的最大干扰项是 C，考生注意，C 选项属于过度假设，题干老师的话只涉及"人与人交往要说真话这个默认的承诺"，而不需要假设"任何默认的承诺"，一定要注意假设的范围和量度。

20. 答案 E

题干信息	前提："纹身墨水"以纹身图案的方式体现在皮肤上。→结论："纹身墨水"会对患有糖尿病或肾病的人提供非常大的便利。	
选项	解释	结果
A	选项与结论无关。	淘汰
B	选项与结论无关。	淘汰
C	选项与结论无关。	淘汰

· 44 ·

（续）

选项	解释	结果
D	选项与结论无关。	淘汰
E	选项直接"搭桥"建立关系，指出皮肤颜色与判断糖尿病或肾病的人的病情特征有关，力度最强。	正确

21. 答案 D

题干信息	①绿衣钩必须离红衣钩近，离蓝衣钩远（绿红的间隔小于绿蓝的间隔）。 ②黄衣钩必须紧挨在蓝衣钩左边（黄与蓝相邻，在蓝左边）。 ③白衣钩不能与蓝衣钩相邻（白与蓝不相邻）。 ④红衣钩不能嵌入1号孔内（红不在1号）。 ⑤绿衣钩必须紧邻黄衣钩左边（绿与黄相邻，在黄左边）。 重复的词是"黄衣钩"，联合②和⑤可得：⑥绿黄蓝三个相邻。

解题步骤
第一步	观察问题求的是"可能真"，故可优先考虑从题干确定信息出发，用排除法解题。
第二步	结合信息①可排除 B。结合信息③可排除 C；结合信息⑥可排除 A 和 E，因此答案选 D。

22. 答案 A

题干信息	①每个学校在自己的操场举办一个比赛项目，并且自己不能参加自己学校组织的比赛项目； ②甲、乙学校的代表参加的均不是径赛（确定信息） ③丁学校举办的是 400 米比赛（确定信息） ④如果丁学校的代表参加 1500 米→丙学校的代表不参加铅球∧乙学校的代表不参加铅球； ⑤丙学校的代表参加了跳远（确定信息）

解题步骤
第一步	本题属于"二维对应中的一一对应"问题，首先明确维度和组度。3 类事物：学校、举办项目、参加项目。5 个组度：甲、乙、丙、丁、戊。
第二步	联合①③可推得，由于丁举办 400 米比赛，所以丁不参加 400 米比赛。画出相应表格，将题干中的确定信息填入表格并结合表格的"√""×"个数（每行 1√4×，每列 1√4×）进一步推理： | 学校\参加项目	跳高	跳远	铅球	400 米	1500 米
---	---	---	---	---	---
甲		×		×	×
乙		×		×	×
丙	×	√	×	×	×
丁	×	×	×	×	√
戊	×	×	×	√	×	
第三步	观察上步表格可知，丁学校的代表参加 1500 米，将其代入到④中可推得，丙学校的代表不参加铅球且乙学校的代表不参加铅球，由于上表中每列 1√4×，故甲学校的代表参加铅球，答案选 A。

· 45 ·

23. 答案 E

题干信息	人们能够适量摄入意大利面∧保证饮食多样性（P）→对人们的身体健康大有裨益（Q）。	
选项	解释	结果
A	选项=¬P→¬Q，不符合假言判断推理规则，故选项无法判断真假。	淘汰
B	选项=Q→P，不符合假言判断推理规则，故选项无法判断真假。	淘汰
C	选项=Q→¬P，不符合假言判断推理规则，故选项无法判断真假。	淘汰
D	选项=Q→P，不符合假言判断推理规则，故选项无法判断真假。	淘汰
E	选项=适量摄入意大利面∧没有对人们的身体健康大有裨益→没有保证饮食的多样性=没有适量摄入适当意大利面∨对人们的身体健康大有裨益∨没有保证饮食的多样性=¬P∨Q，和题干表达一致。	正确

24. 答案 B

题干信息	①丙和丁是同一类垃圾。 ②甲和己不是同一类垃圾。 ③庚和辛不是同一类垃圾。 ④己是干垃圾→乙是干垃圾。 ⑤以上8样物品，4个是干垃圾，4个是其他垃圾。
解题步骤	
第一步	如果己是干垃圾，联合题干信息④可以推出乙是干垃圾；联合②可以推出甲是其他垃圾。 | 甲 | 乙 | 丙 | 丁 | 戊 | 己 | 庚 | 辛 | |---|---|---|---|---|---|---|---| | 其他 | 干 | | | | 干 | | |
第二步	联合信息③可以推出，庚和辛一定一个是干垃圾一个是其他垃圾，联合信息①可知，丙和丁都是其他垃圾（如果丙和丁是干垃圾，加上可以确定的乙、己以及庚和辛中的一种，共有5个干垃圾会和题干信息⑤矛盾）。选项B正确。

25. 答案 B

题干信息	①丙和丁是同一种垃圾。 ②甲和己不是同一种垃圾。 ③庚和辛不是同一种垃圾。 ④己是干垃圾→乙是干垃圾。 ⑤以上8样物品，4个是干垃圾，4个是其他垃圾。
解题步骤	
第一步	如果己和乙是不同种类的垃圾，联合题干信息④可以推出己是其他垃圾，乙是干垃圾；联合②可以推出甲是干垃圾。 | 甲 | 乙 | 丙 | 丁 | 戊 | 己 | 庚 | 辛 | |---|---|---|---|---|---|---|---| | 干 | 干 | | | | 其他 | | |

逻辑模拟试卷（四）答案与解析

（续）

	解题步骤
第二步	联合信息③可以推出，庚和辛一定一个是干垃圾一个是其他垃圾，联合信息①可知，丙和丁都是其他垃圾（如果丙和丁是干垃圾，加上可以确定的甲、乙以及庚和辛中的一种，共有5个干垃圾，会和题干信息⑤矛盾）。戊一定是干垃圾。 | 甲	乙	丙	丁	戊	己	庚	辛 | |---|---|---|---|---|---|---|---| | 干 | 干 | 其他 | 其他 | 干 | 其他 | 干/其他 | 选项 B 正确。

26. 答案 E

	解题步骤
第一步	整理题干论证，前提：被主人饲养时间越长，狗与主人的心率变化越容易同步。→结论：狗和主人之间能发生"情绪传染"。
第二步	分析题干论证发现，题干显然需要"搭桥建立关系"，也就是要建立"心率变化"和"情绪传染"的关系，故答案选 E。B 选项涉及的是两个人，而不是人和狗，故力度很弱。

27. 答案 A

题干信息	前提：偏头痛患者停止食用引起偏头痛的食物三天后，偏头痛并没有停止。 结论：存在别的原因引起偏头痛。	
选项	解释	结果
A	选项指出食物引起偏头痛有几天的滞后性，因此停止食用食物并不能立马消除偏头痛症状，有可能就是食物引起的偏头痛，直接削弱结论。	正确
B	选项的论证对象是"不患偏头痛"的人，与题干不一致。	淘汰
C	选项无法判断具体是什么原因引起的偏头痛，喜欢显然不是原因。	淘汰
D	选项不涉及引起偏头痛的原因。	淘汰
E	选项强调偏头痛的症状，不涉及引起偏头痛的原因。	淘汰

28. 答案 C

题干信息	① 由题干中的标志词"通过""满足要求"确定本题的做题思路为"方法可行"。 ② 目的：留住游客的同时满足环保主义者的要求。 方法：埋上一种能使鲨鱼离开游泳区，既不伤害人也不伤害海洋生命的电缆。	
选项	解释	结果
A	其他度假村的情况与本度假村无关，属无关选项。	淘汰
B	受到过轻微的伤害，无法断定是否能够留住游客，也不能断定是否能够满足环保主义者的要求。	淘汰
C	说明该种方法不能留住顾客，也就是该种方法无法实现预期的目的，属于方法不可行。考生注意：量词绝大多数增加了削弱力度。	正确

· 47 ·

(续)

选项	解释	结果
D	是否是**最好的发明**与是否**能够留住游客**无关，属无关选项。	淘汰
E	题干不涉及其他的哺乳动物，属无关选项。	淘汰

29. 答案 B

题干信息	①有公共边界的试验牧场相邻，没有公共边界的试验牧场不相邻；②有1种黄牛与其余4类动物均相邻；③同类的动物不可以相邻饲养；④2种黄牛均既与绵羊相邻，又与奶牛相邻。
解题步骤	
第一步	明确题型：本题为考查位置+对应的综合推理题。由条件②可知，有1种黄牛与其余4类动物均相邻，则其中1种黄牛的位置只能是5。
第二步	根据上一步可知：其中1种黄牛的位置只能是5，联合条件②与其余4类动物均相邻；则证明另一个黄牛不与位置5相邻，即：另一个黄牛不在2，4，6，8号位置。选项B正确。

30. 答案 C

题干信息	①有公共边界的试验牧场相邻，没有公共边界的试验牧场不相邻；②有1种黄牛与其余4类动物均相邻；③同类的动物不可以相邻饲养；④2种黄牛均既与绵羊相邻，又与奶牛相邻。
解题步骤	
第一步	由②可知，黄牛=5，由于③同类动物不能相邻，故另一种黄牛只有1、3、7、9四种可能。由于四种可能是均等的，故只考虑一种特殊情况，如：另一种黄牛在1。由于2种黄牛均既与绵羊相邻，又与奶牛相邻，此时2和4的位置一定是一个绵羊、一个奶牛，具体是哪个无法判断。由于5号黄牛要与四种动物相邻，因此6和8的位置只能是一个山羊，一个牦牛，具体是哪个无法判断。
第二步	由于相同的动物不能相邻，故9不能是山羊，只可能是绵羊和奶牛中的一种。还剩一种山羊和奶牛/绵羊（2选1），分别在位置3和7。此时的对应关系如下表： | 1 黄牛	2 (绵羊/奶牛)	3
---	---	---
4 (奶牛/绵羊)	5 黄牛	6 (牦牛/山羊)
7	8 (山羊/牦牛)	9 (奶牛/绵羊)	 但无论这种山羊是在3，还是在7，都一定与牦牛相邻，故答案选C。

· 48 ·

逻辑模拟试卷（五）答案与解析

序号	答案	知识点与考点	序号	答案	知识点与考点
1	C	形式逻辑—假言判断	16	B	分析推理—分组
2	E	形式逻辑—信息比照	17	D	形式逻辑—结构相似
3	D	论证逻辑—支持	18	B	形式逻辑—假言判断
4	D	论证逻辑—支持	19	B	分析推理—数据分析
5	D	分析推理—排序	20	E	分析推理—排序
6	D	分析推理—排序	21	C	分析推理—数据分析
7	C	形式逻辑—直言判断	22	A	分析推理—分组
8	B	分析推理—排序	23	D	分析推理—分组
9	C	形式逻辑—结构相似	24	D	论证逻辑—支持
10	D	分析推理—对应	25	A	形式逻辑—假言判断
11	A	论证逻辑—削弱	26	C	形式逻辑—结构相似
12	B	形式逻辑—假言判断	27	D	形式逻辑—直言判断
13	A	分析推理—数据分析	28	D	形式逻辑—假言判断
14	C	论证逻辑—解释	29	E	分析推理—对应+排序
15	D	分析推理—分组	30	B	分析推理—对应+排序

1. 答案 C

题干信息	控制大气中温室气体浓度的长期增长（P）→从源头上限制化石能源的使用（M）∨通过植树造林把排放到大气中的温室气体重新吸收起来（N）。		
选项	解释		结果
A	选项肯定 M 位，什么也推不出，故选项可能为真。		淘汰
B	选项肯定 N 位，什么也推不出，故选项可能为真。		淘汰
C	选项 =¬M∧¬N→¬P，符合假言判断的推理规则。		正确
D	选项 =M∨N→P，不符合假言判断的推理规则，故选项可能为真。		淘汰
E	选项 =M∧N→P，不符合假言判断的推理规则，故选项可能为真。		淘汰

2. 答案 E

题干信息	本题属于信息比照题目，将选项与题干信息一一比照即可得出正确选项。	
选项	解释	结果
A	题干信息所列学校虽然并非是羊城的所有学校，但依旧有可能列出了全部的运动项目，因此排除 A 选项。	淘汰

(续)

选项	解释	结果
B	题干信息所列学校虽然是羊城最好的 12 所学校，但依旧有可能并没有列出全部的运动项目，因此排除 B 选项。	淘汰
C	"可能"不能推出"必然"，因此排除 C 选项。	淘汰
D	题干信息所列学校虽然处于羊城市的各个地区，但依旧有可能并没有列出全部的运动项目，因此排除 D 选项。	淘汰
E	题干信息所列出的运动类型可能不是全部的运动类型，因此 E 选项的论断最为准确。	正确
注意	题干所列出的运动类型未必包含所有的运动类型，故只能选择"可能"的模态判断，故答案选 E。	

3. 答案 D

	解题步骤
第一步	整理题干论证。前提：①自然科学旨在"求器"；②辩证思维旨在寻找万事万物背后的对立统一关系。→结论：学习辩证思维比学习自然科学更重要一些。
第二步	分析题干论证。本题属于典型的"搭桥"建立关系的支持题。要想得出结论，需要建立"辩证思维"和"自然科学"与个人发展的关系，且前者更重要，故答案选 D。其他选项均不涉及论证关系。

4. 答案 D

题干信息	专家的观点，前提：婴儿过早学走路→结论：孩子近视。

选项	解释	结果
A	选项与"孩子近视"无关。	淘汰
B	选项指出"遗传"会使孩子近视的可能性变大，属于存在他因的削弱。	淘汰
C	选项与"过早学走路"无关。	淘汰
D	选项建立了"过早学走路"→"调整眼睛的屈光度和焦距来注视景物"→"损伤视力"的论证关系，故支持力度最强。	正确
E	选项与"孩子近视"无关。	淘汰

5. 答案 D

题干信息	①钱□□丙；②甲在周三∨赵在周三；③乙在周三→赵在周三；赵在周三→乙在周六；④孙在周六→乙在周一。

	解题步骤
第一步	若甲在乙后一天工作，则说明乙不在周六，由②③可知赵不在周三，所以甲在周三，因此乙在周二。再代入④可得：孙不在周六。

(续)

	解题步骤
第二步	结合①可得，钱和丙的跨度是4，那便只能是周一和周四了，此时排序的情况如下： | 周一	周二	周三	周四	周五	周六 | |---|---|---|---|---|---| | 钱 | 乙 | 甲 | 丙 | 孙 | 赵 | 故答案选D。

6. 答案 D

题干信息	①钱□□丙；②甲在周三∨赵在周三；③乙在周六→赵在周三；赵在周三→乙在周六；④孙在周六→乙在周一。

	解题步骤
第一步	由甲在周四，代入②可得赵在周三，再代入③可得乙在周六。结合①，由于钱和丙的跨度是4，因此只能是丙在周五，钱在周二，此时剩下的孙只能在周一。如下表所示： | 周一 | 周二 | 周三 | 周四 | 周五 | 周六 | |---|---|---|---|---|---| | 孙 | 钱 | 赵 | 甲 | 丙 | 乙 |
第二步	分析选项。

选项	解释	结果
Ⅰ	由上表可知，3名男士孙、钱、赵连续工作3天一定为真。	一定真
Ⅱ	由上表可知，3名女士甲、丙、乙连续工作3天一定为真。	一定真
Ⅲ	由上表可知，赵在甲前一天工作也一定为真。	一定真

7. 答案 C

题干信息	①P：性格开朗的人→Q：被乐观的人喜欢。②P：性格忧郁的人→Q：不被乐观的人喜欢。考生注意，所有P都是Q，P表示对象，Q表示属性，即满足什么样的对象一定具有什么样的属性，这是个考试易错点。

	解题步骤
第一步	甲是乐观的人，乙不是性格开朗的人，根据①否定P，什么也推不出，可得出甲是否喜欢乙无法判断；丙是性格开朗的人，根据①可得，肯定P推出肯定Q，甲喜欢丙；丁不是性格忧郁的人，根据②否定P，什么也推不出，可得出甲是否喜欢丁无法判断。
第二步	由此可知，C选项与推出的结论矛盾，一定为假，其余均可能为真。

8. 答案 B

题干信息	根据信息①可知：第二次做肉末菜粥的时间=第一次做肉末菜粥的时间+4。 根据信息②可知：做鸡蛋灌饼的时间与第一次做肉末菜粥的时间相邻，且一周仅做一次。 根据信息③可知：元宝馄饨一周做一次，它的时间排在第二次做肉末菜粥之前，也就是不可能是周日。

(续)

题干信息	根据信息④可知：做三明治的时间=第一次做肉末菜粥的时间+5，也就是刚好排在第二次做肉末菜粥的后一天。 根据信息⑤可知：有一次做红枣核桃糕的时间是在第一次做肉末菜粥之前。

解题步骤

第一步	根据信息④可知，第一次做肉末菜粥的时间只能是周一或者周二，再结合信息⑤可以确定第一次做肉末菜粥的时间只能是周二。
第二步	将信息填入到表格中：

	周一	周二	周三	周四	周五	周六	周日
早餐	红枣核桃糕	肉末菜粥	鸡蛋灌饼			肉末菜粥	三明治

做元宝馄饨的时间可能是周四也可能是周五。答案选 B。

9. 答案 C

题干信息	题干推理：A→B，¬A→C，因为A∨¬A，所以B∨C。

选项	解释	结果
A	选项推理：A→B，A→C，因为¬B∨¬C，所以¬A。与题干不一致。	淘汰
B	选项推理：A→B，C→B，因为A∨C，所以B。与题干不一致。	淘汰
C	选项推理：A→B，¬A→C，因为A∨¬A，所以B∨C。与题干一致。	正确
D	选项推理：A→B，¬A→B，因为A∨¬A，所以B。与题干不一致。	淘汰
E	题干推理：A→B，C→D，因为¬A∨¬C，所以¬B∨¬D。与题干不一致。	淘汰

10. 答案 D

题干信息	①每个系有三位领导管理，每位领导至少管理两个系，并且甲和丁不会管理相同的系； ②甲去汉语言系∨乙去汉语言系→甲去管理系∧乙去管理系； ③甲、丙、丁至少有两人去化学系→甲去管理系∧丙去管理系∧丁去管理系； ④乙去汉语言系→甲去数学系∧丙去数学系∧戊去数学系； ⑤乙去汉语言系。（确定信息）

解题步骤

第一步	本题属于"多对多"的"假言+对应"的综合推理题，由于存在确定信息，故优先从确定信息入手，结合表格进行推理。
第二步	将确定信息⑤代入④中可知，甲、丙和戊三人都去数学系；再将确定信息⑤代入②可知，甲和乙去管理系，结合①可知，丁不去管理系；由①可知，甲和丁不会管理相同的系，结合③可推得，甲、丙和丁三人中至多有一人去化学系，再联合①可知，由于每个系有三位领导管理，故乙和戊去化学系，作表如下：

· 52 ·

逻辑模拟试卷（五）答案与解析

（续）

<table>
<tr><td rowspan="2">第二步</td><td colspan="7">解题步骤</td></tr>
<tr><td></td><td>物理系</td><td>化学系</td><td>管理系</td><td>数学系</td><td>汉语言系</td></tr>
<tr><td rowspan="5"></td><td>甲</td><td></td><td></td><td>√</td><td>√</td><td></td></tr>
<tr><td>乙</td><td></td><td>√</td><td>√</td><td>×</td><td>√</td></tr>
<tr><td>丙</td><td></td><td></td><td></td><td>√</td><td></td></tr>
<tr><td>丁</td><td></td><td></td><td>×</td><td>×</td><td></td></tr>
<tr><td>戊</td><td></td><td>√</td><td></td><td>√</td><td></td></tr>
<tr><td></td><td colspan="6">（每行至少 2√，每列 3√）</td></tr>
<tr><td>第三步</td><td colspan="7">由于题干条件均已用完但答案未出，且观察可发现，选项均为假言判断，故此时可考虑代入选项排除法。
若甲去汉语言系，则结合表格可知，无法得到确定信息，故排除 A 和 B。
若丁去汉语言系，则结合表格可知，无法得到确定信息，故排除 C。
若丙去化学系，由①可知，化学系一列共 3√2×，结合表格可知，甲和丁都不去化学系；此时丁行已有 3×，由①可知丁行至少有 2√，则丁一定会去物理系和汉语言系，故答案选 D。</td></tr>
<tr><td>提　示</td><td colspan="7">考生可自行验证 E 选项。</td></tr>
</table>

11. 答案 A

题干信息	紧扣主张的理由：前提：疫苗的使用是一个人一次。→结论：疫苗的销量小。	
选项	解释	结果
A	选项说明存在他因导致销量可能会大，虽然每人只是一次，但是适用对象基数大，销量可能很大。直接削弱题干结论。	正确
B	选项支持题干理由，"可替代"可能导致疫苗销量小。	淘汰
C	医药公司销售的产品与疫苗销量无关，不能削弱。	淘汰
D	选项不涉及销量，不能削弱。	淘汰
E	选项不涉及销量，不能削弱。	淘汰

12. 答案 B

题干信息	①每周工作时间超过 50 小时（P1）→获得每周的超勤奖（Q1）； ②获得每周的出勤奖（P2）→每周工作时间超过 40 小时（Q2）； ③该公司一共有 17 名员工，在九月的最后一周，一共有 7 名员工本周工作时间超过 50 小时，而其余 10 名员工的工作时间都不足 40 小时。	
选项	解释	结果
I	获得超勤奖，肯定 Q1，什么都推不出。	不能推出
II	根据条件②可知获得出勤奖的员工一定工作超过 40 小时，结合条件③可知该公司员工中工作超过 40 小时一定是超过 50 小时的，再结合条件①可知一定获得超勤奖。	能推出

53

(续)

选项	解释	结果
Ⅲ	获得超勤奖的员工一定大于等于7人，但无法确定具体有几人，进而也无法判断是否超过员工总数的一半。（考生注意，如果P，那么Q为真时，P发生，Q一定发生，但P不发生时，Q仍可能发生，即存在其他原因也能获得超勤奖的情况）	不能推出

13. 答案 A

题干信息	回答结果发现，这三个人都判断对了5道题，判断错了2道题。

解题步骤		
第一步	因为三人都判断对了5道题，判断错了2道题。那么，对任何两个人来说，他们至少共同判断对了三道题。（考生在这里思考一下，任意两个人每个人都答5道题，5+5-7=3）	
第二步	对甲、乙两人来说，就有2、4、5三道题答案相同且判断对了，同样，对乙、丙来说，有1、5、6三道题，对甲、丙来说，有3、5、7三道题。所以这七道题的正确答案如下：	

1	2	3	4	5	6	7
正确	错误	正确	错误	错误	正确	正确

答案选 A。

14. 答案 C

题干信息	整理题干差异：最近10年中，基于商用渔船单位捕捞量的调查数据明显上升，而基于研究考察渔船抽样捕捞量的调查数据却明显下降。 考生注意，要想解释差异，最好的方式就是指出二者之间的其他差异。

选项	解释	结果
A	单方面指出商用渔船少报数量的现象，不涉及近10年来商用渔船和考察渔船的差异，不能解释。考生试想，考察渔船也可能少报数量。	淘汰
B	考察渔船数量多，对于结果的公正性更有利，但是也只是单方面强调考察渔船的情况，不涉及近10年来商用渔船和考察渔船的差异，不能解释。	淘汰
C	题干强调的差异是最近10年才产生的，因此差异的时间范围一定是近10年，选项直接指出了技术进步的差异，很好的解释。只有B和C选项涉及近10年的时间范围，可快速淘汰其他选项。	正确
D	选项虽然指出了商用渔船和考察渔船的差异，但不涉及近10年的范围，如果近10年二者一直沿用不同的方法，对结果可能不会造成影响。	淘汰
E	选项不能解释，没达到法律允许的最大捕捞量，那么实际捕鱼量是多少无法判断。	淘汰

逻辑模拟试卷（五）答案与解析

15. 答案 D

16. 答案 B

题干信息	① 赵和孙不能排练同一舞台剧。 ② 钱在《明月几时有》→李在《明月几时有》。 ③ 周在《明月几时有》→孙在《基督山伯爵》。 ④ 吴必须在《基督山伯爵》。 ⑤ 舞台剧《明月几时有》有 3 名成员；舞台剧《基督山伯爵》有 4 名成员。

解题步骤		
第一步	由 15 题的附加条件"赵在《基督山伯爵》"，结合题干信息①可知，孙在《明月几时有》。再联合信息③可知，周在《基督山伯爵》。确定的分组情况如下：	
	《明月几时有》	孙
	《基督山伯爵》	赵、周、吴
	因此 15 题答案选 D。	
第二步	从 16 题的附加条件"周和孙同组"入手，若周和孙都在《明月几时有》，则与条件③矛盾，因此可知：周和孙都在《基督山伯爵》。	
第三步	由上一步推理，结合条件④可知：吴、周和孙都在《基督山伯爵》。此时再考虑条件②，若李不在《明月几时有》（也就是在《基督山伯爵》），则钱不在《明月几时有》（也就是在《基督山伯爵》），此时《基督山伯爵》有 5 个人，矛盾。因此可得：李一定在《明月几时有》。	
第四步	由上一步推理，结合条件①可知：赵在《明月几时有》。 此时的分组情况如下：	
	《明月几时有》	赵、李
	《基督山伯爵》	孙、周、吴
	剩余的钱和郑分别一组一个人，但无法判断各在哪一个组。由此可知，16 题答案选 B。	

17. 答案 D

题干信息	题干的推理形式为：甲：A 具有 B，这说明 A 有助于 B。乙：A 是因为有 B。（因为 B，所以 A=A 是因为有 B）	
选项	解释	结果
A	选项的推理形式为：甲：A 具有 B，说明 A 增加 B。乙：A 导致 C，C 导致 B，与题干推理不一致。	淘汰
B	选项的推理形式为：甲：A 具有 B，说明 A 导致 B。乙：C 导致 A，C 导致 B，与题干推理不一致。	淘汰
C	选项的推理形式为：甲：A 具有 B，说明 A 导致 B。乙：A 具有 ¬B，¬A 具有 B，与题干推理不一致。	淘汰

55

(续)

选项	解释	结果
D	选项的推理形式为：甲：A 具有 B，因此 A 有助于 B。乙：A 是因为有 B，与题干推理一致。	正确
E	选项的推理形式为：甲：A 具有 B，说明 B 帮助 A。乙：B 导致部分 A，但 C 导致更多 A，与题干推理不一致。	淘汰

18. 答案 B

题干信息	① 志意修（P1）→骄富贵（Q1），道义重（P2）→轻王公（Q2）； ② 君子（P3）→役物（Q3），小人（P4）→役于物（Q4）。

选项	解释	结果
A	选项=¬P1→¬Q1，与题干推理不一致。	淘汰
B	选项=¬Q2→¬P2=P2→Q2，与题干推理一致。	正确
C	题干不涉及"事乱君"和"事穷君"之间的比较，故无法判断选项的真假。	淘汰
D	题干不涉及该推理，故无法判断选项的真假。	淘汰
E	选项=Q4→P4，与题干推理不一致。	淘汰

19. 答案 B

	解题步骤
第一步	观察题干只涉及"比例"问题，因此优先考虑建立"比例"关系。
第二步	由题干可知，2013 年新加坡平均每人消耗的香烟量=新加坡香烟消耗总量/新加坡的人口总数，而到 2016 年时，新加坡平均每人消耗的香烟量 = 2013 年新加坡香烟消耗总量×(1+3.4%)/2013 年新加坡的人口总数×(1+5%)，由于分子上升的幅度小于分母上升的幅度，故分数值应变小，故可得答案 B。

20. 答案 E

题干信息	① 王华既不排在队伍的前端，也不排在队伍的末尾=王华的可选位置是 2、3、4、5； ② 王伟不在队伍的最后面，在她和队伍末尾之间有两个人，王伟的位置是 3； ③ 位于队伍末尾的不是李伟=李伟的可选位置是 1、2、3、4、5； ④ 赵华没有排在队伍的最前面，他前面和后面都至少各有两个人=赵华的可选位置是 3、4； ⑤ 张华前面至少有 4 个人，但张华也不在队伍的最后面=张华的位置是 5。

	解释

综合以上信息可知，王伟的位置是 3，张华的位置是 5，赵华的位置是 4。
根据题干的信息作表如下：

1	2	3	4	5	6
李伟	王华	王伟	赵华	张华	李华

因此答案选 E。

逻辑模拟试卷（五）答案与解析

21. 答案 C

题干信息	① 25%的受访者把自己归为保守派； ② 24%的受访者把自己归为激进派； ③ 51%的受访者把自己归为中间派； ④ 77%的受访者所支持的观点被普遍认为代表了激进派的立场。
解题步骤	
第一步	25%+77%>100%，说明⑤把自己归为保守派的受访者和支持代表激进派立场的受访者之间有交集。 24%+77%>100%，说明⑥把自己归为激进派的受访者和支持代表激进派立场的受访者之间有交集。 51%+77%>100%，说明⑦把自己归为中间派的受访者和支持代表激进派立场的受访者之间有交集。
第二步	由⑦有的把自己归为中间派的受访者支持某个被认为代表了激进派立场的观点推不出有的不支持，A 选项中真假不知，同理 D 选项真假不知。 由⑤可知 C 一定为真；题干不涉及 B、E 选项相关信息，故真假不知。

22. 答案 A

23. 答案 D

题干信息	①孟荀与韩瑾同组。 ②孔睿在第一天值班（P）→张珊在第二天值班（Q）。 ③孙珊在第三天值班（P）→李思在第二天值班（Q）。

解题步骤

本题属于典型的"分组题"，首先明确分组情况，6 个人分三组，每组 2 个人，分组情况为：2、2、2。

22题	第一步	由于韩瑾在第二天值班，结合条件①可知，韩瑾和孟荀都在第二天值班，此时第二天值班的人就凑齐了，剩余的人不能在第二天值班。
	第二步	由上一步可知，张珊不在第二天值班，结合条件②可知，孔睿不在第一天值班，只能在第三天值班；李思不在第二天值班，结合条件③可知，孙珊不在第三天值班，只能在第一天值班。剩下的张珊和李思一个在第一天，另一个在第三天，无法判断。观察选项可知，答案选 A。
23题	第一步	题干给出附加条件"张珊和孔睿同组"，结合①（孟荀与韩瑾同组），进而可知剩下的李思和孙珊同组。
	第二步	涉及"李思和孙珊"的条件是③，此时若孙珊在第三天值班，那么李思在第二天值班，两个人无法满足同组的条件，故可知孙珊不在第三天值班。观察选项可知，答案选 D。

24. 答案 D

题干信息	60 个在胎儿阶段习惯吮吸右手的孩子习惯用右手；15 个在胎儿阶段习惯吮吸左手的长大后有 10 个仍旧习惯用左手，另外 5 个则变成"右撇子"。

选项	解释	结果
A	选项能被支持，75 个孩子中有 65 个是"右撇子"，说明"右撇子"占大多数。	淘汰
B	选项能被支持，75 个孩子中，有 70 个孩子的偏侧性在胎儿时期已经形成。	淘汰
C	选项能被支持，"右撇子"长大后仍然是"右撇子"，而左撇子可能变成"右撇子"。	淘汰
D	选项不能被支持，大部分人的偏侧性从胎儿时期就已形成，而且变化的概率较小。	正确
E	选项能被支持，偏侧性随着年龄而变化的人占少数。	淘汰

25. 答案 A

题干信息	①龙祥咨询公司的工作人员→对豫市某些市辖区进行家庭疫苗接种意向调查。 ②中正咨询公司的工作人员→对鲁市所有市辖区都进行了家庭疫苗未接受原因调查。 ③刘耀文对豫市所有市辖区都进行了家庭疫苗接种意向调查∧没有到城关区进行家庭疫苗未接受原因调查。（确定信息） ④刘程鑫对安宁区进行了家庭疫苗未接受原因调查∧没有对豫市的所有市辖区进行家庭疫苗接种意向调查。（确定信息）

解题步骤	
第一步	本题属于"有确定信息+假言判断"的推理题型，将确定信息代入题干推理即可快速解题。
第二步	由于确定信息③肯定了①中的 Q 位，故无法得到确定信息；将③代入到②中可知，如果刘耀文是中正咨询公司的工作人员，则刘耀文对鲁市所有市辖区都进行了家庭疫苗未接受原因调查，又因为刘耀文没有到城关区进行家庭疫苗未接受原因调查，故可知城关区不是鲁市的，故答案选 A。

26. 答案 C

题干信息	题干的结构为：如果 A，就不 B。但是，除非 A，否则 C。所以，如果 B，就 C。

选项	解释	结果
A	与题干的核心词不一致。	淘汰
B	与题干的核心词、否定词不一致。	淘汰
C	与题干一致。	正确
D	与题干的否定词不一致。	淘汰
E	与题干的否定词不一致。	淘汰

逻辑模拟试卷（五）答案与解析

27. 答案 D

题干信息	①娱乐节目→以取悦观众为目的 ②以取悦观众为目的行为→商业行为 ③商业行为→有相关产业利益驱动 ④有的商业行为⇒以公益扶助为目的
解题步骤	
第一步	根据首尾相连的原则，联合①②③得：⑤所有的娱乐节目→以取悦观众为目的→商业行为→有相关产业利益驱动。
第二步	从"有的"出发，根据首尾相连的原则，联合③和④可得：⑥有的以公益扶助为目的⇒是商业行为⇒有相关产业利益驱动。故可快速得出答案选 D。

28. 答案 D

题干信息	① B 是鸟→A 不是哺乳动物； ② C 是哺乳动物∨A 是哺乳动物。 ③ B 不是鸟→D 不是鱼。 ④ D 是鱼∨E 不是昆虫。
解题步骤	
第一步	本题属于"假言+补前提"题型，由于题干没有确定信息而问题求"C 是哺乳动物"，故可优先考虑串联（"C 是哺乳动物"应出现在 Q 位）。
第二步	观察题干条件，若要"C 是哺乳动物"出现在 Q 位，则需要"A 不是哺乳动物"；若要"A 不是哺乳动物"，则需要"B 是鸟"；若要"B 是鸟"，则需要"D 是鱼"；而若要"D 是鱼"，则需要"E 是昆虫"。
第三步	整理上一步得到的信息如下： 联合①②③④可得：E 是昆虫──④──→D 是鱼──③──→B 是鸟──①──→A 不是哺乳动物──②──→C 是哺乳动物，故答案选 D。

29. 答案 E

30. 答案 B

题干信息	① 赵宇和刘冰同组比赛。 ② 何敏紧挨在孙楠右边的场地比赛。 ③ 王勇在 1 号场地比赛。 ④ 2 号场地和 3 号场地的比分互不相同；1 号场地和 4 号场地的比分也互不相同。 ⑤ 与李伟同组的人的比分均高于与田蕊同组的人的比分。 ⑥ 与杜杨同组的人的比分跟与田蕊同组的人的比分有相同的。 ⑦ 1 号场地比赛的两人的比分之和低于 3 号场地两人的比分之和，也低于 4 号场地两人的比分之和。 ⑧ 场地从左至右：1 号、2 号、3 号、4 号场地。四个场地的比分分别是：6∶5、3∶2、4∶1、5∶4（比分顺序不确定）。

(续)

	解题步骤
第一步	梳理题干条件，适当进行转化，寻找确定信息。 由⑤可得：李伟不和田蕊一组。由⑥可得：杜杨不和田蕊一组。再联合①赵宇和刘冰同组，因此可得：田蕊和王勇一组。结合③可得出确定结果：田蕊和王勇一组，在1号场地。
第二步	由题干信息⑧可知，比分之和分别是11、5、5、9。所以结合信息⑦，1号场地比分和＜3号场地的比分和，1号场地的比分和＜4号场地的比分和。因此，1号场地的比分和只能是5。
第三步	由题干信息④可知，2号场地和3号场地是一种组合，1号场地和4号场地是另一种组合。两种组合的搭配只能是4∶1和6∶5一组，3∶2和5∶4一组，如此才能是比分互不相同。
第四步	由前三步可知，1号场地的情况是：田蕊和王勇一组，比分是4∶1或3∶2。再结合信息⑥可得：与杜杨同组的和与田蕊同组的人中比分有相同的，故相同的只能是"4"。根据第三步可知，1号场地的比分是4∶1，此时4号场地的比分就是6∶5。
第五步	此时可得：与杜杨同组的比分是5∶4。结合信息⑤可得：与李伟同组的人的比分只可能是6∶5，在4号场地。结合信息①和②可得：赵宇和刘冰在2号场地；何敏在4号场地，与李伟一组；孙楠在3号场地与杜杨一组。那么3号场比分为5∶4，2号场比分为3∶2。最后结果如下表： | 场地	1号	2号	3号	4号
---	---	---	---	---
男生	王勇	赵宇	杜杨	李伟
女生	田蕊	刘冰	孙楠	何敏
比分	4∶1	3∶2	5∶4	6∶5
比分之和	5	5	9	11	 由此可得，29题答案选E，30题答案选B。

逻辑模拟试卷（六）答案与解析

序号	答案	知识点与考点	序号	答案	知识点与考点
1	E	形式逻辑—假言判断	16	E	形式逻辑—假言判断
2	E	形式逻辑—假言判断	17	B	论证逻辑—评价
3	A	论证逻辑—支持	18	D	形式逻辑—结构相似
4	E	形式逻辑—信息比照	19	E	论证逻辑—推结论
5	C	论证逻辑—假设	20	B	论证逻辑—削弱
6	E	形式逻辑—假言判断	21	B	形式逻辑—结构相似
7	B	论证逻辑—支持	22	E	分析推理—排序
8	C	分析推理—排序	23	D	论证逻辑—定义
9	A	分析推理—排序	24	C	论证逻辑—解释
10	E	论证逻辑—对话焦点	25	E	论证逻辑—支持
11	D	论证逻辑—支持	26	A	分析推理—分组
12	A	分析推理—数据分析	27	E	分析推理—分组
13	B	论证逻辑—假设	28	B	形式逻辑—假言判断
14	C	论证逻辑—支持	29	A	分析推理—分组
15	D	形式逻辑—结构相似	30	C	分析推理—分组

1. 答案 E

题干信息	基本依赖传统能源向逐步实现能源清洁化转变（P1）→可靠的技术支持（Q1/P2）→各种研究机构的建立和发展（Q2/P3）→政策和资金支持（Q3）。	
选项	解释	结果
A	选项=Q2→P2，不符合假言判断推理规则。	淘汰
B	选项=Q3→P3，不符合假言判断推理规则。	淘汰
C	选项=Q3→P1，不符合假言判断推理规则。	淘汰
D	选项=¬P2→¬Q3，不符合假言判断推理规则。	淘汰
E	选项=¬Q3→¬P1=P1→Q3，符合假言判断推理规则，一定为真，故能得出。	正确

2. 答案 E

题干信息	①君子→喻于义。 ②小人→喻于利。 ③小人→不喻于义。 ④有的君子喻于利。

· 61 ·

（续）

选项	解释	结果
A	选项=君子→喻于义，和题干信息①表达一致，一定为真。	淘汰
B	选项=喻于义→君子，肯定题干信息①的Q位，真假不确定。	淘汰
C	选项=小人→喻于利，和题干信息②表达一致，一定为真。	淘汰
D	选项=喻于义→不是小人=小人→不喻于义。和题干信息③表达一致，一定为真。	淘汰
E	选项=喻于利→不喻于义。联合题干信息①④可得：有的喻于利⇒君子⇒喻于义。选项与之构成矛盾，故该选项一定假。	正确

3. 答案 A

	解题步骤
第一步	确定题型——"保障因果"。
第二步	锁定因果。"因"：比其他公司有更多的国际业务。"果"：净利润总额排名中位列第一。
第三步	分析因果。A 选项，无因无果的假设思路。"与壳牌公司规模相当但国际业务少（无因）的石油公司的利润都比壳牌石油公司低（无果）"。答案选 A。

4. 答案 E

题干信息	①曙光智能擅长生产智能音箱、智能家居和智能穿戴。 ②华业智能擅长生产智能家居、智能小电和智能大电。 ③祥瑞智能擅长生产智能小电和智能大电。 ④一个公司不能同时生产三种产品，两个公司也不能生产相同的产品。

	解题步骤
第一步	由于题干没有给出确定的信息，而问题求解"可能真"，此时优先考虑代入选项排除的方法。
第二步	逐一代入选项验证。 |	曙光智能	华业智能	祥瑞智能	结果
---	---	---	---	---
A 选项	智能音箱 智能大电	智能家居	智能穿戴 智能小电	曙光智能不擅长生产智能大电，淘汰
B 选项	智能音箱 智能家居	智能小电 智能大电	智能穿戴	祥瑞智能不擅长生产智能穿戴，淘汰
C 选项	智能音箱 智能大电	智能家居 智能小电	智能穿戴	祥瑞智能不擅长生产智能穿戴，淘汰
D 选项	智能音箱	智能家居 智能大电	智能小电 智能穿戴	祥瑞智能不擅长生产智能穿戴，淘汰
E 选项	智能音箱 智能穿戴	智能家居	智能小电 智能大电	符合题干要求	 故答案选 E。

逻辑模拟试卷（六）答案与解析

5. 答案 C

	解题步骤
第一步	整理题干论证。 前提：20 世纪 50 年代癌症病人在病情发现后经过治疗生活了至少 5 年；而现在生活了 7 年。 结论：医疗技术使得癌症病人在病情被发现后生活的时间长。
第二步	分析题干论证。题干论证认为是由于医疗技术的差异导致在病情被发现后生活时间长短的差异，因此需要保证没有其他差异会导致生活时间长短的差异。C 选项恰好保证前提差异是唯一的，如果发现病情的时间在现在早于 20 世纪 50 年代，那么现在的病人很可能是由于发现病情更早导致发现病情后生活时间更长，与医疗技术就无关了，因此 C 必须假设。
提 示	A 选项不需假设，题干论证前后都是"接受治疗的癌症病人"，而不是"癌症病人"，因此与癌症病人接受治疗的比例无关；B 选项与题干论证无关；D 选项强调内科医生的预测，也与题干论证的"医疗技术"无关；E 选项不需要假设，考生试想，题干论证的是"平均数"，如此一来就与样本数量无关了。答案选 C。

6. 答案 E

题干 信息	① P：有鸡 → Q：要有鱼 ② P：没有鲍鱼 → Q：有海参 ③ 甲鱼汤和乌鸡汤不能都有 = P：没有甲鱼汤 ∨ Q：没有乌鸡汤 ④ P：没有鸡 ∧ 有鲍鱼 → Q：有甲鱼汤 ⑤ 有乌鸡汤

	解题步骤
第一步	将⑤代入③，根据选言判断否定一个必肯定另一个可得：¬Q：有乌鸡汤 → P：没有甲鱼汤。
第二步	将没有甲鱼汤代入④，根据假言判断 ¬Q→¬P 的规则可得⑥有鸡 ∨ 没有鲍鱼。
第三步	将⑥与①、②结合，根据假言判断 P→Q 的规则可得：有鱼 ∨ 有海参。答案选 E。

7. 答案 B

题干 信息	目的：使所有出来的土豆线囊虫饿死。 方法：在没有种土豆的地里喷洒相关化学物质，让土豆线囊虫出来。

	解题步骤
第一步	要支持题干论证应该搭建方法和目的之间的桥梁，即出来的土豆线囊虫在没有土豆的地里会被饿死。
第二步	B 选项是一个必要的假设，涉及了方法和目的之间的关系，最能支持。考生可以考虑加非验证，如果不是只吃土豆的根，那么土豆线囊虫出来后不一定会饿死。
第三步	考生容易错选 D 选项。考生注意，题干的最终目的是让"所有出来的土豆线囊虫饿死"而不是让"所有土豆线囊虫饿死"，所以线囊虫出来多少并不是本题的重点，重点是只要是出来的就能被"饿死"，因此 B 选项更契合题干最终的目的。

8. 答案 C

解释	某一个上午化验了第 6 项，另根据②与⑤，可知第 6 项是在周三上午化验。由⑤知第 8 项在周一下午完成。又因为第 2 项在第 7 项之前，且第 2 项在下午化验，所以第 2 项在周二下午化验。因此还有第 1、第 3、第 5 这 3 项未确定。答案选 C。

9. 答案 A

解释	第 2、第 5 和第 8 项是在下午化验，因此最多只有一个下午可以被用来安排第 1 项或第 3 项，因为第 6 项要在第 4 项之后化验，所以周三上午、周四下午、周五下午这 3 个未定空格要为第 6 项保留一个，无论第 6 项安排在哪一个空格，第 1 项为了在第 3 项之前化验，必然安排在周一上午。答案选 A。（考生可以依据第 6 项位置，依次穷举其余各项安排，以此作为思维练习）

10. 答案 E

题干信息	对话焦点题。首先分析对话双方的论证结构，根据不同结构判断选项： 软饮料制造商：饮料力派克增加了钙的含量，钙对骨骼非常重要→经常饮用力派克会使孩子更健康。结构属于 X→Y。 消费者代表：力派克中同时含有大量的糖分→经常饮用大量的糖不利于孩子健康。结构属于 Z→¬Y。

解题步骤	
第一步	分析结构，消费者代表显然是通过其他前提推出了相反的结论。
第二步	分析选项，E 选项直接指出他因削弱的方式。双方都提到了"经常饮用""大量"，因此与饮用量无关，故 D 选项不正确。

11. 答案 D

题干信息	论证对象：百岁老人（超过某个年龄段）。 前提：①不是生活方式（抽烟、喝酒、吃肥肉并且缺少运动等不健康的生活方式），而是②遗传因素。→结论：决定人的寿命。

选项	解释	结果
A	选项不涉及非独生子女的兄弟姐妹是否健在，故支持力度有限。	淘汰
B	选项属于"存在他因"的削弱，指出是更好的医护条件导致寿命更长。	淘汰
C	选项指出遗传因素能影响寿命，但是却不涉及"不健康的生活方式"对人的寿命的影响，故支持力度不如 D 选项。	淘汰
D	选项直接指出不是①，而是②决定了人的寿命，支持力度最强。	正确
E	选项指出遗传因素不利于人们长寿，削弱题干结论。	淘汰

12. 答案 A

题干信息	① 某省妇女儿童占全省总人口的2/3。 ② 妇女是指所有女性人口，儿童是指所有非成年人口。（此条件实则指出男女是矛盾关系，构成全集；儿童和成年人是矛盾关系，构成全集） ③ 对任一年龄段，该省男女人口数量持平。 很明显这是一道概念划分的题目，严格按照《逻辑精点》强化篇第156~158页"数据分析题目解题技巧"来解题即可。
	解题步骤
第一步	画出表格： <table><tr><td></td><td>成人</td><td>儿童</td></tr><tr><td>男性</td><td>A</td><td>B</td></tr><tr><td>女性</td><td>C</td><td>D</td></tr></table>
第二步	用字母表示题干中的已知信息。 设总人口为1，则有：①A+B+C+D=1；②B+C+D=2/3；③A=C；④B=D。 由①②可知 A=1/3；根据③可知 C=1/3；所以 B+D=1/3，即 B=D=1/6。
结 果	答案为 A。

13. 答案 B

题干信息	前提：西医可以解决很多中医无法解决的病症，而中医治愈了很多令西医束手无策的难题。 结论：针对某些复杂疾病，中西医结合的治疗方法是有必要的。
选项	解释	结果
A	选项不必假设，考生试想，题干论证要想成立，只需保证中医和西医结合后的治疗效果好就行，不必保证扬长避短，题干只强调结合的必要性，必须保证不结合不能治疗才行。	淘汰
B	选项必须假设，题干强调结合的必要性，必须保证不结合不能治疗才行，因此必须假设单独的中医或西医都不能治疗。	正确
C	选项不必假设，题干只强调结合的必要性，而不强调事实上是否掌握。	淘汰
D	选项不必假设，考生试想，即便目前没有尝试也没有取得良好效果，并不影响中西医治疗方法结合的必要性，立马尝试就行。	淘汰
E	选项质疑了题干论证，强调不必结合。	淘汰

14. 答案 C

	解题步骤
第一步	整理题干论证：电视卫星发射和运营中发生的大量事故→相应地向承担卫星保险的公司提出索赔的案例大幅增加→保险费大幅上升→发射和运营卫星的成本更加昂贵→增加了目前仍在运行的卫星更多工作负荷的压力。

· 65 ·

(续)

	解题步骤
第二步	构成恶性循环就最能推出结论，C 选项说明，卫星的功能越大，就越有可能出现故障。选项与题干构成恶性循环，电视卫星的成本将继续增加也就成了不争的事实。（考生注意，本题理解十分简单：事故→增加工作负荷。我们只需要把这个循环加上便可：增加成本→事故）

15. 答案 D

题干信息	夫子：A 不 B，C 不 D。 学生：我反对。非 A 是 B，非 C 是 D。	
选项	解释	结果
A	夫子：不 A 不 B，不 C 不 D。 学生：我反对。B 则 A，D 则 C。和题干论证结构不同。	淘汰
B	夫子：A 不 B，C 不 D。 学生：我反对。B 则非 A，D 则非 C。和题干论证结构不同。	淘汰
C	夫子：A 则 B，非 A 则非 B。 学生：我反对。A 则非 B，非 A 则 B。和题干论证结构不同。	淘汰
D	夫子：A 不 B，C 不 D。 学生：我反对。非 A 是 B，非 C 是 D。	正确
E	夫子：A 则 B，C 则 D。 学生：我反对。A 不 B，C 不 D。和题干论证结构不同。	淘汰

16. 答案 E

	解题步骤
第一步	整理题干信息： ① P：理想的科学理论→Q：基于一个足够简单的理论模型 ∧ 它包含对未知事实的确定预测。 ② P：基于一个足够简单的理论模型 ∧ 它包含对未知事实的确定预测→Q：理想的科学理论。 联合①和②可得：P 是 Q 的充要条件。
第二步	分析选项。A 和 B 选项均可由信息①得出。②可等价变形为：不是足够简单的理论模型 ∨ 没有包含对未知事实的确定预测 ∨ 理想的科学理论。再根据选言判断"否定必肯定，肯定不确定"的原则，可判定 C 和 D 均为真。E 无法判断真假。

17. 答案 B

题干信息	前提：20 世纪 70 年代中期长沙马王堆汉墓"女尸"的尸骨保存之完好举世罕见。→结论：秦始皇的遗体也会完好地保存下来。

（续）

选项	解释	结果
Ⅰ	搭桥支持，马王堆的修建日期和秦代很近，说明题干论证中长沙马王堆汉墓"女尸"和秦始皇遗体之间具有相关性，注意限定词"不足"。	支持
Ⅱ	削弱，"长期颠簸"和"从死到下葬间隔近两个月"，说明秦始皇的遗体可能不能完好地保存。	削弱
Ⅲ	无关，题干论证的是"长沙马王堆汉墓'女尸'"和"秦始皇遗体"之间的关系，与秦陵地宫是否被盗无关。	无关

18. 答案 D

题干信息	A，¬A→B（其中B为不可能真的谬论）。考生注意，题干使用的是归谬法。		
选项	解释		结果
A	选项=A，¬A→B，但B不是谬论，与题干的推理形式不一致。		淘汰
B	选项=A→B∧C∧D，与题干的推理形式不一致。		淘汰
C	选项=有的A⇒B，B→C，所以有的A⇒C，与题干的推理形式不一致。		淘汰
D	选项=A，¬A→B（其中B为不可能真的谬论），与题干的推理形式一致。		正确
E	选项使用的是归纳法，与题干的推理形式不一致。		淘汰

19. 答案 E

题干信息	①针对办公室白领人员：夏季，高于30℃时，无法达到完成最低工作指标的平均效率；在22~30℃之间，随着温度降低，效率提高（呈现负相关）。 ②针对办公室白领人员：冬季，低于5℃时，无法达到完成最低工作指标的平均效率；在5~15℃之间，随着气温升高，效率提高（呈现正相关）。 ③针对车间蓝领工人：在5~30℃之间，效率与温度没有直接关系。		
选项	解释		结果
A	选项推不出，由③只能知道没有直接关系，但是否有间接关系不得而知，"浪费"的断定太过绝对。		淘汰
B	不符合信息③，车间低于5℃的情况，题干不涉及相关信息。		淘汰
C	题干不涉及"春秋"两季，故选项推不出。		淘汰
D	不符合信息①，夏季高于30℃时无法达到平均效率，更比较不出来31℃和32℃的情况。		淘汰
E	选项符合信息②，在5~15℃之间，温度和效率呈现正相关，也就是15℃时效率最高，能推出。		正确

· 67 ·

20. 答案 B

	解题步骤
第一步	分析题干论证。"在制定开发计划时也同时制定了版权申请计划的仅占20%，软件开发工作者的'版权意识'十分淡漠，不懂得通过版权来保护自己的合法权益"。
第二步	关注限定词"开发计划时"，考生应当训练对题目的敏感度，能够想到和分析"开发计划前"与"开发计划后"。再比如：如果题干讲到"骑自行车的人"，马上应该能联想到"不骑自行车的人"和"开机动车的人"等等，也就是要有集合穷举思想。
第三步	分析选项。

选项	解释	结果
A	直接否定结论，其力度不如B选项削弱论证关系强，也就是前提和结论的关系。若题干信息中没有"在制定开发计划时"，该选项削弱力度最大，使用方法是"割裂假设"，考生认真思考一下。	淘汰
B	直接削弱论证关系。	正确
C	一般而言，如果选项中含有"有些"，一般不是削弱和加强的优选项。	淘汰
D	没有涉及题干论证。	淘汰
E	削弱的是背景信息，力度较弱。	淘汰

21. 答案 B

题干信息	推理结构为：①大多数的A是B；②大多数的A是C；所以③大多数的A是B且C。推理错误，两个特称的前提什么也推不出。

选项	解释	结果
A	推理结构为：①A→B；②A→C；所以，③A→B且C。推理正确。	淘汰
B	和题干推理结构一致。	正确
C	推理结构为：A→B→C，因为C，所以A且B。推理错误。	淘汰
D	两个"经常"概念不一致，推理错误。	淘汰
E	"烹调好手""喜欢美食"和"饭菜可口"之间没有关系，推理错误。	淘汰

22. 答案 E

题干信息	前提：① 朱利>陈文>李强>宋颖；② 朱利>王平>宋颖。结论：陈文>张明。

选项	解释	结果
A	选项不涉及张明，故推不出。	淘汰
B	即便王平=张明，但仍然无法判断陈文和张明的分数大小关系。	淘汰
C	即便张明比宋颖分数高，但还是无法判断陈文和张明的分数大小关系。	淘汰
D	即便张明比朱利分数低，但是张明和陈文的分数大小关系无法判断。	淘汰
E	补充李强>张明，结合①可得：陈文>李强>张明。故选项正确。	正确

23. 答案 D

	题干信息	企业内部员工通过彼此之间相互交流知识,使得知识由个人的经验扩散到整个组织的层面。	
选项		解释	结果
A		选项不涉及"企业内部员工之间相互交流知识",不属于知识共享。	淘汰
B		题干的论证主体是"企业内部员工",而非"学生",不属于知识共享。	淘汰
C		选项不涉及"企业内部员工之间相互交流知识",不属于知识共享。	淘汰
D		"举行部门会议进行交流"符合"企业内部员工之间相互交流知识","参与销售人员讲授技巧"符合"知识由个人的经验扩散到整个组织的层面",因此属于知识共享。	正确
E		选项不涉及"企业内部员工之间相互交流知识",不属于知识共享。	淘汰

24. 答案 C

题干信息	根据但是,找到矛盾的双方: 仿制药物和拥有商标的原创药物在活性成分上既相同又等量(同)。但是,仿制药物有时候在服用效果上和原创药物相比又存在着一些重要的不同(差)。	
选项	解释	结果
A	选项与题干矛盾无关,不能解释。	淘汰
B	选项不能解释,即便不知道仿制药物的量,但是由于仿制药物和原创药物是等量的,就可以直接服用同等的仿制药物即可。	淘汰
C	该项补充了仿制药物和原创药物在非活性成分上的差,并且表明该种差导致了两种药物的"服用效果"差,解决了题干矛盾。	正确
D	选项不涉及服用效果为何不同,不能解释。	淘汰
E	选项不能解释,题干不涉及老年人和其他人的差异比较。	淘汰

25. 答案 E

题干信息	前提:做笔记能够对文章的主要内容进行标注。→结论:与单纯的浏览相比,做笔记能够取得更优的阅读效果。	
选项	解释	结果
A	选项削弱题干论证,说明做笔记不能取得更优的阅读效果。	淘汰
B	选项不涉及"阅读"的效果,故无法支持。	淘汰
C	选项不涉及"阅读"的效果,故无法支持。	淘汰
D	选项不涉及"阅读"的效果,故无法支持。	淘汰
E	选项直接搭桥,建立"主要内容(要点)"和"阅读效果"的关系,最能支持。	正确

26. 答案 A

题干信息	①美佳销售水果→海奇销售水果。 ②海奇销售水果→海奇销售糕点。 ③美佳销售糕点→新月销售糕点。 ④三家店中两家销售茶叶，两家销售水果，两家销售糕点，两家销售调味品；每家都销售上述4类商品中的2~3种。
\multicolumn{2}{c}{解题步骤}
第一步	本题属于"分组+对应"题型，因此优先考虑分组情况；由条件④可推知，上述分组情况为"3，3，2"。
第二步	根据条件①，结合数字"1"的思想，如果海奇不销售水果，那么美佳不销售水果，此时只能新月销售水果，与条件④中两家商店销售水果相矛盾，因此海奇一定销售水果。将其代入到条件②中可得，海奇销售糕点。结合条件③可推知，若美佳销售糕点，则新月也销售糕点，此时共有三家商店销售糕点，与条件④中两家商店销售糕点相矛盾，因此美佳不销售糕点，答案选 A。

27. 答案 E

题干信息	①美佳销售水果→海奇销售水果。 ②海奇销售水果→海奇销售糕点。 ③美佳销售糕点→新月销售糕点。 ④三家店中两家销售茶叶，两家销售水果，两家销售糕点，两家销售调味品；每家都销售上述4类商品中的2~3种。 ⑤美佳不销售调味品。
\multicolumn{2}{c}{解题步骤}
第一步	由上题和本题附加条件可知，海奇销售水果，美佳不销售糕点和调味品，结合条件④中两家销售糕点和调味品，因此新月和海奇销售糕点和调味品。由于每家商店最多销售3种商品，因此海奇不销售茶叶。
第二步	根据条件④可知，两家销售茶叶，因为海奇不销售茶叶，所以美佳和新月销售茶叶，答案选 E。

28. 答案 B

题干信息	① 钠∨铁；② 铁→锌；③ ¬锌∨¬钠；④ 钠→镁；⑤ 镁→锌。
\multicolumn{2}{c}{解题步骤}
第一步	联合题干信息④和⑤可得：⑥ 钠→镁→锌。
第二步	题干信息③可等价转换为：钠→¬锌。联合题干信息⑥，根据两难推理的公式"因为P→Q；P→¬Q，所以¬P一定为真"可得"¬钠"为真。
第三步	将"¬钠"代入题干信息①可得"铁"，将"铁"代入题干信息②可得"锌"。由此可得出结论：饮料中含有的微量元素是铁和锌。答案选 B。

逻辑模拟试卷（六）答案与解析

29. 答案 A

题干信息	① 14种寿司分七天出售（共14个分七组）。 ② 周四=2种军舰卷；周一、周二、周三、周五、周六、周日这六天相同类型的寿司不同组。 ③ 五目散卷=周日。 ④ 军舰卷和稻荷卷不同组。 ⑤ 箱寿卷和江户卷不同组。

解题步骤

第一步	本题属于典型的"分组题"，由于题干确定信息较少，故优先从"同组、不同组的条件"入手。
第二步	结合①和②可知，周一、周二、周三、周五、周六、周日这六天应该是12种寿司（3种军舰卷+3种稻荷卷+3种箱寿卷+2种江户卷+1种五目散卷）分6组。
第三步	结合②和④可知，军舰卷与军舰卷不同组+稻荷卷与稻荷卷不同组+军舰卷和稻荷卷不同组，也就意味着"3种军舰卷和3种稻荷卷互不同组"，此时恰好满足互不同组时，人数=组数的特殊情况，也就是周一、周二、周三、周五、周六、周日这六天每一天都要出售军舰卷或者稻荷卷中的一种。
第四步	此时的分组情况如下： |	周一	周二	周三	周四	周五	周六	周日
---	---	---	---	---	---	---	---
上午				军舰卷			五目散卷
下午				军舰卷				 观察可知，周日只能是五目散卷+军舰卷，或者是五目散卷+稻荷卷，一定不可能是五目散卷+箱寿卷，故答案选 A。

30. 答案 C

题干信息	① 14种寿司分七天出售（共14个分七组）。 ② 周四=2种军舰卷；周一、周二、周三、周五、周六、周日这六天相同类型的寿司不同组。 ③ 五目散卷=周日。 ④ 军舰卷和稻荷卷不同组。 ⑤ 箱寿卷和江户卷不同组。

解题步骤

第一步	根据本题的附加信息"同类型的寿司连续特价出售"，结合题干的信息②和④可知，剩下的3种军舰卷和3种稻荷卷，一个组合是周一、周二、周三连续，一个组合是周五、周六、周日连续，故3种箱寿卷应该安排在周一、周二、周三，剩下的2种江户卷应该安排在周五和周六。
第二步	由上一步分析可知周六一定安排一种江户卷，另一种可以是军舰卷，也可以是稻荷卷，故答案为C。

逻辑模拟试卷（七）答案与解析

序号	答案	知识点与考点	序号	答案	知识点与考点
1	A	形式逻辑—假言判断	16	D	论证逻辑—削弱
2	D	形式逻辑—假言判断	17	B	论证逻辑—解释
3	B	形式逻辑—结构相似	18	C	分析推理—排序
4	C	分析推理—数据分析	19	E	分析推理—排序
5	E	论证逻辑—对话焦点	20	B	论证逻辑—解释
6	D	形式逻辑—假言判断	21	A	论证逻辑—假设
7	C	论证逻辑—支持	22	A	论证逻辑—逻辑漏洞
8	D	论证逻辑—削弱	23	B	分析推理—对应
9	D	论证逻辑—削弱	24	D	分析推理—真话假话+对应
10	B	形式逻辑—假言判断	25	A	论证逻辑—支持
11	A	论证逻辑—削弱	26	D	论证逻辑—削弱
12	D	分析推理—真话假话	27	A	论证逻辑—削弱
13	D	论证逻辑—削弱	28	B	论证逻辑—支持
14	E	论证逻辑—支持	29	D	分析推理—对应
15	D	论证逻辑—解释	30	D	分析推理—对应

1. 答案 A

题干信息	①适应生产力的发展要求→充分尊重经济规律。 ②没有发挥市场作用∨没有扫除人为障碍→无法实现贸易畅通。 ③发挥市场作用→适应生产力的发展要求。 联合①②③（需先将②进行逆否）可得，④实现贸易畅通（P）$\xrightarrow{②}$发挥市场作用∧扫除人为障碍（Q）$\xrightarrow{③}$适应生产力的发展要求（M）$\xrightarrow{①}$充分尊重经济规律（N）。		
选项	解释		结果
A	选项=P→N，与④推理一致。		正确
B	选项=¬Q→¬M，与④推理不一致，排除。		淘汰
C	选项=N→M，与④推理不一致，排除。		淘汰
D	选项=N→P，与④推理不一致，排除。		淘汰
E	题干不涉及"政治发展规律"，故选项无法判断真假。		淘汰

· 72 ·

逻辑模拟试卷（七）答案与解析

2. 答案 D

题干信息	①一家上市公司的董事会由一半以上的女性构成→该上市公司在决策过程中就会保持理性。 ②某上市公司在决策过程中保持理性→其股价就会保持稳定。 联合条件①②可推得：一家上市公司的董事会由一半以上的女性构成（P1）→该上市公司在决策过程中会保持理性（Q1/P2）→其股价会保持稳定（Q2）。

选项	解释	结果
A	选项=P1→¬Q2，与题干推理不一致。	淘汰
B	选项=P1→¬Q2，与题干推理不一致。	淘汰
C	选项=¬Q2→P1，与题干推理不一致。	淘汰
D	选项=¬Q2→¬P1，与题干推理一致。	正确
E	选项=Q2→P1，与题干推理不一致。	淘汰

3. 答案 B

题干信息	题干的论证方式是，建立两个白杨对照组，一组白杨种在被污染空气中，一组白杨种在清洁的空气中，两个对照组其他条件都相同。观察最后结果，两组的落叶时间不同。得出结论：前提差（空气）→结果差（落叶时间）。

选项	解释	结果
A	价格越高卖得越火，"越"怎么怎么样说明两者共变，所以得出结论。和题干论证方式不同。	淘汰
B	建立对照组，一组食用大量味精，一组不食用，结果认知能力有差别。得出结论：前提差（味精）→结果差（认知）。和题干论证方式一样。	正确
C	该选项是对可能情况进行分析，和题干不同。	淘汰
D	归纳法，对获三好学生的特征进行归纳得出结论。	淘汰
E	和题干信息论证明显不同。	淘汰

4. 答案 C

题干信息	①已知有6个球，3个是木球，3个是皮球=6个球3个不是皮球，3个不是木球； ②已知有6个球，5个球沾有红色颜料，4个球沾有蓝色颜料=6个球1个不是红色，2个不是蓝色。

	解题步骤
第一步	明确题型。本题主要考查数据分析中的"相容与不相容关系"。由于题干问"可能真"，因此可优先考虑代选项排除法。
第二步	分析选项。A选项，有2个皮球不是红色，根据条件②可知只能有1个不是红色，矛盾，因此，一定假；B选项3个不是蓝色，根据条件②可知只能有2个不是蓝色，矛盾，因此，一定假；C选项根据条件②可知，2个红色可以满足，2个不是蓝色可以满足，因此可能为真，答案为C选项。

· 73 ·

(续)

	解题步骤
第三步	排除其他干扰项。D 选项 3 个球只有一个有红色，因此 2 个不是红色，根据条件②可知，只能有 1 个不是红色，矛盾，因此一定为假；E 选项，只有 1 个球同时沾有红色和蓝色，只能是：1 个（红+蓝）+剩下 4 个红+剩下 3 个蓝＝8 个（考生注意，因为是"只有 1 个"，所以剩下的红和蓝不能有交集），与题干总共有 6 个球矛盾，一定为假。

5. 答案 E

题干信息	张教授（甲）：维修道路解决交通事故多发的问题。 李研究员（乙）：改进众多的运输系统解决交通事故多发的问题。	
选项	解释	结果
A	该项核心在于问题是否"存在"，根据甲、乙的对话可知，两人对于交通事故多发这个问题的存在没有异议。	淘汰
B	该项核心在于"怎样出现"，甲、乙并未就事故产生的原因产生分歧，而是各自针对此问题提出了不同的解决办法。	淘汰
C	题干未涉及"谁"来负责处理的问题。	淘汰
D	该项暗指的争论双方是"该城市有足够的财力处理"和"没有足够的财力处理"的问题，但题干中甲根本没有考虑提出"财力"问题，乙提出财力问题是为了阐述自己的解决办法，若是争论的焦点，应甲和乙都提出"财力"问题，并就是否可以"解决问题"展开争论，因此淘汰。	淘汰
E	该项"最佳地处理问题"表明了方式的选择，正是甲、乙争论的焦点。	正确

6. 答案 D

题干信息	呼伦贝尔大草原的牧民拥有健壮的体魄（P1）→摄入足够的钙质（Q1/P2）→充足的奶制品作为食物来源（Q2）	
选项	解释	结果
A	选项属于 P1∧Q1 的结构，与题干不矛盾，不能削弱。	淘汰
B	选项属于¬P1∧Q1 的结构，与题干不矛盾，不能削弱。	淘汰
C	选项属于¬P1∧¬Q1 的结构，与题干不矛盾，不能削弱。	淘汰
D	选项属于 P1∧¬Q2 的结构，与题干矛盾，最能削弱。	正确
E	选项属于¬P1∧Q2 的结构，与题干不矛盾，不能削弱。	淘汰

7. 答案 C

	解题步骤
第一步	整理专家的观点。前提：近八成的糖尿病患者不重视血糖监测。→结论：大部分患者还不知道应该如何管理糖尿病。

逻辑模拟试卷（七）答案与解析

（续）

	解题步骤
第二步	分析专家的观点可知，本题属于假言三段论的结构。 前　提：不重视血糖监测（¬Q）。 补前提：**不重视血糖监测→不知道应该如何管理糖尿病。（C选项）** 结　论：不知道应该如何管理糖尿病（¬P）。 不熟悉"三段论"的考生可复习《逻辑精点》强化篇第47页相关内容。

8. 答案 **D**

题干 信息	前提：微波炉加热时食物的分子结构发生变化，有些新分子会产生致癌物质。→结论：分子结构发生变化会造成健康问题。	
选项	解释	结果
A	与题干论证无关，考生注意题干强调的是"健康问题"，而并非是"营养流失"问题。	淘汰
B	与题干论证无关。	淘汰
C	与题干论证无关。	淘汰
D	直接削弱题干论证关系，食物分子结构没有变化，没有产生新的分子，变化的只是水分子，故不会产生健康问题，力度最强。	正确
E	没有癌变的报告，不等于没有其他危害人体健康的结果，考生紧扣"没有癌变"≠"健康"，故该选项削弱力度较弱。	淘汰

9. 答案 **D**

题干 信息	根据题干问题中的质疑计划，将本题确定为"方法可行类题目"。 目的：资助改善本科生教学的计划。方法：把他们取得的所有专利出售给公司。	
选项	解释	结果
A	选项直接说明方法可行，支持。	淘汰
B	选项与题干方法无关。	淘汰
C	选项不能削弱，题干论证的是专利出售后带来的价值对本科生教学计划的资助，而不是科学家对本科生教学计划的资助。	淘汰
D	选项直接说明方法不可行，专利没有出售的空间，最能削弱。考生注意，"很大程度上"这个量度词表明力度更强。	正确
E	选项不能削弱，题干北清大学的研究资助来自于政府，而不是企业，不能获得企业的资助与题干的方法和目的无关。	淘汰

· 75 ·

10. 答案 B

题干信息	四个人同时从2号线出发,乘车基于以下情况: ① 各条地铁线每一站运行加停靠所需时间均彼此相同。 ② 换乘一次的时间相当于地铁运行一站加停靠的时间。 ③ 赶上早高峰(P)→赵小亮坐4站,然后换乘4号线坐5站到北京大学东门站(Q)。 ④ 没赶上晚高峰(P)→钱小华坐3站,然后换乘10号线坐6站后,再换乘4号线坐2站到北京大学东门站(Q)。 ⑤ 没赶上早高峰(P)→孙小东坐1站,然后换乘6号线坐3站后,再换乘9号线坐1站后,再换乘4号线坐5站后到北京大学东门站(Q)。 ⑥ 李小峰坐2站,然后换乘13号线坐2站后,再换乘10号线坐3站后,再换乘4号线坐2站后到达北京大学东门站(P)→赶上晚高峰(Q)。
解题步骤	
第一步	题目给的确定条件为:四个人都是选择非早晚高峰时间出行,肯定了④⑤两个条件的P位,否定了③的P位,否定了⑥的Q位。
第二步	根据上一步分析可知,根据肯定P可以推出肯定Q的规则,由条件④⑤分别推出:钱小华坐3站,然后换乘10号线坐6站后,再换乘4号线坐2站到北京大学东门站;孙小东坐1站,然后换乘6号线坐3站后,再换乘9号线坐1站后,再换乘4号线坐5站后到北京大学东门站。 而根据③否定P什么也推不出,根据⑥否定Q位推出李小峰不会(坐2站,然后换乘13号线坐2站后,再换乘10号线坐3站后,再换乘4号线坐2站后到达北京大学东门站),但推不出具体是怎样的乘车路线。
第三步	根据条件①②可知: 钱小华坐的站的数量及换乘次数为:3+1+6+1+2=13。 孙小东坐的站的数量及换乘次数为:1+1+3+1+1+1+5=13。
结 果	钱小华和孙小东坐的站数与换乘次数之和一样,所以应同时到达北京大学东门,答案为B。

11. 答案 A

题干信息	前提:20世纪50年代的地下水污染较小。 结论:20世纪80年代的电池腐蚀不会污染地下水。	
选项	解释	结果
A	选项直接指出不当类比,50年代的数量少,污染小,而80年代的数量大,污染就未必会小,削弱力度较强。	正确
B	选项支持,50年代有毒含量高都没污染,80年代就更不会有污染。	淘汰
C	选项支持,50年代包含的有毒物质多都没污染,80年代就更不会有污染。	淘汰
D	选项支持,80年代的电池泄漏有毒液体的可能性较小,可能就不会有污染。	淘汰
E	选项不涉及类比,不能削弱。	淘汰

逻辑模拟试卷（七）答案与解析

12. 答案 D

题干信息	①甲没有作案；②甲作案→乙作案；③丙作案→丁作案；④丙作案∧丁没有作案。

解题步骤	
第一步	③和④属于矛盾关系，必一真一假，由于一共两真两假，因此①和②也一真一假。
第二步	②=甲没作案∨乙作案，与①构成包含关系，如果①真，则②真，因此①不能为真，一定为假。由①为假可得，甲作案，由②真可得，乙作案，而③和④无法判断真假。综合可得答案选 D。

13. 答案 D

题干信息	八卦和六十四卦卦名的由来或是取象说，或是取义说，不存在其他的解释。		
选项	解释		结果
A	指出乾坤两卦属于取象说，不能质疑题干。		淘汰
B	该项将取象与取义结合起来解释卦名，不能质疑题干。		淘汰
C	与题干论述一致，不能质疑题干。		淘汰
D	该项提出了根据内容来取名，存在其他解释，削弱。		正确
E	与题干论证一致，不能质疑。		淘汰

14. 答案 E

本题的论证结构是"差比关系"。应对论证题，考生如果能够把握住论证结构，解题速度和准确率都会有大幅提升。看到下表，考生便能很好理解正确选项。答案选 E。

比较项	前提差	结论差
白酒与红酒	水果作原料时，是否去其表皮	是否含有减少人血液中胆固醇的化学物质

15. 答案 D

解题步骤	
第一步	锁定问题："以下哪项最无助于解释上述现象"。
第二步	锁定现象：一般商品只有在多次流通过程中才能不断增值，但艺术品在一次"流通"中实现大幅度增值。
第一步	分析选项。

选项	解释	结果
A	解释了现象的原因。	淘汰
B	解释了现象的原因。	淘汰
C	解释了现象的原因。	淘汰

(续)

选项	解释	结果
D	"对价格没影响"和题干态度不一致，淘汰。	正确
E	解释了现象的原因。	淘汰

16. 答案 D

| 题干信息 | 因：基因中对于缺盐的适应机制∧食品含盐高→果：西方化黑人高血压 |||

选项	解释	结果
A	选项属于无因（没有对缺盐环境的适应机制）无果（没有高血压）的假设，支持题干论证。考生注意，对缺盐环境的适应机制的前提是缺盐。	淘汰
B	选项食盐摄入高导致的健康问题未必是高血压，再者，有的非洲人的情况也推不出西方化的黑人的情况（因为有的推不出单称），选项不能削弱。	淘汰
C	选项论证对象变成了非洲白人，而不是西方化黑人，不能削弱。	淘汰
D	选项属于有因（有对缺盐环境的适应机制）无果（没有高血压）的削弱，力度较强。考生注意，对缺盐环境的适应机制的前提是缺盐，西非约鲁巴人一直远离海盐，并且远离非洲盐矿，说明一直缺盐，其遗传基因中含有对缺盐环境的适应机制。	正确
E	选项与题干论证无关，新陈代谢不等于高血压。	淘汰

17. 答案 B

| 题干信息 | 根据"而"找到矛盾的双方：
① 河北省商业许可办公室声称，采用新的方式可以将手续时间减少一星期；
② 商人们反驳说，现在得到一个许可证平均要多花一个星期时间。 |||

选项	解释	结果
A	题干差异的核心是"时间"问题，该项讲"收入"不能解释题干的差异。	淘汰
B	该项指出许可办公室和商人所使用的"时间"标准不同，是标准不同导致了认为手续办理的时间不同，是很好的解释。	正确
C	"申请人数"多少与题干无关。	淘汰
D	解释题，应找"他因解释"，支持或削弱矛盾的任何一方都会激化矛盾，该项表示缩短了面谈时间，支持①，不能解释。	淘汰
E	"申请格式"是否改变与题干无关。	淘汰

逻辑模拟试卷（七）答案与解析

18. 答案 C

19. 答案 E

题干信息	① 从周一到周五每人只上一天。 ② 甲｜戊……乙（"｜"表示相邻位置）。 ③ 戊乙不能相邻、丙乙不能相邻。	
解题步骤		
第一步	观察题干信息，找出重复项乙。结合条件②③可得乙不和甲、丙、戊相邻，故乙只能和丁相邻。因乙只与一名学生相邻。因此，乙只能在周一或周五；根据条件②可知，乙一定在甲、戊之后，所以乙只能在周五，丁在周四。因此，18题答案为C。	
第二步	根据上一步可知丁在周四；乙在周五，因此，甲、丙、戊只能是周一、周二、周三。结合条件②甲戊相邻，可知甲和戊在周一、周二或周二、周三，不论是周一、周二还是周二、周三哪种情况发生，都一定有周二；所以丙只能在周一或周三。因此，19题答案为E。	

20. 答案 B

题干信息	题干需解释的现象：所有经营企业统计的新雇佣的人数和被裁减的人数是精确的，但K国失业人数仍然被大大低估。	
选项	解释	结果
A	选项不能解释，即便被其他企业裁员，但是被雇佣一定在政府统计数据中，不会存在低估的问题。	淘汰
B	选项直接说明，仅仅是经营企业的数据不能代表K国整体的情况，还存在那些停止经营的企业，它们的失业人数没有被统计进去，因此K国的失业人数被低估，是很好的解释。	正确
C	选项不涉及失业人数，不能解释。	淘汰
D	选项指出新雇佣人数少于被裁减人数，只能说明存在失业人数，但究竟是高估还是低估，无法判断。	淘汰
E	选项不涉及失业人数，不能解释。	淘汰

21. 答案 A

题干信息	整理题干论证。前提差异：夜班制作的蛋糕发现存在质量问题，白班制作的蛋糕没有发现质量问题。前提相同：蛋糕都是由同一班组制作的。结果差异：夜班检查员比白班检查员警觉。
解题步骤	
第一步	分析题干论证。要想保证题干论证成立，即保证是白天与夜晚检查员警觉程度的差异导致蛋糕质量的差异，必须保证前提其他条件相同，因此寻找补充前提同的选项即可快速解题。
第二步	A选项即前提相同，即都存在质量问题，那么检查结果的差异就与检查员的警觉性相关，否则就说明可能是蛋糕本身的质量差异导致检查结果的差异，与检查员的警觉性无关，因此A选项是题干中必要的假设。

· 79 ·

22. 答案 A

题干信息	张教授：历史学家不可避免受到其民族、宗教等的影响（隐含意思：偏见）→历史学不可能具有客观性 李研究员：有的历史学家指出了这种偏见→这些历史学家没有偏见 根据题目要求，分析李研究员论述的漏洞，即不当的假设，指出偏见的历史学家没有偏见。

选项	解释	结果
A	该项恰当地指出了李研究员论述中的不当假设，即忽略了能识别（指出）偏见的历史学家也可能有偏见。	正确
B	历史事件的发生不在两人论述的范围，注意张教授的"且不说"。	淘汰
C	李研究员论述的偏见没有在张教授的论述中也出现，该项无中生有。	淘汰
D	李研究员的论述不存在历史学家"对历史的解读"，该项不正确。	淘汰
E	李研究员的论述不存在历史学家"对历史的解读"，该项不正确。	淘汰

23. 答案 B

题干信息	①插花时需要主花4朵、副花3朵、衬花2朵、缀花1朵； ②每个花瓶的主花、副花、衬花、缀花皆不相同； ③黑色花瓶的牡丹、红色花瓶的百合和黄色花瓶的玫瑰有相同的艺称； ④白色花瓶的玫瑰插四朵； ⑤黄色花瓶的牡丹是副花、向日葵是缀花。

解题步骤

第一步	根据②可知，本题属于"数独类"题目，故需要结合表格进行解题。
第二步	由①④可知，白色瓶的玫瑰为主花，此时列表将题干中的确定信息填入如下表格： 主花 副花 衬花 缀花

	主花	副花	衬花	缀花
黑				
白	玫瑰			
红				
黄		牡丹		向日葵

（每行每列所填花名均不相同）

第三步	观察上述表格，黄色瓶中的玫瑰或者是主花，或者是衬花，结合条件②，由于每个花瓶的主花均不相同，而白色瓶主花是玫瑰，故黄色瓶主花不能是玫瑰，玫瑰在黄色瓶中为衬花；再结合③可知，黑色花瓶的牡丹、红色花瓶的百合均为衬花。此时将新得到的信息补充到表格中，并根据每行每列所填花名均不相同进一步推理如下：

	主花	副花	衬花	缀花
黑	向日葵	玫瑰	牡丹	百合
白	玫瑰	百合	向日葵	牡丹
红	牡丹	向日葵	百合	玫瑰
黄	百合	牡丹	玫瑰	向日葵

观察表格发现，答案选 B。

逻辑模拟试卷（七）答案与解析

24. 答案 D

	解题步骤
第一步	本题属于"真假话+对应"的题型，应优先考虑从真假关系入手。 根据题干信息，可列表如下： |	梅	兰	竹	菊 | |---|---|---|---|---|
小李	1	2	3	4
小王	1	3	4	2
小赵	4	3	1	2
小杨	4	2	3	1	
第二步	因为，小赵一个都没猜对，因此，其他与小赵相同的猜测也是错误，完善上表： |	梅	兰	竹	菊	备注 | |---|---|---|---|---|---|
小李	1	2	3	4	对1个
小王	1	3×	4	2×	对1个
小赵	4×	3×	1×	2×	全错
小杨	4×	2	3	1	对2个	 由上图可知，小杨与小李在"兰、竹"的猜测一致，而小李只对了一个，小杨共对了2个，所以小杨在"兰、竹"的猜测中也只有一个是对的，小杨关于"菊"的猜测一定正确，故答案选 D。

25. 答案 A

题干信息	①萧条期，增加了失业人数； ②萧条期后的复苏，企业尽可能推迟雇佣新的职工。	
选项	解释	结果
A	由于企业主推迟雇佣新员工，失业人数显然不能迅速减少，最能支持经济复苏不一定能迅速减少失业人数这一论证。	正确
B	题干不涉及经济复苏的时间。	淘汰
C	题干不涉及萧条期失业员工的构成。	淘汰
D	与题干中经济萧条的原因矛盾。	淘汰
E	与题干中经济萧条的状况因果倒置。	淘汰
注意	1)"但"表示转折，强调后者；2) 抓住结论中的"可能"，说明推出的是可能性结论，只有 A 选项是可能性结论。	

26. 答案 D

题干信息	前提：亚裔种族和其他种族生物学上的差异。 结论：亚裔人体内肿瘤较不具有侵害性。 考生注意，题干有"比"，选项要削弱就得涉及"比"。

（续）

选项	解释	结果
A	选项指出他差削弱，即饮食习惯导致亚裔种族存活率较高。	淘汰
B	选项指出他差削弱，可能是发现得早导致亚裔种族存活率较高。	淘汰
C	选项指出他差削弱，可能是中医疗法使得亚裔种族存活率较高。	淘汰
D	选项只强调"发病率"，但不涉及"存活率"，与题干论证无关，故不能削弱。	正确
E	选项指出他差削弱，可能是家庭教育的原因使得亚裔种族存活率较高。	淘汰

27. 答案 A

题干信息	前提：45 岁的退役足球运动员和 30 岁的正在服役的运动员在马拉松比赛中的成绩没有什么差别。 结论：一个职业球员到了 45 岁时运动水平和耐力都会明显降低的观点是错误的。		
选项	解释		结果
A	选项直接质疑题干隐含的假设，题干论证要想成立，必须保证马拉松比赛反映的运动水平和耐力能够反映足球运动员真实的耐力和水平，否则就容易犯以偏概全的错误，A 选项直接质疑题干隐含的假设，是最强的削弱。		正确
B	"更多的时间锻炼身体"未必意味着运动水平和耐力就不会降低，不能削弱。		淘汰
C	如果因为伤病影响了比赛的成绩，那么事实上运动水平和耐力是否降低无法判断。		淘汰
D	退役球员冒超出体能的风险，意味着对于退役球员而言，马拉松比赛反映的运动水平和耐力水平不是真正的水平，比较对象是退役球员马拉松比赛时的水平和自己实际水平的比较，而不是题干中的退役球员和现役球员的比较。		淘汰
E	选项削弱力度较弱，因为题干除了年龄之外还有是否退役的因素。		淘汰

28. 答案 B

选项	解释	结果
A	支持题干背景信息，力度较弱，机构的权威性不代表结果的权威性。	淘汰
B	最能支持，考生试想，假如现役足球运动员的水平是 80 分，由于这个水平高于上一代的职业足球运动员，即高于现在 45 岁退役足球运动员在他们 30 岁的时候的水平，因此，45 岁退役足球运动员在 30 岁时的运动水平应该是小于 80。题干前提指出，45 岁的退役足球运动员和 30 岁的正在服役的运动员水平差不多，那么说明 45 岁的退役足球运动员在 45 岁时的运动水平是 80 分，可见，职业球员的运动水平不仅没有降低，反而呈现上升的趋势。	正确
C	不能支持，足球教练的运动水平和耐力是否能够保持，无法判断。	淘汰
D	不必然导致运动水平的下降，但依然有可能导致下降，有部分削弱的作用。	淘汰
E	选项根据"青年时期"推出"运动水平和耐力应该能保持"，支持题干论证，但题干并没有建立"青年时期"与"运动水平和耐力"的关系，另外"应该"不等于"实际能够"，也表明支持力度较弱。	淘汰

逻辑模拟试卷（七）答案与解析

29. **答案 D**

30. **答案 D**

	解题步骤
第一步	整理题干信息： ①六人分别报考六门不同的考试。②小静来自金融学院，没有报考会计、税法、审计。 ③小慧报考经济法，小慧不来自保险学院，不来自经济学院。 ④法学院的同学报名了会计。⑤小水报名了公司战略，小水不来自经济学院。 ⑥税务学院的同学报考了审计，小战不来自税务学院。 ⑦经济学院的同学报考了法税，小才不来自经济学院，小才没有报考会计。 ⑧小纪没有报考税法。
第二步	本题属于典型的"一一对应"题目，根据题干信息列表如下：（数字表示根据哪个条件得出） | 保险学院	税务学院	经济学院	法学院	计算机学院	金融学院		会计	审计	财务管理	经济法	税法	公司战略
---	---	---	---	---	---	---	---	---	---	---	---	---
×	×	×	×	×	√②	小静	×	×	√	×	×	×
×		×			×	小慧	×	×	×	√③		
					×	小纪	√⑧		×		×⑧	
		×			×	小水						√⑤
		×			×	小才	×⑦	√⑦	×		×⑦	×
	×⑥				×	小战	×	×			√⑧	×	 从科目入手，报名税法排除的人最多，从税法入手。因为一人报一科，所以报名税法的不是已经确定报考其他科目的小水、小慧，也不是确定没有报税法的小静、小才、小纪，所以只能是小战。因此29题可得出答案为D。
第三步	再结合题干信息进一步在表格中推理： | 保险学院	税务学院	经济学院	法学院	计算机学院	金融学院		会计	审计	财务管理	经济法	税法	公司战略
---	---	---	---	---	---	---	---	---	---	---	---	---
×	×	×	×	×	√	小静	×	×	√	×	×	×
×	×	×	×	√⑥	×	小慧	×	×	×	√	×	×
×	×	×	√④	×	×	小纪	√	×	×	×	×	×
√⑥	×	×	×	×	×	小水	×	×	×	×	×	√
×	√⑥	×	×	×	×	小才	×	√	×	×	×	×
×	×	√⑦	×	×	×	小战	×	×	×	×	√	×	
第四步	由上一步可得到下表，对比选项可以得出30题答案选D。 	名字	学院	科目
---	---	---
小静	金融学院	财务管理
小慧	计算机科学学院	经济法
小纪	法学院	会计
小水	保险学院	公司战略
小才	税务学院	审计
小战	经济学院	税法	

逻辑模拟试卷（八）答案与解析

序号	答案	知识点与考点	序号	答案	知识点与考点
1	E	论证逻辑—解释	16	D	分析推理—排序
2	A	论证逻辑—削弱	17	C	分析推理—排序
3	B	分析推理—方位排序	18	A	分析推理—分组
4	D	论证逻辑—假设	19	C	形式逻辑—结构相似
5	D	形式逻辑—假言判断	20	B	论证逻辑—推结论
6	D	分析推理—真话假话	21	D	论证逻辑—削弱
7	E	分析推理—真话假话	22	D	形式逻辑—假言判断
8	C	论证逻辑—削弱	23	B	论证逻辑—支持
9	D	形式逻辑—信息比照	24	C	论证逻辑—假设
10	C	论证逻辑—解释	25	C	形式逻辑—假言判断
11	C	论证逻辑—假设	26	C	形式逻辑—假言判断
12	A	形式逻辑—假言判断	27	E	论证逻辑—支持
13	D	分析推理—分组	28	D	论证逻辑—支持
14	C	分析推理—分组	29	B	分析推理—排序
15	E	形式逻辑—直言判断	30	E	分析推理—排序

1. 答案 E

题干信息	整理题干矛盾双方："①聪明的人会在社会上获得更多的资源和获取更大的成就"与"②在与经济相关的纠纷和官司中，聪明的人反而更容易选择妥协让步而吃亏"。 解释矛盾的原则是不能够支持一方，也不能够反驳一方，而应该找一个合理的原因使得矛盾双方可同时成立。

选项	解释	结果
A	选项削弱①，不能解释。	淘汰
B	选项支持②，不能解释。	淘汰
C	题干要解释的主体是"聪明的人"，而非"不够聪明的人"。	淘汰
D	题干论证不涉及"聪明"与"傻"的比较。	淘汰
E	社会上的成就可能有很多种表现，而经济纠纷和官司中的收益只是其中一部分，只要这部分亏比其他方面的利益少就可以，选项恰好指出"利大于弊"，故是最好的解释。	正确

2. 答案 A

题干信息	前提差异：永久型赛马场每年进行安全检查，流动型赛马场几年都不进行安全检查。→结果差异：在流动型赛马场骑马比在永久型赛马场骑马更加危险。	
选项	解释	结果
A	选项直接指出前提差异不存在，流动型赛马场检查的次数更加频繁，因此流动型赛马场的安全性更高，直接削弱。	正确
B	选项支持题干论证，用于安全性的资金少于永久型赛马场，说明流动型赛马场的安全系数更低。	淘汰
C	选项支持题干论证，安全方面的信誉不重要，说明流动型赛马场的安全意识差，可能带来的直接后果就是安全系数低。	淘汰
D	选项与题干论证无关，不能削弱。	淘汰
E	管理者的安全意识差，安全意识是安全性的一个参照指标，直接支持。	淘汰

3. 答案 B

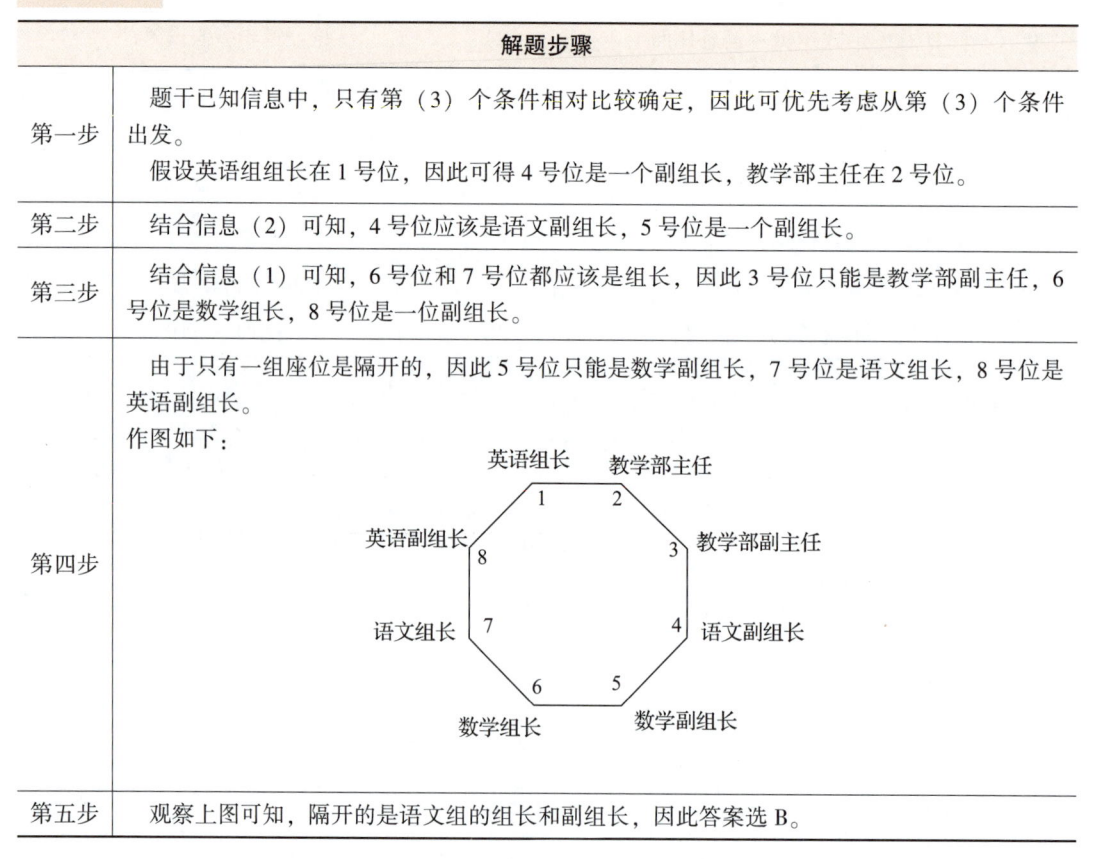

	解题步骤
第一步	题干已知信息中，只有第（3）个条件相对比较确定，因此可优先考虑从第（3）个条件出发。 假设英语组组长在1号位，因此可得4号位是一个副组长，教学部主任在2号位。
第二步	结合信息（2）可知，4号位应该是语文副组长，5号位是一个副组长。
第三步	结合信息（1）可知，6号位和7号位都应该是组长，因此3号位只能是教学部副主任，6号位是数学组长，8号位是一位副组长。
第四步	由于只有一组座位是隔开的，因此5号位只能是数学副组长，7号位是语文组长，8号位是英语副组长。 作图如下： 英语组长 教学部主任 1 2 英语副组长 8 3 教学部副主任 7 4 语文组长 语文副组长 6 5 数学组长 数学副组长
第五步	观察上图可知，隔开的是语文组的组长和副组长，因此答案选 B。

4. 答案 D

题干信息	美国消费者的发展形态可能受两点影响：①拓荒的传统（传统习惯、文化）；②移民的经验（流动性因素）。 欧洲消费者的发展形态可能受两点影响：①阶级差别及严密性（社会阶层的结构）；②缺乏迁徙和变换职业的经验（流动性因素）。		
选项	解释		结果
A	考生注意：题干信息虽列出美国与欧洲消费者发展形态不同，但没有在二者之间进行比较，可迅速淘汰 A、B、C 选项。		淘汰
B			淘汰
C			淘汰
D	若不假定该选项，即对消费形态的研究不需要考虑到社会阶层的结构等，则否定了题干的分析。		正确
E	选项削弱了题干论述。		淘汰

5. 答案 D

题干信息	① 权力得到有效的监督→不能保证所有的官员都必然清廉 ② 权力得不到有效的监督→必然有官员贪腐 ③ 不清廉→贪腐		
选项	解释		结果
Ⅰ	条件①中不能保证所有的官员都必然清廉＝有的官员可能不清廉→有的官员可能贪腐，所以该选项和题干断定不相符。		不完全符合
Ⅱ	选项＝权力得不到有效的监督→不可能所有官员都清廉（不可能所有官员都清廉＝必然有官员贪腐）。		完全符合
Ⅲ	根据"除非 Q，否则 P"＝¬ Q→P，选项＝权力得不到有效的监督→必然有官员贪腐。		完全符合

6. 答案 D

	解题步骤
第一步	明确划分对象和划分标准。 划分对象：参加社会实践活动的 8 个学生。划分标准： ①地域：北方（4 人，含 2 个山东人），海南（1 人） ②学历：研究生（3 人），本科生（2 人）
第二步	问题给出附加条件："三位老师说的都为假话"，优先将题干信息转化为真话，可得： ①海南人是研究生； ②有的山东人不是研究生； ③有的研究生不是北方人。 根据题干信息可得：排除重合的身份信息，此时有 9 个身份（4 北方人+1 海南人+2 研究生+2 本科生），故只有一个人的身份重合。

(续)

	解题步骤
第三步	题干求一定为假，故可优先寻找不止一个身份重合的选项，D 选项直接指出两个身份重合，此时出现了矛盾，一定为假，故答案选 D。

7. 答案 E

	解题步骤
第一步	明确划分对象和划分标准。 划分对象：参加社会实践活动的 8 个学生。划分标准： ①地域：北方（4 人，含 2 个山东人），海南（1 人） ②学历：研究生（3 人），本科生（2 人）
第二步	只有一人说错了，故优先考虑谁的话为假，由于题干共有 8 个学生，但却出现了 10 个身份（4 北方人+1 海南人+3 研究生+2 本科生），也就是 8 个人对应 10 个身份，故只有 2 人的身份重合。但王老师说研究生（3 人）都是北方人，却有 3 个人的身份是重合的，故一定为假，进而可知张老师和李老师的断定都一定为真。
第三步	由李老师的话为真可知，有 2 个人是山东人、北方人、同时也是研究生。还剩下 2 个北方人、1 个海南人、1 个研究生、2 个本科生，恰好 6 个身份对应 6 个人，此时不再有人身份重合。 可将 8 人身份进行对应，如下表： | 北方人	北方人	北方人	北方人	海南人	研究生	本科生	本科生
---	---	---	---	---	---	---	---
山东人	山东人						
研究生	研究生							 因此可知答案选 E。

8. 答案 C

	解题步骤
第一步	整理题干论证。 前提：16 岁至 21 岁的吸烟青少年和此年龄段不吸烟的青少年（吸烟差）→吸烟者的右脑岛比非吸烟者的右脑岛体积要小（右脑岛体积差）。 结论：因：吸烟→果：青少年右脑岛体积小（改变大脑发育过程）
第二步	分析题干论证。观察题干论证发现题干通过差比关系，进而得出相应的因果关系，故可优先考虑从因果关系的角度去进行质疑。
第三步	分析选项。

选项	解释	结果
A	选项不涉及"右脑岛体积"的变化，与题干论证关系不大。	淘汰
B	选项指出"存在他因"，构建的论证关系是：吸烟+激素水平→大脑发育。没有否定题干的本因，故削弱力度较弱。考生一定注意，体会因果关系削弱力度的强弱规则，这个是考试的重点和难点。	淘汰

· 88 ·

逻辑模拟试卷（八）答案与解析

（续）

选项	解释	结果
C	选项指出"因果倒置"，指出"右脑岛体积小"导致"吸烟"，割裂题干论证关系，力度最强。	正确
D	选项未提及青少年大脑发育，不能质疑结论。	淘汰
E	"脑岛活动情况"不等于"脑岛体积"，也不等于"大脑发育程度"。	淘汰

9. 答案 D

题干信息	①员工得到年终奖→得到个人先进奖∨得到见义勇为奖； ②员工获得见义勇为奖→不获得年终奖∨不获得个人先进奖。

	解题步骤
第一步	观察题干信息发现，题干无确定信息，问题问"不可能为真"，即矛盾。观察选项发现：选项是确定的，故可判定本题属于"信息比照题"，此时优先考虑采用"代入排除法"，验证选项是否与题干矛盾即可，此类试题是近几年命题的热点，考生需重视。
第二步	验证假言判断的矛盾即寻找"P∧¬Q"的选项，此时结合①②，"员工得到年终奖"满足肯定P位，"员工获得见义勇为奖"也满足肯定P位，故可优先尝试A、C和D选项。
第三步	将A选项代入题干发现，小赵获得年终奖满足①中的P位，但小赵没有获得见义勇为奖不满足①的¬Q，故排除；将C选项代入题干发现，小李获得年终奖满足①中的P位，但小李获得个人先进奖不满足①的¬Q，故排除；将D选项代入题干发现，小王获得见义勇为奖满足②中的P位，同时小王获得年终奖和个人先进奖满足②中的¬Q位，故D与条件②矛盾，答案选D。

10. 答案 C

	解题步骤
第一步	整理题干现象：奢侈品品牌的定价在亚洲市场是最高的。
第二步	观察发现，题干给出了奢侈品的定价原则，即根据不同的市场期望值定价。因此可快速判定C选项为正确答案，也就是亚洲的消费者对奢侈品的期望过高，很好地解释了题干现象。其他选项看似都有一定道理，但考生注意，解释题要紧扣与题干结果最相关的合理原因去解释。

11. 答案 C

	解题步骤
第一步	整理题干论证。前提：新石器时代之前从未发现战争题材的绘画和雕像。→结论：人类最早的战争发生于人类社会向农耕社会转变时期。
第二步	分析题干论证。考生紧扣结论中的限定词"最早的战争"，此时需要"搭桥"建立关系，需要说明"绘画和雕塑"能反映出"战争的起源时间（最早）"才行，故C选项直接针对这个论证关系，是题干隐含的假设。E选项迷惑性较大，考生试想，题干此时强调的不仅仅是绘画和雕塑能否反映出战争，而是强调战争出现的时间，考生一定紧扣"最早"这个限定词。

· 89 ·

12. 答案 A

题干信息	① 汤姆在法国 ⟷ 列宾在英国 ∧ 詹姆士不在西班牙。 ② 詹姆士在西班牙 ⟷ 劳力斯不在电视台露面 ⟷ 夏洛尔在剧场演出 ∨ 露丝参加蒙面舞会。 ③ 夏洛尔在剧场演出。 考生注意：当且仅当表示充要条件。

解题步骤

第一步	已知夏洛尔在剧场演出，则根据题干信息②可推出詹姆士在西班牙。
第二步	由"詹姆士在西班牙"，再根据题干信息①，否定 Q 推出否定 P 可得：汤姆不在法国。答案选 A。

13. 答案 D

14. 答案 C

题干信息	①六个城市共出现了四种天气情况，按照恶劣程度由低到高排序，分别为晴、多云、小雨、暴雨。 ②最多只有两个城市出现同一种天气。 ③济南与合肥的天气情况一样。 ④郑州与武汉将会下雨。 ⑤武汉与南京和长沙的天气情况不一样。 ⑥郑州与另五个城市的天气情况都不一样。

解题步骤

第一步	6 个城市，4 种天气，由条件②可知分组情况应该为 2、2、1、1。 结合题干③⑤⑥可知，济南与合肥同组，郑州单独一组，武汉单独一组，则南京和长沙同组，13 题答案为 D。
第二步	增加武汉的天气情况不是最恶劣的，即武汉不是暴雨，结合题干信息，作表如下： |	晴	多云	小雨	暴雨
---	---	---	---	---
济南			×	×
郑州	×	×	×	√
合肥			×	×
南京			×	×
长沙			×	×
武汉	×	×	√	×	 14 题要求选可能真的一项，应根据排除法，答案为 C。

逻辑模拟试卷（八）答案与解析

15. 答案 E

	解题步骤
第一步	整理题干论证。前提：①草率的人→不可以统领全局；②圣约翰大学的毕业生→可以统领全局。→结论：圣约翰大学的毕业生→没有接受过所谓风暴式训练方法的训练。
第二步	分析题干论证。题干两个前提共同作为结论的前提，可先将①和②联合推出：③圣约翰大学的毕业生→不草率。
第三步	根据直言判断综合推理的基本模型，重复的项"圣约翰大学的毕业生"左对齐，补"上推下"即可。也就是"不草率→没有接受过所谓风暴式训练方法的训练"。答案选 E。

16. 答案 D

17. 答案 C

	解题步骤
第一步	根据题干信息①和④可得，周三出售的水果一定有香蕉和西瓜，而香橙与芒果不确定是哪一个。香蕉与西瓜出售的日子仅有一天相同，则香蕉可能出售的情况有两种，一种是周一、周二、周三；另一种是周三、周四、周五（如果是周二、周三、周四则与信息③矛盾，不可能）。
第二步	假如香蕉出售的日子是周一、周二、周三，则可列表如下： 		周一	周二	周三	周四	周五	周六	周日
---	---	---	---	---	---	---	---
香橙							
芒果							
香蕉	√	√	√				
西瓜			√	√	√		| 此时，由条件②及每种水果必须在连续三天内出售可知，香橙只能在周二、周三、周四出售，那么芒果只能在周五、周六、周日出售。 |	周一	周二	周三	周四	周五	周六	周日
---	---	---	---	---	---	---	---
香橙		√	√	√			
芒果					√	√	√
香蕉	√	√	√				
西瓜			√	√	√			
第三步	假如香蕉出售的日子是周三、周四、周五，则可列表如下： 		周一	周二	周三	周四	周五	周六	周日
---	---	---	---	---	---	---	---
香橙		√	√	√			
芒果					√		√
香蕉			√	√	√		
西瓜	√	√	√					

(续)

	解题步骤							
第三步	或者	周一	周二	周三	周四	周五	周六	周日
	香橙				√	√	√	
	芒果	√	√	√				
	香蕉			√	√	√		
	西瓜	√	√	√				
	三种情况下周五都有两种水果出售。							
16题	综合可得，周五一定有两种水果出售，因此第 16 题答案选 D。							
17题	若除了相同的一天外，西瓜出售的日期在香蕉之前，那么则可得出香蕉出售的日子是周三、周四、周五，结合上表可得，第 17 题答案选 C。							

18. 答案 A

题干信息	①甲∨乙 ②¬乙∨¬丙 ③甲∨¬丁 ④丁→丙∧戊
第一步	当题干中全部都是假言判断和选言判断时，一般将"或"变"推"（考生可复习《逻辑精点》强化篇"复合判断综合推理"相关内容）。 题干信息等价变换如下： ①¬甲→乙 ②乙→¬丙 ③甲→¬丁 ④丁→丙∧戊
第二步	由①②④可得：¬甲→乙→¬丙→¬丁。 结合③甲→¬丁，可构成两难推理，由此可知不挑选丁。答案选 A。

19. 答案 C

题干信息	考生注意，张珊朋友的结论：所有雏菊都是不可口的。反驳张珊朋友的结论，即：有的雏菊是可口的。由此整理题干推理：有些雏菊是菊花，有些菊花是可口的，因此有些雏菊是可口的。显然犯了三段论前提中两个"有些"推出结论的错误。	
选项	解释	结果
A	选项显然犯了集合体误用的错误，与题干不一致。	淘汰
B	选项是一个正确的推理。	淘汰
C	选项两个前提都是"有些"推出结论"有些"，与题干推理一致。	正确
D	选项前提是一个"有些"和一个"所有"，与题干不一致。	淘汰
E	选项前提是一个"所有"和一个"有些"，与题干不一致。	淘汰

逻辑模拟试卷（八）答案与解析

20. 答案 B

	解题步骤
第一步	整理题干信息。中国旅游者理智（P1）∧了解行情（P2）∧购买巧克力（P3）→比利时出售的巧克力较国内便宜（Q），然而，在中国出售的巧克力并不比在比利时的更贵（¬Q）。
第二步	根据题干可以推出，中国旅游者不理智（¬P1）∨不了解行情（¬P2）∨没有购买巧克力（¬P3）。
第三步	B选项，理智（P1）∧购买（P3）→不了解行情（¬P2），为正确答案。

21. 答案 D

题干信息	因："嘻哈哈"凉茶饮料的保健效用提升。→果："嘻哈哈"凉茶饮料的销量增长。	
选项	解释	结果
A	选项强调的是"凉茶饮料"，与题干论证的"嘻哈哈"凉茶饮料无关。	淘汰
B	选项属于类比间接削弱，"笑哈哈"凉茶饮料的销量差可能与保健效用有关，也可能是其他原因造成的，很难说明"嘻哈哈"凉茶饮料的销量是否与保健效用有关。	淘汰
C	选项指出他因削弱，可能是整个市场行情好导致的"嘻哈哈"凉茶饮料的销量大，但是是否与保健效用有关，不得而知。	淘汰
D	选项直接割裂关系，说明销量增长与保健效用无关，而是口味和包装使得人们大量购买，削弱力度最强。	正确
E	选项指出是保健意识使得人们重视保健效用，进而提升了销量，虽然保健意识是起因，但仍然无法否认保健效用对于销量的促进作用，在一定程度上有支持的作用，故力度弱。	淘汰

22. 答案 D

题干信息	①为经济发展注入更多活力与动力→持续释放消费潜力； ②持续释放消费潜力→继续深化供给侧结构性改革∧加快收入分配改革。 联合①②可推得：③为经济发展注入更多活力与动力（P）→持续释放消费潜力（Q）→继续深化供给侧结构性改革（M）∧加快收入分配改革（N）。	
选项	解释	结果
A	选项=M→P，与③推理不一致，排除。	淘汰
B	选项=¬M→¬N，与③推理不一致，排除。	淘汰
C	题干不涉及供给侧结构性改革和收入分配改革"均衡发展"，故不能确定选项的真假。	淘汰
D	选项=P→N，与③推理一致（考生注意：P→M∧N为真可推出P→N为真）。	正确
E	选项=¬Q→¬M，与③推理不一致，排除。	淘汰

23. 答案 B

题干信息	①以前，美国的医院主要依靠从付款的病人那里取得的收入来弥补未付款治疗的损失。几乎所有付款的病人现在都依靠医疗保险来支付医院账单。②最近，保险公司一直把支付限制在等于或低于真实费用的水平。考生注意，本题是"推出结论"类型题目，要仔细看问题。

选项	解释	结果
A	题干不涉及富人和穷人支付账单的差别，故推不出该项。	淘汰
B	由题干信息①可知：付款病人靠保险来支付账单，这些账单比真实的医疗支出要贵，因为医院要将没有付账的病人的开支也计算在内。再根据题干信息②可得，保险公司提供的保险是不高于真实的开支的，那么意味着医院不能通过付款病人的保险单来弥补未付款病人带来的损失，那么医院就只能通过其他收入补偿或者承受损失。	正确
C	考生注意题干主语是医院，结论主语一定落在医院上。	淘汰
D	保险单是依据实际费用来设计，因此即便医院降低费用，那么保险公司支付的费用也会随之下降，医院并不能获取更多的收入。	淘汰
E	题干不涉及相关捐款信息，考生注意，题干没有相关信息。	淘汰

24. 答案 C

题干信息	前提：有过暴力犯罪的人其基因较没有犯过罪的人有缺陷。结论：对暴力犯罪不应给予法律制裁而应通过基因工程加以解决。考生注意，抓住题干核心词"通过基因工程加以解决"，可确定本题属于方法可行类题目。找到题干中的目的与方法。目的：解决暴力犯罪。方法：基因工程改变人的基因。

选项	解释	结果
A	题干论证的是暴力犯罪，而不是犯罪，考生注意核心词。	淘汰
B	选项过度假设，只需要证明暴力犯罪和基因二者之间存在相关性即可，不需要保证必然存在因果关系。	淘汰
C	需要假设，保证题干方法可行。如果基因工程不能解决基因缺陷导致的暴力犯罪，那么基因工程和解决暴力犯罪的关系就不成立。	正确
D	选项质疑题干论证，说明基因缺陷和暴力犯罪的因果关系不成立，那么通过基因工程解决基因缺陷进而解决暴力犯罪就更是无从谈起了。	淘汰
E	选项质疑题干论证，说明应该通过法律手段解决暴力犯罪。	淘汰

25. 答案 C

题干信息	做到"三个确保"（①高致病性禽流感不通过车船等交通工具扩散传播∧②交通通畅∧③防治禽流感的各种医疗设备、药品、疫苗等应急物资的及时、快速运输）（P）→高致病性禽流感就能得到防治（Q）

(续)

选项	解释	结果
A	由题干可得"¬Q→（¬①∨¬②∨¬③）"为真。根据相容选言判断的定义，无法判断¬③的真假。故该项可能为真。	淘汰
B	同 A 选项，无法判断¬①的真假。	淘汰
C	选项=¬P∨Q，与题干等价，一定为真。	正确
D	同 A 选项，无法判断¬②的真假。	淘汰
E	选项肯定 Q 位，什么也推不出。	淘汰

26. 答案 C

题干信息	① 不想总是受他人摆布（P1）→用批判性思维来武装你的头脑（Q） ② 不想混混沌沌地度过一生（P2）→用批判性思维来武装你的头脑（Q） ③ 你想学会独立思考、理性决策（P3）→用批判性思维来武装你的头脑（Q）

选项	解释	结果
A	属于¬Q→¬P3 的结构，与题干信息③相符。	淘汰
B	属于¬P2∨Q 的等价结构，与题干信息②相符。	淘汰
C	属于¬P3→¬Q 的结构，与题干信息③不相符。	正确
D	属于 P1→Q 的结构，与题干信息①相符。	淘汰
E	除非 Q，否则¬P3=如果 P3，那么 Q，与题干信息③相符。	淘汰

27. 答案 E

题干信息	题干发现：结账金额的末尾数为 1、2 或者 3 的时候平均给的小费的金额比结账金额的末位数为 7、8 或者 9 的时候平均给的小费的金额少。

选项	解释	结果
A	选项不涉及结账金额的末尾数具体是多少，更不涉及结算小费的费用，故无法支持。	淘汰
B	选项不涉及结账金额的末尾数具体是多少，更不涉及结算小费的费用，故无法支持。	淘汰
C	用何种方式买单与结算小费的费用多少无直接联系，故无法支持。	淘汰
D	选项讨论的是最终结算时的金额，与题干中结算小费的金额不能相提并论，故无法支持。	淘汰
E	选项直接指出结账金额末尾数的差异，会影响顾客对这顿饭费用的评价，进而影响付给小费的金额，最能支持。	正确

28. 答案 D

题干信息	前提：脑区交流强度更高的田鼠，更容易与另一半快速建立起亲密关系。 结论：两个脑区之间的环路的激活，能够直接影响动物爱意的产生。

(续)

选项	解释	结果
A	选项构建的论证关系是：性行为+两个脑区交流→拥抱速度快慢，与题干论证关系不一致，无法支持。	淘汰
B	选项构建的论证关系是：化学物质→产生爱意，不涉及"两个脑区的交流对爱意的影响"。故无法支持。	淘汰
C	选项割裂了脑区环路激活和爱意之间的关系，削弱论证关系。	淘汰
D	采用搭桥思路，证明是两个脑区之间的环路的激活，直接影响了动物爱意的产生，支持力度最强。	正确
E	选项构建的关系是：和橙腹草原田鼠超过99%的基因相同的山地鼠缺乏相应的催产素受体→影响动物的爱意。与题干的论证关系无关，无法支持。	淘汰

29. 答案 B

题干信息	①不能连续表演戏曲，也不能连续表演武术。 ②《少林拳》……《太极拳》→《太极拳》第三个表演。 ③《少林拳》……《卖估衣》。 ④《七品芝麻官》……《观灯》……《形意拳》。 ⑤《观灯》第四个表演。

解题步骤	
第一步	题干问"可能真"，因此可以采用代选项排除一定假的方法进行解题。
第二步	若《少林拳》第五个表演，根据条件③和④可知，《卖估衣》和《形意拳》需要安排在第六∨第七个表演；根据条件①和④可知，《七品芝麻官》和《观灯》不能连续表演，因此《七品芝麻官》可能在第一个表演或者第二个表演，但此时结合条件①可知，《白蛇传》不能与《七品芝麻官》相邻，也不能与《观灯》相邻，《白蛇传》就没有位置了，因此排除 A 选项。 若《白蛇传》第五个表演，则与条件①相矛盾，因此排除 C 选项。 若《七品芝麻官》第一个表演，根据条件①可知，《白蛇传》只能安排在第六∨第七个表演；根据条件①和②可知，《少林拳》不能在第二个表演，也不能在第三个表演，因此《少林拳》只能安排在《观灯》之后表演；结合条件④，此时《卖估衣》只能在第二∨第三个表演，与条件③相矛盾，因此排除 D 选项。 若《卖估衣》第一个表演，则与条件③相矛盾，因此排除 E 选项。 答案选 B。

30. 答案 E

题干信息	①不能连续表演戏曲，也不能连续表演武术。 ②《少林拳》……《太极拳》→《太极拳》第三个表演。 ③《少林拳》……《卖估衣》。 ④《七品芝麻官》……《观灯》……《形意拳》。 ⑤《七品芝麻官》第三个表演。

(续)

	解题步骤
第一步	题干问"可能真",因此可以采用代选项排除一定假的方法进行解题。
第二步	若《少林拳》第一个表演,根据条件②可得,《太极拳》第三个表演,与题干相矛盾,因此排除 A 选项。 若《白蛇传》第六个表演,根据条件①,《观灯》只能在第一个表演,此时与条件④相矛盾,因此排除 B 选项。 若《太极拳》第一个表演,根据条件①④可知,《观灯》和《白蛇传》只能分别安排在第五和第七个位置表演,《少林拳》和《形意拳》只能分别安排在第四和第六个表演,此时《卖估衣》安排在第二个表演,与条件③相矛盾,因此排除 C 选项。 若《观灯》第四个表演,则与条件①相矛盾,因此排除 D 选项。 答案选 E。

逻辑模拟试卷（九）答案与解析

序号	答案	知识点与考点	序号	答案	知识点与考点
1	C	论证逻辑—评价	16	C	论证逻辑—削弱
2	E	论证逻辑—支持	17	D	分析推理—分组
3	D	论证逻辑—解释	18	B	分析推理—分组
4	D	形式逻辑—假言判断	19	C	分析推理—分组
5	B	论证逻辑—削弱	20	B	形式逻辑—直言判断
6	D	分析推理—排序	21	C	论证逻辑—假设
7	B	分析推理—排序	22	E	论证逻辑—削弱
8	C	论证逻辑—削弱	23	C	论证逻辑—支持
9	D	形式逻辑—结构相似	24	E	分析推理—对应
10	D	形式逻辑—假言判断	25	B	分析推理—分组
11	D	论证逻辑—假设	26	B	分析推理—真话假话
12	C	论证逻辑—削弱	27	B	形式逻辑—结构相似
13	E	形式逻辑—假言判断	28	B	形式逻辑—假言判断
14	E	论证逻辑—削弱	29	C	分析推理—分组+排序
15	D	论证逻辑—支持	30	A	分析推理—分组+排序

1. 答案 C

	解析步骤		
第一步	分析题干论证结构： 前提：常用疗法：明显改善（？）痊愈（44%） 　　　新疗法：明显改善（80%）痊愈（61%）	→结论：新疗法比常规疗法好。	
第二步	观察题干论证关系可知，评价新疗法与常规疗法哪个更好，还需比较明显康复（改善）的比例。故正确答案为 C。		

2. 答案 E

题干信息	①地球是一个熔岩状态的快速旋转体，绝大部分铁元素处于核心部分。 ②熔岩从表面甩出，冷凝形成月球。	
选项	解释	结果
A	题干不涉及围绕地球转的行星有几个。	淘汰

逻辑模拟试卷（九）答案与解析

（续）

选项	解释	结果
B	题干不涉及解体的时间，题干只涉及形成的原因。	淘汰
C	题干没有将月球与地球冷凝的时间进行对比。	淘汰
D	题干没有说明月球的具体构造。	淘汰
E	考生注意，本题要求题干支持选项，做题思考方向与通常的选项支持题型不同，题干支持选项，近似由题干信息推出结论。由题干信息①绝大部分铁元素处于核心部分，②月球来自地球表面熔岩，可以推出该选项。	正确

3. 答案 D

	解题步骤
第一步	锁定矛盾点。①固定进行健身锻炼的人近两年来增加，②而对该市近两年来去健身房的人数明显下降。
第二步	分析选项。

选项	解释	结果
A	一个结论，受两个因素影响，另一个因素：没规律的人减少能解释结论的变化，从而解释了矛盾。	淘汰
B	选项指出他因，是健身房没有说真话，能够解释矛盾。	淘汰
C	选项指出他因，由于家庭健身活动逐渐流行，使得近两年来去健身房的人数明显下降了，也能够解释矛盾。	淘汰
D	选项加深了题干中的矛盾。健身房普遍调低了营业价格，近两年来去健身房的人数就应该增加，怎么还会下降了呢？	正确
E	选项能对题干中的矛盾作出一定的解释，即如果受调查的健身锻炼爱好者相对全市健身爱好者来说不具有代表性，则解释了题干中的表面性矛盾。	淘汰

4. 答案 D

题干信息	除非任何传统文化的传播都必然导致良好风气，否则有的外来文化可能不阻碍传统文化发展＝任何传统文化的传播都必然导致良好风气∨有的外来文化可能不阻碍传统文化发展。考生注意：除非Q，否则P＝¬P→Q＝P∨Q。

	解题步骤
第一步	要"最能质疑题干观点"，则需找到题干的矛盾，即：并非任何传统文化的传播都必然导致良好风气∧并非有的外来文化可能不阻碍传统文化发展。
第二步	整理可得，有的传统文化的传播可能不能导致良好风气∧任何外来文化都必然阻碍传统文化发展。
第三步	观察选项发现，D选项恰好符合题干。考生注意，"不"作为否定词，否定了"都"和"导致良好风气"，因此等价于：有的传统文化发展可能不导致良好风气。

5. 答案 B

题干信息	前提：把不同人的脸孔合成为一张张"平均脸"，合成时用的脸越多，就会被认为越有魅力。→结论：对称的脸比不对称的脸孔看上去更美、更有吸引力。	
选项	解释	结果
A	是否健康涉及了背景信息，与题干论证关系不大。再者"有些"削弱力度也很弱，一般不选。	淘汰
B	即使脸孔是对称的但没有活力也就没有吸引力，即脸孔的对称性并不是看上去更有吸引力的原因。直接削弱论证。	正确
C	主观上是否"在意"和客观上是否有"吸引力"无关，属于无关选项。	淘汰
D	题干论证未涉及是否"幸福"的问题，属于无关选项。	淘汰
E	即使吸引力是先天遗传的，也无法削弱"脸孔的对称性是看上去更有吸引力的原因"的论证。	淘汰

6. 答案 D

题干信息	①甲在第一天∨第六天 ②丁……戊｜己（"｜"表示相邻） ③乙在第三天→戊在第五天
第一步	题干没有确定信息，故优先考虑从跨度大的条件入手。
第二步	由条件②可知，己的前面至少有丁和戊，故己至少应该在第三天，不可能在第二天，因此答案选 D。

7. 答案 B

题干信息	①甲在第一天∨第六天 ②丁……戊｜己（"｜"表示相邻） ③乙在第三天→戊在第五天					
第一步	问题给出了附加信息"己｜甲"，此时结合条件②可得：丁……戊｜己｜甲。					
第二步	由于"甲"的前面有人，因此甲一定不是第一天，此时结合条件①可知甲在第六天。此时戊在第四天，结合③可知乙不在第三天，此时只可能是丙或者丁在第三天，故答案选 B。					
	第一天	第二天	第三天	第四天	第五天	第六天
				戊	己	甲

8. 答案 C

题干信息	前提：机器测定病人患有心脏病的比例高于最有经验的医生。→结论：解读心电图结果时，应由计算机代替医生工作。考生注意，针对代替最好的削弱是"不可代替"。	
选项	解释	结果
A	选项支持题干论证，说明应该由机器替代医生。	淘汰

（续）

选项	解释	结果
B	选项与题干论证无关，考生注意，"操作不当"不涉及是医生还是机器。	淘汰
C	选项直接削弱，诊断水平不仅跟正确测定患心脏病的比例有关，也跟正确测定未患心脏病的比例有关，选项说明医生的工作是不可替代的。	正确
D	选项支持题干论证，说明应该由机器替代医生。	淘汰
E	选项与题干论证无关，考生注意，医生和机器都不能准确测定出结果，那么二者是否存在可替代的关系，无法判断。	淘汰

9. 答案 D

题干信息	题干结构：A→B，C→¬B，因此，A→¬C。

选项	解释	结果
A	选项 = A→B，C→B，因此 C→A，与题干推理结构不一致。	淘汰
B	选项 = A→B，C→D，因此许多 A⇒E，与题干推理结构不一致。	淘汰
C	选项 = A→B，许多 C⇒¬B，因此许多 C⇒¬A，与题干推理结构不一致。	淘汰
D	选项 = A→B，C→¬B，因此，A→¬C，与题干推理结构一致。	正确
E	选项 = A→B，B→C，因此，A→C，与题干推理结构不一致。	淘汰

10. 答案 D

	解题步骤
第一步	整理题干信息：①P1：早上空气好→Q1：跑步。②P2：早上空气不好→Q2：心情不好。③P3：晚上运动过量→Q3：影响睡眠。④P4：晚上不运动∨运动太少→Q4：心情不好。⑤老王心情好。
第二步	联合①②⑤可得：老王心情好→早上空气好→跑步。可推出 A 和 B。
第三步	联合④⑤可得：老王心情好→晚上运动∧运动不太少。可推出 C 和 E。
第四步	D 选项推不出，因为运动不太少并不意味着晚上运动过量，无法肯定③中的 P3，进而就推不出 Q3。

11. 答案 D

题干信息	前提：政府官员和公民对于政府在其行动中负有义务遵守规则的理解是相同的。 结论：如果一个国家故意无视国际法，该国的政府官员的态度也会变得不支持他们的政府。

选项	解释	结果
A	不必假设，不需要经常改变，只要政府和公民的理解一致即可。	淘汰
B	削弱题干结论，说明公民对政府义务遵守的规则的理解与政府官员不一致。	淘汰
C	削弱题干结论，说明政府官员的态度允许违反国际法。	淘汰

（续）

选项	解释	结果
D	结论中政府官员认为国家不能无视国际法，在前提中强调政府官员和公民对政府义务遵守的规则的理解是一致的，显然需要搭桥建立假设：公民也认为国家不能无视国际法。选项恰好符合搭桥假设。	正确
E	题干不涉及政府官员当选的条件，不必假设。	淘汰

12. 答案 C

题干信息	题干结论：我们能有效杜绝餐桌上的食物浪费→能够救活千百万的饥民。

选项	解释	结果
A	"消费"并不一定要"浪费食物"，并且"饥民"和"穷人"的关系题干未涉及，因此本项与题干论证相关度不大。	淘汰
B	总量已经可以保障全世界的人免于饥饿，很可能是因为有人浪费才导致有人忍受饥饿，支持题干论证。	淘汰
C	"只是……的有利条件"，说明条件不充分，可能还存在其他因素，也就是杜绝食物浪费并不必然能解决饥饿问题，削弱题干结论。	正确
D	考生注意，该项是"加剧饥饿问题"的一个原因，无法说明题干"杜绝餐桌上的食物浪费"能否"解决"饥饿问题。	淘汰
E	题干论证的是"杜绝食物浪费"，用节约的食物救活饥民，而不是将已经浪费的食物给饥民，所以哪里来的"残羹冷炙"呢？	淘汰

13. 答案 E

题干信息	①得到不该得到的得到（P1）→失去不该失去的失去（Q1）。 ②享受别人不能享受的享受（P2）→忍受别人不能忍受的忍受（Q2）。

选项	解释	结果
A	选项=¬P1→¬Q1，不符合假言推理规则，故可能真。	淘汰
B	选项=Q1→P1，和题干信息①表达不一致，故可能真。	淘汰
C	选项=Q2→P2，和题干信息②表达不一致，故可能真。	淘汰
D	选项=¬Q2→Q1，由于题干信息①和②无关，故推不出。	淘汰
E	选项=¬P2∨Q2，符合假言判断推理规则，与题干信息②一致。	正确

逻辑模拟试卷（九）答案与解析

14. 答案 E

解题步骤	
第一步	锁定提问："以下哪项如果为真最能对上述建议产生质疑"。
第二步	锁定建议："在发生恐慌时，最好能将存款分别存入不同的户头，每个户头不超过政府保证归还的最高限额"。
第三步	分析选项。

选项	解释	结果
A	说明建议可行，支持建议。	淘汰
B	并没有说明建议不可行，因为题干没有说明是否使用"真姓名"。	淘汰
C	说明方法有依据，支持建议。	淘汰
D	选项说明还有其他避险方法，相比较 E 选项直接否定"方法可行"，力度较弱。因为还有其他方法，并不能说明这种方法不可行。再有，"仅仅"也只是说明了一种特殊情况，缩小了论证的范围。	淘汰
E	直接否定了建议的可行性，力度最大。	正确

15. 答案 D

题干信息	前提：锐进轿车购买保险的数量比飞鸟轿车多，出现问题的反馈表也多。→结论：锐进轿车比飞鸟轿车的质量差。 前提差异导致结果差异的差比关系题目，支持的关键是保证前提差异确实存在。

选项	解释	结果
A	与题干论证无关。	淘汰
B	反馈表需要更多时间填写导致出现反馈表的数量少，削弱了题干论证。	淘汰
C	削弱题干论证，飞鸟轿车有更多投诉信，说明质量有问题。	淘汰
D	飞鸟轿车的客户数量多，问题反馈表少，说明飞鸟轿车的质量比锐进轿车的质量好，加强题干论证。	正确
E	广告数量多，与汽车质量无关，即便能够说明飞鸟轿车的质量好，也不能说明锐进轿车的质量不好。	淘汰

16. 答案 C

题干信息	前提：①湖南籍学生→出席了周末的"湘江联谊会"；②李华出席了周末"湘江联谊会"。 结论：李华一定是湖南籍学生。 题干论证隐含的假设：所有出席了周末"湘江联谊会"的都是湖南籍学生。

选项	解释	结果
A	支持题干论证，说明"湘江联谊会"和"湖南籍学生"是同一关系。	淘汰
B	要求出席，不等于实际上已经出席，不能削弱。	淘汰

103

（续）

选项	解释	结果
C	选项直接质疑题干隐含的假设，指出有的出席了周末"湘江联谊会"的学生不是湖南籍学生，最强的削弱。	正确
D	不涉及李华是否是湖南籍学生，不能削弱。	淘汰
E	不涉及李华是否是湖南籍学生，不能削弱。	淘汰

17. 答案 D

题干信息	① 开胃小菜最多包含 3 种口味； ② F 和 N 不能被包含在同一道菜之中； ③ S 和 T 不能被包含在同一道菜之中； ④ G 和 N 被包含在同一道菜之中。 观察题干，问题求"可能真"，并且选项充分，因此可以用代选项排除的方式解题。

选项	解释	结果
A	由 A 选项可推出：开胃小菜包含 4 种口味，与条件①矛盾，排除。	淘汰
B	B 选项与条件②矛盾，排除。	淘汰
C	由 C 选项可推出：开胃小菜的口味为 F、S 和 T，与条件③矛盾，排除。	淘汰
D	选项与题干信息不矛盾，为正确选项。	正确
E	E 选项与条件③矛盾，排除。	淘汰

18. 答案 B

题干信息	① 开胃小菜最多包含 3 种口味； ② F 和 N 不能被包含在同一道菜之中； ③ S 和 T 不能被包含在同一道菜之中； ④ G 和 N 被包含在同一道菜之中。

解题步骤	
第一步	观察题干，本题给出附加信息：某一道菜中同时包含有 L 和 P，但不能确定是主菜还是开胃小菜，因此可以用假设法解题。
第二步	假设 L 和 P 为开胃小菜的口味，根据②可知，F、N 不在同一道菜，故 F 和 N 一个在主菜，一个在开胃小菜，同理，根据③可知，S 和 T 一个在主菜，一个在开胃小菜；因此 F、N、S、T 中一定有 2 种口味在主菜，2 种口味在开胃小菜，故开胃小菜至少包含 4 种口味，与条件①矛盾，因此 L 和 P 一定为主菜的口味，选项 B 为正确答案。

19. 答案 C

题干信息	① 开胃小菜最多包含 3 种口味； ② F 和 N 不能被包含在同一道菜之中； ③ S 和 T 不能被包含在同一道菜之中。 观察题干，题干给出附加条件"去掉 G 和 N 必须在同一道菜中"，求主菜可能包含的口味，即可能真，并且选项充分，因此可以用代选项排除的方法解题。

逻辑模拟试卷（九）答案与解析

（续）

选项	解释	结果
A	由 A 选项可推出：开胃小菜的口味为 F、S 和 T，与条件③矛盾，排除。	淘汰
B	由 B 选项可推出：开胃小菜的口味为 F、S 和 N，与条件②矛盾，排除。	淘汰
C	选项与题干信息不矛盾，为正确选项。	正确
D	选项与条件③矛盾，排除。	淘汰
E	由 E 选项可推出：开胃小菜包含四种口味，与条件①矛盾，排除。	淘汰

20. 答案 B

题干信息	①获得诺贝尔奖的人→精通数学 ②爱好广泛的人→不能成为物理学家 ③企业首席经济师→爱好广泛的人 ④有的企业首席经济师⇒获得了诺贝尔奖 联合①④可得：⑤有的企业首席经济师⇒获得了诺贝尔奖⇒精通数学 联合②③可得：⑥企业首席经济师→爱好广泛的人→不能成为物理学家 联合⑤⑥可得：⑦有的精通数学⇒获得了诺贝尔奖⇒企业首席经济师⇒爱好广泛的人⇒不能成为物理学家。 "以下各项均可能为真，除了？"=一定假

选项	解释	结果
A	选项=有的企业首席经济师⇒没有获得诺贝尔奖，与④构成至少有一真的关系，故无法判断真假。	可能真
B	选项=精通数学→物理学家，与⑦矛盾；故选项一定为假。	一定假
C	选项=有的精通数学⇒不能成为物理学家，与⑦等价，一定为真。	一定真
D	选项=成为物理学家→不精通数学=精通数学→不能成为物理学家，与⑦构成包含关系，故无法判断真假。	可能真
E	选项=物理学家→精通数学，与⑦不矛盾；因此，故无法判断真假。	可能真

21. 答案 C

	解题步骤
第一步	整理教导主任的推理。前提：在学校的运动项目上花了大量的时间，减少了学习的时间，使得这些学生在学习上有问题→结论：禁止学习上有问题的学生参加运动项目，能提高他们的学习成绩。
第二步	分析教导主任的推理可知，他的推理存在"强加因果"的嫌疑，学习成绩好的同学是否也参加了运动项目，是否由于放弃运动项目而增加了学习的时间呢？因此需要建立"求异法"结构，保证前提差异（参加项目没时间学习和不参加项目有时间学习）导致结果差异（成绩好坏的差异），因此答案选 C。考生试想，如果成绩好的同学放弃运动也没有增加学习时间，那让成绩差的同学放弃运动也不一定能增加学习时间，那么提高成绩从何谈起？

· 105 ·

22. 答案 E

题干信息	题干研究者的假设：吸烟（因）→打呼噜（果）。	
选项	解释	结果
A	选项看似属于无因有果的削弱，但考生试想可能选项只是表明了"不吸烟"和"打呼噜"，是同时存在的，至于二者是否存在因果关系，不得而知，可能打呼噜导致不吸烟，也可能不吸烟导致打呼噜，故选项削弱力度有限，考生一定紧扣谓语动词表达的论证关系。	淘汰
B	选项指出有他因的削弱，但是没有否定题干强调的"吸烟"的作用，没有否定本因，故削弱力度有限。	淘汰
C	与 A 选项类似。	淘汰
D	选项看似有因无果的削弱，但实质上削弱力度也有限，很难说明吸烟不是打呼噜的原因。	淘汰
E	选项直接割裂关系，如果是压力大导致的吸烟和打呼噜，就说明吸烟和打呼噜二者没关系，力度最强。考生注意，在最近几年的考试中经常考到削弱割裂关系的思路，考生可参考这个题目的选项好好体会。	正确

23. 答案 C

题干信息	方法：利用这种弹性超强的材料，制成人工肌肉替代人体肌肉。 目的：为肌肉损伤后无法恢复功能的患者带来福音。	
选项	解释	结果
A	选项指出题干方法可行，能支持。	淘汰
B	选项指出题干方法可行，能支持。	淘汰
C	选项直接指出题干的方法不可行，削弱。	正确
D	选项指出题干方法可行，能支持。	淘汰
E	选项指出题干方法可行，能支持。	淘汰

24. 答案 E

题干信息	① 张薇在北京参赛；② 英语大赛在重庆举行；③ 马宇在天津参赛；④ 陆峻参加的是作文大赛；⑤ 张薇没有参加化学大赛。	
解题步骤		
第一步	联合①和⑤可得，北京举办的不是化学大赛，再结合④可得，北京举办的不是作文大赛；再结合②可得，北京举办的是物理大赛。可得一组对应关系：北京—张薇—物理。	
第二步	再结合②和④可得，作文大赛在上海举行，可得一组对应关系：上海—陆峻—作文。	
第三步	再结合③可得，天津—马宇—化学，重庆—赵楠—英语。因此答案选 E。	

逻辑模拟试卷（九）答案与解析

25. 答案 B

题干信息	①评选了台湾电影金马奖→不能再评选大众电影百花奖∧不能评选中国电影金鸡奖。 ②评选了中国电影华表奖→不能再获得香港电影金像奖。 ③评选了中国电影金鸡奖→不能再获得中国电影华表奖。 ④每个人最多获得两个奖项。飞天公司一共3位演员，囊括了所有奖项，每个人都获奖，每个奖项只有一人获得。即分组情况为2、2、1。 ⑤已知演员周小东获得了台湾电影金马奖，演员吴小南和演员郑小北二人之间有人获得了香港电影金像奖。
解题步骤	
第一步	演员周小东获得了台湾电影金马奖，代入条件①得周小东不能再评选大众电影百花奖，也不能评选中国电影金鸡奖；由⑤可知香港电影金像奖只能由演员吴小南和演员郑小北获得，所以演员周小东不能获得香港电影金像奖。
第二步	还剩下一个中国电影华表奖，如果吴小南获得了，那么演员周小东只能获得一个奖项。
第三步	根据2、2、1的分组情况可知吴小南和郑小北各获得两个奖项。答案为B。

26. 答案 B

解题步骤	
第一步	题干有确定的真假关系，故先符号化题干信息： ①汪没有和谐福→赵没有友善福； ②张有敬业福→李有富强福； ③汪没有和谐福∧赵有友善福； ④张有敬业福∧李有富强福。
第二步	判断真假。观察发现，①和③属于矛盾关系，必一真一假；由于共有两真两假，所以②和④也一定是一真一假。②和④属于包含关系，若④为真，则②也为真，因此④必假，即张没有敬业福∨李没有富强福为真，②为真，即张没有敬业福∨李有富强福为真，观察可得：张没有敬业福一定为真。
第三步	观察选项可知，B选项=张没有敬业福∨李有友善福，满足一个肢判断为真，故整个判断即为真，故答案选B。

27. 答案 B

题干信息	论证方式为：先否定一个，然后假设它成立，则能推出一个必然假的结论，属于归谬法。

选项	解释	结果
A	推出的结论不是必然假，不符。	淘汰
B	与题干论证方式相同，先否定一个，然后假设成立，则推出必然假的结论。	正确
C	与题干论证方式不符。	淘汰
D	如果你不相信这一点，应该换成如果天上会掉馅饼，并且结论也并非必然为假。	淘汰
E	推出的结论不是必然假，不符。	淘汰

107

28. 答案 B

题干信息	整理题干信息： ①能控制通货膨胀→不超发货币∧控制物价 ②控制物价→政府税收减少 ③政府不超发货币∧税收减少→政府预算将减少 ④政府预算未减少（确定信息）。
解题步骤	
第一步	观察题干信息发现，本题为有确定信息的假言判断综合推理的题目，将确定信息代入题干即可得出答案。
第二步	条件④代入条件③可得：⑤政府超发货币∨税收没有减少，联合条件⑤和条件②可得：⑥政府超发货币∨不控制物价。
第三步	联合条件⑥和条件①可得：不能控制通货膨胀，选项 B 为正确答案。

29. 答案 C

30. 答案 A

题干信息	①某一周做 J（P）→前一周做 H（Q）； ②做两次的必须第四周做，不能第三周做； ③某一周做 G（P）→这周做 J∨O（Q）； ④K 在前两周做，O 在第三周做。
解题步骤	

29题

问题求"不能在同一周"，从重复的信息"O 在第三周做"和"做两次的不能在第三周"，此时可优先验证含有"O"的选项。

假设 J 和 O 在同一周内做广告，则做广告的顺序可列表如下：

第一周	第二周	第三周	第四周
		O/J	

根据信息③，做 G 那么 J 或 O 至少做一个，但是由于做两次的必须第四周再做一次，那么不管是 J 做两次还是 O 做两次，都不能满足信息②，因此 J 和 O 不在同一周内做广告。答案选 C。

30题

问题求"不可能为真"，此时考虑到题干存在假言条件，故可优先考虑从假言条件的 P 和 ¬Q 入手。只有 A 选项涉及条件③中的 P 位（G），因此可优先考虑。

假设 G 在两个星期内均做了广告，则做广告的顺序可列表如下：

第一周	第二周	第三周	第四周
		O	G/J

题干指出只有一个做了两次，那么根据题干信息可知，O 和 J 都只能做一次，那么 O 第三周做，J 第四周做，但是 G 第二次做的时候，J 和 O 都不满足能跟 G 一起做（否则 J 和 O 也做了两次），与题干信息③矛盾，因此 G 不能在两个星期内都做广告，故答案选 A。

逻辑模拟试卷（十）答案与解析

序号	答案	知识点与考点	序号	答案	知识点与考点
1	E	形式逻辑—假言判断	16	C	分析推理—排序
2	B	论证逻辑—削弱	17	C	形式逻辑—假言判断
3	B	论证逻辑—解释	18	B	论证逻辑—削弱
4	A	分析推理—排序	19	D	分析推理—对应
5	D	形式逻辑—假言判断	20	B	形式逻辑—简单判断
6	A	形式逻辑—假言判断	21	D	论证逻辑—削弱
7	E	论证逻辑—评价	22	A	论证逻辑—支持
8	E	论证逻辑—假设	23	C	形式逻辑—假言判断
9	E	形式逻辑—假言判断	24	D	分析推理—数据分析
10	E	形式逻辑—结构相似	25	B	分析推理—排序
11	B	分析推理—分组	26	E	分析推理—排序
12	D	形式逻辑—假言判断	27	A	形式逻辑—直言判断
13	D	分析推理—真话假话	28	B	分析推理—对应
14	B	论证逻辑—支持	29	B	分析推理—对应
15	A	分析推理—排序	30	D	分析推理—对应

1. 答案 E

题干信息	根据"如果 A，那么 B，否则 C"＝A∧¬B→C＝¬A∨B∨C，可将题干母牛的信息转化为： 母牛：食量不大∨喂食 10 次以上∨患病。 根据"如果 A∧B，那么 C"＝¬A∨¬B∨C，可将题干公牛的信息转化为： 公牛：食量不大∨没喂食 10 次以上∨不患病。

选项	解释	结果
A	选项针对公牛，指出"食量不大"，肯定不确定，故选项可能为真。	淘汰
B	选项针对母牛，指出"患病"，肯定不确定，故选项可能为真。	淘汰
C	选项针对母牛，指出"食量小"，那就是"食量不大"，肯定不确定，故选项可能为真。	淘汰
D	选项针对公牛，指出"没患病"，肯定不确定，故选项可能为真。	淘汰
E	选项针对公牛，食量大∧患病→没喂食 10 次以上，否定必肯定，故选项一定为真。	正确

·109·

2. 答案 B

题干信息	整理题干论证： 前提：人工髋关节的移植在使用 45 年以后会增加癌症的威胁→结论：应该禁止	
选项	解释	结果
A	选项直接支持题干论证，指出人工移植髋关节不利于人体健康。	淘汰
B	选项直接削弱，说明人们不必担心 45 年以后的威胁，因为 30 年后人们就去世了。	**正确**
C	间接支持题干论证，说明人工移植髋关节会增加患癌症的风险。	淘汰
D	与题干论证无关。	淘汰
E	与题干论证无关。	淘汰

3. 答案 B

题干信息	要解释的现象：悬崖上的雪松比林中的雪松吸取的养料少，但年头却比林中的雪松更长。最好的解释便是寻找林中雪松与悬崖雪松除了存在吸收养料差异外，还存在其他影响年头的差异。	
选项	解释	结果
A	选项不涉及林中和悬崖的雪松的差异，不能解释。	淘汰
B	选项直接指出林中雪松和悬崖雪松遭受火灾的可能性差别很大，能解释。	**正确**
C	选项不涉及两种雪松的比较。	淘汰
D	消耗养分多少与雪松的生存年头无必然联系，就好比一个人吃得少，消耗少，一定寿命长吗？	淘汰
E	选项不涉及两种雪松的比较。	淘汰

4. 答案 A

	解题步骤
第一步	由于题干问"可能真"，故优先将题干事实找到，然后再代选项排除即可。
第二步	由于四个人都猜错，故事实上应该是：①小刘不在小马旁边，排除 B；②小马的左手边既不是小刘，也不是小杨，而应该是小廖，排除 D 和 E；③小杨不在小廖旁，排除 C。因此答案选 A。

5. 答案 D

6. 答案 A

题干信息	①狗吃得最多→两只猫之间便会和平 ∧ 两只猫都会与狗发生战争。 ②狗吃得最少→两只猫之间便会发生战争 ∧ 狗与两只猫之间都和平。 ③白猫吃得比黑猫多→狗与黑猫和平。 ④黑猫吃得比白猫多→狗与黑猫发生战争。 ⑤黑、白两只猫和一只狗，三只动物吃的食物都不一样多。

逻辑模拟试卷（十）答案与解析

(续)

		解题步骤
5题	第一步	附加条件：⑥猫狗进食后，狗与黑猫发生了战争。联合信息③可以推出"白猫吃得比黑猫少"；联合信息②可以推出"狗吃得不是最少的"。
	第二步	一共有三个动物，已经推出：白猫吃得比黑猫少，狗吃得不是最少的。所以，可以推出白猫吃得是最少的，但是黑猫和狗谁吃得最多无法推出。所以5题选项D一定正确。
6题	第一步	附加条件：⑥猫狗进食后，狗与黑猫和平。联合信息④可以推出"白猫吃得比黑猫多"；联合信息①可以推出"狗吃得不是最多的"。
	第二步	一共有三个动物，已经推出：白猫吃得比黑猫多，狗吃得不是最多的。所以，可以推出白猫吃得是最多的，但是黑猫和狗谁吃得最少无法推出。所以选项A一定假，是正确选项。

7. 答案 E

题干信息	分析题干论证。题干论证的错误在于，粘在牙齿上的时间与引起蛀牙的风险只能纵向比较（即A比A），而不能横向比较（即A比B），因此题干犯了不当类比的错误。
选项	解释	结果
A	题干论证有漏洞。	淘汰
B	题干不涉及巧克力和胶质奶糖的类型对于蛀牙的影响，只涉及巧克力和胶质奶糖两者进行类比。	淘汰
C	题干不涉及其他导致蛀牙的食品。	淘汰
D	选项与题干不一致，题干不能横向比较，而选项却可以横向比较。	淘汰
E	选项与题干一致，火灾和地震造成的损失都只能纵向比［即火灾自己（A）跟自己（A）比，地震自己（B）跟自己（B）比］，不能横向比较。	正确

8. 答案 E

题干信息	前提：彼尔在任何一封信中都没有提到过令他出名的吗啡瘾→结论：彼尔得到"吗啡瘾君子"的恶名是不恰当的
选项	解释	结果
A	选项不涉及题干论证关系，不必假设。	淘汰
B	信息的提供者与信息客观的真实性关系不大，不必假设。	淘汰
C	吸食吗啡的经济来源与题干论证无关，不必假设。	淘汰
D	信件的数量与信件内容所反映的真实性无关，不必假设。	淘汰
E	属于无他因的假设。考生试用"加非验证"，如果彼尔因害怕后果而不敢在其信中提及对吗啡的嗜好，那么就说明事实上关于彼尔的报道是真实的，结论不成立。因此选项必须假设。	正确

9. 答案 E

题干信息	整理题干信息： ① ¬天蓝∨铁青＝天蓝→铁青（假言判断与选言判断间等价转换） ② 橙黄→¬天蓝 ③ 铁青→橙黄

	解题步骤
第一步	结合①③可知天蓝→铁青→橙黄，即天蓝→橙黄。
第二步	条件②的逆否等价命题为"天蓝→¬橙黄"，和第一步的结论构成了两难推理，得出"¬天蓝"为真，即不使用天蓝色，答案选 E。

10. 答案 E

题干信息	推理结构：有些 A 是 B，所有 C 是 B。因此，有些 A 也是 C。	
选项	解释	结果
A	有些 A 是 B，所有 C 都不是 B，因此，有些 A 不是 C。与题干结构不一致。	淘汰
B	有些 A 喜欢 B，C 是 A，因此，C 喜欢 B。与题干结构不一致。	淘汰
C	有些 A 爱 B，所有 A 习惯 C，因此，有些 C 爱 B。与题干结构不一致。	淘汰
D	有些 A 是 B，所有 C 都是 A，因此，有些 C 是 B。与题干结构不一致。	淘汰
E	有些 A 是 B，所有 C 是 B，因此，有些 A 也是 C。与题干结构一致。	正确

11. 答案 B

	解题步骤
第一步	整理题干信息：①要么张宜参加，要么杜涛参加；②要么王武参加，要么孙柳参加；③王武参加→李山参加；④方起参加→杜涛参加。
第二步	分析题干信息①和②，由于 7 个人中一定要选 4 个，因此张宜、杜涛、王武、孙柳这 4 个人中一定要选 2 个，那么剩下的 3 个人李山、赵思、方起中一定要选 2 个人，因此李山、赵思至少选 1 个，或者赵思、方起至少选 1 个，或者李山、方起至少选 1 个，因此答案选 B。

12. 答案 D

题干信息	高效率竞技水平（P1）→好的竞技状态（P2/Q1）→科学训练法（Q2）	
选项	解释	结果
A	高效率的竞技水平（P1）∧好的竞技状态（Q1），可能为真，不能削弱。	淘汰
B	低效率的竞技水平（¬P1）∧好的竞技状态（Q1），可能为真，不能削弱。	淘汰
C	低效率竞技水平（¬P1）∧没有好的竞技状态（¬Q1），可能为真，不能削弱。	淘汰

逻辑模拟试卷（十）答案与解析

（续）

选项	解释	结果
D	高效率的竞技水平（P1）∧没有科学训练法（¬Q2），题干的矛盾判断，最能削弱。	正确
E	低效率的竞技水平（¬P1）∧科学训练法（Q2），可能为真，不能削弱。	淘汰

13. 答案 D

题干信息	①真真只说真话，假假只说假话，而真假有时说真话有时说假话。 ②A回答说："B叫真真。" ③B回答说："我叫假假。" ④C回答说："B叫真假。"
解题步骤	
第一步	找到突破口，B回答说"我叫假假"，说明B一定是真假（注意：真真只会说我是真真；假假会说我是真真，或说我是真假）。
第二步	A回答说"B叫真真"，说明A说假话，说假话的只有假假和真假，所以A一定是假假，剩下的C就是真真，说真话。
第三步	综上，A是假假，说假话；B是真假，说假话；C是真真，说真话。答案选D。

14. 答案 B

题干信息	①这些系统能被调节到对合法的寻求进入者的拒绝最小化的程度；②这些调节增加了允许冒名顶替者进入的可能性（即：拒绝最小化→增加冒名顶替的可能性）。		
选项	解释	结果
A	题干只涉及按照指纹、声模的相似程度来工作，至于根据身份能否有效不得而知。	淘汰
B	②取逆否=控制冒名顶替的可能性→拒绝合法进入者。故B选项可推出，考生注意题干中"但是"后面为重点信息。	正确
C	选项与题干信息冲突，冒名顶替者被允许进入的情况应当不如合法进入者拒绝的更严重时，才是合理的标准之一。	淘汰
D	选项不能推出，题干不涉及非生命仪进入控制系统的功能。	淘汰
E	选项与题干信息冲突，每个选择进入的人应该将选择寄托于准许合法进入的拒绝最小的程度。	淘汰

15. 答案 A

题干信息	①长春第三周游览。　　　②沈阳和济南不能连续游览。 ③北京<天津/济南。　　　④哈尔滨和天津在连续两周内游览。 ⑤济南第六周游览。

（续）

解题步骤	
第一步	明确本题题型为"排序题"。可优先从"跨度大"和"确定"的条件入手。
	根据条件①和⑤，可以得出下表：
	<table><tr><td>1</td><td>2</td><td>3</td><td>4</td><td>5</td><td>6</td><td>7</td></tr><tr><td></td><td></td><td>长春</td><td></td><td></td><td>济南</td><td></td></tr></table>
第二步	根据条件④可知，哈尔滨和天津必须连续游览，因此哈尔滨和天津只能有两种安排：(1) 第一周和第二周；(2) 第四周和第五周。但结合条件③，由于北京必须在天津之前游览，因此哈尔滨和天津只能在第四周和第五周游览；北京必须在第一周或第二周游览；根据条件②可知，沈阳不能跟济南相邻，故沈阳只能在第一周或第二周游览，因此第七周便只能安排石家庄，故答案选 A。

16. 答案 C

题干信息	①长春第三周游览。　②沈阳和济南不能连续游览。 ③北京<天津/济南。　④哈尔滨和天津在连续两周内游览。 ⑤沈阳∣天津（"∣"表示紧邻）。
第一步	明确本题题型为"排序题"。可优先从"跨度大"和"确定"的条件入手。
第二步	联合条件④和⑤可得：沈阳∣天津∣哈尔滨。此时结合条件③可知，北京至少在四座城市之前游览，因此北京只能安排在第一周或第二周，故答案选 C。

17. 答案 C

题干信息	① 期末考试能进步 10 名以上→要么可以买遥控汽车，要么可以买滑板鞋 ② 并非（要么买遥控汽车，要么买滑板鞋）→期末考试能进步 10 名以上
第一步	条件②等价于：③期末考试不能进步 10 名以上→要么可以买遥控汽车，要么可以买滑板鞋。
第二步	条件①和③构成了两难推理。P→Q，¬P→Q，所以 Q。即"要么可以买遥控汽车，要么可以买滑板鞋"一定为真，因此可以推出，"或者可以买遥控汽车，或者可以买滑板鞋"一定为真。答案选 C。

18. 答案 B

题干信息	分析人士的观点为一个因果关系。因：价格低和成本低。果：德国折扣连锁模式在食品涨价潮中逆市走俏。

选项	解释	结果
A	支持了题干的背景信息，说明"德国折扣连锁模式走俏"，不构成质疑。	淘汰
B	说明其他超市也都在运行低价和低成本战略，属于有因无果削弱，对分析人士的观点构成质疑。	正确
C	属于无关选项，不构成质疑。	淘汰

(续)

选项	解释	结果
D	"家乐福是否有自己的独特文化"与题干因果关系无关，不构成质疑。	淘汰
E	削弱结果，且其在中国的情况为个例，削弱力度较弱。	淘汰

19. 答案 D

题干信息	①甲不会报考理科专业＝甲报考播音主持∨甲报考法语。 ②甲报考播音主持→乙报考有机化学。 ③丙报考应用数学∨丙报考自动化。 ④丁不报考法语→乙报考自动化。 ⑤每个人只能报考一个专业，并且没有两个人报考的专业相同。 观察题干条件发现，题干中没有确定的信息，但问题求"一致"，也就是符合题干即可，此时可优先考虑代入选项排除法。

选项	解释	结果
A	将"甲报考播音主持"代入条件②可得"乙报考有机化学"，由于每个人只能报考一个专业，此时可知，乙没报考自动化，再代入条件④可得"丁报考法语"，与丁报考应用数学矛盾，故选项不符合。	淘汰
B	若"甲报考应用数学"，与条件①矛盾。	淘汰
C	将"乙报考了播音主持"代入条件④可得"丁报考法语"，再代入①可得"甲报考播音主持"，此时有两个人报考了播音主持，与条件⑤矛盾。	淘汰
D	将"甲报考播音主持"代入条件②可得"乙报考有机化学"，再代入条件④可得"丁报考法语"，此时丙和戊一个报考应用数学、一个报考自动化，符合题干要求。	正确
E	若"戊报考了有机化学"，可知"乙不会报考有机化学"，代入条件②可得"甲不报考播音主持"，再代入条件①可得"甲报考法语"，与丁报考法语矛盾，故选项不符合。	淘汰

20. 答案 B

题干信息	所有的人并非必然都能取得成功。

解题步骤		
第一步	该项考的是负判断的等值转换。
第二步	口诀：去掉"并非"后，见到"必然"变"可能"，见到"都"（表明所有的人）变"有的"，动词前面加否定。因此题干等价为：有的人可能不能取得成功。答案选B。

21. 答案 D

题干信息	根据问题判断本题属于"削弱—方法可行类"题目。目的：使所有的有4岁以下儿童的低收入家庭能获得比原来更多的儿童资助。方法：退还低收入家庭所支付的收入税。

115

(续)

选项	解释	结果
A	选项支持题干论证。考生试想，不管实际花费多少，只要能退还一部分，那么对于低收入家庭而言，儿童资助的金额仍然是增加的。	淘汰
B	选项不能削弱，选项干扰性很大，考生注意，是否获得资助与这些资助是否用于抚养儿童是不同的论题，注意细节，找准目的很重要。	淘汰
C	选项不能削弱，政府削减的是高等教育的投入，儿童的资助可能并没有减少。	淘汰
D	直接削弱，说明方法不可行。低收入家庭本就达不到交税的标准，那么退税所带来的儿童资助增加就无从谈起，考生体会，选项直接否定了题干的假设。	正确
E	选项支持题干论证，考生试想，收入税显著增加，那么退税的金额也就越高，那么儿童获得的资助也更多。注意，家庭实际用于儿童的金额与获得的儿童资助不是相同概念，不能混淆。	淘汰

22. 答案 A

题干信息	①过度工作和压力（P）→失眠症（Q）。 ②森达公司所有的管理人员（P）→有压力（Q）。 ③森达公司的管理人员分为两部分，一部分每周工作超过 60 小时，另一部分每周工作 40 小时。 ④得到一定的奖金（P）→每周工作不少于 40 小时（Q）。

选项	解释	结果
A	"得到一定奖金的森达公司管理人员"肯定题干信息②中的 P 位，可推出有压力，再根据题干信息①，肯定 P 可推出肯定 Q，有失眠症。由此可得出有的得到一定奖金的森达公司管理人员患有失眠症。	正确
B	题干只强调管理人员获得了奖金，不涉及奖金具体的分配情况。	淘汰
C	森达公司管理人员有压力，但其他员工也可能有压力，因此二者患失眠症的情况无法比较。	淘汰
D	每周工作 40 小时代入④可知，肯定 Q 位，什么也推不出；是管理人员代入②只能得出有压力，至于是否工作过度，不得而知。	淘汰
E	题干不涉及其他公司工作压力的状况。	淘汰

23. 答案 C

题干信息	①买甲∨买乙→买丙∧买丁； ②买甲∧（不买乙∨不买丙∨不买丁）； ③买甲∧买乙→不买丙∧不买丁。

解题步骤	
第一步	由条件②可知买甲，代入题干信息①可得买丙∧买丁。
第二步	"买丙且买丁"，代入②可推出"不买乙"。因此答案选 C。

逻辑模拟试卷（十）答案与解析

24. 答案 D

题干信息	① 企业新获得工作的总人数包括重新获得工作的人； ② 上个月大成服装厂上报新雇用 30 人，解雇 26 人； ③ 政府向社会公布企业新获得工作和失去工作的总人数分别为 15000 人和 12000 人。	
选项	解释	结果
Ⅰ	大成服装厂上个月职工增员 = 新雇用的 30 人 – 解雇的 26 人 = 4 人。	能推出
Ⅱ	该省上个月企业职工增员 = 企业新获得工作的总人数 – 失去工作的总人数 = 3000 人。	能推出
Ⅲ	注意"12000 人"是指上个月有过失去工作经历的人的数量，但这些人中可能有人又重新找到工作。	不能推出

25. 答案 B

26. 答案 E

题干信息	① 4 本小的纸皮书相互相邻； ② 3 本皮面书相互相邻； ③ 第 1 本和第 12 本书是纸皮书。
	解题步骤
25题	根据已知和条件①可知，1、2、3、4 = 小的纸皮书，结合条件②9、10、11 = 皮面书，12 = 大的纸皮书。 而布皮书是相互相邻的，只能是 5、6、7 或者 6、7、8，推出剩下的一本大的纸皮书 = 8 或 5。因此答案选 B。
26题	根据本题题干新增加条件，可得 1 = 大纸皮书，2、3、4、5 = 小纸皮书，12 = 大纸皮书。7 = 皮面书，根据条件②，知 6、7、8 = 皮面书或者 7、8、9 = 皮面书，而布皮书只能是 9、10、11 或者 6、10、11。因此答案选 E。

27. 答案 A

	解题步骤
第一步	削弱李强的断言，即寻找结论的矛盾，也就是：该视频文件→完整的文件。
第二步	此时本题的推理如下： 前提：该视频文件→无法用已有的视频播放软件打开 补前提：无法用已有的视频播放软件打开→完整的文件 = 不完整的文件→可以用已有的视频播放软件打开（A 选项） 结论：该视频文件→完整的文件 考生注意，补前提时，重复的项左对齐，补"上→下"即可。

28. 答案 B

题干信息	①物理老师和政治老师是邻居。 ②蔡老师在三人中年龄最小。 ③孙老师、生物老师和政治老师三人经常一起从学校回家。 ④生物老师比数学老师年龄要大些。 ⑤在双休日，英语老师、数学老师和蔡老师三人经常一起打排球。 ⑥三位老师：蔡老师、朱老师、孙老师。科目：生物、物理、英语、政治、历史和数学。每个老师教两科。

解题步骤

第一步	从题干信息③可知，孙老师不教生物和政治，生物和政治不是同一个人教。从题干信息②④可知，蔡老师不教生物（蔡老师年纪最小，年龄不可能比别人大）。所以朱老师一定教生物。

	生物	物理	英语	政治	历史	数学
蔡老师	×					
朱老师	√					
孙老师	×			×		

第二步	第一步中已经推出生物和政治不是同一个人教，所以朱老师不教政治，所以只能是蔡老师教政治。 从题干信息①可知，物理和政治不是同一个人教，所以蔡老师不教物理。 从题干信息④可知，生物和数学不是同一个人教，所以朱老师不教数学。

	生物	物理	英语	政治	历史	数学
蔡老师	×	×		√		
朱老师	√			×		×
孙老师	×			×		

第三步	从题干信息⑤可知，蔡老师不教数学和英语，并且数学、英语不是同一个老师。得出结论：蔡老师教历史；数学老师是孙老师，孙老师不是英语老师，孙老师是物理老师；朱老师是英语老师。将表格补充完整：

	生物	物理	英语	政治	历史	数学
蔡老师	×	×	×	√	√	×
朱老师	√	×	√	×	×	×
孙老师	×	√	×	×	×	√

故选项 B 正确。

逻辑模拟试卷（十）答案与解析

29. 答案 B

30. 答案 D

题干信息	①戊和丁都没有申请普华永道会计师事务所，否则乙申请毕马威会计师事务所。 ②己没有保研，也没有申请普华永道会计师事务所。 ③甲和丙都没有申请毕马威会计师事务所，也没有申请安永会计师事务所。 ④乙要么考研，要么保研。 ⑤如果丁没有申请毕马威会计师事务所，则甲和丙都没有申请普华永道会计师事务所。 ⑥如果丁申请了毕马威会计师事务所或安永会计师事务所，则己没有申请毕马威会计师事务所或安永会计师事务所。

解题步骤

| 第一步 | 将题干确定信息表示在表格中：
将④代入①可得戊和丁都没有申请普华永道会计师事务所。

| | 普华永道 | 德勤 | 安永 | 毕马威 | 保研 | 考研 |
\|---\|---\|---\|---\|---\|---\|---\|
\| 甲 \| \| \| × \| × \| \| \|
\| 乙 \| × \| × \| × \| × \| \| \|
\| 丙 \| \| \| × \| × \| \| \|
\| 丁 \| × \| \| \| \| \| \|
\| 戊 \| × \| \| \| \| \| \|
\| 己 \| × \| \| \| \| × \| \| |

| 第二步
(29题) | 根据表格可知申请普华永道的是甲和丙中的一人，代入条件⑤可得丁申请毕马威，代入⑥得己没有申请毕马威会计师事务所或安永会计师事务所。表示在表格中如下：

| | 普华永道 | 德勤 | 安永 | 毕马威 | 保研 | 考研 |
\|---\|---\|---\|---\|---\|---\|---\|
\| 甲 \| \| \| × \| × \| \| \|
\| 乙 \| × \| × \| × \| × \| \| \|
\| 丙 \| \| \| × \| × \| \| \|
\| 丁 \| × \| × \| × \| √ \| × \| × \|
\| 戊 \| × \| × \| √ \| × \| × \| × \|
\| 己 \| × \| × \| × \| × \| \| \|

所以29题答案为B。 |

| 第三步
(30题) | 增加"丙向四大会计师事务所递交了申请，且没有申请普华永道会计师事务所"将表格继续补充完整，如下：

| | 普华永道 | 德勤 | 安永 | 毕马威 | 保研 | 考研 |
\|---\|---\|---\|---\|---\|---\|---\|
\| 甲 \| √ \| × \| × \| × \| × \| × \|
\| 乙 \| × \| × \| × \| × \| √ \| × \|
\| 丙 \| × \| √ \| × \| × \| × \| × \|
\| 丁 \| × \| × \| × \| √ \| × \| × \|
\| 戊 \| × \| × \| √ \| × \| × \| × \|
\| 己 \| × \| × \| × \| × \| × \| √ \|

故30题答案为D。 |

逻辑模拟试卷（十一）答案与解析

序号	答案	知识点与考点	序号	答案	知识点与考点
1	C	形式逻辑—假言判断	16	D	分析推理—对应
2	E	形式逻辑—直言判断	17	C	形式逻辑—假言判断
3	E	论证逻辑—解释	18	D	论证逻辑—削弱
4	A	分析推理—对应	19	D	分析推理—排序
5	D	分析推理—对应	20	C	形式逻辑—直言判断
6	E	分析推理—对应	21	C	论证逻辑—削弱
7	D	论证逻辑—逻辑漏洞	22	D	论证逻辑—支持
8	E	论证逻辑—假设	23	B	形式逻辑—假言判断
9	E	形式逻辑—假言判断	24	E	分析推理—数据分析
10	E	形式逻辑—结构相似	25	C	分析推理—排序
11	D	形式逻辑—假言判断	26	C	分析推理—排序
12	C	论证逻辑—削弱	27	A	论证逻辑—削弱
13	C	分析推理—真话假话	28	A	形式逻辑—假言判断
14	B	论证逻辑—支持	29	D	分析推理—对应
15	D	分析推理—对应	30	D	分析推理—对应

1. 答案 C

题干信息	在事业上取得一定成绩（P）→平常做事要认真∧戒掉拖延症的毛病（Q）		
选项	解释		结果
A	选项＝P→¬Q，可能为真。		淘汰
B	选项＝P→Q，一定为真。		淘汰
C	选项＝P∧¬Q，与题干矛盾，一定为假。		正确
D	选项＝P→Q，一定为真。		淘汰
E	选项＝P→Q，一定为真。		淘汰

2. 答案 E

题干信息	①优秀的电影编剧→有丰富的生活阅历。 ②获得"莲花奖"的演员→不会多种语言。 ③电影导演→会多种语言。 ④有的电影导演⇒优秀的电影编剧。

逻辑模拟试卷（十一）答案与解析

（续）

	解题步骤
第一步	题干观点有四句话，故可优先考虑联合推出结论后再削弱，因此可将①和④联合可得：⑤有的电影导演⇒优秀的电影编剧⇒有丰富的生活阅历。联合②和③可得：⑥电影导演→会多种语言→不是获得"莲花奖"的演员。
第二步	再将⑤（⑤需先换位）和⑥联合可得：有的有丰富的生活阅历⇒优秀的电影编剧⇒电影导演⇒会多种语言⇒不是获得"莲花奖"的演员。E选项与之矛盾，削弱力度最强。

3. 答案 E

题干信息	整理题干矛盾：检查程序更严格与食物中毒案例反而更多之间的矛盾。	
选项	解释	结果
A	加剧了题干矛盾，如果普通饭馆吃饭的人多，那么食物中毒的案例也应该是普通饭馆多。	淘汰
B	加剧了题干矛盾，剩饭是食物中毒的主要来源，那么普通饭馆剩饭的可能性更大，更容易导致食物中毒。	淘汰
C	选项指出普通饭馆和机构之间是一样的，那么产生食物中毒的概率也应该是一致的，如何会有差别？	淘汰
D	选项与题干论证无关，不能解释。	淘汰
E	选项说明，由于吃酒席的人一般较多，所以一旦多人一起出事就会使人联想到刚吃过的酒席；而如果是一个人到普通餐馆吃饭，则不容易产生这种联想。选项直接说明是二者间的关联性（他因）导致中毒案例数量的差异。	正确

4. 答案 A

	解题步骤
第一步	整理题干信息：①甲、乙、丙分别毕业于数学系、物理系和中文系；②作家不是中文系毕业；③物理系毕业者不是教授；④作家不是物理系毕业；⑤乙不是数学系毕业；⑥甲是物理系毕业者。
第二步	根据上述条件可作表如下： 	人	专业	身份	 |---|---|---| 		不是中文，不是物理	作家	 		不是物理	教授	 	乙	不是数学		 	甲	物理		
第三步	根据上表可分析得出结论：作家不是中文系，不是物理系，那么作家只能是数学系。教授不是物理系，教授只能是中文系。剩下的市长就应该是物理系毕业的。

· 121 ·

(续)

解题步骤	
第四步	甲是物理系毕业的,那么应该是:甲-市长-物理系毕业。乙不是数学系毕业,那么乙只能是:乙-中文系-教授。剩下的丙的身份关系是:丙-数学系-作家。因此答案选 A。

5. 答案 **D**

题干信息	①某位居民本周休息→下一周是监督员。 ②某位居民出省游玩→下一周不是监督员。 ③赵是监督员→钱不是监督员 ∧ 孙不是监督员。 ④李是监督员→钱是监督员。 ⑤监督员每周只能安排一名 ∨ 两名。

选项	解释	结果
A	与题干信息不矛盾,可能真。	淘汰
B	与题干信息不矛盾,可能真。	淘汰
C	与题干信息不矛盾,可能真。	淘汰
D	若李和孙都是监督员,根据条件④可知,钱是监督员,此时有三名监督员,与条件⑤矛盾,一定假。	正确
E	与题干信息不矛盾,可能真。	淘汰

6. 答案 **E**

题干信息	①某位居民本周休息→下一周是监督员。 ②某位居民出省游玩→下一周不是监督员。 ③赵是监督员→钱不是监督员 ∧ 孙不是监督员。 ④李是监督员→钱是监督员。 ⑤监督员每周只能安排一名 ∨ 两名。 ⑥第8周钱不是监督员。

选项	解释	结果
A	联合条件①⑥可知,钱上周没有休息,但本周是否休息无法判断。	淘汰
B	联合条件④⑥可知,李不是监督员,将其代入①中,可得李上周没有休息,但本周是否休息无法判断。	淘汰
C	联合条件④⑥可知,钱和李都不是监督员,根据条件③,赵和孙不能都是监督员,因此监督员要么是赵,要么是孙,但具体是谁无法判断。	淘汰
D	由 C 选项可知,孙可能不是监督员,选项可能真。	淘汰
E	由 C 选项可知,赵和孙有且只有一个人是监督员,但不能两个都不是,选项一定假。	正确

逻辑模拟试卷（十一）答案与解析

7. 答案 D

	解题步骤
第一步	整理题干论证。 说法1：作为公司的合法拥有者，有权卖掉它。 说法2：忠诚的员工们会遭受不幸，无权卖掉它。
第二步	分析题干论证。考生注意，自相矛盾一定是同时肯定P和非P这样类似的矛盾关系，因此核心概念的界定是关键。说法1中的权利主要是作为公司的所有权而言，而说法2中的权利更多的是强调对于员工负责的权利，因此犯了混淆概念的错误，答案选D。

8. 答案 E

题干信息	公共服务公司领导的论证： 前提：前一次提高公交车费→乘公交车的人放弃了公共交通→总收入降低。 结论：再次提高公交车费→□→总收入下降。

	解题步骤
第一步	题干论证显然拿上次提高公交车费的情况与再次提高公交车费的情况进行类比，那么在假设的时候就必须保证类比的对象具有可比性，即上次和这次情况基本相同。
第二步	因此"□"表示的内容即：乘公交车的人放弃了公共交通，因此答案选E。
第三步	加非验证。如果乘客不能选择不乘公交车，那么就意味着乘客必须乘公交车，公共服务公司如果涨价，收入就会上升，而不是题干结论的下降。

9. 答案 E

题干信息	①实现建设生态文明的目标（P1）→电子垃圾问题得到妥善解决（Q1）（考生注意，若P，除非Q=P→Q）； ②建立生产者责任延伸制度∧加大打击电子垃圾进口走私力度∧大力促进电子垃圾拆解处理领域的技术创新（P2）→电子垃圾不再会是令人头痛的污染源（Q2）。

选项	解释	结果
A	选项=¬P1→¬Q1，不符合假言判断推理规则。	淘汰
B	题干不涉及"彻底解决电子垃圾问题"的信息，故无法判断真假。	淘汰
C	题干不涉及"从设计开始尽量降低电子垃圾生产量"的信息，故无法判断真假。	淘汰
D	选项=打击电子垃圾进口走私力度足够→电子垃圾不是令人头痛的污染源，但题干不涉及"打击电子垃圾进口走私力度足够"的信息，故无法判断真假。	淘汰
E	选项=P1→Q1，符合假言判断推理规则。	正确

10. 答案 E

题干信息	题干推理结构为：①A∧B→C；②¬C；因此¬A∨¬B。

123

(续)

选项	解释	结果
A	推理结构为：①A∧B→C；②¬B；因此¬A∨¬C。	淘汰
B	推理结构为：①A∧B→C；②¬C；因此¬B。	淘汰
C	推理结构为：①A∧B→C；②¬C；因此¬A∧¬B。	淘汰
D	注意，该选项是易错选项，从未接受过查处并非必须接受查处的否定。	淘汰
E	推理结构为：①A∧B→C；②¬C；因此¬A∨¬B。	正确

11. 答案 D

题干信息	①主角和导演是亲属→导演是歌唱家；②主角和导演不是亲属→导演是位男士；③主角和导演职业相同→导演是位女士；④主角和导演职业不同→导演姓李；⑤主角和导演性别相同→导演是个舞蹈家；⑥主角和导演性别不同→导演姓郑。

解题步骤	
第一步	根据假言推理两难推理的规则"P→A，¬P→B，所以A∨B"，①和②联合可得：导演是男士∨是歌唱家。③和④联合可得：导演是女士∨姓李。⑤和⑥联合可得：导演是舞蹈家∨姓郑。
第二步	由于得出的结论都是相容选言判断，因此必须至少满足一个才行，据此先确定导演的身份。第一种可能导演是男性，那么只能是姓李的男舞蹈家，就是李栋，根据题干信息可得主演是郑永；第二种可能导演是女性，那么只能是姓郑的女歌唱家，即郑媛，那么根据题干信息可得主演是郑永。因此主演是郑永，答案选D。

12. 答案 C

题干信息	本题是一道"方法可行"思路的题目。目的：提高大学生的学习成绩。方法：禁止在校园网上玩网络游戏。

选项	解释	结果
A	考生注意，方法可行类问题主要论证的是方法对于目的的可行性，因此必须指出方法不能达到目的才是最强的削弱，选项只强调不可能禁止玩网络游戏，而与目的提高成绩无关。	淘汰
B	注意题干要达到的目的是提高"成绩"，跟"素质"无关。	淘汰
C	选项直接说明方法不可行，考生试想，学校的决定所依赖的假设是学生都在校园网上玩网络游戏，如果学生都不在校园网玩网络游戏，那么方法根本达不到目的。	正确
D	选项说明方法实现难度很大，但未必就意味着不能实现，削弱力度较弱。	淘汰
E	选项说明大学生成绩下降原因有很多，那么玩网络游戏究竟能起到多大的作用无法判断。	淘汰

逻辑模拟试卷（十一）答案与解析

13. 答案 C

	解题步骤
第一步	本题属于有确定真假个数的真话假话题，因此优先符号化题干信息： ①赵队长：甲作案→乙作案。 ②钱副队长：甲作案→乙不作案。 ③孙警员：丙作案→丁作案。 ④李警员：丁不作案→甲不作案∧乙不作案。
第二步	判断真假。考生注意，当题干前提只有一真时，P→Q(¬P∨Q)和P→¬Q(¬P∨¬Q)属于一真一假的关系（因为Q和¬Q属于矛盾关系，因此不能同假，由于题干只能一句为真，也不能同真。不熟悉的考生可复习《逻辑精点》强化篇第107页相关内容）。由此可得出①和②一真一假，③和④都为假。
第三步	推出确定为真的结论。由③孙警员说的话为假可得：丙作案∧丁不作案。由④李警员说的话为假可得：丁不作案∧（甲作案∨乙作案）。①赵队长说的话和②钱副队长说的话无法判断真假，因此答案选 C。

14. 答案 B

题干信息	① 图示法使得几何学课程比较容易学，因为得到了直观理解，有利于培养处理抽象运算符号的能力。 ② 对代数也会有相同的效果。

选项	解释	结果
A	符合题干信息①，图示法有利于培养处理抽象运算符号的能力，直观理解后还得转化为抽象，直接支持"不是最后的步骤"。	淘汰
B	题干不涉及处理抽象运算符号能力与数学理解能力的关系。	正确
C	符合题干信息①，图示法使得几何学比较容易学，直接支持。	淘汰
D	符合题干信息①，有利于培养抽象运算符号的能力，直接支持。	淘汰
E	符合题干信息②，对代数也有效果，说明图示法对两者都有效，直接支持。	淘汰

15. 答案 D

16. 答案 D

题干信息	①甲、乙、丙、丁、戊五名员工，五个人入职时间长短各不相同。 ②戊在公司的时间比人事部的员工时间长，但是短于有 CPA 证书的乙。 ③丙的入职时间是最短的，所在岗位不是人事部。 ④该公司只有入职时间最长的两个人拥有 CPA 证书。 ⑤戊是销售部∨戊是生产部→甲不是人事部门。

	解题步骤
第一步	通过题干信息梳理，从②可知，戊和乙不是人事部的员工，并且以工作时间排序"乙>戊>人事部"。从③可知，丙不在人事部。结合②可知，工作时间排序"乙>戊>人事部>丙"。

(续)

	解题步骤
第二步 (15题)	丁也拥有CPA证书，联合信息②可得，有CPA证书的是乙和丁，选项C可以推出，所以排除。 联合信息④和第一步已推出的工作时间排序，可得"丁、乙>戊>人事部>丙"，故甲在人事部。选项B、选项E可以推出，选项D为假，所以该选项正确。 联合信息⑤，可以推出戊不在销售部也不在生产部。所以，戊只能在开发处或财务室，选项A可以推出，所以排除。
第三步 (16题)	甲的入职时间短于有CPA证书的人，若按入职时长由长到短排序，可得出甲最靠前只能排在第三位，又因为甲入职时间长于销售部的人，可以推出甲最靠后只能排在第四位（即丙为销售部员工时）。又因为条件④入职时长最长的两位有CPA证书，乙有CPA证书，且戊没有CPA证书，可得甲只能排在第四位，即丁、乙>戊>甲（人事）>丙。再结合条件⑤，可得戊不在生产部。所以答案选D。

17. **答案 C**

题干信息	三年级以上的学生∧对考古有兴趣∧至少修过一门考古学相关课程(P)→可以参加考古挖掘实习(Q)。	
选项	解释	结果
Ⅰ	二年级学生，说明¬P，不构成题干信息的矛盾。	淘汰
Ⅱ	未选修过考古学课程，说明¬P，不构成题干信息的矛盾。	淘汰
Ⅲ	P∧¬Q，构成题干信息的矛盾，说明规定没有得到贯彻。	正确

18. **答案 D**

题干信息	因：迷走神经兴奋性的提高和交感神经反应性的降低。→果：哮喘病。	
选项	解释	结果
A	选项论证关系是"消极情绪"和"身体疾病"的关系，但身体疾病不等于哮喘病。	淘汰
B	题干论证的是哮喘病产生的原因，而选项论证的是哮喘病产生的结果，故选项不能削弱。	淘汰
C	选项不涉及"哮喘病"产生的原因，故不能削弱。	淘汰
D	选项构建的论证关系是"消极情绪"→"迷走神经兴奋性的提高和交感神经反应性的降低"→"哮喘病"，说明最根本的原因还是情绪，力度最强。	正确
E	选项只能证明消极情绪与哮喘病有关系，但因果关系不明确，可能是消极情绪导致的哮喘病，也可能是哮喘病导致的消极情绪。	淘汰

逻辑模拟试卷（十一）答案与解析

19. 答案 D

	解题步骤
第一步	逐一分析题干的条件，对颜色的喜好程度从大到小进行排序。
第二步	我不像讨厌黄色那样讨厌红色：红色>黄色。我不像讨厌白色那样讨厌蓝色：蓝色>白色。我不像喜欢粉色那样喜欢红色：粉色>红色。我对蓝色不如对黄色那样喜欢：黄色>蓝色。
提 示	综上可知，粉色>红色>黄色>蓝色>白色，因此答案选 D。

20. 答案 C

题干信息	①有的为老百姓做过好事的干部⇒好干部 ②有的做过错事的干部⇒好干部 ③好干部→不以权谋私
	解题步骤
第一步	从"有的"出发，根据首尾相连的原则，结合①和③可得：有的为老百姓做过好事的干部⇒好干部⇒不以权谋私。
第二步	从"有的"出发，根据首尾相连的原则，结合②③可得：有的做过错事的干部⇒好干部⇒不以权谋私。再换位可得：有的不以权谋私⇒做过错事。因此答案选 C。

21. 答案 C

题干信息	抓住题干结论的关键词"造成"确定本题属于因果关系。 因：人类的打猎。→果：莫尔鸟的绝迹。	
选项	解释	结果
A	栖息的地区与人类是否猎杀无关，不能削弱。	淘汰
B	选项试图构建类比的"有因无果"进行削弱，但莫尔鸟不易受天敌攻击，而这种哺乳动物却易受天敌攻击，显然不具有可比性，故削弱力度弱。	淘汰
C	选项指出另有他因，也就是动物的捕食造成了莫尔鸟的绝迹，而不是人类的打猎造成的。	正确
D	选项也尝试构建"有因无果"的质疑，但是态度不明确，存在于某些地区也未必就"几乎没有绝迹"，故削弱力度较弱。	淘汰
E	"一些莫尔鸟能战胜人类"，无法判断另外一些鸟的情况，故削弱力度弱。	淘汰

22. 答案 D

题干信息	①一个人相信东西方历史都是按照某种确定的规律发展的（P）→对社会必然性有明确的信念（Q）。 ②社会历史知识和一个人对社会必然性的信念是反向变动的规律。

· 127 ·

(续)

选项	解释	结果
A	根据②可推出，他应该对社会的必然性有明确的信念，因此淘汰。	淘汰
B	根据②可知二者是反向变动的关系，该项与题干信息不符。	淘汰
C	根据②，随着社会历史知识的增进，社会必然性信念会减弱，相当于否定Q，结论应为更有理由相信历史不是按照某种确定的规律发展的。	淘汰
D	根据①可推出，他对社会必然性有明确的信念，再根据②的反向变动规律可得出，他往往缺乏足够的社会历史知识，为合理结论。	正确
E	相当于①的 Q→¬P，推理不正确，不是题干结论。	淘汰

23. 答案 B

	解题步骤
第一步	整理张老师的陈述：①雅士→擅长琴棋书画；②俗人→离不开柴米油盐；③离开柴米油盐→不擅长琴棋书画。
第二步	观察发现"擅长琴棋书画"和"不擅长琴棋书画"这一组矛盾关系在"→"的相同方向，故可构成递推关系，因此结合①③可得：雅士→擅长琴棋书画→离不开柴米油盐。故答案选 B。

24. 答案 E

题干信息	①各科总分低于最低录取线的考生不能被录取；②B市的最低录取线分甲、乙两档，甲档适用于本市考生，乙档适用于外地考生；③甲档比乙档低20分。

选项	解释	结果
I	题干不涉及本地学生的报考人数和分数，也不涉及外地学生的报考人数和分数，因此无法比较哪个录取的更多。	可能真
II	录取分数线都是要求最低分，但实际录取的分数无法判断。比如：可能被录取的本市学生的分数很高，人均各科总分远高于乙档分数线，而被录取的外地学生的分数只是略高于乙档分数线。	可能真
III	可能存在所有的录取学生总分都高于乙档，同时也高于甲档，因此可能不存在分数低于乙档且高于甲档的学生。	可能真

25. 答案 C

26. 答案 C

题干信息	分析题干条件：①J>O>K>M；②N 不是最少的；③N、O<P<L。

(续)

	解题步骤
第一步	最受喜爱的可能是 L、P、J 或 L、P、N，因此有 4 种，所以 25 题选 C。
第二步	只能确定 L、P 分别排在第一、二位，M 排在最后一位，因此只有 3 个名字可被确定位置，所以 26 题选 C。

27. 答案 A

题干信息	前提：一个医生往往很难确定会把一个检查进行到何种程序。 结论：对普通人来说，没有感觉不适就去接受医疗检查是不明智的。	
选项	解释	结果
A	选项支持题干论证，既然病人自己能够察觉，那就说明没有感觉不适去接受医疗检查是不明智的。	正确
B	选项削弱题干论证，接受医疗检查能发现症状不明显的疾病，说明接受检查是明智的。	淘汰
C	选项削弱题干论证，彻底检查才能发现有些严重疾病，说明接受检查是明智的。	淘汰
D	选项削弱题干论证，有的医生能够恰如其分地把握检查的程度，说明接受检查是明智的。	淘汰
E	选项削弱题干论证，直接说明没有明显症状时可能已经得病，因此接受检查是明智的。	淘汰

28. 答案 A

题干信息	①发展出多样化的人群∧足够的人群规模∧合理的职业结构→一个国家提供多元化服务供给； ②提供不同的供给→有不同角色； ③能让社会健康发展→有不同的供给； ④A 国没有多元化服务的供给∧A 国有多样化的人群（确定信息）。

	解题步骤
第一步	本题属于有确定信息的假言判断综合推理，将确定信息代入即可得出答案。
第二步	"A 国没有多元化服务的供给"代入条件①可得： A 国没有发展出多样化的人群∨A 国没有足够的人群规模∨A 国没有合理的职业结构。 联合"A 国有多样化的人群"可得"A 国没有足够的人群规模∨A 国没有合理的职业结构"，等价于 A 选项，选项 A 为正确答案。

29. 答案 D

30. 答案 D

题干信息	①每人必须且只能参加一个项目。 ②每个项目有两人参加。 ③张伟参加游泳→赵伟不参加长跑。 ④赵伟不参加长跑∨张华不参加长跑。 ⑤李伟参加长跑→赵华参加游泳。 ⑥赵华参加游泳→李华参加长跑。 ⑦张伟和李伟参加的项目相同。
29题	如果赵伟参加长跑，根据①可知赵伟不参加另外两项，根据④可知张华不参加长跑，根据③可知张伟不参加游泳，结合⑦可知李伟也不参加游泳；根据⑤⑥可知"李伟长跑→李华长跑"，结合⑦可知"若李伟长跑，则张伟也长跑"，但每个项目只能两个人参加，所以李伟一定不长跑，结合⑦可知张伟也不长跑，这两人选择自行车。张华只能选择游泳。列表如下，答案选 D。 |	张伟	赵伟	李伟	张华	赵华	李华
---	---	---	---	---	---	---
游泳	×	×	×	√		
自行车	√	×	√	×	×	×
长跑	×	√	×	×			
30题	由⑤⑥⑦可知，张伟和李伟都不选择长跑，根据④和30题题干可知，赵伟和张华都不会选择长跑，所以选择长跑的是赵华和李华。列表如下，答案选 D。 |	张伟	赵伟	李伟	张华	赵华	李华
---	---	---	---	---	---	---
游泳					×	×
自行车					×	×
长跑	×	×	×	×	√	√	

逻辑模拟试卷（十二）答案与解析

序号	答案	知识点与考点	序号	答案	知识点与考点
1	D	形式逻辑—假言判断	16	A	分析推理—排序+对应
2	D	论证逻辑—支持	17	B	论证逻辑—定义
3	D	论证逻辑—解释	18	D	论证逻辑—削弱
4	C	分析推理—排序	19	A	分析推理—排序
5	D	分析推理—对应	20	C	形式逻辑—假言判断
6	E	分析推理—对应	21	D	论证逻辑—削弱
7	E	论证逻辑—削弱	22	A	论证逻辑—支持
8	A	论证逻辑—假设	23	B	形式逻辑—假言判断
9	E	形式逻辑—假言判断	24	C	分析推理—数据分析
10	C	形式逻辑—结构相似	25	B	分析推理—排序
11	D	分析推理—对应	26	D	分析推理—排序
12	D	论证逻辑—削弱	27	B	论证逻辑—削弱
13	B	分析推理—真话假话	28	A	形式逻辑—假言判断
14	C	论证逻辑—支持	29	B	分析推理—分组
15	D	分析推理—排序+对应	30	C	分析推理—分组

1. 答案 D

题干信息	①想取得伟大成就(P)→艰苦奋斗的勤奋精神(Q_1)∧百折不挠的求是精神(Q_2)∧执着专注的敬业精神(Q_3) ②不想取得伟大成就(¬P)→没有艰苦奋斗的勤奋精神(¬Q_1)∨没有百折不挠的求是精神(¬Q_2)∨没有执着专注的敬业精神(¬Q_3)

选项	解释	结果
A	从①可知，肯定P，应该肯定Q，而该项为P∧¬Q，为矛盾。	淘汰
B	从②可知，肯定P，得到Q为一个选言判断，无法判断Q_1、Q_2、Q_3各自的真假。	淘汰
C	从②可知，肯定P，得到Q为一个选言判断，无法判断Q_1、Q_2、Q_3各自的真假。	淘汰
D	从②可知，肯定P，得到Q为一个选言判断，否定其中¬Q_1、¬Q_2，可得¬Q_3。	正确
E	从②可知，肯定P，得到Q为一个选言判断，无法判断Q_1、Q_2、Q_3各自的真假。	淘汰

2. 答案 D

题干信息	前提：对计算机的过度依赖。→结论：实际手写汉字的能力比其他孩子差。	
选项	解释	结果
A	选项看似补同，但智力水平与手写汉字的能力是否相关？题干并无相关信息，故支持力度有限。	淘汰
B	选项不涉及"手写汉字能力"，故支持力度有限。	淘汰
C	选项不涉及"手写汉字能力"，故支持力度有限。	淘汰
D	选项与题干构成"求异法"支持，也就是建立了"使用计算机的差异"导致"手写汉字能力的差异"，支持论证关系，力度较强。	正确
E	选项与题干论证无关。	淘汰

3. 答案 D

	解题步骤
第一步	玉米粒水汽含量的相同保证了各自被爆化的时间长度上的一致性，结果也保证了出现更少的未被爆化的玉米粒。 需解释：大小均匀的玉米粒被爆化时，爆米花中未被爆化的玉米粒就比较少。
第二步	只要建立水汽含量和玉米粒大小之间的关系，便可以解释，即玉米粒内核的水汽含量基本上取决于它的尺寸大小。答案为 D。

4. 答案 C

	解题步骤
第一步	整理题干信息：①1楼是舞蹈室和电工室；②航模室上面是棋类室，下面是书法室；③美术室和书法室在同一层楼上，美术室的上面是音乐室；④音乐室和舞蹈室都设在单号房间。
第二步	根据①④可知舞蹈室和电工室分别在1号和2号；然后根据题干信息②③④可得，美术室、音乐室、生物室都是单号，而剩下的航模室、书法室和棋类室都是在双号房间，由此可作表如下： | 4楼	7号（生物室）	8号（棋类室）
---	---	---
3楼	5号（音乐室）	6号（航模室）
2楼	3号（美术室）	4号（书法室）
1楼	1号（舞蹈室）	2号（电工室）	 答案选 C。

逻辑模拟试卷（十二）答案与解析

5. 答案 D

题干信息	①小李擅长长笛→老李也擅长长笛。 ②老李擅长长笛→老李也擅长小提琴。 ③小李擅长小提琴→大李也擅长小提琴。 ④两人擅长古筝（1人不擅长古筝），两人擅长长笛（1人不擅长长笛），两人擅长小提琴（1人不擅长小提琴），两人擅长单簧管（1人不擅长单簧管）。 ⑤每人都擅长上述4种乐器的2~3种。
解题步骤	
第一步	观察题干条件，本题属于没有确定信息的二维对应题目，但有"数字条件"，故可以采用从重复最多的元素入手，利用"假设法"+"数字1"的思想解题。又观察发现，"小提琴"覆盖了三个人，因此可优先考虑从"小提琴"出发。
第二步	结合条件③和④可知，若大李不擅长小提琴，则小李也不擅长小提琴，此时与只有1人不擅长小提琴矛盾，因此可得：大李一定擅长小提琴。 结合条件①②和④可知，若老李不擅长小提琴，则老李不擅长长笛，进而可知小李不擅长长笛，此时与只有一人不擅长长笛矛盾，因此可得：老李一定擅长小提琴。
第三步	由上一步，结合④（只有1人不擅长小提琴）可得：小李不擅长小提琴。观察选项可知，答案选D。

6. 答案 E

题干信息	①小李擅长长笛→老李也擅长长笛。 ②老李擅长长笛→老李也擅长小提琴。 ③小李擅长小提琴→大李也擅长小提琴。 ④两人擅长古筝（1人不擅长古筝），两人擅长长笛（1人不擅长长笛），两人擅长小提琴（1人不擅长小提琴），两人擅长单簧管（1人不擅长单簧管）。 ⑤每人都擅长上述4种乐器的2~3种。 ⑥小李不擅长单簧管（确定信息）。
解题步骤	
第一步	由于上一题没有给出额外的附加条件，故上一题的结论可直接代入本题，作为确定的信息使用。此时结合条件⑥，确定的信息有：大李擅长小提琴，老李擅长小提琴，小李不擅长小提琴；小李不擅长单簧管，大李擅长单簧管，老李擅长单簧管（由④可知只有1个人不擅长单簧管）。
第二步	结合条件④和⑤可知：每个人擅长2~3种，三个人加起来一共会8种，可知三个人分别擅长的数量是3种、3种、2种。由于小李擅长2种，那么老李和大李都分别擅长3种，也就是分别只有1种不擅长。
第三步	由于小李不擅长小提琴和单簧管，因此小李擅长长笛和古筝。将"小李擅长长笛"代入条件①，可得老李擅长长笛，由于老李只有一个不擅长，因此可知老李不擅长古筝；由于只有1个人不擅长长笛，进而可知大李不擅长长笛。此时三个人的对应关系如下表：

·133·

(续)

解题步骤					
第三步		古筝	长笛	小提琴	单簧管
	小李	√	√	×	×
	大李	√	×	√	√
	老李	×	√	√	√
	观察选项可知，答案选 E。				

7. 答案 E

题干信息	前提：新手术比传统手术有优势。→结论：不再需要传统手术培训。考生注意，紧扣住"不再需要"进行质疑可快速解题，选项需涉及"仍然需要"的信息。	
选项	解释	结果
A	选项有支持的作用，新手术导致盲肠手术的感染率降低，说明新手术的优势，但是传统的手术方式是否需要无法判断。	淘汰
B	许多手术已经被替代，推不出"盲肠手术"是否能够被替代，考生注意，有的为真时，推不出单称为真。	淘汰
C	选项不能质疑，实习医院属于特例，不能代表全部的医院，再有，"步伐慢"也不能说明传统手术是否需要。	淘汰
D	选项不能质疑，是否是培训任务的一部分，与事实上是否需要无关。	淘汰
E	选项直接质疑，说明传统手术方法是需要的，考生注意"没有……没有……"的结构恰好是假言必要条件的标志词。	正确

8. 答案 A

解题步骤	
第一步	整理题干论证。前提：①杜绝黑哨→罚款∨永久性取消裁判资格∨追究刑事责任；②罚款难以奏效。结论：③不永久性的取消"黑哨"的裁判资格→不可能杜绝黑哨。
第二步	分析题干前提。前提信息①可以等价于：不罚款∧不永久性的取消"黑哨"的裁判资格∧不追究刑事责任→不可能杜绝黑哨，结合条件②，可忽视罚款的影响，进而前提可转化为：不永久性的取消"黑哨"的裁判资格∧不追究刑事责任(M∧N)→不可能杜绝黑哨(Q)。
第三步	分析论证结构。要得出：不永久性的取消"黑哨"的裁判资格(M)→不可能杜绝黑哨(Q)，只需要补齐三段论：前提：M+前提(M→N)，结论：M∧N 即可。也就是需要补充：不永久性的取消裁判资格→一定不追究刑事责任，A 选项恰好与之等价，故答案选 A。

9. 答案 E

题干信息	根据"如果 A，那么 B，除非 C=A∧¬ B→C"，题干已知信息可转化为：掌握正确的学习方法∧养成良好的学习习惯∧端正学习态度→没有保障学习时间=没有掌握正确的学习方法（M）∨没有养成良好的学习习惯（N）∨没有端正学习态度（P）∨没有保障学习时间（Q）。

(续)

选项	解释	结果
A	选项=M∧¬N→P∧Q，肯定 M，什么也推不出。	淘汰
B	选项=¬M∧¬N→P∧Q，考生注意，¬M∧¬N→P∨Q 才是正确形式。	淘汰
C	选项=¬P→M∨Q，考生注意，¬P→M∨N∨Q 才是正确形式。	淘汰
D	选项=Q→¬P∧M∧¬N，肯定 Q，什么也推不出。	淘汰
E	选项=¬N∧¬P∧¬Q→M，符合选言判断否定推肯定的规则，一定为真。	正确

10. 答案 C

题干信息	精简题干结构： P→Q。Q，因此，P。		
选项	解释		结果
A	P∨Q。¬P，因此，Q。与题干结构不一致。		淘汰
B	P→Q。¬Q，因此，¬P。与题干结构不一致。		淘汰
C	P→Q。Q，因此，P。与题干结构一致。		正确
D	P→Q。P，因此，Q。与题干结构不一致。		淘汰
E	P→Q。¬P，因此，¬Q。与题干结构不一致。		淘汰

11. 答案 D

	解题步骤
第一步	由条件③④可知，张、杨一定小于 30 岁。
第二步	由条件⑦许先生的妻子不是张和杨。
第三步	由条件⑤⑥可知，王和周的职业是秘书，郭和杨有一个人是秘书。
第四步	根据条件⑦许先生的妻子不是王、周，所以只有郭符合要求。答案选 D。

12. 答案 D

题干信息	前提：在被观察的哮喘病人中，有 1/5 的人在服用该药后产生了严重的副作用。 结论：一些医生认为，应该禁止使用 AST 作为治疗哮喘的药物。		
选项	解释		结果
A	选项支持题干论证，说明 AST 不利于治疗哮喘。		淘汰
B	选项支持题干论证，之前未服用过，现在服用产生副作用，说明一定程度上不适合作为治疗哮喘的药物。		淘汰
C	选项不能削弱，考生注意，用有的医生的态度不能削弱有的医生的观点（有的 S 是 P 为真时，有的 S 不是 P 也可能真）。		淘汰

(续)

选项	解释	结果
D	选项直接针对题干论证关系进行削弱,直接指出被观察的哮喘病人具有特殊性,不能代表一般的哮喘病人,削弱力度最强。	正确
E	选项支持题干论证,说明 AST 有其他危害。	淘汰

13. 答案 B

题干信息	①西施→四人都说真话 ②非貂蝉∧非大乔 ③貂蝉→西施 ④西施∨大乔 以上四句话只有一真。

解题步骤		
第一步	题干有真有假,因此采用"推变或"的思路,条件③=非貂蝉∨西施;①西施→四人都说真话=非西施∨四人都说真话。		
第二步	据观察可知,若西施捐款,则③和④都真,与题干四句话只有一真矛盾,所以"非西施"一定为真。由此可知①一定为真,②、③和④一定为假,根据④为假可知,非西施∧非大乔;根据②为假可知,貂蝉∨大乔为真,然后将"非大乔"代入可得:是貂蝉捐的款,根据③为假可得,貂蝉∧非西施。因此答案选 B。		

14. 答案 C

题干信息	①任一文化产品,要么是男人创造的,要么是女人创造的,要么是男女共同创造的; ②如果没有女人,人类至今创造的文化产品中,将失去 50%的真、60%的善和 70%的美。

解题步骤	
第一步	根据题干信息可列表如下: |	真	善	美
---	---	---	---
男人创造	50%	40%	30%
女人创造	50%	60%	70%
男女共同创造				
第二步	分析选项。A 选项和 B 选项比较创造美的能力,70%的美是由女人创造或男女共同创造的,因此无法判断女性创造美具体的比例,故无法比较男人和女人创造美的能力,淘汰 A、B;C、D、E 三个选项均是比较求真的能力,已知男人求真占 50%,而剩下的 50%是由男女共同创造或女性单独创造,因此男性的求真能力至少强于女性,或者一样强,因此最能支持的选项便是 C。

15. 答案 D

解题步骤	
第一步	观察题干信息,区分确定和不确定的条件,这是最近几年分析推理的重要命题方向,条件(2)属于确定的条件,可优先下手。

(续)

	解题步骤
第二步	从重复的条件"丛林猫"入手，结合（3）可得：丛林猫不生存在栖息地乙→荒漠猫不生存在栖息地乙。再结合（1）可得，栖息地乙没有荒漠猫，进而推出栖息地乙一定要有沙丘猫。故答案选 D。

16. **答案 A**

	解题步骤
第一步	确定做题方法，将确定的条件"黑足猫在栖息地乙"，和上题推出的"沙丘猫"在栖息地乙，代入剩余条件。
第二步	结合（1）和（5）可得，荒漠猫只能在甲或丙；若沙丘猫在甲或丙，则可得沙丘猫一定与黑足猫相邻，此时与条件（4）矛盾，故沙丘猫只能在乙。
第三步	由于每个地域荒漠猫和沙丘猫至少有一个，因此可得荒漠猫一定得在甲和丙，结合条件（3）可得，丛林猫也一定在甲和丙。综合可得答案选 A。

17. **答案 B**

题干信息	整理题干信息如下： ①达到国家、省规定的退休年龄（男年满60周岁，女工人年满50周岁，女干部年满55周岁）。 ②用人单位和参保人员均按照规定足额缴费。 ③缴费年限15年以上，或者1998年6月30日前参加工作并参加基本养老保险，2008年6月30日前达到退休年龄且缴费年限在10年以上。 ④同时满足以上3个条件者，可以在退休后申请领取养老金。

选项	解释	结果
A	选项不符合①，排除。	淘汰
B	选项符合①②③，根据④可知，赵二可以领取养老金。	正确
C	选项不符合①，排除。	淘汰
D	选项不符合②，排除。	淘汰
E	选项不符合③，排除。	淘汰

18. **答案 D**

	解题步骤
第一步	前提：孩子吃的碳水化合物多于大人，孩子运动比大人也更多。 结论：碳水化合物的消耗量与不同程度的运动相联系的卡路里需求量成正比。
第二步	题干论证是由前提中的两个差，得出了结论中关于两差之间关系的假设，D 选项表明孩子和大人之间还有其他差别，即孩子成长需要相对较多的碳水化合物，因此并不能由前提中的两个差别就直接得出它们是正比的关系。

19. 答案 A

	解题步骤
第一步	整理题干信息： ① 赤兔<暴风； ②（飞雪<追风）或（追风<飞雪）； ③ 赤兔<闪电，闪电不是最快的； ④ 追风<赤兔，追风不是最慢的。
第二步	综合上述信息，从慢到快排列为追风、赤兔、闪电\暴风，因为追风不是最慢的，所以②中可以确定飞雪<追风；由于暴风和闪电都比赤兔快，根据闪电不是最快的，所以暴风是最快的，那么从慢到快的顺序为飞雪、追风、赤兔、闪电、暴风。赤兔第三名，所以答案为 A。

20. 答案 C

题干信息	根据推理规则，"除非 Q，否则 P" =¬P→Q，整理题干信息可得： ¬P：所有疾病必然可以预防。→Q：所有疾病都必然有确定的诱因。

	解题步骤
第一步	根据假言判断：¬P→Q 的矛盾判断为¬P∧¬Q。本题中的¬Q 根据负判断等值转换为：有些疾病可能没有确定的诱因。
第二步	综合上述，李研究员的观点是：所有疾病必然可以预防∧有些疾病可能没有确定的诱因。答案选 C。

21. 答案 D

题干信息	抓住"然而"这个转折词，整理题干论证。 前提：只有温血动物才能经受得住北极冬季严寒的气候，而冷血动物在极冷的情况下会被冻死。 结论：最近在北极北部发现的恐龙化石使一些研究者认为至少有一些恐龙是温血动物。

选项	解释	结果
A	不能削弱，今天的爬行动物生存的气候范围不能决定是冷血动物或者是温血动物。	淘汰
B	不能削弱，恐龙的大小不能决定是温血动物或者是冷血动物。	淘汰
C	选项支持，说明北极恐龙生活的地方非常寒冷，则更证明了冷血恐龙无法生活。	淘汰
D	选项削弱，说明这些恐龙有可能是在寻找食物迁移的过程中碰巧去了北极，而不是它们本身就长期生活在北极。	正确
E	选项支持，无明显区别就说明恐龙生活的年代也很冷，很冷就证明恐龙可能是温血动物。	淘汰

逻辑模拟试卷（十二）答案与解析

22. 答案 A

题干信息	目的：减少教徒的流失。方法：宗教团体应当排斥女性神职人员。	
选项	解释	结果
A	选项直接指出题干方法可行，说明女性神职人员会导致教徒流失。	正确
B	未提及"女性神职人员"，不能加强题干。	淘汰
C	提出了女性神职人员的压力，但不能说明其与教徒流失的相关性。	淘汰
D	与题干论证无关。	淘汰
E	女性神职人员数量增加，不涉及"教徒数量"的变化。	淘汰

23. 答案 B

	解题步骤
第一步	提炼题干信息： ①¬反驳→谣言传播∧摧毁信心（银行声誉受损） ②反驳→怀疑更多（银行声誉受损）
第二步	①②联立是两难推理（注：A→B，¬A→B；则必然 B），无论是否反驳谣言，都无法改变银行声誉受损的局面，故 B 选项一定为真。

24. 答案 C

	解题步骤
第一步	题干将博士俱乐部（180 个博士）按三个标准进行了划分，即男女、是否在读、学科领域，故列表如下： |	在读基础博士	在读应用博士	毕业基础博士	毕业应用博士
---	---	---	---	---
男性	A	B	C	D
女性	E	F	G	H	 ①$A+B+C+D+E+F+G+H=180$；②$E+F+G+H=82$；③$A+B=50$；④$A+C=16$；⑤$B+F=101$。 计算可得：⑥$A+B+C+D=98$；⑦$C+D=48$；⑧$B+D=82$。
第二步	由上一步可得，$B+D=82$，故 B 和 D 的范围缺少判定条件，排除 A 选项和 B 选项；C 选项求 F 的区间，可计算如下：$F=101-B=101-(50-A)=51+A$，因此至少 51 人，答案选 C。

25. 答案 B

题干信息	①《骆驼祥子》=第一天∨第六天。 ②《赵子曰》……《二马》。 ③《二马》｜《猫城记》（"｜"表示相邻）。 ④《四世同堂》第三天上架→《二马》第五天上架。
第一步	明确本题题型为"排序题"。可优先从"跨度大"的条件入手。
第二步	联合条件②和③可知，《赵子曰》……《二马》｜《猫城记》，此时上架《猫城记》之前至少要上架两本书，因此《猫城记》不能第二天上架，答案选 B。

· 139 ·

26. 答案 D

题干信息	①《骆驼祥子》=第一天∨第六天。 ②《赵子曰》……《二马》。 ③《二马》｜《猫城记》（"｜"表示紧邻）。 ④《四世同堂》第三天上架→《二马》第五天上架。 ⑤《猫城记》｜《骆驼祥子》。
第一步	明确本题题型为"排序题"。可优先从"跨度大"的条件入手。
第二步	联合条件②、③和⑤可知，《赵子曰》……《二马》｜《猫城记》｜《骆驼祥子》。 结合条件①可知，《骆驼祥子》不能第一天上架，因此只能在第六天上架，列表如下： | 1	2	3	4	5	6
---	---	---	---	---	---
			二马	猫城记	骆驼祥子	 结合条件④，由于《二马》在第四天上架，因此《四世同堂》不能在第三天上架，第三天上架的只能是《老张的哲学》∨《赵子曰》，答案选 D。

27. 答案 B

题干信息	前提：民意测验与正式选举数据不同。→结论：民意测验操作一定有失误。	
选项	解释	结果
A	选举前 20 天的民意测验与题干论证关系无关。	淘汰
B	选项直接削弱题干论证关系，考生试想，如果民意测验时只有 78% 的选民在两者中作出了选择，而正式选举时，却有 98% 的选民在两者中作出了选择，显然是有的选民在民意测验时没有投票，选项削弱力度最强。	正确
C	选项有一定干扰性，考生试想，借款与贷款的数额差别并不大，很难判定是否一定会影响选举结果，因此不能理解为存在他因的削弱。	淘汰
D	选项强调的是选举的组织者，显然选项与题干论证无关。	淘汰
E	演说能力与选民最终的选择未必存在必然的关系，因此削弱力度很弱。	淘汰

28. 答案 A

题干信息	①得一箪食，一豆羹（P1）→生（Q1）； ②弗得一箪食，一豆羹（P2）→死（Q2）； ③呼尔而与之（P3）→行道之人弗受（Q3）； ④蹴尔而与之（P4）→乞人不屑（Q4）； ⑤为宫室之美，妻妾之奉，所识穷乏者得我而为之（P5）→失其本心（Q5）。	
选项	解释	结果
A	选项=¬Q3→¬P3，符合假言推理规则，故可以推出。	正确
B	选项=P1→可能¬Q1，不符合假言推理规则，排除。	淘汰

(续)

选项	解释	结果
C	选项 =¬P4→¬Q4，不符合假言推理规则，排除。	淘汰
D	选项 =Q5→P5，不符合假言推理规则，排除。	淘汰
E	选项 =P2→可能¬Q2，不符合假言推理规则，排除。	淘汰

29. 答案 B

题干信息	①赵入选∧郑入选→王入选；②吴入选∨郑入选→李不入选；③钱不入选∨周不入选；④钱、孙、吴这3个选手中有1人不入选。⑤孙入选∧吴入选。		
解题步骤			
第一步	首先明确本题为分组题，从8人中选5人，剩3人。		
第二步	由于题干有确定信息，故优先考虑从确定信息⑤出发，将⑤代入条件④可得：不选钱。再将⑤代入条件②可得：李不入选。因此答案选 B。		

30. 答案 C

题干信息	①赵入选∧郑入选→王入选；②吴入选∨郑入选→李不入选；③钱不入选∨周不入选；④钱、孙、吴这3个选手中有1人不入选。⑤吴没有入选。		
解题步骤			
第一步	首先明确本题为分组题，从8人中选5人，剩3人。		
第二步	由于题干有确定信息，故优先考虑从确定信息⑤出发，将⑤代入条件④可得：钱和孙一定入选。再代入条件③可得：周一定不入选。		
第三步	由上一步可知，钱和孙入选，吴、周不入选，再根据"剩余法"思想，此时还需从赵、李、郑和王4人中淘汰1人，将"吴不入选"结合信息②可得：郑入选→李不入选（可等价转化为：郑不入选∨李不入选），也就是淘汰的人一定只能是李和郑中的一人，因此一定选赵和王。答案选 C。		

逻辑模拟试卷（十三）答案与解析

序号	答案	知识点与考点	序号	答案	知识点与考点
1	E	形式逻辑—假言判断	16	C	形式逻辑—直言判断
2	B	论证逻辑—支持	17	D	论证逻辑—削弱
3	E	分析推理—对应	18	A	论证逻辑—解释
4	D	论证逻辑—削弱	19	A	分析推理—方位排序
5	E	形式逻辑—结构相似	20	C	分析推理—方位排序
6	D	论证逻辑—假设	21	D	论证逻辑—削弱
7	E	论证逻辑—削弱	22	B	形式逻辑—假言判断
8	D	分析推理—真话假话	23	D	分析推理—数据分析
9	E	分析推理—排序	24	C	论证逻辑—对话焦点
10	A	分析推理—排序	25	B	分析推理—对应
11	D	论证逻辑—逻辑漏洞	26	B	形式逻辑—结构相似
12	B	形式逻辑—假言判断	27	C	论证逻辑—削弱
13	B	分析推理—对应	28	B	形式逻辑—假言判断
14	C	论证逻辑—支持	29	B	分析推理—分组
15	A	分析推理—真话假话	30	D	分析推理—分组

1. 答案 E

	解题步骤
第一步	根据"除非 Q，否则 P =¬ Q→P"，可将题干信息转化为：针对任何一名在校学生，有的专业课不及格→必然没获得国家励志奖学金∨没获得优秀毕业生推荐资格。
第二步	分析选项可得，答案选 E。考生注意，不能选 A，题干强调的是"在校学生"，而选项中"一名学生"，是否在校呢？

2. 答案 B

题干信息	根据题干信息中的"计划"可确定本题属于"方法可行类题目"。 目的：解决机场拥挤进而节省成本。 方法：在间距 200 到 500 英里的大城市间提供高速的地面交通。

选项	解释	结果
A	选项削弱，说明方法有缺陷。	淘汰
B	选项支持，说明方法可行。	正确

(续)

选项	解释	结果
C	选项削弱，说明方法不可行。	淘汰
D	选项削弱，说明方法有缺陷。	淘汰
E	选项削弱，说明方法不可行。	淘汰

3. 答案 E

题干信息	①一星期中只有一天三位见习医生同时值班；②没有一位见习医生连续三天值班；③任两位见习医生在一星期中同一天休假的情况不超过一次；④第一位见习医生在星期日、星期二和星期四休假；⑤第二位见习医生在星期四和星期六休假；⑥第三位见习医生在星期日休假。

	解题步骤
第一步	根据题干信息④⑤⑥可列表如下： |	星期一	星期二	星期三	星期四	星期五	星期六	星期日
---	---	---	---	---	---	---	---
第一位		×		×			×
第二位				×		×	
第三位							×	
第二步	根据题干信息③②可将三个医生的值班情况补齐： |	星期一	星期二	星期三	星期四	星期五	星期六	星期日
---	---	---	---	---	---	---	---
第一位		×		×		√	×
第二位	×	√		×		×	√
第三位		√	×	√			×	 考生注意，第二位见习医生在星期一休假（周日、周一、周二也算连续的三天）。
第三步	由上表可知，有可能三个医生同一天值班的就只能是周五。因此答案选 E。

4. 答案 D

	解题步骤
第一步	由题干中的"为了"以及提问中的"计划"等关键词，判断本题目属于方法可行类题目。 目的：确保只向试演中得到最高评价的申请者提供这个项目的奖学金。 方法：给10%的最优秀的当地申请者和10%的最优秀的外地申请者提供奖学金。
第二步	分析题干论证关系。题干的论证关系要使10%的最优秀的当地申请者和10%的最优秀的外地申请者，等同于最高评价的申请者，此时隐含的论证关系便是：本地和外地的标准是一致的才行，否则就可能存在这些"10%申请者"以外的本地或者是外地的申请者要比得到奖学金的人评价高，这样就不能保证是提供奖学金的都是最高评价者了，考生联系高考的场景便可很好地理解。
第三步	分析选项。观察选项可知，D 选项为正确答案。B 选项迷惑性较大，考生试想，对一个演员有利对另一个演员不利的这种情形对本地申请者是如此，对外地申请者也是如此，要指出对本地和外地的区别才行，故 B 选项淘汰；E 选项也有一定的迷惑性，但考生试想，指出偏袒了外地申请者是很片面的，也有可能偏袒了本地的申请者，故 E 选项淘汰。

5. 答案 E

题干信息	如果 P，那么 Q，因为 Q，所以 P。显然犯了混淆充分必要条件的错误。	
选项	解释	结果
A	选项推理为：如果 P，那么 Q，因为 Q，所以 P。与题干谬误一致。	淘汰
B	选项推理为：如果 P，那么 Q，因为 Q，所以 P。与题干谬误一致。	淘汰
C	选项推理为：如果 P，那么 Q，因为 Q，所以 P。与题干谬误一致。	淘汰
D	选项推理为：如果 P，那么 Q，因为 Q，所以 P。与题干谬误一致。	淘汰
E	选项推理为：如果 P，那么 Q，因为¬Q，所以¬P。推理正确。	正确

6. 答案 D

题干信息	前提：大多数居民叫不出咨询委员会成员的姓名。→结论：史密斯所任命的咨询委员会是近年最没有影响力的一个。 分析题干论证，前提中委员会成员的姓名与影响力之间缺乏联系，假设搭桥的思路，直接建立二者的关系即可。	
选项	解释	结果
A	选项淘汰，题干指出这届委员会最不称职是因为不被公众所熟悉，该选项无法推出。	淘汰
B	选项均与题干论述无关。	淘汰
C	选项均与题干论述无关。	淘汰
D	选项正确，公众对委员会的熟悉是其工作有效的指示，直接搭桥。	正确
E	选项与题干论述相悖。	淘汰

7. 答案 E

题干信息	前提：过去，最安全的座椅非常重；今年最安全的座椅卖得最好。→结论：航空公司更注重安全。	
选项	解释	结果
A	选项是针对题干前提的削弱，力度较弱。	淘汰
B	选项与题干论证无关，题干论证的是航空公司在安全和省油方面比较的结果，而不涉及航空公司与其他公司之间的比较。	淘汰
C	选项支持题干结论，在油价高的情况下，航空公司依然购买安全座椅，说明航空公司更注重安全。	淘汰
D	选项支持题干结论，在安全座椅价格更贵的情况下，航空公司依然购买安全座椅，说明航空公司更注重安全。	淘汰
E	选项直接削弱题干结论，最安全的座椅比一般的座椅重量更轻，那么航空公司选择最安全的座椅很可能是因为重量轻更省油，而不是"安全"。	正确

逻辑模拟试卷（十三）答案与解析

8. 答案 D

题干信息	张老师：所有演出没有失误的人员训练时间不少于三个月∨没有演出人员留有遗憾。 韩老师：要么所有演出没有失误的人员训练时间不少于三个月，要么没有演出人员留有遗憾。
第一步	张韩两人一真一假，也就是 P∨Q，和要么 P，要么 Q 一真一假时，可得出 P 且 Q 为真。 即：所有演出没有失误的人员训练时间不少于三个月∧没有演出人员留有遗憾，一定为真。
第二步	考生注意，"没留遗憾"和"没有失误"二者不可等价，由此可知 I 两个肢判断均为真，一定为真，II、IV一个肢判断为真，另一个无法判断真假，故选项无法判断真假，III 有一个肢判断为假，一定为假。因此答案选 D。

9. 答案 E

	解题步骤
第一步	①（李、王）<张。 ②陶<李。 ③（郑、刘）<王。 ④（方、郑）<陶。 ⑤小郑的分数不是最低。 注意：括号内代表顺序不定。
第二步	整理题干条件，可得到信息如下： ⑥（方、郑）<陶<李<张。 ⑦（郑、刘）<王<张。
第三步	由第二步得出的信息可知，比小方分数高的至少有三个人，因此小方至多是第四，而小王、小李、小陶、小刘都有可能是第三，因此答案选 E。

10. 答案 A

	解题步骤
第一步	①王<李。 ②方<郑。
第二步	结合由题干整理出的信息可知，小方、小郑、小陶、小刘、小王都位于小李之后，即比小李分数高的只有小张一个人，因此小李是第二。答案选 A。

11. 答案 D

	解题步骤
第一步	整理题干的研究方法。前提：邀请 20 个 B 型血志愿者并且愿意当众回答尖锐的问题。→结论：20 个志愿者的性格比一般人更开朗。

(续)

	解题步骤
第二步	题干属于多因一果的推理，要想得出结论，性格与血型有确定的关系，必须保证愿意当众回答问题与性格无关才行。因此要指出研究的漏洞，只要说明是否愿意回答问题与性格之间是有关系的即可，答案选 D。考生注意，若题干去掉"愿意当众回答尖锐问题"这个因素，则最可能犯"以偏概全"的错误，此时才选 E。

12. 答案 B

题干信息	①评论家是某行业知名的专家→会及时关注这个行业的发展动态 ②对该行业分析透彻的评论家→会受人们追捧 ③对所有行业都似懂非懂的人→不会受人们追捧 ④全球贵金属委员会终止劳务合同→没及时关注这个行业发展动态
	解题步骤
第一步	观察发现①和④出现了矛盾的概念在同一方向，故可优先结合①④可得：⑤评论家是某行业知名的专家→会及时关注这个行业的发展动态→不会被全球贵金属委员会终止劳务合同。观察选项可得：B 选项一定为真。
第二步	观察发现②和③出现了矛盾的概念在同一方向，故可结合②③可得：⑥对该行业分析透彻的评论家→会受人们追捧→并非对所有行业都似懂非懂。
第三步	分析选项。考生注意"不对所有行业都似懂非懂"也未必就是某行业知名的专家，所以⑤和⑥无法搭桥，故 A、C、E 三个选项均真假不定。D 选项淘汰，某些评论家合同是否被终止无法确定。考生注意，"评论家"不等同于题干里的"是行业知名的专家的评论家"。

13. 答案 B

	解题步骤
第一步	从重复信息多的项入手，根据信息（3）和（4），可知甲和丙没有共同语言，乙、丙、丁找不到一种共同语言，其中一种语言三个人都会说就只能是甲、乙、丁。
第二步	根据信息（1）（2）可知，甲是法国人，不会说韩语，丁不会说法语，因此三人会的语言不可能是韩语和法语；根据信息（4）可知，乙不会说日语，三人都会的语言也不是日语，因此三人都会的语言只能是英语。答案选 B。

14. 答案 C

题干信息	前提：美国某些地区的婴儿死亡率比许多发展中国家高，但全国范围的婴儿死亡率比以前下降。→结论：不一定能说明美国现在的婴儿出生时比以前更健康。
选项	解释	结果
A	选项支持题干前提，指出可能存在以偏概全之嫌，但考生注意题干论证的关系更多的是"出生时的死亡率"与"健康"的关系，而不仅仅是死亡率，故该项力度弱于 C。	淘汰

(续)

选项	解释	结果
B	选项不能支持，题干论证的是婴儿的死亡率，而并非是死亡的原因。	淘汰
C	选项直接说明，出生时健康状况差可以通过技术手段来降低死亡率，故婴儿的健康状况不能仅仅依靠死亡率来衡量，针对题干论证关系，支持力度最强。	正确
D	不涉及死亡率与健康状况间的关系，不能支持。	淘汰
E	选项强调的是"出生后"的健康状况，而不是题干强调的"出生时"的健康状况。	淘汰

15. 答案 A

题干信息	①爷爷：是周末＝是星期六∨星期日。 ②奶奶：是星期二∨星期四∨星期六。 ③爸爸：不是星期一＝星期二∨星期三∨星期四∨星期五∨星期六∨星期日。 ④儿子：是星期一∨星期三∨星期五∨星期日。 ⑤女儿：是星期五。

解题步骤		
第一步	由于"相容选言判断"有一个肢判断为真就为真，因此"重复的日子"一定不能是真的。（考生注意，此时五个人的回答中便不止一个真）	
第二步	观察题干重复的信息是"星期二""星期三""星期四""星期五""星期六"和"星期日"，这几天都不能是真的，那么就只能是星期一为真，因此答案选 A。	

16. 答案 C

解题步骤		
第一步	整理题干论证。 前提：①倡导简约适度、绿色低碳的生活方式→引领更多人热爱自然、融入自然，追求美好生活；②无序开发、粗暴掠夺的生活方式→阻碍人们热爱自然、融入自然，追求美好生活。 结论：无序开发、粗暴掠夺的生活方式→遭到大自然无情报复。	
第二步	分析题干论证。前提①和②可联合，题干的推理结构如下： 前提：无序开发、粗暴掠夺的生活方式→不能引领人们热爱自然、融入自然，追求美好生活→不倡导简约适度、绿色低碳的生活方式。 补前提：不倡导简约适度、绿色低碳的生活方式→遭到大自然无情报复。（C 选项） 结论：无序开发、粗暴掠夺的生活方式→遭到大自然无情报复。 考生注意，用"左对齐，补上推下"的思路即可快速解题。	

17. 答案 D

题干信息	前提：懂得现代遗传学中优生优育的原理，进而意识到近亲结婚的危害性。 结论：同姓不婚。

(续)

选项	解释	结果
A	选项不涉及"同姓不婚"的原因,不能削弱。	淘汰
B	选项支持题干前提,指出确实由于近亲结婚的危害导致同姓不婚。	淘汰
C	选项不涉及"同姓不婚"的原因,不能削弱。	淘汰
D	选项直接指出存在他因,是由于异族通婚,促进各族融合导致了同姓不婚,而不是古人懂得优生优育的原理。	正确
E	选项不涉及"同姓不婚"的原因,不能削弱。	淘汰

18. 答案 A

题干信息	整理题干论证: ①金星和地球一样,内部有一个炽热的熔岩核,释放巨大的热量。(同) ②地球是通过火山喷发来释放内部热量的,金星却没有火山喷发现象。(差) 要解释这一差异需要找到地球和金星的另外一个差异。(找他差是"解释型"题目常用的思路)

选项	解释	结果
A	该选项是金星和地球的另外一个差异,很好地解释了金星内部热量的去处。	正确
B	金星地表的情况不能解释科学家的困惑。	淘汰
C	虽然是金星和地球的差异,但并没有解释金星内部热量的去处。考生注意 A 项内部热量直接点题。	淘汰
D	增加而非解释科学家的困惑,考生理解一下。	淘汰
E	熔岩不易喷发,加剧了科学家对于金星内部热量去处的疑惑。	淘汰

19. 答案 A

题干信息	①李栋和赵四必须紧挨着。 ②如果李四不和王武紧挨着,那么李四和李栋必须紧挨着。 ③张三不和王武紧挨着。 ④如果郑永和赵四紧挨着,则郑永不和王武紧挨着。

解题步骤	
第一步	本题提示信息为:李四和赵四紧挨着。解题思路为从提示信息下手代回题干推理。
第二步	结合条件①可知赵四两边分别是李四和李栋,可以推出李四和李栋不会紧挨着。
第三步	代入条件②可知李四和王武紧挨着,此时共确定四人相邻顺序为:王武—李四—赵四—李栋。
第四步	还剩下两人为:郑永和张三。所以郑永和张三一定相邻。考生注意六人环绕在一起,所以剩下两个一定相邻。故答案选 A。

逻辑模拟试卷（十三）答案与解析

20. 答案 C

题干信息	①李栋和赵四必须紧挨着。 ②如果李四和王武紧挨着，那么李四和李栋必须紧挨着。 ③张三不和王武紧挨着。 ④如果郑永和赵四紧挨着，则郑永不和王武紧挨着。
解题步骤	
第一步	本题提示信息为：李四和李栋紧挨着，解题思路为从提示信息下手代回题干推理。
第二步	结合条件①可知李栋两边分别是李四和赵四。
第三步	还剩下三人：张三、郑永和王武。根据条件③张三不和王武紧挨着，说明郑永应该在张三和王武中间，即和郑永相邻的人只能是张三和王武。故答案选 C。

21. 答案 D

题干信息	根据题干假设中的核心词"导致"可确定为"因果关系型"题目。因：失眠。→果：周围神经系统功能障碍。
选项	解释	结果
A	选项指出周围神经系统功能障碍具体的症状，不涉及失眠和周围神经系统功能障碍间的关系。	淘汰
B	选项不涉及题干的论证关系。	淘汰
C	"由非权威人士组织实施"质疑题干的背景信息，力度较弱。	淘汰
D	选项说明题干论证因果倒置，是周围神经系统功能障碍导致失眠，为最强的削弱。	正确
E	选项质疑题干的背景信息，力度较弱。	淘汰

22. 答案 B

题干信息	根据假言综合推理公式"如果A，那么B，除非C=(A∧¬B)→C"，可将题干信息转化为：任何服刑的犯人要想获得减刑，实际服刑年限必须不少于判刑年限的三分之二，除非适逢特赦=（获得减刑∧服刑年限少于判刑年限的三分之二）→适逢特赦。
解题步骤	
第一步	"不可能出现的"即找矛盾，题干的矛盾为：获得减刑∧服刑年限少于判刑年限的三分之二∧没有特赦。
第二步	A、E选项未提是否特赦，排除；C选项适逢特赦，不符合条件，排除；D选项减刑2年，那么服刑年限为8年，并不少于判刑年限10年的三分之二，不符合矛盾。B选项服刑年限为有期，而判刑年限为无期，题干指出无期的时间无上限，意味着趋近于正无穷，因此有期/无期的比值一定小于三分之二，因此B选项满足矛盾。

· 149 ·

23. 答案 D

	解题步骤
第一步	明确划分对象及划分标准。 划分对象：丈夫或妻子至少有一个是中国人的夫妻。 划分标准：（1）男、女。（2）夫妻情况可以分为以下三种：①夫妻双方都是中国人；②夫妻中男性为中国人、女性为外国人；③夫妻中男性为外国人、女性为中国人。
第二步	画出相应表格。 |	①	②	③ | |---|---|---|---| | 男 | 中国人（A）| 中国人（B）| 外国人（C）| | 女 | 中国人（A）| 外国人（B）| 中国人（C）|
第三步	观察得出结论。 已知信息为：中国女性（A+C）= 中国男性（A+B）+2万 Ⅰ 中嫁给了外国人的中国女性为C，其数量并不一定等于2万，只有在B为零的情况下才成立。 Ⅱ 比较的是"和中国人结婚的外国男性"与"和中国人结婚的外国女性"的数量大小，和中国人结婚的外国男性=C，和中国人结婚的外国女性=B，C=B+2万，C>B，故Ⅱ一定为真。 Ⅲ 比较的是"和中国人结婚的男性"与"和中国人结婚的女性"的数量大小，和中国人结婚的男性=A+C，和中国人结婚的女性=A+B，A+C=（A+B）+2万，A+C>A+B，故Ⅲ一定为真。

24. 答案 C

	解题步骤
第一步	整理二者的论证结构。 张教授的论证。前提：人赋予"阿尔法狗"围棋比赛的能力，但赋予这种能力的人自身不具有这样围棋比赛的能力。→结论：人赋予计算机某种能力，人本身没有这种能力。 李研究员的论证。前提："阿尔法狗"是人编写的，它的能力是人自身能力的一种延伸和具体体现。→结论：人赋予计算机某种能力，人本身具备这种能力。
第二步	分析二者论证结构。显然二者的对话焦点在于人赋予了计算机某种能力，人自身是否具有这种能力，因此答案选C。A选项淘汰，题干二者并没有涉及人人比赛和人机比赛的比较；B选项淘汰，二者的论证都是基于有人的前提下计算机才有相关的能力；D选项淘汰，能否战胜围棋高手，只有张教授涉及，李研究员并没有涉及；E选项淘汰，只有张教授涉及李世石，李研究员并没有涉及。

25. 答案 B

题干信息	①甲是男孩，有3个姐姐；②乙有一个哥哥和一个弟弟；③丙是女孩，有一个姐姐和一个妹妹；④丁的年龄在所有人当中是最大的；⑤戊是女孩，但是她没有妹妹；⑥己既没有弟弟也没有妹妹。

逻辑模拟试卷（十三）答案与解析

(续)

	解题步骤
第一步	观察题干信息发现，条件①②可作为切入点，此时，根据条件①可知，女、女、女、甲（跨度至少4），根据条件②可知，乙和哥哥弟弟的顺序为男、乙、男（跨度至少3），题干总共6个人，①②包含7人，一定存在交集，此时男和女不能相交，甲和乙不能相交，此时只能甲和条件②中的第一个男有交集，因此，排序前三的是女孩，六个人的顺序为女、女、女、甲（男）、乙、男。结合条件④丁是年龄最大的，则丁是女孩，丁是老大；根据⑤确定戊是女孩，是老三；再根据③确定丙是女孩中的老二；因此女孩的年龄排序就是丁、丙、戊。
第二步	由女孩信息确定男孩是甲、乙、己，年龄排在第四到第六。根据②，确定乙排第五，再根据⑥确定己年龄最小，是老六；那么可以推出甲是老四；因此男孩的年龄排序就是甲、乙、己。
第三步	综上信息可以得出，年龄由高到低排列为丁（女）、丙（女）、戊（女）、甲（男）、乙（男）、己（男）。观察可知B选项符合。

26. **答案 B**

题干信息	题干结构：P→Q，因为P，所以Q。	
选项	解释	结果
A	选项=P→Q，因为P，所以Q，与题干推理结构一致。	淘汰
B	选项=P→Q，因为¬P，所以¬Q，与题干推理结构不一致。	正确
C	选项=P→Q，因为P，所以Q，与题干推理结构一致。	淘汰
D	选项=P→Q，因为P，所以Q，与题干推理结构一致。	淘汰
E	选项=P→Q，因为P，所以Q，与题干推理结构一致。	淘汰

27. **答案 C**

题干信息	题干通过求异法得出了因果关系：慢波睡眠时间缩短（因）→老年人记忆力差（果）。	
选项	解释	结果
A	选项不涉及<u>记忆力的好坏</u>，不能削弱。	淘汰
B	选项只强调慢波睡眠，但却不涉及"慢波睡眠时间的长短"，考生注意论证的核心词。	淘汰
C	选项直接指出"无因有果"，割裂关系，说明慢波睡眠的时间长短与记忆力的好坏无关，削弱力度最强。	正确
D	选项只涉及"一些"老年人的情况，何况题干强调的是"老年人"与"年轻人"之间的对比，而不涉及"老年人"比"老年人"，注意紧扣题干的横向比和纵向比关系。	淘汰
E	选项不涉及"老年人"，论证对象与题干不一致。	淘汰

28. 答案 B

题干信息	①平坦∧近的地方（P1）→游者众（Q1）；危险∧远的地方（P2）→至者少（Q2）。 ②有的世之奇伟、瑰怪、非常之观⇒危险∧远的地方。 ③能至危险∧远的地方→有志者。	
选项	解释	结果
A	根据题干信息①，否定 P 位，什么也推不出。	淘汰
B	选项=能至危险∧远的地方→有志者。可由题干信息③得出，一定为真。	正确
C	题干信息②转换后可得"有的险远之地⇒有世之奇伟、瑰怪、非常之观"，选项与之构成下反对关系，故无法判断真假。	淘汰
D	根据题干信息②，"有的"推不出"所有"，所以真假无法确定。	淘汰
E	根据题干信息①，平坦∧近的地方，可得出游者众，也就是游览的人很多，故选项一定为假。	淘汰

29. 答案 B

30. 答案 D

题干信息	①公共事业管理被削减∧企业管理被削减→园林设计被削减。 ②化学工程与工艺被削减→汉语国际教育不会被削减∧企业管理不会被削减。 ③食品科学与工程被削减→工程力学不被削减。 ④在工程力学、物流工程和汉语国际教育这三个学科领域中，恰好有两个领域被削减。（3个削减2个，剩余1个） ⑤共有8个学科领域，需削减5个。	
解题步骤		
第一步	29题题干给出了确定的附加条件"物流工程和汉语国际教育同时被削减"，此时结合（4）可知，工程力学不被削减。再结合（2）可得：化学工程与工艺没被削减。故29题答案选B。	
第二步	30题题干给出了附加条件"汉语国际教育未被削减"，但没有其他确定信息，问题要求"一定为真"。故可优先考虑从重复的信息"企业管理"入手，用两难推理的思路解题。 若"企业管理被削减"，则根据题干信息（2）可得：化学工程与工艺没削减。结合（4）可知，工程力学和物流工程要削减。再结合（3）可得：食品科学与工程不被削减。此时的削减情况如下表： | 削减的领域（5个）	企业管理、工程力学、物流工程、公共事业管理、园林设计
---	---
没削减的领域（3个）	汉语国际教育、食品科学与工程、化学工程与工艺		
第三步	若"企业管理没被削减"，此时的削减情况如下表： | 削减的领域（5个）	工程力学、物流工程、公共事业管理、 园林设计、化学工程与工艺
---	---
没削减的领域（3个）	汉语国际教育、企业管理、食品科学与工程 | 结合前两步可得，公共事业管理一定被削减，因此30题答案选D。	

逻辑模拟试卷（十四）答案与解析

序号	答案	知识点与考点	序号	答案	知识点与考点
1	B	形式逻辑—假言判断	16	B	形式逻辑—结构相似
2	D	分析推理—真话假话	17	B	分析推理—对应
3	C	论证逻辑—削弱	18	B	论证逻辑—削弱
4	D	分析推理—对应	19	A	分析推理—分组
5	D	论证逻辑—推结论	20	B	分析推理—分组
6	E	形式逻辑—假言判断	21	D	形式逻辑—假言判断
7	C	论证逻辑—假设	22	E	论证逻辑—解释
8	D	形式逻辑—假言判断	23	B	分析推理—分组
9	C	分析推理—对应	24	A	分析推理—对应
10	C	分析推理—对应	25	E	论证逻辑—评价
11	E	论证逻辑—削弱	26	E	论证逻辑—支持
12	B	形式逻辑—直言判断	27	D	形式逻辑—假言判断
13	C	分析推理—排序	28	D	论证逻辑—削弱
14	B	论证逻辑—削弱	29	E	分析推理—对应
15	C	分析推理—真话假话	30	D	分析推理—对应

1. 答案 B

题干信息	按下"快进键"，跑出"加速度"∧让创新发展更有"速度"∧让老百姓的幸福更有"质感"∧让全面小康更有"温度"（P1）→以时不我待的紧迫感、舍我其谁的责任感、勇于担当的执行力奋力作为（Q1/P2）→要以"改革是为人民而改革，发展是为人民而发展"为出发点（Q2）

选项	解释	结果
A	选项=Q2→P2，不符合假言判断的推理规则，故推不出。	淘汰
B	选项=¬Q2→¬P2，符合假言判断的推理规则，故能推出。	正确
C	选项=Q2→¬P1，不符合假言判断的推理规则，故推不出。	淘汰
D	选项=Q1→P1，不符合假言判断的推理规则，故推不出。	淘汰
E	选项=¬Q1→P1，不符合假言判断的推理规则，故推不出。	淘汰

2. 答案 D

题干信息	小偷对问题的回答总是假的，而农民的回答总是真的。

· 153 ·

(续)

	解题步骤
第一步	若甲是农民，则甲会说自己是农民，若甲是小偷，他仍会说自己是农民。因此甲一定会说自己是农民，但是甲的身份无法判断。
第二步	分析乙，乙说"甲说他是农民"，这句话是真的，因为乙在这里直接转述的甲的话，因此乙是农民；分析丙，丙说"甲说他是小偷"，这句话是假话，因为甲不可能说自己是小偷，因此丙是小偷。
第三步	综上可得：乙是农民，丙是小偷，甲无法判断。答案选 D。

3. 答案 C

题干信息	目的：改善 S 城的治安环境。 方法：减少 S 城烈酒的产量。	
选项	解释	结果
A	选项有部分支持的作用，说明酗酒闹事是影响治安的一个原因，说明题干的方法在一定程度上可行。	淘汰
B	选项说明方法有缺陷，仅仅解决烈酒也不能完全达到目的，但是削弱力度较弱，题干强调的是烈酒，而不是低度酒，再者，削弱一般不选"有些"。	淘汰
C	选项说明方法不可行，减少 S 城烈酒的产量根本不能解决酗酒闹事的问题，进而不能达到目的，削弱力度最强。	**正确**
D	选项不能削弱，经济收入与题干目的无关。	淘汰
E	选项不能削弱，传统习惯也是可以改变的，可能方法有效。	淘汰

4. 答案 D

题干信息	①丙商场购买的是项链，但刘芳没到丙商场； ②李璐没有购买甲商场的任何商品； ③购买连衣裙的那个姑娘没有到乙商场去； ④购买项链的并非李璐。

	解题步骤
第一步	观察题干信息，发现本题属于三类事物对应的题目，因此可先列表，将题干确定信息填入表格中： | 甲	乙	丙		连衣裙	迪奥口红	项链
---	---	---	---	---	---	---
		×①	刘芳			
×②			李璐			×④
			孙娜				 考生注意，解答三类事物对应的题目时，建议列出上述表格，会提升解题速度。

逻辑模拟试卷（十四）答案与解析

（续）

	解题步骤
第二步	没有确定的信息时，可优先考虑从重复的信息入手，观察条件①中重复的信息"丙商场"，由此可得刘芳没有购买项链，因此可知：⑤孙娜购买的是项链，去的是丙商场。补齐表格如下： |	甲	乙	丙		连衣裙	迪奥口红	项链
---	---	---	---	---	---	---	---
	√	×	×①	刘芳			×①
	×②	√	×	李璐			×④
	×	×	√⑤	孙娜	×	×	√⑤	
第三步	由于李璐去的是乙商场，结合③可得，李璐没有购买连衣裙。补齐表格如下： |	甲	乙	丙		连衣裙	迪奥口红	项链
---	---	---	---	---	---	---	---
	√	×	×①	刘芳	√	×	×①
	×②	√	×⑤	李璐	×③	√	×④
	×	×	√	孙娜	×	×	√⑤	 进而可得最后的结果是：刘芳-甲商场-连衣裙；李璐-乙商场-迪奥口红；孙娜-丙商场-项链。因此答案选 D。

5. 答案 D

	解题步骤
第一步	整理题干信息：①某些人通过经常锻炼和减轻体重的计划使血液中的高浓度脂肪蛋白的含量显著增加；②人的血液中高浓度脂肪蛋白含量的提高能增强人体去除多余胆固醇的能力，从而降低血液中胆固醇的含量。
第二步	联合题干信息①和②可得：有的人可以通过经常锻炼和减轻体重的计划增加高浓度脂肪蛋白的含量，进而降低血液中胆固醇的含量。因此答案选 D。

6. 答案 E

题干信息	结论：除了何东辉，4班的奖学金获得者（P）→来自西部地区（Q）。 考生注意： ①题干默认何东辉为4班的奖学金获得者。 ②观察问题，问题求"上述结论可以从以下哪项推出"，即选项推出题干。	
选项	解释	结果
A	选项=除了何东辉，来自西部地区的奖学金获得者（Q）→4班的学生（P），因为 Q→P 为真时，推不出 P→Q 为真，所以 A 选项不能推出题干结论，排除。	淘汰
B	何东辉是唯一来自西部的奖学金获得者，属于单称肯定判断，推不出所有。	淘汰
C	选项=除了何东辉，4班来自西部地区（Q）→奖学金获得者（P），选项肯定 Q 位：来自西部，根据肯后（即 Q 位）什么也推不出，所以 C 选项不能推出题干结论，排除。	淘汰

155

(续)

选项	解释	结果
D	何东辉不是4班来自西部地区的奖学金获得者，属于单称否定判断，推不出所有。	淘汰
E	选项=除了获得奖学金的何东辉，4班的学生→来自西部地区，选项"是4班的学生"可以推出"4班获得奖学金的学生"，因此选项可以推出"除了何东辉，4班的奖学金获得者→来自西部地区"，即可以推出题干结论。	正确

7. 答案 C

	解题步骤
第一步	根据假言判断的规则："除非Q，否则P"="P，除非Q"="P，否则Q"。它们共同的推理形式为：¬P→Q。前提①"贝尔制造业的工人很快就要举行罢工，除非管理部门给他们涨工资"的推理形式为：工人不举行罢工→管理部门给工人涨工资。前提②"给工人涨工资，贝尔必须卖掉它的一些子公司"的推理形式为：给工人涨工资→卖一些子公司。
第二步	联合题干前提①和前提②可得：工人不举行罢工→管理部门给工人涨工资→卖一些子公司。
第三步	现在要想推出"贝尔将出售子公司"这个后件，只需要满足两个前件有一个发生即可，因此答案选C。D选项很具有迷惑性，考生试想，"有权涨工资"是否就意味着"事实上要涨工资呢？"

8. 答案 D

	解题步骤
第一步	整理题干信息：①P1：吃早饭→Q1：肠胃健康。②P2：不吃早饭→Q2：低血糖。③P3：晚饭吃得过饱→Q3：高血脂。④P4：不吃晚饭∨吃得太少→Q4：低血糖。⑤老王血糖不低。
第二步	联合①②⑤可得：老王血糖不低→吃早饭→肠胃健康。可推出A和B。
第三步	联合④⑤可得：老王血糖不低→吃晚饭∧吃得不太少。可推出C和E。
第四步	D选项推不出。联合④⑤可得：吃晚饭∧并非吃得太少。并非吃得太少不意味吃得过饱，无法肯定③中的P3，进而就推不出Q3。

9. 答案 C

题干信息	①周四晴天。 ②周一没有下雨。 ③周五多云天。 ④周六和周日：多云天∨雨天。 ⑤有三天是晴天。 ⑥这周天气只有晴天、雨天和多云天。

	解题步骤
第一步	梳理题干信息①③，可以得出下表：<table><tr><td>1</td><td>2</td><td>3</td><td>4</td><td>5</td><td>6</td><td>7</td></tr><tr><td></td><td></td><td></td><td>晴天</td><td>多云天</td><td></td><td></td></tr></table>

逻辑模拟试卷（十四）答案与解析

（续）

	解题步骤
第二步	通过题干信息②，周一是多云天∨晴天。通过题干信息④⑤可知，1、2、3中有两天是晴天。
第三步	分析选项。选项A推断正确，因为1、2、3中最多只能有一天雨天，6、7最多两天都是雨天，一周最多三天下雨。 选项B推断正确，6、7天气不同可得，6、7中只有一天是多云天。5一定是多云天，1、2、3之中最多有一天多云天。所以一周最多三天多云。 选项C推断错误，可能出现1、2晴天，3多云天，此时3、5天气相同。 选项D推断正确，由于第二步已经推出，1、2、3中有两天晴天，所以如果2是多云天，1、3必是晴天。 选项E，可能真。1是多云天，2、3是晴天。满足题干信息。

10. 答案 C

题干信息	①张涌是球类运动员，不是南方人。 ②胡纯是南方人，不是球类运动员。 ③李明和北京运动员、乒乓球运动员同住一房间。 ④郑功不是北京运动员，年龄比吉林运动员和游泳运动员都小。 ⑤浙江运动员没有参加游泳比赛。

	解题步骤
第一步	本题属于典型的"一一对应"类型的题目，可根据题干信息列表如下： | 北京	上海	浙江	吉林		游泳	田径	乒乓球	足球
---	---	---	---	---	---	---	---	---
√	×①	×①	×	张涌	×①	×①	×	√
×②			×②	胡纯			×②	×②
×③	×	×	√	李明			×③	×
×④			×④	郑功	×④	×	√	×	 提示：数字表示根据哪个条件得出。 列表后，直接可得张涌是北京人，进而可得李明是吉林人。由于北京运动员和乒乓球运动员住一个房间，因此张涌不是乒乓球运动员，可得张涌是足球运动员。进而可得郑功是乒乓球运动员。
第二步	根据④可知，吉林运动员和游泳运动员不是一个人，进而可得，李明不是游泳运动员。再由⑤，浙江运动员没有参加游泳比赛，结合胡纯是游泳运动员，可得胡纯不是浙江运动员。 补齐表格如下： | 北京	上海	浙江	吉林		游泳	田径	乒乓球	足球
---	---	---	---	---	---	---	---	---
√	×①	×①	×	张涌	×①	×①	×	√
×②	√	×⑤	×②	胡纯	√	×	×②	×②
×③	×	×	√	李明	×④	√	×③	×
×④	×	√	×④	郑功	×④	×	√	×	 比对选项可知，答案选C。

· 157 ·

11. 答案 E

题干信息	前提：青少年期语言能力低的。→结论：成年后患精神疾病的风险较高。	
选项	解释	结果
A	题干论证的更多是青少年语言能力低所产生的结果，而非原因。	淘汰
B	选项属于干扰项，考生注意，发展缓慢未必就能说明语言能力低，很可能发展得慢，但语言能力实际很高。	淘汰
C	选项属于类比削弱，但考生注意，题干论证的是精神疾病患者，而非脑肿瘤患者。	淘汰
D	选项与题干论证无关。	淘汰
E	选项属于"无因有果"的削弱，直接割裂关系，力度最强。	正确

12. 答案 B

题干信息	描写鬼怪和灾难性实验的恐怖片描写了违反自然规律的现象，并且造成了恐惧。	
选项	解释	结果
A	选项扩大了题干范围，题干只涉及"好莱坞恐怖片"。	淘汰
B	选项直接能从题干信息中得出，故一定为真。	正确
C	题干只涉及一个目的是"造成观众的恐惧"，而不涉及是否存在其他目的。考生注意选项的描述是"所有的目的都是为了造成观众的恐惧"。	淘汰
D	题干并不涉及"反科学立场"，故选项推不出一定为真。	淘汰
E	题干并不涉及"反科学立场"，故选项推不出一定为真。	淘汰

13. 答案 C

题干信息	①3个在午饭前，3个在午饭后；②老李的报告必须紧接在老米之后，他们的报告不能被午饭时间隔断；③老倪必须第一个或最后一个做报告。	
解题步骤		
第一步	结合题干信息可得，由于老倪必须第一个或最后一个做报告，那么可假设老倪第1个做报告，此时老李紧接着老米，且不能被午饭隔断，那么老米和老李的位置可能是2和3、4和5、5和6，此时老李可能安排的位置是3、5、6。	
第二步	假设老倪第6个做报告，此时老李紧接着老米，且不能被午饭隔断，那么老米和老李的位置可能是1和2、2和3、4和5，此时老李可能安排的位置是2、3、5。因此答案选C。	

14. 答案 B

题干信息	前提：H市法院审理的所有离婚案件表明：闪婚夫妻的离婚率远远高于非闪婚夫妻。
	结论：闪婚是目前夫妻离婚的重要原因。

(续)

选项	解释	结果
A	题干论证的是"是否离婚",而不是选项强调的"离婚速度"。	淘汰
B	选项直接针对题干论证关系进行质疑,题干隐含的关系便是"法院审理的离婚案件"能代表"所有离婚案件",如果协议离婚的案件数量占大多数,那么法院审理的案件就未必具有代表性了,选项直接指出以偏概全,削弱力度最强。	正确
C	选项削弱力度较弱,感情融洽,也未必就不会离婚。	淘汰
D	选项与题干论证无关,题干强调的是离婚的原因,而非离婚率,即使 $\frac{恋爱时间过长的夫妻离婚数}{恋爱时间过长的夫妻数} > \frac{闪婚夫妻离婚数}{闪婚夫妻数}$,但 $\frac{闪婚夫妻离婚数}{全部夫妻}$ 无法判断。	淘汰
E	选项不能削弱,非闪婚的夫妻离婚的数量多,未必就是因为非闪婚才导致离婚,不能说明离婚的原因是否与闪婚有关。	淘汰

15. **答案 C**

题干信息	①所有球员都已递交了转会申请; ②大刘递交了转会申请→小王就没有递交申请; ③大刘递交了转会申请; ④有的球员没有递交转会申请。
解题步骤	
第一步	判断题干信息的真假。①和④属于矛盾关系,必一真一假;根据题干只有一句为假,可知②和③都为真。
第二步	根据②和③都为真可得:大刘递交了转会申请,小王没递交转会申请。可判断出④为真,①为假。因此答案选 C。

16. **答案 B**

题干信息	前提是一些特例,结论是普遍性结论,属于归纳推理。由于前提并没有列出所有看得见和看不见的事物,所以属于不完全归纳推理。

选项	解释	结果
A	该选项也是由特例推普遍性结论,属于归纳推理,由于直角三角形、钝角三角形和锐角三角形构成了所有的三角形,所以属于完全归纳推理。	淘汰
B	该选项和题干一样都属于不完全归纳推理。	正确
C	该选项是类比推理。	淘汰
D	该选项由普遍性结论推出特例,属于演绎推理。	淘汰
E	和题干推理不一致。	淘汰

17. 答案 B

解题步骤	
第一步	由"如果陈经理乘坐的飞机航班被取消（P），那么他就不能按时到达会场（Q）"，知该判断为充分条件假言判断。考生注意，假言判断在逻辑上是一个比较难的知识点，命题者通常都会给出标志词，我们可以利用标志词分析假言判断的类型。
第二步	"事实上该航班正点运行"，等于否定 P 位，根据充分条件假言判断的定义，可知陈经理能否按时到达不确定。
第三步	小张得出结论：陈经理能按时到达会场，为不必然结论，无法判断其真假。所以，王经理评价其推理有缺陷是正确的。若王经理的结论是错误的，则只可能是与题干矛盾，而王经理从否定 P 得出 Q，与题干不矛盾，故其结论可能真，因此不选 D。答案选 B。

18. 答案 B

题干信息	结构词："看来" 论证结构： 前提①：D 市因癌症死亡的人数比例比全国城市的平均值要高两倍。 前提②：历史上，D 市一直是癌症特别是肺癌的低发病地区。 结论：D 市最近这十年对癌症的防治出现了失误。	
选项	解释	结果
A	该项"人口增长"涉及人口总量变化，不影响论证前提癌症死亡的"人数比例"这一前提的成立与否（总量是绝对量，人口比例是相对量），故选项作用有限。	淘汰
B	该项割裂了题干的论证关系，削弱力度最大。D 市的癌症死亡人数中，很大的数量是来疗养的外来癌症患者。因此，不能由近十年来 D 市的癌症死亡人数（本市+外地）比例较高，得出 D 市对癌症的防治出现失误的结论。	正确
C	该项中 D 市最近几年医疗保健的投入上升，并不意味着"癌症的防治"投入上升，通常此类针对性较弱的选项，对题干论证的作用有限。	淘汰
D	该项中"探讨癌症机理取得进展"不等于进行了"有效防治"，选项作用有限。	淘汰
E	该项有部分支持的作用。	淘汰

19. 答案 A

20. 答案 B

题干信息	① K 将被安排入比 L 早的会期。 ② O 将被安排入比 P 早的会期。 ③ O 或者 P 一定与 L 安排入同一会期。 ④ R 一定被安排到第三个会期。 ⑤ 会期一和二每个会期将安排 3 篇论文，会期三安排 2 篇论文。

逻辑模拟试卷（十四）答案与解析

（续）

	解题步骤
第一步	从重复出现的 L 入手，由条件①K 将被安排入比 L 早的会期，可知 L 不在会期一，由条件③L 一定和 O 或者 P 至少一个在同一会期，再根据②④⑤可知 L 不会在会期三。
第二步	综上，L 一定在会期二，19 题答案为 A。
第三步	由 20 题附加信息"P 被安排入会期三"入手，采用排除法，排除一定为假的选项。
第四步	P 被安排入会期三，P 和 L 不在同一会期，所以 O 和 L 在同一会期，且同在会期二。由条件①可知 K 在会期一，排除 A 选项；会期三是 P 和 R，满员，所以 N 不会在会期三，排除 C 选项；O 和 L 在会期二，排除 D、E 选项，故 20 题答案为 B。

21. 答案 D

	解题步骤
第一步	整理题干信息： ①服用阿司匹林 ∨ 对乙酰氨基酚（P）→注射疫苗后必然不会产生良好的抗体反应（Q） ②小张注射疫苗后产生了良好的抗体反应（确定的事实）
第二步	观察可知，本题属于有确定的事实+假言判断的题型，可将事实②代入①即可得，小张注射疫苗后产生了良好的抗体反应，即否定 Q 位，可得否定 P 位，即：小张没有服用阿司匹林，也没有服用对乙酰氨基酚。因此答案选 D。

22. 答案 E

题干信息	整理矛盾双方：A 方面，某国际卫生机构在去年 10 月将该年第三季度评为 A 等级；B 方面，同其他三个季度相比，该年第三季度全球病毒性感冒的发病率并不是最高的，而该机构做出的其他季度的评价等级均为正常。

选项	解释	结果
A	选项不能解释，如果统计有误，那有可能去年第三季度的评级是正常的，矛盾可能就不存在了。	淘汰
B	选项不能解释，不管向哪转移，都是全球第三季度的情况。	淘汰
C	选项不能解释，"加大关注力度"，不能改变事实上的病毒性感冒的发病率。	淘汰
D	选项不能解释，初期很难区别，也无法说明在什么时间能够区别，进而不能说明第三季度的特殊情况。	淘汰
E	如果第三季度的全球病毒性感冒的发病率最低，那么尽管第三季度的发病率在数值上不如其他三个季度，但是仍然可能达到了危险水平。比如：其他三个季度都是正常等级下的 20% 的概率，而第三季度由于本身就是发病率最低的季度，一般可能在 10% 以下，但现在第三季度可能是 15%，虽然比其他季度低，但依然是个值得关注的危险等级，选项能解释。考生注意，本题其实考查的就是一个相对值和绝对值的区别。	正确

· 161 ·

23. 答案 B

题干信息	①丙和丁是同一时辰出生的。 ③出生在辰时的人数>出生在卯时的人数。 ⑤己在卯时出生∨庚在卯时出生。 ⑦出生在寅时的人数<出生在卯时的人数。	②戊和己是同一时辰出生的。 ④丙在寅时出生∨庚在寅时出生。 ⑥庚在寅时出生∨庚在卯时出生。

解题步骤

第一步	本题属于分组题目，首先需明确分组情况。题干已知分组条件为"7人分3组"，联合条件③和⑦，可得"出生在辰时的人数>出生在卯时的人数>出生在寅时的人数"，此时可明确分组情况为"4-2-1"（即：出生在辰时的人数为4人，出生在卯时的人数为2人，出生在寅时的人数为1人）。
第二步	由于本题没有确定信息，因此优先从重复多的信息入手，由于关于"庚"的信息重复了4次，因此优先从关于"庚"的信息出发，由于分组情况中含有"数字1"，故可考虑"重复+数字1"的思路，这是近几年命题的热点。根据条件④，假设庚不在寅时出生，则丙在寅时出生，此时结合条件①可知，丁也在寅时出生，由第一步已知，出生在寅时的人只有1人，因此假设错误，故可得确定信息：庚在寅时出生。
第三步	将"庚在寅时出生"代入到条件⑥中可知，庚不在卯时出生，将其代入到条件⑤中可知，己在卯时出生，根据条件②可知，戊也在卯时出生，由第一步可知卯时出生的人数为2人，由剩余法可知，甲、丙、丁和乙都在辰时出生。此时的分组情况如下表： | 出生时辰	辰时（4）	卯时（2）	寅时（1）
---	---	---	---
人	甲、丙、丁、乙	己、戊	庚	 观察选项可知，答案选 B。
提　示	由于题干求"可能真"，因此考生也可使用代入选项排除法进行解题。

24. 答案 A

题干信息	①四种花的颜色和她们的四个姓恰好相同，但每个人手里花的颜色与自己的姓并不相同；②如果将小白手中的花与小黄交换，或与小蓝交换，或将小蓝手中的花与小紫交换，那么，每人手里花的颜色和自己的姓仍然不同。

解题步骤

第一步	由于题干信息限制条件较少，可采用代入排除法快速解题。
第二步	由信息①可知，每个人手里花的颜色与自己的姓不同，那么可排除 B、E。
第三步	由信息②可知，如果小白把手中的花与小黄交换，那么小白将获得小黄的白花，矛盾，排除 C；如果小白把手中的花与小蓝交换，那么小白将获得小蓝的白花，矛盾，排除 D；因此答案选 A。

逻辑模拟试卷（十四）答案与解析

25. 答案 E

解题步骤	
第一步	整理二者的推理。 赵亮：一个国家的经济要发展，人民富裕（P）→社会稳定（Q）。 王宜：你的断定不成立。老挝稳定（Q）但贫穷（¬P）。
第二步	分析二者的推理。P→Q的矛盾应该是P∧¬Q，此时王宜犯了"混淆充分必要条件"，把P→Q误认为是Q→P，也就说王宜事实上反驳的是"稳定→富裕"。
第三步	E选项恰好指出其反驳的漏洞。A选项指出王宜的反驳是充分的，显然是错误的；B选项适用于题干犯了"以偏概全"的谬误；C选项适用于题干犯了"因果倒置"的谬误；D选项适用于题干犯了"论据不足"的谬误。考生可复习《逻辑精点》基础篇知识点30 "常见逻辑谬误"相关内容。

26. 答案 E

题干信息	根据"P，除非Q=¬P→Q=¬Q→P"可将租赁合同规定转化为：承租人不须赔偿→坏损是在承租人入住前已经存在∨此种坏损的出现是承租人不可控制的。	
选项	解释	结果
A	没有证据证明是承租人过失造成的不等于承租人不可控制。	淘汰
B	承租人"声称不可控制"，未必事实上就不可控制。	淘汰
C	选项行为可控制。	淘汰
D	选项行为可控制。	淘汰
E	"突然停电"造成的坏损属于承租人不可控制的。	正确

27. 答案 D

解题步骤	
第一步	根据"如果A，那么B，否则C=A∧¬B→C"，可将题干信息转化为：有信仰、信念、信心∧没有愈挫愈奋、愈战愈勇（P）→会不战自败（Q）。
第二步	"不可能真"就是寻找矛盾，即P∧¬Q，也就是：有信仰、信念、信心∧没有愈挫愈奋、愈战愈勇∧不会不战自败。观察选项可得，答案选D。

28. 答案 D

题干信息	根据结论中的核心词"有助于"确定本题属于"因果关系型"题目。 因：放松体操和机能反馈疗法→果：治疗头痛	
选项	解释	结果
A	选项指出存在他因，是由于治疗有效的暗示缓解了头痛。	淘汰
B	选项指出存在他因，是由于参加者有意迎合。	淘汰

163

（续）

选项	解释	结果
C	选项指出存在他因，是由于压力减轻缓解了头痛。	淘汰
D	选项不能削弱，这二者人数是否相等与结论无关。	正确
E	选项指出存在他因，是由于工作时间的减少缓解了头痛。	淘汰

29. 答案 E

30. 答案 D

	解题步骤
第一步	明确维度和组度。两类事物：5个人、4种物品。
第二步	根据（2）可知赵甲穿了橙袜子，没有戴黄帽子；据（3）可知李丁穿了红外套；据（5）可知，因为赵甲没戴黄帽子，所以周武没穿红外套；据（6）（2）可知，赵甲、李丁和周武穿了橙袜子，钱乙没穿橙袜子；将信息列示在表格中，如下： 		赵甲2	钱乙1	孙丙2	李丁3	周武2
---	---	---	---	---	---
黄帽子	×				
橙袜子	√	×		√	√
红外套				√	×
紫裤子						
第三步	据（7）和（4）可知，孙丙与周武、钱乙之间都没有共同装备，因此有相同穿戴的4人中一定不包括孙丙。依据上表已列情况，可知4人相同的穿戴只能是紫裤子。由于周武穿橙袜子，再根据信息（4）可知孙丙不穿橙袜子，不穿紫裤子，将表格补充如下： 29题 		赵甲2	钱乙1	孙丙2	李丁3	周武2
---	---	---	---	---	---
黄帽子	×	×	√	×	×
橙袜子	√	×	×	√	√
红外套	×	×	√	√	×
紫裤子	√	√	×	√	√ | 答案选 E。 若孙丙只穿戴了其中一件，则不能确定是黄帽子还是红外套。 30题 |	赵甲2	钱乙1	孙丙2	李丁3	周武2
---	---	---	---	---	---
黄帽子	×	×		×	×
橙袜子	√	×	×	√	√
红外套	×	×		√	×
紫裤子	√	√	×	√	√	 排除 A、C、E，B 错误，答案为 D。

逻辑模拟试卷（十五）答案与解析

序号	答案	知识点与考点	序号	答案	知识点与考点
1	A	论证逻辑—解释	16	D	论证逻辑—推结论
2	A	形式逻辑—直言判定	17	C	分析推理—真话假话
3	C	分析推理—数据分析	18	B	形式逻辑—结构相似
4	A	论证逻辑—削弱	19	A	分析推理—分组
5	C	分析推理—排序	20	D	分析推理—分组
6	C	分析推理—分组	21	B	形式逻辑—假言判断
7	C	论证逻辑—假设	22	C	论证逻辑—逻辑漏洞
8	A	论证逻辑—支持	23	C	分析推理—对应
9	D	分析推理—分组	24	B	论证逻辑—支持
10	C	分析推理—分组	25	C	分析推理—排序
11	A	论证逻辑—削弱	26	C	形式逻辑—假言判断
12	A	论证逻辑—削弱	27	D	论证逻辑—削弱
13	D	分析推理—数据分析	28	D	形式逻辑—假言判断
14	C	形式逻辑—假言判断	29	A	分析推理—对应
15	E	形式逻辑—假言判断	30	D	分析推理—对应

1. 答案 A

题干信息	化石记录显示生物以一种确定的方式灭绝，很多种群同时消失。	
选项	解释	结果
A	选项认为很多种群同时消失是由于环境变化，注意关键词"影响很多种群""范围很广"。因此选项能解释。	正确
B	选项不能解释，影响的是独一无二的有机体，消失的应该是某一种生物，而不是很多种群。	淘汰
C	选项只能说明一些种群的消失，却不能解释"同时"消失。	淘汰
D	选项不能解释，注意题干是化石记录的方式，而不是没有化石记录。	淘汰
E	"广泛分布"主要是指生物生存的范围，与题干强调的"种群数量"无关。	淘汰

2. 答案 A

题干信息	前提：有的温文尔雅且有慈悲心怀的男人⇒有从政心态的 结论：有从政心态的男人→好男人

(续)

	解题步骤
第一步	前提"有的",结论"所有",显然无法补充前提保证论证成立,此时最强的削弱便是质疑结论,即寻找结论的矛盾"有的有从政心态的男人⇒不是好男人",便最能削弱。
第二步	此时题干论证转化为了补前提,即: 前　提　有的温文尔雅且有慈悲心怀的男人⇒有从政心态的=有的有从政心态的男人⇒温文尔雅且有慈悲心怀的男人 补前提　温文尔雅且有慈悲心怀的男人→不是好男人(答案A) 结　论　有的有从政心态的男人⇒不是好男人 提　示　此时重复的项"有从政心态的男人"左对齐,直接补"上→下"即可。考生可复习《逻辑精点》强化篇第17页"补前提"常见模型。

3. 答案 C

题干信息	① A 说他手里的两数相加为 10。 ② B 说他手里的两数相减为 1。 ③ C 说他手里的两数之积为 24;可判断为 3 和 8 或 4 和 6。 ④ D 说他手里的两数之商为 3;可判断为 1 和 3;3 和 9 或 2 和 6。

	解题步骤
第一步	使用假设法,假设 D 手中有 3 (3 是 D 手中数字出现最多的,故优先假设),那么 C 只能 4、6;那么 A 不可能有 3、7;4、6,因为 D 两个备选组合中要么有 1,要么有 9;所以 A 也不能有 1、9,因此 A 只能有 2 和 8;那么 B 只能从 1、5、7、9 中选择两个,但根据②可知,没有符合的选项,因此假设不成立。可知 D 手里的牌是 2 和 6。
第二步	由 D 有 2 和 6 可知 C 有 3 和 8,那么满足条件①的只有 1 和 9,根据②可知 B 手里有 4 和 5,因此剩下的那张牌是 7,正确答案为 C 项。考生也可尝试从 C 手中牌入手进行假设,多角度练习,可快速解决此类题目。

4. 答案 A

题干信息	根据结构词"导致"可知本题属于因果关系类型题目。 各种偷盗报告普遍地减少(因)。→警察对市民责任心没有减少(果)。

选项	解释	结果
A	因果倒置,是因为不相信警察的责任心导致不愿报告偷盗事故,而并非是题干中的偷盗事故减少证明警察的责任心,削弱力度最强。	正确
B	支持题干的"因",不能削弱。	淘汰
C	用其他城市的数据对该市情况进行削弱,力度较弱。	淘汰
D	重组节省资金的多少与本题论证无关。考生可再看一下论证关系。	淘汰
E	重组之前的4年偷盗报告的数目节节上升,与重组之后的数据相比说明警察重组有作用,部分支持了市长的论述。	淘汰

逻辑模拟试卷（十五）答案与解析

5. 答案 C

题干信息	1~7 进行排序：①土在第三位。②水在土的后面。③水在奇数的位置。④日、月、火三个相邻。
解题步骤	
第一步	根据①④可知土在第三位，日、月、火三个相邻，可能的位置有 4、5、6 和 5、6、7 两种可能。可知 5 一定会被日、月、火中的某一个占据。
第二步	根据②③可知水在 3 的后面且为奇数位，可能的选择是 5 和 7，但 5 已经被日、月、火中的某一个占据，所以水一定在第七位。
结果	金、木在 1、2 的位置（但两者前后不确定），土=3，日、月、火在 4、5、6（前后不确定），水=7。答案选 C。

6. 答案 C

题干信息	①丙去∨丁去　　　　　　　　　②丁去→乙去 ③甲、丙、己三人只有一人不去　④甲不去→乙去 ⑤己去∨丁去
解题步骤	
第一步	观察题干，本题属于没有确定信息分组题，可以通过重复项假设的思路解题。
第二步	观察题干信息，丁的重复次数最多，可假设丁的情况。 假设丁去，代入条件①②可得：乙去∧丙不去。将丙不去代入条件③可得：甲去∧己去。整理可得：⑥丁去→甲去∧乙去∧己去。
第三步	假设丁不去，代入条件①⑤可得：丙去∧己去。将其代入条件③可得：甲不去。将甲不去代入条件④可得：乙去。整理可得：丁不去→丙去∧己去∧乙去。
第四步	联合前两步的结论可得：己去∧乙去。比对选项，选项 C 为正确答案。

7. 答案 C

解题步骤	
第一步	整理题干论证。前提：汤姆逊教授培养了许多物理学家。→结论：创造性研究所需要的技巧是能够教授和学习的。
第二步	分析题干论证。要想保证创造性研究是后天教授和学习的，就得保证：①不能是先天的；②在汤姆逊教授教他们之前，他们不具备创造性研究的能力。故答案选 C。

8. 答案 A

题干信息	支持逐步延长退休年龄的主张，最直接方法是支持"减轻人口老龄化带来的社会保障压力"。另外，还可以反驳反对者的意见，即：延长退休年龄→对青年就业带来负面影响。本题的选项设计，显然是从后者出发。

（续）

选项	解释	结果
A	反对者认为，未来实施延长退休意味着本该退休的人抢了青年的就业机会。但实际上，现在退休人员，仍然找到第二职业，说明即便没有延长退休政策，依旧对青年就业有影响，即是否延长退休年龄与青年的就业无关，反驳了反对者的观点。	正确
B	选项与题干论证无关，不涉及反对延长退休的观点。	淘汰
C	选项干扰性较大，考生注意，青年就业问题的解决措施与青年就业受何影响无关。前者有关"怎么办"，后者有关"为什么"。即用什么方法解决"青年人就业问题"，不能确认"延长退休"与"青年人就业问题"的关系。	淘汰
D	选项强调老龄化问题尖锐，但未指明"是否带来保障压力"，也无法判断"延长退休"策略能否解决这一问题。考生应当优先考虑最能指向或判断论证结论的选项。	淘汰
E	就业观念对于青年就业有负面影响，但不能判断延迟退休对于青年就业是否有影响。	淘汰

9. 答案 D

10. 答案 C

题干信息	①去江苏→去安徽∨去浙江。　　②去湖南→去湖北。 ③去湖南∨去湖北。　　　　　　④去湖北→去江西∨去福建 ⑤去江西→不去安徽。
解题步骤		
9题	题干没给确定的信息，故优先考虑从重复的信息"湖南"和"湖北"出发。通过题干信息②③可以推出，钱多多每个月都去湖北。（每个月只会发生他去湖南、不去湖南两种情况。如果去湖南，联合信息②可知一定去湖北；如果不去湖南，联合信息③相容选言判断，否定必肯定，也会去湖北）联合信息④可知，钱多多本月会去江西或福建。故9题选项D一定为假。
10题	题干给出了附加条件：钱多多本月没有去福建。结合上一步的结论：钱多多本月会去江西或福建。进而可得：钱多多一定去了江西。再联合信息⑤可知，钱多多本月没有去安徽。因此，10题选项C正确。

11. 答案 A

题干信息	整理题干论证。前提：填埋垃圾中塑料垃圾的比例没有减少，反而增加。→结论：塑料替代品的努力无效。 题干结论依赖的前提是非常关键的"比例"，因此考生注意，一旦试题涉及比例，就需要找出分子和分母，这样就能快速判断出选项。本题中的分子是：每年填埋的塑料垃圾的数量，分母是：每年填埋的垃圾总数量。比例变大有可能是分子变大或者分母变小。

选项	解释	结果
A	选项说明是分母变小，被填埋的塑料垃圾回收利用即每年填埋的垃圾总量是变小的，指出了塑料垃圾比例变大的另一个原因，存在他因，很好地削弱了题干。	正确
B	选项加强了论证，部分说明塑料替代品没有成效的原因。	淘汰

168

逻辑模拟试卷（十五）答案与解析

(续)

选项	解释	结果
C	削弱了题干论证，塑料代用品有一定成效，但力度较弱。考生注意，削弱一般不选含有"部分""有的"等选项。	淘汰
D	与题干论证无关。	淘汰
E	与题干论证无关。	淘汰

12. 答案 A

题干信息	根据"造成"确定题干为因果关系： 来自境外的投资性行为（因）→北京房价的暴涨（果）		
选项	解释		结果
A	选项直接说明有因无果，割裂题干的因果关系，说明境外投资需求与北京房价暴涨无关，削弱力度最强。考生注意，选项构造了类比，而且针对"关系"，力度最强。		正确
B	该项想用需求来削弱题干观点，但对住房有刚性需求，可以靠租房来解决，并不一定会买房，因此该项削弱力度很弱。		淘汰
C	首先，"可以"这样实现，但人们并不一定非得选择这样的方式来实现，也就是说不一定是需求导致房价上涨；其次，"高端商品房"的情况并不能说明整体楼市的情况。		淘汰
D	"也"表明它并没有否认境外投资对北京房价暴涨的作用，削弱力度较弱。		淘汰
E	与题干论证无关，属无关选项。		淘汰

13. 答案 D

题干信息	国家	胜	负	进球数	失球数
	韩国	2	0	6	2
	中国	0	2	2	6
	日本	1	1	4	4

	解题步骤
第一步	这种类型的分析推理题目若从题干信息往下推结论难度较大，选项的设置使题目变得容易，所以我们可以直接从选项入手，即分别假设每个选项是正确的然后代入题干信息看是否有不符合之处，若有说明假设不成立。
第二步	本题中假设 A 选项正确可以发现韩国队进球数不符合，排除；假设 B 选项正确可以发现日本队进球数不对，排除；假设 C 选项正确可以发现日本进球数不对，排除；假设 D 选项正确没有发现矛盾；假设 E 选项正确可以发现有平局，排除；所以正确答案为 D。

14. 答案 C

余涌观点	根据"如果A,那么B,除非C=A∧¬C→B"的公式,题干推理为:汽车数量多(M)∧道路面积少(N)→交通一定拥堵(Q)。	
选项	解释	结果
A	¬M∧¬N→Q,真假不确定。	淘汰
B	¬Q→¬M∧¬N,真假不确定。	淘汰
C	¬Q→¬M∨¬N,和余涌观点等价,一定真。	正确
D	Q→M∧N,真假不确定。	淘汰
E	Q→M∨N,真假不确定。	淘汰

15. 答案 E

方宁观点	世界上汽车数量和道路面积之比高于北京的城市不在少数,在这些城市中,大多数交通拥堵情况好于北京。	
选项	解释	结果
Ⅰ、Ⅱ	"汽车数量和道路面积之比"是一个相对量,它的高低推不出汽车数量的多少或道路面积大小,很可能存在虽然比值大,但汽车数量和道路面积都小的情况。做这类题时,紧抓一个原则:相对量和绝对量之间不能相互推导。	真假不确定
Ⅲ	这些城市中的大多数≠世界大多数,注意"这些城市≠世界",因此选项可能为真。	真假不确定

16. 答案 D

题干信息	①趋同性使得不同种类的生物具有一个或多个相似的特征。 ②鱼龙的外部特征与鱼趋于一致来适应环境。	
选项	解释	结果
A	题干论证的是不同种类的生物,而不是同种生物。	淘汰
B	题干论述的是"趋同性",而非"趋异性"。	淘汰
C	选项太绝对,趋同性是适应环境的结果,未必是唯一的结果。	淘汰
D	符合题干信息①,不同的生物由于趋同性,可能具有相似的外部特征。	正确
E	选项太绝对,题干只强调趋同性,没涉及"是否一定有差异"。	淘汰

17. 答案 C

题干信息	①汤姆说:汤姆借2本,玛丽借1本,约翰借1本。②玛丽说:玛丽借了3本,汤姆借了1本,约翰借了0本。③约翰说:约翰借了2本,汤姆借了2本,玛丽借了0本。④汤姆说:玛丽说谎了。⑤玛丽说:约翰说谎了。⑥约翰说:汤姆和玛丽都说谎了。

逻辑模拟试卷（十五）答案与解析

（续）

	解题步骤
第一步	由于前后说话的真假性相同，则优先考虑后面说话的真假，可采用假设法。
第二步	假设汤姆的话④为真，则玛丽说谎了，可以推出⑤为假，即约翰说真话，即⑥为真，这与汤姆说真话矛盾。因此汤姆一定说假话。
第三步	如果汤姆说假话，可知玛丽没说谎，因此玛丽说的话为真，即玛丽借了3本，汤姆借了1本，约翰借了0本，因此答案选C。

18. 答案 B

题干信息	题干推理：所有A都是B，大多数的B是C，因此可得大多数的A是C。	
选项	解释	结果
A	选项推理：所有A都是B，大多数A不是C，因此大多数B不是C。与题干推理不一致。	淘汰
B	选项推理：所有A都是B，大多数B都是C，因此可得大多数A是C。与题干推理一致。	正确
C	选项句子个数明显少一句，与题干不一致。	淘汰
D	选项句子个数明显少一句，与题干不一致。	淘汰
E	选项推理：所有A都是B，大多数的A是C，因此可得大多数的B是C。与题干推理不一致。	淘汰

19. 答案 A

20. 答案 D

题干信息	① P党：两男两女。Q党：两男一女。R党：一男一女。 ② 至少要选出三名女性为委员会委员。 ③ 任何一个党派当选的委员会委员不能多于三人。
	解题步骤
19题	根据②可知，Q、R党一共才有两名女性，因此P党至少要有一名女性入选，本题已假设P党选出了两名男性作为成员，因此P党至少有三名成员入选，又根据③可知，P党可确定有两男一女入选并且为了满足②，因此最终入选名单中，女性有3名，男性有4名（7名减去3名），因此答案选A。
20题	如果当选委员中Q党成员比P党多，则根据题干信息（七人当选）可推出只能是Q党三人入选，R党两人入选，P党两人入选。根据R、Q两党的男女比例以及条件②可知，P党入选的两人可能是一男一女也可能是两女，所以"所有女性候选人都当选为委员会委员"是可以为真的。因此选D。

· 171 ·

21. 答案 B

题干信息	①爱人者→人恒爱之 ②敬人者→人恒敬之	
选项	解释	结果
A	选项=爱人者→人恒爱，和题干信息①表达一致。	淘汰
B	选项=不爱人→非恒爱，否定了题干信息①的前位，什么也推不出，该选项和题干推理不一致。	**正确**
C	选项=爱人者→人恒爱，和题干信息①表达一致。	淘汰
D	选项=非恒敬→不敬人，否定题干信息②的后位，根据逆否原则，否后可以推出否前，选项和题干信息表达一致。	淘汰
E	选项=非恒敬→不敬人，否定题干信息②的后位，根据逆否原则，否后可以推出否前，选项和题干信息表达一致。	淘汰

22. 答案 C

	解题步骤
第一步	前提：①李明像绝大多数资深的逻辑学教师一样，熟悉哥德尔的完全性定理和不完全性定理；②绝大多数不是资深的逻辑学教师的人并不熟悉这些定理。→结论：李明极有可能是一位资深的逻辑学教师。
第二步	为更好指出漏洞，特作图说明： （资深的逻辑学教师／不资深的逻辑学教师／熟悉哥德尔定理／李明 示意图） 题干从李明像大多数资深的逻辑学教师一样"熟悉定理（看作P）"，得出李明是资深的逻辑学教师（看作Q），由图可知，显然漏洞是存在有的熟悉定理的不是资深的逻辑学教师，因此答案选C。

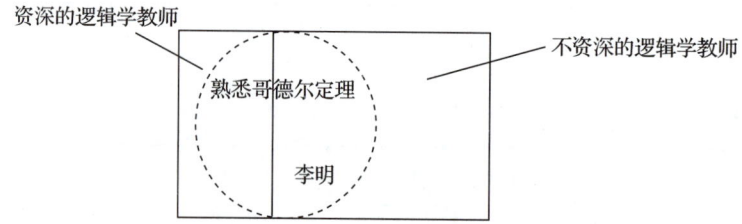

23. 答案 C

	解题步骤
第一步	根据题干信息"未结婚前，诸葛、欧阳、李曾住同一个宿舍"可知，这三个人的性别相同，由此排除 A。
第二步	根据题干信息：王和其爱人外出度假时，赵、李、欧阳的爱人曾到机场送行，可知王、赵、李、欧阳任意两人都不能是夫妻，由此排除 B、D、E。答案选 C。

逻辑模拟试卷（十五）答案与解析

24. 答案 B

	解题步骤
第一步	整理题干论证。前提：司法公正的根本原则是"<u>不放过一个坏人</u>（否定性误判率），<u>不冤枉一个好人</u>（肯定性误判率）"。结论：衡量一个法院在办案中是否对司法公正的原则贯彻得足够好，就看它的<u>肯定性误判率</u>是否足够低。
第二步	分析题干论证。考生注意，司法的判决有四种：①事实上有罪被判定为有罪；②事实上有罪被判为无罪（否定性误判）；③事实上无罪被判定为无罪；④事实上无罪被判定为有罪（肯定性误判）。这四种情况，①和③都符合司法公正的原则，那么要保证题干只以肯定性误判来衡量司法公正，必须假设否定性误判率相同，因此答案选 B。考生可结合本题更好地思考和理解"共变法"的运用，不熟悉的考生可复习《逻辑精点》基础篇相关内容。

25. 答案 C

题干信息	①儿童书籍的书架有 1 个。 ②放置科技书籍的书架有 2 个，并且连号排列。 ③放置历史书籍的书架有 3 个，并且不与放置儿童书籍的书架连号排列。 ④文学书籍的书架有 4 个，并且不与放置科技书籍的书架连号排列。 ⑤第 1、3、10 号书架放置历史书籍，4 号书架放置科技书籍。

	解题步骤
第一步	梳理题干信息，从确定的信息⑤入手，可以得出下表： | 1	2	3	4	5	6	7	8	9	10
---	---	---	---	---	---	---	---	---	---
历史		历史	科技						历史	
第二步	结合信息②，科技书籍连号排列，所以 5 也是放置科技书籍；结合信息④，文学书籍有 4 架，并且不能和科技书籍连号排列，所以文学书籍一定在 2、7、8、9。6 号是儿童书籍。 | 1	2	3	4	5	6	7	8	9	10
---	---	---	---	---	---	---	---	---	---
历史	文学	历史	科技	科技	儿童	文学	文学	文学	历史	 正确答案选 C。

26. 答案 C

	解题步骤
第一步	题干属于假言推理，根据"必要前提"和"重要保障"可判定为 Q 位。此时题干信息可转化为：经济能够得到可持续发展∧人类文明得以延续（P）→保证生态环境∧确保人与自然的和谐（Q）。
第二步	削弱上述观点直接寻找矛盾"P∧¬Q"即可。C 项恰好符合矛盾的结构，故答案选 C。

· 173 ·

27. 答案 D

题干信息	因：解决空气污染的不利条件，其中，①机动车辆增加，②全球石油价格上升。 果：H 市很难摆脱空气污染。	
选项	解释	结果
A	选项说明 H 市采取了积极有利于解决空气污染的措施，有可能摆脱空气污染，虽然力度弱，但也是削弱。	淘汰
B	新增加的是电车、燃气车和地铁，说明不是由于机动车增加导致的空气污染，削弱。	淘汰
C	选项指出有因无果，即石油涨价使得增加低油耗的小型车，有利于解决空气污染，削弱。	淘汰
D	选项直接支持题干因果关系，即石油涨价使得 H 市很难摆脱空气污染。	正确
E	选项指出有因无果，即石油涨价使得人们缩减驾车旅游计划，有利于解决空气污染，削弱。	淘汰

28. 答案 D

	解题步骤
第一步	分析题干信息： ① A 地有旅馆→有 A 地∧有 B 地 ② C 花园有旅馆→有 C 花园∧(有 A 地∨有 B 地)（注："两者之一"需转化为"要么……要么……"） ③ 有 B 地→有 C 花园
第二步	条件①＝"无 A 地∨无 B 地→A 地无旅馆"，由题干条件该玩家不拥有 B 地，可推出该玩家在 A 地不拥有旅馆。
第三步	由③无法推知该玩家是否拥有 C 花园(题干条件"不拥有 B 地"，相当于¬P，而¬P→?)，也无法由其他条件推知是否拥有 A 地，故正确答案为 D。

29. 答案 A

30. 答案 D

题干信息	①甲护理 1、2 号两间病房，不护理其他病房； ②乙和丙都不护理 6 号病房； ③丁护理 6 号病房→乙护理 3 号病房； ④丙护理 4 号病房→乙护理 6 号病房； ⑤戊只护理 7 号病房。 特别注意：每间病房只由一位护士来护理，每位护士至少护理一间病房。

(续)

	解释
29题	本题是一一对应中的较为复杂的情况。还是用画表格的方式来做。 根据题干已知信息填下面表格：（每间病房对应一位护士，每位护士至少对应一间病房） 		1	2	3	4	5	6	7
---	---	---	---	---	---	---	---
甲	√	√	×	×	×	×	×
乙	×	×				×	×
丙	×	×				×	×
丁	×	×				√	×
戊	×	×	×	×	×	×	√ | 根据上表得出丁护理 6 号病房，所以根据④可得丙不护理 4 号病房；根据③可得乙护理 3 号病房，进而补充表格信息如下（见带色符号）： |	1	2	3	4	5	6	7
---	---	---	---	---	---	---	---
甲	√	√	×	×	×	×	×
乙	×	×	√		×	×	×
丙	×	×	×	×	√	×	×
丁	×	×	×		×	√	×
戊	×	×	×	×	×	×	√	 因此 29 题答案选 A。
30题	本题新增附加条件"若丁只护理一间病房"，说明丁只护理 6 号病房，将新信息代入上一题所得表格，可得：（每间病房对应一位护士，每位护士至少对应一间病房） 		1	2	3	4	5	6	7
---	---	---	---	---	---	---	---
甲	√	√	×	×	×	×	×
乙	×	×	√	√	×	×	×
丙	×	×	×	×	√	×	×
丁	×	×	×	×	×	√	×
戊	×	×	×	×	×	×	√	 因此 30 题答案选 D。

逻辑模拟试卷（十六）答案与解析

序号	答案	知识点与考点	序号	答案	知识点与考点
1	D	形式逻辑—假言判断	16	C	形式逻辑—假言判断
2	B	论证逻辑—假设	17	C	论证逻辑—削弱
3	C	分析推理—对应	18	B	论证逻辑—解释
4	C	论证逻辑—削弱	19	C	形式逻辑—关系判断
5	A	形式逻辑—结构相似	20	E	形式逻辑—关系判断
6	E	论证逻辑—假设	21	B	论证逻辑—假设
7	B	论证逻辑—削弱	22	A	论证逻辑—定义
8	E	形式逻辑—直言判断	23	A	分析推理—数据分析
9	E	形式逻辑—假言判断	24	C	论证逻辑—对话焦点
10	A	形式逻辑—假言判断	25	E	分析推理—排序
11	E	论证逻辑—逻辑漏洞	26	E	形式逻辑—结构相似
12	B	形式逻辑—假言判断	27	C	论证逻辑—削弱
13	B	分析推理—真话假话	28	B	形式逻辑—假言判断
14	C	论证逻辑—支持	29	B	分析推理—对应
15	E	分析推理—真话假话	30	B	分析推理—对应

1. 答案 D

题干信息	发展中国家向发达国家前进（P1）→大量资金（Q1/P2）→高储蓄率（Q2）		
选项	解释		结果
A	选项肯定 Q1 推出肯定 P1，可能为真。		淘汰
B	选项肯定 Q2 推出肯定 P2，可能为真。		淘汰
C	选项否定 P2 推出否定 Q2，可能为真。		淘汰
D	（P1∧¬Q2）为题干的矛盾命题，该项是"不可能（P1∧¬Q2）" = ¬P1∨Q2，与题干等价，一定为真。		正确
E	不可能（¬P1∧Q2）= P1∨¬Q2，可能为真。		淘汰

2. 答案 B

| 题干信息 | 前提差异：用奥妙牌洗衣粉洗的衣服比用普通洗衣粉洗得干净。
结果差异：奥妙牌洗衣粉比普通洗衣粉的去污力更强。 |

· 176 ·

逻辑模拟试卷（十六）答案与解析

（续）

选项	解释	结果
A	选项不必假设，题干只涉及5岁双胞胎之间进行比较。	淘汰
B	选项必须假设，保证前提差异确实存在。如果普通洗衣粉比奥妙洗衣粉洗的衣服更脏，那么可能是衣服本身干净程度的差异导致清洗后干净的程度的差异，与去污能力无关。	正确
C	选项不必假设，不涉及普通洗衣粉和奥妙牌洗衣粉去污能力的比较。	淘汰
D	选项过度假设，不必保证比任何其他的洗衣粉洗得更干净，只需要保证比普通洗衣粉洗得干净就行。	淘汰
E	选项与题干论证无关。	淘汰

3. 答案 C

题干信息	四位导师汪、那、庚、周和各自的学员张、王、李、赵（顺序分别对应），在等级核定环节，汪、那、庚、周四位导师分别给各自的学员评级为 A、B、C、D，并且已知只有 A、B、C、D 四个等级，且每个导师给四个学员的等级各不相同，每位学员获得的四位导师的评级也各不相同。已知以下信息： （1）汪导师给那导师学员的评级和那导师给庚导师学员的评级一样，标为1。 （2）汪导师给周导师学员的评级和那导师给汪导师学员的评级一样，标为2。

	解题步骤
第一步	画表格如下： |	张	王	李	赵
---	---	---	---	---
汪	A	1		2
那	2	B	1	
庚			C	
周				D	
第二步	观察可知位置1不是A、不是B、不是C，故位置1是D。
第三步	观察可知位置2不是A、不是B、不是D，故位置2是C。
第四步	将表格按照要求进一步补充完整如下： |	张	王	李	赵
---	---	---	---	---
汪	A	D	B	C
那	C	B	D	A
庚	D	A	C	B
周	B	C	A	D	 对比选项可知答案为 C。

4. 答案 C

题干信息	前提：受烟熏是房屋火灾最通常的致命因素。 结论：安装声音感应报警器来替代烟雾探测器将会减少由火灾造成的死亡。

177

(续)

选项	解释	结果
A	选项不涉及火灾时是否能够逃亡，不能削弱。	淘汰
B	选项支持，说明声音报警器对于提示火灾有积极作用。	淘汰
C	选项直接说明，许多时候，声音报警器无法完全替代烟雾探测器，削弱。	正确
D	选项不涉及火灾时是否能够逃亡。	淘汰
E	选项不涉及是否可替代。	淘汰

5. 答案 A

题干信息	题干推理模式，X 与 Y 成正比，Y 的数值比去年高，因此 X 的数值也比去年高。

选项	解释	结果
A	选项推理模式，X 与 Y 成正比，Y 的数值比去年高，因此 X 的数值也比去年高。与题干推理一致。	正确
B	选项推理模式，X 与 Y 成正比，Y 的数值不变，因此 X 的数值也比去年高。与题干推理不一致。	淘汰
C	选项推理模式，X 与 Y 成正比，如果要 X 变大，则 Y 也要变大。与题干推理不一致。	淘汰
D	选项推理模式，X 与 Y 成正比，后面不涉及 X 和 Y 的关系，不一致。	淘汰
E	选项推理模式，X 与 Y 和 Z 成正比，因此 X 与 Y 成正比，与题干不一致。	淘汰

6. 答案 E

	解题步骤
第一步	整理题干论证。前提差异：高级经理更多使用直觉决策（相对中低级经理）。→结果差异：直觉更有效。
第二步	假设需建立前提差异和结果差异的关系，即搭桥的思路，需建立经理级别和决策优劣的关系。
第三步	分析选项。E 选项直接指出了题干隐含的假设：高级经理做的决策比低级和中级经理的决策更加有效。其他选项均不涉及差异。

7. 答案 B

题干信息	方法：论文尽早（6 周前）发表。目的：这 6 周内许多这类患者将可以避免患病。

选项	解释	结果
A	削弱题干的背景信息，力度较弱。	淘汰
B	选项直接说明方法不可行，药物产生免疫抑制作用时间（2 个月）大于发表间隔时间，所以虽然间隔了 6 周，也不会减少这 6 周内患者数量。	正确

逻辑模拟试卷（十六）答案与解析

（续）

选项	解释	结果
C	削弱题干的背景信息，力度较弱。	淘汰
D	杂志本身是否权威与杂志发表的论文是否权威无关，因此削弱力度较弱。	淘汰
E	"消化系统不适"与题干"防止患病的目的"无关。	淘汰

8. 答案 E

题干信息	①贷款买房的工薪阶层→毕业三年的本科毕业生。 ②有些未婚女青年⇒买了具有升值空间的学区房。 ③买了具有升值空间的学区房→有长远的规划。 结论：毕业三年的本科毕业生→没有长远的规划。
解题步骤	
第一步	削弱结论"毕业三年的本科毕业生都没有长远的规划"，即通过前提得出其矛盾：④有的毕业三年的本科毕业生⇒有长远的规划。这便是最强的质疑。
第二步	前提：有些未婚女青年⇒有长远的规划＝有的有长远的规划⇒未婚女青年（联合②和③） 补前提：⑤未婚女青年→毕业三年的本科毕业生。 结论：④有的毕业三年的本科毕业生⇒有长远的规划＝有的有长远的规划⇒毕业三年的本科毕业生。
第三步	前提：①贷款买房的工薪阶层→毕业三年的本科毕业生。 补前提：⑥未婚女青年→贷款买房的工薪阶层。（E选项） 结论：⑤未婚女青年→毕业三年的本科毕业生。

9. 答案 E

题干信息	①利润没达到历史最好水平→航运不盈利∨环保不盈利。 ②环保不盈利∨汽车不盈利→利润历史最差水平。 ③农业不盈利∧旅游不盈利→环保不盈利。 ④农业不盈利→旅游不盈利。 ⑤利润不是历史最差。
第一步	将确定信息⑤"利润不是历史最差"代入条件②中可得"环保盈利∧汽车盈利"，将其代入到条件③中可得：⑥"农业盈利∨旅游盈利"。
第二步	新得出的确定信息⑥等价于：农业不盈利→旅游盈利。结合条件④，根据两难推理可得："农业盈利"一定真。答案选 E。

10. 答案 A

题干信息	①利润没达到历史最好水平→航运不盈利∨环保不盈利。 ②环保不盈利∨汽车不盈利→利润历史最差水平。 ③农业不盈利∧旅游不盈利→环保不盈利。 ④农业不盈利→旅游不盈利。 ⑤利润不是历史最差∧不是历史最好。

· 179 ·

(续)

	解题步骤
第一步	将确定信息⑤中的"利润不是历史最差"代入条件②中可得：⑥"环保盈利∧汽车盈利"。将确定信息⑤中的"利润不是历史最好"代入条件①中可得：⑦"航运不盈利∨环保不盈利"。
第二步	结合新得出的确定信息⑥⑦可知"航运不盈利"，答案选 A。

11. 答案 E

题干信息	前提：点前两个相比更贵的菜的人很多，点后一个相比更便宜的菜的人很少。 结论：顾客是由于不喜欢吃所以才不点土豆。	
选项	解释	结果
A	题干是从现象归纳原因，不涉及样本归纳，该项不正确。	淘汰
B	餐馆老板是根据客观点菜的数量这一客观事实得出结论，而并不是主观猜测。	淘汰
C	选项只能说明价格与顾客点菜的消费行为可能不呈现正相关，不能说明存在因果关系。	淘汰
D	题干没有犯"循环论证"的谬误。	淘汰
E	该项恰当指出了题干归纳原因的不当假设，即以"唯一原因"支撑论述。即，导致该现象（顾客不买第三种菜的账）的原因未必一定是顾客不爱吃，有可能是其他原因。	正确

12. 答案 B

题干信息	弄玉：我夫（P）→善笙人（M）∧能与我唱和者（N）= ¬P∨（M∧N）。	
选项	解释	结果
A	选项 = P→（¬M∧¬N），不符合假言判断的推理规则，故不符合弄玉的誓约。	淘汰
B	选项 = M∧¬N→¬P，否定 N 便是否定题干的 Q 位，可推出否定 P 位，故符合题干弄玉的誓约。	正确
C	选项 = M∧N→P，选项肯定 M 和 N 什么也推不出。	淘汰
D	选项 = ¬P→¬M∧¬N，否定 P 什么也推不出，不符合题干弄玉的誓约。	淘汰
E	选项 = ¬P→¬M∨¬N，否定 P 什么也推不出，不符合题干弄玉的誓约。	淘汰

13. 答案 B

	解题步骤
第一步	根据题干信息：①赵：赵 4 台、钱 3 台、孙 3 台。②钱：钱 2 台、赵 5 台、孙 3 台。③孙：孙 1 台、钱 6 台、赵 3 台。④赵：钱说假话。⑤钱：孙说假话。⑥孙：赵说假话∧钱说假话。
第二步	首先根据④⑤⑥判断谁说真话或者谁说假话。若⑥为真，则根据④可知，钱说真话，与假设矛盾，因此⑥为假，即孙说假话，因此⑤为真，即钱说真话，所以根据条件②可得：赵、钱、孙捐赠的电脑台数为五、二、三。答案选 B。

逻辑模拟试卷（十六）答案与解析

14. 答案 C

题干信息	前提：精制糖不利健康。→结论：对甜食的热衷不再有益。	
选项	解释	结果
A	选项不能支持，不涉及精制糖和甜食。	淘汰
B	选项削弱题干论证，指出热衷于吃甜食会对身体有益。	淘汰
C	选项支持题干关系，指出精炼糖使得喜欢吃甜食不再有益于健康。	正确
D	"史前人类"，对象与题干不一致。	淘汰
E	选项不涉及甜食，不能支持。	淘汰

15. 答案 E

题干信息	①小雷：春兰—1号房间，夏荷—2号房间，秋菊—3号房间，冬梅—4号房间。 ②小刚：春兰—1号房间，夏荷—3号房间，秋菊—4号房间，冬梅—2号房间。 ③小赵：春兰—4号房间，夏荷—3号房间，秋菊—1号房间，冬梅—2号房间。 ④小芳：春兰—4号房间，夏荷—2号房间，秋菊—3号房间，冬梅—1号房间。
解题步骤	
第一步	由于小赵一个也没猜对，因此春兰一定不在4号房间。剩余可能性较多，采取逐一假设的方法。
第二步	由于小芳猜对了两个，那么假设小芳对的是夏荷—2号房间，秋菊—3号房间，那么可得，春兰—1号房间，冬梅—4号房间；此时小雷也猜对了两个，假设不成立。
第三步	假设小芳对的是夏荷—2号房间，冬梅—1号房间，那么可得，春兰—3号房间，秋菊—4号房间。此时四个人的回答可列表如下： | 人	春兰	夏荷	秋菊	冬梅
---	---	---	---	---
雷	1号（×）	2号（√）	3号（×）	4号（×）
刚	1号（×）	3号（×）	4号（√）	2号（×）
赵	4号（×）	3号（×）	1号（×）	2号（×）
芳	4号（×）	2号（√）	3号（×）	1号（√）	 完全符合题干，因此答案选 E。

16. 答案 C

解题步骤	
第一步	题干前提：中国队的女子双打能够进入半决赛∧混合双打失利（P）→男子单打无法夺冠∨女子单打无法夺冠（Q）。 题干结论：中国队的女子双打没有进入半决赛。
第二步	复合判断的补前提题目，可优先将题干"推"变"或"，如此便可快速观察出需要补什么前提。

(续)

	解题步骤
第三步	题干前提可转化为：中国队的女子双打没能够进入半决赛∨混合双打没失利∨男子单打无法夺冠∨女子单打无法夺冠。现在要得出结论，只需要根据选言判断"否定必肯定"的原则，由混合双打失利∧男子单打夺冠∧女子单打夺冠→中国队的女子双打没能够进入半决赛。故答案选 C。

17. 答案 C

题干信息	前提：服用晕船药的旅客比没有服用的旅客有更多的人表现出了晕船的症状。 结论：不服用晕船药会更好。	
选项	解释	结果
A	选项不涉及服用晕船药的情况，不能削弱。	淘汰
B	选项补充比例相同的条件，保证前提差存在，支持。	淘汰
C	选项指出不服用会更不好，直接削弱题干论证关系，考生注意抓题干中存在服用与不服用的效果之间的比较。	正确
D	"是否更愿意承认"表达的是主观上是否乐意，与客观上是否会晕船不可等同，因此削弱力度较弱。	淘汰
E	选项能说明服用晕船药不晕船，但却不涉及不服用晕船药的情况，没有比较，何来哪种更好？	淘汰

18. 答案 B

题干信息	锁定题目要求，解释房东的不情愿行为。 房东不情愿的行为：不愿意维持他们现有房地产的质量，甚至不愿意额外再建一些可供出租的房子。	
选项	解释	结果
A	解释房东的某些行为是否"情愿"，应从房东自身的利益出发，与房客是否"喜欢"无关。	淘汰
B	该项站在房东的角度，说明了在"租金管理"情况下，房东之所以"不情愿"那样做的原因是由于该行为无利可图。	正确
C	不涉及解释的对象"房东"，属无关选项，考生注意论证对象。	淘汰
D	该种政策如何产生以及如何解除，并没有直接解释房东行为。	淘汰
E	房客的喜好，对房东行为解释相关度较小。	淘汰

19. 答案 C

20. 答案 E

题干信息	①甲信任☐不信任丙；（☐表示传递关系） ②丁不信任丙； ③丙信任☐信任甲。

· 182 ·

逻辑模拟试卷（十六）答案与解析

（续）

		解题步骤
19题	第一步	问题附加条件"乙不信任丙"，此时乙在▢里，结合①可得，甲信任乙。
	第二步	同理，结合①和②可得，甲信任丁，因此答案选C。
20题	第一步	本题附加条件"丙不信任所有警察"，由于第三个条件还没用上，从丙出发，可优先考虑▢是否信任甲。
	第二步	故可做假设，若甲信任甲，则结合③可得，丙信任甲，与丙不信任所有警察矛盾，由此可知，甲不信任甲。
	第三步	同理可得，乙不信任甲∧丁不信任甲，恰好与选项 E（乙不信任甲→丁信任甲）矛盾，因此 E 一定为假。

21. 答案 B

	解题步骤
第一步	整理题干论证。前提：储户不关注故障率的高低。→结论：影响银行通过降低故障率来吸引储户的积极性。
第二步	分析题干论证。上述论证必须假设，储户有能力分辨出故障率，如果储户没有能力分辨银行的故障率，那么储户就不存在是否关注故障率了。
第三步	分析选项。C 选项干扰性较大，考生试想，题干仅仅是"通过降低故障率影响储户的积极性"，假设只需要保证故障率对于储户选择银行有影响即可，而不需要是"主要依据"，考生注意，假设的量度要与题干一致才是最优选项，可复习《逻辑精点》强化篇"假设"相关内容。A、D、E 显然与题干无关，答案选 B。

22. 答案 A

题干信息	红利：实际上是指一个国家或地区在特定发展阶段所具有的发展优势，以及利用这种发展优势所带来的好处。	
选项	解释	结果
A	题干论证对象为某个国家或地区，而 A 选项论证对象为企业，与题干不一致。	正确
B	乙国在"劳动年龄人口占比大"的特定阶段取得经济优势，并带来了高储蓄、高投资、高增长的局面，符合红利的定义。	淘汰
C	丙市在"改革"的特定阶段释放了发展潜力，并使经济较快发展，符合红利的定义。	淘汰
D	丁省利用"拥有的大量资源"，发展了经济，符合红利的定义。	淘汰
E	戊县在"政策的扶持下"引进企业入驻，摆脱了贫困县的帽子，符合红利的定义。	淘汰

23. 答案 A

题干信息	①十个男人七个傻，八个呆，九个坏，还有一个人人爱； ②"傻"∨"呆"∨"坏"（P）→不会人人爱（Q）。

解题步骤	
第一步	结合①和②可知，有一个人人爱，那么一定三个特征都不具备，即不傻∧不呆∧不坏。
第二步	由此可知，剩下的9个人，一定都满足坏，剩余的有8个满足呆，有1个不呆；7个满足傻，2个满足不傻；此时同时满足三个特点的一定至多7个人。而最特殊的情况，那就是这7个满足傻的人里恰好有一个不呆，那至少也应该有6个人同时满足三个特点，因此答案选A。

24. 答案 C

解题步骤	
第一步	整理二者论证。 张教授：前提：赤狼实际上是山狗与灰狼的杂交种，赤狼明显需要保护。→结论：条例应当修改，使其也保护杂种动物。 李研究员：前提：赤狼确实是山狗与灰狼的杂交种。→结论：赤狼不需要保护，不必修改条例。
第二步	分析二者论证。张教授的观点是应该保护杂种动物，那么李研究员不同意，李研究员的观点就是不应该保护杂种动物。此时论证所依赖的假设是所有的杂交动物都是由现有的纯种动物杂交获得，进而支持结论"不用保护杂交动物"。因此二者争论的焦点是是否应该保护杂交动物。答案选C。李研究员反驳的不是张教授的前提，因此不能选A和B（列举赤狼的例子也属于前提信息）。

25. 答案 E

题干信息	①甲队选手的排名都是偶数，乙队两名选手的排名相连，丙队选手的排名一个是奇数一个是偶数，丁队选手的排名都是奇数。 ②第一名是丁队选手，第八名是丙队选手。 ③乙队两名选手的排名在甲队两名选手之间，同时也在丙队两名选手之间。 ④获得第一名的选手将得10分，第二名得8分，第三名到第八名分别得6、5、4、3、2、1分，最后总分最高的队伍将获得冠军。

解题步骤	
第一步	通过题干信息①②可知，丙队的另一名选手排名可能是3、5、7中的1个；甲队的两名选手都是偶数，那么就只能是2、4、6中的2个。
第二步	由信息③"乙的两名选手排名在甲队两名选手之间，也在丙队两名选手之间"，说明乙队的两名选手最多排名第5，至少排名第4，进而可知，乙队的选手排名是：4、5。
第三步	联合信息①，甲队是偶数位排名，乙代表队前的甲队选手一定排名第2，乙代表队后的甲队选手是第6。进而可知第3就是丙，第7就是丁。可以知道总分从高到低是：丁>甲>乙>丙。选项E正确。 | 1	2	3	4	5	6	7	8
---	---	---	---	---	---	---	---
丁	甲	丙	乙	乙	甲	丁	丙
10分	8分	6分	5分	4分	3分	2分	1分	

逻辑模拟试卷（十六）答案与解析

26. 答案 E

题干信息	题干结构：¬A∨¬B∨C∨D，因为¬D∧A，所以，¬C→¬B。		
选项	解释		结果
A	选项=¬A∨¬B∨C∨D，因为D∧A，所以，B→¬C，与题干推理结构不一致。		淘汰
B	选项=¬A∨（B∧C）∨D，因为B∧C，所以，¬A→D，与题干推理结构不一致。		淘汰
C	选项=¬A∨¬B∨C∨D，因为¬D∧A，所以，¬C∨¬B，与题干推理结构不一致。		淘汰
D	选项=¬A∨B∨C，因为¬A，所以B→¬C，与题干推理结构不一致。		淘汰
E	选项=¬A∨¬B∨C∨D，因为¬D∧A，所以，C∨¬B，与题干推理结构一致。		正确

27. 答案 C

题干信息	前提：①非饱和脂肪酸含量高和饱和脂肪酸含量低的食物有利于预防心脏病；②鱼、牛和其他反刍动物含有丰富的非饱和脂肪酸。→结论：多食用牛肉和多食用鱼都可以有效预防心脏病。		
选项	解释		结果
A	尽管牛肉含量相对较少，但如果绝对数量仍然很多呢，仍然有可能有效预防心脏病，故选项削弱力度弱。		淘汰
B	选项与题干论证的"预防心脏病"无关。		淘汰
C	选项直接削弱结论，如果牛和其他反刍动物将大量的非饱和脂肪酸转化为饱和脂肪酸，那么此时的牛和其他反刍动物就属于饱和脂肪酸含量高的食物，进而没法有效预防心脏病。		正确
D	即便是更容易吸收，但倘若都能被人体吸收，此时就都能有效预防心脏病，故选项削弱力度弱。		淘汰
E	食用后患病的比例高是相对而言的，无法说明具体对于"预防心脏病"的作用。		淘汰

28. 答案 B

题干信息	①这个节日期间零售商店的销售额下降(P1)→人们对赠送奢侈品的态度发生了变化∨物价上涨到了大多数人难以承受的程度(Q1)。 ②送礼的态度发生了变化(P2)→这个节日期间零售商店的销售额会下降(Q2)。 ③物价上涨到了大多数人难以承受的程度(P3)→去年工资上升的步伐肯定没有跟上物价的上涨(Q3)。 ④去年工资的上升跟上了价格上涨的步伐。
解题步骤	
第一步	从确定为真的条件④，结合③可得：⑤"物价没有上涨到了大多数人难以承受的程度"一定为真。此时观察选项，A、D、E均未涉及"物价没有上涨到了大多数人难以承受的程度"，因此排除。

· 185 ·

(续)

	解题步骤
第二步	观察剩余选项 B 和 C 都属于假言判断，故可将假言判断的"P 位"当作事实去验证。验证 B 选项可得：人们对赠送奢侈品的态度没发生变化∧物价没有上涨到了大多数人难以承受的程度（¬Q1）→这个节日期间零售商店的销售额不下降（P1/¬Q2）→送礼的态度没有发生变化（¬P2），符合假言判断的推理规则，因此正确答案为 B。

29. 答案 B

30. 答案 B

题干信息	①其中至少有一张 Q；②每张 Q 都在两张 K 之间；③至少有一张 K 在两张 J 之间；④没有一张 J 与 Q 相邻；⑤其中只有一张 A；⑥没有一张 K 与 A 相邻；⑦至少有一张 K 和另一张 K 相邻；⑧这 8 张牌中只有 K、Q、J 和 A 这 4 种牌。

	解题步骤
第一步	根据题干信息②可知必有一组连续的 K、Q、K 存在，且可能的位置有： Ⅰ．2、3、4；Ⅱ．5、6、7；Ⅲ．1、4、6；Ⅳ．4、6、8。 根据题干信息③排除Ⅱ．5、6、7 的可能；根据题干信息③④⑦排除Ⅰ．2、3、4 和Ⅳ．4、6、8 的可能； 所以 K、Q、K 只能在 1、4、6。
第二步	根据题干信息⑦可以确定 8 的位置上是 K； 根据题干信息③可以确定 5、7 的位置都是 J； 根据题干信息④⑤可以确定 3 的位置是 A； 根据题干信息②⑤⑥可以确定 2 的位置是 J。
第三步	作图如下： |		1 (K)	| |---|---|---|---| | 2 (J) | 3 (A) | 4 (Q) | | | | 5 (J) | 6 (K) | 7 (J) | | | | 8 (K) | | 由此可知，K 有 3 张，J 有 3 张。因此 29 题答案选 B，30 题答案选 B。

逻辑模拟试卷（十七）答案与解析

序号	答案	知识点与考点	序号	答案	知识点与考点
1	D	形式逻辑—假言判断	16	D	论证逻辑—支持
2	E	论证逻辑—削弱	17	C	论证逻辑—评价
3	C	论证逻辑—解释	18	D	分析推理—数据分析
4	A	形式逻辑—假言判断	19	E	分析推理—排序
5	D	分析推理—分组	20	A	分析推理—排序
6	D	分析推理—分组	21	B	论证逻辑—削弱
7	D	论证逻辑—逻辑漏洞	22	A	形式逻辑—直言判断
8	C	论证逻辑—解释	23	E	论证逻辑—评价
9	D	形式逻辑—结构相似	24	A	形式逻辑—假言判断
10	A	分析推理—分组	25	E	形式逻辑—假言判断
11	D	分析推理—分组	26	E	形式逻辑—假言判断
12	C	论证逻辑—支持	27	A	论证逻辑—削弱
13	E	分析推理—真话假话	28	C	形式逻辑—假言判断
14	C	分析推理—对应	29	C	分析推理—对应
15	B	分析推理—对应	30	C	分析推理—对应

1. 答案 D

题干信息	鼓励广大青年投身艺术事业中（P）→伟大的艺术家（M）∧懂得发现奇葩作品中的美（N）	
选项	解释	结果
A	P→M∧N 为真时，可得 P→M 为真，故选项一定为真。	淘汰
B	选项¬M 为真时，可得¬M∨¬N 为真，进而可得¬P 为真。	淘汰
C	选项¬N 为真时，可得¬M∨¬N 为真，进而可得¬P 为真。	淘汰
D	不可能（M∧¬P∧N）=¬M∨P∨¬N=¬P→¬M∨¬N，与题干不等价，故无法判断真假。	正确
E	不可能（M∧P∧¬N）=¬M∨¬P∨N=P→¬M∨N，由题干可知，P→M∧N→¬M∨N（当"M∧N"为真时，可以推出"¬M∨N"为真），故选项一定真。	淘汰

2. 答案 E

题干信息	根据题干问题中的"使用……降低……"可确定本题属于方法可行类问题。 方法：骨质疏松症患者使用氟化物增加骨骼密度。目的：强化骨质，降低骨折风险。	
选项	解释	结果
A	选项说明方法可能可行，只不过人们不知道罢了，支持。	淘汰
B	"牙齿健康"也未必就是骨质坚硬，再者氟化物加入水中促使牙齿健康，那么究竟是氟化物的作用，还是水的作用，还是二者结合的作用无法判断。	淘汰
C	即便运动和钙能降低骨骼受损疾病风险，氟化物对于骨骼疾病的影响也不得而知。	淘汰
D	雌激素和降血钙素对人产生严重的副作用，而氟化物不会，不能削弱。	淘汰
E	选项直接指出方法不可行，使用氟化物反而增加骨折风险，最能削弱。	正确

3. 答案 C

题干信息	①根据"P，除非Q"的推理规则为：¬P→Q。¬P：价格上升不会减少其销量→Q：价格上升∧产品质量的改进。②葡萄酒价格上升∧葡萄酒质量没有改进→销量的增加。	
选项	解释	结果
A	与题干无关，不能解释。	淘汰
B	削弱题干葡萄酒价格与销量的关系，不能解释。	淘汰
C	是很好的解释，考生试想，葡萄酒的销售不符合一般的销售规律，那么一定是存在特有的影响葡萄酒销售的因素，选项直接指出这个因素就是标价对于销量的引导作用。	正确
D	选项削弱了题干价格与销量的关系，折扣说明是低价导致的销量上升。	淘汰
E	选项不能解释，如果看法固定，那么销量应该不变，而不是增加。	淘汰

4. 答案 A

题干信息	受人尊敬（P1）→保持自尊（Q1/P2）→问心无愧（Q2/P3）→恪尽操守（Q3）	
选项	解释	结果
Ⅰ	P1→Q3，与题干推理一致，可以推出。	能推出
Ⅱ	¬Q2→¬P1=P1→Q2，与题干等价，可以推出。	能推出
Ⅲ	Q3→P2，与题干推理不一致，不能从题干推出。	推不出

5. 答案 D

6. 答案 D

题干信息	①每箱必须包含两种或三种不同口味的果酱。②橘子果酱→至少有一罐葡萄果酱。③桃子果酱→没有苹果果酱，苹果果酱→没有桃子果酱。④草莓果酱→至少有一罐苹果果酱。

逻辑模拟试卷（十七）答案与解析

（续）

		解题步骤
5题	第一步	题干信息是有一罐橘子果酱，根据②则一定至少有一罐葡萄果酱，排除A、B、E选项。
	第二步	C项中有草莓果酱，根据④则还有一罐苹果果酱，不成立。
	第三步	D选项满足②，且未与其他信息冲突，因此第5题答案为D。
6题	第一步	题干信息是已知装有桃子果酱，根据信息③可知一定没有苹果果酱，排除A选项。根据信息④也不可能有草莓果酱，排除B选项。
	第二步	只剩橘子果酱和葡萄果酱可以选择，根据①和②，不论是否有橘子果酱，一定会有葡萄果酱。因此第6题答案选择D。

7. 答案 D

	解题步骤
第一步	整理题干论证。前提：①高流通性的外汇品种（P）→高交易量→在国际经济中有较高地位（Q）；②没有高流通性。→结论：地位不高。
第二步	分析题干论证。题干推理显然从否定P，推出否定Q，将某个条件不存在当作它的必要条件不存在。因此答案选D。

8. 答案 C

题干信息	赤道居民失去了吸收乳糖的能力，进而不能吸收钙，进而失去了防治骨质疏松的必要因素，与赤道地区中老年人骨质疏松的健康问题，并不比其他地区严重。二者矛盾。
选项	解释	结果
A	选项不能解释，考生试想，赤道地区的居民已经丧失了吸收乳糖能力，即便定期服用乳糖片剂，照样不能吸收，如何解决骨质疏松？	淘汰
B	与题干矛盾的现象无关。	淘汰
C	选项直接指出是由于维生素D帮助吸收钙，进而解决了骨质疏松的问题，考生试想，失去了防治骨质疏松的必要条件，并不意味着失去了充分条件，因此只要有其他因素能帮助吸收钙即可。	正确
D	该项不涉及"骨质疏松的健康问题"，无法解释。	淘汰
E	该项不涉及"赤道地区的居民"，无法解释。	淘汰

9. 答案 D

题干信息	题干推理为：如果P，那么Q，因为非P，所以非Q。

· 189 ·

(续)

选项	解释	结果
A	选项推理为：如果P，那么Q，不涉及P与Q的推理，与题干不一致。	淘汰
B	选项推理为：如果P，那么Q，所以非P。与题干不一致。	淘汰
C	选项不涉及"如果……那么……"的推理形式，与题干不一致。	淘汰
D	选项推理为：如果P，那么Q，因为非P，所以非Q。与题干一致。	正确
E	选项推理为：如果P，那么Q，因为非Q，所以非P。与题干不一致。	淘汰

10. 答案 A

11. 答案 D

题干信息	①每个评论家恰好看一部电影，每一部电影至少要被一个评论家看；②丙和甲同看一部电影；③己恰好和另一个评论家同看一部电影；④乙看《哪吒传奇》；⑤丁不看《哪吒传奇》就看《白蛇缘起》。

	解释
10题	10题给出了附加条件"己看了《大圣归来》"，此时结合②③可得，丙和甲看同一部电影，那么甲和丙都不能和己一起看《大圣归来》。（此时便有4个人一起看一部电影，那么就有一部电影没人看）。 结合④和⑤可得，乙不看《大圣归来》，丁也不看《大圣归来》，因此只能是己和戊一起看《大圣归来》。 由④和⑤可得，乙看《哪吒传奇》，丁只能看《白蛇缘起》，那么剩下的甲和丙就得一起看《熊出没》。因此10题答案选A。
11题	11题给出了附加条件"戊没看《大圣归来》"，结合③④⑤可得，戊不看《哪吒传奇》，也不看《白蛇缘起》。（因为己只能和乙、丁、戊三人中一个人去看，两个人看同一部的一定要有己）。因此可知戊一定要看《熊出没》。 由上一步可知，甲和丙不能跟乙一起看《哪吒传奇》，也不能跟丁一起看《白蛇缘起》，也不能跟戊一起看《熊出没》，因此甲和丙只能看《大圣归来》。己无法判断，可能跟乙一起看《哪吒传奇》；可能跟丁一起看《白蛇缘起》；可能跟戊一起看《熊出没》。 因此11题答案选D。

12. 答案 C

	解题步骤
第一步	整理题干论证。前提：X∨Y，有十分的把握治疗X病，没有把握治疗Y病。→结论：假设该病人患的是X病，并依据这一假设进行治疗是合理的。
第二步	C选项属于题干隐含的假设，用X病的治疗方法不会对Y病产生不利影响，那么治疗方式就是合理的，最能支持。

13. 答案 E

	解题步骤
第一步	整理题干信息： ①甲：河西队肯定能够进入前三名。 ②乙：江北队一定可以代表西部参加全国联赛。 ③丙：山南队最近表现一般，不可能进入前三名。 ④丁：四支球队代表了西部地区最高水平，不管怎么说，至少有一支球队能够去参加全国联赛。
第二步	分析题干关系：①④为包含关系，②④为包含关系，若①真则④为真，若②真则④为真，所以①②都为假。③④无法判断真假，可能③真④假，也可能③假④真。故答案为E。

14. 答案 C

题干信息	①杀手飞鹰的体型比杀手戊强壮。 ②杀手丁是杀手白猴、杀手黑狗的前辈。 ③杀手乙总是和杀手白猴和黑狗互认为是知音，从未闹过矛盾。 ④杀手丁香和杀手飞鹰是杀手甲的徒弟。 ⑤杀手白猴的枪法远比杀手甲、杀手戊的准。 ⑥杀手雪豹和杀手丁香都曾与杀手戊有过过节。

	解题步骤
第一步	通过梳理信息可知，飞鹰不是戊；丁不是白猴和黑狗；乙不是白猴和黑狗；丁香不是甲，飞鹰也不是甲；甲和戊都不是白猴；戊不是雪豹也不是丁香。所以，丙是白猴，戊是黑狗。 |	甲	乙	丙	丁	戊 | |---|---|---|---|---|---| | 飞鹰	×		×		× | | 白猴	×	×	√	×	× | | 黑狗	×	×	×	×	√ | | 雪豹			×		× | | 丁香	×		×		× |
第二步	继续向下推理，可知甲是雪豹。由上一步知戊是黑狗，联合信息③⑥可知，丁香一定不是乙，乙是飞鹰。并且丁是丁香。 |	甲	乙	丙	丁	戊 | |---|---|---|---|---|---| | 飞鹰	×	√	×	×	× | | 白猴	×	×	√	×	× | | 黑狗	×	×	×	×	√ | | 雪豹	√	×	×	×	× | | 丁香	×	×	×	√	× | 选项C正确。

15. 答案 B

题干信息	①小李不是小高的男友∧小李不是猫的主人； ②小赵不是小王的女友∧小赵不是狗的主人； ③狗的主人是小王或小李→小高就是鸟的主人； ④小高是小张或小王的女友→小陈不是狗的主人。

解题步骤		
第一步	整理题干信息发现，①和②属于确定的信息，③和④属于不确定信息，故可将①和②代入③和④进行推理。
第二步	由①可知，若小李不是小高的男友＝小高不是小李的女友，即小高是小张或小王的女友，联合④可得，小陈不是狗的主人，联合②小赵不是狗的主人，因此可得小高是狗的主人。
第三步	小高是狗的主人，即小高不是鸟的主人，代入③可得，狗的主人不是小王和小李，那么狗的主人是小张，可得一组对应关系，即小张-小高-狗。
第四步	再联合①可得，小李-鸟；联合②可得，小赵-小李，故可得第二组对应关系，即小李-小赵-鸟，进而可得第三组对应关系小王-小陈-猫。故答案选 B。

16. 答案 D

题干信息	睡眠呼吸暂停（因）→抑郁症（果）。

选项	解释	结果
A	选项不涉及是否会患抑郁症，故不能支持。	淘汰
B	选项不涉及患抑郁症的原因，故不能支持。	淘汰
C	选项不涉及是否会患抑郁症，故不能支持。	淘汰
D	选项指出"使患者恢复正常的呼吸和睡眠"（无因），能缓解抑郁症（无果）。属于无因无果的支持，力度最强。	正确
E	选项属于因果倒置的削弱，力度最强。	淘汰

17. 答案 C

解题步骤		
第一步	整理题干论证。前提：文秘学校毕业生的寿命预计超过其他高中毕业生的寿命。→结论：上文秘学校有益于一个人的健康。
第二步	分析题干论证。题干论证强调的是：文秘学校毕业生与其他高中毕业生学校的差异导致寿命的差异。显然，在构成这个求异法的过程中，需要保证其他条件相同，即评价的关键因素取决于"除了学校差异之外，是否存在其他差异导致寿命的差异"。选项 C 说明，在女性比男性寿命长的人群中，文秘学校中男生和女生的比例是否在整个同龄人（文秘学校的学生和其他高中生）中具有代表性，即符合正常抽样标准，如果具有代表性，那么就说明结论成立，如果不具有代表性，那么就说明结论不成立。

逻辑模拟试卷（十七）答案与解析

18. 答案 D

	解题步骤
第一步	根据题干五人的答题情况和得分情况，可以推知： 	姓名	答对题目数	答错题目数	不答题目数	 |---|---|---|---| 	刘爽	7	2	1	 	李闯	5	4	1	 	王冉	6	3	1	 	张涛	5	5	0	 	赵优	7	3	0	
第二步	由上表分析，由于张涛和赵优10道题目都进行了作答并且两人共答对12道题目。因此两人至少有两道题目共同答对，继而结合题干信息我们可以推知，第4题正确答案为√，第7题正确答案为×，故排除A、C、E选项。
第三步	此时只剩下两个选项，我们可以代选项进行排除：若B正确，此时刘爽第6、9和10题均答错，与"刘爽只答错两道题目"相矛盾，因此B错误，答案选D。

19. 答案 E

20. 答案 A

	题干信息
题干信息	①赵在孙的左侧某个座位上→钱坐在吴左侧的某个位置上。 ②周在孙右侧、吴左侧的某个座位上→李位于郑的右侧、王的左侧的某个位置上。 ③孙在王的左侧某个座位上→周在李右侧的某个座位上。 ④从左到右连续的8个座位，从1到8编号，每个座位只能坐一个人。

	解题步骤
19题	第一步：19题题干给出了附加条件：在1到5号座位的依次是周、李、吴、钱、郑，如下表： | 1	2	3	4	5	6	7	8	 |---|---|---|---|---|---|---|---| | 周	李	吴	钱	郑				 仅剩余三个相连的座位。 第二步：通过附加条件可知，"吴在钱的左侧"，联合信息①可得，"孙在赵的左侧"。通过附加条件可知，"周在李的左侧"，联合信息③可得，"王在孙的左侧"。所以剩下的三人的顺序一定是"王、孙、赵"，19题选项E正确。
20题	第一步：20题题干给出了附加条件：在1到3号座位上的依次为赵、王、孙，如下表： | 1	2	3	4	5	6	7	8	 |---|---|---|---|---|---|---|---| | 赵	王	孙						 通过附加条件可知，"赵在孙的左侧"，联合信息①可得，"钱在吴的左侧"。 第二步：假设7号座位上是钱，8号座位会是吴。同题干信息②出现矛盾。所以20题选项A正确。

21. 答案 B

题干信息	前提：早期型号的发动机销量比新型更安全的发动机销量高。 结论：安全性并非是客户的首要考虑。	
选项	解释	结果
A	选项不涉及购买发动机的类型，故无法判断购买的选择依据。	淘汰
B	选项指出存在他因，是由于对早期型号的发动机安全性更了解导致销量大，还是首要考虑安全性的，直接削弱结论。	正确
C	选项间接支持，说明客户买发动机未必首要考虑安全性。	淘汰
D	选项与客户的购买行为无关。	淘汰
E	选项直接支持，在价格无重大差别的前提下，客户没有购买更安全的发动机，说明客户未必首要考虑安全性。	淘汰

22. 答案 A

题干信息	喜欢吃西红柿（S）→不喜欢吃土豆（P）	
选项	解释	结果
A	选项=P→S，由于S→P不能换位，故选项不确定真假。	正确
B	选项=有的¬P⇒¬S，由S→P先逆否等价于¬P→¬S，再推出有的¬P⇒¬S。	淘汰
C	选项=有的P⇒S，先由S→P可得出有的S⇒P，再换位可得有的P⇒S。	淘汰
D	选项=有的S⇒P，直接由S→P可得出有的S⇒P。	淘汰
E	选项=¬P→¬S，直接由S→P逆否可得。	淘汰

23. 答案 E

题干信息	①有足够丰富的菜肴和上档次的酒水∧合客人口味∧正式邀请的客人都能出席→一个宴会虽然难免有不尽人意之处，但总的来说一定是成功的； ②张总举办的这次家宴有足够丰富的菜肴和上档次的酒水∧正式邀请的客人悉数到场； ③张总举办这次家宴是成功的。 题干在推理的过程中忽略了一个前提条件"合客人口味"。	
选项	解释	结果
A	题干推理有漏洞。	淘汰
B	选项推理结构为：良好心情（M）∧坚持适当的锻炼（N）→免疫力增强（Q）。良好心情（M）∧没坚持锻炼（¬N），因此，免疫力下降（¬Q）。与题干推理不一致。	淘汰
C	选项推理结构为：有名厨掌勺（M）∧广告到位（N）→有名气（Q）。有名气（Q），因此名厨掌勺（M）。与题干推理不一致。	淘汰

逻辑模拟试卷（十七）答案与解析

（续）

选项	解释	结果
D	选项推理结构为：有能力（M）∧善于抓住机会（N）→成功（Q）。创业没成功（¬Q），因此不善于抓住机会（¬N）。与题干推理不一致。	淘汰
E	选项推理结构为：①来自西部∧家庭贫困→获得特别助学贷款；②张珊确实来自西部，因此③他一定能获得助学贷款。显然也忽略了一个前提条件"家庭贫困"，和题干的推理漏洞一致。	正确

24. 答案 A

题干信息	整理题干推理：有节目获得连续两次以上的谢幕（P1）→成功的音乐演出（Q1/P2）→台下有具备专业欣赏水平的听众（Q2/P3）→了解自己的音乐功底（Q3）

选项	解释	结果
A	选项否定 Q2 推出否定 P1，符合题干推理。	正确
B	选项否定 P2 推出否定 Q3，不符合题干推理。	淘汰
C	选项肯定 Q3 推出肯定 P1，不符合题干推理。	淘汰
D	选项否定 P2 推出否定 Q3，不符合题干推理。	淘汰
E	选项肯定 Q2 推出肯定 P1，不符合题干推理。	淘汰

25. 答案 E

题干信息	在标准大气压下(M)∧气温降到摄氏零度以下(N)→水会结冰(Q) = ¬M∨¬N∨Q

选项	解释	结果
A	选项不涉及"在标准大气压下"，故真假无法判断。	淘汰
B	选项 = M∧¬N→¬Q = ¬M∨N∨¬Q，真假不确定。	淘汰
C	选项 = Q→M∧N，真假不确定。	淘汰
D	选项不涉及"在标准大气压下"，故真假无法判断。	淘汰
E	选项 = M∧¬Q→¬N = ¬M∨¬N∨Q，和题干等价，一定为真。	正确

26. 答案 E

	解题步骤
第一步	整理题干断定。人们会来这个城市生活∨即使来了也不会想办法尽快离开（P）→一个城市有和谐稳定的治安环境∨合适的人居环境（Q）。
第二步	最强质疑即找矛盾，即寻找P∧¬Q的选项，A、B和C选项都是"→"，首先淘汰；D选项没有否定Q，故不矛盾；E选项恰好符合P∧¬Q，与题干构成矛盾关系，最能削弱。考生注意，此时"且判断"为真时能推出"或判断"为真。

27. 答案 A

题干信息	前提：当代人肥胖比例高，当代人寿命也比任何年代高。→结论：控制体重对于延长寿命和提高健康水平不必要。	
选项	解释	结果
A	选项指出减少肥胖能够更长寿，说明控制体重对于延长寿命和提高健康水平是必要的，直接削弱题干结论。	正确
B	选项直接支持题干结论，说明肥胖对于长寿有正相关的积极作用。	淘汰
C	题干不涉及肥胖的原因，而是在强调肥胖对于长寿的影响。	淘汰
D	与题干论证无关。	淘汰
E	与题干论证无关。	淘汰

28. 答案 C

	解题步骤
第一步	①司马迁的改动：把"仓廪实则知礼节"改成了"仓廪实而知礼节"。 ②孔培一质疑司马迁的观点，孔培一认为：有的国家粮仓充足却没有礼节。
第二步	显然孔培一理解司马迁的意思为自己所持有观点的矛盾，即"粮仓充足→知礼节"。因此答案选 C。

29. 答案 C

30. 答案 C

题干信息	①甲和汉族人是医生→甲不是汉族人；②戊和维吾尔族人是教师→戊不是维吾尔族人；③丙和苗族人是技师→丙不是苗族人；④乙和己当过兵，苗族人没有当过兵→乙不是苗族人∧己不是苗族人；⑤回族人比甲年龄大，壮族人比丙年龄大→甲不是回族人∧丙不是壮族人；⑥乙和汉族人去旅行，丙和回族人去度假→乙不是汉族人∧丙不是回族人

	解题步骤

第一步：将题干信息填入下表：

	汉族	苗族	满族	回族	维吾尔族	壮族
甲	×①			×⑤		
乙	×⑥	×④				
丙		×③		×⑥		×⑤
丁						
戊					×②	
己		×④				

此时分析题干条件发现，条件①②③均涉及确定的身份信息，故联合①②，因为甲是医生，维吾尔族人是教师，因此可得：⑦甲不是维吾尔族人。又因为汉族人是医生，戊是教师，因此可知：⑧戊不是汉族。同理，再联合①③可得：⑨甲不是苗族人，丙不是汉族。再联合②③可得：⑩戊不是苗族人，丙不是维吾尔族人。将表格补齐如下：

(续)

	解题步骤						
第一步			汉族	苗族	满族	回族	维吾尔族	壮族
	甲	×	×⑨	×	×	×⑦	√
	乙	×	×	×	×	√	×
	丙	×⑨	×	√	×	×⑩	×
	丁	×	√	×	×	×	×
	戊	×⑧	×⑩	×	√	×	×
	己	√	×	×	×	×	×
	因此 29 题答案选 C。
第二步	根据上一步可知，A 选项，乙是维吾尔族人，所以 A 为真；B 选项=甲不是回族∨乙是汉族，由上一步可知，甲不是回族为真，所以 B 为真；C 选项=丁苗族→戊汉族，由上一步可知，丁苗族∧戊回族，所以 C 为假；由上一步可知丙是满族，所以 D 选项为真；根据上一步可知乙是维吾尔族人∧己是汉族，所以 E 选项为真。因此 30 题答案选 C。

逻辑模拟试卷（十八）答案与解析

序号	答案	知识点与考点	序号	答案	知识点与考点
1	D	论证逻辑—削弱	16	E	分析推理—排序
2	B	论证逻辑—支持	17	E	论证逻辑—削弱
3	B	形式逻辑—假言判断	18	A	论证逻辑—支持
4	C	论证逻辑—推结论	19	E	形式逻辑—假言判断
5	C	形式逻辑—假言判断	20	D	分析推理—对应
6	B	论证逻辑—解释	21	C	分析推理—对应
7	B	论证逻辑—削弱	22	A	论证逻辑—假设
8	B	论证逻辑—假设	23	C	形式逻辑—假言判断
9	A	分析推理—分组	24	D	论证逻辑—削弱
10	C	分析推理—分组	25	E	论证逻辑—支持
11	B	分析推理—数据分析	26	C	形式逻辑—假言判断
12	D	分析推理—数据分析	27	C	论证逻辑—解释
13	C	形式逻辑—假言判断	28	B	分析推理—排序
14	C	形式逻辑—结构相似	29	B	分析推理—排序
15	D	分析推理—排序	30	A	分析推理—排序

1. 答案 D

题干信息	目的：检测是否存在更有毒的细菌。方法：通过检测是否存在伊克利。	
选项	解释	结果
A	不涉及方法是否可行，不能削弱。	淘汰
B	不涉及方法是否可行，不能削弱。	淘汰
C	不涉及方法是否可行，不能削弱。	淘汰
D	伊克利死得更快，不能被探测到，直接说明方法不可行，削弱。	正确
E	复制的速度与是否能够检测无关，不能削弱。	淘汰

逻辑模拟试卷（十八）答案与解析

2. 答案 B

	解题步骤
第一步	注意题干中的"大都"，根据题干可画图如下两种情况： Ⅰ. 作家和艺术家 / 天赋 / 抽象推理 Ⅱ. 作家和艺术家 / 天赋 / 抽象推理
第二步	根据题干可知"作家和艺术家"与"抽象推理"是靠"天赋"建立联系，但是最后一句话的"很少"表明只能是Ⅱ这种情况，之所以出现了"很少"，是因为作家和艺术家在所有的具有超常天赋的人中占的比例较小。因此答案选 B。

3. 答案 B

题干信息	题干推理：不发年终奖∧扣发工资津贴（P）→考勤表现不好∨业绩不突出（Q）		
选项	解释		结果
A	选项属于¬P∧Q，与题干不矛盾。		淘汰
B	选项属于P∧¬Q，与题干矛盾。		正确
C	选项属于¬P∧Q，与题干不矛盾。		淘汰
D	选项属于P∧Q，与题干不矛盾。		淘汰
E	选项属于¬P∧Q，与题干不矛盾。		淘汰

4. 答案 C

题干信息	①1983年中等家庭收入增加了1.6%。②1981~1982年经济衰退的持续影响。③比整体人口更加贫困的两种人数量的增多。④1983年全国贫困率是18年来的最高水平。	
选项	解释	结果
A	选项无法得出，题干强调的是1983年全国贫困率最高，是绝对贫困值，而不涉及增长率。	淘汰
B	选项无法得出，题干强调经济衰退只是其中一个原因，不能肯定。	淘汰
C	选项能得出。1983年全国贫困率最高，但是中等家庭收入仍然可能增加，即中等收入家庭在其他类型的人口收入降低的同时，收入可能增加。	正确
D	选项无法得出，题干不涉及两种人对经济因素影响强度的比较。	淘汰
E	选项无法得出，题干不涉及两个原因对于贫困率影响强度的比较。	淘汰

5. 答案 C

	解题步骤
第一步	整理二人的观点。 班主任：能申请本年度学校特殊奖学金(P)→上学期期末考试各科成绩都优秀(Q)。 张珊：不对，上学期期末考试各科成绩都优秀(Q) ∧ 不能申请本年度学校特殊奖学金(¬ P)。
第二步	分析二者的对话，Q ∧ ¬ P 的正确的矛盾形式应该是：Q→P，因此张珊犯了"混淆充分必要条件"的逻辑谬误，将 P→Q 误认为是 Q→P，也就是：上学期期末考试各科成绩都优秀→能申请本年度学校特殊奖学金。故答案选 C。考生可复习《逻辑精点》基础篇知识点 30 "常见逻辑谬误"部分内容，以加强这部分的学习。

6. 答案 B

题干信息	考古学家们已经发现了塔尔特克人所制造的有轮子的陶瓷玩具，但却没有考古证据证明塔尔特克人除了陶瓷玩具还使用过轮子。解释证据缺乏的原因，也就是解释为什么没有"轮子"的证据。

选项	解释	结果
A	针对点是"玩具"而不是"轮子"，不能解释。	淘汰
B	指出轮子是用木头制成的，和陶瓷做的玩具不同，轮子容易腐烂，通过陶瓷和轮子材质的对比，解释了"轮子"证据缺乏的原因。	正确
C	考生注意，题干要求解释的是"证据缺乏的原因"而不是"添加证据，表明不缺乏"，并且所谓"纪念墙壁"，是后人写上去的，其真实性也有待商榷。	淘汰
D	"世界上其他地区"如何，与题干论证关系较弱。	淘汰
E	解释同 C 项。	淘汰

7. 答案 B

题干信息	前提：1986 年有些州通过法律手段实施严格的枪支管控，但实施严格枪支管控的这些州的平均暴力犯罪率却是其他州平均暴力犯罪率的 1.5 倍。→ 结论：严格的枪支管控无助于减少暴力犯罪。

选项	解释	结果
A	选项不涉及"暴力犯罪"是否下降，故与题干关系不大。	淘汰
B	该项提出更具有说服力的证据，即通过实施枪支管控州的自身对比，表明严格的枪支管控有助于犯罪减少，削弱题干论证。	正确
C	该项指出，很少有人触犯该法律，只能说明在那些州枪支管控实施的很好，但是是否与减少犯罪有关？不得而知。	淘汰
D	考生请注意，题干不涉及"私人拥有枪支的数量"，"数量"与题干论证无关。	淘汰
E	该项不涉及论证，属无关选项。	淘汰

8. 答案 B

题干信息	本题有两个论证关系，需区别对待，分开理解才行。 【论证关系1】前提：镇静剂抑制了测谎实验测量中撒谎者的紧张反应。→结论：药物具有抑制焦虑的功效∧药物能有效地缓解日常情况下的紧张感。 【论证关系2】因：药物具有抑制焦虑的功效∧药物能有效地缓解日常情况下的紧张感。→果：某些人长期服用镇静剂而产生依赖性。

选项	解释	结果
Ⅰ	不必假设，镇静剂有缓解日常情况下的紧张感的功效，不代表就只是为了这个目的。	不必假设
Ⅱ	符合论证关系1，假设搭桥的思路，必须确保日常情况下的紧张感与测谎仪测量的紧张感相似，否则题干论证就不成立。	**必须假设**
Ⅲ	不符合论证关系2，考生注意，长期服用和产生依赖性都属于结果，不存在单独的因果关系。	不必假设

9. 答案 A

题干信息	①每名同学只能投选一种花卉。 ②每种花卉至少有一名同学投选，但最多不超过3名。 ③赵∧李投选同一种花卉→孙∧吴∧郑投选荷花。 ④钱不单独投选山茶→钱∧周投选荷花。 ⑤李∧吴不会投选牡丹。 ⑥赵∧李投选同一种花卉（确定信息）。

	解题步骤
第一步	观察题干，本题属于有确定信息推理题目，故优先考虑从确定信息出发，代入题干条件推理，即可得出答案。
第二步	联合条件③和条件⑥，可得孙、吴和郑都选荷花，结合条件②，由于每种花被投选的人数不超过3种，可知钱和周都不会选荷花，代入条件④，根据假言推理规则，可得钱单独选择山茶。
第三步	联合条件⑤和前两步可得李不选牡丹、李不选荷花（已有孙、吴、郑三人选荷花）、李不选山茶（钱单独选山茶），进而利用排除法可得李选月季，结合⑥，由于李和赵选同一种花卉，进而可知李和赵选月季。结合剩余思想可知周选牡丹。 此时的分组对应关系如下表： | 花卉	荷花	山茶	月季	牡丹
---	---	---	---	---
人	孙、吴、郑	钱	赵、李	周	 观察选项可知，答案选A。

10. 答案 C

题干信息	①每名同学只能投选一种花卉。 ②每种花卉至少有一名同学投选，但最多不超过 3 名。 ③赵∧李投选同一种花卉→孙∧郑投选荷花。 ④钱不单独投选山茶→钱∧周投选荷花。 ⑤李∧吴不会投选牡丹。 ⑥只有赵投选了月季∧周没有投选荷花（确定信息）。

解题步骤		
第一步	观察题干，本题属于有确定信息的推理题目，故优先考虑从确定信息出发，代入题干条件推理，即可得出答案。
第二步	由⑥周没有投选荷花，结合④可得：⑦钱单独投选山茶。联合⑤⑥⑦可知：李和吴不投选牡丹，也不投选月季（只有赵投选了月季），也不投选山茶（只有钱投选了山茶），可得：李和吴投选了荷花。根据剩余法可得周只可能投选牡丹。此时的分组对应关系如下表： | 花卉	荷花	山茶	月季	牡丹
---	---	---	---	---
人	李、吴	钱	赵	周	 观察选项可知，答案选 C。

11. 答案 B

题干信息	①正好有 13 张牌；②每种花色至少有 1 张； ③每种花色的张数不同；④红心和方块总共 5 张； ⑤红心和黑桃总共 6 张；⑥其中有一种牌属于"王牌"，且有 2 张。

解题步骤		
方法一	第一步	根据题干信息④⑤可知，红心、方块组合可能有 (1, 4)、(4, 1)、(2, 3)、(3, 2) 四种，四种情况下，红心、黑桃的组合分别是 (1, 5)、(4, 2) (2, 4)、(3, 3)。
	第二步	依次写出每种情况下的四种花色牌的张数，可以发现要同时满足条件①③⑥，只有一种情况，即：红心、方块、黑桃、梅花的张数分别为 4 张、1 张、2 张、6 张。因此，答案为 B。
方法二	第一步	该题可以采用代入法。如果红心是"王牌"花色，则据条件⑥可知红心有 2 张，根据条件⑤知黑桃有 4 张，根据条件④知方块有 3 张。根据条件①，得梅花有 4 张。这样，梅花和黑桃都有 4 张，与条件③发生矛盾。所以，红心不是"王牌"花色。
	第二步	同样，可以确定，方块和梅花也都不是"王牌"花色。将黑桃作为"王牌"花色代入题干，不会出现矛盾。所以，"王牌"花色应该是黑桃，答案是 B。

12. 答案 D

题干信息	根据题干医生/护士，以及性别男/女两个维度将题干信息划分为：		
		实习护士	实习医生
	男	X	Y
	女	Z	N

逻辑模拟试卷（十八）答案与解析

（续）

	解题步骤
第一步	根据题干信息，可知，X+Z=50，Y+N=28，X+Y=30，Z+N=48。
第二步	由于 X+Z 大于 Z+N，由此可得 X 大于 N，即实习男护士多于实习女医生。答案选 D。

13. 答案 C

题干信息	① 小王不吃披萨→小李吃炒面 ② 小张吃汉堡→小王不吃披萨 ③ 小赵吃鸡排饭→小李不吃炒面 ④ 小张吃汉堡→小赵吃鸡排饭

	解题步骤
第一步	结合①和②可知：⑤小张吃汉堡→小李吃炒面。⑤再结合③可知：⑥小张吃汉堡→小赵不吃鸡排饭。
第二步	⑥和④构成了两难推理，根据 P→Q，P→¬Q，那么可以推出¬P 为真，即小张不吃汉堡。

14. 答案 C

题干信息	整理题干推理：所有 A 都是 B，有些 B 是 C，因此有些 A 是 C。题干推理是错误的。

选项	解释	结果
A	选项推理为：所有 A 都是 B，有些 C 是 A，因此有些 C 是 B。没有错误，与题干推理不一致。	淘汰
B	选项推理为：所有 A 都是 B，所有 B 是 C，因此有些 A 是 C。没有错误，与题干推理不一致。	淘汰
C	选项推理为：所有 A 都是 B，有些 B 是 C，因此有些 A 是 C。与题干错误一致。	正确
D	选项推理为：所有 A 都是 B，有些 A 是 C，因此有些 B 是 C。没有错误，与题干推理不一致。	淘汰
E	选项推理为：所有 A 都是 B，所有 B 都不是 C，因此有些 A 不是 C。没有错误，与题干推理不一致。	淘汰

15. 答案 D

16. 答案 E

题干信息	① 入门级的教科书必须在 J 评阅之后，R 才能进行评阅。② 高级教科书必须在 R 评阅之后，J 才能开始评阅。③ R 不能连续评阅两本入门级的教科书。④ J 在第四周必须评阅 X。 ⑤ 入门级教科书：F、G、H；高级教科书：X、Y、Z。

·203·

(续)

		解题步骤
15题	第一步	若R第一周评阅X，第二周评阅F，则根据①可知，由于入门级教科书必须J先评阅，R才能评阅，故J第一周评阅F，此时结合题干条件，可作表如下： | 时间 评阅人	第一周	第二周	第三周	第四周	第五周	第六周
---	---	---	---	---	---	---
R	X	F				
J	F			X			
	第二步	分析上述表格，若J在第二周评阅Y或Z，则根据②可知，R必须在第一周评阅Y或Z，此时与题干附加条件矛盾，故J不能在第二周评阅Y或Z，同理，J在第三周也不能评阅Y或Z，故Y、Z只能由J在第五周或第六周评阅，而J在第二周和第三周分别评阅G、H中的一个，此时观察选项，可排除A、B、C和E，15题答案选D。

	选项	解释	结果
16题	A	与题干信息①矛盾，F如果在第六周被J评阅，那么R就无法评阅。	淘汰
	B	与题干信息②矛盾，Z属于高级教科书，R没阅之前J不能评阅。	淘汰
	C	与题干信息②矛盾，X必须在第四周之前被R评阅，J才能在第四周评阅。	淘汰
	D	与题干信息①矛盾，G属于入门级教科书，J没评阅之前R不能评阅。	淘汰
	E	与题干信息均不矛盾，若J在第一周评阅H，则显然R可以在第二周评阅H。	**正确**

17. 答案 E

题干 信息	前提：已经生产出的大量的这种化学物质已经作为制冷剂存在于数百万台冰箱中。→结论：没有办法来阻止这些化学物质进一步破坏臭氧层。

选项	解释	结果
A	选项不能削弱，化学物质的数量能否被准确测出，与阻止这些化学物质破坏臭氧层无关。	淘汰
B	选项支持题干论证，说明不能阻止这些化学物质进一步破坏臭氧层。	淘汰
C	选项支持题干论证，说明不能阻止这些化学物质进一步破坏臭氧层。	淘汰
D	选项支持题干论证，说明不能阻止这些化学物质进一步破坏臭氧层。	淘汰
E	选项直接削弱题干隐含假设，考生试想，题干论证要想成立，必须保证这些化学物质一定会扩散到大气层中进而破坏臭氧层，如果这些化学物质不能到达大气层，那么就不会破坏臭氧层了，选项直接指出这些化学物质可循环利用，不会排放到大气层。	**正确**

逻辑模拟试卷（十八）答案与解析

18. 答案 A

题干信息	① 胆固醇和脂肪越多，血清胆固醇指标越高。 ② 在一个界限内，二者成正比，在这个界限外胆固醇和脂肪急剧增加，血清胆固醇指标缓慢增加。 ③ 界限对于各个人种是一样的，是欧洲人均胆固醇和脂肪摄入量的1/4。

选项	解释	结果
A	直接支持，说明二者之间未必是正相关的关系，界限内成立，界限外就未必。	正确
B	不能支持，界限对于所有人是固定的，至于是否能够改变，无法判断。	淘汰
C	不能支持，欧洲人的胆固醇含量是一个参照的指标，至于欧洲人的胆固醇实际上是否超标，无法判断。	淘汰
D	不能支持，题干不涉及胆固醇的指标是否正常。	淘汰
E	不能支持，题干没有说饮食是胆固醇含量变化的唯一原因。	淘汰

19. 答案 E

	解题步骤
第一步	根据"除非 Q，否则 P＝¬P→Q"，李磊的想法＝并非（有些食品安全导致的纠纷可能难以避免）→所有的食品生产者都必须遵守食品安全的规定＝所有食品安全导致的纠纷必然可以避免（P）→所有的食品生产者都必须遵守食品安全的规定（Q）。
第二步	E 选项是"¬P∨Q"，等价于李磊的说法。考生注意，本题不涉及韩晓的想法，一定要看清问题。

20. 答案 D

21. 答案 C

题干信息	①红、橙、黄、绿、青、蓝、紫七种颜色。 ②上部采用红色∨蓝色→中部不能采用橙色∧不能采用绿色。 ③中部不采用青色∨不采用紫色→下部不采用黄色。 ④中部不采用绿色→下部采用紫色∧采用黄色。 ⑤雕塑的上、中、下任何一个部位使用颜色不能超过两种，并且任何一种颜色不能在雕塑两处以上部位使用。

	解题步骤
20题	20题题干给出确定的附加条件"⑥上部采用青色和蓝色"。可联合信息②可知"中部就不能采用橙色，也不能采用绿色"；联合信息④可知"下部采用紫色∧采用黄色"。联合信息③可知，"中部同时采用青色和紫色"。此时涂色情况如下表： |	红	橙	黄	绿	青	蓝	紫
---	---	---	---	---	---	---	---
上	×	×	×	×	√	√	×
中	×	×	×	×	√	×	√
下	×	×	√	×	×	×	√	 故 20 题答案选 D。

（续）

	解题步骤
21题	21题题干给出确定的附加条件"⑥雕塑的中部采用了绿色"，联合信息②可知，"上部不采用红色也不采用蓝色。"联合信息③可知，"下部不采用黄色"（通过信息⑤我们知道每个部分使用颜色不超过两种，中部已经确定了一种颜色绿色，最多可能再有一种颜色，满足信息③前位）。因此，21题答案选 C。

22. 答案 A

题干信息	前提：大多数中产阶级和其他守法的美国人不能接受吸毒这一违法行为。 结论：公众酗酒问题和公众吸毒问题有实质性区别（差）。

选项	解释	结果
A	选项必须假设。要想保证结果有差异，必须保证前提差异确实存在，即20年代的中产阶级能接受酗酒这一行为。	正确
B	选项不必假设。考生注意，拿"20年代的酗酒行为"和"现在的吸毒行为"进行比较，只需假设大多数中产阶级对于酗酒和吸毒的态度，而不必假设与整个社会公众尺度的关系。	淘汰
C	选项与题干论证无关，不必假设。	淘汰
D	选项削弱题干论证，如果以大多数人的意志和价值观来制定，那么20年代的酗酒行为就不能是非法的。	淘汰
E	选项与题干论证无关，不必假设。	淘汰

23. 答案 C

题干信息	①有所获取（P1）→有所舍弃（Q1）。 ②有所禁止（P2）→有所宽容（Q2）。

选项	解释	结果
A	选项 =¬P2→P1，从题干信息推不出。	淘汰
B	选项 =P1→Q2，从题干信息推不出。	淘汰
C	选项 =¬Q2→¬P2，是题干信息②的逆否等价，和题干表达一致。	正确
D	选项 =Q1→P1，肯定题干信息①后位，什么也推不出。	淘汰
E	选项 =Q2→P2，肯定题干信息②后位，什么也推不出。	淘汰

24. 答案 D

题干信息	前提差异：可乐标签的差异→结果差异：人们对可乐偏好的差异

逻辑模拟试卷（十八）答案与解析

（续）

	解题步骤
第一步	前提差异导致结果差异的削弱型题目一般思路为寻找前提存在其他差异（与结果有关系的差异）。
第二步	D 选项直接指出了前提存在其他差异，是对字母的偏好导致了结果差异，很好的削弱；其余选项均不涉及前提差异，或者与标签的差异没有联系。

25. 答案 E

	整理题干信息可作表如下：				
题干信息	种类	牙刷种类	是否保洁	牙垢情况	
	第一组	软棕	保洁	明显较少	
	第二组	软棕	不保洁	不见明显减少	
	第三组	硬棕	保洁	不见明显减少	
	第四组	硬棕	不保洁	不见明显减少	

选项	解释	结果
A	选项不能被支持，第一种情况下牙垢明显减少的原因有两个，其一是软棕的牙刷，其二是进行了保洁，那么当两个原因同时作用于结果时，无法判定是哪一个因素导致的结果。	淘汰
B	与 A 选项类似，不能被支持。	淘汰
C	题干不涉及细菌污染对牙垢的影响。	淘汰
D	选项不能被支持，第二、三、四种情况的牙垢结果相同，但既有软棕和硬棕的因素影响，也有是否保洁的因素影响，因此无法判断是哪个因素导致的结果。	淘汰
E	选项能够被支持，考生注意，使用软棕且进行保洁，效果比硬棕好，无论硬棕是否保洁，使用软棕如果不进行保洁，那么效果与使用硬棕相同，因此使用软棕的效果至少与硬棕一样，保洁后效果甚至会更好，那么选择牙刷时软棕无疑是更好的选择。	正确

26. 答案 C

	解题步骤
第一步	① 孙悟空打了白骨精（P）→师父会念紧箍咒（Q1）； ② 孙悟空不打白骨精（¬P）→师父就会面临危险（Q2）。
第二步	本题是两难推理的题目，根据 P→Q1，¬P→Q2，可得 Q1∨Q2。因此结合①②可得：师父会念紧箍咒∨师父会面临危险，由于相容选言判断否定必肯定的原理，因此 C 为正确答案。

27. 答案 C

题干信息	北美的雄性棕熊通常会攻击并杀死不是由它交配的雌熊产下的幼崽。然而，在每年 7 至 8 月间鲑鱼洄游的季节里，雄性棕熊却很少攻击并杀死幼崽。

(续)

选项	解释	结果
A	"争夺地盘的打斗"与"攻击并杀死幼崽"无关,不能解释题干。	淘汰
B	不涉及"鲑鱼洄游季节"的变化,不能解释。	淘汰
C	通过解释鲑鱼对于棕熊的重要性,解释了棕熊不在这段时间击杀幼崽的行为。	正确
D	不涉及"鲑鱼"的前后变化,不能解释题干。	淘汰
E	不涉及"鲑鱼"的前后变化,不能解释题干。	淘汰

28. 答案 **B**

29. 答案 **B**

30. 答案 **A**

题干信息	①孟睿工作的那一天与韩敏工作的那一天恰好间隔两天,且在一周内,孟睿总是在韩敏之前工作。 ②庄聪在星期三工作 ∨ 孔智在星期三工作。 ③荀慧在星期六工作 ↔ 墨灵在星期一工作。 ④墨灵在星期六工作 ↔ 孔智在星期三工作。

		解题步骤
28题	第一步	题干给出了确定的附加条件"庄聪在星期二工作",故联合信息②可知,孔智在星期三工作。 | 星期一 | 星期二 | 星期三 | 星期四 | 星期五 | 星期六 | |---|---|---|---|---|---| | | 庄聪 | 孔智 | | | |
	第二步	联合信息①可知,孟到韩之间间隔2天,所以孟只能在星期一,而韩敏在星期四工作。联合信息③可知,荀慧在星期五工作,墨灵在星期六工作。 | 星期一 | 星期二 | 星期三 | 星期四 | 星期五 | 星期六 | |---|---|---|---|---|---| | 孟睿 | 庄聪 | 孔智 | 韩敏 | 荀慧 | 墨灵 | 故28题选项B为真。
29题	第一步	题干给出了确定的附加条件"墨灵在星期五工作",联合④可得:孔智不在星期三工作。再联合信息②可知,庄聪在周三工作。 | 星期一 | 星期二 | 星期三 | 星期四 | 星期五 | 星期六 | |---|---|---|---|---|---| | | | 庄聪 | | 墨灵 | |
	第二步	联合信息①可知,孟睿到韩敏之间间隔为2天,所以两人只能在周一、周四工作,孟睿在周一、韩敏在周四。结合③可得:荀慧不在周六,所以荀慧在周二,孔智在周六。 | 星期一 | 星期二 | 星期三 | 星期四 | 星期五 | 星期六 | |---|---|---|---|---|---| | 孟睿 | 荀慧 | 庄聪 | 韩敏 | 墨灵 | 孔智 | 故29题选项B为真。

（续）

	选项	解释	结果
30题	Ⅰ	假设孔智在孟睿之前工作，联合信息①②可知，星期三工作的是孔智和庄聪二者其一，孟睿到韩敏之间的间隔为2天，所以孟睿前面如果有人，孟睿只能在星期二工作。那么孔智在星期一工作，庄聪在星期三工作，韩敏在星期五工作。剩下的墨灵和荀慧不论谁在星期六工作，都会同题干信息矛盾，所以"孔智在孟睿之后工作"一定为真。	**一定真**
	Ⅱ	假设墨灵在周四工作。可能存在以下情况： | 星期一	星期二	星期三	星期四	星期五	星期六 | |---|---|---|---|---|---| | 荀慧 | 孟睿 | 庄聪 | 墨灵 | 韩敏 | 孔智 |	不一定真
	Ⅲ	假设庄聪在孔智之后工作。可能存在以下情况： | 星期一	星期二	星期三	星期四	星期五	星期六 | |---|---|---|---|---|---| | 荀慧 | 孟睿 | 孔智 | 庄聪 | 韩敏 | 墨灵 |	不一定真

逻辑模拟试卷（十九）答案与解析

序号	答案	知识点与考点	序号	答案	知识点与考点
1	E	论证逻辑—解释	16	E	分析推理—排序+对应
2	B	论证逻辑—削弱	17	A	分析推理—排序+对应
3	C	分析推理—排序	18	B	形式逻辑—假言判断
4	E	论证逻辑—假设	19	D	形式逻辑—结构相似
5	C	形式逻辑—假言判断	20	D	形式逻辑—假言判断
6	C	分析推理—数据分析	21	D	论证逻辑—削弱
7	E	分析推理—真话假话	22	B	形式逻辑—假言判断
8	C	论证逻辑—削弱	23	D	论证逻辑—支持
9	B	形式逻辑—假言判断	24	E	论证逻辑—假设
10	B	论证逻辑—解释	25	D	形式逻辑—假言判断
11	B	论证逻辑—假设	26	B	形式逻辑—假言判断
12	B	形式逻辑—假言判断	27	E	论证逻辑—支持
13	B	分析推理—对应	28	D	论证逻辑—支持
14	D	分析推理—对应	29	A	分析推理—对应
15	D	形式逻辑—直言判断	30	C	分析推理—对应

1. 答案 E

题干信息	题干矛盾的现象：用高仿合成皮草替代珍稀动物的皮毛制造家居饰品，但为获取皮毛而对珍稀动物进行捕杀的活动并没有减少。	
选项	解释	结果
A	选项与题干矛盾，家居制造商对高仿合成皮草的好评反而有利于减少捕杀珍稀动物。	淘汰
B	选项不能解释，不论是免费赠送或者是定价销售，都不涉及家居饰品制造的原材料，如果原材料是高仿合成皮草，那么此时对保护珍稀动物有积极作用。	淘汰
C	选项不能解释，如果高仿皮草的成本更低，那么人们反而会选择高仿皮草，为何会选择珍稀动物的皮毛呢？	淘汰
D	选项不能解释，如果质地相同，那么人们就没必要去捕杀珍稀动物，反正也区分不出来。	淘汰
E	选项指出有他因，尽管家居饰品的需求减少了，但珍稀动物的皮毛却更多地用于皮草服饰，捕杀珍稀动物更多的是制作皮草服饰，是很好的解释。	正确

· 210 ·

逻辑模拟试卷（十九）答案与解析

2. 答案 B

	解题步骤
第一步	仔细阅读题干，确定题干论证关系。方法：夫妻之间保持基本相同的起居规律；目的：维护良好的夫妻关系。根据选项调整思路为因果关系"起居时间不同→夫妻关系不好"。
第二步	分析选项。

选项	解释	结果
A	题干论证关系是为了夫妻关系→应当起居规律（利用结构词来抓住论证关系），"争吵"在什么位置？背景信息处，故选项没有针对论证关系。	淘汰
B	削弱的是因果关系，说明因果倒置。	正确
C	与题干论证关系无关。	淘汰
D	与题干论证关系无关。	淘汰
E	首先，根据"争吵"的位置可淘汰选项。其次，即便"不是直接原因"，间接原因也是原因，一样可能支持论证。想想，以后遇见如此选项可快速淘汰。	淘汰

3. 答案 C

题干信息	①储存小麦的库房号比储存大豆的库房号大。 ②储存大豆的库房号比储存土豆的库房号大。 ③储存高粱的库房号比储存大米的库房号大。 ④储存土豆的库房紧挨着储存高粱的库房。 ⑤6间库房，6种货物，不同种类的货物不能存入同一间库房。
	解题步骤
第一步	联合信息①②，可知库房号从大到小存放着"小麦……大豆……土豆"；从信息③④，可知"高粱……大米"，土豆紧挨着高粱，但是比高粱库房号大还是小不确定。
第二步	问的是大豆可能的库房号，可以确定大豆后面有3种货物（土豆、高粱、大米）库房号比大豆小。比大豆库房号大的，仅可以确定小麦。所以大豆的位置可能是5号库房或4号库房。答案选 C。

4. 答案 E

题干信息	前提：牛顿没有透露微积分的重要部分给莱布尼兹。 结论：牛顿和莱布尼兹各自单独发现了微积分。 前提给出了一种可能性，推出牛顿和莱布尼兹单独发现了微积分，保证论证成立的最直接的思路就是：①没有其他可能导致单独发现微积分；②前提的这种可能性是真实存在的。

选项	解释	结果
A	与题干论证无关。	淘汰
B	与题干论证无关。	淘汰

（续）

选项	解释	结果
C	选项不需假设，只需要排除两人没有其他渠道获取相关关键微积分的知识即可。	淘汰
D	过度假设，只需要保证莱布尼兹在发表前没有把关键性内容告诉牛顿，也没有其他人告诉牛顿即可。	淘汰
E	要想论证成立还需假设两人均没有从其他渠道获取关于微积分的知识才行，如果从其他渠道获得，那么就不存在单独发现微积分的说法。符合题干分析的①，保证没有其他原因导致单独发明微积分。	正确

5. 答案 C

题干信息	①写到社会上不好的东西→想揭露人性的恶∧给社会排毒。 ②不会写到这个社会上不好的东西→想宣扬人性里真善美的东西。 联合①②可得：③不想揭露人性的恶∨不给社会排毒（P1）→不会写到这个社会上不好的东西（Q1/P2）→想宣扬人性里真善美的东西（Q2）。

选项	解释	结果
A	已知 P→Q 为真时，无法判断"单件 P"的真假，故不确定。	淘汰
B	选项=P2∧Q2。已知 P→Q 为真时，因"∨"真推不出"∧"真，"∧"一定不是真的，故可快速排除。	淘汰
C	选项=P1→Q2。和题干信息③中推理一致，一定真。考生注意 P∧Q 为真时，能得出 P∨Q 一定为真，故满足肯定 P1，可得出肯定 Q2。	正确
D	选项="∧"。参考 B 选项的原则，可快速排除。	淘汰
E	选项="∧"。参考 B 选项的原则，可快速排除。	淘汰

6. 答案 C

题干信息	①没有两个人发表的论文的数量完全相同； ②没有人恰好发表了 10 篇论文； ③没有人发表的论文的数量等于或超过全所研究人员的数量。

选项	解释	结果
Ⅰ	结合题干信息①和③可得，论文发表数量应该是从 0 开始的自然数，如果是 2 个人，发表论文的数量正好是 0 和 1，如果是 3 个人，那么发表论文的数量应该是 0、1、2；满足题干要求，因此选项一定为真。	一定真
Ⅱ	选项可能为真，至少 2 个人也行。	可能真
Ⅲ	假如有 11 个人，那么发表论文的数量应该是从 0~9 的自然数，一共有 10 个数，因为数量不能是 10，也不能超过总人数（即不能是 11 及 11 以上的数），那么 11 个人只有 10 个数，无法满足一一对应的关系，因此选项一定为真。	一定真

逻辑模拟试卷（十九）答案与解析

7. 答案 E

解题步骤	
第一步	本题属于有确定真假个数的真话假话题，故可优先考虑从判断间的关系入手进行解题。 首先符号化题干信息： ①入围华北区≤5人（P）； ②入围东北区<10人（Q）； ③入围华北区≤5人→入围东北区≥10人（P→¬Q）。
第二步	分析三个信息的关系。信息③可转化为¬P∨¬Q，由于P和¬P∨¬Q二者属于至少有一真的关系（二者不可同假，但却可同真，考生可复习《逻辑精点》强化篇"真话假话解题技巧"相关内容），因此②必假，由此可知入围东北区的人数至少10人。
第三步	由②必假可知¬Q一定为真，因此③为真，①为假，因此可得，入围华北区的有5人以上。由于一共29人参加，入围的人数大于15人，那么落选的人数应该是小于14人，因此答案选E。

8. 答案 C

题干信息	前提：果蔬经过粉碎由固态变为液态，只会减少而不会增加所包含的营养素。 结论：要吃胡萝卜而非喝胡萝卜汁。	
选项	解释	结果
A	消费者的喜好并不能否认客观事实，并且选项只是针对结论进行质疑，削弱力度较弱。	淘汰
B	选项支持题干结论，说明应该服用固态果蔬更有利于健康。	淘汰
C	题干显然属于差比关系，即：固态果蔬比液态果汁营养素要更多，所以胡萝卜比胡萝卜汁对人体更好，要想使差比关系成立必须保证无他差。选项指出了营养素在人体吸收方面，固态果蔬不如液态果蔬好，是明显的他差，削弱了论证关系，削弱力度最强。	正确
D	即使流失的是微乎其微的营养素，也说明果汁的营养素含量不如固态果蔬，支持。	淘汰
E	选项强调的对象是"果蔬榨汁机"，明显与题干论证无关。	淘汰

9. 答案 B

题干信息	①去农产品展区→去食品展区； ②去消费品展区→去汽车展区； ③去汽车展区→去服务贸易展区； ④去技术装备展区→去汽车展区； ⑤一共有农产品、食品、汽车、消费品、服务贸易、技术装备6个展区，并且小王至少去3个展区。 观察题干，本题为没有确定信息的假言判断综合推理，问题求一定为假的选项，因此可以通过代选项的方式解题。

· 213 ·

(续)

选项	解释	结果
A	选项代入题干信息，并不与题干信息矛盾，排除。	淘汰
B	选项代入题干信息可得：不去消费品展区、不去技术装备展区，此时已经有四个展区不能去，与题干信息⑤矛盾，为正确答案。	**正确**
C	选项代入题干信息可得：不去农产品展区，并不与题干信息矛盾，排除。	淘汰
D	选项代入题干信息，并不与题干信息矛盾，排除。	淘汰
E	选项代入题干信息，并不与题干信息矛盾，排除。	淘汰

10. 答案 B

	解题步骤
第一步	提炼题干信息： ① 解决这一难题的政策：提高养老金缴费比例∨降低养老金支付水平∨提高退休年龄。 ② 但德国政府于 2007 年完成法定程序，将退休年龄从 65 岁提高到 67 岁。
第二步	要由①合理得到②必须否定选言判断中另外两个肢判断，即"不能再提高养老金缴费上限，且不能再降低养老金支付水平"。
第三步	比对选项可知，B 选项为正确答案。考生注意，即便是论证逻辑相关内容，亦可用形式逻辑相关思路。

11. 答案 B

题干信息	前提：① P：董事会解雇张先生的决定是正确的 → Q：在专业技术方面出现了重要失误（A）∨在行政管理方面出现了重要失误（B） ② 张先生在任职期间从未出现技术失误（¬A） 结论：③他一定在行政管理方面出现了失误（B）
第一步	根据前提②¬A，要得到结论③B，必须增加④A∨B（Q）。
第二步	由前提①P→Q，要得到 Q，需要增加 P。
结　果	答案为 B。

12. 答案 B

题干信息	①方明参加∨马亮参加∨丹尼斯参加；②方明参加男子 100 米→马亮也一定参加；③正式参赛→提前进行尿检；④丹尼斯在赛前尿检工作结束后才报名。
	解题步骤
第一步	由条件③和④可推出丹尼斯不能报名参加男子 100 米比赛。于是参加男子 100 米比赛的只能是⑤方明或马亮。
第二步	根据条件⑤和②联合可推出，若方明参加了，马亮一定参加，若方明没有参加，马亮也得参加，故马亮参加了男子 100 米比赛，答案是 B。

逻辑模拟试卷（十九）答案与解析

13. 答案 B

14. 答案 D

题干信息	①每一个师中的装甲旅不是比导弹旅组建得早就是和导弹旅在同一年组建；②二师装甲旅 = 一师导弹旅；③三师装甲旅 = 四师导弹旅；④二师装甲旅 ≠ 三师装甲旅；⑤一师装甲旅 = 三师导弹旅 = 1968。
13题	已知四师装甲旅 = 三师导弹旅 = 1968，根据条件①和③可知，三师装甲旅 = 四师导弹旅 = 1968，根据条件④可知二师装甲旅 = 一师导弹旅 ≠ 1968，结合条件①，可知只能是 1969，答案选 B。
14题	已知三师装甲旅 = 1968。 对于 A 选项，根据条件①④可知，二师装甲旅和一师导弹旅不可能在 1968 年组建，该项一定为假； 对于 B 选项，若二师装甲旅 = 1967，则一师导弹旅 = 1967，由于条件⑤已告知，一师装甲旅 = 1968，所以与条件①矛盾，因此该项一定为假； 对于 C 选项，若二师导弹旅 = 1968，则结合条件①可知二师装甲旅只能是 1968 年或者 1967 年组建，由于条件④的限制，所以二师装甲旅只能 1967 年组建，即根据②一师导弹旅只能 1967 年组建，但是已知⑤一师装甲旅 = 1968，显然违背了条件①，因此该项一定为假； 对于 E 选项，题干信息⑤已知三师导弹旅在 1968 年组建，与题干矛盾，一定为假； 只有 D 选项不与题干矛盾，可能为真，答案 D。

15. 答案 D

	解题步骤
第一步	整理某官员的观点：①重点大学→在大城市→不是医科大学；②有自己独立实验室的大学→是综合性大学；③有些重点大学⇒具有自己独立的实验室。
第二步	要质疑某官员的观点，就需要质疑全部的信息，因此优先考虑将题干信息联合推理得出结论后，再寻找矛盾关系去进行质疑。
第三步	根据"从有的出发，构成首尾相连"的原则，结合②③可得：④有些重点大学⇒具有自己独立的实验室⇒是综合性大学。
第四步	结合④（④需先换位）①可得：有些综合性大学⇒具有自己独立的实验室⇒是重点大学⇒在大城市⇒不是医科大学。
第五步	最强的质疑，只要找到矛盾即可：所有综合性大学都是医科大学。答案为 D。

16. 答案 E

17. 答案 A

题干信息	①从周一到周六，有四个巡视员，每个人至少巡视一天。②没有人连续巡视两天。③李信在周三∨周六巡视，他还可以在其他天也巡视。④赵义不在周一巡视。⑤钱仁礼周一巡视→李信不在周六巡视。

215

(续)

	解题步骤
16题	题干给出附加条件"一周内李信仅在周三和周六巡视",联合题干信息④⑤可知:钱仁礼不在周一巡视,赵义也不在周一巡视,那么只可能是孙智在周一巡视。 | 周一	周二	周三	周四	周五	周六 | |---|---|---|---|---|---| | 孙智 | | 李信 | | | 李信 | 联合信息②,周二一定不是孙智。因此,16题选项E正确。
17题	17题题干给出附加条件,可优先考虑从附加条件入手。 ⑥钱仁礼和孙智都巡视两天,联合信息①可知,李信和赵义一周只巡视一天。 ⑦钱仁礼在周一巡视。联合信息⑤可知李信不在周六巡视,联合信息③可知李信在周三巡视。故17题答案选A。 | 周一	周二	周三	周四	周五	周六 | |---|---|---|---|---|---| | 钱仁礼 | | 李信 | | | |

18. 答案 B

	解题步骤
第一步	整理题干信息:①爱斯基摩土著人(P)→穿黑衣服(Q);②北婆罗洲土著人(P)→穿白衣服(Q);③不穿白衣服∨不穿黑衣服。
第二步	H穿白衣服,代入③,根据相容选言判断"否定必肯定"的规则可得:H不穿黑衣服。
第三步	将H不穿黑衣服代入①,否定Q可推出否定P,即H不是爱斯基摩土著人。答案选B。

19. 答案 D

题干信息	观察题干,题干得出结论的方式是综合法。		
选项	解释		结果
A	选项得出结论的方式是求同法,与题干的方式不同,排除。		淘汰
B	选项得出结论的方式是求异法,与题干的方式不同,排除。		淘汰
C	选项得出的结论为多因一果,与题干结论不一致,排除。		淘汰
D	选项得出结论的方式是综合法,与题干的方式相同,为正确答案。		正确
E	选项得出结论的方式是共变法,与题干的方式不同,排除。		淘汰

20. 答案 D

题干信息	①一个发展中国家具备有利的自然要素资源条件(M)∧实行符合国情和外部环境需要的合理的经济制度与政策(N)→能抓住机遇,实现长期较快经济增长,逐步缩小与发达国家之间的差距(Q1) ②形成在竞争中合作和共同发展局面(P)→发达国家尊重发展中国家的发展成就(Q2)

216

(续)

选项	解释	结果
A	选项=M∧¬N∧¬Q1，不能判断选项真假。	淘汰
B	选项=M∧N∧¬Q2，不能判断选项真假。	淘汰
C	选项=Q2∧¬P，不能判断选项真假。	淘汰
D	选项=M∧N∧¬Q1，与条件①矛盾，选项一定为假。	正确
E	题干不涉及"建立合作和共同发展关系"，故不能判断选项真假。	淘汰

21. 答案 D

题干信息	前提差异：欧洲和美国安全带种类的差异→结果差异：美国遭遇汽车事故的乘客所受的伤害通常比在欧洲严重。削弱时，需指出存在其他差异。

选项	解释	结果
A	选项指出存在他差，是系不系安全带的差异导致受伤害差异，削弱。	淘汰
B	选项指出存在他差，是司机接受培训的差异导致受伤害差异，削弱。	淘汰
C	选项指出存在他差，是有无安全带的差异导致受伤害差异，削弱。	淘汰
D	选项强调的是遭遇汽车事故的概率，而题干论证的是受伤的程度，不能削弱。	正确
E	选项与题干构成安全带种类的差不存在，结果受伤害的程度依然存在，就说明安全带的种类与受伤害的程度无关。	淘汰

22. 答案 B

题干信息	根据公式"除非 Q，否则 P =¬P→Q"将题干推理转化成： P：民主政体可能良好运转。→Q：选民道德∧选民明智。

选项	解释	结果
A	选项肯定题干的 Q 位，什么也推不出。	淘汰
B	选项属于¬P∨Q 的等价，能推出。	正确
C	选项否定题干的 P 位，什么也推不出。	淘汰
D	选项属于 P∨¬Q 的形式，不符合题干的等价，不能推出。	淘汰
E	选项属于 P∨Q 的形式，不符合题干的等价，不能推出。	淘汰

23. 答案 D

题干信息	前提：玩电脑游戏。→结论：改变大脑结构（即："腹侧纹状体"大）。

选项	解释	结果
A	选项不涉及"玩电脑游戏"与"改变大脑结构"的关系，无关选项。	淘汰
B	选项不涉及"大脑结构的改变"，无关选项。	淘汰

217

(续)

选项	解释	结果
C	选项不涉及"玩电脑游戏"与"改变大脑结构"的关系,无关选项。	淘汰
D	选项属于"因果不倒置"的假设,排除了"大脑结构不同"导致"玩电脑游戏"的可能性,便保证了题干的因果关系成立。	正确
E	题干不涉及"智力开发",无关选项。	淘汰

24. 答案 E

解释	前提:腐败在本质上是不可能测量的(¬Q)。 搭桥:只有腐败本质上可以测量,才能构建严格的社会科学。(E 选项) 结论:考察腐败不能构建一门严格的社会科学(¬P)。 本题属于假言三段论的结构,只需按规则补前提即可。

25. 答案 D

题干信息	①m 和 n 是两个不同的逻辑值,可得:m→¬n;n→¬m。 ②m∧m(P)→m(Q)。 ③(m∧n)∨(n∧n)(P)→n(Q)。

选项	解释	结果
A	和为 n 代入③中,肯定 Q 位,什么也推不出。代入①中推出¬m,代入②否定 Q 推出否定 P,至少有一个不是 m。	淘汰
B	和为 m 代入②中,肯定 Q 位,什么也推不出。	淘汰
C	和为 m 代入①中推出¬n,代入③否定 Q 推出否定 P,可得,(¬m∨¬n)∧(¬n∨¬n)。因此选项可能为真,有可能两个都不是 n。	淘汰
D	和为 n 代入①中推出¬m,代入②中否定 Q 推出否定 P,至少有一个不是 m。	正确
E	和不是 m 代入②,可得至少有一个不是 m,得不出至少有一个是 n。	淘汰

26. 答案 B

题干信息	今年油价不小幅下跌(P1)→今年油价持续上涨(Q1/P2)→有人放弃开车而选择公共交通(Q2/P3)→北京的雾霾会有很大改善(Q3)。

选项	解释	结果
A	选项=¬P2→¬Q2,和题干信息表达不一致。	淘汰
B	选项=¬Q3→¬P1,根据假言判断逆否等价,表述一定为真。	正确
C	选项=¬Q3→P1,和题干信息表达不一致。	淘汰
D	选项=Q2→P2,和题干信息表达不一致。	淘汰
E	注意题干是"有人",无法判断具体有多少人,推不出"大部分人"。	淘汰

逻辑模拟试卷（十九）答案与解析

27. 答案 E

题干信息	题干结论：火山喷发→使全球气温降低。	
选项	解释	结果
A	选项属于"有因无果"的削弱。	淘汰
B	选项不涉及"全球气温是否降低"，无关选项。	淘汰
C	选项的范围仅限于"火山区的气温"，很难说明"全球气温如何变化"。	淘汰
D	选项不涉及"全球气温是否降低"，无关选项。	淘汰
E	选项直接建立"火山喷发→减少太阳对地表的辐射→延缓全球变暖"的论证关系，直接支持结论。	正确

28. 答案 D

题干信息	① 锁定问题"以下哪项如果为真最能说明上述调整有助于增加收入"； ② 可以发现调整前后只在停留时间小于四小时的时段内有差别，并且新标准为在前四个小时任意时间段停车费均为四元，旧标准为前两个小时任意时间段为两元，三到四小时递增。	
选项	解释	结果
A	短途旅游无法确定停车时间长短，不涉及新旧标准之间的比较。	淘汰
B	停车场容量增加对新旧标准来说是一样的，也不涉及新旧标准之间的比较。	淘汰
C	收入和成本的比较，也不涉及新旧标准。	淘汰
D	涉及时间段，如果大多数车不超过两小时，对这部分车实行的新收费标准要比旧收费标准收取更多的费用。	正确
E	不涉及新旧标准的比较。	淘汰

29. 答案 A

30. 答案 C

| 题干信息 | ① 民营企业代表的座位是连着的，即任何一个民营企业代表的邻座，至少有一位是另一个民营企业代表。国有企业代表的座位也是如此。② 没有一个民营企业代表和国有企业代表邻座。③ T 的座位是东南角。④ J 的座位在北排的中间。⑤ 如果 T 和 X 邻座，则 T 不和 L 邻座。

可作图如下： |

(续)

	解题步骤
29题	由上图可知，正北方是 J（民企代表），根据②可知西北角一定不是国企代表，故 A 一定为假。
| 30题 | 根据 Y 比 L 更靠南，但比 T 更靠北，可作图如下：<br><br>```
         U      J  北       L
              ┌─────────┐
          西  │         │  东
              │ Y       │
              │         │
              └─────────┘
             X/Z   Z/X  南   T
```<br>由图可知，T 和 X 可能相邻，而非一定相邻。因此答案选 C。 |
```

逻辑模拟试卷（二十）答案与解析

序号	答案	知识点与考点	序号	答案	知识点与考点
1	E	形式逻辑—假言判断	16	B	论证逻辑—削弱
2	D	形式逻辑—假言判断	17	D	论证逻辑—解释
3	B	形式逻辑—结构相似	18	D	分析推理—排序
4	E	分析推理—数据分析	19	C	分析推理—排序
5	C	论证逻辑—对话焦点	20	D	论证逻辑—解释
6	D	形式逻辑—假言判断	21	A	论证逻辑—假设
7	E	论证逻辑—支持	22	E	论证逻辑—逻辑漏洞
8	B	论证逻辑—削弱	23	A	分析推理—对应
9	D	论证逻辑—削弱	24	B	分析推理—真话假话
10	A	分析推理—分组	25	A	论证逻辑—支持
11	E	论证逻辑—削弱	26	E	论证逻辑—削弱
12	D	分析推理—真话假话	27	A	论证逻辑—假设
13	D	论证逻辑—削弱	28	E	论证逻辑—削弱
14	B	论证逻辑—支持	29	D	分析推理—对应
15	A	论证逻辑—解释	30	E	分析推理—对应

1. 答案 E

题干信息	防范金融风险(P1)→实现法制金融(Q1/P2)→克服立法不全、执法漏洞、监督不力等阻力和障碍(Q2/P3)→加快金融立法步伐、强化监督、深化金融法治教育(Q3)。	
选项	解释	结果
A	选项=Q2→P1，不符合假言判断推理规则，故可能为真。	淘汰
B	选项=¬P2→¬Q3，不符合假言判断推理规则，故可能为真。	淘汰
C	选项=Q3→P3（Q，否则不P=P→Q），不符合假言判断推理规则，故可能为真。	淘汰
D	选项=Q2→P2，不符合假言判断推理规则，故可能为真。	淘汰
E	选项=P1→Q3，符合假言判断推理规则。	正确

2. 答案 D

题干信息	①马西西：爱奇葩公司盈利∧股票没上涨（P1）→人民币贬值（Q1）。 ②罗胖胖：爱奇葩公司进出口的数额持续加大（P2）→人民币就会升值（Q2）。 ③蔡团团：爱奇葩公司持续进行产业结构升级（P3）→进出口贸易数额将会持续加大（Q3）。

· 221 ·

（续）

题干信息	联合条件③②①可得条件④：爱奇葩公司持续进行产业结构升级（P3）→进出口贸易数额将会持续加大（Q3/P2）→人民币就会升值（Q2）（即：人民币不会贬值=¬ Q1）→爱奇葩公司没盈利∨股票上涨（¬ P1）。		
选项	解释		结果
A	选项=爱奇葩公司持续进行产业结构升级（P3）→爱奇葩公司没盈利（¬ P1 的一个肢判断）；"或"判断为真时，存在三种可能，谁真不知，因此，选项为可能真。		淘汰
B	选项=人民币升值（Q2）（即：人民币不会贬值=¬ Q1）→爱奇葩公司没盈利∨股票上涨（¬ P1），满足条件①逆否等价原则，因此，选项为一定真。		淘汰
C	选项=（爱奇葩公司没有盈利∨股票上涨）（¬ P1）∧进出口贸易数额将持续加大（Q3/P2），结合条件④可知，属于肯前且肯后，选项不与题干矛盾，因此，选项为可能真。		淘汰
D	选项=爱奇葩公司持续进行产业结构升级（P3）∧（爱奇葩公司盈利∧股票没有上涨）（P1）。满足条件④肯前且否后，选项与题干矛盾，因此，选项一定假。		**正确**
E	人民币不会升值（¬ Q2）→爱奇葩公司没盈利（¬ P1 的一个肢判断）。根据条件④可知，属于否前什么也推不出，因此，选项为可能真。		淘汰

3. 答案 B

题干信息	整理题干推理，P→Q，因为 M 知道 N 是 Q，所以 M 知道 N 是 P。考生注意，此处 M 未必知道 P→Q。	
选项	解释	结果
A	选项推理，所有人都知道 P→Q，因为 M 知道 N 是 Q，所以 M 知道 N 是 P。选项干扰性很大。考生注意，有前提"所有人都知道"，那么 M 自然知道。	淘汰
B	选项推理，P→Q，因为 M 知道 N 是 Q，所以 M 知道 N 是 P。考生注意，此处 M 未必知道 P→Q。与题干推理一致。	**正确**
C	选项不涉及假言推理，显然与题干推理不一致。	淘汰
D	选项推理，P→Q，因为 P，所以 Q。与题干推理不一致。	淘汰
E	选项推理，P→Q，因为¬Q，所以¬P。与题干推理不一致。	淘汰

4. 答案 E

	解题步骤				
第一步	根据题干阐述可画表格如下：				
^		①	②	③	④
^	男	南方（A）	北方（B）	南方（C）	北方（D）
^	女	北方（A）	南方（B）	南方（C）	北方（D）
^	已知信息为：2015 年，却有比南方女人更多的南方男人与北方人结了婚，即 A>B。				

逻辑模拟试卷（二十）答案与解析

（续）

	解题步骤
第二步	Ⅰ中与南方人结婚的北方女人＝A，与南方人结婚的北方男人＝B，故一定为真。 Ⅱ中与南方人结婚的女人＝A+C，与南方人结婚的男人＝B+C，故一定为真。 Ⅲ中与北方人结婚的男性＝A+D，与北方人结婚的女性＝B+D，故一定为真。 答案选 E。

5. 答案 C

	解题步骤
第一步	整理二者的论证结构。 张教授：前提：和谐的本质是多样性的统一，没有完全一样的物种。→结论：克隆人是破坏社会和谐的一种潜在危险。 李研究员：①一个人和他的克隆人复制品是不完全相同的；②把克隆复制品当自己的活"器官银行"→破坏社会和谐。
第二步	分析二者论证结构。考生注意，对话焦点题中甲和乙的争论焦点题，如果乙的论证中没有"我不同意""你的观点不对""恐怕不是这样"等，乙很可能反驳的就是甲的假设。分析张教授隐含的假设：①一个人和他的克隆人复制品是完全相同的；②克隆人通过破坏多样性破坏了社会和谐。此时便可发现二者争论的焦点有两个：第一，一个人和他的克隆复制品是否完全相同；第二，克隆人究竟是利用破坏多样性破坏了社会和谐，还是人们把克隆复制品当自己的活"器官银行"破坏了社会和谐。观察选项可知，答案选 C。考生注意，A 选项迷惑性较大，请仔细理解前面的分析。

6. 答案 D

题干信息	高中毕业生（P）→想考上一所重点大学∧选择一个自己心仪的专业（Q）	
选项	解释	结果
A	选项为真，"所有 P 都 Q"等于"如果 P，那么 Q"，推论为真。	淘汰
B	选项不涉及"心仪专业"的相关信息，故可能为真。	淘汰
C	选项不涉及"心仪专业"的相关信息，故可能为真。	淘汰
D	选项属于 P∧¬Q 的形式，与题干矛盾，一定为假。	**正确**
E	"重点专业"不等于"心仪专业"，故选项可能为真。	淘汰

7. 答案 E

题干信息	题干观点：伤害自己的同时也会伤害到别人。	
选项	解释	结果
A	选项与题干观点相冲突，削弱题干观点。	淘汰
B	选项指出伤害自己能够给别人带来好处，与题干观点相冲突。	淘汰

· 223 ·

（续）

选项	解释	结果
C	选项与题干观点无关，不涉及是否"伤害自己"。	淘汰
D	选项直接指出伤害自己对他人的影响小，与题干观点相冲突。	淘汰
E	选项与题干观点一致，说明伤害自己会给他人造成伤害。	正确

8. 答案 B

题干信息	前提：缺乏锻炼，而不是摄入过多的热量。→结论：导致肥胖。 根据题干结论的"导致"可确定本题属于因果关系型题目。因：缺乏锻炼。→果：肥胖。

选项	解释	结果
A	选项支持题干论证，如果肥胖者的食物摄入平均量总体上和正常体重者基本持平，那就说明不是因为摄入过多的热量导致肥胖。注意，"肥胖者中有人在节食"并不能改变"肥胖者的食物摄入平均量总体上和正常体重者基本持平"这一事实。	淘汰
B	选项指出是因为肥胖导致的缺乏锻炼，属于因果倒置的削弱，割裂题干论证关系，削弱力度很强。	正确
C	选项指出，有些人不是缺乏锻炼导致的肥胖，属于无因有果的削弱，但此时度词"有的"就降低了削弱的强度，故不如 B 选项。考生注意，削弱时一般不选"有些"。	淘汰
D	选项指出，锻炼会增加食物摄入量，但是否会导致"肥胖"，不得而知。	淘汰
E	选项强调的是"节食和健康"的关系，而题干强调的是"缺乏锻炼和肥胖"的关系，无关选项。	淘汰

9. 答案 D

	解题步骤
第一步	整理题干论证关系。前提：①一场比赛中一个球员只能一个身份，不能改变；②6个前锋，7个后卫，5个中卫，2个守门员。→结论：上场球员共20名。
第二步	分析题干论证关系。考生注意，题干前提强调的是 20 个身份，结论强调的是 20 个球员，此时虽然规定一场比赛中的身份不能改变，但却忽视了不同场次的比赛中身份是可变化的可能，也就是如果身份之间是可重合，或者是可变化的，那么上场的人员就不会是 20 个人了。D 选项直接针对论证关系进行质疑，力度最强。E 选项仅仅针对背景信息进行质疑，力度较弱；B 选项干扰性较大，B 虽然能削弱，但也没有针对论证关系进行质疑，故力度不如 D。

10. 答案 A

题干信息	①六人中选取三人；②赵、孙至少一个；③张、周至少一个；④孙、李都不与张同时入选。
第一步	从问题给的条件"周没被选上"出发，根据条件③可知张被选上，再根据条件④可知孙和李都不入选。
第二步	根据条件①可知，六人中入选的是赵、张、吴。答案选 A。

逻辑模拟试卷（二十）答案与解析

11. 答案 E

题干信息	前提：高效节能措施→结论：工业的能源总耗用量下降		
选项	解释		结果
A	使用原料价格的降低，未必带来的能耗就低，不能削弱。		淘汰
B	"总居民能耗"与"工业能耗"无关，不能削弱。		淘汰
C	"保存能量"与"工业能耗"不能混淆，不能削弱。		淘汰
D	工业增长的速度慢，未必带来的能耗就低，不能削弱。		淘汰
E	选项直接指出存在他因，是由于能源密集型部门的产量下降导致工业的能源总能耗下降，而与节能措施无关。		正确

12. 答案 D

题干信息	①红衣服女会计≥5 ②男生→会计 ③红衣服∨男会计 ④有的男生不是会计 ⑤男会计∨不穿红衣服 ⑥红衣服女会计≥7 六句话中三真三假。
解题步骤	
第一步	找句子之间的关系。 ②和④是矛盾关系，必然一真一假； ③和⑤是至少一真的关系，可能一真可能两真； 结合前两组关系，并且六句话三真三假，可得①和⑥最多一真。
第二步	条件①和⑥最多一真可知，条件⑥一定为假，因此红衣女会计不足7人。答案选D。

13. 答案 D

题干信息	前提：某地区共有7名"禽流感"患者死亡，同时也有10名一般流感患者死亡。结论："禽流感"的致命性并不比一般流感更强。
解题步骤	
第一步	分析前提和结论：论证前提是因禽流感和一般流感而死亡的人数之间的比较，论证结论是禽流感和一般流感致命性之间的比较。
第二步	考生注意，在逻辑上一定要区分相对量和绝对量。一般衡量危险与否，衡量满意度等概念时需要用到相对量，即我们平常所理解的一个"率"的问题。
第三步	结论中"致命性"的强弱应该用相对量来衡量，即"死亡人数/感染人数"。
第四步	要削弱题干结论只需要指出"禽流感"和"一般流感"感染人数差异很大即可。
结 果	答案为D。

14. 答案 B

题干信息	气候周期派的观点：地球气候主要由太阳活动决定，全球气候变暖已经停止，目前正处于向"寒冷期"转变的过程中。	
选项	解释	结果
A	支持"全球气候变暖已经停止"这一观点。	淘汰
B	与气候周期派的观点无关，考生注意，"暴雨"和"洪水"都属于自然灾害，与全球变暖未必有必然的因果关系。	正确
C	支持"目前正处于向'寒冷期'转变的过程中"这一观点。	淘汰
D	通过"大堡礁面积目前正在扩大"来支持"全球气候变暖已经停止"这一观点。	淘汰
E	通过"海平面下降，被淹没的岛屿浮出水面"来支持"全球气候变暖已经停止"这一观点。	淘汰

15. 答案 A

题干信息	解释对象：亚洲西南部的人类。 解释的现象：尽管早期农作物提供的营养远不如猎物，但农耕人群并没有因此退回狩猎。	
选项	解释	结果
A	亚洲西南部拥有农耕所需要的自然条件，但拥有自然条件与是否要从事相关农耕活动二者之间未必有必然的因果关系，因此选项不能解释。	正确
B	选项指出农耕更为稳定，也较少危险，指出了农耕与狩猎相比的优势，合理的他因解释。	淘汰
C	选项指出了狩猎的不足，解释了农耕人群为什么没有退回狩猎。	淘汰
D	农耕带来的营养不良没有引起人们的注意，解释了农耕人群为什么没有退回狩猎。	淘汰
E	可以解决农耕带来的营养不良，解释了农耕人群为什么没有退回狩猎。	淘汰

16. 答案 B

题干信息	前提：没有完成的工作等行为与这些繁忙发生之前一样的多。 结论：人们一定没有他们声称的那样忙。	
选项	解释	结果
A	选项不能削弱，题干论证的是声称的忙与实际的忙是否一致，而没有论证忙能否代表地位。	淘汰
B	选项直接削弱题干论证关系，考生试想，题干论证要想成立，必须保证现在的工作数量能够反映人们繁忙程度，选项直接削弱假设，是最强的削弱。	正确
C	选项支持题干论证，人们还有时间讨论繁忙的话题，就意味着事实上没有那么忙。	淘汰

逻辑模拟试卷（二十）答案与解析

（续）

选项	解释	结果
D	选项支持题干论证，如果人们所做的事情与繁忙前一样，那就说明人们实际上并没有那么忙。	淘汰
E	选项支持题干论证，人们还有闲暇时间，说明没有声称的那么忙。	淘汰

17. 答案 D

题干信息	其他动物用左手和右手的各占一半，而狗总是用右爪子与人"握手"。	
选项	解释	结果
A	选项不能解释，题干论证的是狗与其他动物在使用爪子时的差别，不涉及狗自身行为的比较。	淘汰
B	选项不能解释，题干不涉及"前爪子"。	淘汰
C	选项不能解释，题干论证的是狗与其他动物在使用爪子时的差别，不涉及狗和人的比较。	淘汰
D	选项能解释，考生试想，现实生活中右撇子居多，狗受到训练者的影响而经常使用右爪子，就直接指出了狗和其他动物是由于训练的差异导致经常使用左手和右手的差异。	正确
E	选项同C选项类似。	淘汰

18. 答案 D

19. 答案 C

题干信息	七位同学甲、乙、丙、丁、戊、己和庚排队买演唱会门票，这七位同学恰好或者来自一班或者是二班，且每个班不超过4人。已知以下信息： （1）同班同学都互不相邻； （2）庚在2号位置； （3）戊身后至少有一位同班同学； （4）庚丙同班； （5）庚在丙之前→丙在4号位置。
解题步骤	
第一步	分析可知七位同学中一个班有三人，一个班有四人，且同班同学互不相邻，则一个班的同学占据1、3、5、7四个奇数位置，另一个班的同学占据2、4、6三个偶数位置。
第二步	观察发现，条件(2)、(4)、(5)中重复出现了庚，可优先考虑从"庚"入手。由于庚在2号位置，庚和丙同班，则丙只能在4和6，联合(5)可推出丙在4号位置。
18题	戊身后至少有一位同班同学，说明戊不在6号位置，也不在7号位置，戊和庚不是同班，由第二步可知戊不在2号位置和4号位置。故答案为D。
19题	庚和戊的间隔数等于庚和甲的间隔数，庚在2号位置，此时甲和戊分别在1号和3号位置，顺序不定。排除A、B、D选项，答案为C。

20. 答案 D

题干信息	要解释的矛盾:"①中国制造的成本接近美国;②中国的人力成本有所上升"与"中国工人的收入明显低于美国同行业工人的收入"二者之间的矛盾。	
选项	解释	结果
A	选项不能解释,物价水平与收入水平无关。	淘汰
B	选项不能解释,如果转向印度或东南亚国家,那么就不属于中国制造,就无法比较收入水平的高低。	淘汰
C	选项干扰性很大,考生注意,利润不等于利润率,利润依赖于销售业绩;再者题干需要解释的工人的收入更直接的与总成本支出相关,工人收入减少,最好的解释应该是其他成本上升,因此力度不如 D 项。	淘汰
D	选项直接指出他因解释,是由于固定资产成本和能源成本上升才导致收入的差异。	正确
E	选项干扰性很大,考生注意,针对中国的关税税率增加,那针对美国的呢?	淘汰

21. 答案 A

	解题步骤
第一步	考生注意题干中"但是"后面为主论证。 ①前提:热带草原居住过史前人类,类人猿只生活在森林中。 ②结论:热带草原居住过的只能是史前人类而不是类人猿。
第二步	分析题干论证。前提中显然还缺乏一个假设,即热带草原和森林不会变化,若会变化,则类人猿是可能生活在热带草原的,就不一定能得出结论"热带草原居住过的只能是史前人类"。答案选 A。本题属于假设没有他因的思路。

22. 答案 E

	解题步骤
第一步	前提:每天练习投篮 3 小时以上 $\land$ 命中至少 500 个三分球(P)→成为伟大的射手(Q)。 记者的推理:成为伟大的射手(P)→每天练习投篮 3 小时以上 $\land$ 命中至少 500 个三分球(Q)。
第二步	分析记者的推理可发现,记者其实犯了"混淆充分必要条件"的谬误,也就是把必要条件当作了充分条件,描述缺陷可直接指出"存在有的 Q $\land \neg$ P 即可",也就是存在有的伟大的射手,没有练习投篮 3 小时以上或者没有命中至少 500 个三分球。因此答案选 E。

23. 答案 A

题干信息	①小陈、一位工人和睡在下铺的旅客;②小高不是推销员;③小郝也不是军人;④睡上铺的不是推销员;⑤睡中铺的不是小高;⑥小郝的车票不是上铺。

逻辑模拟试卷（二十）答案与解析

（续）

	解题步骤
第一步	根据题干信息，可作表如下：<table><tr><th>上铺</th><th>中铺</th><th>下铺</th></tr><tr><td>不是小郝</td><td>不是小高</td><td>不是小陈</td></tr><tr><td>不是推销员</td><td></td><td>不是工人</td></tr></table>由于题干信息均属于否定形式，无法确定得出结论，只能采取逐一假设法。
第二步	由于上铺不是小郝，小郝只能是中铺和下铺，那么可假设小郝是中铺，则可作表如下：<table><tr><th>小郝</th><th>中铺</th><th>推销员</th></tr><tr><td>小陈</td><td>上铺</td><td>工人</td></tr><tr><td>小高</td><td>下铺</td><td>军人</td></tr></table>与题干信息①矛盾，因此小郝只能睡下铺。
第三步	由于小郝只能睡下铺，可作表如下：<table><tr><th>小郝</th><th>下铺</th><th>推销员</th></tr><tr><td>小陈</td><td>中铺</td><td>军人</td></tr><tr><td>小高</td><td>上铺</td><td>工人</td></tr></table>与题干信息均不矛盾。因此答案选 A。

24. 答案 B

题干信息	①丙被聘用；②甲被聘用；③甲被聘用∧丙被聘用；④甲被聘用→乙被聘用∨丁被聘用。

	解题步骤
第一步	根据题干只有一个为假可知，如果①为假，那么③一定为假，如果②为假，那么③一定为假，因此①和②均不能为假，可得：丙被聘用，甲被聘用。
第二步	由此可知，③为真，④为假，则可得：甲被聘用∧乙没被聘用∧丁没被聘用为真，因此答案选 B。

25. 答案 A

题干信息	研究者的观点：白噪音未必能改善睡眠，持续的白噪音会对睡眠造成影响。	
选项	解释	结果
A	选项涉及的是"白噪音对人生活甚至是生命造成的威胁"，与题干结论无关。	正确
B	选项直接说明，白噪音会影响人们的睡眠，直接支持研究者的观点。	淘汰
C	选项直接说明，白噪音会影响人们的睡眠，直接支持研究者的观点。	淘汰
D	选项直接说明，白噪音会影响人们的睡眠，直接支持研究者的观点。	淘汰
E	选项直接指出"无因无果"的支持，说明白噪音不利于人们睡眠。	淘汰

26. 答案 E

题干信息	结论：煤矿主对安全生产给予足够的重视（P）→能有效地遏制矿难事故的发生（Q）。	
选项	解释	结果
A	选项直接支持，没有落到实处却也减少了矿难死亡人数。	淘汰
B	选项属于他因削弱，是由于国家投入加大使得矿难死亡人数减少，但由于对象不是"煤矿主"，故削弱力度弱。	淘汰
C	选项属于他因削弱，说明是由于关闭非法小煤矿使得矿难死亡人数减少，但由于没有否定安全生产这个本因，故削弱力度弱。	淘汰
D	选项与题干论证无关。	淘汰
E	选项说明 $P \land \neg Q$，直接割裂关系，说明矿难死亡人数减少与安全生产无关，削弱力度最强。	正确

27. 答案 A

题干信息	前提：汽车在开着发动机不行驶的状态下，每分钟所排出的尾气比在其他任何行驶状态下排出的尾气都多。→结论：减少汽车行驶里程不能减少总的污染水平。	
选项	解释	结果
A	选项直接符合题干假设搭桥的思路，考生试想，前提是不行驶状态下每分钟的尾气排放量增加，结论是减少行驶里程却不能减少总的污染水平，因此就需要建立减少行驶里程减少的尾气排放量至少和不行驶状态下增加的量一样的关系，否则结论就不可能成立。	正确
B	选项过度假设，不必保证开着发动机而不行驶的状态的时间一定比其他方式长，只需要增加的量至少和减少的量一样多就行。	淘汰
C	选项直接削弱题干论证，表明存在他因，说明是由于通过大桥的汽车量小导致空气污染水平没有受显著影响，因此通过减少汽车行驶里程来减少总的污染水平的方法可行。	淘汰
D	选项论证范围无关。题干并未讨论解决空气污染的最有效办法是什么，而是讨论通过减少汽车行驶总里程的方法来降低总污染水平的方法是否可行。	淘汰
E	选项不必假设。司机不在收费站排队而改变路线，导致行驶里程随之发生变化。行驶里程可能变多也可能变少，因此造成的尾气污染是变多还是变少也就无法确定了。	淘汰

28. 答案 E

| 题干信息 | 整理题干论证。前提：科学家无法准确地预测日常天气。→结论：科学家对核冬季的预测也不可信。

分析论证可知，题干对"日常天气"与"核冬季"进行类比，削弱时的一般思路是说明类比的对象不具有可比性。 |

(续)

选项	解释	结果
A	如果数据一致,那么说明类比的对象具有可比性,支持。	淘汰
B	选项支持背景信息。	淘汰
C	选项支持背景信息。	淘汰
D	可信度具有可比性,那么说明类比的对象具有可比性,支持。	淘汰
E	选项说明类比的对象不具有可比性,"核冬季"相对于剧烈天气变化具有可比性,而并非是日常天气,削弱论证关系,是最强的削弱。	正确

29. 答案 D

30. 答案 E

题干信息	①每人借阅一本或两本,每本书至多两人借阅。 ②张明没有借阅《围城》或者王林没有借阅《白鹿原》→刘华就不会借阅《平凡的世界》。 ③刘华借阅《平凡的世界》→张明就会借阅《白鹿原》并且王林借阅《围城》。 ④三人中有两人借阅《平凡的世界》,并且《围城》和《白鹿原》都有人借阅。
解题步骤	
29题	题干没有确定的信息,重复的信息是"刘华借阅《平凡的世界》",在信息②中属于否定Q位,在信息③中属于肯定P位,因此可优先考虑从"刘华借阅《平凡的世界》"出发。若"刘华借阅《平凡的世界》",结合②和③可得,张明会借阅《白鹿原》和《围城》,王林会借阅《白鹿原》和《围城》,此时张明和王林都已经借阅了2本,无法再借阅,无法满足有两个人借阅《平凡的世界》,矛盾,故刘华一定没有借阅《平凡的世界》。因此29题答案选D。
30题	由上一题可知,刘华一定没有借阅《平凡的世界》,结合信息④可知,张明和王林一定借阅了《平凡的世界》,因此刘华和张明、刘华和王林借阅的图书不可能都相同,因此30题答案选E。

逻辑模拟试卷（二十一）答案与解析

序号	答案	知识点与考点	序号	答案	知识点与考点
1	E	形式逻辑—假言判断	16	C	分析推理—分组
2	C	形式逻辑—直言判断	17	B	论证逻辑—对话焦点
3	E	论证逻辑—支持	18	D	形式逻辑—结构相似
4	C	分析推理—对应	19	B	论证逻辑—推结论
5	B	论证逻辑—支持	20	C	论证逻辑—削弱
6	D	形式逻辑—假言判断	21	B	形式逻辑—结构相似
7	E	论证逻辑—假设	22	C	分析推理—排序
8	E	分析推理—排序	23	B	论证逻辑—定义
9	A	分析推理—排序	24	C	论证逻辑—解释
10	A	论证逻辑—逻辑漏洞	25	D	论证逻辑—支持
11	D	论证逻辑—支持	26	E	分析推理—排序
12	D	分析推理—数据分析	27	C	分析推理—排序
13	D	论证逻辑—假设	28	A	形式逻辑—假言判断
14	B	论证逻辑—支持	29	D	分析推理—对应
15	C	形式逻辑—结构相似	30	C	分析推理—对应

1. 答案 E

	解题步骤
第一步	① 小王被提名→小张跳槽到其他公司→小赵被提名 ② 小王不被提名→小赵被提名
第二步	①②构成了两难推理。P→Q，¬P→Q，那么可以推出 Q。因此，小赵一定被提名，因此答案选 E。

2. 答案 C

题干信息	①不孝顺父母→不品德高尚＝品德高尚→孝顺父母 ②总是为他人着想→不以自我为中心 ③缺乏社会化训练→以自我为中心 ④有的缺乏社会化训练⇒品德高尚

	解题步骤
第一步	"上述发现"共有四个信息，要削弱可先尝试从题干信息中联合推出结论，再削弱。

逻辑模拟试卷（二十一）答案与解析

（续）

	解题步骤
第二步	联合①和④，根据"首尾相连、从'有的'出发"的原则，可得：⑤有的缺乏社会化训练⇒品德高尚⇒孝顺父母。
第三步	联合②和③，根据首尾相连的原则，可得：⑥缺乏社会化训练→以自我为中心→不总是为他人着想。
第四步	根据"首尾相连、从'有的'出发"的原则，可得：⑦有的孝顺父母⇒品德高尚⇒缺乏社会化训练⇒以自我为中心⇒不总是为他人着想。（提示⑤需先换位）
第五步	C 选项恰好与⑦矛盾，最能削弱题干。因此答案选 C。

3. 答案 E

题干信息	前提：早期人类的骸骨清楚地显示他们比现代人更少有牙齿方面的问题。 结论：早期人类的饮食很可能与今天的非常不同。	
选项	解释	结果
A	质疑题干前提，说明早期人类的牙齿问题比现代人多。	淘汰
B	饮食的种类不能代表饮食的不同，即便种类相同，也存在很多种不同的饮食组合，更不能说明与牙齿的关系，不能加强。	淘汰
C	题干只能说明早期人类的牙齿与寿命有关，与饮食是否有关无法判断，不能加强。	淘汰
D	选项能加强题干论证，但是力度不如 E 项。考生试想健康的饮食能保证健康的牙齿，那么如何知道现代人的饮食一定比早期人类的饮食更健康呢？再者，不健康的饮食牙齿是否一定不健康呢？因此选项片面，不如 E 项。	淘汰
E	题干前提强调的是"牙齿问题的差异"，结论强调的是"饮食的差异"。E 选项属于假设搭桥的思路，最强的支持。	正确

4. 答案 C

	解题步骤
第一步	本题是一道一一对应的题目，画表格来做较为简单。根据题干已知信息，填表： |	打字员	健身教练	医生	幼儿园教师	售货员 | |---|---|---|---|---|---| | 李娜 | × | × | | | × | | 周晨 | × | × | × | | × | | 张晔 | × | | | × | | | 赵静 | × | | × | | × | | 王爽 | | | | | × |

· 233 ·

(续)

	解题步骤					
第二步	根据一一对应原则，得出带色字信息：					
		打字员	健身教练	医生	幼儿园教师	售货员
	李娜	×	×	√	×	×
	周晨	×	×	×	√	×
	张晔	×	×	×	×	√
	赵静	×	√	×	×	×
	王爽	√	×	×	×	×
	因此，李娜是医生，周晨是幼儿园教师，张晔是售货员，赵静是健身教练，王爽是打字员。答案选 C。					

5. 答案 B

题干信息	反对者的看法：数学能力没有天赋，只能是文化的产物。	
选项	解释	结果
A	选项削弱反对者的看法，指出数学能力很可能就是天赋。	淘汰
B	选项指出了原始部落的居民"没有文化（无因），因此没有数学天赋（无果）"，直接说明数学天赋是文化的产物，支持力度较强。	正确
C	选项指出部分动物经过训练能处理数学问题，无法证明其是否有数学能力的天赋，无法支持。	淘汰
D	选项削弱反对者的观点，数学是大脑的产物，大脑已被基因预设，也就是说数学是有天赋的。	淘汰
E	选项直接说明，数学是有天赋的，削弱反对者的观点。	淘汰

6. 答案 D

	解题步骤
第一步	符号化题干信息： ① 1 号转→2 号转∧5 号停。 ② 2 号转∨5 号转→4 号停。 ③ 3 号转∨4 号转。 ④ 5 号停→6 号转。 ⑤ 1 号转（确定信息）。
第二步	将确定信息⑤"1 号转"代入条件①中，可得"2 号转∧5 号停"，将其代入条件②中，可得"4 号停"，将其代入条件③中，可得"3 号转"；根据新得出的确定信息"5 号停"代入到条件④中可知"6 号转"。此时，1 号、2 号、3 号、6 号转动，答案选 D。

逻辑模拟试卷（二十一）答案与解析

7. 答案 E

解题步骤	
第一步	整理题干论证。前提：阿斯帕拓麻不能减少含糖量高的食品摄入。→结论：阿斯帕拓麻不能减少热量摄入。
第二步	分析题干论证。题干显然需要"搭桥"建立论证关系，也就是建立"含糖量高的食品"和"热量"的关系，观察选项可知，答案选 E。

8. 答案 E

题干信息	①丁___甲（跨度=3）。 ②丙___ ___乙（跨度=4）。 ③戊第二个完成（确定信息）。

解题步骤	
第一步	联合条件②③可知，丙和乙有两种可能： 第一种可能如下表所示，如果丙是第一个完成，乙是第四个完成。 <table><tr><td>1</td><td>2</td><td>3</td><td>4</td><td>5</td><td>6</td></tr><tr><td>丙</td><td>戊</td><td></td><td>乙</td><td></td><td></td></tr></table> 再结合条件①可知，丁是第三个完成，甲是第五个完成，故己是第六个完成，列表如下： <table><tr><td>1</td><td>2</td><td>3</td><td>4</td><td>5</td><td>6</td></tr><tr><td>丙</td><td>戊</td><td>丁</td><td>乙</td><td>甲</td><td>己</td></tr></table>
第二步	第二种可能如下表所示，如果丙是第三个完成，则乙是第六个完成，结合条件①可知，丁与甲隔着1项工作，无法满足，故此种可能排除。 <table><tr><td>1</td><td>2</td><td>3</td><td>4</td><td>5</td><td>6</td></tr><tr><td></td><td>戊</td><td>丙</td><td></td><td></td><td>乙</td></tr></table>
第三步	综上所述，己是第六个完成。故正确答案为 E。

9. 答案 A

题干信息	①丁___甲。 ②丙___ ___乙。 ③甲和乙不相邻。

解题步骤	
第一步	由于题干和附加条件中没有确定信息，可采用假设法。
第二步	根据条件②可知，丙有三种可能： 第一种可能如下表所示，假设丙是第一个完成，乙是第四个完成，再结合条件①可知，丁是第三个完成，甲是第五个完成，此时甲、乙紧挨着，与题干条件矛盾，故此种可能排除； <table><tr><td>1</td><td>2</td><td>3</td><td>4</td><td>5</td><td>6</td></tr><tr><td>丙</td><td></td><td>丁</td><td>乙</td><td>甲</td><td></td></tr></table>

· 235 ·

(续)

	解题步骤
第二步	第二种可能如下表所示，假设丙是第二个完成，乙是第五个完成，再结合条件①可知，若丁是第一个完成，则甲是第三个完成，此时戊和己的顺序无法确定，只能确定甲在乙之前，满足题干假设；

1	2	3	4	5	6
丁	丙	甲		乙	

若丁是第四个完成，则甲是第六个完成，此时甲、乙紧挨着，与题干条件矛盾，故此种可能排除；

1	2	3	4	5	6
	丙		丁	乙	甲

第三种可能如下表所示，假设丙是第三个完成，乙是第六个完成，再结合条件①可知，丁是第二个完成，甲是第四个完成，此时戊和己的顺序无法确定，只能确定甲在乙之前，满足题干假设。

1	2	3	4	5	6
	丁	丙	甲		乙

第三步	综上所述，甲一定在乙之前。 故正确答案为 A。

10. 答案 A

	解题步骤
第一步	整理二者的论证。 王华的论证。前提：在家里吸烟只影响自己或少数人，在飞机上吸烟影响公众。结论：在高铁或其他公共场合禁止吸烟。 张丽的论证。前提：中国的烟民本身就是公众。→结论：不应该禁止在高铁或其他公共场合吸烟。
第二步	观察发现，二者论证的核心概念"公众"前后并不一致：王华论证的"公众"是一种相对的概念，是少数人和大多数人对比出来的；而张丽论证的"公众"是一种绝对的概念，是绝对数量比较出来的多数。
第三步	分析选项可知，A 选项指出绝对人数多≠公众，恰好指出了漏洞，因此答案选 A。

11. 答案 D

	解题步骤
第一步	根据"所以"找到前提和结论。前提：钢琴制造者从来不是象牙的主要消费者。结论：合成象牙的发展可能对抑制为获得最自然的象牙而捕杀大象的活动没什么帮助。
第二步	注意题干论证，不是"主要消费者"就没法抑制为获得象牙的捕杀。D 选项直接表明"主要消费者"造成了"捕杀"。
提 示	注意题干"但是"转折词，转折词后往往是重点。

逻辑模拟试卷（二十一）答案与解析

12. 答案 D

题干信息	①基于总面积计算平均亩产：A 为 1.2B。 ②基于耕种地面积计算平均亩产：A 为 0.7B。
解题步骤	
第一步	设按总面积计算 B 的平均亩产为 X = 总产量/总面积，则 A 为 1.2X。 设按耕种地面积计算 B 的平均亩产为 Y = 总产量/耕地面积，则 A 为 0.7Y。
第二步	耕地面积/总面积：对于 B 为 X/Y；对于 A 为 1.2X/0.7Y。
第三步	耕地面积占总面积比例明显 A>B，所以答案选 D。
提　示	考生需明确两个概念，耕种地亩产大于零，而休耕地亩产为零，所以休耕地会拉低总的平均亩产。从题干给出的信息可分析出：加上休耕地后 B 地区的平均亩产被拉低的幅度大，所以 B 地区休耕地的占比大，即 A 地区耕种地的占比大。答案为 D。

13. 答案 D

题干信息	根据题干中的"为了"可确定本题为方法可行类题目。目的：保护无毒蛇自己。方法：进化过程中逐步变异为和链蛇具有相似的体表花纹。		
选项	解释	结果
A	更易受到攻击，不涉及花纹是否能起到保护的作用。	淘汰
B	选项削弱了题干论证，说明是他因即（红色）保护无毒蛇，而不是题干强调的与链蛇相似体表花纹保护无毒蛇。	淘汰
C	选项与题干解释无关，考生注意，题干强调的是链蛇保护自己，而不是保护被捕食的对象。	淘汰
D	选项是必要的假设，保证方法可行，说明和链蛇具有相似的体表花纹具有保护无毒蛇的作用。	正确
E	选项不需假设，题干不涉及生存环境对于蛇的影响。	淘汰

14. 答案 B

题干信息	根据"换句话说"锁定题干的论证关系在最后一句话。 前提：智人的出现→结论：使得地球一半的大型兽类灭绝。		
选项	解释	结果
A	选项能支持，说明可能是人类狩猎能力提升，使得大型兽类数量减少。	淘汰
B	选项的态度不明确，地球气候的变化对于大型兽类的影响如何，不得而知。可能有利于大型兽类的生存，也可能不利于大型兽类的生存。	正确

· 237 ·

(续)

选项	解释	结果
C	选项能支持，说明存在人类捕杀大型动物的可能。	淘汰
D	选项直接说明，人类直接导致了大型动物的灭绝，力度很强。	淘汰
E	选项构建了"人类→减少了大型动物的食物→大型动物灭绝"，直接支持了题干的论证关系，力度最强。	淘汰

15. 答案 C

题干信息	本题属于结构相似类型题目中的推理一致型题目。整理题干推理，题干为两难推理：如果 P，那么 Q1；如果非 P，那么 Q2。		

选项	解释	结果
A	选项推理形式为：如果 P，那么 Q；如果非 P，那么非 Q。由此可知 P 既是 Q 的充分条件，又是 Q 的必要条件，属于充分必要条件，与题干不符。	淘汰
B	选项推理中，穷人和富人构成矛盾关系，诚实和不诚实也构成矛盾关系，但是穷人都诚实推不出富人都不诚实，不属于两难推理。	淘汰
C	选项推理形式为两难推理：如果 P，那么 Q1；如果非 P，那么 Q2。与题干推理相符。	正确
D	选项推理形式为：如果非 X 且 Y，则非 Z；如果 X 且 Y，则 Z。Y，梁武帝非 Z。说明萧宏非 X，与题干不一致。	淘汰
E	选项推理形式为：如果 P，那么 Q；如果非 Q，那么非 P。不属于两难推理。	淘汰

16. 答案 C

题干信息	①黑体∨楷体→篆书∧不幼圆。 ②宋体∨隶书→黑体∧不篆书。 ③6 种字体选择 3 种字体。 题干没有确定信息，根据条件③可知，需要选 3 种字体，而选项刚好列出来 3 种字体，因此属于选项充分，可优先考虑"代选项"排除的方法。		

选项	解释	结果
A	若选择黑体，根据条件①，则必须选择"篆书"，排除。	淘汰
B	若选择隶书，根据条件②，则必须选择"黑体"，排除。	淘汰
C	代入题干信息，没有产生矛盾，为正确选项。	正确
D	若选择黑体，根据条件①，则必须选择"篆书"，排除。	淘汰
E	若选择隶书，根据条件②，则必须选择"黑体"，排除。	淘汰

逻辑模拟试卷（二十一）答案与解析

17. 答案 B

解题步骤	
第一步	本题属于对话焦点题，需要首先找准二者的态度，再分析二者的论证结构。 整理二者的论证发现，二者主要是态度不一致。 张教授：立法和执法不应当排斥考虑道德因素（考生注意转折词）。 李研究员：立法和执法时，如果考虑道德因素，那么就会弱化法律对于社会的功能。
第二步	分析二者的态度发现，争论的焦点主要是在立法和执法时考虑道德因素的结果，是否会弱化法律的社会功能，因此答案选 B。D 选项迷惑性较大，但考生仔细比较会发现，D 选项不如 B 选项准确。A 选项和 C 选项淘汰，提高整个社会的道德水准只有张教授提到了，李研究员的观点中并不涉及。

18. 答案 D

题干信息	题干推理形式其一为类比推理，即用做菜肴类比抗药菌，其二考查了共变法，即数量越大，效果越好。	
选项	解释	结果
A	选项属于 P→Q，Q→M，所以 P→M。与题干推理不一致。	淘汰
B	选项属于 P→Q，因为¬Q，所以¬P。与题干推理不一致。	淘汰
C	选项仅属于共变法，不涉及类比，因此与题干推理不一致。	淘汰
D	选项用电流通过导线类比水流通过管道，管道口径的大小直接决定输送的流量，也属于共变法，因此与题干推理一致。	正确
E	选项属于 P→Q，因为 P，所以 Q。与题干推理不一致。	淘汰

19. 答案 B

题干信息	社会学家观点：不是所有降低生产成本的努力都对企业有利，即有的降低生产成本的努力对企业不是有利的。	
选项	解释	结果
A	与社会学家的观点不一致，社会学家的观点不是"不能提高职工福利"而是"对职工利益造成损害"。	淘汰
B	等同题干信息，直接概括了社会学家的观点。	正确
C	题干只强调了有的努力对企业是不利的，但究竟什么标准才算是对企业发展有益，不得而知，故选项淘汰。	淘汰
D	社会学家只是例证有些降低生产成本的努力对企业有害，并没有说明应当如何做才是合理地降低生产成本的努力。	淘汰
E	是社会学家列举的例子，而不是社会学家的论证。	淘汰

· 239 ·

20. 答案 C

题干信息	结论：阅读使人思想开放。	
选项	解释	结果
A	成为诗人的思想一般是开放的，选项支持题干中的结论。	淘汰
B	不同的道理在脑子中打架，说明阅读使人思想开放，支持。	淘汰
C	选项说明阅读使得人们更偏执，禁锢了思想，直接削弱结论。	正确
D	将自己想象成书中的人物，说明阅读使人思想开放，支持。	淘汰
E	吸引了思想不太开放的粉丝的关注，说明阅读使人思想开放，支持。	淘汰

21. 答案 B

题干信息	甲：$A→B$，$¬A→¬B$。 乙：不对！$C→D$，$C∧¬D$。	
选项	解释	结果
A	甲：$A→B$，$¬A→¬B$。 乙：不对！$C→D$，$¬C→¬D$。和题干结构不一致。	淘汰
B	甲：$A→B$，$¬A→¬B$。 乙：不对！$C→D$，$C∧¬D$。和题干结构一致。	正确
C	甲：$A→B$，$¬A→¬B$。 乙：不对！$C→D$，$D∧¬C$。和题干结构不一致。	淘汰
D	甲：$A→B$，$¬B→¬A$。 乙：不对！$C→D$，$C∧¬D$。和题干结构不一致。	淘汰
E	该选项"态度"和"态度不好"；"命运"和"命运不好"；"战略"和"战略好"；"决策"和"决策也不会好"之间不是矛盾概念，和题干结构不一致。	淘汰

22. 答案 C

题干信息	①玩具|服装（"|"表示相邻位置，"□"表示可以换位）； ②玩具≠一号货架； ③餐具|小家电（"|"表示相邻位置）； ④日化品□服装（"□"表示间隔一个）； ⑤食品□□□餐具（"□"表示间隔一个）。

解题步骤	
第一步	首先明确题型为排序题，优先考虑从跨度最大的商品入手。
第二步	联合信息③⑤可知，食品和小家电之间的跨度为6，因此，食品只能在一号架，小家电只能在六号架，如下表：

一号架	二号架	三号架	四号架	五号架	六号架
食品				餐具	小家电

逻辑模拟试卷（二十一）答案与解析

（续）

	解题步骤
第三步	根据信息④可知，日化品和服装之间的跨度为3，观察上述表格，此时日化品只能在二号架，服装只能在四号架；根据信息①可得，玩具在三号架，即：

一号架	二号架	三号架	四号架	五号架	六号架
食品	日化品	玩具	服装	餐具	小家电

因此答案选 C。

23. 答案 B

题干信息	框架效应：对于相同的事实信息，采用不同的表达方式，会使人产生不同的判断决策。一般来讲，在损失和收益方面，人们更倾向关注损失。

选项	解释	结果
A	对于"小明是否还吃面包"采用了不同的问法，并且小明做出了不同的决策；而当问到"还有半个面包，你吃吗"，小明选择吃完，体现了小明怕受损失的心理，符合框架效应的定义。	淘汰
B	两种产品的获利不同，不符合"相同的事实信息"这一定义。	正确
C	牛奶公司对于"含脂量"进行了不同的表述，让人们产生了不同的决策；而改为"脱脂量97%"后销量大涨，体现了人们更关注损失的心理，符合框架效应的定义。	淘汰
D	甲、乙客运站对于"车祸概率"的不同表述，让人们产生了不同的决策；而对于小坤选择乙客运站的行为，体现了小坤更关注损失的心理，符合框架效应的定义。	淘汰
E	该公司对于"打折力度"采用了不同表述，让人们产生了不同的决策；而"A产品先涨价后降价"的策略使得销量大涨，体现了人们更关注损失的心理，符合框架效应的定义。	淘汰

24. 答案 C

题干信息	题干现象：黄金的下跌使得装饰行业的成本大大降低，但在装饰业务没有明显降低的情况下，利润却显示为亏损。

选项	解释	结果
A	选项不能解释，即便是一小部分，也能带来成本降低，正常情况下，在业务不变时，利润应该会上升才对。	淘汰
B	选项不能解释，如果用黄金进行装饰的客户增多，那么就会带来更高的收入，进而利润也会相应地上升，无法解释为何亏损。	淘汰
C	选项指出有他因，由于将黄金用于投资，在黄金价格下跌的情况下，会导致投资收入相应下降，进而使得利润下降，能解释。	正确
D	铂金、铜材等材料的价格也下跌，那么装饰的成本也会相应下降，进而利润会上升才合理，因此选项不能解释。	淘汰
E	选项无法解释，如果房地产行业快速发展，装饰行业又很重要，那么行业发展会好，利润很可能会更大才合理。	淘汰

· 241 ·

25. 答案 D

题干信息	前提：密集管理型农业系统的推广，熊蜂数量减少，相对而言，普通蜜蜂的数量并没有明显减少。 结论：相比普通蜜蜂，农田利用方式的改变对熊蜂的生存威胁更大。		
选项	解释		结果
A	选项论证的是蜜蜂和熊蜂的采食方式，不涉及"生存威胁"，无法支持。		淘汰
B	选项论证的是蜜蜂和熊蜂储存食物的习惯不同，不涉及农田利用方式的改变对两种动物生存的威胁情况，无法支持。		淘汰
C	选项论证的是基因分异度降低更易受到寄生虫感染，不涉及农田利用方式的改变对两种动物生存的威胁情况，无法支持。		淘汰
D	选项构建了"密集型农田种植单一植物，由于熊蜂无法远距离飞行，进而影响生存，而蜜蜂却受到的影响更小"，选项直接支持题干的论证关系。		正确
E	选项直接说明农田利用方式的改变对蜜蜂的生存威胁更大，削弱了题干的结论。		淘汰

26. 答案 E

27. 答案 C

题干信息	①《喜剧之王》必须在周三上演。 ②《密室逃脱》和《流浪地球》不能连续上演。 ③《飞驰人生》必须安排在《白蛇：缘起》和《流浪地球》之前上演。 ④《疯狂外星人》和《白蛇：缘起》必须安排在连续的两天中上演。 ⑤一周7天内上演7部电影，每天上演一部电影，每部电影不能重复上演。						
解释								

	附加条件：⑥《疯狂外星人》安排在周五上演。根据题干确定信息①可知：						
26题	周一	周二	周三	周四	周五	周六	周日
			喜剧之王		疯狂外星人		
	信息③给出播放顺序符合从周一到周日的先后顺序"《飞驰人生》……《白蛇：缘起》/《流浪地球》"，由此可知周日不能是《飞驰人生》。而信息④指出，《疯狂外星人》和《白蛇：缘起》必须安排在连续的两天中上演。所以《白蛇：缘起》只能在周四或六上演。周日可以上演的就是：《流浪地球》《大黄蜂》《密室逃脱》。故26题答案选E。						
27题	27题给出了附加条件：⑥《密室逃脱》恰好安排在《白蛇：缘起》的前一天。信息③给出播放顺序符合从周一到周日的先后顺序"《飞驰人生》……《密室逃脱》《白蛇：缘起》/《流浪地球》"。而信息④指出，《疯狂外星人》和《白蛇：缘起》必须安排在连续的两天中上演。所以《疯狂外星人》只能在《白蛇：缘起》之后上演。所以可以确定如下顺序："《飞驰人生》……《密室逃脱》《白蛇：缘起》《疯狂外星人》/《流浪地球》"，所以《飞驰人生》只能在周一、二两天上演。因此联合信息①可以确定的是，《飞驰人生》被安排在《喜剧之王》之前的某一天。故27题答案选C。						

28. 答案 A

题干信息	提炼题干信息： ① 甲∨乙； ② ¬乙∨¬丙； ③ 丙∨¬乙。
	解题步骤
第一步	解题技巧：真假信息问题，若信息有真有假，则"推"变"或"，主要运用信息间的矛盾、包含、反对等关系解题；若信息都为真，则"或"变"推"，主要运用两难推理，关系传递等解题。确定本题的解题方式是后者。（考生注意该技巧，并熟练运用）
第二步	条件②：乙→¬丙＝丙→¬乙。条件③：¬丙→¬乙。根据两难推理可知"¬乙"为真，即乙不是窃贼，然后结合条件①进而可以得出：甲是窃贼。因此答案选 A。

29. 答案 D

30. 答案 C

题干信息	①李明只和其他两名运动员比赛过； ②上海运动员和其他三名运动员比赛过； ③陈虹不是广东运动员，也没有和广东运动员交过锋，辽宁运动员和林成比赛过； ④广东、辽宁和北京三名运动员都相互比赛过； ⑤赵琪只与一名运动员比赛过；张辉则相反，除了一名运动员外，与其他运动员都比赛过。
	解题步骤
第一步	根据题干信息②和⑤可得赵琪不是上海运动员，由④可得赵琪不是广东、辽宁、北京的运动员，那么赵琪只能是湖北运动员。
第二步	根据题干信息③和④可得，陈虹不是来自广东、辽宁、北京的运动员，因为如果陈虹属于这三个地区，一定跟广东运动员比赛过，又因为他不是湖北运动员，所以，陈虹是上海运动员。
第三步	由②可知，陈虹比了三场，由于陈虹是上海运动员，不能跟上海运动员比，再结合③可知陈虹与北京、辽宁、湖北的运动员比赛过。由于广东、辽宁和北京三名运动员都相互比赛过，而北京和辽宁的运动员都与陈虹比赛过，因此可知，北京和辽宁的运动员都比赛了3场，结合（1）可知李明是广东运动员。
第四步	综上所述，结合③，可知林成不是辽宁运动员，因此林成只能是北京运动员，那么剩下的张辉是辽宁运动员。由此可列表如下，（1）表示第一步，（2）表示第二步，（3）表示第三步，（4）表示第四步。 |	北京	上海	广东	辽宁	湖北
---	---	---	---	---	---
李明	×（3）	×（2）	√（3）	×（3）	×（1）
陈虹	×（2）	√（2）	×（2）	×（2）	×（1）
林成	√（4）	×（2）	×（3）	×（4）	×（1）
赵琪	×（1）	×（1）	×（1）	×（1）	√（1）
张辉	×（4）	×（2）	×（3）	√（4）	×（1）	
第五步	综上可得，第29题选 D，第30题选 C。

逻辑模拟试卷（二十二）答案与解析

序号	答案	知识点与考点	序号	答案	知识点与考点
1	E	形式逻辑—假言判断	16	C	分析推理—分组
2	B	形式逻辑—信息比照	17	C	形式逻辑—结构相似
3	C	论证逻辑—支持	18	A	形式逻辑—假言判断
4	D	论证逻辑—支持	19	D	分析推理—数据分析
5	D	分析推理—对应	20	B	分析推理—排序
6	E	分析推理—对应	21	D	形式逻辑—假言判断
7	D	形式逻辑—直言判断	22	C	分析推理—分组
8	C	分析推理—对应	23	E	分析推理—分组
9	C	形式逻辑—结构相似	24	D	论证逻辑—支持
10	A	形式逻辑—假言判断	25	B	形式逻辑—直言判断
11	A	论证逻辑—削弱	26	D	形式逻辑—结构相似
12	B	形式逻辑—假言判断	27	D	形式逻辑—直言判断
13	B	分析推理—对应	28	C	分析推理—分组
14	A	论证逻辑—解释	29	E	分析推理—对应
15	B	分析推理—分组	30	D	分析推理—对应

1. 答案 E

题干信息	①有的改革可能取得成功(P1)→人民的支持和参与(Q1)； ②人民积极支持改革(P2)→充分尊重人民意愿，形成广泛共识(Q2)； ③坚持人民主体地位，发挥群众首创精神(P3)→紧紧依靠人民推动改革开放(Q3)。

选项	解释	结果
A	选项=P2→Q2，和题干信息②表达一致。	淘汰
B	选项=P1→Q1，和题干信息①表达一致。	淘汰
C	选项=P3→Q3，和题干信息③表达一致。	淘汰
D	选项=¬Q1→¬P1，和题干信息①表达一致。	淘汰
E	选项=Q2→P2，与题干信息②不一致。	正确

2. 答案 B

解题步骤	
第一步	本题属于信息比照题，故可逐一代入选项进行验证。

· 244 ·

逻辑模拟试卷（二十二）答案与解析

（续）

	解题步骤
第二步	题干表中给出的数据可能为全部的数据，也可能不是全部的数据，因此，并不能得到必然性的结论。因此，排除选项 A、C、D、E 四个选项，故 B 选项为正确答案。

3. 答案 C

题干信息	①一般地说，一个国家的地理位置离赤道越远，实施上述法律效果越显著。 ②目前世界上实施上述法律的国家都比中国离赤道远。	
选项	解释	结果
A	实施法律的国家距赤道的距离比中国远，这个是相对值，无法判断中国距离赤道的绝对距离。	淘汰
B	选项不能被支持，题干只是强调能见度差是导致汽车事故的原因，是否是主要原因，无法判断。	淘汰
C	由于越远效果越显著，中国比其他实施国家近，效果不如其他实施国家显著是理所当然的。考生注意，题干一般地说直接说明不是特别绝对，选项也得指出一般地说，再者，最后一句落在中国上，其支持的结论也应与此相关。	正确
D	题干不涉及"汽车事故率"的信息，故选项不能被支持。	淘汰
E	题干不涉及距赤道距离相同的情况下的比较，不能被支持。	淘汰

4. 答案 D

题干信息	前提：只有地球与火星夹角为 70° 时发射探测器才能如期抵达火星。→结论：如果没抓住 2020 年这个机会，那么，下一次合适的发射时间至少要推迟到 2022 年之后。	
选项	解释	结果
A	选项只能说明火星探测器必须满足 7 个月才能抵达火星，那么为何需要 2 年后再发射呢？很难起到支持的作用。	淘汰
B	选项不涉及"下一次发射探测器的时间"，不能支持。	淘汰
C	选项无法支持，如果相对近点 15 年出现一次是最佳时机，那么下一次登陆火星的时间就应该是 2035 年以后，而不是题干结论强调的 2022 年以后。	淘汰
D	选项直接搭桥建立关系，也就是构建"发射夹角"与"发射时间 2 年之后（26 个月）"的关系，最能支持。	正确
E	选项仅仅针对前提，只能说明发射角度影响探测器发射，但却不涉及结论强调的"时间"，因此支持力度较弱。	淘汰

· 245 ·

5. 答案 D

题干信息	① 甲和乙从不在同一天看电影。 ② 丙不看：战争片、科幻片。 ③ 星期三和星期六丁不看电影。 ④ 星期二、星期五和星期六，甲不看电影。 ⑤ 乙不看：喜剧片、动画片、灾难片。 ⑥ 戊不看：喜剧片、动画片、爱情片。 ⑦ 除了以上情况，五位影评师每天都看电影。

解题步骤	
第一步	题干问"可能真"，故可优先考虑代入选项进行排除。
第二步	若 A 选项为真，结合信息⑤和⑥可得，那一天不去看电影的人是乙和戊，去看电影的有甲、丙、丁三个人，矛盾，淘汰； 若 B 选项为真，结合信息②和④可得，那一天不去看电影的人是甲和丙，去看电影的人有乙、丁、戊，矛盾，淘汰； 若 C 选项为真，结合信息①和⑥可得，不去看电影的人有：戊、甲和乙中的一个人，去看电影的有：甲和乙中的一个人、丙、丁，矛盾，淘汰； 若 E 选项为真，则结合①和②可得，不去看电影的人有：丙、甲和乙中的一个人，去看电影的人有：甲和乙中的一个人、戊、丁，矛盾，淘汰。故答案选 D。

6. 答案 E

题干信息	① 甲和乙从不在同一天看电影。 ② 丙不看：战争片、科幻片。 ③ 星期三和星期六丁不看电影。 ④ 星期二、星期五和星期六，甲不看电影。 ⑤ 乙不看：喜剧片、动画片、灾难片。 ⑥ 戊不看：喜剧片、动画片、爱情片。 ⑦ 除了上述情况，五位影评师每天都看电影。

解题步骤	
第一步	两天时间内，每个影评师都看了一次电影。可以从①入手，甲和乙分别在星期三、星期四。乙观看影片的那一天，联合⑤可得当天只能上映：爱情片∨战争片∨科幻片。所以这两天里，一定会放映这三种影片之一，直接淘汰选项 A、选项 B。
第二步	根据题干信息⑥，有戊的那一天只能看：灾难片∨战争片∨科幻片。所以这两天里，一定会放映这三种影片之一，直接淘汰选项 C、选项 D。故答案选 E。

7. 答案 D

题干信息	①参加游泳→参加足球→体力和耐力水平一流。 ②有的马拉松爱好者⇒参加足球。 ③马拉松爱好者→爱运动的阳光男孩。

(续)

选项	解释	结果
A	从有的出发，观察重复的词"参加足球"，联合①和②可得，有的马拉松爱好者⇒参加足球⇒体力和耐力水平一流，由此可知选项一定为真。	淘汰
B	联合②（需换位）和③可得，④有的参加足球⇒马拉松爱好者⇒爱运动的阳光男孩，再联合①和④（④需先换位）可得，有的爱运动的阳光男孩⇒马拉松爱好者⇒参加足球⇒体力和耐力水平一流，故可知选项不确定真假。	淘汰
C	由选项①可知，选项不确定真假。	淘汰
D	选项可逆否=所有爱运动的阳光男孩都不是体力和耐力水平一流的，由B选项解释可知，有的爱运动的阳光男孩⇒体力和耐力水平一流为真，故选项一定为假。	正确
E	由于重复的词"参加足球"不能构成首尾相连，故参加游泳和马拉松爱好者的关系不确定。	淘汰

8. 答案 C

	解题步骤
第一步	观察本题可知，本题属于三维对应的题目，但是选项一大片，因此优先考虑从选项代入排除的方法。
第二步	前三个条件限制得很明确，B选项小黄穿黄上衣，小蓝穿蓝上衣，与信息(1)矛盾，可优先排除B选项。
第三步	再从题干信息(4)出发，小蓝不穿红上衣，可排除A；D选项穿红上衣的是小红，但小蓝穿的是黄裤子，矛盾，排除D；E选项，穿红上衣的是小紫，但小蓝穿的是蓝裤子，矛盾，排除E；故答案选C。

9. 答案 C

题干信息	题干推理结构为： P：教学计划没有如期制订。→Q：正常的教学工作将无法进行。Q：南方大学的教学工作不正常。所以，P：南方大学一定没有制订教学计划。即：P→Q，Q，所以P。

选项	解释	结果
A	推理结构为：P→Q，Q，所以P。与题干推理结构一致。	淘汰
B	推理结构为：P→Q，Q，所以P。与题干推理结构一致。	淘汰
C	推理结构为：P→Q，¬Q，所以¬P。与题干推理结构不一致。	正确
D	推理结构为：P→Q，Q，所以P。与题干推理结构一致。	淘汰
E	推理结构为：P→Q，Q，所以P。与题干推理结构一致。	淘汰

10. 答案 A

题干信息	P：老王的女儿毕业不回A市工作。→Q：老王把房子租给老张。 老王没有说真话，即找老王的话的矛盾。

· 247 ·

(续)

选项	解释	结果
Ⅰ	选项属于 P∧¬Q，与老张的话矛盾。	一定假
Ⅱ	选项属于 ¬P∧Q，与老张的话不矛盾。	可能真
Ⅲ	选项属于 ¬P∧¬Q，与老张的话不矛盾。	可能真

11. 答案 A

题干信息	前提差：轻断食。→结论差：健康差（氧化应激和炎症标志物水平的差）。	
选项	解释	结果
A	选项指出前提存在其他差，也就是志愿者本身的差异导致结果差。考生注意，"巨大"这个量度词也加大了削弱的力度。	正确
B	选项直接支持题干论证，说明轻断食有利于身体健康。	淘汰
C	项补充前提同，支持题干论证关系。	淘汰
D	支持题干论证，说明轻断食有利于身体健康。	淘汰
E	选项支持题干论证，说明轻断食有利于身体健康。	淘汰

12. 答案 B

题干信息	这个世界上存在真正的锦鲤(P)→"努力"是最好的锦鲤(Q)＝这个世界上不存在真正的锦鲤(¬P)∨"努力"是最好的锦鲤(Q)。	
选项	解释	结果
A	选项=¬P→¬Q，否定 P，什么也推不出。	淘汰
B	选项=¬P∨Q，与题干相符。	正确
C	选项=¬P→Q，否定 P，什么也推不出。	淘汰
D	选项肯定 Q，什么也推不出。	淘汰
E	选项=P∨¬Q，¬P∨Q 为真时，P∨¬Q 无法确定真假。	淘汰

13. 答案 B

	解题步骤
第一步	根据信息②可知老大是男孩；根据信息①、③可知，老三是女孩，老二是男孩；根据③、④可知老四是女孩；再根据⑥、③可知老六是女孩，老五和老七是男孩。
第二步	<table><tr><td>老大</td><td>老二</td><td>老三</td><td>老四</td><td>老五</td><td>老六</td><td>老七</td></tr><tr><td>男</td><td>男</td><td>女</td><td>女</td><td>男</td><td>女</td><td>男</td></tr></table> 因此答案选 B。

· 248 ·

逻辑模拟试卷（二十二）答案与解析

14. 答案 A

题干信息	解释银蚁选择中午时段觅食的原因。	
选项	解释	结果
A	题干中"也"表明这种信息素至少在其他某些时间段同样不会挥发，那么靠此辨别返回巢穴完全可以选择别的时段，未必一定要在中午，因此不能解释。	正确
B	该项表明，若银蚁下午出去觅食，可能没有食物，可以解释。	淘汰
C	该项表明，对于银蚁来说，中午出去觅食可以躲避天敌，可以解释。	淘汰
D	该项表明，中午的巢穴比室外温度更高，待在巢穴里不觅食，高温对银蚁危险更大，可以解释。	淘汰
E	该项表明，银蚁在中午出去灵敏度更高，可以解释。	淘汰

15. 答案 B

题干信息	① 甲和丙不能在同一个小组（甲和丙一人一组） ② 乙在第一组→丁在第一组＝丁在第二组→乙在第二组 ③ 戊在第一组→丙在第二组＝丙在第一组→戊在第二组 ④ 己在第二组 ⑤ 分组情况：第一组有3名成员，第二组有4名成员
解题步骤	
第一步	附加条件涉及"丙"和"戊"，故优先从条件③入手，若戊在第一组，那么丙在第二组，此时矛盾，因此可知丙和戊都在第二组。 结合条件①和④，此时的分组情况如下： | 第一组 | 第二组 | |---|---| | 甲 | 丙、戊、己 |
第二步	此时第二组只剩一个位置，结合条件②，若丁在第二组，则乙也在第二组，此时第二组有5个人了，矛盾，因此丁一定在第一组，此时能确定的分组情况如下： | 第一组 | 第二组 | |---|---| | 甲、丁 | 丙、戊、己 | 此时，乙和庚，只能是一个在第一组，一个在第二组，故答案选B。

16. 答案 C

题干信息	① 甲和丙不能在同一个小组（甲和丙一人一组） ② 乙在第一组→丁在第一组＝丁在第二组→乙在第二组 ③ 戊在第一组→丙在第二组＝丙在第一组→戊在第二组 ④ 己在第二组 ⑤ 分组情况：第一组有3名成员，第二组有4名成员

(续)

解题步骤

第一步	附加条件给出丁和庚在同一组，属于不确定的条件，故优先考虑分情况讨论。若丁和庚在第一组，结合条件①和④，此时的分组情况如下： | 第一组	第二组 | |---|---| | 丁、庚、甲 | 丙、乙、己、戊 | 考生注意，甲和丙一定是一组一个人，但不确定在哪个组，但第一组人数已够3人，因此剩下的人都在第二组。
第二步	若丁和庚在第二组，结合条件①和④，此时的分组情况如下： | 第一组	第二组 | |---|---| | 丙、乙、戊 | 丁、庚、己、甲 | 此时与条件②矛盾，排除。 结果由第一步知答案选C。

17. 答案 C

题干信息	整理题干推理：如果P，那么Q，因为¬Q，所以¬P。	
选项	解释	结果
A	选项推理结构，P→Q，因为¬P，所以¬Q，与题干不一致。	淘汰
B	显然与题干推理不一致。	淘汰
C	选项推理结构，鲍尔缺乏高谈判技巧（P）→不被委任为仲裁人（Q），因为鲍尔被委任为仲裁人（¬Q），所以有高的谈判技巧（¬P），与题干推理一致。	正确
D	选项推理结构：瑞福斯参与谈判（P）→威尔不在（Q），因为威尔外出度假=威尔不在（Q），所以瑞福斯进行了谈判（P），与题干推理不一致。	淘汰
E	选项推理结构，如果P，那么Q，因为P，所以Q，与题干不一致。	淘汰

18. 答案 A

题干信息	① P1：法国及其他多国没有采取积极的搜救行动→Q1：不会尽早发现失事飞机的残骸 ② P2：失事飞机设计公司提供技术支持∧派专家参与失事原因分析→Q2：关于失事事件的调查报告就会更客观	
选项	解释	结果
A	选项=¬P1∨Q1，与信息①等价，一定为真。	正确
B	选项可能为假，提供技术支持和发现失事飞机的残骸之间的关系无法判断。	淘汰
C	选项否定P1，推出否定Q1，有可能为真。	淘汰
D	选项可能为真，还需要涉及"派专家参与失事原因分析"这个条件。	淘汰
E	选项可能为真，还需要涉及"失事飞机设计公司提供技术支持"这个条件。	淘汰

逻辑模拟试卷（二十二）答案与解析

19. 答案 D

解题步骤	
第一步	观察可知，本题属于数据类型的问题，题干信息整理可得，①国外来源总的应征税收入中，53%来自 38 家公司纯收入超过 1 亿美元的公司；②国外来源总的应征税收入中，60%是来自 10 多个国家的 200 份纳税申报。
第二步	题干比例对象一致，但 53%+60%=113%，显然超过 100%，故说明二者有交集，因此答案选 D。

20. 答案 B

解题步骤	
第一步	整理题干信息：①语文+化学=物理+生物；②语文+生物>物理+化学；③化学>语文+物理。
第二步	根据不等式的运算规则，可将①+②可得：2 语文+化学+生物>2 物理+化学+生物，进而可得：2 语文>2 物理，也就是语文>物理。
第三步	将②-①可得：生物-化学>化学-生物，可得：生物>化学。
第四步	由此再结合③可得：生物>化学>语文>物理。观察选项可得，答案选 B。

21. 答案 D

解题步骤	
第一步	题干四句话都是真话，优先考虑将题干中的"或"等价转换为"推"，整理如下： ①赵甲：游玩阳光港→游玩欢乐时光。 ②钱乙：游玩飓风湾∨游玩金矿镇=不游玩飓风湾→游玩金矿镇。（考生注意，至多有一个不游玩=至少有一个游玩） ③孙丙：不游玩香格里拉∨不游玩飓风湾=游玩香格里拉→不游玩飓风湾。 ④李丁：游玩欢乐时光→游玩香格里拉。
第二步	根据重复项将题干①、④、③、②联合推理为：游玩阳光港→游玩欢乐时光→游玩香格里拉→不游玩飓风湾→游玩金矿镇。即：游玩阳光港（P）→游玩金矿镇（Q）。
结　果	D 选项为 P∧¬Q，一定为假。

22. 答案 C

题干信息	①丙坐前排（确定信息）。 ②甲和戊不会在同一排（甲和戊一个在前排，一个在后排）。 ③乙在后排→丁在后排=丁在前排→乙在前排。 ④戊不在后排∨庚在前排=戊在后排→庚在前排。 ⑤甲在前排（确定信息）。 ⑥前排四个位置；后排三个位置。

251

	解题步骤
第一步	观察题干条件发现，本题属于有确定信息的分组类题目，从确定信息出发，代入题干条件推理，即可得出正确答案。
第二步	将确定条件⑤代入条件②可得戊在后排，再代入条件④可得庚在前排。
第三步	此时，前排已经确定3个人（丙、甲、庚），后排确定一个人（戊），即前排还剩下一个人的位置；此时结合条件③，若丁在前排，则乙一定在前排，此时就又有2个人在前排，矛盾，所以丁只能在后排。剩下的己和乙一个人在前排，一个人在后排，具体谁前谁后无法判断。观察选项可知，答案选C。

23. 答案 E

题干信息	①丙坐前排（确定信息）。 ②甲和戊不会在同一排（甲和戊一个在前排，一个在后排）。 ③乙在后排→丁在后排＝丁在前排→乙在前排。 ④戊不在后排∨庚在前排＝戊在后排→庚在前排。 ⑤丁和庚在同一排。 ⑥前排四个位置，后排三个位置。

	解题步骤
第一步	观察题干，本题属于有确定信息的分组类题目，但根据仅有的信息无法得出答案。因此可以使用假设法，分情况讨论即可得出正确答案。
第二步	假设丁和庚在前排，结合条件③和条件①，可以确定前排为丙、丁、庚、乙，后排为甲、戊、己，与条件②矛盾，因此丁和庚一定在后排。
第三步	由上一步知丁和庚在后排，根据条件④，可知戊在前排，结合条件②，可得甲一定在后排（即后排三个人已满，余下的人在前排）。 结合条件⑥可知分组情况如下：前排——乙、戊、丙、己；后排——丁、庚、甲。观察选项可知，答案选E。

24. 答案 D

题干信息	专家的警告：降低老鼠的数量来解决利什曼病的做法将"弊大于利"。

选项	解释	结果
A	选项态度不明确，既然老鼠把病传染给人的机会很少，那么控制老鼠的数量就与解决"利什曼病"关系不大了。	淘汰
B	选项与专家的警告关系不大。题干讨论的是利什曼病对人的影响，而不是对老鼠的影响。	淘汰
C	选项论证对象是"沙蝇"，与题干论证的"老鼠"无关。	淘汰
D	选项说明让老鼠保持一定的数量，能够减少利什曼病对人的威胁，指出题干的做法"弊大于利"。	正确
E	选项与专家的警告关系不大。	淘汰

逻辑模拟试卷（二十二）答案与解析

25. 答案 B

题干信息	①赵承包的果树树种→钱承包的树种。②钱承包的果树树种→孙承包的树种。③有的孙承包的树种⇒李承包的树种。
第一步	根据首尾相连的原则，联合①和②可得：④赵承包的果树树种→钱承包的树种→孙承包的树种。由此可得 B 选项一定为真。
第二步	分析剩余选项。从有的出发，③和④不能构成首尾相连，故 A、C、D、E 均不确定。

26. 答案 D

题干信息	P→Q，因为 Q，所以 P。		
选项	解释		结果
A	P→Q，因为¬Q，所以¬P。		淘汰
B	P→Q，因为 P，所以 Q。		淘汰
C	考生注意：本选项是关于"除非"的变形。选项可以整理为：有的学生不能参加这次决赛→没有通过资格赛的测试。这个学生不能参加决赛，因此他一定没有通过资格赛考试。即：P→Q，因为 P，所以 Q。		淘汰
D	P→Q，因为 Q，所以 P。		正确
E	P→Q，因为¬Q，所以¬P。		淘汰

27. 答案 D

题干信息	①有的网红⇒有超过一百万粉丝。②有超过一百万粉丝的人→是情商高的。③网红→消费水平不低的人。④消费水平不低的人→会挣钱。
第一步	联合①②可得：⑤有的网红⇒有超过一百万粉丝⇒情商高的。
第二步	联合③④可得：⑥所有网红→消费水平不低的人→会挣钱。
第三步	联合⑤（⑤需先换位）⑥可得：⑦有的情商高的⇒有超过一百万粉丝⇒网红⇒消费水平不低的人⇒会挣钱。D 选项恰好与之矛盾，最能削弱。

28. 答案 C

题干信息	①7人中只有6人入选（剩余1个人不选）。②甲、乙、丙三人至多入选两人（至少剩余1个人不选）。③丙入选∧丁入选（P）→戊不入选∨庚不入选（Q）。
第一步	本题属于假言判断综合推理题，由于题干中存在"数字类条件"，因此优先考虑"剩余法"结合"数字1"的思路进行解题。
第二步	根据条件①可知，7人中选6人，说明"剩余1人不选"；再结合条件②可推知，甲、乙和丙三人中有2人入选，有1人不入选，也就说不入选的人只能是甲、乙、丙三人中的一个，进而可知：丁、戊、己和庚都入选。
第三步	进一步将"戊和庚都要入选"代入到条件③中可推得"丙不入选∨丁不入选"，再结合丁入选，根据相容选言判断否定必肯定的原则可知：丙不入选。因此答案选 C。

29. 答案 E

30. 答案 D

题干信息	每人选两个城市，每个城市有三个人选择。①秦灿去泰安→沈佳和秦灿有且只有一人去武汉。②沈佳去泰安→沈佳去沈阳。③没有人会既去郑州，又去泰安。④秦灿不去武汉→张丽和郑伟不去武汉。⑤每人所选城市名称的第一个字与自己的姓氏不相同。

29题

根据题干信息⑤可知：

	沈阳	武汉	泰安	郑州
沈佳	×			
泰熙			×	
秦灿				
武晗		×		
张丽				
郑伟				×

先找与题干目前已知信息相关的条件，由于沈佳不可能去沈阳，因此，结合条件②可知：沈佳也不会去泰安，倒推出沈佳会去武汉和郑州。

再找题干信息量大的条件切入，根据信息④可知，由于武晗已经不去武汉了，为了保证武汉有三个人选择，秦灿必须要去武汉。

由于沈佳和秦灿都去武汉，根据信息①可得：秦灿不去泰安，可倒推出武晗、张丽、郑伟去泰安，再结合信息③可将郑州的信息补齐。

剩下的信息均可倒推，表格填写如下：

	沈阳	武汉	泰安	郑州
沈佳	×	√	×	√
泰熙			×	√
秦灿	×	√	×	
武晗	√	×	√	×
张丽			√	×
郑伟			√	×

答案选 E。

30题

由于张丽只能选择两个城市，根据上题已推出张丽选择了泰安，所以不可能出现同时选择沈阳和武汉的情况，因此张丽选择的是武汉和泰安。表格填写如下：

	沈阳	武汉	泰安	郑州
沈佳	×	√	×	√
泰熙	√	×	×	√
秦灿	×	√	×	√
武晗	√	×	√	×
张丽	×	√	√	×
郑伟	√	×	√	×

答案选 D。

逻辑模拟试卷（二十三）答案与解析

序号	答案	知识点与考点	序号	答案	知识点与考点
1	E	形式逻辑—假言判断	16	B	分析推理—对应
2	E	论证逻辑—支持	17	A	论证逻辑—削弱
3	C	分析推理—对应	18	D	论证逻辑—对话焦点
4	E	论证逻辑—假设	19	D	论证逻辑—假设
5	C	分析推理—分组	20	C	论证逻辑—支持
6	A	分析推理—分组	21	C	分析推理—排序
7	D	论证逻辑—支持	22	D	分析推理—对应
8	B	论证逻辑—评价	23	E	形式逻辑—假言判断
9	B	论证逻辑—支持	24	A	分析推理—分组
10	E	分析推理—对应	25	C	分析推理—分组
11	B	分析推理—对应	26	B	论证逻辑—支持
12	A	分析推理—分组	27	B	论证逻辑—削弱
13	C	分析推理—真话假话	28	E	论证逻辑—削弱
14	C	形式逻辑—结构相似	29	B	分析推理—方位排序
15	C	形式逻辑—假言判断	30	D	分析推理—方位排序

1. 答案 E

题干信息	扭转"逃离纽约"的现象（P1）→减轻纽约市民的生活压力（Q1/P2）→遏制目前高昂的物价和房租（Q2/P3）→改变目前的高税收以及新的联邦税收政策（Q3）。		
选项	解释		结果
A	选项 = Q1→P1，不符合假言推理规则，与题干推理不一致。		淘汰
B	选项 = ¬P1→¬Q2∧¬Q3，不符合假言推理规则，与题干推理不一致。		淘汰
C	选项 = Q3→P1，不符合假言推理规则，与题干推理不一致。		淘汰
D	选项 = P1∧¬Q2，与题干矛盾，一定为假。		淘汰
E	选项 = ¬Q3→¬P1，符合假言推理规则，与题干推理一致。		正确

2. 答案 E

解题步骤	
第一步	锁定专家的推测：该省长尾猴中感染有狂犬病的比例，将大大小于1%。

(续)

	解题步骤
第二步	分析选项。E 选项如果为真，说明放大了样本的代表性，事实上长尾猴的得病率远小于 1%，直接支持结论。考生试想，如果选取猴子是随机抽样，样本具有代表性的话，那么接受检疫的长尾猴的患病率就能代表整体长尾猴的患病率；如果越有病的猴子越跟人接触，就说明接受检疫的长尾猴的患病率比事实上的患病率要高，此时，接受检疫的长尾猴患病率是 1%，那么整体长尾猴的患病率一定是小于 1%。A 选项干扰性很大，考生试想，若与人接触的长尾猴只占所有长尾猴的不到 10%，那么样本数量太小，接受检疫的长尾猴很可能不能代表所有的长尾猴，此时样本没有代表性，则推不出所有长尾猴的情况，削弱。

3. 答案 C

题干信息	①第一天，甲在 1 号桌 ∧ 乙在 2 号桌。 ②第三天，乙在 1 号桌。 ③第四天，丙在 4 号桌。 ④四人每天在 1、2、3、4 的某一棋桌上下一盘棋 ∧ 每人四天中每天的棋桌号各不相同。

	解题步骤
第一步	根据题干条件，可列出下表： |	1号	2号	3号	4号
---	---	---	---	---
第一天	甲	乙		
第二天				
第三天	乙			
第四天				丙	 根据条件④，此时乙需要在第二天或第四天在 3 号或 4 号桌进行比赛，由于丙第四天在 4 号桌比赛，因此乙第四天只能在 3 号桌比赛，第二天在 4 号桌比赛。
第二步	由于丙第四天在 4 号桌比赛，根据条件④可得，丙第一天只能在 3 号桌比赛，丁第一天在 4 号桌比赛，列表如下： |	1号	2号	3号	4号
---	---	---	---	---
第一天	甲	乙	丙	丁
第二天				乙
第三天	乙			
第四天			乙	丙	 根据上表，结合条件④可得，甲第三天在 4 号桌比赛；此时第四天 1 号桌上比赛的不能是甲、乙和丙，因此丁第四天在 1 号桌比赛，甲第四天在 2 号桌比赛，丙第二天在 1 号桌比赛。
第三步	根据上一步得到的确定信息，结合条件④可得，第二天在 2 号桌比赛的不能是丙、甲和乙，因此只能是丁，列表如下： |	1号	2号	3号	4号
---	---	---	---	---
第一天	甲	乙	丙	丁
第二天	丙	丁	甲	乙
第三天	乙	丙	丁	甲
第四天	丁	甲	乙	丙	 答案选 C。

逻辑模拟试卷（二十三）答案与解析

4. 答案 E

	解题步骤
第一步	紧扣转折词"但"，说明论证的重点在后者。由此整理题干论证，前提：小脑→参与了这两种短期记忆过程。结论：小脑→对短期记忆的高级认识功能有支持作用。
第二步	分析题干论证。题干显然属于"搭桥"的结构，重复的概念"左对齐"时，需要考虑建立"参与短期记忆过程→有支持作用"，故观察选项可得答案选 E。
第三步	分析其他选项。B 选项迷惑性较大，考生注意，题干论证主要涉及是否对"高级认知"有"支持作用"，而"高级认知"是如何实现的，与论证无关。D 选项强调的是研究人员先前的观点，而不是针对杜塞尔多夫大学的论证关系。

5. 答案 C

题干信息	①甲、乙、丙三人中的任意两人均不在同一组； ②己和庚在同一组； ③乙和丁不同组→甲和戊在同一组。
	解题步骤
第一步	本组属于分组题，首先需要明确分组情况。根据题干附加条件可知，7人分3组，分组情况为 2-2-3。
第二步	根据①可知，甲、乙、丙3人互不同组，结合分组情况可得，甲、乙、丙三人一人一组，此时再联合②可推知，由于己和庚同组，故己和庚会和甲、乙、丙中的一人同组进而构成3人一组，剩下的丁和戊分别和甲、乙、丙中的一人同组进而构成2人一组，即丁和戊不同组。
第三步	观察发现，此时还有假言条件③未用，由于问题问一定为假，故选项可优先考虑假言条件中的 P 或¬Q，即"乙和丁不同组"或者"甲和戊不同组"，故可优先尝试 A、C、D、E 选项：若丙和戊同组，此时若乙和丁同组，甲和己、庚同组，则与题干不矛盾，排除 A 选项；若甲和丁同组，根据①③可知，乙和丁不同组，进而可得"甲和戊同组"，此时，甲与丁、戊同组，与上步中的"丁和戊不同组"矛盾，一定假，故答案选 C。

6. 答案 A

	解题步骤
第一步	①甲、乙、丙三人中的任意两人均不在同一组； ②己和庚在同一组； ③乙和丁不同组→甲和戊在同一组。
第二步	由附加条件可知，7人分3组，分组情况为 1-3-3，结合上题得到的信息，己和庚会和甲、乙、丙中的一人同组进而构成3人一组；此时若要满足分组情况，需要剩下的两人"丁、戊"和甲、乙、丙中的一人同组，即丁和戊同组，故答案选 A。

257

7. 答案 D

题干信息	方法：尽快淘汰老式荧光灯。→目的：避免使用产生的头痛和视觉疲劳。	
选项	解释	结果
A	选项与题干论证无关。考生一定要注意题目核心词的变化，题干目的是"减缓头痛和视觉疲劳"，而选项却强调的是"减弱颜色变化"，这与目的无关。	淘汰
B	选项指出了新式荧光灯的好处，但是老式荧光灯是否非得要淘汰呢，选项并没有直接指出老式荧光灯的危害，故力度弱于 D。	淘汰
C	选项与题干论证无关。	淘汰
D	选项指出老式荧光灯"闪烁"会加重视觉负担，直接指出老式荧光灯的危害，故应该淘汰，直接支持的力度强于 B 选项的间接支持。	**正确**
E	选项与题干论证无关。	淘汰

8. 答案 B

题干信息	前提：每100个未饮酒的被测试者中，平均有5个会被测定为酒驾；而每100个饮酒的被测试者中，平均有99个被测定为酒驾。 结论：被测定为酒驾的人中，绝大多数确实喝了酒。

	解题步骤
第一步	评价题目仍旧要考虑前提到结论之间的推理是否有漏洞，前提中所给的两个比例都是被测定为酒驾的人分别在未饮酒的被测试者和饮酒的被测试者中所占的比例，而结论中绝大多数的基数为被测定为酒驾的人，前提到结论的推理犯了数据谬误。故答案可以锁定到 B、E 选项。
第二步	可具体画图说明： 如图，当未饮酒者所占比例非常大，而饮酒者所占比例非常小时，在测定为酒驾的人中未饮酒者所占比例可能大于饮酒者所占比例。
提示	此类数据比例问题，考生也可以列举具体的例子来辅助理解。若共计有2100名被测试者，其中未饮酒的被测试者有2000名，饮酒的被测试者有100名，此时按照题干前提的测试比例，则在2000名未饮酒的被测试者中共有100名被误认为酒驾，在100名饮酒的测试者中共有99名被测定为酒驾；此时共有199名"酒驾者"，但在"酒驾者"中大部分实际上并未饮酒，此时结论不成立。

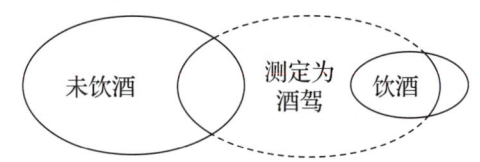

逻辑模拟试卷（二十三）答案与解析

9. 答案 B

题干信息	前提：医院研究表明，酒后立即被询问的对象往往低估他们恢复驾驶能力所需要的时间。 结论：驾驶前饮酒的人很难在感到能安全驾驶的时候才开车。		
选项	解释		结果
A	选项不能支持，题干强调的是"酒后开车"，而不是"酒后不开车"。		淘汰
B	选项说明，若研究的对象在估计他们能力时，比其他饮酒的人更保守，那么其他人在估计自己恢复驾驶能力所需要的时间会采取更冒险的态度，进而更加不会遵循建议。比如：事实上需要4小时，研究对象低估恢复驾驶能力所需要的时间，可能会认为自己需要2小时，其他人更冒险，就可能会认为自己只需要1小时。考生注意，此时低估的是时间，而非能力。		正确
C	选项不能支持，不饮酒就无法判断酒后驾车的情况。		淘汰
D	选项不能支持，恢复对安全驾驶不起重要作用的能力所需要的时间，不能反映恢复安全驾驶所需要的时间。		淘汰
E	选项不能支持，对广告的警觉性与广告内容反映的真实性无关。		淘汰

10. 答案 E

题干信息	①甲、乙、丙3人每人预约了3次针灸且一人一天只安排1次。 ②甲和乙没有预约同一天下午的门诊。 ③乙预约星期二上午的门诊→乙预约星期五下午的门诊。 ④丙预约星期五上午的门诊→丙预约星期三上午的门诊。
解题步骤	
第一步	由表格可得，可预约的名额一共有9个，联合条件①，因为甲、乙、丙3人每人预约了3次针灸，所以每个预约名额都有人预约。
第二步	根据条件②，并结合表格可以推知，由于甲和乙不能预约同一天下午的门诊，因此丙预约星期二下午和星期四下午的门诊。再联合条件④可知，如果丙预约了星期五上午的门诊，丙就要预约星期三上午的门诊，与条件①相矛盾，所以丙不预约星期五上午的门诊。由于星期五上午有两个预约名额，根据条件①可得，甲和乙同时预约星期五上午的门诊，丙预约星期五下午的门诊。
第三步	将"丙预约星期五下午的门诊"代入到条件③中可推知，丙预约星期五下午的门诊→乙不预约星期五下午的门诊→乙不预约星期二上午的门诊，根据上一步可知：丙预约了星期二下午的门诊，结合条件①可知：丙不预约星期二上午的门诊，并且乙不预约星期二上午的门诊，利用排除法可得：甲预约周二上午的门诊，再结合条件①，可得乙预约了周二下午的门诊，答案选 E。

11. 答案 B

解题步骤	
第一步	本题每一行和每一列的汉字均不相同，类似于"数独"问题。

(续)

	解题步骤
第二步	根据题目当中每行每列的汉字都不能重复,不能遗漏,所以第二行第四列不能是"地"、不能是"日"、不能是"月",因此第二行第四列只能是"天",根据题目粗线框成的4个小正方形中均含有天、地、日、月4个汉字,因此,第一行第三列是"地"。
第三步	要想求出①,优先考虑求出第四行第三列,根据每一列不能重复,因此,第四行第三列不能是"地"、不能是"日";根据每一行不能重复,因此,第四行第三列不能是"天",综上,第四行第三列只能是"月"。结合每一列不能重复,根据上一步可知,①不能是"地"、不能是"日"、不能是"月",因此,①只能是"天",答案为B。

12. 答案 A

题干信息	①小张不入选→小李不入选。 ②小钱不入选→小赵不入选。 ③5人选2人。

	解题步骤
第一步	观察题干,题干信息为假言条件,问题求一定为假,因此可以通过代入优选项的方式解题。(当题干求一定为假时,优选含有假言矛盾的选项,即P和¬Q)
第二步	A选项肯定了条件①②的P位,因此优先考虑A选项。代入A选项可得:小张、小钱、小李、小赵都不入选,此时四人不入选,与条件③矛盾,因此A选项一定为假,为正确答案。

13. 答案 C

	解题步骤
第一步	根据题干信息"考试没及格的人肯定会说假话,说真话的人考试才及格"可得,如果一个人及格,会说真话,那么也会说"我及格了";如果一个人没及格,就会说假话,那么也会说"我及格了",因此无论如何都不会有人承认自己没及格,显然老五说的是假话,老五没及格。进而可得出老三考试及格了。
第二步	老三考试及格了可得,"老四说过,我们兄弟五个都及格了"为真,那么老四说"老大和老二都考试没及格"就是假话,可得老四不及格,进而可得老大和老二至少有一个及格。
第三步	老三说真话,所以老三不会说四个兄弟中只有一个没及格,进一步推出老大说假话,结合上一步可知老二说真话。
第四步	综合可得,及格的是老二和老三;不及格的是老大、老四和老五,因此答案选C。

14. 答案 C

题干信息	题干推理形式为:M∧N→Q,因为M∧有的¬Q,所以有的¬N。

选项	解释	结果
A	选项推理形式为:M∧N→Q,因为M∧所有¬Q,所以所有¬N。与题干推理不一致。考生注意题干中的"有的"。	淘汰

逻辑模拟试卷（二十三）答案与解析

(续)

选项	解释	结果
B	选项推理形式为：M∧N→Q，因为¬Q，所以¬M，与题干推理不一致。	淘汰
C	选项推理形式为：M∧N→Q，因为：M∧有的¬Q，所以有的¬N。与题干推理一致。	正确
D	选项推理形式为：M∧N→Q，因为¬Q，所以¬M，与题干推理不一致。	淘汰
E	选项推理形式为：P→M∧N，因为¬P∧M，所以¬N。与题干推理不一致。	淘汰

15. 答案 C

	解题步骤
第一步	整理三位员工的猜测： 员工一：钱多多被裁→蔡多多会被裁。 员工二：马东东被裁→高西西不会被裁。 员工三：马东东被裁∨蔡多多不被裁。
第二步	题干信息均为真时，可优先考虑选言判断转化为假言判断构成综合递推关系，即：钱多多被裁（P1）→蔡多多会被裁（Q1/P2）→马东东被裁（Q2/P3）→高西西不会被裁（Q3）。
第三步	分析选项。

选项	解释	结果
A	选项 = P1∧Q2，与题干不矛盾，可能为真。	淘汰
B	选项 = ¬P2∧¬Q3，与题干不矛盾，可能为真。	淘汰
C	选项 = P1∧¬Q3，与题干矛盾，一定为假。	正确
D	选项 = P1∧Q3，与题干不矛盾，可能为真。	淘汰
E	选项 = ¬P1∧¬Q3，与题干不矛盾，可能为真。	淘汰

16. 答案 B

题干信息	①他们分别是周晨、健身教练和喝威士忌的小伙子； ②李斯不是税务员； ③乔亮不是汽车销售员； ④喝啤酒的不是税务员； ⑤喝杜松子酒的不是李斯； ⑥喝啤酒的不是乔亮。

	解题步骤
	本题属于三类事物的对应问题，观察题干信息发现，均以"否定"形式居多，因此可考虑先列表将确定信息代入，遇见岔路口时考虑用假设的方法进行分情况讨论。
第一步	健身教练 税务员 汽车销售员 啤酒 杜松子酒 威士忌 表格： | 健身教练	税务员	汽车销售员		啤酒	杜松子酒	威士忌
---	---	---	---	---	---	---
①×			周晨			①×
	×②		李斯		×⑤	
		×③	乔亮	×⑥			

261

(续)

	解题步骤
第二步	观察重复的信息"税务员",因此可从"税务员"入手,假设周晨是税务员,则此时的对应关系如下表: 	健身教练	税务员	汽车销售员		啤酒	杜松子酒	威士忌
---	---	---	---	---	---	---
①×	√	×	周晨	√	×	①×
×	×②	√	李斯	×	×⑤	①√
√	×	×③	乔亮	×⑥	√	× | 此时,喝啤酒的是税务员,与条件④矛盾。 由此可得乔亮是税务员,则此时的对应关系如下表: | 健身教练	税务员	汽车销售员		啤酒	杜松子酒	威士忌
---	---	---	---	---	---	---
①×	×	√	周晨	×	√	①×
√	×②	×	李斯	√	×⑤	×
×	√	×③	乔亮	×⑥	×	①√	
第三步	由上一步可知,最后的对应关系是:周晨-汽车销售员-喝杜松子酒;李斯-健身教练-喝啤酒;乔亮-税务员-喝威士忌。观察选项可得答案选 B。

17. **答案 A**

题干信息	研究人员结论:商船上架设高射炮是得不偿失的。考生注意,抓住关键词"得不偿失",即比较架高射炮的得与失,快速判断正确选项。	
选项	解释	结果
A	商船上架设高射炮被击沉的比例更低,说明高射炮所带来的益处大于损失,说明并非得不偿失,削弱题干结论。	正确
B	削弱,但力度弱于 A 选项,在某些情况下也可能将敌机吓跑,并没有直接指出架设高射炮的收益与损失的比较。	淘汰
C	说明在商船上架设高射炮是得不偿失的,支持题干结论。	淘汰
D	题干比较的是架高射炮与不架设高射炮之间的收益与损失之间的比较,而并非是高射炮本身的价值与船的价值的比较。	淘汰
E	架设高射炮的商船速度会受影响,不利于逃避袭击,支持题干结论。	淘汰

18. **答案 D**

	解题步骤
第一步	整理二者的论证。张先生的论证:前提:老人习惯在日常生活中使用右手。→结论:很难在 70 岁以上的老人中找到左撇子。 李女士的论证:前提:70 岁的老人很小年纪时在日常生活中使用左手会受罚。→结论:日常生活中习惯使用右手的特点不能说明是左撇子或者是右撇子。

逻辑模拟试卷（二十三）答案与解析

（续）

解题步骤	
第二步	分析二者论证结构。张先生通过70岁的老人大多使用右手得出他们是右撇子，而李女士通过小时候的习惯导致70岁的老人们大多使用右手，得出他们未必不是左撇子，显然二者争论的焦点主要是生活中习惯使用右手能否作为不是左撇子的判断依据。因此，答案选D。

19. 答案 D

题干信息	前提：核电厂经营导致的危害还不及作为其他电力来源的燃煤和燃油发电厂产生的污染导致的危害大。（横向比，A比B的关系） 结论：根据继续经营现有的核电厂可能会导致严重危害就关闭是不合理的。	
选项	解释	结果
A	选项不必假设，题干类比的对象是核电厂与其他电厂的危害的比较，而选项却是核电厂之前的危害和现在危害的比较，考生紧扣类比的对象可快速排除。	淘汰
B	题干论证的是"关闭核电厂的合理性"，论证的是原因，而选项却强调的是结果。	淘汰
C	选项不涉及与"核电厂"比较，属无关选项。	淘汰
D	选项必须假设，考生试想目前核电厂的危害不如其他电厂，如果继续经营的危害能够根据以前的危害进行可靠的预测，那么继续经营的危害也可以对比出来，进而关闭是否合理就有了依据，故选项是必要的假设。考生试想，如果不能准确地预测，那么合理性就失去了判断标准，题干论证就无法成立。	正确
E	题干论证的是"危害的对比"，而不是危害的具体表现。	淘汰

20. 答案 C

题干信息	因：缺乏睡眠。→果：使人变得肥胖。	
选项	解释	结果
A	选项指出存在他因的削弱，说明由于糖尿病造成肥胖。	淘汰
B	选项没有明确指出"肥胖"，故支持力度弱。	淘汰
C	选项属于"补同"的思路，指出在饮食和运动习惯方面相同，那么导致肥胖的差异的原因就是睡眠时间的差异，支持力度最强。	正确
D	选项没有明确指出"肥胖"，故支持力度弱。	淘汰
E	选项没有明确指出"肥胖"，故支持力度弱。	淘汰

21. 答案 C

题干信息	①"张林比李廉年轻。" ②"赵刚比他的两个对手年龄都大。" ③"张林比他的伙伴年龄大。" ④"李廉与张林的年龄差距要比赵刚与关超的差距更大一些。"

263

(续)

	解题步骤
第一步	由①和③可知他们的年龄由大到小的顺序应为"李廉、张林、张林的伙伴"。
第二步	由②可知赵刚的年龄在顺序上不是第一就是第二，再结合题干信息③可知张林的伙伴一定不是赵刚，而只能是关超。
第三步	假设赵刚的年龄在顺序上为第一，即排列为"赵刚、李廉、张林、关超"，李廉与张林的年龄差距一定小于赵刚与关超的年龄的差距，与题意中的条件④冲突，所以，赵刚的年龄在顺序上只能排第二，这样，四个人的年龄顺序就成为"李廉、赵刚、张林、关超"。因此答案选 C。

22. 答案 D

题干信息	①小丽只负责登记。 ②小马负责登记∨咨询。 ③小高负责报送∨投诉。 ④老王不负责综合∧不负责投诉。 ⑤老董所有业务都很精通。

	解题步骤
第一步	本题属于"对应题"，要注意题干的隐含条件：⑥每人只负责一项业务，每项业务只有一人负责。
第二步	将题干信息填入下表： |	登记	咨询	报送	投诉	综合
---	---	---	---	---	---
小丽	①√	⑥×	⑥×	⑥×	⑥×
小马	⑥×	②√	⑥×	⑥×	⑥×
小高	⑥×	③×	⑥×	⑥√	③×
老王	⑥×	⑥×	⑥√	④×	④×
老董	⑥×	⑥×	⑥×	⑥×	⑥√	 注：序号表示由相应条件推出。 答案选 D。

23. 答案 E

题干信息	① 成就（P1）→源自心理成熟（Q1）。 ② 社会竞争（P2）→是心理战（Q2）。 ③ 社会领域的优势（P3）→源自心理上的优势（Q3）。

选项	解释	结果
A	选项＝P2→Q2，一定为真。	淘汰
B	选项＝P3→Q3，一定为真。	淘汰
C	选项＝P1→Q1，一定为真。	淘汰

·264·

逻辑模拟试卷（二十三）答案与解析

(续)

选项	解释	结果
D	选项 =¬Q2→¬P2，一定为真。	淘汰
E	=¬P2→Q2，可能为真。	正确

24. 答案 A

25. 答案 C

题干信息	①赵和钱不同组，钱和孙不同组，孙和赵不同组； ②赵和李必须同组； ③周和吴必须同组； ④郑和王不能同组； ⑤8人分3组，分组情况为3、3、2。
	解释
24题	联合条件②③⑤可知，李和周一定不同组。假设李、周同组，根据条件②③可得，赵、李、周、吴四人一定会同组，与条件⑤矛盾，因此李和周一定不同组，选项 A 为正确答案。
25题	本题给出附加信息"赵和王同在第一组"，联合条件②可知，赵、李、王三人在第一组。 联合条件①钱和孙不同组和条件③周和吴必须同组，可知，周和吴一定在有3个人的第二组，钱和孙一人在第二组，一人在第三组，但无法确定两人的分组情况。 根据剩余法，剩余的郑一定在第三组。 比对选项，选项 C 为正确答案。

26. 答案 B

题干信息	检验该司机走直线的能力与检验该司机血液中的酒精水平相比，是检验该司机是否适于驾车的一个更可靠的指标。
选项	解释	结果
A	选项指出检验走直线的能力来判断是否适于驾车的方法不可行，削弱题干声明。	淘汰
B	选项直接支持，人们对酒精的抵抗力有差别，那么检验酒精水平就未必能完全检验每一个人的驾车能力。而一些酒精水平高的人受的运动肌肉损伤比其他人多，那么检测这些人的运动能力更能判断是否适于驾车。	正确
C	选项表明检验酒精水平的方式更可靠，削弱题干声明。	淘汰
D	选项指出酒精水平的高低与汽车事故的严重程度有关，说明检测酒精水平可以衡量一个人是否适于驾车，削弱题干声明。	淘汰
E	选项说明检验酒精水平比检验走直线的能力更可靠，直接削弱题干声明。	淘汰

27. 答案 B

题干信息	题干论断：手机比电脑对人体健康伤害更大。

265

(续)

选项	解释	结果
A	选项不涉及"手机比电脑……",不能削弱。	淘汰
B	选项直接说明电脑比手机更伤人,直接削弱结论。	正确
C	选项不涉及"手机比电脑……",不能削弱。	淘汰
D	选项不涉及"手机比电脑……",不能削弱。	淘汰
E	选项不涉及"手机比电脑……",不能削弱。	淘汰

28. 答案 E

题干信息	果:《细则》没有得到有效的实施。 因:在《细则》实施两年间,在建筑施工中伤亡职工的数量每年仍有增加。		
选项	解释	结果	
A	该项的思路是"他因削弱",但与 E 项相比力度较弱,因为施工项目多未必表明参与施工的人数多。	淘汰	
B	提高"生产成本"与员工是否"伤亡"相关度不大。	淘汰	
C	《细则》的颁布是为了减少伤亡,不仅关注亡也关注伤,另外,质疑统计结果相当于质疑结论,力度较弱。	淘汰	
D	抚恤金的提高与员工是否伤亡相关度不大。	淘汰	
E	表明是由于建筑业职工数量的增加导致了伤亡职工数量的增加,属于"他因削弱",与 A 相比,针对论证关系更直接。	正确	

29. 答案 B

30. 答案 D

题干信息	①老虎和羚羊不能相邻; ②长颈鹿和狮子不能相邻。
解题步骤	
第一步	根据条件①②可知,老虎、羚羊、长颈鹿和狮子一定不在 F 展馆。由于 F 展馆与其他五个展馆都相邻,若上述四个动物有一个在 F 展馆,那么一定会与题干信息矛盾,因此老虎、羚羊、长颈鹿和狮子一定不在 F 展馆。
第二步 (29题)	本题给出了附加信息"大象在 E 展馆",由此可知:大象不在 F 展馆,根据剩余法可知牦牛在 F 展馆,选项 B 为正确答案。
第三步 (30题)	本题给出了附加条件:③牦牛在 D 馆∨狮子在 D 馆;④大象在 A 馆。 联合第一步的结论和条件④可知牦牛一定在 F 馆,代入条件③可得狮子在 D 馆。 根据条件②可知长颈鹿只能在 B 馆,比对选项,选项 D 为正确答案。

逻辑模拟试卷（二十四）答案与解析

序号	答案	知识点与考点	序号	答案	知识点与考点
1	B	形式逻辑—假言判断	16	E	形式逻辑—信息比照
2	C	论证逻辑—削弱	17	A	形式逻辑—假言判断
3	E	论证逻辑—假设	18	E	论证逻辑—支持
4	D	分析推理—对应	19	A	论证逻辑—假设
5	D	形式逻辑—结构相似	20	A	论证逻辑—支持
6	E	分析推理—对应	21	A	分析推理—对应
7	B	分析推理—对应	22	C	分析推理—对应
8	C	形式逻辑—直言判断	23	E	论证逻辑—支持
9	D	分析推理—数据分析	24	C	论证逻辑—支持
10	D	论证逻辑—削弱	25	B	论证逻辑—支持
11	E	形式逻辑—信息比照	26	C	分析推理—对应
12	D	分析推理—分组	27	D	形式逻辑—假言判断
13	B	分析推理—分组	28	C	形式逻辑—结构相似
14	D	分析推理—分组	29	D	分析推理—真话假话
15	A	论证逻辑—支持	30	C	分析推理—真话假话

1. 答案 B

题干信息	根据"如果 A，那么 B，除非 C"的推理等于 $(A \land \neg B) \to C$，也可等于 $(A \land \neg C) \to B$ 的公式，可得信息：① P：学习具有热情的学生 $\land$ 没受不良风气的影响→Q：能够在大学阶段认真学习。② 学习方法正确（P1）→在大学阶段能够取得很好的学习成绩（Q1/P2）→认真学习（Q2）。

选项	解释	结果
A	选项不符合信息①，还需要"没受不良风气的影响"这个条件。	淘汰
B	选项否定 Q2，可得：学习方法不正确。因此选项一定为真。考生注意，或者 P，或者 Q，P、Q 有一个为真，整个判断为真。	正确
C	选项肯定 P1，可得出 Q2 为真，但是代入①，肯定 Q 推不出是否受到不良风气影响。	淘汰
D	选项符合题干信息①，肯定 P 推出肯定 Q，即认真学习，而将认真学习代入题干信息②，则能否取得好成绩无法判断，因此选项可能为真。	淘汰
E	选项可能为假，根据信息②只要吴迪学习方法正确就能取得好成绩。	淘汰

2. 答案 C

题干信息	题干论证：张教授是发起者且持反对态度→张教授的加入会影响听证会的代表性与合理性→张教授不能是听证会的成员		
选项	解释		结果
A	选项直接削弱结论，力度较弱。		淘汰
B	选项支持题干结论。		淘汰
C	考生试想，题干论证隐含的关系是发起者的观点鲜明会影响听证会的代表性与合理性，选项直接说明观点鲜明的成员组成的听证会更能体现代表性与合理性，选项直接削弱题干论证关系，削弱力度最强。		正确
D	选项不能削弱，题干仅仅是讨论方案，而不涉及"决策"。		淘汰
E	选项不能削弱，题干仅仅是讨论方案，而不涉及"决策"。		淘汰

3. 答案 E

解题步骤	
第一步	整理题干论证。前提：①所有居住在 M 城的人在到达 65 岁以后都有权得到一张卡；②M 城 2010 年有 2450 位居民在那一年到达了 64 岁；③2011 年，有超过 3000 人申请并合理地得到了折扣卡。→结论：2010 年至 2012 年间有六十多岁的人向 M 城移民。
第二步	分析题干论证。题干前提中：本地 2010 年 64 岁的人有 2450 人，这些人到 2011 年恰好 65 岁，有权获得居住卡的人应该是 2450 人，而实际上 2011 年得到卡的人却超过 3000 人，如此一来中间差额的这"500 多人"便是结论强调的"移民"的人群。如此一来，就需要保证没有其他的方式能获得折扣卡。
第三步	分析选项。

选项	解释	结果
A	选项与题干论证无关，不必假设。	淘汰
B	题干论证的是 65 岁以上有权获得折扣卡的人，而不是"人口总规模（所有人）"。	淘汰
C	选项与题干论证无关，不必假设。	淘汰
D	选项不必假设，没有人没申请=所有人都申请，考生试想，不需要所有人都申请，有人申请即可，题干是"部分来源于"，注意假设的范围要与题干一致。	淘汰
E	选项恰好符合题干的假设。考生试想，如果之前的人们有权申请折扣卡，但实际上却没有申请，那么就可能不存在移民的情况，可能全部都是 M 城的居民。	正确

4. 答案 D

题干信息	①小孙选"中外宗教文化" ∀ 小孙选"中外文化鉴赏"。②小赵和小孙喜欢了解中国与外国的差异性=小赵不选"中国简史" ∧ 小孙不选"中国简史"（确定信息）。③小李选"中国简史" ∨ 小李选"中外文化鉴赏"。④小赵不选"中国简史"→小钱选"中国简史"。⑤四个人各选一门，且均不相同。

逻辑模拟试卷（二十四）答案与解析

(续)

	解题步骤
第一步	观察题干，本题属于有确定信息的假言判断综合推理题，将确定信息代入推理即可得出答案。
第二步	将确定信息②代入条件④，可知<u>小钱选"中国简史"</u>，再代入条件③，可得<u>小李选"中外文化鉴赏"</u>，再代入条件①，可得<u>小孙选择"中外宗教文化"</u>。结合剩余法思想可知，剩下的小赵只能选择"中外电影赏析"。观察选项可知，答案选 D。

5. 答案 D

题干信息	题干结构：A→B，C→B，因此，A→C。	
选项	解释	结果
A	选项 = A→B，C→B，因此 C→¬A，与题干推理结构不一致。	淘汰
B	选项 = A→B，B→C，因此 A→C，与题干推理结构不一致。	淘汰
C	选项 = A→B，B→C，因此 A→C，与题干推理结构不一致。	淘汰
D	选项 = A→B，C→B，因此，A→C，与题干推理结构一致。	正确
E	选项 = A→B，C→B，因此 D→C，与题干推理结构不一致。	淘汰

6. 答案 E

题干信息	①甲去上海→乙去成都∧丙去南京； ②甲不去上海→丁去西安∧戊去深圳； ③丙去成都∨己去南京； ④丁去西安→庚去成都； ⑤每个人只去一个城市考察，每个城市只考察一次。

	解题步骤
第一步	本题属于"假言+对应"的综合推理题，因为题干没有确定信息，故优先考虑串联后结合"反证法"得出确定信息，由⑤可知，"乙去成都"和"丙去成都"属于反对关系，可以串联，故可从关于"成都"的信息入手进行解题。
第二步	联合①③可得：甲去上海 —①→ 乙去成都∧丙去南京 —⑤→ 丙不去成都 —③→ 己去南京，此时由"甲去上海"，推出"丙去南京和己去南京"，与⑤矛盾，故假设错误，可得甲不去上海。
第三步	将"甲不去上海"代入②并联合④可得：甲不去上海 —②→ 丁去西安∧戊去深圳 —④→ 庚去成都（丙不去成都）—③→ 己去南京，观察选项可知，答案选 E。

269

7. 答案 B

	解题步骤
第一步	①甲去上海→乙去成都∧丙去南京； ②甲不去上海→丁去西安∧戊去深圳； ③丙去成都∨己去南京； ④丁去西安→庚去成都； ⑤每个人只去一个城市考察，每个城市只考察一次； ⑥丙去北京。(确定信息)
第二步	整理上题得到的确定信息：甲不去上海、丁去西安、戊去深圳、庚去成都。将确定信息⑥代入③可推得，己去南京；再结合⑤，由于每个人只去一个城市考察，根据排除法可知甲去广州；此时还剩下一个代表"乙"，还剩下一个城市"上海"，因此乙去上海，答案选 B。

8. 答案 C

	解题步骤
第一步	本题属于简单判断补前提的题目，故先找准题干的解题和结论。 前提：①有些练习跳远的⇒练习跳高 = 有些练习跳高的⇒练习跳远；②不练习长跑的→不练习铅球 = 练习铅球→练习长跑。 结论：③有的练习跳高的⇒练习长跑。
第二步	要得到"练习跳高"和"练习长跑"之间的关系，只需要搭建"练习跳远"和"练习铅球"之间的关系，即要补充：④练习跳远→练习铅球。此时题干联合①②④可得：有些练习跳高的⇒练习跳远⇒练习铅球⇒练习长跑，进而可得出结论，故答案选 C。考生可复习《逻辑精点》强化篇第 17~19 页相关内容。

9. 答案 D

	解题步骤
第一步	根据题干信息画表格如下： |	进口	国产
---	---	---
食品	A	C
非食品	B	D	
第二步	用字母表达题干的已知信息： ①A+B=300　②C+D=200　③A+C=270　④B+D=230
第三步	根据①和④可得：A−D=70，因此 A 选项为真，并且 A 至少是 70，所以 C 选项为真。根据①③可得：B−C=30，因此 B 选项为真，并且 B 最少 30，因此 D 选项为假。对于 E 选项，根据④可知，B 最多 230，再结合 B−C=30 可知，C 最多 200，因此 E 选项也为真。 答案选 D。

逻辑模拟试卷（二十四）答案与解析

10. 答案 D

题干信息	前提：下半叶比上半叶癌症发病率增长了近 10 倍，成为威胁人类生命的第一杀手。 结论：全球性生态失衡是诱发癌症的重要原因。	
选项	解释	结果
A	削弱论证，人们的寿命不断提高，因此得癌症的概率增大。（意即，作为老年病的癌症是随着人们寿命的提高而增加，而与全球性生态失衡无关）。	淘汰
B	选项削弱，上半叶的癌症发病率低是因为大量人在青壮年的时候已经死亡，而下半叶死亡率低，人们的寿命变长，说明上半叶与下半叶的癌症发病率的差异是由于大量人在年轻的时候已经死亡的差异。	淘汰
C	选项能削弱，说明是由于科技带来的诊断的准确率的差异导致癌症发病率的差异。	淘汰
D	选项不能削弱，考生注意，题干强调的是"诱发癌症"是癌症发病率，而不是选项强调的发现、诊治和延长癌症病人的生存时间，不能偷换概念。	正确
E	选项能削弱，说明是上半叶和下半叶统计资料的差异导致癌症病人发病率的差异。	淘汰

11. 答案 E

选项	解释	结果
A	根据题干信息，过山车开放时间为周二至周五，海盗船开放时间为周三至周六，说明周日和周一既不开放过山车，也不开放海盗船，不符合选项判断。	淘汰
B	根据题干信息，北区和东区开放时间均为周一至周六，说明周日北区和东区都不开放，不符合选项判断。	淘汰
C	根据题干信息，大摆锤开放时间为周一至周四，海盗船开放时间为周三至周六，说明周日既不开放大摆锤，也不开放海盗船，不符合选项判断。	淘汰
D	根据题干信息，若东区开放且开放时间在 15：00 以后，则开放的设施为过山车而非旋转木马，不符合选项判断。	淘汰
E	根据题干信息，若北区开放且开放时间在 14：00 以前，则开放的设施为大摆锤，符合题干断定。	正确

12. 答案 D

13. 答案 B

题干信息	① 6个人：G、H、K、L、P、S 安排在大年初一、初二、初三值班，每天两人。 ② L 与 P 必须在同一天值班。 ③ G 与 H 不能在同一天值班。

(续)

	解题步骤	
12题	由②③可知G、H、K、L、P、S六人中，L与P必须在同一天值班，G与H不能在同一天值班，所以K、S不在同一天值班。答案为D。	
13题	第一步	附加信息"H在S的前一天值班"，说明H、S不在同一天值班，可以在初一、初二值班或者初二、初三值班。
	第二步	由②可知L与P必须在同一天值班，结合第一步结论，那么L和P在初一或初三值班，因此P不可能在初二值班，因此答案选B。

14. 答案 D

题干信息	①从冬瓜、土豆、鸡蛋、豆腐、白菜、山药、菠菜、花菜8种食材中选择5种，不重复 ②选冬瓜→选豆腐（冬瓜……豆腐） ③选白菜→选土豆（白菜……土豆） ④选鸡蛋→不选白菜 ⑤第五个＝山药∨菠菜
第一步	选项充分，问题求"可能真"，因此优先考虑代选项排除法。
第二步	根据题干确定信息，一共选5种，甲第一天选择了食材冬瓜、花菜，则还需要选3种，代入条件②可知一定有豆腐。因此，选项一定有豆腐，因此，排除C和E选项。
第三步	结合条件⑤可知，第五个要么是山药，要么是菠菜，可知选项中一定要有山药、菠菜其中一个，排除A和B选项。故答案选D。

15. 答案 A

题干信息	张强观点：泄露变脸秘密等于断送了川剧的艺术生命。 李明观点：即使外国人学会了变脸，也不会影响川剧传统艺术的生存与价值。	
选项	解释	结果
A	"促进川剧的传播，并促使川剧创造出新的绝技"直接支持了李明的观点。	正确
B	类比到京剧，虽然支持李明观点，但其力度不如A项。	淘汰
C	"川剧艺术的变味"削弱了李明的观点。	淘汰
D	削弱李明观点。	淘汰
E	"日本等国的变脸技术占据了一半的国外市场"支持了张强的观点，削弱了李明的观点。	淘汰

16. 答案 E

思路点拨	本题属于信息比照题，需要考生根据选项所给出的信息，快速定位到题干所对应的位置。

逻辑模拟试卷（二十四）答案与解析

(续)

选项	解释	结果
A	根据题干表格可知，6号、7号、9号、12号、16号没有下雨，但却是多云，选项不符合题干信息。	淘汰
B	根据题干表格可知，10号为雨天，但11号为中雨，选项不符合题干信息。	淘汰
C	根据题干表格可知，若某天的天气类型为晴，则第二天一定不是小雨，选项不符合题干信息。	淘汰
D	根据题干表格可知，若某天的天气类型为雷阵雨，则第二天一定不是晴，选项不符合题干信息。	淘汰
E	根据题干表格可知，7号为多云，且8号为小雨转多云，选项符合题干信息。	正确

17. 答案 A

题干信息	①含有谷薯类∧蔬菜水果类→含有畜禽鱼蛋奶类； ②含有大豆坚果类→含有蔬菜水果类； ③小明某餐的食物不含畜禽鱼蛋奶类∧含有大豆坚果类。(确定信息)
解题步骤	
第一步	将确定信息③中的"不含畜禽鱼蛋奶类"代入到①中可推得：④"该餐中小明没有吃谷薯类∨该餐中小明没有吃蔬菜水果类"。再将确定信息③中的"含有大豆坚果类"代入到②中可推得：⑤"该餐中小明吃了蔬菜水果类"。
第二步	联合④⑤，根据相容选言判断"否定必肯定"的推理规则可知，该餐中小明没有吃谷薯类，故答案选 A。

18. 答案 E

题干信息	根据题干中的"有助于"确定本题属于方法可行类问题。 方法：重新引入对销售该设备的严格限制。目的：减少L国的盗窃发生率。

选项	解释	结果
A	选项属于存在他因的削弱，不是因为拆锁设备导致盗窃率上升，而是总体犯罪率导致的。	淘汰
B	选项与盗窃率的发生概率无关。	淘汰
C	选项与盗窃率的发生概率无关。	淘汰
D	选项与重新引入对销售该设备的严格限制的措施无关。	淘汰
E	选项直接说明方法可行，能达到目的。拆锁设备是易坏的，并且通常会在购买几年后损坏而无法修好，那么只需要限制拆锁设备的销售，就能降低盗窃率，支持题干论证。	正确

· 273 ·

19. 答案 A

	解题步骤
第一步	整理题干论证。前提：①超市没有清洗，②苹果收获前被喷洒过有害的农药，如不清洗会对消费者有害。→结论：欣欣超市肯定在卖表皮上有农药的水果。
第二步	苹果出售的流程：收获前采摘 ——→ 运送至超市 ——→ 出售给消费者。 （是否清洗）　　　　　（并未清洗） 考生观察可发现，苹果到消费者手中经历了两个过程，题干只强调了第二个过程没有清洗，却不涉及第一个过程是否清洗，故需要假设第一个过程也没有清洗，才能得出卖到顾客手中的苹果有农药。如果在第一个过程中已经清洗，那么就不能得出苹果有农药。因此答案选 A。

20. 答案 A

	解题步骤
第一步	根据结论中的核心词"但是"确定结论强调的是后者，即：荷马的诗直到现在才被翻译成阿拉伯语。
第二步	题干前提中指出影响是否被翻译的因素有两个：①是否有手稿；②是否感兴趣。题干通过《诗学》这个例子，说明中世纪的阿拉伯人对荷马的诗没有兴趣，那么影响被翻译的因素就只剩"手稿"，故要证明是没有兴趣导致的没有被翻译，那么就一定需要保证"有手稿"。否则，就很可能是因为没有手稿导致没有被翻译，与兴趣无关。故答案选 A。

21. 答案 A
22. 答案 C

题干信息	①小钱去北京； ②小郑去深圳∨小郑去上海； ③小周去重庆→小吴去成都∨小孙去深圳； ④小周不去重庆∨小王不去成都→小郑去天津； ⑤每个地点只去一个人，且每个人只去一个地点。

	解题步骤		
21题	第一步	由条件②⑤可知：小郑不去天津。可代入条件④得出：小周去重庆∧小王去成都。	
	第二步	将"小周去重庆"代入条件③可得：小吴去成都∨小孙去深圳。因为小王去成都，根据条件⑤可知"小吴一定不去成都"，因此小孙一定去深圳，代入条件②可得：小郑去上海。	
	第三步	整理结论：小周去重庆、小王去成都、小孙去深圳、小郑去上海，比对选项，选项 A 为正确答案。	
22题	第一步	由题干给出的附加条件可知，小李和小赵分别去西安和杭州。	
	第二步	结合21题的结论，利用剩余法可知，小吴一定去天津，比对选项，选项 C 为正确答案。	

逻辑模拟试卷（二十四）答案与解析

23. 答案 E

题干信息	整理题干论证。前提：炒房（因）。→结论：房价上涨（果）。	
选项	解释	结果
A	选项态度不明确，关注影响，那究竟是正相关还是负相关，不得而知。	淘汰
B	选项不涉及对房价的影响。	淘汰
C	选项属于无因有果的削弱，割裂了"炒房"和"房价上涨"的关系。	淘汰
D	选项属于有因无果的削弱，割裂了"炒房"和"房价上涨"的关系。	淘汰
E	选项属于无因无果的支持，建立了"炒房"和"房价上涨"的关系。	正确

24. 答案 C

题干信息	整理题干论证。前提：有的人有一次厌食，会持续产生强烈厌恶。→结论：小孩更易于对某些食物产生强烈的厌食。	
选项	解释	结果
A	列举可能存在的一种特殊情况，支持了解释，属于例证支持，力度较弱。	淘汰
B	题干中论证的对象是"尝过的食物"，而不是选项所说的"未尝过的食物"，选项与题干论证范围不同。	淘汰
C	题干前提中指出从"一次厌恶"到"持续厌恶"，更多强调的是厌恶的次数；题干结论强调的是小孩类比成年人的厌食容易程度，而选项恰好构建了论证关系，是因为嗅觉和味觉更敏锐的差异，才使得小孩比成年人更易于厌食。直接针对论证关系进行支持，力度最强。	正确
D	客观上是否有知识与主观上是否会厌食无关。	淘汰
E	题干论证的是厌食的容易程度，而不涉及厌食的时间。	淘汰

25. 答案 B

题干信息	提炼题干信息： 前提：不同群落雄性园丁鸟构筑凉棚的建筑和装饰风格不同。 结论：雄性园丁鸟的筑巢风格是后天习得的，而不是基因遗传的。	
选项	解释	结果
A	"共同特征多于区别"，无法确定是"后天习得"，还是"基因遗传"。	淘汰
B	幼年观看老年构筑凉棚，说明构筑凉棚不是雄性园丁鸟天生的，而是后天习得的，支持结论。	正确
C	未提及本题的核心论证"雄性园丁鸟"，"构筑凉棚"与论证无关。	淘汰
D	未提及本题的论证对象"雄性园丁鸟"，与论证无关。	淘汰
E	题干未涉及"一些鸣禽的鸣唱方法"，选项也未涉及"雄性园丁鸟"，属无关选项。	淘汰

· 275 ·

26. 答案 C

题干信息	①乙不会插花；②甲和丙会的技能不重复，乙和甲、丙各有一门相同的技能；③甲会书法，丁不会书法，甲和丁有相同的技能；④乙和丁中有且只有一人会插花；⑤甲和乙中有且只有一人会插花；⑥没有人同时会绘画和书法；⑦有一种技能只有一个人会。

	解题步骤
第一步	观察题干。本题属于有确定信息的对应+分组问题，可以通过画表格的方法解题。
第二步	联合条件①④可得：丁会插花，联合条件①⑤可得：甲会插花，联合条件②③可得：丙不会书法也不会插花，联合条件③⑥可得：甲不会绘画，将确定信息填入表格。（由于甲、乙、丙、丁四人每人只会四种技能中的两种，因此每行应该是两√两×，根据条件⑦可知：至少有1列是1√3×，结合条件⑥可知：最多的一列也只能有3√）表格如下： |	编程	插花	绘画	书法
---	---	---	---	---
甲	×	√	×	√
乙		×		
丙	√	×	√	×
丁		√		×	
第三步	根据上一步，联合条件②可知，乙和甲相同的技能只能为书法，再联合条件⑥可知，乙不会绘画，填入表格如下： |	编程	插花	绘画	书法
---	---	---	---	---
甲	×	√	×	√
乙	√	×	×	√
丙	√	×	√	×
丁		√		×	
第四步	根据上一步，联合条件⑦可知，只有一个人会的技能只能为绘画，因此丁一定不会绘画。填入表格如下： |	编程	插花	绘画	书法
---	---	---	---	---
甲	×	√	×	√
乙	√	×	×	√
丙	√	×	√	×
丁	√	√	×	×	
第五步	选项代入表格比对，选项 C 为正确答案。

27. 答案 D

题干信息	①人民币没有持续不断地加息（P1）→不能从根本上抑制经济扩张的冲动∧不能避免资产泡沫的出现和破灭（Q1）。 ②人民币没有加快升值（P2）→人民币的流动性就无法根治，利润偏低的状况就无法纠正，资产泡沫就有可能越吹越大（Q2）

（续）

选项	解释	结果
A	选项否定 P2，什么也推不出，可能真。	淘汰
B	流动性和利率偏低之间没有推理关系，可能真。	淘汰
C	选项否定 P1，什么也推不出，可能真。	淘汰
D	由于 A→B∧C 为真时，可得 A→B 为真，结合信息①可得选项为真。	**正确**
E	选项=¬P1∨¬Q1，当题干¬P∨Q 为真时，¬P∨¬Q 无法判断真假。	淘汰

28. 答案 C

题干信息	题干推理为：缺少 A 会导致 B；富有 A 会导致 C；因此 C 不会导致 B。

选项	解释	结果
A	选项不涉及具体的量词，显然与题干推理不一致。	淘汰
B	选项推理为：没有 A 就没有 B，因此，有 A 就有 B。与题干推理不一致。	淘汰
C	选项推理为：缺少 A 会导致 B；富有 A 会导致 C；因此 C 不会导致 B。与题干推理一致。	**正确**
D	选项推理为：如果 A，那么 B，非 A，因此非 B。与题干推理不一致。	淘汰
E	选项显然与题干推理不一致。	淘汰

29. 答案 D

30. 答案 C

题干信息	① 2 号：1 号戴的是黑帽子。② 3 号：我前面的人里面有一位戴黑帽子。③ 4 号：3 号说的是真话。④ 5 号：4 号说的是假话。⑤ 6 号：5 号说的是假话。⑥ 7 号：我头上戴的不是黑色的帽子。⑦ 戴黑色帽子的小朋友说假话，戴白色帽子的小朋友说真话。

	解题步骤
第一步	此种连续推理的题目，需要从最开始说话的人入手。若 2 号是白帽子，那么 2 号说真话，进而 1 号一定是黑帽子；若 2 号是黑帽子，那么 2 号说假话，进而 1 号是白帽子。因此无论如何，1 号和 2 号一定是一白一黑。
第二步	现在 3 号说 1 号和 2 号一白一黑，说真话，进而 3 号是白帽子；4 号说 3 号说的是真话，可得 4 号本人说的是真话，4 号也是白帽子；5 号说 4 号说的是假话，可得 5 号本人说的是假话，进而 5 号是黑帽子。由于只有 2 顶黑帽子，那么剩下的 6 号和 7 号都是白帽子，因此 29 题答案选 D。
第三步	已知有三人戴黑帽子，继续上题 5 号以后的推论，6 号说 5 号说的是假话，可得 6 号本人说的是真话，6 号是白帽子；那只剩下 7 号，就应该是戴黑帽子。因此 30 题答案选 C。

277

逻辑模拟试卷（二十五）答案与解析

序号	答案	知识点与考点	序号	答案	知识点与考点
1	C	论证逻辑—支持	16	A	分析推理—分组
2	C	形式逻辑—假言判断	17	C	论证逻辑—支持
3	C	论证逻辑—支持	18	C	分析推理—分组
4	D	分析推理—真话假话	19	E	论证逻辑—支持
5	D	论证逻辑—解释	20	C	分析推理—对应
6	B	分析推理—分组	21	E	论证逻辑—支持
7	B	论证逻辑—削弱	22	A	分析推理—对应+分组
8	E	分析推理—对应	23	E	分析推理—对应+分组
9	C	形式逻辑—假言判断	24	C	论证逻辑—削弱
10	B	分析推理—真话假话	25	D	论证逻辑—支持
11	E	分析推理—对应	26	D	形式逻辑—假言判断
12	C	分析推理—分组	27	B	形式逻辑—信息比照
13	E	论证逻辑—假设	28	C	论证逻辑—支持
14	C	论证逻辑—支持	29	C	分析推理—方位排序
15	D	分析推理—分组	30	C	分析推理—方位排序

1. 答案 C

题干信息	前提：早期预警系统通过测量 P 波沿地面移动的情况，来预测 S 波所造成的影响，然后发出警报。 结论：人们并没有多少时间为大地震做好准备。		
选项	解释		结果
A	选项讨论的是地震发生的次数和人们的感觉，而题干论证是人们否有时间做好准备，与题干论证话题不相关。		淘汰
B	选项与题干论证无关，不涉及 P 波、S 波对人们准备的影响。		淘汰
C	选项指出：地震越大，P 波与 S 波之间的间隔越短，留给人们预警的时间越短，进而使得人们无法做准备，直接搭桥建立关系，最能支持。		正确
D	选项强调的是 S 波的影响，而不涉及人们准备时间长短，无关。		淘汰
E	选项强调的是地震对人们行为的影响，而不涉及人们准备时间长短，无关。		淘汰

逻辑模拟试卷（二十五）答案与解析

2. 答案 C

解题步骤	
第一步	整理题干信息。 ①赵华是罪犯∧钱华是罪犯∧李华是罪犯→甲1号案件被侦破。（考生注意，"除非Q，否则P"＝¬P→Q） ②甲1号案件没有被侦破。（确定信息） ③如果赵华不是罪犯，则赵华的供词是真的，而赵华说钱华不是罪犯。 ④如果钱华不是罪犯，则钱华的供词是真的，而钱华说自己与李华是好朋友。 ⑤现查明李华根本不认识钱华。（确定信息）
第二步	观察题干信息发现，②和⑤都属于确定信息，故可优先考虑将确定信息代入推理即可。将②代入①可得：赵华不是罪犯∨钱华不是罪犯∨李华不是罪犯。由④⑤可知，钱华的供词为假，代入④可得：钱华是罪犯。由"钱华是罪犯"可知，赵华的供词为假，代入条件③可得：赵华是罪犯。
第三步	由前两步可知，钱华是罪犯∧赵华是罪犯→李华不是罪犯，观察选项可知答案选C。

3. 答案 C

题干信息	前提差：战争激烈程度的差异（最近一次在重战区与战争不是特别激烈的战区）。 结果差：执行任务的医疗人员收入、离婚率、整体幸福度方面的差异。 考生试想，针对求异法最好的支持便是指出没有其他差异导致结果差的思路。	
选项	解释	结果
A	选项指出前提存在学校教育的差异，削弱。	淘汰
B	选项指出前提存在年龄的差异，削弱。	淘汰
C	选项指出没有其他差异导致结果差异，考生试想，如果是由于父母在收入、离婚率和整体幸福程度方面有什么显著差别的话，那很可能是家庭环境的差异导致结果差，而与题干前提战争激烈程度的差异无关，选项属于前提没有他导致结果差的思想。	正确
D	题干论证不涉及"建筑工人"，不能支持。	淘汰
E	选项干扰性很大，考生注意，题干论证是最近一次战争，而不是早期战争；再者，如果重战区的医护人员在收入、离婚率和整体幸福程度和其他战区的没有太大差异，那就说明收入、离婚率和整体幸福程度与战争的激烈程度无关，削弱题干论证。	淘汰

4. 答案 D

题干信息	①赵甲：钱乙不是律师。 ②钱乙：孙丙是预言家。 ③孙丙：李丁不是钢琴演奏家。 ④李丁：李丁会嫁给小东。 ⑤只有1个人的预言是正确的，而正是这个人当上了预言家。 ⑥4个人，分别是预言家、律师、舞蹈演员和钢琴演奏家。

· 279 ·

(续)

	解题步骤
第一步	题干中没有关系可用，因此可优先考虑假设的思路。假设赵甲预言正确，赵甲是预言家并且其他人说的都是假话。联合③可得，李丁是钢琴家；联合①可得，孙丙是律师。钱乙是舞蹈演员。<table><tr><td>赵甲</td><td>钱乙</td><td>孙丙</td><td>李丁</td></tr><tr><td>预言家</td><td>舞蹈演员</td><td>律师</td><td>钢琴演奏家</td></tr></table>发现没有矛盾情况，假设成立。
第二步	假设钱乙预言正确，钱乙是预言家并且其他人说的都是假话。发现钱乙预言的是"孙丙是预言家"。预言家只有一个，出现矛盾所以该假设不成立。
第三步	假设孙丙预言正确，孙丙是预言家并且其他人说的都是假话。但此时，钱乙说孙丙是预言家，也说了真话，矛盾，故孙丙预言不正确。
第四步	假设李丁的预言正确，则可知李丁是预言家，并且其他人说的都是假话，此时孙丙的话为假，可知李丁是钢琴演奏家，矛盾，故李丁的预言不正确。
第五步	综上可知，预言正确的是赵甲，此时可得答案选 D。

5. 答案 D

题干信息	劳动力减少，工资会上涨。但是，爱尔兰由于饥荒，导致一半人口死亡或移民，平均工资却并没有上升。		
选项	解释		结果
A	通过医疗条件的改进，使得爱尔兰的劳动力并未减少，进而平均工资没有上升，他因解释。		淘汰
B	驱逐政策保留了高比例的体格健壮的工人，使得爱尔兰的劳动力并未减少，他因解释。		淘汰
C	选项指出是技术发展提高了工业生产效率，劳动力的作用减小，进而不需要提高工资水平，他因解释。		淘汰
D	选项不能解释，考生试想，10 年内出生率即使再高，这些新出生的人口最多 10 岁，根本就不能成为劳动力，如何解释呢？		正确
E	选项指出了是人为立法导致了平均工资水平没有提高，他因解释。		淘汰

6. 答案 B

题干信息	①不赵∨不李；②要么李，要么孙；③赵∨钱；④李、钱、吴三人中至少有两人被选中；⑤钱↔孙（要么都选中，要么都不选中，就意味着充要条件）；⑥周→李。
解题步骤	
第一步	观察题干没有确定为真的条件，故可优先考虑从重复最多的项出发，构成两难推理的思路下手。

逻辑模拟试卷（二十五）答案与解析

（续）

	解题步骤
第二步	重复最多的项是"李"，因此联合①③⑤可得，李→不赵→钱→孙，由②可得，李→不孙，进而构成两难推理可得：不李。
第三步	代入⑥可得，不李→不周，再联合④和②可得，钱、吴、孙都要选中，赵无法判断，故可判定答案为B。

7. 答案 B

题干信息	前提：某种性格特征的人易患高血压，而另一种性格特征的人易患心脏病（性格的差异导致患病的差异）。→结论：通过主动修正性格和行为特征能预防疾病。 题干隐含的论证关系：性格特征与疾病之间存在因果关系。

选项	解释	结果
A	选项无法反驳，如果患有与各种性格特征均有关的疾病，那么都修正好就可以预防疾病。	淘汰
B	选项直接说明是相同的生理因素导致的性格特征和行为疾病，直接割裂论证关系，削弱力度最强。	正确
C	选项质疑引用的数据，而非针对论证关系，故力度较弱。	淘汰
D	选项迷惑性较大，考生注意，题干论证强调的是"性格"与"疾病"的关系，而非"行为"和"疾病"的关系，故力度较弱。	淘汰
E	选项与题干论证无关。	淘汰

8. 答案 E

题干信息	① 每个盒子只装1种茶叶，每种茶叶只装在1个盒子里。 ② 黄茶在2号∨4号； ③ 白茶在3号→绿茶在5号； ④ 红茶在1号∨2号 ↔ 黑茶在5号； ⑤ 黄茶不在4号。

	解题步骤
第一步	本题属于"对应题"中的补前提题型，是最近几年考查的重点题型。先得出确定信息，然后再代入选项进行验证。
第二步	联合②⑤可得，黄茶在2号；此时即可快速排除C、D选项，将B选项代入题干，此时绿茶、红茶和黑茶均有可能在3号，因此排除B选项。将A选项代入题干，列表可知： |	黑	白	黄	绿	红
---	---	---	---	---	---
1		×	×		
2	×	×	√	×	×
3		×	×		
4	×	√	×	×	×
5		×	×			 此时红茶、绿茶和黑茶都可能在3号，排除A选项，答案选E。

(续)

	解题步骤
第三步	为帮助考生熟练推理，验证 E 选项。如果黑茶在 5 号，则红茶在 1 号∨2 号，此时由于黄茶在 2 号，因此红茶在 1 号；黑茶在 5 号，也就是绿茶不在 5 号，结合③可知，白茶不在 3 号，此时对应关系如下表： |	黑	白	黄	绿	红
---	---	---	---	---	---
1	×	×	×	×	√
2	×	×	√	×	×
3	×	×	×	√	×
4	×	√	×	×	×
5	√	×	×	×	×	 观察选项可知，答案选 E。

9. 答案 C

题干信息	①甲校稿→甲不去广播台主持。 ②丙做课题→甲去广播台主持∨丁去广播台主持。 ③丙不做课题→丙去广播台主持。 ④丙不去广播台主持∨甲去广播台主持。 ⑤甲只去校稿（确定信息）。

	解题步骤
第一步	观察题干，本题属于有确定信息的假言判断推理，将确定信息代入题干推理即可得出答案。
第二步	将确定信息⑤代入①可得"甲不去广播台主持"；进而将"甲不去广播台主持"代入④可得"丙不去广播台主持"；再将"丙不去广播台主持"代入③可得"丙做课题"；再将"丙做课题"代入②可得：甲去广播台主持∨丁去广播台主持。由于甲不去广播台主持，进一步可知：丁去广播台主持。
第三步	观察选项可知，答案选 C。

10. 答案 B

	解题步骤
第一步	题干中说每个预测只说对了一半，观察每人的猜测会发现，张珠江的后半句和李长江的前半句都涉及"张珠江"和"第三名"，属于反复提及的条件，且张珠江的后半句与李长江的前半句不可能同时为真，可以此作为突破口。
第二步	显然，由于李长江说对了一半，分前真后假和前假后真两种情况推理，都可以得出"张珠江第三名"为假，所以张珠江的前半句"何海河第二名"为真，对比选项，只有 B 项正确。

逻辑模拟试卷（二十五）答案与解析

11. 答案 E

题干信息	①每个处室恰好选择其中一个地方，各不重复。 ②甲选幸福街道∨乙选幸福街道。 ③甲选红星乡∨丙选永丰街道。 ④丙选永丰街道→丁选幸福街道。
解题步骤	
第一步	观察题干条件发现，本题表面上没有确定信息，此时可优先考虑将重复出现的信息"幸福街道"作为切入点，由②知选幸福街道的人一定不能是丁。
第二步	将"丁不选幸福街道"代入④可得丙不选永丰街道，进而再代入③可得甲选红星乡；进而再代入②可得乙选幸福街道。
第三步	由于丙不选永丰街道，进而可知丙选朝阳乡，结合剩余法可知丁选永丰街道。观察选项可知，答案选 E。

12. 答案 C

题干信息	①小王选上→小张选上；②小王选不上→小李选上；③小张选上→小李选上； ④小王选不上∨小李选不上。
解题步骤	
第一步	将④等价转化为：小王选上→小李选不上。①和③联合可得：⑤小王选上→小李选上。结合④和⑤可构成两难推理（P→Q，P→¬Q，所以¬P 为真）可得：小王选不上。
第二步	将小王选不上代入②可得小李选上，小张是否选上不得而知，因此答案选 C。

13. 答案 E

题干信息	根据题干中的"建议"可确定本题属于"方法可行"类问题。 目的：记录具有创造性思维的乱涂乱画。方法：用模拟便条纸替代纸。假设优先需要保证的就是方法可行的思路，即用模拟便条纸替代纸不会影响记录具有创造性思维的乱涂乱画。		
选项	解释	结果
A	选项过度假设，不需要保证"只能产生工程设计方面的灵感"，而只需要保证"能产生工程设计方面的灵感"即可。	淘汰
B	选项过度假设，不需要保证"只能用于乱涂乱画，或记录看来稀奇古怪的想法"，而只需要保证"能用于乱涂乱画，或记录看来稀奇古怪的想法"即可。与 A 选项类似。	淘汰
C	选项过度假设，不需要保证"所有用计算机工作的工程师都不会备有纸笔"，而只需要保证"有的用计算机工作的工程师都不会备有纸笔"即可。	淘汰
D	选项过度假设，只需要保证乱涂乱画有应用价值即可，而不需要保证大多数都有价值。	淘汰
E	必须假设纸上乱涂乱画的效果与计算机模拟的便条纸产生的效果等同，才能保证方法有效果。	正确

· 283 ·

14. 答案 C

题干信息	张教授的观点：代表不同文化背景的语言会影响人们大脑处理数学信息的方式。化简便是：语言影响方式。考生紧扣核心词所建立的论证关系可快速解题。

选项	解释	结果
A	选项不涉及"不同文化背景的语言"，故不能支持。	淘汰
B	"同一国家，不同方言"，说明语言的文化背景很可能是一样的，只是表达方式不同，与题干强调的"不同文化背景的语言"不完全一致，故支持力度弱于 C。	淘汰
C	选项直接建立"不同文化背景的语言"的前提差"英语和汉语"，导致"处理数学信息"的结果差"语言区和视觉信息识别区"，支持力度最强。	正确
D	选项构建的论证关系是"不同专业背景"和"处理方式相同"的关系，不能支持。	淘汰
E	选项构建的论证关系是"不同语言表达方式"和"接受效率"的关系，不能支持。	淘汰

15. 答案 D

16. 答案 A

题干信息	从本单位的 3 位女性（小王、小李、小孙）和 5 位男性（小张、小金、小吴、小孟、小余）中选出 4 人（即剩下 4 人），且有如下条件： ①小组成员既要有女性，也要有男性； ②小张与小王不能都入选，即至少一个不选； ③小李与小孙不能都入选，即至少一个不选； ④如果选小金，则不选小吴，即小金和小吴至少一个不选。

	解释
15 题	小张一定入选，根据条件②可知王不入选，再根据条件①可知孙和李至少一个人入选。结合条件③，可得孙和李有且只有一个人入选，所以 15 题答案为 D。
16 题	小王和小吴入选，根据条件②和条件④可得张不入选、金不入选，此时剩余的孙、李、孟、余中有两个人入选，两个人不入选。又已知孙和李至少一个不入选，所以孟和余中不入选的人数最多一人，即至少一人入选。因此，16 题答案为 A。

17. 答案 C

题干信息	父母也并不总是能够阻止他们的孩子去做可能伤害他人或损坏他人财产的事情，因此，父母不能因为他们的未成年孩子所犯的过错而受到指责或惩罚。

选项	解释	结果
A	与题干的前提观点不一致，不能支持题干的信息。	淘汰
B	司法审判体系如何对待未成年人，并不是题干论证的内容，该项与题干无关。	淘汰

逻辑模拟试卷（二十五）答案与解析

（续）

选项	解释	结果
C	该项在题干的前提与结论之间建立联系，将"不总是能阻止"（不能控制）与"受到指责或惩罚"（承担责任）搭桥，有力地支持了题干的论证。	正确
D	"教育孩子分辨对错"与题干的论证无关。	淘汰
E	该项能够对题干起到一定的支持作用，但考生注意，题干强调的是父母不应该为自己不能控制的行为（孩子的过错）承担责任。	淘汰

18. 答案 C

题干信息	①王∀李。 ②李∀刘。 ③王∨陈。 ④王∨孙∨赵中选两人。 ⑤陈↔刘。 ⑥孙→李。
解题步骤	
第一步	由于题干中没有确定信息，因此优先从"重复多"的条件入手。
第二步	观察题干条件可知，"王"重复了3次，因此优先从"王"入手；假设王不入选，结合条件①②⑤③可知，王不入选→李入选→刘不入选→陈不入选→王入选，矛盾，故可知王一定入选。
第三步	将"王入选"代入条件①②⑤中可知，王入选→李不入选→刘入选→陈入选；将"李不入选"代入条件⑥④中可知，李不入选→孙不入选→王∧赵入选；由此最终可以得到确定信息"王、赵、刘和陈入选，李和孙不入选"，答案选C。

19. 答案 E

题干信息	前提：壹基金的所作所为赢得喝彩。 结论：我们的社会回应机制要依靠以壹基金为首的慈善机构。
选项	解释	结果
A	地震灾害以及伤亡是否必然与题干论证无关。	淘汰
B	大部分靠自救削弱了慈善机构的作用。	淘汰
C	"家庭和社区"与结论中主语"慈善机构"不同，不能起到支持作用。	淘汰
D	该选项中红十字会信任危机说明其不好，削弱结论。	淘汰
E	该选项说明慈善机构好的一面，支持结论。	正确

20. 答案 C

解题步骤	
第一步	本题属于典型的"一一对应"题目，由于题干问题求"可以为真"，故优先考虑代选项排除法解题。

· 285 ·

(续)

	解题步骤
第二步	第一列第二行不能是"兰"和"荷"，因此，排除 D 选项；第一列第三行不能是"菊""桂""桃""梅"，因此排除 A 选项；第一列第六行不能是"菊""桃"和"兰"，因此排除 B 选项。
第三步	此时还有 C 和 E 需要考虑，因此可正向推理，根据数独思想，应先考虑信息最多的行或列，所以先考虑将第三行补全。第三行只缺少第一列和第五列，根据每行不能相同可知，第三行第五列不能是"菊""桂""桃""梅"；根据每列不能相同可知，第三行第五列不能是"荷"，综上，只能是"兰"。由右表可知，第一列第三行不能是"兰"，故排除 E，因此答案选 C。

右表：

桂	梅		兰		桃
			兰	荷	
菊	桂	桃	兰	梅
	梅	荷			
桂			菊		荷
			菊	桃	兰

21. 答案 E

题干信息	方法：发现慢性疲劳综合征患者的某些基因与同年龄、同性别健康人的基因是有差别的（研究成果）。 目的：将研究成果应用于慢性疲劳综合征的诊断和治疗。

选项	解释	结果
A	能应用于"一些疾病"不等于能应用于"慢性疲劳综合征"。	淘汰
B	选项与题干的方法无关。	淘汰
C	目前没有诊断和治疗的方法，那么这个成果是否能应用于诊断和治疗呢？这二者显然属于不同的话题。	淘汰
D	选项迷惑性很大，有一种独特的基因是客观存在的事实，但是我们能否有效地识别这种基因，并且将它成功地转化成为实际应用呢？故选项的力度弱于 E。	淘汰
E	选项保证了题干方法的可行性，如果我们不能准确地鉴别基因，那么就无法将之很好地运用，属于必要的假设支持，力度最强。	正确

22. 答案 A

23. 答案 E

题干信息	三个男同学：张林、李牧、赵强 三个女同学：秋华、陈春、楚霞 三个兴趣小组：插花、茶道、剪纸 ①每人只能参加一个课外兴趣小组； ②有男同学参加的课外兴趣小组→有女同学参加； ③有女同学参加的课外兴趣小组→有男同学参加； ④张林参加了插花或者茶道兴趣小组； ⑤秋华参加了剪纸兴趣小组。

· 286 ·

逻辑模拟试卷（二十五）答案与解析

（续）

	解题步骤
22题	由条件③④⑤可得李∨赵参加剪纸兴趣小组。结合本题附加条件"李参加插花兴趣小组"，由条件①知李不参加剪纸兴趣小组。所以赵一定参加剪纸兴趣小组。因此第22题答案选 A。
23题	由条件③④⑤可得李∨赵参加剪纸兴趣小组。所以李和赵不可能同时参加茶道兴趣小组。因此第23题答案选 E。

24. 答案 C

题干信息	前提：孕期特别关注高营养饮食的妇女其新生儿在婴儿期仍然会生病。 结论：新生儿在婴儿期的健康状况和其生母在孕期的饮食营养没有关系。	
选项	解释	结果
A	选项不涉及新生儿的健康状况，无法判定婴儿的健康与孕期妇女的营养是否有关，因此不能削弱。	淘汰
B	没有关注高营养饮食的妇女其新生儿反而健康，说明饮食营养和健康确实无关，支持。	淘汰
C	选项与题干前提构成差比关系，即孕期是否特别关注高营养的饮食的差异，导致结果新生儿健康程度的差异，进而说明正是因为孕期关注高饮食导致新生儿健康状况更好，直接削弱题干关系，削弱力度最强。	正确
D	选项与题干论证无关，题干不涉及婴儿期的疾病。	淘汰
E	选项未涉及新生儿婴儿期的健康状况，与 A 选项类似，不能削弱。	淘汰

25. 答案 D

题干信息	①人的审美判断是主观的，对当代艺术作品的评价就经常出现较大分歧。 ②P：一件艺术作品（如达·芬奇的绘画和巴赫的音乐）历经几个世纪还能持续给人带来愉悦和美感→Q：相当客观地称它为伟大的作品。	
选项	解释	结果
A	选项与题干信息②相冲突，有的伟大的作品历经几个世纪能持续给人带来愉悦和美感，就可能存在不同时代对这个作品的评价是相同的。	淘汰
B	题干不涉及批评家的评价与是否能称为伟大作品之间的关系，选项推不出。	淘汰
C	选项可能为真，根据信息②只能判断达·芬奇和巴赫的作品历经几个世纪都能持续给人带来愉悦和美感，但他们在世时的评价无法判断。	淘汰
D	选项符合题干信息①，当代的艺术作品的评价有很强的主观性，很难客观地认定。	正确
E	选项不符合题干信息②，题干只涉及带来持续的美感和愉悦感，至于这些美感和愉悦感是否相同不得而知。	淘汰

26. 答案 D

题干信息	①甲：喜欢吃黄桃，乙采摘黄桃→甲采摘黄桃。 ②乙：采摘樱桃比采摘杨梅容易→乙就采摘樱桃。 ③丙：预报无沙尘天气→丙就采摘杨梅。 ④乙和丙：能一起拼车回家→一起采摘荔枝。 ⑤甲和丙：时间允许→一起采摘樱桃。 题干都是假言的形式，无法得到确定信息，因此考虑从代入选项入手。	
选项	解释	结果
A	选项迷惑性较大，考生注意，乙摘桃时，甲会跟随一起去摘黄桃，这个条件是针对甲而言的，针对乙而言，甲摘黄桃时，题干没给出相应的条件，故无法得出。	淘汰
B	三人都采摘杨梅，也就是乙没有摘樱桃，只能推出采摘樱桃不比采摘杨梅容易，而不能得出采摘杨梅比采摘樱桃容易，可能两者一样容易。	淘汰
C	根据三人都采摘荔枝，说明丙没有采摘杨梅，则应推出预报有沙尘天气，故选项得不出。	淘汰
D	三人都采摘杨梅，可得甲和丙没有一起采摘樱桃，则可推出时间不允许。	正确
E	根据三人都采摘樱桃，说明丙没有采摘杨梅，则应推出"预报有沙尘天气"，而不能等同于"有沙尘天气"，考生注意"预报"。	淘汰

27. 答案 B

题干信息	本题属于信息比照题，需结合题干表格数据进行具体分析。	
选项	解释	结果
A	由表格可知，由于家务忙、缺少时间而不参加体育锻炼的男性占比为17.6%，为占比中第二大因素，选项符合题干要求。	淘汰
B	由表格可知，由于没兴趣而不参加体育锻炼的城镇居民占比为1.4%，为占比中末位因素，并非最重要的因素，因此选项不符合题干要求。	正确
C	由表格可知，惰性导致女性不参加体育锻炼的占比为6.7%，导致男性不参加体育锻炼的占比为15.9%，显然惰性对女性的影响小于男性，选项符合题干要求。	淘汰
D	由表格可知，工作忙导致城镇、农村，男、女不参加体育锻炼的占比分别为21.8%、21.5%、32.7%、24.6%，在所有因素中占比最高，选项符合题干要求。	淘汰
E	由表格可知，工作忙导致男性不参加体育锻炼的占比为32.7%，导致女性不参加体育锻炼的占比为24.6%，显然工作忙对男性的影响大于女性，选项符合题干要求。	淘汰

28. 答案 C

题干信息	①左撇子的人比右撇子的人更经常患有免疫功能失调症，比如过敏。 ②左撇子往往在完成由大脑右半球控制的任务上比右撇子具有优势，并且大多数人的数学推理能力都受到大脑右半球的强烈影响。即：左撇子数学推理能力比右撇子强。 注意：此题为推结论题目，由题干推选项。

逻辑模拟试卷（二十五）答案与解析

（续）

选项	解释	结果
A	题干仅仅知道左撇子的人中患有过敏或其他免疫功能失调症的人比例要大，题干是一个相对量，患有过敏或其他免疫功能失调症的人中左撇子多还是右撇子多，还需要看左撇子和右撇子的总人数多少。试想即便左撇子100%都患有过敏或其他免疫功能失调症，而右撇子只有10%患有过敏或其他免疫功能失调症，但左撇子只有一个人，右撇子有一万人，那还是右撇子患有过敏或其他免疫功能失调症的人多。	淘汰
B	无法推出。	淘汰
C	该选项是一个相对量（比例），可优先考虑，证明方法如下： 　　　　　左撇子　右撇子 能力强　　A　　　a 能力弱　　B　　　b $\dfrac{A}{A+a} > \dfrac{B}{B+b}$	正确
D	题干并未涉及患有过敏症的人中有多大比例的人擅长数学，所以无法得出结论。	淘汰
E	无法比较数学推理能力不寻常地好的人和患有过敏等免疫功能失调症的人谁的比例更大。	淘汰

29. 答案 C

题干信息	①消费电子及家电展区和日用消费品展区在一个方位 ∨ 消费电子及家电展区和食品及农产品展区在一个方位； ②智能装备展区位于东部 ∨ 南部→北部不能设置汽车展区 ∧ 北部不能设置日用消费品展区（考生注意：不能 A∨B=¬A∧¬B）； ③智能装备展区 ∨ 医疗器械及医疗保健展区→北部 ∨ 东部； ④服装贸易展区和汽车展区设置于北部。

解题步骤

第一步	本题有确定信息时，优先从确定信息出发。联合②④可知，汽车展区设置于北部→"智能装备展区不在东部 ∧ 不在南部"为真，又因为每个方位只有两个展区，结合④可知智能装备展区不能设置在北部，所以智能装备展区只能设置在西部。
第二步	此时结合③可得医疗器械及医疗保健展区位于北部 ∨ 东部，又因为每个方位只有两个展区，结合④可知医疗器械及医疗保健展区不在北部，因此可得医疗器械及医疗保健展区在东部。答案选 C。

30. 答案 C

题干信息	①消费电子及家电展区和日用消费品展区在一个方位 ∨ 消费电子及家电展区和食品及农产品展区在一个方位； ②智能装备展区位于东部 ∨ 南部→北部不能设置汽车展区 ∧ 北部不能设置日用消费品展区；

(续)

题干信息	③智能装备展区∨医疗器械及医疗保健展区→北部∨东部； ④服装贸易展区和汽车展区设置于北部； ⑤食品及农产品展区与医疗器械及医疗保健展区一个方位∨食品及农产品展区与高端装备展区一个方位。

解题步骤

第一步	由上一步的推理结论可知： 　　　　　　　　　服装贸易展区/汽车展区 　　智能装备展区　　□　　医疗器械及医疗保健展区
第二步	观察重复的信息"食品及农产品展区"，联合①⑤可得：消费电子及家电展区只能和日用消费品展区在同一个方位。观察上表，此时东部和西部已经分别设置一个展区，因此消费电子及家电展区和日用消费品展区只能设置在南部。如下图： 　　　　　　　　　服装贸易展区/汽车展区 　　智能装备展区　　□　　医疗器械及医疗保健展区 　　　　　　消费电子及家电展区/日用消费品展区
第三步	观察上图，此时东部和西部还分别缺少一个展区，结合信息⑤，如果食品及农产品展区和高端装备展区在同一个方位，此时就会与题干信息矛盾，因此食品及农产品展区和医疗器械及医疗保健展区设置在东部，智能装备展区和高端装备展区设置在西部，如下图： 　　　　　　　　　服装贸易展区/汽车展区 智能装备展区/高端装备展区　□　医疗器械及医疗保健展区/食品及农产品展区 　　　　　　消费电子及家电展区/日用消费品展区 观察选项可得：答案选 C。

逻辑模拟试卷（二十六）答案与解析

序号	答案	知识点与考点	序号	答案	知识点与考点
1	A	形式逻辑—假言判断	16	D	分析推理—排序
2	A	论证逻辑—支持	17	B	分析推理—排序
3	D	分析推理—分组	18	A	形式逻辑—直言判断
4	B	论证逻辑—支持	19	A	论证逻辑—削弱
5	B	分析推理—分组	20	B	分析推理—对应
6	B	论证逻辑—支持	21	B	分析推理—对应
7	E	形式逻辑—假言判断	22	A	论证逻辑—削弱
8	B	论证逻辑—支持	23	C	论证逻辑—评价
9	E	论证逻辑—削弱	24	E	分析推理—分组
10	B	分析推理—分组	25	E	分析推理—分组
11	C	形式逻辑—假言判断	26	B	论证逻辑—解释
12	E	分析推理—对应	27	D	形式逻辑—假言判断
13	D	论证逻辑—解释	28	A	论证逻辑—支持
14	D	分析推理—分组	29	B	分析推理—对应
15	E	形式逻辑—假言判断	30	A	分析推理—对应

1. 答案 A

题干信息	①保护农民的利益（P1）→搞清楚了什么是农民的最大利益（Q1）。 ②保护农民的利益（P1）→让宅基地的价值得到充分体现（Q2/P2）→宅基地产权界定清晰∧能够对宅基地进行交易（Q3）。

选项	解释	结果
A	选项肯定 P1，推出肯定 Q3，即宅基地使用权∧能够对宅基地进行交易，进而推出允许对宅基地进行交易。选项一定为真。	正确
B	选项 = Q1→P1，不符合假言推理规则。	淘汰
C	选项 = Q3→P2，不符合假言推理规则。	淘汰
D	对宅基地进行交易，无法判断是肯定 Q3，还是否定 Q3，什么也推不出。	淘汰
E	选项 = Q2→P1，不符合假言推理规则。	淘汰

· 291 ·

2. 答案 A

题干信息	题干结论：军队的管理为现代企业组织管理提供了非常好的人员、实践和理论准备。	
选项	解释	结果
A	选项直接建立关系，指出"军队管理"与"现代企业管理"的原则相同，进而保证结论成立。	正确
B	选项迷惑性较大，考生注意，军队高效，并不涉及"管理"的效率，也许是军队战争的效率。	淘汰
C	选项迷惑性较大，时间先后发生的二者，未必存在因果关系，不要强加因果。	淘汰
D	选项不涉及企业管理的原则，不能支持。	淘汰
E	选项不涉及军队的管理对现代企业管理的影响，不能支持。	淘汰

3. 答案 D

题干信息	① A 去 ∨ B 去； ② A 不去 ∨ D 不去； ③ A、E、F 三人中要派两人去； ④ B 去 ↔ C 去； ⑤ C 去 ∀ D 去； ⑥ D 不去 → E 不去。

解题步骤	
第一步	题干涉及的条件较多，不好直接推理，可代入选项排除。
第二步	首先排除 E，不可能都去；A 选项与题干信息⑤冲突，淘汰；B 选项与题干信息⑥冲突，若 E 去，则 D 也得去；C 选项与题干信息④冲突，B 去则 C 也得去；D 选项与题干信息均不冲突，因此答案选 D。

4. 答案 B

题干信息	前提：聚集在主要繁殖地点的金蟾蜍的数量从 1500 只降到 200 只。 结论：金蟾蜍的数量急剧下降了。	
选项	解释	结果
A	对一些次要繁殖地点金蟾蜍数量的统计不涉及具体统计结果，因此无法判断金蟾蜍的总量是上升或者是下降。	淘汰
B	选项说明部分能够代表整体，建立主要繁殖地点的金蟾蜍的数量（部分）与实际金蟾蜍总数量（整体）的关系，很好地规避以偏概全的错误。	正确
C	与题干论证无关。	淘汰
D	削弱题干论证。说明主要繁殖点的金蟾蜍的数量与金蟾蜍的总数量之间不存在必然的因果关系，那么题干的结论就不成立了。	淘汰
E	一小部分金蟾蜍的情况，不能说明金蟾蜍总体数量的情况。	淘汰

逻辑模拟试卷（二十六）答案与解析

5. 答案 B

题干信息	①张、王 2 户至少有 1 户选择甲。 ②王、李、赵 3 户中至少有 2 户选择乙。 ③张、李 2 户中至少有 1 户选择丙。 ④每户贫困家庭只能选 1 位企业家，每位企业家选择 1~2 户开展帮扶活动。
解题步骤	
第一步	由题干④可知，三位企业家帮扶的家庭数量组合是 2、1、1；再结合①②③可知，甲帮扶了 1 户，甲没帮扶李和赵；乙帮扶了 2 户，乙没帮扶张；丙帮扶了 1 户，丙没有帮扶王和赵。
第二步	由上一步可知，甲没有帮扶赵+丙没有帮扶赵，可得乙帮扶了赵。故可快速得出答案选 B。

6. 答案 B

题干信息	因：血液中污染性物质的含量较高。→果：波罗的海中海豹的死亡率较高。		
选项	解释		结果
A	题干论证的对象是"波罗的海海豹"，而不是"苏格兰海豹"。		淘汰
B	选项属于没有他因的假设支持，排除气候和自然条件造成海豹死亡的他因，就能很好地支持污染性物质含量高导致海豹死亡。		正确
C	"略有波动"无法判断上升还是下降，不涉及结果，故力度弱。		淘汰
D	选项指出存在他差，说明很可能是污染性物质种类不同使得海豹死亡数量有差异，削弱。		淘汰
E	选项通过类比支持，说明确实是污染性物质引起病毒性疾病，进而使得海洋哺乳动物死亡，但支持力度弱于 B。		淘汰

7. 答案 E

解题步骤	
第一步	符号化题干信息： ①不赵（确定信息）。 ②不孙∨不钱。 ③李→不周。 ④赵∨钱∨周。 ⑤不赵→李。 ⑥孙∨吴。
第二步	将确定信息①"不赵"代入到条件⑤中可知"选拔李"，将其代入到条件③中可知"不选拔周"，将"不赵∧不周"代入到④中可知"选拔钱"，将其代入到条件②中可知"不选拔孙"，将其代入到条件⑥可知"选拔吴"，故此时答案选 E。

8. 答案 B

题干信息	①一个人智力的高低，百分之九十取决于他的思维能力，只有百分之十取决于他的知识拥有量；②现代人虽然在知识的拥有量上已远远超过古人，但却还是达不到孔子和苏格拉底的智慧高度。		
选项	解释		结果
A	题干是将"现代人"与"孔子和苏格拉底"进行比较，而该项从"一个人"与"另一个人"进行比较，明显混淆了论证对象。		淘汰
B	根据①可知，人的智力＝思维能力的90%＋知识量的10%，由②可知，如果现代人的智力不如古人高，但是知识量远远超过古人，由此可知思维能力的增长幅度小于知识量的增长幅度，选项能被题干支持。		正确
C	题干论述智力取决于百分之十的知识量，说明学习知识有利于提升智力水平，选项与题干信息冲突。		淘汰
D	题干不涉及"思维能力提高"与"学习知识"的因果关系，选项不能被支持。		淘汰
E	题干不涉及孔子和苏格拉底对现代人的影响，只是进行了智力的比较，选项不能被支持。		淘汰

9. 答案 E

题干信息	前提：如果注意到有车在安静地等候，则离开的平均用时为39秒；如果等候进入的车不耐烦地按喇叭催促，则离开的平均用时为51秒；如果没有车等候进入，则离开的平均用时为25秒。 结论：在停车场，车主对所使用的车位具有占有意识，越是意识到有其他车也要使用这一车位，这种占有意识越强。		
选项	解释		结果
A	支持题干论证，说明车主对自己拥有的某个车位具有占有意识。		淘汰
B	题干数据是在一个停车场收集的，并不涉及收费与免费停车场车主行为的比较。（考生注意，选项实际改变了题干的研究对象，这样选项对题干的作用有限）		淘汰
C	对前提中车主的行为提出了一种新的解释，削弱了题干结论，但"个别"力度则弱于E选项。		淘汰
D	题干论述的是"离开车位"并不是"进入车位"的情况，属无关选项。		淘汰
E	说明前提中时间的长短是其他原因——精神压力导致的，即存在他因，削弱了题干论证关系，是最强削弱。		正确

10. 答案 B

题干信息	①故宫＝天坛；②圆明园≠雍和宫→八奇洞＝颐和园；③长城≠颐和园；④长城＝八奇洞；⑤用3天时间去8个景点游玩，每天最多游玩3个景点。

逻辑模拟试卷（二十六）答案与解析

（续）

	解题步骤
第一步	观察题目，本题属于没有确定信息的分组题，可以从重复的信息入手解题。
第二步	根据条件⑤可知，分组情况为 3、3、2。 联合条件③④可得：八奇洞≠颐和园，代入条件②可得：圆明园=雍和宫。
第三步	将得出的结论填入表格如下： | 1	2	3
---	---	---
故宫、天坛	圆明园、雍和宫	长城、八奇洞	
第四步	根据表格和分组情况可知，剩余的颐和园和动物园不能在同一天游玩，选项 B 为正确答案。

11. 答案 C

题干信息	把可利用的农田面积控制在安全线以内（P）→（从源头上限制商业用地的使用 ∨ 加强对现有耕地的保护）（M∨N）		
选项	解释		结果
A	选项肯定了 M，什么也推不出。		淘汰
B	选项肯定了 N，什么也推不出。		淘汰
C	选项=（¬M∧¬N）→¬P，符合假言判断推理规则。		**正确**
D	选项=（M∨N）→P，肯定后者什么也推不出。		淘汰
E	选项=（¬M∨N）→¬P，不符合假言判断推理规则。		淘汰

12. 答案 E

| 题干信息 | ① 数学博士夸跳高冠军跳得高=数学博士不是跳高冠军；
② 跳高冠军和大作家常常与宝宝一起看电影=跳高冠军、大作家、宝宝不是同一个人；
③ 短跑健将请小画家画贺年卡=短跑健将不是小画家；
④ 数学博士和小画家关系很好=数学博士不是小画家；
⑤ 贝贝向大作家借过书=贝贝不是大作家；
⑥ 聪聪下象棋常常赢贝贝和小画家=聪聪和贝贝不是小画家。 |

	解题步骤
第一步	由⑥可知，小画家是宝宝，又由②、③和④可得，宝宝不是短跑健将，不是数学博士，不是大作家，也不是跳高冠军，因此宝宝只能是歌唱家。
第二步	由⑤可得，贝贝不是大作家，那么大作家只能是聪聪，再由②可得，贝贝是跳高冠军，进而结合①可得，聪聪是数学博士，贝贝是短跑健将。具体可列表如下： |	数学博士	短跑健将	跳高冠军	小画家	大作家	歌唱家
---	---	---	---	---	---	---
宝宝	×	×	×	√	×	√
贝贝	×	√	√	×	×	×
聪聪	√	×	×	×	√	×	 因此，答案选 E。

· 295 ·

13. 答案 D

	解题步骤
第一步	找到题干矛盾，有先进的辅助诊断设备，但误诊率反而上升。
第二步	要解释矛盾，就得指出其他与诊断设备无关的因素提高了误诊率。A 选项解释力度有限，毕竟辅助诊断设备≠主要诊断设备，对误诊率的影响有限。B 选项指出医护人员设备操作不熟练，但诊断更多依赖的是医生的判断，故解释力度有限；C 选项就诊人多，也不涉及"误诊的人数"，进而无法判断误诊率；D 选项直接指出缺乏必要的经验判断和会诊，这个他因导致误诊率提高，最能解释。而 E 选项"不是目前最好的"也可能客观上效果很好，未必效果就很差。

14. 答案 D

	解题步骤
第一步	整理题干信息： ①李强∨贾义→没有郝仁； ②赵忠→郝仁； ③没有王亮∨有贾义＝王亮→贾义。
第二步	根据重复的概念在不同方向以及矛盾的概念在同一方向，可将题干信息联合起来，故联合①②③可得：王亮→贾义→没有郝仁→没有赵忠。
第三步	观察选项可知，D 选项与题干矛盾，故答案选 D。

15. 答案 E

题干信息	①君子能（P）→宽容易直以开道人（Q） ②君子不能（P）→恭敬缚绌以畏事人（Q） ③小人能（P）→倨傲僻违以骄溢人（Q） ④小人不能（P）→妒嫉怨诽以倾覆人（Q） ⑤君子能（P）→人荣学焉（Q） ⑥君子不能（P）→人乐告之（Q） ⑦小人能（P）→人贱学焉（Q） ⑧小人不能（P）→人羞告之（Q）

选项	解释	结果
A	选项肯定了信息①中的 Q 位，根据假言判断推理规则可知，什么也推不出。	淘汰
B	选项肯定了信息②中的 P 位，可得"恭敬缚绌以畏事人"，此时无法判断是否会"倨傲僻违以骄溢人"，结合③无法得出"小人能"；也无法判断是否会"妒嫉怨诽以倾覆人"，结合④也无法得出"小人不能"。故选项推不出。	淘汰
C	选项不涉及题干推理。	淘汰
D	选项肯定了信息⑤中的 Q 位，根据假言判断推理规则可知，什么也推不出。	淘汰
E	将⑥逆否，联合条件①可得：人不乐告之→君子能→宽容易直以开道人。选项符合假言判断的推理规则，一定真。	正确

逻辑模拟试卷（二十六）答案与解析

16. 答案 D

17. 答案 B

题干信息	① 3个人力资源部员工：张强、刘军、马亮。 ② 3个财务部员工：李军、赵敏、彭惠。 ③ 1个生产部员工：夏雨。 ④ 人力资源部员工不能连续上场，财务部员工也不能连续上场。 ⑤ 彭惠在李军之前上场→第三个上场的是李军。 ⑥ 彭惠必须在夏雨之前上场。 ⑦ 马亮必须在张强之前上场，张强必须在赵敏之前上场。

解题步骤

16题	由于选项充分确定，因此考虑代选项排除的方法。根据题干信息④排除 E；根据题干信息⑤排除 A 和 C；根据题干信息⑥排除 B；因此答案选 D。
17题	若夏雨=4，画表格如下： | 1 | 2 | 3 | 4 | 5 | 6 | 7 | |---|---|---|---|---|---|---| | | | | 夏雨 | | | | 根据信息⑦可知，马亮在张强的前面，张强在赵敏的前面，又由于条件④，所以张强和马亮之间至少有一个人，这样马亮和赵敏之间至少空两个位置，所以马亮一定在夏雨的前面。 根据信息⑤作假设，若彭惠在李军之前上场，那么可知李军= 3，根据信息④可知，彭惠和李军不能相邻，所以马亮= 2；若李军不在 3，那么李军在彭惠之前上场，又彭惠在夏雨之前上场，并且李军和彭惠不相邻，那么可知李军= 1，马亮= 2，彭惠= 3。综合两种假设可知，马亮一定排在第二位。因此答案选 B。

18. 答案 A

题干信息	①"进博会"所展示的商品→具有地方特色∨科技含量高 ②科技含量高的商品→展示了国家的科技实力 ③有些"进博会"所展示的商品⇒并非展示了国家的科技实力

解题步骤

第一步	考生在做题时要注意限定词，题干是"进博会"所展示的商品，而不是"商品"，由此可以排除 B、C 和 E 选项。
第二步	联合①②③可得，有些"进博会"所展示的商品⇒并非展示了国家的科技实力⇒科技含量不高⇒具有地方特色，因此，正确答案选 A。考生注意，选项 D 与其构成下反对关系，因此无法判断。

19. 答案 A

题干信息	整理题干论证。前提：获得奖学金的学生比那些没有获得奖学金的学生的学习效率平均要高出25%。→结论：奖学金对帮助学生提高学习效率的作用是很明显的。 题干隐含的因果关系是：因：奖学金→果：学习效率高。

(续)

选项	解释	结果
A	选项直接指出是因为学习效率高,才获得奖学金。属于因果倒置的削弱,力度最强。	正确
B	支持题干因果关系,说明是由于获得奖学金带来的学习效率的提高。	淘汰
C	与题干论证无关。	淘汰
D	与题干论证无关,采取何种研究方法并不能质疑二者的关系。	淘汰
E	与题干论证无关。题干不涉及不能获得奖学金的原因。	淘汰

20. 答案 B

题干信息	①赵、钱和孙3位流行歌手;李、陈和吴3位说唱歌手;郑、王和冯3位民谣歌手。 ②每天至少有1位流行歌手演出,每天至少有1位说唱歌手演出。 ③孙演出→陈不能演出。 ④李演出→王演出。 ⑤每位歌手一周内演出的次数不能超过3场。 ⑥孙在周五、周六、周日连续演出三天,李在周一、周二、周三连续演出三天,而赵只在周四演出。

解题步骤		
第一步	观察发现,本题属于有确定信息的对应类题目,可以从确定信息出发,代入题干条件推理,得出答案。结合条件⑥和④可得:王在周一、周二、周三连续演出三天。结合⑥和③可得:陈不能在周五、周六、周日演出。由于赵只能在周四演出,那么赵就不能在其他日子演出。		

第二步 由于每天至少有一位流行歌手演出,并且每位歌手一周内演出的次数不超过3场,故孙不能在周一、周二、周三演出;又由于赵不能在周一、周二、周三演出,此时周一、周二、周三就只能是钱演出。此时可得出的对应关系如下表:

周一	周二	周三	周四	周五	周六	周日
王(民谣)	王(民谣)	王(民谣)	赵(流行)	孙(流行)	孙(流行)	孙(流行)
李(说唱)	李(说唱)	李(说唱)		不陈	不陈	不陈
钱(流行)	钱(流行)	钱(流行)				

第三步 观察上表可知,陈只能在周四演出。故答案选 B。

21. 答案 B

题干信息	①赵、钱和孙3位流行歌手;李、陈和吴3位说唱歌手;郑、王和冯3位民谣歌手。 ②每天至少有1位流行歌手演出,每天至少有1位说唱歌手演出。 ③孙演出→陈不能演出。 ④李演出→王演出。 ⑤每位歌手一周内演出的次数不能超过3场。 ⑥每位说唱歌手一周内都演3场。

逻辑模拟试卷（二十六）答案与解析

（续）

	解题步骤
第一步	观察发现，本题属于数据+对应的综合推理题目，此时可优先考虑对应关系总数和剩余法思想解题。
第二步	由于一周有 7 天，每天 3 场演出，故每周共有 21 场演出（歌手可重复），由于一共有 3 位说唱歌手，每位演出三天，此时说唱歌手要占据 9 场演出，又由于每天至少有一位流行歌手，那么此时流行歌手就至少要占据 7 场演出，那么剩下的民谣歌手最多可演出的场次是：21-9-7=5 场。因此答案选 B。

22. 答案 A

	解题步骤
第一步	找到对人类学家们的策略的批评：游牧社会的变化很大。
第二步	分析选项。A 选项直接削弱，说明无论怎么变，都有不变的共性，直接削弱。E 选项支持，其余选项均与论证无关，故答案选 A。

23. 答案 C

	解题步骤
第一步	如果私人汽车当初不发展，洛杉矶这样的城市会是另外一种完全不同的风貌。题干隐含的因果关系即：私人汽车发展→住宅散布在远离工作地点的地方∧商业街的周边缺少林木绿化带。
第二步	分析题干论证。城市的发展与私人汽车同步发展，那么只能说明私人汽车发展对于城市发展是有影响的，但可能不是唯一的影响，还可能有社会观念、政治制度等的影响，因此不能把前提的原因当作唯一的原因，答案选 C。

24. 答案 E

题干信息	①甲和丁督查不同公司。 ②戊不督查金鑫。 ③乙不同时督查两个公司∧丙不同时督查两个公司。 ④丁督查→戊督查。 ⑤两个公司均由 6 人中的 3 人负责督查∧至少 1 人同时督查两个公司。

	解题步骤
第一步	根据条件①可知，甲和丁都不能同时督查两个公司且甲和丁每人必须督查一个公司。
第二步	结合条件②④可推知，"丁不督查金鑫"，根据条件①可知，丁必须督查长风，将其代入到条件④中可得，"戊督查长风"，答案选 E。

25. 答案 E

	解题步骤
第一步	①甲和丁督查不同公司。 ②戊不督查金鑫。 ③乙不同时督查两个公司∧丙不同时督查两个公司。 ④丁督查→戊督查。 ⑤两个公司均由 6 人中的 3 人负责督查∧至少 1 人同时督查两个公司。 ⑥乙不督查任何公司。
第二步	根据⑤可知，"至少 1 人同时督查两个公司"，结合①可推知，由于"甲和丁督查不同公司"，即甲和丁分别督查长风和金鑫中的一个，故同时督查两个公司的人不是甲和丁；再联合②可知，由于"戊不督查金鑫"，故同时督查两个公司的人不是戊；此时再联合③⑥，整理信息如下： 同时督查两个公司的不是甲、乙、丙、丁、戊，因此同时督查两个公司的人是己，即己同时督查长风和金鑫，故答案选 E。

26. 答案 B

题干信息	①鲜葡萄中的糖变为焦糖。 ②蒸发的水分中是不包含卡路里和任何营养素的。 ③每卡路里鲜葡萄（即能产生一卡路里热量的鲜葡萄）中的铁元素含量，明显低于每卡路里葡萄干（即能产生一卡路里热量的葡萄干）。

选项	解释	结果
A	选项不能解释，题干类比的对象是鲜葡萄与葡萄干，而不是不同的葡萄之间的比较。	淘汰
B	选项指出鲜葡萄和葡萄干之间的焦糖的差异，考生试想，(1) 鲜葡萄中的铁元素含量=铁元素/1 卡路里热量的鲜葡萄；而 (2) 葡萄干中的铁元素含量=铁元素/1 卡路里热量的葡萄干；由于鲜葡萄中没有焦糖，而葡萄干中的焦糖的卡路里热量不计入葡萄干的总热量，因此 (2) 的分母明显小于 (1)，因此 (2) 的分数值比 (1) 要大，因此能解释。	正确
C	铁元素的含量与能否被人体吸收无关，不能解释。	淘汰
D	选项不能解释，题干类比的对象是鲜葡萄与葡萄干，而不是不同的葡萄干制作技术之间的比较。	淘汰
E	选项虽然指出了鲜葡萄与葡萄干的差异，但是不涉及铁元素含量的比较，因此不能解释。	淘汰

27. 答案 D

	解题步骤
第一步	符号化题干信息。①甲作案→乙作案；②乙作案→丙不作案；③甲作案→丁知道细节；④丁知道细节→丙作案。

逻辑模拟试卷（二十六）答案与解析

（续）

	解题步骤
第二步	观察题干信息发现，没有给出确定的条件，故可优先考虑从重复的信息入手，用两难推理的思路解题。先联合题干信息②③④可得：⑤甲作案→丁知道细节→丙作案→乙不作案。再与①可构成"P→Q，P→¬Q"的两难推理，可得结论 P 一定为假。则可得出结论甲不作案，乙和丙是否作案无法判断。所以，答案选 D。

28. 答案 A

题干信息	题干结论：群体比个体更富有冒险精神，更倾向于获利大但成功率小的行为。	
选项	解释	结果
A	选项直接支持题干结论，指出群体决策更倾向于成功率小的方式，支持力度较强。	正确
B	选项不涉及群体决策的具体倾向性，态度不明确，故不能支持。	淘汰
C	选项不涉及群体决策的具体倾向性，态度不明确，故不能支持。	淘汰
D	选项不涉及群体决策的具体倾向性，态度不明确，故不能支持。	淘汰
E	选项不涉及群体决策的具体倾向性，态度不明确，故不能支持。	淘汰

29. 答案 B

题干信息	①每座城市都有2人选择，且每人都要选择其中的2~3座城市进行考察； ②甲只选择国内城市、乙国内选择一个国外选择一个； ③甲选择深圳∨乙选择深圳→丙选择纽约∧丁选择纽约； ④丙和戊选择相同的城市。
	解题步骤
第一步	观察题目，本题属于没有确定信息的对应题目，可以从重复的信息入手解题。
第二步	联合条件③④可知，若甲选择深圳∨乙选择深圳，则丙、丁、戊都选择纽约，但由条件①可知，每座城市只有2人选择，此时产生了矛盾，因此甲和乙一定不选去深圳。
第三步	根据第二步得出的结论"甲不选择深圳"，代入条件②可得：甲选择上海和香港，比对选项，选项 B 为正确答案。

30. 答案 A

题干信息	①每座城市都有2人选择，且每人都要选择其中的2~3座城市进行考察； ②甲只选择国内城市、乙国内选择一个国外选择一个； ③甲选择深圳∨乙选择深圳→丙选择纽约∧丁选择纽约； ④丙和戊选择相同的城市； ⑤丁不选择深圳→乙选择香港∧乙选择伦敦。

· 301 ·

(续)

	解题步骤
第一步	观察题干，本题给出额外的附加条件，此时题干依旧没有确定信息，因此可以从附加条件出发，利用假设的思路解题。
第二步	假设丁选择深圳，联合条件①④可得：丙和戊都不选择深圳，又结合29题得出的结论：甲和乙都不选择深圳，可知此时只有丁一人选择深圳，与条件①矛盾，因此假设的情况不成立，丁一定不选择深圳。
第三步	将"丁不选择深圳"代入条件⑤中可得：乙选择香港∧乙选择伦敦。填入表格如下： |	上海	深圳	香港	纽约	东京	伦敦 | |---|---|---|---|---|---|---|
甲	√	×	√	×	×	×
乙	×	×	√	×	×	√
丙		√	×			
丁		×	×			
戊		√	×				
第四步	观察表格，联合条件①④可知，丙和戊一定不选择上海和伦敦，利用排除剩余法，丙和戊一定选择纽约和东京，填入补全表格如下： |	上海	深圳	香港	纽约	东京	伦敦 | |---|---|---|---|---|---|---|
甲	√	×	√	×	×	×
乙	×	×	√	×	×	√
丙	×	√	×	√	√	×
丁	√	×	×	×	×	√
戊	×	√	×	√	√	×	
第五步	比对选项，选项 A 为正确答案。

专项突破手册说明

逻辑考试是一种对思维习惯与思维方式的考查，仅仅"知道"解题的规则，并不能在短时间内反映出题干要求考查的能力，这也是很多考生学习了"知识点"但解题速度和正确率不稳定的症结所在。

为此，本部分旨在帮助考生用最短的时间归纳出每种题型的基本解题思路，能够站在**题型**的角度去梳理知识点与考点，能够更快地建立对题型的认知，进而提升解题的速度与正确率。

希望考生认真学习本部分内容，仔细归纳梳理，对照2023版《逻辑精点》查漏补缺，完善知识体系，以提高刷题阶段的效率。

目 录

专项突破手册说明

专项一　简单判断推理 …………………………………………………… 1
专项二　复合判断推理 …………………………………………………… 11
专项三　结构相似 ………………………………………………………… 29
专项四　真话假话 ………………………………………………………… 39
专项五　对应题 …………………………………………………………… 48
专项六　分组题 …………………………………………………………… 69
专项七　方位排序题 ……………………………………………………… 78
专项八　数据分析题 ……………………………………………………… 87
专项九　削弱 ……………………………………………………………… 96
专项十　假设 ……………………………………………………………… 114
专项十一　支持 …………………………………………………………… 124
专项十二　解释与评价 …………………………………………………… 133

专项一

简单判断推理

应试技巧点拨

简单判断推理是推理题目中相对比较简单的题型，考点主要涉及"直言判断""模态判断"和"直言+模态"的题目，只要掌握基本的真假判定规则及推理模型，便可快速解题。常考题型如下：

题型 1：直接推理题

题干特点：当选项的 S 和 P 位置与题干一致，或选项经过换位后与题干的 S 和 P 的位置一致时，已知题干前提的真假，判断选项的真假。

应对技巧：运用"直言判断对当方阵的基本口诀"即可快速解题。

相关试题：可参考题 01~02，不熟练的同学可补充学习《逻辑精点》[一]强化篇第 3~5 页。

题型 2：等价变形

题干特点：题干中同时含有"否定词""模态词""直言标志词"时，题干问"以下哪项最符合题干的断定"，此类题目考查等价变形。

应对技巧：运用"负判断等价变形的规则"即可快速解题。

相关试题：可参考题 03~05，不熟练的同学可补充学习《逻辑精点》强化篇第 6~7 页。

题型 3：直言判断综合推理-推出结论

题干特点：题干已知多个前提，但没有结论，问题要求得出一定为真/假。

应对技巧：运用"换位规则"和"联合推结论的规则"即可快速解题。

相关试题：可参考题 06~12，不熟练的同学可补充学习《逻辑精点》强化篇第 9~16 页。

题型 4：直言判断综合推理-补前提

题干特点：题干已知前提和结论，需要补充前提使题干推理成立，或补前提反驳题干的结论。

应对技巧：运用"补前提的基本模型和规则"即可快速解题。

相关试题：可参考题 13~15，不熟练的同学可补充学习《逻辑精点》强化篇第 17~19 页。

【题 01】大会主席宣布："此方案没有异议，大家都赞同，通过。"
如果以上不是事实，下面哪项必为事实？
A. 大家都不赞同方案。
B. 有少数人不赞同方案。
C. 有些人赞同，有些人反对。
D. 至少有人是赞同方案的。
E. 至少有人是不赞同方案的。

【题 02】一位校长在毕业典礼上，送给即将离开学校步入社会的大学生一句话。他说："世界上只有没出息的人，没有没出息的工作。"

[一] 本书中《逻辑精点》皆指"2023 版"。

根据校长的陈述，下列哪项不可能为真？

Ⅰ．世界上没有人没出息。
Ⅱ．李华身强力壮却好吃懒做，成了无业游民，李华真没出息。
Ⅲ．张珊身为堂堂大家闺秀，却去学唱戏，做一个戏子，真没出息。
Ⅳ．世界上有没出息的工作。

A. 仅Ⅰ、Ⅱ。
B. 仅Ⅰ、Ⅲ。
C. 仅Ⅰ、Ⅲ、Ⅳ。
D. 仅Ⅱ、Ⅲ、Ⅳ。
E. Ⅰ、Ⅱ、Ⅲ、Ⅳ。

【题03】并非有些南方人不可能不喜欢吃辣椒。

以下哪项最接近于上述断定的含义？

A. 所有南方人都可能不喜欢吃辣椒。
B. 所有南方人都可能喜欢吃辣椒。
C. 所有南方人都必然不喜欢吃辣椒。
D. 所有南方人都必然喜欢吃辣椒。
E. 有些南方人必然不喜欢吃辣椒。

【题04】一把钥匙能打开天下所有的锁，这样的万能钥匙是不可能存在的。

以下哪项最符合题干的断定？

A. 任何钥匙都必然有它打不开的锁。
B. 至少有一把钥匙必然打不开天下所有的锁。
C. 至少有一把锁天下所有的钥匙都必然打不开。
D. 至少有一把钥匙可能打不开天下所有的锁。
E. 任何钥匙都可能有它打不开的锁。

【题05】所有真诚的人都不可能听信所有虚情假意的谎言，但有的虚伪的人一定不会听信所有真心实意的真话。

如果上述陈述为真，以下哪项最准确地表达了上述断定？

A. 所有真诚的人必然不会听信有的虚情假意的谎言，但所有真心实意的真话一定有虚伪的人不会听信。
B. 一些真诚的人必然不会听信一些虚情假意的谎言，但有的虚伪的人可能不会听信有的真心实意的真话。
C. 一些真诚的人可能听信所有虚情假意的谎言，但所有真心实意的真话一定有虚伪的人不会听信。
D. 一些真诚的人可能听信一些虚情假意的谎言，但有的虚伪的人一定不会听信有的真心实意的真话。
E. 所有真诚的人可能不会听信所有虚情假意的谎言，但所有真心实意的真话一定有虚伪的人不会听信。

【题06】有些具有优良效果的护肤品是诺亚公司生产的。所有诺亚公司生产的护肤品都价格昂贵，而价格昂贵的护肤品无一例外地受到女士们的信任。

以下各项都能从题干的断定中推出，除了？

A. 受到女士们信任的护肤品中，有些实际效果并不优良。
B. 有些效果优良的化妆品受到女士们的信任。
C. 所有诺亚公司生产的护肤品都受到女士们的信任。
D. 有些价格昂贵的护肤品是效果优良的。
E. 所有被女士们不信任的护肤品价格都不昂贵。

【题07】为希望工程捐款的动机，大都出于社会责任，但也有出于个人功利的时候，当然出于社会责任的行为并不一定都不考虑个人功利，对希望工程的每一项捐助，都是利国利民的善举。

如果上述断定为真，以下哪项不可能为真？

A. 有的行为出于社会责任，但不是利国利民的善举。

B. 所有考虑个人功利的行为，都不是利国利民的善举。
C. 有的出于社会责任的行为是善举。
D. 有的行为虽然不是出于社会责任，但却是善举。
E. 对于希望工程的有些捐助，既不是出于社会责任也不是出于个人功利，而是有其他原因，例如服从某种摊派。

【题 08】某学校对本学期课程满意度做了一次调查发现，所有喜欢语文课的学生都喜欢数学课，所有喜欢语文课的学生都不喜欢英语课，有的喜欢英语课的学生喜欢数学课。

如果以上断定为真，以下各项都一定为真，除了哪一项？
A. 有的喜欢语文课的学生不喜欢英语课。
B. 有的喜欢数学课的学生不喜欢语文课。
C. 所有不喜欢数学课的学生都不喜欢语文课。
D. 有的喜欢数学课的学生喜欢语文课。
E. 有的喜欢英语课的学生喜欢语文课。

【题 09】去年某月，股市出现了强劲反弹，某证券部通过对该部股民持仓品种的调查发现，大多数经验丰富的股民都买了小盘绩优股，而所有年轻的股民都选择了大盘蓝筹股，而所有买了小盘绩优股的股民都没买大盘蓝筹股。

如果上述情况为真，则以下关于该证券部股民的调查结果也必定为真的？
Ⅰ. 有些年轻的股民是经验丰富的股民。
Ⅱ. 有些经验丰富的股民买大盘蓝筹股。
Ⅲ. 年轻的股民都没买小盘绩优股。
Ⅳ. 有些经验丰富的股民没买大盘蓝筹股。
A. 只有Ⅰ和Ⅱ。
B. 只有Ⅰ、Ⅱ和Ⅲ。
C. 只有Ⅱ和Ⅲ。
D. 只有Ⅱ和Ⅳ。
E. 只有Ⅲ和Ⅳ。

【题 10】某同学统计发现，在他认识的人中，所有重庆人都喜欢吃辣的，有些东北人不喜欢吃辣的，喜欢吃辣的人都长得好看，不喜欢吃辣的人长得都高。

根据该同学的统计，以下哪项断定必然为真？
A. 所有东北人都高。
B. 有些东北人喜欢吃辣的。
C. 有些东北人比重庆人更能吃辣的。
D. 重庆人比东北人更能吃辣的。
E. 长得不好看的人都不是重庆人。

【题 11】明光小学为了培养学生全面发展的素质需要，所有六年级同学都通过 800 米测试，所有通过 800 米测试的都能获得"体育小健儿"称号，有些女同学通过 800 米测试，所有体质较差的同学都没通过 800 米测试。

如果上述断定为真，以下哪项一定是真的？
A. 有些体质较差的同学不是女同学。
B. 有些体质较差的同学能获得"体育小健儿"称号。
C. 有些六年级同学是女同学。
D. 有些六年级同学不能获得"体育小健儿"称号。
E. 有些获得"体育小健儿"称号的同学是女同学。

【题 12】根据最近一次的人口调查分析：所有单身者都具有独立经济能力；所有具有独立经济能力的人都具有强烈的竞争意识；所有赋闲在家的人都不具有独立经济能力；所有高中辍学者都是赋闲在家的人。

如果上述断定为真，以下哪项不一定为真？
A. 所有高中辍学者都不是单身者。
B. 所有具有独立经济能力的人都不是高中辍学者。
C. 有些具有强烈的竞争意识的人不是高中辍学者。
D. 有些具有强烈的竞争意识的人不是赋闲在家的人。

E. 有些高中辍学者不是具有强烈的竞争意识的人。

【题 13】《神奇植物学杂志》创刊号中对神奇植物的介绍有：有些裸子植物是落叶植物，所有裸子植物都不是针叶植物。据此，张教授认为，有些落叶植物肯定不能生长在海拔超过 1000 米的地方。

张教授是依据以下哪一项做出的结论？
A. 针叶植物都生长在海拔超过 1000 米的地方。
B. 有些针叶植物生长在海拔低于 1000 米的地方。
C. 在低于海拔 l000 米的地方生长的植物都是针叶植物。
D. 裸子植物都是神奇植物。
E. 在海拔超过 1000 米的地方生长的植物都是针叶植物。

【题 14】在大英博物馆，所有中世纪的藏品都陈列在珍品区，博物馆为所有陈列在珍品区的藏品购买了全额保险。所以，爱尔兰画家的油画都不是中世纪的藏品。

以下哪项为真，可以保证上述推理的正确？
A. 爱尔兰画家的油画不都在珍品区。
B. 博物馆为爱尔兰画家的油画也购买了全额保险。
C. 博物馆购买全额保险的藏品中不包括爱尔兰画家的油画。
D. 爱尔兰画家都是现代画家。
E. 大英博物馆藏品中事实上没有爱尔兰画家的油画。

【题 15】所有信仰都应该受到尊敬，有的书籍中的言论不受保护，所有宗教都是一种信仰。所以，有的书籍中的言论不是宗教。

以下哪项如果为真最能支持上述论证？
A. 有的书籍中的言论是宗教。　　　　　B. 没有一个受尊敬的不受保护。
C. 有的信仰不受尊敬。　　　　　　　　D. 不能设想有的宗教不受尊敬。
E. 所有受尊敬的都是宗教。

● ● ● ● ● ● **精点解析** ● ● ● ● ● ●

1. 答案 E

题干信息	已知"大家都赞同此方案"不是事实，即"有些（S：人）不是（P：赞同此方案）"，即有的 S 不是 P 为真。 （×）　　　　（?） 　　┌─────────┐ 　　│╲　　　　╱│ 　　│　╲　╱　　│ 　　│　　╳　　　│ 　　│　╱　╲　　│ 　　│╱　　　　╲│ 　　└─────────┘ 　（?）　　　已知（√）	

选项	解释	结果
A	选项=所有 S 都不是 P，由上图对当方阵可知，选项不确定。	淘汰
B	"有的"的范围是"0<有的≤所有"，故"有的"推不出"少数"。	淘汰
C	选项=有的 S 是 P∧有的 S 不是 P，由上图对当方阵可知，有的 S 是 P 无法判断真假，有的 S 不是 P 为真，故整个判断无法判断真假。	淘汰
D	选项=有的 S 是 P，由上图对当方阵可知，选项不确定。	淘汰
E	选项=有的 S 不是 P，与题干相符，选项一定真。	正确

2. 答案 C

题干信息	①世界上只有没有出息的人＝有的人是没有出息的。 ②没有没出息的工作＝所有的工作都是有出息的。	
选项	解释	结果
Ⅰ	一定为假，世界上没有人没出息＝世界上所有人都有出息，与①矛盾。	一定假
Ⅱ	结合信息①，由于"有的"为真时，"单称"不确定真假，故无法判断。	无法判断
Ⅲ	一定为假，张珊做戏子的工作没出息，与②矛盾。	一定假
Ⅳ	一定为假，世界上有没出息的工作＝世界上有的工作没出息，与②矛盾。	一定假

3. 答案 A

	解题步骤
解释	并非 有些南方人 不 可能不喜欢吃辣椒。 　　　　↓　　　　　　　↓ 　　（变所有南方人）　（不变）
提示	"有些南方人"前面只有一个否定词，要变对立面；"可能不喜欢吃辣椒"前面有两个否定词"并非"与"不"，双重否定等于肯定，不变。
结果	并非有些南方人不可能不喜欢吃辣椒＝所有南方人都可能不喜欢吃辣椒。因此答案选 A。

4. 答案 A

	解题步骤
第一步	先将题干转化为：不可能存在一把钥匙能打开天下所有的锁。题干中的"一把钥匙"在此处泛指"某把钥匙"，而不是特指确定的一把钥匙，因此只能理解为"有的"，不能理解为"单称"。
第二步	不　　可能　　一把钥匙能打开天下所有的锁。 ↓　　　　↓　　　　↓　　　　　　　　↓ 必然　　所有　　不能打开　　　　　有的 结果：不可能存在一把万能钥匙能打开天下所有的锁＝必然所有钥匙不能打开天下有的锁。
第三步	判断选项，最符合题干意思的应该是 A 项。考生注意，C 选项干扰性较大，比如在已知题干条件"必然所有钥匙都有它打不开的锁"的情况下作假设，钥匙有 X、Y、Z 三把，锁有甲、乙、丙三把，若 X 钥匙只能打开甲锁，Y 钥匙只能打开乙锁，Z 钥匙只能打开丙锁，此时所有的钥匙都不能打开有的锁，但是不存在一把锁所有钥匙都打不开，每把锁都有钥匙可以打开。

精点提示 针对"有的 S……所有 P"这样的结构，考生记住如下常考结论，可快速解题。

推理结构Ⅰ	已知：有的 S 喜欢所有 P（真）	说明：S：S1，S2，S3。P：P1，P2，P3。 现在，若 S1 喜欢 P1、P2、P3，那么针对所有 P 而言，一定至少有 S1 喜欢。
	选项：所有 P 都有 S 喜欢（真）	
推理结构Ⅱ	已知：有的 S 不喜欢所有 P（真）	说明：S：S1，S2，S3。P：P1，P2，P3。 现在，若 S1 不喜欢 P1、P2、P3，那么针对所有 P 而言，一定至少有 S1 不喜欢。
	选项：所有 P 都有 S 不喜欢（真）	

推理结构Ⅲ	已知：所有 P 都有 S 喜欢（真）	说明：S：S1，S2，S3。P：P1，P2，P3。现在，若 S1 只喜欢 P1；S2 只喜欢 P2，S3 只喜欢 P3，即便所有 P 都有 S 喜欢，但此时却不存在有 S 喜欢所有 P。
	选项：有的 S 喜欢所有 P（不确定）	

5. 答案 A

解释		
提示 1	所有真诚的人都不可能听信所有虚情假意的谎言。 　　　　　　　　　↓　　　↓　　　↓ 　　变　　　　　必然 不听信 有的 "不"作为否定词，否定了"可能""听信""所有"，均变成对立面。故，所有真诚的人都不可能听信所有虚情假意的谎言＝所有真诚的人都必然不听信有的虚情假意的谎言。	
提示 2	有的虚伪的人一定不会听信所有真心实意的真话→所有真心实意的真话一定有虚伪的人不会听信。考生注意，有的 S 喜欢所有 P，可推出所有 P 都有 S 喜欢。	
结　果	答案选 A。	

6. 答案 A

题干信息	①有的具有优良效果的护肤品⇒诺亚公司生产 ②诺亚公司生产的护肤品→价格昂贵 ③价格昂贵的护肤品→受到女士的信任	
第一步	②+③可得：④诺亚公司生产的护肤品→价格昂贵→受到女士信任。	
第二步	①+②+③可得：⑤有的具有优良效果的护肤品⇒诺亚公司生产⇒价格昂贵⇒受到女士信任。	
选项	解释	结果
A	由⑤只能得出"有的受到女士信任的护肤品⇒具有优良效果"，选项与之构成下反对关系，无法判断真假。	正确
B	根据⑤可直接推出，选项一定为真。	淘汰
C	根据④可直接推出，选项一定为真。	淘汰
D	结合⑤，根据"有的 S⇒P"为真时，可换位推出"有的 P⇒S"为真，选项一定为真。	淘汰
E	结合④，根据"S→P"为真，可逆否得出"¬P→¬S"为真，故选项一定为真。	淘汰

7. 答案 B

题干信息	①有的为希望工程捐款⇒出于社会责任 ②有的为希望工程捐款⇒出于个人功利 ③为希望工程捐款→利国利民的善举

（续）

	解题步骤
第一步	联合①和③可得：④有的出于社会责任⇒为希望工程捐款⇒利国利民的善举（①需先换位）
第二步	联合②和③可得：⑤有的出于个人功利⇒为希望工程捐款⇒利国利民的善举（②需先换位）。选项B恰好与⑤矛盾，一定为假。

选项	解释	结果
A	由④可得"有的出于社会责任⇒利国利民的善举"，选项与之构成下反对关系，故无法判断真假。	淘汰
C	由④可知，选项为真。	淘汰
D	由④可得"有的（S：利国利民的善举）⇒（P：出于社会责任）"，而选项换位可得"有的S⇒¬P"，与④构成下反对关系，故无法判断真假。	淘汰
E	对于希望工程的捐助是否有其他原因，不得而知，因此选项可能为真。	淘汰

8. 答案 E

题干信息	①喜欢语文课→喜欢数学课=不喜欢数学课→不喜欢语文课。 ②喜欢语文课→不喜欢英语课=喜欢英语课→不喜欢语文课。 ③有的喜欢英语课⇒喜欢数学课=有的喜欢数学课⇒喜欢英语课。 从"有的"出发，根据"首尾相连"的原则联合②和③可得：④有的喜欢数学课⇒喜欢英语课⇒不喜欢语文课。

选项	解释	结果
A	根据"S→P"为真时，可得出"有的S⇒P=有的P⇒S"为真，结合信息②，即可推出：有的喜欢语文课⇒不喜欢英语课。因此选项一定为真。	淘汰
B	选项由④可得，一定为真。	淘汰
C	由信息①取逆否等价可得，选项一定为真。	淘汰
D	根据"S→P"为真时，可得出"有的S⇒P=有的P⇒S"为真，结合信息①，即可推出：有的喜欢数学课⇒喜欢语文课。因此选项一定为真。	淘汰
E	选项与信息②矛盾，一定为假。	正确

考生注意：此类推出"可能为真"的试题，考试真题涉及较少。此类题目需要将选项逐一代入验证，需要考生具备很熟练的综合推理能力。

9. 答案 E

题干信息	①有的经验丰富股民⇒买了小盘绩优股 ②年轻股民→买了大盘蓝筹股 ③买了小盘绩优股的股民→没有买大盘蓝筹股 联合②和③得：④年轻股民→买了大盘蓝筹股⇒没买小盘绩优股 联合①和④得：⑤有的经验丰富股民⇒买了小盘绩优股⇒没买大盘蓝筹股⇒不是年轻股民

选项	解释	结果
I	由⑤可知：有的经验丰富股民⇒不是年轻股民。选项=有的经验丰富股民⇒年轻股民，与之构成下反对关系，一个真来另不知，故选项无法判断真假。	可能真

（续）

选项	解释	结果
Ⅱ	由⑤可知：有的经验丰富股民⇒没买大盘蓝筹股。选项=有的经验丰富股民⇒买大盘蓝筹股，与之构成下反对关系，一个真来另不知，故选项无法判断真假。	可能真
Ⅲ	由④可知：年轻股民→没买小盘绩优股。一定为真。	一定真
Ⅳ	由⑤可知：有的经验丰富股民⇒没买大盘蓝筹股。一定真。	一定真

考生注意：把握从"有的"出发、首尾相连的原则即可快速解题。

10. 答案 E

	解题步骤
第一步	整理题干信息： ①重庆人→喜欢吃辣的人； ②有的东北人⇒不喜欢吃辣的； ③喜欢吃辣的人→长得好看； ④不喜欢吃辣的人→长得高。
第二步	寻找重复的词，构成首尾相连，可联合①和③可得：⑤重庆人→喜欢吃辣的人→长得好看。 从"有的"出发，联合②和④可得：⑥有的东北人⇒不喜欢吃辣的⇒长得高。
第三步	分析选项。由⑥可知，A选项与之不矛盾，故无法判断真假；由②可知，B选项与之构成下反对关系，故至少有一真；C和D选项显然无法判断，题干缺少吃辣程度的比较；E选项=长得不好看⇒不是重庆人，恰好是⑤的逆否等价判断，一定为真。

11. 答案 E

题干信息	①六年级同学→通过800米测试 ②通过800米测试→获得"体育小健儿"称号 ③有的女同学⇒通过800米测试 ④体质较差的同学→没通过800米测试

	解题步骤
第一步	从"有的"出发，根据"首尾相连"的原则，联合②和③可得：有的女同学⇒通过800米测试⇒获得"体育小健儿"称号。再换位可得E选项一定为真。
第二步	其他选项补充解释如下。

选项	解释	结果
A	联合③和④可得，有的女同学⇒通过800米测试⇒体质不较差。由于"有的S⇒P"不可取逆否，选项=有的¬P⇒¬S，故不一定为真。	淘汰
B	选项涉及"体质差"和"获得'体育小健儿'称号"，但联合②和④，不能构成"首尾相连"，故不一定为真。	淘汰
C	选项涉及"六年级"和"女同学"，但联合①和③，不能构成"首尾相连"，故不一定为真。	淘汰
D	联合①和②可得：（S：六年级同学）→（P：获得"体育小健儿"称号）。选项有的S⇒¬P，恰好与题干矛盾，一定为假。	淘汰

12. 答案 E

题干信息	①单身者→具有独立经济能力 ②独立经济能力的人→有强烈的竞争意识 ③赋闲在家的人→不具有独立经济能力 ④高中辍学者→赋闲在家的人
解题步骤	
第一步	联合③和④得：⑤高中辍学者→赋闲在家的人→不具有独立经济能力。 联合①和②得：⑥单身者→具有独立经济能力→强烈的竞争意识。
第二步	联合①和⑤得：⑦高中辍学者→赋闲在家的人→不具有独立经济能力→不是单身者。选项A、B与⑦一致，一定真。
第三步	剩余三个选项均涉及"强烈的竞争意识"和"辍学""赋闲在家"的关系，故只能考虑以"具有独立经济能力"为中项，由②可得：有的有强烈的竞争意识⇒具有独立经济能力的人。再联合⑤(需逆否)可得：有的有强烈的竞争意识⇒具有独立经济能力的人⇒不是赋闲在家的人⇒不是高中辍学者。根据"有的"能换位，但不能逆否，可得C和D均一定为真，E选项无法判断真假。

13. 答案 E

题干信息	整理张教授的推理： 前提①：有的裸子植物⇒落叶植物 前提②：所有裸子植物→不是针叶植物 结论③：有的落叶植物⇒不能生长在海拔超过1000米的地方
解题步骤	
第一步	联合前提①②可得：④有的落叶植物⇒裸子植物⇒不是针叶植物。
第二步	此时题干结构如下： 前提：有的落叶植物⇒不是针叶植物 补前提：不是针叶植物→不能生长在海拔超过1000米的地方（E选项与之逆否等价） 结论：有的落叶植物⇒不能生长在海拔超过1000米的地方

14. 答案 C

解题步骤	
第一步	整理题干论证。前提：①中世纪的藏品→陈列在珍品区；②陈列在珍品区的藏品→购买了全额保险。→结论：爱尔兰画家的油画→不是中世纪的藏品。
第二步	分析题干论证。题干两个前提共同作为结论的前提，可先将①和②联合推出：③中世纪的藏品→购买了全额保险。
第三步	根据直言判断综合推理的基本模型，重复的项"中世纪的藏品"左对齐，补"上推下"即可。也就是"购买了全额保险→不包括爱尔兰画家的油画"。答案选C。

15. 答案 B

题干信息	整理题干的前提： ①信仰→受到尊敬 ②有的书籍中的言论⇒不受保护 ③宗教→信仰 整理题干的结论： ④有的书籍中的言论⇒不是宗教
解题步骤	
第一步	联合前提①③可得：⑤宗教→信仰→受到尊敬。
第二步	考虑将前提和结论中重复的概念左对齐，可构建结构如下： 前提：有的书籍中的言论⇒不受保护。 补前提：不受保护→不是宗教。 结论：有的书籍中的言论⇒不是宗教。 观察发现没有该选项，故需要联合前提⑤进一步补充前提。
第三步	此时的结构可整理为： 前提：②有的书籍中的言论⇒不受保护。 补前提：⑥不受保护→不受尊敬＝受尊敬→受保护。（B选项） 前提：⑤宗教→受到尊敬＝不受到尊敬→不是宗教 结论：④有的书籍中的言论⇒不是宗教。
提　示	此时推理结构为：②+⑥+⑤得出④，考生结合本题认真理解补前提时"左对齐"的思想。

专项二

复合判断推理

复合判断推理，主要涉及"联言""选言""假言"的题目，只要识别出考查的题型，再运用相应技巧型与方法，即可以快速解题。

题型1：简单推理

题干特点：题干已知一个前提，要求得出一定为真的结论。

应对技巧：灵活运用"复合判断的推理规则和等价规则"即可快速解题。

相关试题：可参考练习（一）的题01~07，不熟练的同学可补充学习《逻辑精点》强化篇第30~39页以及44~45页。

题型2：串联递推

题干特点：题干条件中存在矛盾的概念，或者存在相同的概念。

应对技巧：灵活运用"串联规则"，将题干条件联合起来得出新的结论。

相关试题：可参考练习（一）的题08~10，不熟练的同学可补充学习《逻辑精点》强化篇第46~55页。

题型3：确定信息推理

题干特点：题干条件/问题中给出了确定信息。

应试技巧：将确定信息代入题干条件，利用规则进行推理即可。

相关试题：可参考练习（一）的题11~15，不熟练的同学可补充学习《逻辑精点》强化篇第46~55页。

题型4：矛盾题

题干特点：题干给出一个或者多个前提，问题求一定为假，或利用矛盾关系进行削弱。

应对技巧：运用"复合判断的矛盾判断"的知识点即可快速解题。

相关试题：可参考练习（二）的题01~05，不熟练的同学可补充学习《逻辑精点》强化篇第40~43页。

题型5：信息比照

题干特点：题干没有确定信息，选项也没有确定信息，大多数情况下是假言判断表达。

应对技巧：将选项与题干条件逐一比对，通过构造矛盾进行排除。

相关试题：可参考练习（二）的题06~07，不熟练的同学可补充学习《逻辑精点》强化篇第46~55页。

题型6：两难推理

题干特点：通常情况下，题干无确定信息，问题求一定真，选项为确定信息。

应对技巧：通过两难推理的公式，将题干条件联合起来得出确定信息。

相关试题：可参考练习（二）的题08~12，不熟练的同学可补充学习《逻辑精点》强化篇第47~55页。

> **题型 7：补前提**
>
> 题干特点：题干要求补充前提，进而支持题干结论。
>
> 应对技巧：通过**假言三段论**的结构，比对选项快速得出答案。
>
> 相关试题：可参考练习（二）的题 13~15，不熟练的同学可补充学习《逻辑精点》强化篇第 47 页。

练习一

【题 01】《孟子·告子上》中写道："生，亦我所欲也，义，亦我所欲也；二者不可得兼，舍生而取义者也。"

如果上述陈述为真，则以下哪项陈述也是真的？

Ⅰ. 既没有生，也没有义。　　Ⅱ. 没有生，或没有义。
Ⅲ. 如果有生，则没有义。　　Ⅳ. 有义，但没有生。

A. 只有Ⅱ。　　　　　　　B. 只有Ⅲ。　　　　　　　C. 只有Ⅳ。
D. 只有Ⅰ和Ⅳ。　　　　　E. 只有Ⅱ、Ⅲ和Ⅳ。

【题 02】已知判断"小王或者想参观北京大学，或者想参观清华大学"为真，则以下哪项一定为真？

A. 小王既想参观北京大学又想参观清华大学。
B. 小王既不想参观北京大学又不想参观清华大学。
C. 小王想参观北京大学，但不想参观清华大学。
D. 小王不想参观北京大学，但想参观清华大学。
E. 如果小王不想参观北京大学，那么小王想参观清华大学。

【题 03】只要有足够的勇气和智慧，就没有办不成的事。

如果上述断定为真，则以下哪项一定为真？

A. 如果有事办不成，说明既缺乏足够的勇气，又缺乏足够的智慧。
B. 如果有事办不成，说明缺乏足够的勇气，或者缺乏足够的智慧。
C. 如果没有办不成的事，说明至少有足够的勇气。
D. 如果缺乏足够的勇气和智慧，就没有办不成的事。
E. 如果缺乏足够的勇气和智慧，就总有事办不成。

【题 04】房地产企业是我国经济的命脉，对于该行业来说，高周转率、高利润率、高稳定性以及低风险是不可能同时存在的。而现在大多数房地产企业都在面临着库存积压严重，资金链断裂的危险。

根据以上信息，对于房地产企业来说，以下哪项必然为真？

A. 房地产企业要想生存，如果不能保证高周转率，那么至少要保证高利润率、高稳定性以及低风险三项中的一项。
B. 房地产企业要想生存，如果高周转率、高利润率以及高稳定性都不能保证，那么一定要保证低风险。
C. 或者没有高周转率，或者没有高利润率，或者没有高稳定性，或者没有高风险。
D. 如果拥有了高周转率以及高利润率，那么高稳定性和低风险中，至少有一个是无法达到的。
E. 以上选项都不必然为真。

【题 05】某公司规定，除非该部门每季度工作任务都完成，否则任何工作人员不可能既获得升职又获得加薪。

以下哪项与上述规定的意思最为接近？

A. 任何工作人员如果有某个季度销售任务没完成，必然获得升职，但不能获得加薪。
B. 任何工作人员如果所有季度的销售任务都完成，有可能既获得升职，又获得加薪。
C. 任何工作人员如果有某个季度销售任务没完成，必然既得不到升职，又得不到加薪。

D. 任何工作人员如果有某个季度销售任务没完成，仍有可能获得升职，或者获得加薪。
E. 任何工作人员如果有某个季度销售任务没完成，必然不能获得升职，或者不能获得加薪。

【题06】对于任一演绎推理，如果它的推理形式正确并且前提真实，那么它的结论一定真实。
如果上述断定为真，则以下哪项一定为真？
A. 某演绎推理的推理形式正确但结论虚假，因此，它的前提一定虚假。
B. 某演绎推理的推理形式不正确但前提真实，因此，它的结论一定虚假。
C. 某演绎推理的结论虚假，因此，它的推理形式一定不正确，并且前提一定虚假。
D. 某演绎推理的前提和结论都真实，因此，它的推理形式一定正确。
E. 某演绎推理的前提和结论都虚假，因此，它的推理形式一定不正确。

【题07】电子政务对政府管理的影响和作用主要体现在三个方面，且这三个方面之间的关系是简单且确定的：如果不能全面提升政府的管理能力，并且不能转变政府角色，则不能重塑政府的业务流程。
如果上述断定为真，则以下哪项一定为真？
A. 如果政府能重塑业务流程，但没有转变政府角色，则一定能全面提升管理能力。
B. 如果政府能重塑业务流程，则能全面提升政府的管理能力，并且转变政府角色。
C. 如果政府不能重塑业务流程，则不能全面提升政府的管理能力，或者不能转变政府角色。
D. 如果政府不能全面提升管理能力，则不能转变政府角色，并且不能重塑政府业务流程。
E. 如果政府不能全面提升管理能力，则不能转变政府角色，或者不能重塑政府业务流程。

【题08】如果不在大都市实施更严格的机动车限行制度，就难以缓解日益严重的城市交通拥堵状况。如果不能有效缓解交通拥堵的状况，就会影响市民的正常生活与工作。如果在大都市实施更严格的机动车限行制度，就会造成许多机动车主倾其所有购买的商品不能物尽其用，这是一种必须接受的社会不公。
如果上述断定为真，除以下哪项外，其余各项都一定为真？
A. 在大都市，要缓解日益严重的城市交通拥堵状况，就必须实施更严格的机动车限行制度。
B. 在大都市，要维持市民的正常生活与工作，就必须实施更严格的机动车限行制度。
C. 在大都市，要维持市民的正常生活与工作，就必须接受某种社会不公。
D. 在大都市，如果每个车主都坚持所购买的机动车必须物尽其用，则更严格的机动车限行制度就无法实施。
E. 在大都市，如果能有效地缓解交通拥堵状况，就能确保市民的正常生活与工作。

【题09】尼禄是公元一世纪的罗马皇帝。每一位罗马皇帝都喝葡萄酒，且只用锡壶和锡高脚酒杯喝酒。无论是谁，只要使用锡器皿去饮酒，哪怕只用过一次，也会导致中毒。而中毒总是不可避免地导致精神错乱。
如果以上陈述都是真的，以下哪项陈述一定为真？
A. 不管他别的方面怎么样，尼禄皇帝肯定是精神错乱的。
B. 那些精神错乱的人至少用过一次锡器皿去饮葡萄酒。
C. 在罗马王朝的臣民中，中毒是一种常见现象。
D. 使用锡器皿是罗马皇帝的特权。
E. 罗马皇帝精神错乱是因为用锡器皿饮酒。

【题10】要建设文化强国，必须满足人民基本文化需求。只有加强文化基础设施建设，才能满足人民基本文化需求。
如果上述断定为真，以下哪项符合上述断定？
Ⅰ. 建设文化强国，离不开加强文化基础设施建设。
Ⅱ. 除非满足人民基本文化需求，否则建设文化强国就是一句空话。
Ⅲ. 如果加强文化基础设施建设，就能确保满足人民基本文化需求。
A. Ⅰ和Ⅱ。　　　　　　B. Ⅰ和Ⅲ。　　　　　　C. Ⅱ和Ⅲ。
D. Ⅰ、Ⅱ和Ⅲ。　　　　E. Ⅰ、Ⅱ和Ⅲ都不符合。

【题11】国际女子职业网联（WTA）网球公开赛的决赛是世界网坛非常重要的赛事，只有积分超过5000分并且在四大满贯赛事中拿到过名次的选手才能参加；然而2019年补充规定，如果在球迷眼中的支持率能超过85%，也能参加决赛。博腾斯和哈勒普两人的积分均超过5000分，支持率也均没超过85%，但博腾斯拿到了四大满贯中的澳网和美网冠军，哈勒普却没有拿到四大满贯赛事的名次。斯维托丽娜和穆古鲁扎积分均没有达到5000分，但斯维托丽娜却拿到了四大满贯赛事中的法网冠军，并且在球迷眼中的支持率高达90%，远高于穆古鲁扎的80%的支持率。

如果上述断定为真，那么下列哪项关于2019年决赛的情况最可能为真？
A. 博腾斯能参加决赛，穆古鲁扎也能参加决赛。
B. 哈勒普不能参加决赛，或者穆古鲁扎能参加决赛。
C. 斯维托丽娜能参加决赛，并且哈勒普能参加决赛。
D. 博腾斯将和哈勒普携手参加决赛。
E. 斯维托丽娜和穆古鲁扎能双双参加决赛。

【题12】某校学生会宣传部关于下周几位部长及副部长的工作安排如下：
（1）如果赵副部长不参加"挑战101"比赛，那么他就要参加优秀学生会干部评选例会；
（2）如果钱副部长不参加"挑战101"比赛，那么他就要做优秀毕业生评选工作；
（3）只要孙部长去进修学习，钱副部长或赵副部长就不参加"挑战101"比赛；
（4）除非参加优秀学生会干部评选例会或做优秀毕业生评选工作，否则孙部长去进修学习；
（5）优秀学生会干部评选例会和优秀毕业生评选工作目前只进行到第一轮，只需要副部长参加。

根据上述工作安排，可以得出以下哪项？
A. 钱副部长要做优秀毕业生评选工作。
B. 赵副部长参加优秀学生会干部评选例会。
C. 孙部长去进修学习。
D. 钱副部长不做优秀毕业生评选工作。
E. 赵副部长没参加优秀学生会干部评选例会。

【题13】某金库被盗，经调查发现该金库五名工作人员进金库的情况是：
（1）当甲进去时，乙也进去。
（2）丁或戊至少有一个能进去。
（3）乙和丙有且仅有一个能进去。
（4）当且仅当丁进去时，丙才进去。
（5）戊不进去，除非甲和丁也进去。
（6）有证据表明，丙进了金库。

如果上述断定为真，以下哪项一定为真？
A. 甲进去或者乙进去了。　　　　　B. 乙没进去但甲进去了。
C. 丁和戊都进去了。　　　　　　　D. 如果甲没进去，那么丁进去了。
E. 甲和戊都进去了。

【题14】甲、乙、丙、丁4位企业家准备对我国西部某山区进行教育捐赠，4位企业家表示他们要共同捐赠以发挥最大效益。关于捐赠的对象，4人的意愿如下：
甲：如果捐赠中高村，则捐赠北塔村。
乙：如果捐赠北塔村，则捐赠西井村。
丙：如果捐赠东山村或南塘村，则捐赠西井村。
丁：如果捐赠南塘村，则捐赠北塔村或中高村。
事实上，除丙以外，其余人的意愿均得到了实现。
根据以上信息，4位共同捐赠的山村是？
A. 北塔村　　B. 中高村　　C. 东山村　　D. 西井村　　E. 南塘村

【题15】在某地的植物盆景鉴赏会上，游客甲、乙、丙、丁、戊、己正在挑选盆景，可供选择的盆景品

种有华南苏铁、江南油杉、金钱松、马尾松、金银木、紫穗槐等六种,已知:

(1) 每个人只能挑选一种盆景,每种盆景只能有一人挑选。

(2) 若乙选择金钱松,则丙不选马尾松且己不选华南苏铁。

(3) 若丁不选金银木或者戊不选金钱松,则己选择金银木且丙选择马尾松。

若甲、丙、己各自选择华南苏铁、马尾松和紫穗槐中的一种,则可以得出以下哪项?

A. 戊选择金银木。　　　　B. 己选择紫穗槐。　　　　C. 丁选择金钱松。

D. 乙选择江南油杉。　　　E. 丙选择金钱松。

●●●●●● 精点解析 ●●●●●●

1. 答案 E

题干信息	舍生而取义者也=没有生(P)∧有义(Q)。	
选项	解释	结果
Ⅰ	选项=没有生∧没有义=P∧¬Q,一定为假。	一定假
Ⅱ	选项=没有生∨没有义=P∨¬Q,一定为真。	一定真
Ⅲ	选项=有生→没有义=没有生∨没有义=P∨¬Q,一定为真。	一定真
Ⅳ	选项=有义∧没有生=P∧Q,一定为真。	一定真

2. 答案 E

题干信息	已知"小王想参观北京大学(P)∨小王想参观清华大学(Q)"为真。 可知:①P:小王想参观北京大学(不确定)。②Q:小王想参观清华大学(不确定)。 ③¬P:小王不想参观北京大学(不确定)。④¬Q:小王不想参观清华大学(不确定)。	
选项	解析	结果
A	该项=P∧Q,P与Q均不确定,故该项不确定。	淘汰
B	该项=¬P∧¬Q,与题干判断矛盾,一定为假。	淘汰
C	该项=P∧¬Q,P与¬Q均不确定,故该项不确定。	淘汰
D	该项=¬P∧Q,¬P与Q均不确定,故该项不确定。	淘汰
E	该项=¬P→Q,根据相容选言判断"否定必肯定"的规则,一定为真。	正确

3. 答案 B

题干信息	足够的勇气(P1)∧足够的智慧(P2)→没有办不成的事(Q) =有的事办不成(¬Q)→缺乏足够的勇气(¬P1)∨缺乏足够的智慧(¬P2)	
选项	解释	结果
A	选项=¬Q→¬P1∧¬P2,但由于已知"¬P1∨¬P2"为真时,无法判断"¬P1∧¬P2"的真假,故无法得出选项一定为真。	淘汰
B	选项=¬Q→¬P1∨¬P2,与题干互为逆否等价,故一定为真。	正确
C	选项=Q→P1,肯定Q位,推不出确定为真的结论。	淘汰

(续)

选项	解释	结果
D	选项=¬（P1∧P2）→Q，否定 P 位，推不出确定为真的结论。	淘汰
E	选项=¬（P1∧P2）→¬Q，否定 P 位，推不出确定为真的结论。	淘汰

4. 答案 D

	解题步骤
第一步	根据"不可能 P∧Q=必然¬P∨¬Q"，可将题干转化为：必然没有高周转率∨没有高利润率∨没有高稳定性∨没有低风险。
第二步	A 项和 B 项题干不涉及"房地产企业若要生存"的条件；C 项"或者没有高风险"与题干不一致；D 项"高周转率∧利润率→没有高稳定性∨没有低风险"，根据相容选言判断"否定必肯定"的原则，一定为真，是正确答案。
提示	考生根据 P∨Q 为真时，可知：①P∨Q=Q∨P（内容完全相同）；②¬P→Q=¬Q→P（否定必肯定）为真，其余结论均不是一定为真。

5. 答案 E

	解题步骤
第一步	根据"除非 Q，否则 P=非 Q→P"，可将题干转化为：有的季度工作任务没完成(¬Q)→不可能获得升职∧获得加薪（P）。
第二步	再根据负判断等价的规则，不可能获得升职∧获得加薪=必然没获得升职∨没获得加薪，观察选项可得答案为 E。

6. 答案 A

题干信息	整理题干信息： 推理形式正确（P1）∧前提真实（P2）→结论真实（Q）=¬P1∨¬P2∨Q
选项	解释	结果
A	选项= P1∧¬Q→¬P2=¬P1∨Q∨¬P2，与题干推理一致，一定为真。	正确
B	选项=¬P1∧P2→¬Q=P1∨¬P2∨¬Q，与题干推理不一致，不能确定真假。	淘汰
C	选项=¬Q→¬P1∧¬P2=Q∨（¬P1∧¬P2），与题干推理不一致，不能确定真假。	淘汰
D	选项=P2∧Q→P1=¬P2∨¬Q∨P1，与题干推理不一致，不能确定真假。	淘汰
E	选项=¬P2∧¬Q→¬P1=P2∨Q∨¬P1，与题干推理不一致，不能确定真假。	淘汰

7. 答案 A

题干信息	根据"如果 P，那么 Q=P→Q=¬P∨Q"可将题干信息转化为：不能全面提升政府的管理能力∧不能转变政府角色（P）→不能重塑政府的业务流程（Q）=全面提升政府的管理能力（M）∨转变政府角色（N）∨不能重塑政府的业务流程（Q）。
选项	解释	结果
A	选项=政府能重塑业务流程（¬Q）∧没有转变政府角色（¬N）→全面提升政府的管理能力（M），符合推理规则，一定为真。	正确

(续)

选项	解释	结果
B	由政府能重塑业务流程（¬Q），按规则只能得出"全面提升政府的管理能力（M）∨转变政府角色（N）"为真，推不出 M∧N 为真。	淘汰
C	选项肯定 Q，什么也推不出。	淘汰
D	由政府不能全面提升管理能力（¬M），按规则只能得出"转变政府角色（N）∨不能重塑政府的业务流程（Q）"为真，推不出¬N∧Q 为真。	淘汰
E	由政府不能全面提升管理能力（¬M），按规则只能得出"转变政府角色（N）∨不能重塑政府的业务流程（Q）"为真，推不出¬N∨Q 为真。	淘汰

8. 答案 E

题干信息	①不在大都市实施更严格的机动车限行制度→难以缓解日益严重的城市交通拥堵状况。 ②不能有效缓解交通拥堵的状况→影响市民的正常生活与工作。 ③在大都市实施更严格的机动车限行制度→必须接受社会不公。 联合①②③可得：不影响市民的正常生活与工作（P1）→有效缓解交通拥堵的状况（Q1/P2）→在大都市实施更严格的机动车限行制度（Q2/P3）→必须接受社会不公（许多机动车主倾其所有购买的商品不能物尽其用）（Q3）。

选项	解释	结果
A	选项肯定 P2，推出肯定 Q2，符合假言推理规则，一定为真。	淘汰
B	选项肯定 P1，推出肯定 Q2，符合假言推理规则，一定为真。	淘汰
C	选项肯定 P1，推出肯定 Q3，符合假言推理规则，一定为真。	淘汰
D	选项否定 Q3，推出否定 P3，符合假言推理规则，一定为真。	淘汰
E	选项肯定 Q1，推出肯定 P1，不符合假言推理规则，可能为真。	正确

9. 答案 A

	解题步骤
第一步	整理题干推理：尼禄是罗马皇帝(P1)→喝葡萄酒(Q1/P2)→用锡壶和锡高脚酒杯喝酒(Q2/P3)→中毒(Q3/P4)→精神错乱(Q4)。
第二步	由此肯定 P1，可推出肯定 Q4，故答案选 A。

10. 答案 A

题干信息	建设文化强国（P1）→满足人民基本文化需求（Q1/P2）→加强文化基础设施建设（Q2）

选项	解释	结果
Ⅰ	考生注意"P 离不开 Q"的含义。该项=P1→Q2，符合题干断定。	符合
Ⅱ	该项=P1→Q1，符合题干断定。	符合
Ⅲ	该项=Q2→P2，不符合题干断定。	不符合

017

11. 答案 B

题干信息	①参加决赛（P1）→积分超过5000分∧四大满贯赛事中拿到过名次（Q1） ②在球迷眼中的支持率能超过85%（P2）→也能参加决赛（Q2）
解题步骤	
第一步	博腾斯：积分超过5000分∧四大满贯赛事中拿到过名次。肯定Q1，什么也推不出，所以不确定博腾斯是否参加。
第二步	哈勒普：积分超过5000分，但是没有拿到四大满贯赛事的名次；满足¬Q1→¬P1，所以哈普勒不能参加。
第三步	斯维托丽娜：积分没有达到5000分，却拿到了四大满贯赛事中的法网冠军，并且在球迷眼中的支持率高达90%。虽然根据条件①推出斯维托丽娜不能参加，但是由于制度改革，满足P2→Q2，所以也可以参加。
第四步	穆古鲁扎：积分没有达到5000分，80%的支持率。否定Q1，满足¬Q1→¬P1，即穆古鲁扎不能参加。综上，答案选B。
提示	相容选言判断满足其中一个肢判断为真时，整个判断即为真。

12. 答案 C

题干信息	①赵副部长不参加"挑战101"比赛（P）→参加优秀学生会干部评选例会（Q） ②钱副部长不参加"挑战101"比赛（P）→做优秀毕业生评选工作（Q） ③孙部长去进修学习（P）→钱副部长∨赵副部长不参加"挑战101"比赛（Q） ④不参加优秀学生会干部评选例会∧不做优秀毕业生评选工作（P）→孙部长去进修学习（Q） ⑤优秀学生会干部评选例会和优秀毕业生评选工作只需要副部长参加
解题步骤	
第一步	观察题干信息可得，只有第⑤个信息属于确定为真的条件，因此可作为突破口。
第二步	只需要副部长参加，可推出不需要部长参加，由⑤可得：部长不参加优秀学生会干部评选例会∧不做优秀毕业生评选工作。进而联合④肯定P，推出肯定Q，即可得孙部长去进修学习，其他选项均推不出。因此答案选C。

13. 答案 D

题干信息	整理题干信息： ①甲进去→乙进去； ②丁进去∨戊进去； ③乙进去∨丙进去； ④丁进去↔丙进去； ⑤戊进去→甲进去∧丁进去； ⑥丙进去（确定信息）。
解题步骤	
第一步	观察题干信息发现，题干存在确定信息，故本题可考虑将确定信息代入推理。
第二步	将确定信息⑥"丙进去"，代入条件③和条件④可得"乙不进去"和"丁进去"。
第三步	将"乙不进去"代入条件①，可得"甲不进去"；将"甲不进去"代入条件⑤可得："戊不进去"。
第四步	比对选项，选项A、B、C、E一定为假，选项D等价于"甲进去∨丁进去"，一定为真。

14. 答案 C

	解题步骤
第一步	观察题干的附加条件发现，本题信息有真有假，故要先将"假"的判断均转化为"真"，才能继续进行推理。
第二步	整理题干信息： ①甲：捐赠中高村→捐赠北塔村； ②乙：捐赠北塔村→捐赠西井村； ③丙：捐赠东山村或南塘村→捐赠西井村（已知假），其矛盾命题为真，即：（捐赠东山村∨捐赠南塘村）∧不捐赠西井村（确定事实）； ④丁：捐赠南塘村→捐赠北塔村或中高村。
第三步	由于条件③为"P∧Q"的联言判断，属于确定的事实，故可将③代入其他条件进行推理。 由③不捐赠西井村 ②→不捐赠北塔村 ①→不捐赠中高村，此时可得事实上：不捐赠北塔村∧不捐赠中高村 ④→不捐赠南塘村 ③→捐赠东山村。故答案选 C。

15. 答案 D

题干信息	整理题干信息： ①每个人只能挑选一种盆景，每种盆景只能有一人挑选； ②乙选择金钱松→丙不选马尾松∧己不选华南苏铁； ③丁不选择金银木∨戊不选择金钱松→己选择金银木∧丙选择马尾松； ④甲、丙、己各自选华南苏铁、马尾松和紫穗槐中的一种。
	解题步骤
第一步	观察题干信息发现，题干看似没有确定信息，但是根据条件④可得"甲、丙、己三人一定不会选择江南油杉∧不会选择金钱松∧不会选择金银木"，这就属于确定的信息。考生注意，将不确定信息转化为确定信息是近几年常考命题点。
第二步	将"己不选择金银木"代入条件③可得"丁选择金银木∧戊选择金钱松"，此时甲、丙、丁、戊、己五人分别选择了华南苏铁、马尾松、紫穗槐、金银木和金钱松中的一种。利用剩余法思想，可得：剩余的乙一定选择江南油杉。观察选项，可知 D 选项为正确答案。

练习二

【题01】只有具备足够的资金投入和技术人才，一个企业的产品才能拥有高科技含量。而这种高科技含量，对于一个产品长期稳定地占领市场是必不可少的。

以下哪项情况如果存在，最能削弱以上断定？

A. 苹果牌电脑拥有高科技含量，并长期稳定地占领着市场。
B. 西子洗衣机没能长期稳定地占领市场，但该产品并不缺乏高科技含量。
C. 长江电视机没能长期稳定地占领市场，该产品也缺乏高科技含量。
D. 清河空调长期稳定地占领着市场，但该产品的厂家缺乏足够的资金投入。
E. 开开电冰箱没能长期稳定地占领市场，但该产品的厂家有足够的资金投入和技术人才。

【题02】世界级的马拉松选手每天跑步不少于两小时，除非是元旦、星期天或得了较严重的疾病。

若以上论述为真，以下哪项所描述的人不可能是世界级马拉松选手？
A. 某人连续三天每天跑步仅一个半小时，并且没有任何身体不适。
B. 某运动员几乎每天都要练习吊环。
C. 某人在脚伤已经痊愈的一周内每天跑步至多一小时。
D. 某运动员在某个星期三没有跑步。
E. 某运动员瘦高，别人都说他像跳高运动员，他的跳高成绩相当不错。

【题 03】本："除非所有的灾难都必然有明显的先兆，否则有些灾难可能难以避免。"
安："我不同意你的看法。"
以下哪项确切表示了安的看法？
A. 尽管有些灾难可能没有明显的先兆，但有些灾难可能可以避免。
B. 尽管所有的灾难都可能没有明显的先兆，但有些灾难可能可以避免。
C. 尽管有些灾难可能没有明显的先兆，但所有灾难都必然可以避免。
D. 尽管有些灾难必然没有明显的先兆，但所有灾难都可能可以避免。
E. 尽管所有的灾难都必然没有明显的先兆，但所有灾难都可能可以避免。

【题 04】已知某班共有 32 位同学，某次考试当中，女生中分数最高者与最低者相差 32 分，男生中分数最高者与最低者相差 26 分。小明认为，根据已知信息，再知道男生和女生分数最高者的分数，同时也得知道男生、女生的平均分数，才能确定全班同学中分数最高者与最低者之间的差距。
以下哪项如果为真，最能构成对小明观点的反驳？
A. 根据已知信息，如果不能确定全班同学中分数最高者与最低者之间的差距，则也不能知道男生、女生分数最高者的具体分数。
B. 根据已知信息，确定了全班同学中分数最高者与最低者之间的差距，但不能知道男生、女生的平均分数。
C. 根据已知信息，如果不能确定全班同学中分数最高者与最低者之间的差距，则既不能知道男生、女生分数最高者的具体分数，也不能知道男生、女生的平均分数。
D. 根据已知信息，确定了男生、女生的平均分数，却不能确定全班同学中分数最高者与最低者之间的差距。
E. 根据已知信息，仅仅再知道男生、女生最高者的具体分数，就能确定全班同学中分数最高者与最低者之间的差距。

【题 05】某学者认为：如果具备独立的经济能力和自强的精神人格，就会成为社会中的佼佼者，除非没有遇见足以改变一生的机遇。
根据该学者的观点，以下哪项是不可能的？
A. 赵大大具备独立的经济能力和自强的精神人格且会成为社会中的佼佼者，但遇见了足以改变一生的机遇。
B. 杨二红成为社会中的佼佼者但却没有遇见足以改变一生的机遇。
C. 如果金三顺具备独立的经济能力和自强的精神人格同时也会成为社会中的佼佼者，就没有遇见足以改变一生的机遇。
D. 如果李四喜具备独立的经济能力和自强的精神人格也没有成为社会中的佼佼者，就没有遇见足以改变一生的机遇。
E. 王五柏没有成为社会中的佼佼者，但遇见了足以改变一生的机遇同时具备独立的经济能力和自强的精神人格。

【题 06】新冠疫情期间，"健康码"的推出，借助了大数据的东风，大大节省了政府监管的成本。但由之而来的是各地本土化的健康码，诸如北京市的"健康宝"、安徽省的"安康码"、河北省的"健康码"和甘肃省"甘肃健康"、福建省"八闽健康码"、重庆市"渝康码"等。不同的"码"无疑也给社区审核、互通互认增添了难度。下表反映了北京某社区一周中接收到的不同"健康码"及人数等情况。

星期一	星期二	星期三	星期四	星期五	星期六	星期日
健康码	渝康码	健康码	渝康码	健康码	健康码	渝康码
渝康码	安康码	安康码	健康码	甘肃健康	甘肃健康	健康宝
6人	8人	10人	6人	3人	7人	4人
均为绿码	均为绿码	3人红码	均为绿码	均为绿码	2人黄码	2人黄码

以下哪项对这一周社区情况的描述最为准确？
A. 每日或者有"渝康码"，或者有"安康码"。
B. 若审核人数在6人以上（不含6人）的日子，则必出现除绿色外其他颜色的健康码。
C. 若有"健康码"且人数在6人以上（不含6人）的日子，则一定不都是绿码。
D. 若审核人数在6人以上（不含6人）的日子，则必出现"安康码"。
E. 每日或者有黄码，或者有红码。

【题07】某文学学院的图书馆内有许多书法装饰，其内容由五音"宫""商""角""徵""羽"，五行"金""木""水""火""土"，以及五根"眼""耳""鼻""舌""身"的五个字任意组合而成。其组合规则如下：
(1) 若有五行直接相邻或五根直接相邻的情况，则五音出现三个字以上；
(2) 若既没有五行直接相邻也没有五根直接相邻的情况，则五音只出现一个字；
(3) 若五音的字数不多于两个，则一定没有羽和商；
(4) 五音、五行、五根，每种至少要出现一个字。
根据以上信息，以下哪项是符合要求的书法装饰的汉字顺序？
A. 羽徵木土水。　　　　　B. 眼身舌宫商。　　　　　C. 宫土水羽金。
D. 鼻宫角舌木。　　　　　E. 身宫火鼻水。

【题08】如果李生喜欢表演，那么他报考戏剧学院。如果他不喜欢表演，那么他可以成为戏剧理论家。如果他不报考戏剧学院，那么不能成为戏剧理论家。
由此可推出李生？
A. 不喜欢表演。　　　　　B. 成为戏剧理论家。　　　　　C. 不报考戏剧学院。
D. 报考戏剧学院。　　　　E. 不成为戏剧理论家。

【题09】2014年8月俄罗斯200多辆运送救援物资的卡车进入乌克兰东部地区。如果乌克兰政府军在东部的军事行动直接或间接袭击了俄罗斯车队，则可能引发俄方采取强硬措施；如果乌克兰政府军暂时停止在东部的军事行动以保证俄罗斯车队的安全，则会给处于下风的民间武装以喘息的机会。
如果以上陈述为真，以下哪一项陈述必然为真？
A. 俄罗斯车队进入乌克兰是为了帮助乌克兰东部的民间武装。
B. 如果乌克兰政府军袭击俄罗斯车队，则处于下风的民间武装就没有喘息的机会。
C. 如果乌克兰政府军不给民间武装以喘息的机会，则有可能引发俄方采取强硬措施。
D. 如果乌克兰东部民间武装得到了喘息机会，俄罗斯就不会采取强硬措施。
E. 如果俄罗斯采取了强制措施，就一定不会给乌克兰东部民间武装以喘息机会。

【题10】某健身俱乐部拟购买几种健身器材，购买要求如下：
(1) 不购买跑步机，否则不购买史密斯机。
(2) 如果购买史密斯机，那么不购买杠铃。
(3) 或者购买杠铃，或者购买跑步机，或者购买拉背器。
(4) 史密斯机、拉背器、平板椅至少购买两种。
根据以上要求，可以得出以下哪项？
A. 至多购买了三种健身器材。　　　　　B. 拉背器、跑步机至少购买了一种。

C. 至少购买了三种健身器材。 D. 史密斯机、杠铃至少购买了一种。
E. 拉背器、跑步机至多购买了一种。

【题11】近年来，流失海外百余年的圆明园7尊兽首铜像"鼠首、牛首、虎首、兔首、马首、猴首和猪首"，通过"华商捐赠""国企竞拍""外国友人返还"这3种方式陆续回归中国。每种方式均获得2~3尊兽首铜像，且每种方式获得的兽首铜像各不相同。已知：

(1) 如果牛首、虎首和猴首中至少有一尊是通过"华商捐赠"或者"外国友人返还"回归的，则通过"国企竞拍"获得的是鼠首和马首；

(2) 如果马首、猪首中至少有一尊是通过"国企竞拍"或者"外国友人返还"回归的，则通过"华商捐赠"获得的是鼠首和虎首。

根据以上信息，以下哪项是通过"外国友人返还"获得的兽首铜像？

A. 鼠首、兔首。 B. 马首、猴首。 C. 兔首、猪首。
D. 鼠首、马首。 E. 马首、兔首。

【题12】某高校研究小组给学生分配"工程管理""生产管理""物流管理"三门选修课，共有赵、钱、孙、李、周、吴、郑、王八个学生，一个学生只能选修一门课程，且每门课程选择的人数最多只能有三个，已知：

(1) 如果赵没有选修"工程管理"或者钱没有选修"物流管理"，那么孙选修"物流管理"并且李选修"生产管理"；

(2) 如果李没有选修"物流管理"或者吴选修"工程管理"，则孙和钱都会选修"生产管理"；

(3) 孙和吴必须安排在同一个课程；

(4) 周和郑必须安排在共同一个课程。

根据上述信息，以下哪项一定为真？

A. 钱选修"生产管理"课程。 B. 郑选修"工程管理"课程。
C. 王选修"物流管理"课程。 D. 李不选修"物流管理"课程。
E. 周和孙选修同一个课程。

【题13】如果M公司的艺人遵纪守法并且有社会责任心，就不会偷税漏税，如果M公司的艺人不偷税漏税，就会成为"优质偶像"称号的候选人，而只要成为"优质偶像"称号的候选人，就一定会被媒体报道。

补充以下哪项，可以得到"M公司的艺人不遵纪守法"？

A. M公司的艺人偷税漏税。
B. M公司的艺人没有社会责任心。
C. M公司的艺人被媒体报道，并且有社会责任心。
D. M公司的艺人没有被媒体报道，并且有社会责任心。
E. 或者M公司的艺人没有被媒体报道，或者M公司的艺人偷税漏税。

【题14】只要这个社会中继续有骗子存在并且某些人心中有贪念，那么就一定有人会被骗。因此，如果社会进步到了没有一个人被骗，那么在该社会中的人们必定普遍地消除了贪念。

以下哪项最能支持上述论证？

A. 贪念越大越容易被骗。
B. 社会进步了，骗子也就不复存在了。
C. 随着社会的进步，人的素质将普遍提高，贪念也将逐渐被消除。
D. 不管在什么社会，骗子总是存在的。
E. 骗子的骗术就在于巧妙地利用了人们的贪念。

【题15】人力资源部王经理对四位董事是否参加此次临时股东会议进行了预测：如果甲参加会议，那么乙也参加会议；除非丙参加会议，否则乙将不参加会议。杨总由此断定：甲参加会议，但是丁将不参加会议。

根据王经理的预测，以下哪项为真，最能对杨总的观点提出质疑？

A. 如果丙参加会议，那么丁不会参加会议。　　B. 只有丁不会参加会议，乙才会参加会议。
C. 如果丁参加会议，那么丙会参加会议。　　D. 只要丙参加会议，丁就会参加会议。
E. 只有丙参加会议，丁才不参加会议。

精点解析

1. 答案 D

题干信息	长期占领市场（P1）→高科技含量（Q1/ P2）→足够的资金投入∧技术人才（Q2）
选项	解释	结果
A	选项 = P1∧Q1，与题干不矛盾，不能削弱。	淘汰
B	选项 = ¬P1∧Q1，与题干不矛盾，不能削弱。	淘汰
C	选项 = ¬P1∧¬Q1，与题干不矛盾，不能削弱。	淘汰
D	选项 = P1∧¬Q2，与题干矛盾，最能削弱。	正确
E	选项 = ¬P1∧Q2，与题干不矛盾，不能削弱。	淘汰

2. 答案 A

解题步骤	
第一步	根据"P，除非Q=¬P→Q"，可将题干整理为：¬（元旦∨星期天∨严重疾病）→每天跑步不少于两小时。
第二步	不可能为真也就是题干的矛盾命题，即：（¬元旦∧¬星期天∧¬严重疾病）∧每天跑步小于两小时。
第三步	分析选项可知，A选项恰好与题干矛盾；A选项，注意连续三天显然至少有一天不是元旦也不是星期天，故A项正确。而C选项属于易错选项，"脚伤痊愈"不等于"没有得病"。

3. 答案 C

解题步骤	
第一步	根据公式"除非Q，否则P=¬P→Q"，将题干转化为：所有的灾难必然可以避免→所有的灾难都必然有明显先兆。
第二步	"所有的灾难必然可以避免（P）→所有的灾难都必然有明显先兆（Q）"的矛盾判断是P∧¬Q，即：所有灾难必然可以避免∧有的灾难可能没有明显先兆。答案选C。

4. 答案 B

解题步骤	
第一步	整理小明的观点：确定全班同学中分数最高者与最低者之间的差距（P）→知道男生和女生分数最高者的分数（Q1）∧知道男生、女生的平均分数（Q2）
第二步	A、C、E三个选项都为"→"的形式，不矛盾，可快速淘汰选项。

023

(续)

	解题步骤
第三步	D 选项=¬P∧Q2，与题干信息不矛盾，排除。 B 选项=P∧¬Q2，由¬Q2 可推出¬Q1∨¬Q2 为真，即 P∧(¬Q1∨¬Q2) 为真，与题干信息构成矛盾，最能反驳。B 选项为正确答案。

5. 答案 E

	解题步骤
第一步	根据公式"如果 A，就 B，除非 C"=(A∧¬B)→C=(¬A∨B)∨C（提示：参考"P，除非 Q"=¬P→Q 的结构），可将题干变形为：（不具备独立的经济能力和自强的精神人格∨成为社会中的佼佼者）∨没有遇见足以改变一生的机遇，此时寻找矛盾便是最好的削弱，也就是：（A∧¬B）∧¬C。
第二步	A 选项可符号化为（A∧B）∧¬C，可能为真；B 选项可符号化为 B∧C，可能为真；C 选项和 D 选项均属于"→"的结构，均可能为真；E 选项可符号化为（A∧¬B）∧¬C，符合矛盾的表达，故答案选 E。

6. 答案 C

	解题步骤
第一步	观察题干和选项：题干由"表格"构成且选项由"假言判断"和"相容选言判断"构成，故可判定本题属于信息比照题，优先考虑"代入选项排除法"解题。即根据选项所给出的信息，快速定位到题干所对应的位置，逐一代选项验证。
第二步	分析选项。

选项	解释	结果
A	根据表格可知，星期五和星期六接收到的健康码中，既没有"渝康码"，也没有"安康码"，与选项信息矛盾。	淘汰
B	根据表格可知，星期二审核人数为 8 人，并且只有绿码，与选项信息矛盾。	淘汰
C	根据表格可知，星期三和星期六的情况是：有"健康码"且人数在 6 人以上（不含 6 人），并且星期三有 3 人为红码，星期六有 2 人为黄码，与选项信息相一致。	正确
D	根据表格可知，星期六的审核人数为 7 人，并且没有"安康码"，与选项信息矛盾。	淘汰
E	根据表格可知，星期一只有绿码，没有黄码，也没有红码，与选项信息矛盾。	淘汰

7. 答案 E

题干信息	整理题干信息： ①五行直接相邻∨五根直接相邻→五音出现三个字以上； ②没有五行直接相邻∧没有五根直接相邻→五音只出现一个字； ③五音的字数小于等于两个→没有羽∧没有商； ④五音、五行、五根，每种至少要出现一个字。

(续)

	解题步骤		
第一步	观察题干和选项：题干无确定信息且题干中的假言无法直接串联，选项均为确定信息，故可判定本题属于信息比照题，可优先考虑"代入选项排除法"解题。		
第二步	根据选项所给出的信息，快速定位到题干所对应的位置，逐一代选项验证。		
选项	解释		结果
A	将选项代入题干条件，没有五根，选项与条件④矛盾，排除。		淘汰
B	将选项代入题干条件，没有五行，选项与条件④矛盾，排除。		淘汰
C	将选项代入题干条件，没有五根，选项与条件④矛盾，排除。		淘汰
D	将选项代入题干条件，选项与条件②矛盾，排除。		淘汰
E	将选项代入题干条件，选项与题干条件均不矛盾，为正确答案。		正确

8. 答案 D

题干信息	整理题干信息： ①喜欢表演→报考戏剧学院； ②不喜欢表演→成为戏剧理论家； ③不报考戏剧学院→不能成为戏剧理论家。
	解题步骤
第一步	由于题干均为假言且没有确定信息，而选项均为"确定"，故可优先考虑将题干中的假言进行串联，结合"两难推理"得出确定信息。
第二步	联合条件②③可得：④不喜欢表演→成为戏剧理论家→报考戏剧学院。
第三步	联合条件①④： ①喜欢表演→报考戏剧学院（P→Q） ④不喜欢表演→报考戏剧学院（¬P→Q） 根据两难推理"P→Q+¬P→Q"可得 Q 为真。故可知李生一定报考戏剧学院，答案选 D。

9. 答案 C

	解题步骤		
第一步	整理题干信息： ①乌克兰政府军在东部的军事行动直接或间接袭击了俄罗斯车队（P）→引发俄方采取强硬措施（Q1）； ②乌克兰政府军暂时停止在东部的军事行动以保证俄罗斯车队的安全（¬P）→给处于下风的民间武装以喘息的机会（Q2）。		
第二步	根据两难推理"P→Q1+¬P→Q2"可得 Q1∨Q2 为真，故联合条件①②可得：③引发俄方采取强硬措施（Q1）∨给处于下风的民间武装以喘息的机会（Q2）。		
第三步	分析选项。		
选项	解释		结果
A	选项并不涉及题干信息，不能确定真假。		淘汰
B	选项=P→¬Q2，不能由题干信息推出。		淘汰

(续)

选项	解释	结果
C	选项 =¬ Q2→Q1=Q2∨Q1，根据条件③可知该选项一定为真，故为正确选项	正确
D	选项 =Q2→¬ Q1=¬ Q2∨¬ Q1，不能由题干信息推出。	淘汰
E	选项 =Q1→¬ Q2=¬ Q2∨¬ Q1，不能由题干信息推出。	淘汰

10. 答案 B

题干信息	① 不购买跑步机，否则不购买史密斯机=购买跑步机→不购买史密斯机 ② 如果购买史密斯机，那么不购买杠铃=购买史密斯机→不购买杠铃 ③ 或者购买杠铃，或者购买跑步机，或者购买拉背器=购买杠铃∨购买跑步机∨购买拉背器 ④ 史密斯机、拉背器、平板椅至少购买两种

解题步骤		
第一步	从重复出现次数最多的一种器材入手。观察可知"史密斯机"在条件①②④一共出现3次，出现次数最多，应优先考虑。	
第二步	假设购买史密斯机：代入条件①②可得"不购买跑步机也不购买杠铃"，将结果代入条件③可得购买拉背器。 假设不购买史密斯机：代入条件④可得"购买拉背器和平板椅"。	
第三步	观察上一步： 购买史密斯机→购买拉背器。 不购买史密斯机→购买拉背器。 根据两难推理，故一定购买拉背器。	
第四步	由"购买拉背器"可以推出"拉背器、跑步机至少购买了一种"一定为真，故答案为B。	

11. 答案 A

解题步骤	
第一步	观察题干信息，本题属于"假言综合推理+分组"的题型，先明确分组情况，7尊铜像分三组，每组均有2~3尊，故可得分组情况为：2、2、3。
第二步	由于题干均为假言且没有确定信息，而选项均为"确定"，故可优先考虑将题干中的假言进行串联，结合"反证法"得出确定信息。 假设牛首、虎首和猴首中至少一尊是通过"华商捐赠"或者"外国友人返还"回归的，联合（1）和（2）可知，牛首、虎首和猴首中至少一尊是通过"华商捐赠"或者"外国友人返还"回归 $\xrightarrow{(1)}$ 通过"国企竞拍"获得是鼠首和马首→鼠首不通过"华商捐赠"获得 $\xrightarrow{(2)}$ 马首和猪首不是通过"国企竞拍"且马首和猪首不是"外国友人返还"回归→马首和猪首是通过"华商捐赠"的。 观察可知，该推理中出现了"马首通过国企竞拍获得"和"马首通过华商捐赠获得"，与题干信息矛盾，故假设错误，牛首、虎首和猴首均不是通过"华商捐赠"或者"外国友人返还"回归，即牛首、虎首和猴首通过"国企竞拍"获得。
第三步	将"虎首是通过'国企竞拍'回归"代入条件（2）可知，马首和猪首不是通过"国企竞拍"回归的∧马首和猪首不是"外国友人返还"回归的，即：马首和猪首是通过"华商捐赠"回归的。

(续)

	解题步骤
第四步	由上述步骤，结合剩余法思想可知：

华商捐赠（2个）	国企竞拍（3个）	外国友人返还（2个）
马首、猪首	牛首、虎首、猴首	鼠首、兔首

观察可知，答案选 A。

12. 答案 B

	解题步骤
第一步	观察题干信息，本题属于"假言综合推理+分组"的题型，先明确分组情况，8个学生选修三门课程，每门课程均有2~3个人选修，故可得分组情况为：2、3、3。
第二步	由于题干均为假言且没有确定信息，而选项均为"确定"，故可优先考虑将题干中的假言进行串联，结合"反证法"得出确定信息。 假设赵没有选修"工程管理"或者钱没有选修"物流管理"，联合（1）和（2）可知，赵没有选修"工程管理"∨钱没有选修"物流管理" —(1)→ 孙选修"物流管理"∧李选修"生产管理" → 李没有选修"物流管理" —(2)→ 孙∧钱都会选修"生产管理" —(3)→ 吴选修"生产管理"。 观察可知，该推理中选修"生产管理"课程的有李、孙、钱和吴4人，与分组情况矛盾，故假设错误，即赵选修"工程管理"∧钱选修"物流管理"。
第三步	将"钱选修'物流管理'"代入条件（2）可知，李选修"物流管理"∧吴不选修"工程管理"。
第四步	根据条件（3），由于吴和孙同组，若吴选修"物流管理"，此时选修"物流管理"的就有4个人，不符合分组情况，故吴和孙选修"生产管理"。 根据条件（4），由于周和郑选修同一课程，同理可知，周和郑选修"工程管理"。剩下的王可能选修"物流管理"，可能选修"生产管理"，列表如下：

工程管理（3个）	物流管理（2~3个）	生产管理（2~3个）
赵、周、郑	钱、李	孙、吴

观察发现，答案选 B。

13. 答案 D

	解题步骤
第一步	观察题干可知，问题为补充以下哪项可得出结论，故本题考查的是假言判断补前提的问题。
第二步	联合前提条件可得： M公司的艺人遵纪守法∧有社会责任心→不会偷税漏税→会成为"优质偶像"称号的候选人→会被媒体报道 =不会被媒体报道→不会成为"优质偶像"称号的候选人→会偷税漏税→M公司的艺人不遵纪守法∨没有社会责任心
第三步	整理前提和结论： 前提：会被媒体报道∨M公司的艺人不遵纪守法∨没有社会责任心。 补前提：M公司的艺人没有被媒体报道∧有社会责任心。（D选项） 结论：M公司的艺人不遵纪守法。
第四步	比对选项，选项D为正确答案。

14. 答案 D

题干信息	前提：这个社会中继续有骗子存在（M）∧某些人心中有贪念（N）→有人会被骗（Q）。 结论：所有人都不被骗（¬Q）→所有人都没有贪念（¬N）。
\multicolumn{2}{c}{解题步骤}
第一步	前提等价为"Q∨¬M∨¬N"，若增加前提 M，则可以推出"Q∨¬N"，即"¬Q→¬N"。
第二步	故 M（有骗子存在）是一个力度最大的支持，答案为 D。

15. 答案 D

\multicolumn{2}{c}{解题步骤}
第一步	质疑杨总的观点，可优先考虑利用矛盾关系进行削弱，杨总观点的矛盾是：甲参加→丁参加。
第二步	整理题干信息， 前提：甲参加→乙参加→丙参加。 补前提：丙参加→丁参加。（D 选项） 结论：甲参加→丁参加。

专项三

结构相似

结构相似属于逻辑考试中的一种特殊题型，重点考查考生对于推理及论证结构的评价能力，考生要耐心、细心地学习本专项的题目，确保在考试中不失分。

题型 1：推理一致题目

题干特点：本题型主要考查考生对于推理结构一致性的比较，题目多为假言判断推理一致、因果关系推理一致、三段论推理一致。

应对技巧：运用"一般解题方法"即可快速解题。

相关试题：可参考题目 01~10，不熟悉的同学可补充学习《逻辑精点》强化篇第 83 页。

题型 2：求因果关系一致

题干特点：本题主要考查常见的求因果关系的方法，题干和选项求因果是否一致。

应对技巧：考生掌握常见的求因果的方式即可快速解题。

相关试题：可参考题目 11~12，不熟悉的同学可补充学习《逻辑精点》基础篇第 163 页。

题型 3：谬误一致

题干特点：本题主要考查常见的逻辑谬误，题干和选项的谬误是否一致。

应对技巧：考生掌握常见的逻辑谬误即可快速解题。

相关试题：可参考题目 13~15，不熟悉的同学可补充学习《逻辑精点》基础篇 167~179 页。

【题 01】精制糖高含量的食物不会引起糖尿病的说法是不对的。因为精制糖高含量的食物导致人的肥胖，而肥胖是引起糖尿病的一个重要诱因。

以下哪项论证在结构上和题干的最为类似？

A. 接触冷空气易引起感冒的说法是不对的。因为感冒是由病毒引起的，而病毒易于在人群拥挤的温暖空气中大量繁殖蔓延。
B. 没有从济南到张家界的航班的说法是对的。因为虽然有从济南到北京的航班，也有从北京到张家界的航班，但没有从济南到张家界的直飞航班。
C. 施肥过度是引发草坪病虫害主要原因的说法是对的。因为过度施肥造成青草的疯长，而疯长的青草对于虫害几乎没有抵抗力。
D. 劣质汽油不会引起非正常油耗的说法是不对的。因为劣质汽油会引起发动机阀门的非正常老化，而发动机阀门的非正常老化会引起非正常油耗。
E. 亚历山大是柏拉图的学生的说法是不对的。事实上，亚历山大是亚里士多德的学生，而亚里士多德是柏拉图的学生。

【题 02】某出版社近年来出版物的错字率较前几年有明显的增加，引起了读者的不满和有关部门的批评，这主要是由于该出版社大量引进非专业编辑所致。当然，近年来该社出版物的大量增加也是一个重要原因。

上述议论中的漏洞，也类似地出现在以下哪项中？

Ⅰ．美国航空公司近两年来的投诉率比前几年有明显的下降。这主要是由于该航空公司在裁员整顿的基础上，有效地提高了服务质量。当然，"9·11事件"后航班乘客数量的锐减也是一个重要原因。

Ⅱ．统计数字表明：近年来我国心血管病的死亡率，即由心血管病导致的死亡在整个死亡人数中的比例，较前有明显增加，这主要是由于随着经济的发展，我国民众的饮食结构和生活方式发生了容易诱发心血管病的不良变化。当然，由于心血管病主要是老年病，因此，我国人口的老龄化，即人口中老年人比例的增大也是一个重要原因。

Ⅲ．S市今年的高考录取率比去年增加了15%，这主要是由于各中学狠抓了教育质量。当然，另一个重要原因是，该市今年参加高考的人数比去年增加了20%。

A．只有Ⅰ。　　　　　　B．只有Ⅱ。　　　　　　C．只有Ⅲ。
D．只有Ⅰ和Ⅲ。　　　　E．Ⅰ、Ⅱ和Ⅲ。

【题03】对冲基金每年提供给它的投资者的回报从来都不少于25E。因此，如果这个基金每年最多只能给我们20E的回报的话，它就一定不是一个对冲基金。

以下哪项的推理方法与上文相同？

A．好的演员从来都不会因为自己的一点进步而沾沾自喜，谦虚的黄升一直注意不以点滴的成功而自傲，看来黄升就是个好演员。

B．移动电话的话费一般比普通电话贵。如果移动电话和普通电话都在身边，我们选择了普通电话，那就体现了节约的美德。

C．如果一个公司在遇到像亚洲金融危机这样的挑战的时候还能够保持良好的增长势头，那么在危机过后就会更红火。秉东电信公司今年在金融危机中没有退步，所以明年会更旺。

D．一个成熟的学校在一批老教授离开自己的工作岗位后，应当有一批年轻的学术人才脱颖而出，勇挑大梁。华成大学去年一批教授退休后，大批年轻骨干纷纷外流，一时间群龙无首，看来华成大学还算不上是一个成熟的学校。

E．练习武功有恒心的人一定会每天早上五点起床，练上半小时，今天武钢早上五点起床后，一口气练了一个小时，我看武钢是个练武功有恒心的好小伙子。

【题04】由于"鱼和熊掌不可兼得"，所以，现在没有得鱼，就一定可以得到熊掌。

以下哪项推理结构与上述推理最类似？

A．或者选择在国庆节假日出游，或者选择在国庆以后出游，由于国庆节出游人数太多，不适合出游，所以，选择在国庆节以后出游。

B．由于董事长和总经理不可能同时缺席会议，所以，现在董事长缺席会议，总经理就一定参加会议了。

C．华纳股份和华谊股份的股价不可能都下跌，所以华纳股份的股价上涨了，华谊股份的股价就一定下跌了。

D．老王不可能既认识总经理又认识总经理秘书，所以，老王认识总经理秘书，他就不认识总经理。

E．中国球队在通向冠军的道路上，或者与美国队相遇，或者与德国队相遇。所以，现在美国队已经被淘汰，与中国队争夺冠军的一定是德国队。

【题05】一首歌曲，只有在北京和上海都流行时，藏族歌手苏阿里亚娜才会演唱。藏族歌手苏阿里亚娜没有演唱"高山"这首歌，所以北京一定没有流行"高山"这首歌，而且上海也没有流行这首歌。

以下哪项与题干的逻辑结构最为相似？

A．只有学习好，并且和同学保持良好的关系，才能评上奖学金。小张学习好，并且同学关系也好，所以他一定能够评上奖学金。

B．只有学习好，并且和同学保持良好的关系，才能评上奖学金。小张没有评上奖学金，所以他学习一定不好。

C. 只要学习好，并且和同学保持良好的关系，就能评上奖学金。小张没有评上奖学金，所以他学习一定不好，并且与同学关系不好。

D. 只有学习好，并且和同学保持良好的关系，才能评上奖学金。小张学习不好，并且和同学关系也不大好，所以小张没有评上奖学金。

E. 只有学习好，并且和同学保持良好的关系，才能评上奖学金。小张没有评上奖学金，所以他肯定学习不好，并且与同学关系紧张。

【题 06】如果一个人具备丰富的阅历，就能更好地理解生活。一旦他更好地理解生活，说明他一定热爱生活并且对世界充满善意。因此，一个具备丰富阅历的人，必将对世界充满善意。

以下哪项推理的结构和题干最为类似？

A. 所有的技术骨干一定都认真学习。如果一个人是技术骨干，那他一定脚踏实地并且虚心请教。所以，认真学习的人都会虚心请教。

B. 所有的犯罪行为都是违法的行为，违法的行为都应该受到社会的谴责和法律的制裁。所以，犯罪行为要受到法律制裁。

C. 如果一个摄影师的经验不丰富，那么他不能够捕捉到美好的瞬间。如果捕捉到了美好的瞬间，那他一定有着专业的摄影技术同时善于发现生活中的美好。所以，一名经验丰富的摄影师，一定善于发现生活中的美好。

D. 杰出的管理者一定具有创新思维。如果具有创新思维，那么他或者会有前瞻性的目光或者会有国际化的视野。所以，杰出的管理者一定具有国际化视野。

E. 一部电影如果要获得高票房，或者要打动人心，或者有丰富的故事情节，或者有新颖的题材。如果故事情节丰富，那一定会有新颖的题材。所以一部获得高票房的电影一定会获得媒体的好评。

【题 07】海拔越高，空气越稀薄。因为西宁的海拔高于西安，因此，西宁的空气比西安稀薄。

以下哪项中的推理与题干的最为类似？

A. 一个人的年龄越大，他就变得越成熟。老张的年龄比他的儿子大，因此，老张比他的儿子成熟。

B. 一棵树的年头越长，它的年轮越多。老张院子中槐树的年头比老李的槐树年头长，因此，老张家的槐树比老李家的年轮多。

C. 今年马拉松冠军的成绩比前年好。张华是今年的马拉松冠军，因此，他今年的马拉松成绩比他前年的好。

D. 在激烈竞争的市场上，产品质量越高并且广告投入越多，产品需求就越大。甲公司投入的广告费比乙公司的多，因此，对甲公司产品的需求量比对乙公司的需求量大。

E. 一种语言的词汇量越大，越难学。英语比意大利语难学，因此，英语的词汇量比意大利语大。

【题 08】法制的健全或者执政者强有力的社会控制能力，是维持一个国家社会稳定的必不可少的条件。Y 国社会稳定但法制尚不健全。因此，Y 国的执政者具有强有力的社会控制能力。

以下哪项论证方式，和题干的最为类似？

A. 一个影视作品，要想有高的收视率或票房价值，作品本身的质量和必要的包装宣传缺一不可。电影《青楼月》上映以来票房价值不佳但实际上质量堪称上乘。因此，看来它缺少必要的广告宣传和媒介炒作。

B. 必须有超常业绩或者 30 年以上服务于本公司工龄的雇员，才有资格获得公司本年度的特殊津贴。黄先生获得了本年度的特殊津贴但在本公司仅供职 5 年，因此他一定有超常业绩。

C. 如果既经营无方又铺张浪费，则一个企业将严重亏损。Z 公司虽经营无方但并没有严重亏损，这说明它至少没有铺张浪费。

D. 一个罪犯要实施犯罪，必须既有作案动机，又有作案时间，在某案中，W 先生有作案动机但无作案时间。因此，W 先生不是该案的作案者。

E. 一个论证不能成立，当且仅当，或者它的论据虚假，或者它的推理错误。J 女士在科学年会上关于她的发现之科学价值的论证尽管逻辑严密，推理无误，但还是被认定不能成立。因此，她的论证中至少有部分论据虚假。

【题09】如果北大书馆对外国文学作品的收藏很全面，那么，其中一定能查阅到法国作家马尔罗的《征服者》。在北大书馆确实能查阅到《征服者》。因此，北大书馆对外国文学作品的收藏很全面。

以下哪项论证在结构上与题干的最为类似？

A. 氦或氢是化学元素周期表上最轻的元素。氦不是周期表上最轻的元素。因此，氢肯定是周期表上最轻的元素。

B. 如果盗版光盘的泛滥是由于正版光盘的价格过高的话，那么，降低正版光盘的价格就可以阻止盗版光盘的泛滥。但是，几次正版光盘价格的较大幅度降价，并没有有效地阻止盗版光盘的泛滥。因此，盗版光盘的泛滥并不是由于正版光盘的价格过高。

C. 如果夸克是比原子更小的宇宙间最小的基本粒子，那么，就需要粘子把夸克连接在一起。事实上需要粘子把夸克连接在一起。因此，夸克是比原子更小的宇宙间最小的基本粒子。

D. 如果天下雨，那么地上是湿的。现在下着雨，所以，地上一定是湿的。

E. 如果患者患的是肺炎，那么用听诊器就一定能听到肺部啰音。这位患者患的不是肺炎，因此，用听诊器不可能听到肺部啰音。

【题10】学生：IQ 和 EQ 哪个更重要？您能否给我指点一下？

学长：你去书店问工作人员关于 IQ 和 EQ 的书，哪类销得快，哪类就更重要。

以下哪项与上述题干中的问答方式最为相似？

A. 员工：我们正制订一个度假方案，你说是在本市好，还是去外地好？

经理：现在年终了，各公司都在安排出去旅游，你去问问其他公司的同行，他们计划去哪里，我们就不去哪里，不凑热闹。

B. 平平：母亲节那天我准备给妈妈送一份礼物，你说是送花好还是巧克力好？

佳佳：你在母亲节前一天去花店看一下，看看买花的人多不多就行了嘛。

C. 顾客：我准备买一件毛衣，你看颜色是鲜艳一点，还是素一点好？

店员：这个需要结合自己的性格与穿衣习惯，各人可以有自己的选择与喜好。

D. 游客：我们前面有两条山路，走哪一条更好？

导游：你仔细看看，哪一条山路上车马的痕迹深我们就走哪一条。

E. 学生：我正在准备期末复习，是做教材上的练习重要，还是理解教材内容更重要？

老师：你去问问高年级得分高的同学，他们是否经常背书做练习。

【题11】研究人员将角膜感觉神经断裂的兔子分为两组：实验组和对照组。他们给实验组兔子注射一种从土壤霉菌中提取的化合物。3 周后检查发现，实验组兔子的角膜感觉神经已经复合；而对照组兔子未注射这种化合物，其角膜感觉神经没有复合。研究人员由此得出结论：该化合物可以使兔子断裂的角膜感觉神经复合。

以下哪项与上述研究人员得出结论的方式最为类似？

A. 科学家在北极冰川地区的黄雪中发现了细菌，而该地区的寒冷气候与木卫二的冰冷环境有着惊人的相似。所以，木卫二可能存在生命。

B. 绿色植物在光照充足的环境下能茁壮成长，而在光照不足的环境下只能缓慢生长。所以，光照有助于绿色植物的生长。

C. 一个整数或者是偶数，或者是奇数。0 不是奇数，所以，0 是偶数。

D. 昆虫都有三对足，蜘蛛并非三对足。所以，蜘蛛不是昆虫。

E. 年逾花甲的老王戴上老花眼镜可以读书看报，不戴则视力模糊。所以，年龄大的人要戴老花眼镜。

【题12】注重对孩子的自然教育，让孩子亲身感受大自然的神奇与美妙，可促进孩子释放天性，激发自身潜能；而缺乏这方面教育的孩子容易变得孤独，道德、情感与认知能力的发展都会受到一定的影响。

以下哪项与以上陈述方式最为类似？
A. 老百姓过去"盼温饱"，现在"盼环保"；过去"求生存"，现在"求生态"。
B. 脱离环境保护搞经济发展是"竭泽而渔"；离开经济发展抓环境保护是"缘木求鱼"。
C. 注重调查研究，可以让我们掌握第一手资料；闭门造车，只能让我们脱离实际。
D. 只说一种语言的人，首次被诊断出患阿尔茨海默症的平均年龄约为 71 岁；说双语的人首次被诊断出患阿尔茨海默症的平均年龄约为 76 岁；说三种语言的人，首次被诊断出患阿尔茨海默症的平均年龄约为 78 岁。
E. 如果孩子完全依赖电子设备来进行学习和生活，将会对环境越来越漠视。

【题 13】小李将自家护栏边的绿地毁坏，种上了黄瓜。小区物业人员发现后，提醒小李：护栏边的绿地是公共绿地，属于小区的所有人。物业为此下发了整改通知书，要求小李限期恢复绿地。小李对此辩称："我难道不是小区的人吗？护栏边的绿地既然属于小区的所有人，当然也属于我。因此，我有权在自己的土地上种黄瓜。"
以下哪项与小李做出结论的方式最为相似？
A. 所有人都要为他的错误行为负责，小梁没有对他的错误行为负责，所以小梁的这次行为没有错误。
B. 所有参展的兰花在这次博览会上被定购一空，李阳花大价钱买了一盆花，由此可见，李阳买的必定是兰花。
C. 没有人能够一天读完大仲马的所有作品，没有人能够一天读完《三个火枪手》，因此，《三个火枪手》是大仲马的作品之一。
D. 所有莫尔碧骑士组成的军队在当时的欧洲是不可战胜的，翼雅王是莫尔碧骑士之一，所以翼雅王在当时的欧洲是不可战胜的。
E. 任何一个人都不可能掌握当今世界的所有知识，地心说不是当今世界的知识，因此，有些人可以掌握地心说。

【题 14】母亲对女儿说："你今天要是进不了前一百，你就进不了重点高中；你进不了重点高中，你就进不了重点大学，你这辈子就完了。"
下列与题干中所犯的逻辑错误最相似的是？
A. 如果你们对学校的午休规则提出修改意见，那么校规将受到很大的质疑，学校从此将失去良好的秩序。
B. 我向你借 100 元，你只借了 50 元给我，还欠 50 元。但既然借了 50 元给我，于是我也欠你 50 元。由于各欠对方 50 元，所以我们扯平了，谁也不欠谁。
C. 一个秃头的男人对理发师说："如果能够让我的头发看起来像你的一样，我就付给你 1000 块钱。""没问题。"理发师一边回答，一边飞快地给自己剃了个光头。
D. 某同学在一次"我还是我"的讲演中，当众把一张崭新的人民币使劲地揉搓了几下后又铺展开，然后说："我就像这张纸币，虽然历尽生活揉搓，但我还是我。"
E. 一个数若能被 3 整除且能被 5 整除，则这个数能被 15 整除，因此，一个数若能被 3 整除但不能被 5 整除，则这个数一定不能被 15 整除。

【题 15】在谈到反恐战争时，小孙说："如果你不支持反恐战争，你就是支持恐怖分子。"
下列选项中与小孙所犯的逻辑错误相似的是？
A. 小王认为吃草药肯定比吃人工制造的药更加有效，因为草药更加"自然"。
B. 小张老师认为学生只有两种，如果不是听话的学生，那就一定是调皮的学生。
C. 小李在被问到成为三好学生的秘诀时，小李回答道："因为学习成绩好，所以我能成为三好学生"，当被问到学习好的秘诀时，小李回答道："因为我是三好学生，所以我学习成绩好。"
D. 小赵对小林说："如果你不能证明外星人不存在，那么外星人就是存在的。"
E. 幼儿园的小钱知道，儿童是祖国的花朵，因此小钱确定，自己一定是祖国的花朵。

精点解析

1. 答案 D

题干信息	"X 不是 Y 的原因"的说法是不对的。因为 X 是 Z 的原因，Z 是 Y 的原因。	
选项	解释	结果
A	"X 是 Y 的原因"的说法是不对的。因为 Z 是 Y 的原因，而¬ X 是 Z 的原因。	淘汰
B	选项不涉及因果关系。	淘汰
C	"X 是 Y 的原因"的说法是对的。因为 X 是 Z 的原因，Z 是 Y 的原因。	淘汰
D	"X 不是 Y 的原因"的说法是不对的。因为 X 是 Z 的原因，Z 是 Y 的原因。	正确
E	选项不涉及因果关系。	淘汰

2. 答案 D

题干信息	题干的错字率=错字总数/总字数。题干第一个原因能解释上升；而第二个原因，出版物大量增加只能带来总字数上升，此时片面地认为分母的大小能够影响分数值的大小，显然忽略了分子"错字总数"的变化。	
选项	解释	结果
Ⅰ	选项的投诉率=投诉乘客数量/乘客总数。第一个原因提高服务质量显然能够降低投诉率，但第二个原因乘客数量锐减，只能带来分母变小，而未必会导致分数值变小，显然忽略了分子"投诉乘客"数量的变化。	类似
Ⅱ	选项心血管病的死亡率=心血管病的死亡人数/所有死亡人数。第一个原因饮食结构和生活方式能导致心血管病的死亡率增加；第二个原因老年人口比例增大也能导致心血管病的死亡率增加，与题干不类似。	不类似
Ⅲ	选项的高考录取率=录取人数/考生总人数。第一个原因狠抓教育质量显然能够提升录取率，但第二个原因，高考总人数增加，只能带来分母变大，而未必会导致分数值变大，显然忽略了分子"录取人数"的变化。	类似

3. 答案 D

题干信息	题干推理形式为：P→Q，因此，¬ Q→¬ P。	
选项	解释	结果
A	选项推理形式为：P→Q，因此，Q→P。与题干推理不一致。	淘汰
B	前半句不涉及假言推理，故与题干推理不一致。	淘汰
C	没有退步≠增长，有可能持平，故无法判断是肯定 P，还是否定 P。	淘汰
D	选项推理形式为：P→Q，因此，¬ Q→¬ P。	正确
E	选项推理形式为：P→Q，因此，Q→P。与题干推理不一致。	淘汰

4. 答案 C

题干信息	题干推理结构为：P∨Q，因为P，所以¬Q。	
选项	解释	结果
A	选项推理结构为：P∨Q，因为¬P，所以Q。与题干推理不一致。	淘汰
B	选项推理结构为：P∨Q，因为¬P，所以Q。与题干推理不一致。	淘汰
C	选项推理结构为：P∨Q，因为P，所以¬Q。与题干推理一致。	正确
D	选项推理结构为：P∨Q，因为¬P，所以Q。与题干推理不一致。	淘汰
E	选项推理结构为：P∨Q，因为¬P，所以Q。与题干推理不一致。	淘汰

5. 答案 E

题干信息	题干推理结构为：P→Q1∧Q2，因为¬P，所以¬Q1∧¬Q2。	
选项	解释	结果
A	选项推理结构为：P→Q1∧Q2，因为Q1∧Q2，所以P。与题干推理不一致。	淘汰
B	选项推理结构为：P→Q1∧Q2，因为¬P，所以¬Q1。与题干推理不一致。	淘汰
C	选项推理结构为：P1∧P2→Q，因为¬Q，所以¬P1∧¬P2。与题干推理不一致。	淘汰
D	选项推理结构为：P→Q1∧Q2，因为¬Q1∧¬Q2，所以¬P。与题干推理不一致。	淘汰
E	选项推理结构为：P→Q1∧Q2，因为¬P，所以¬Q1∧¬Q2。与题干推理一致。	正确

6. 答案 B

题干信息	题干推理形式为：A→B，B→C∧D。因此A→D。	
选项	解释	结果
A	选项推理形式为：A→B，A→C∧D。因此B→D。与题干推理形式不一致。	淘汰
B	选项推理形式为：A→B，B→C∧D。因此A→D。与题干推理形式一致。	正确
C	选项推理形式为：A→B，¬B→C∧D。因此¬A→D。与题干推理形式不一致。	淘汰
D	选项推理形式为：A→B，B→C∨D。因此A→D。与题干推理形式不一致。	淘汰
E	选项推理形式为：A→B∨C∨D。C→D。因此A→E。与题干推理形式不一致。	淘汰

7. 答案 B

题干信息	题干的论证方式为：任意两个独立个体的两个不同性质上存在相关性，在某一个因素上一个比另一个高，因此，在另外一个因素上一个也一定比另一个高。X和Y存在相关性，a和b在X上a比b高，因此，a和b在Y上也是a比b高。题干是不同海拔高度之间比较，属于横向比较。	
选项	解释	结果
A	年龄与成熟的关系只能在一个个体上纵向比较，而不能横向比较。	淘汰

（续）

选项	解释	结果
B	选项与题干的论证方式相同，两个独立个体的两个不同性质，在一个因素上一个比另一个高，因此，在另外一个因素上一个也一定比另一个高，属于横向比较，与题干类似。	正确
C	比较对象的个体只局限于去年和今年，不存在广泛的相关性。	淘汰
D	X 包含两个因素，一个是产品质量，一个是广告投入，论证只涉及一个广告投入。	淘汰
E	论证中的因果关系倒置。	淘汰

8. 答案 B

题干信息	题干推理形式为：A→B∨C，因为 A∧¬B，所以 C。属于推理一致的考点。		
选项	解释		结果
A	题干必要条件是一个选言判断，选项是联言判断，显然不一致。		淘汰
B	选项推理形式为：A→B∨C，因为 A∧¬B，所以 C。与题干一致。		正确
C	题干必要条件是一个选言判断，选项是简单判断，显然不一致。		淘汰
D	题干必要条件是一个选言判断，选项是联言判断，显然不一致。		淘汰
E	当且仅当表示充要条件，题干是必要条件，显然不一致。		淘汰

9. 答案 C

题干信息	题干推理形式为：如果 P，那么 Q，Q，因此 P。属于推理一致的考点。		
选项	解释		结果
A	选项推理形式为：P∨Q，¬P，因此 Q。与题干推理不一致。		淘汰
B	选项推理形式为：如果 P，那么 Q，¬Q，因此¬P。与题干推理不一致。		淘汰
C	选项推理形式为：如果 P，那么 Q，Q，因此 P。与题干推理一致。		正确
D	选项推理形式为：如果 P，那么 Q，P，因此 Q。与题干推理不一致。		淘汰
E	选项推理形式为：如果 P，那么 Q，¬P，因此¬Q。与题干推理不一致。		淘汰

10. 答案 D

题干信息	学生：A 或 B 哪个更重要？ 学长：A 与 B 哪个销得快，哪个就更重要。题干指出：销量与重要性呈现正相关。		
选项	解释		结果
A	选项指出"别人去"和"我们去"呈现负相关，与题干不符。		淘汰
B	选项没有指出"买的人多"与"是否购买"之间的关系。		淘汰
C	选项没有指出"颜色"与"是否购买"之间的关系。		淘汰
D	选项指出"车马的痕迹深"与"选择"二者呈现正相关，与题干论证方式相同。		正确
E	选项只涉及"做练习"，而不涉及"理解教材内容"，也没涉及二者的相关性。		淘汰

11. 答案 B

题干信息	前提差异：是否注射化合物的差异→结果差异：角膜感觉神经是否复合的差异 题干论证方法属于求异法。	
选项	解释	结果
A	选项属于类比法，与题干方法不一致。	淘汰
B	前提差异：光照是否充足的差异→结果差异：绿色植物能否茁壮生长的差异，选项属于求异法，与题干方法一致。	正确
C	选项推理方式为：P∨Q，M 不是 P，因此 M 是 Q。属于排除法，与题干方法不一致。	淘汰
D	选项推理方式为：P→Q，M 不是 Q，因此 M 不是 P。属于假言三段论，与题干方法不一致。	淘汰
E	选项从老王推出一般性结论，属于归纳法，与题干方法不一致。	淘汰

12. 答案 C

题干信息	题干陈述方式为：P→……，非 P→……（题干使用"求同求异并用法"求因果关系）	
选项	解释	结果
A	该项列出对比现象，是并列关系而非因果关系。	淘汰
B	该项陈述方式为：非 P∧Q→……，非 Q∧P→……，与题干不一致。（注：非 P∧Q 与非 Q∧P 二者不矛盾，不是 P 与非 P 的形式）	淘汰
C	该项陈述方式为：P→……，非 P→……，与题干一致。	正确
D	该项采用"共变法"求因果关系。	淘汰
E	该项陈述方式为：P→Q，与题干不一致。	淘汰

13. 答案 D

题干信息	题干小李犯了集合体性质误用的错误，小区的绿地属于小区的"所有人"指的是小区的居民这个集合整体，而前面小李属于小区的人，这句话中的"人"仅仅指的是小李。	
选项	解释	结果
A	选项不涉及"集合体性质误用"，与题干不一致。	淘汰
B	选项推理形式为：P→Q，因为 Q，所以 P。与题干不一致。	淘汰
C	选项不涉及"集合体性质误用"，与题干不一致。	淘汰
D	选项也属于"集合体性质误用"的谬误，前面"莫尔碧骑士组成的军队是不可战胜的"指的是这个军队集合整体不可战胜，指的是集合概念；而后面的"莫尔碧骑士"只是指其中一个人（翼雅王），指的是个体概念。因此与题干的错误是一致的。	正确
E	选项不涉及"集合体性质误用"，与题干不一致。	淘汰

14. 答案 A

题干信息	题干使用一连串的因果推论，却夸大了每个环节的因果强度，而得到不合理的结论。属于"滑坡谬误"。	
选项	解释	结果
A	选项也属于"滑坡谬误"。与题干推理一致。	正确
B	选项犯了"偷换概念"的谬误，第一个"欠50元"指的是还应借给我50元；第二个"欠50元"指的是我应该还你50元。	淘汰
C	选项犯了"偷换概念"的谬误，秃头男人指的像你一样，指的是像理发师一样的发型；而理发师理解的像你一样，指的是像秃头男人一样的发型。	淘汰
D	选项犯了"不当类比"的谬误，纸币揉搓后不影响它的价值，而人被生活揉搓后，跟之前就不完全一样了。	淘汰
E	选项属于形式推理，与题干明显不一致。	淘汰

15. 答案 B

题干信息	除了支持反恐战争和支持恐怖分子，还可能保持中立，故题干犯了"非黑即白"的谬误。	
选项	解释	结果
A	选项犯了"诉诸自然"的谬误。	淘汰
B	除了听话的学生和调皮的学生，还可能存在不听话也不调皮的学生，故选项犯了"非黑即白"的谬误。	正确
C	选项犯了"循环论证"的谬误。	淘汰
D	选项犯了"诉诸无知"的谬误。	淘汰
E	选项犯了"集合体性质误用"的谬误。	淘汰

专项四

真话假话

真话假话题是一种基本的分析推理题目,在每年的考试中属于常见题型。此类试题主要考查考生对真假关系的判定和推理能力,主要命题思路有两个:

题型1:有确定真假个数的真话假话题

题干特点:题干给出若干条件,并告知确定的真假个数,要求考生判定真假后进行推理得出结论。

应对技巧(1):利用判断间的关系判定真假。

此类题目主要考查考生对于形式逻辑中的各个判断间的关系的掌握,解题思路一般为:①符号化题干信息;②判断真假(利用矛盾关系、反对关系、包含关系、等价关系进行判定);③得出事实,进一步推理得出答案。

相关试题:可参考题01~07;不熟练的同学可补充学习《逻辑精点》强化篇第106~110页。

应对技巧(2):灵活代选项。

相关试题:可参考题08;不熟练的同学可补充学习《逻辑精点》强化篇第113页。

应对技巧(3):利用重复的元素判定真假。

找关系无法快速解题时,可优先考虑利用重复最多的元素判定真假,可重点参考"一真模型"和"一假模型"。

相关试题:可参考题09~12;不熟练的同学可补充学习《逻辑精点》强化篇第111~112页。

题型2:没有确定真假个数的真话假话题

题干特点:题干给出若干条件,但未告知确定的真假个数,要求考生判定真假后进行推理得出结论。

应对技巧(4):假设法。从影响真假的要素出发做假设,利用"反证法"和"分情况讨论"的方法得出结果。

相关试题:可参考题13~15;不熟练的同学可补充学习《逻辑精点》强化篇第114~121页。

【题01】在某次财务清查后,四个注册会计师针对辖区内企业的税费申报情况有如下结论:

甲:所有企业的应交税费都没申报。
乙:大通公司的应交税费没申报。
丙:企业的应交税费不都没申报。
丁:有的企业的应交税费没申报。

如果四人中只有一人的话断定属实,则以下哪项是真的?

A. 甲断定属实,大通公司的应交税费没有申报。
B. 丙断定属实,大通公司的应交税费申报了。
C. 丙断定属实,但大通公司的应交税费没有申报。
D. 丁断定属实,大通公司的应交税费申报了。
E. 甲断定属实,大通公司的应交税费申报了。

【题02】甲、乙、丙、丁4人在一起议论本班MBA同学申请哈佛大学交流项目的情况。
甲说："我班有人没有申请哈佛大学交流项目。"
乙说："班长没申请哈佛大学交流项目。"
丙说："除非班长申请哈佛大学交流项目，否则学习委员不申请哈佛大学交流项目。"
丁说："我班所有同学都已申请了哈佛大学交流项目。"
已知4人中只有一人说假话，则可推出以下哪项结论？
A. 甲说假话，学习委员申请了。　　　　B. 乙说假话，班长没申请。
C. 丙说假话，学习委员没申请。　　　　D. 丁说假话，学习委员没申请。
E. 丁说假话，班长申请了。

【题03】某商场失窃。员工甲、乙、丙、丁涉嫌被拘审。
甲说："是丙作的案。"
乙说："我和甲、丁三人中至少有一个作案。"
丙说："我没有作案。"
丁说："我们四人都没作案。"
如果四人中只有一个说真话，则可推出以下哪项结论？
A. 甲说真话，作案的是丙。　　B. 乙说真话，作案的是乙。　　C. 丙说真话，作案的是乙。
D. 丙说真话，作案的是丁。　　E. 丙说真话，作案的是甲。

【题04】关于2021年会计硕士考研的录取情况有三个人做出如下三个预测：
(1) 如果甲被录取，乙就不被录取；
(2) 只要乙不被录取，甲就被录取；
(3) 甲被录取。
已知这三个判断只有一个真，则以下哪项一定为真？
A. 甲乙都被录取。　　　　　　　　　　B. 甲乙都未被录取。
C. 甲被录取，乙未被录取。　　　　　　D. 甲未被录取，乙被录取。
E. 无法判断二者的录取情况。

【题05】第18届国际篮联篮球世界杯即将在中国举办，由于使用的是单场淘汰赛，故此次比赛的排名没有并列的情况出现。关于这次比赛的结果，有几位著名篮球评论员分别作出预测如下：
(1) 如果西班牙队第二，则中国队第一。
(2) 如果美国队第三，则中国队第一。
(3) 中国队是第一，或者美国队是第三。
(4) 阿根廷队不是第四。
比赛结果出来后，几位篮球评论员只有一位预测符合事实，由此可得出以下哪项？
A. 中国队第一。　　　　B. 西班牙队第一。　　　　C. 阿根廷队第二。
D. 阿根廷队第一。　　　E. 美国队第一。

【题06】陈佳、李硕、汪蕾和李华是从小玩儿到大的亲密朋友，她们每次聚会前都要合计下穿什么，已知下次聚会时她们遵循的原则是：
陈佳说：我还不了解李硕嘛，除非我出门戴围巾，李硕才会跟着戴。
李华说：汪蕾不穿大衣，我就不穿大衣。
李硕说：我戴了围巾，陈佳却不会戴。
汪蕾说：我不穿大衣，并且李华不会穿大衣。
已知四人中只有两人说真话，则以下哪项一定为真？
A. 李硕戴围巾。　　　　B. 陈佳不戴围巾。　　　　C. 陈佳戴围巾。
D. 李硕穿大衣。　　　　E. 汪蕾穿大衣。

【题 07】 某次考试结束后，大家围在一起讨论：
(1) 所有人都及格。
(2) 甲不及格或乙不及格。
(3) 甲和乙都不及格。
(4) 有的人及格。
后事实证明，只有一句话为真，则以下哪项一定为真？
A. 甲和乙都及格。　　　　B. 甲和乙都没及格。　　　　C. 甲及格，乙没及格。
D. 甲没及格，乙及格。　　E. 无法判断。

【题 08】 A、B、C 三人从政法大学毕业后，一个当上了律师，一个当上了法官，另一个当上了检察官。但究竟每个人担任什么工作，并不清楚。因此，就有了如下猜测：
甲：A 当了律师，B 当上了法官。
乙：A 当上了法官，C 当上了律师。
丙：A 当上了检察官，B 当上了律师。
后来证实，甲、乙、丙三个的猜测都只是对了一半。
以下哪项是对三人工作的正确描述？
A. A 是法官，B 是律师，C 是检察官。　　B. A 是法官，B 是检察官，C 是律师。
C. A 是律师，B 是检察官，C 是法官。　　D. A 是律师，B 是法官，C 是检察官。
E. A 是检察官，B 是法官，C 是律师。

【题 09】 大华帮黄小厨跑腿买东西，到了超市他开始回忆黄小厨的话：买瓜子或者买花生、买栗子或者买花生、买山楂或者买核桃、买核桃或者买栗子。
已知以上回忆只有一个是正确的，则以下哪项是正确的？
A. 不买瓜子、花生和栗子。　　B. 不买花生、栗子和山楂。　　C. 不买瓜子、核桃和山楂。
D. 不买栗子、核桃和山楂。　　E. 不买花生、栗子和核桃。

【题 10】 "双十一"购物节，小华给小明买零食，他回忆小明对他说的话：买开心果和巴旦木、买松子和碧根果、买碧根果和芒果干、买芒果干和开心果。
已知以上回忆内容只有一个是错误的，则以下哪项可以推出？
A. 一定买开心果、巴旦木、松子。　　B. 一定买巴旦木、松子、碧根果。
C. 一定买松子、碧根果、芒果干。　　D. 一定买碧根果、芒果干、开心果。
E. 一定买芒果干、开心果、巴旦木。

【题 11】 在某次远航探险中，人们慢慢忽略了"星期"的概念。某天，大家突然讨论起来。
甲说：明天是星期三。
乙说：不对，今天是星期三。
丙说：明明后天是星期三。
丁说：今天不是星期日，也不是星期一，更不是星期二。
戊说：反正今天不是六，也不是星期日。
他们赶紧验证了一下，发现刚才只有一个人说对了。
根据上述信息，以下哪项一定是正确的？
A. 今天是星期日。　　B. 今天是星期六。　　C. 今天是星期五。
D. 今天是星期三。　　E. 今天是星期二。

【题 12】 某公司有甲、乙、丙、丁四人，他们分别住在北京的二环、三环、四环、五环。一日，四人在谈论他们各自的地址。
甲说："我和乙都不住在三环，丙住在四环。"
乙说："我住在三环，丙住在四环，丁不住在二环。"
丙说："甲不住在三环，我住在五环，丁住在二环。"
丁说："我和丙都不住在二环，甲住在五环。"

假定他们每个人都说了两句真话,一句假话,则以下说法哪项是正确的?
　　A. 甲和乙都不住在三环。　　　　　　B. 甲住在五环,乙住在三环,丙住在四环。
　　C. 丙和丁都不住在二环。　　　　　　D. 甲和乙住在三环,丙住在四环。
　　E. 由题干条件无法判断四人的地址。

【题 13】某健身房大厅门口贴着一张通知:欢迎来到健身房!只要你愿意,并且通过推理出的一张申请表,就可以获得一周的免费体验资格!走进大厅看到左右各有一个箱子,左边的箱子上写着一句话:"申请表不在此箱中。"右边的箱子上也写着一句话:"这两句话中只有一句话是真的。"
　　假设介入此活动的人都具有正常的思维水平,则可以推出以下哪项是真的?
　　A. 申请表在左边的箱子里。　　B. 申请表在右边的箱子里。　　C. 左边箱子上的话是真的。
　　D. 右边箱子上的话是真的。　　E. 这两句话都是假的。

【题 14】有一个人在一个森林里迷路了,他想看一下时间,可是又发现自己没带表。恰好他看到前面有两个小女孩在玩耍,于是他决定过去打听一下。不幸的是这两个小女孩有一个毛病,姐姐上午说真话,下午就说假话,而妹妹与姐姐恰好相反。但他还是走近去问她们:"你们谁是姐姐?"胖的说:"我是姐姐。"瘦的也说:"我是姐姐。"他又问:"现在是什么时候?"胖的说:"上午。""不对,"瘦的说,"应该是下午。"
　　根据以上信息,能推出下面哪项?
　　A. 此时是下午,胖的是姐姐。　　　　B. 此时是下午,胖的是妹妹。
　　C. 此时是下午,瘦的是姐姐。　　　　D. 此时是上午,瘦的是妹妹。
　　E. 此时是上午,瘦的是姐姐。

【题 15】甲、乙、丙、丁、戊五个人只有两种身份,要么是足球队员,要么是篮球队员。虽然他们知道自己的职业,但是别人却并不了解,在一次聚会活动中,他们就自己的职业出了一个谜题:
　　甲对乙说:你是足球队员。
　　乙对丙说:你和丁都是足球队员。
　　丙对丁说:你和乙都是篮球队员。
　　丁对戊说:你和乙都是足球队员。
　　戊对甲说:你和丙都不是足球队员。
　　如果规定对同队的人(即足球对足球,篮球对篮球)说真话,对异队的人说假话,那么足球队员是哪几个?
　　A. 甲、乙、丙。　　　　B. 甲、乙、丁。　　　　C. 丙、丁、戊。
　　D. 甲、丙、戊。　　　　E. 甲、丙、丁。

●●●●●● **精点解析** ●●●●●●

1. 答案 B

解题步骤	
第一步	真假情况:四个判断中一个为真,三个为假。
第二步	判断真假: Ⅰ.标准化题干信息: 　①甲:所有企业都没申报。 　②乙:大通公司没申报。 　③丙:有的企业申报。 　④丁:有的企业没申报。 Ⅱ.找关系:①和③为矛盾关系,必一真一假。 Ⅲ.做减法:一真三假减去一真一假,剩下两个判断都为假。

042

(续)

	解题步骤
第三步	推出事实： 由②假可知：大通公司申报。 由④假可知：所有企业都申报。 根据只有一真可知③丙为真，大通公司申报，故①假。
结　果	根据只有一真可知③丙为真，甲、乙、丁断定为假。 得出结论：所有企业都申报。因此，③丙为真，大通公司申报。答案为B。

2. 答案 D

	解题步骤
第一步	真假情况：四个判断中一个为假，三个为真。
第二步	判断真假： Ⅰ．标准化题干信息： 　①甲：有人没申请。 　②乙：班长没申请。 　③丙：班长申请∨学委没申请（注意：要将假言判断转换为选言判断）。 　④丁：所有人都申请。 Ⅱ．找关系：①和④属于矛盾关系，必一真一假。 Ⅲ．做减法：三真一假减去一真一假，剩下两个判断都为真。
第三步	推出事实： 由②真可得：班长没申请。 由②真③真可得：学委没申请。 根据只有一假可知④丁为假，甲、乙、丙断定为真。
结　果	得出结论：④丁为假话，班长没申请∧学委没申请。答案为D。

3. 答案 A

	解题步骤
第一步	①甲说："是丙作的案。" ②乙说："我和甲、丁三人中至少有一个作案。" ③丙说："丙没有作案。" ④丁说："我们四人都没作案。" ⑤四人中只有一个说真话。
第二步	找关系，①③为矛盾关系，必一真一假，四人中只有一个说真话，所以可以推出②④都为假。 ②为假可以推出⑥甲、乙、丁都没有作案； ④为假可以推出⑦四人中有人作案； 结合⑥⑦可得丙作案，说真话的是甲。答案为A。

4. 答案 B

题干信息	①甲被录取→乙没被录取。 ②乙不被录取→甲被录取。 ③甲被录取。 ④三句话一真两假。
第一步	观察本题属于有确定真假个数的题型，题干为形式逻辑的语言表达，故可利用判断间的关系进行快速解题。
第二步	①等价于甲没被录取∨乙没被录取（可看做¬P∨Q），与③甲被录取（可看做P）恰好构成至少一真的关系，由于题干三句话共一真两假，因此唯一的真话只可能在①和③之间，故可知②为假话。
第三步	由②假可知，甲和乙都没有被录取，观察选项，可知答案选B。

5. 答案 E

	解题步骤
第一步	①西班牙队第二→中国队第一（=西班牙队不是第二∨中国队第一） ②美国队第三→中国队第一（=美国队不是第三∨中国队第一） ③中国队是第一∨美国队是第三 ④阿根廷队不是第四 ⑤几位篮球评论员只有一位预测符合事实
第二步	找关系：②和③是至少一真的反对关系，唯一的真话在②③当中，所以①④一定为假。①为假可知西班牙队第二且中国队不是第一；④为假可知阿根廷队第四。那么中国队只能第三，美国队第一。因此答案选E。

6. 答案 E

题干信息	①李硕戴围巾→陈佳戴围巾 ②汪蕾不穿大衣→李华不穿大衣=汪蕾穿大衣∨李华不穿大衣 ③李硕戴围巾∧陈佳不会戴围巾 ④汪蕾不穿大衣∧李华不穿大衣 ⑤题干四句话两真两假
	解题步骤
第一步	本题有确定的真假个数，可利用判断间的关系判断真假，观察发现①和③是矛盾关系，必然一真一假，但谁真谁假不知。
第二步	根据⑤可知，②和④应该是一真一假的关系，但由于④为真时，则②也一定为真，所以④"汪蕾不穿大衣∧李华不穿大衣"一定为假，②"汪蕾穿大衣∨李华不穿大衣"一定为真。
第三步	对于②相容选言判断来说，共有三种情况，分别为：汪蕾不穿大衣∧李华不穿大衣、汪蕾穿大衣∧李华穿大衣、汪蕾穿大衣∧李华不穿大衣三种情况。信息④为假，即刚列举的第一种情况为假，那么由后两种情况可得：汪蕾一定穿了大衣。 考生可熟记结论："P且Q"和"非P或Q"一真一假可推出"非P"一定为真。
结 果	故答案为E。

7. 答案 A

题干信息	①所有的人都及格 ②甲不及格∨乙不及格 ③甲不及格∧乙不及格 ④有的人及格
解题步骤	
第一步	①和④属于包含关系，①为真，则④为真，由于题干信息只有一真，因此①为假，可得有人不及格为真；②和③属于包含关系，③为真，则②为真，由于题干信息只有一真，因此③为假，可得"甲及格∨乙及格"为真。
第二步	由于甲和乙至少有一个及格，因此可得④为真，②为假，可得"甲及格∧乙及格"为真，因此答案选 A。

8. 答案 E

题干信息	①三人猜测： 　甲：A 当了律师，B 当了法官。 　乙：A 当了法官，C 当了律师。 　丙：A 当了检察官，B 当了律师。 ②甲、乙、丙三人的猜测都是只对了一半，即六个判断中三真三假。
解题步骤	
第一步	观察发现选项信息充分，首选方法是代入选项排除的方法。
第二步	假设 A 选项正确，此时甲的两句话都为假，排除； 假设 B 选项正确，此时甲的两句话都为假，排除； 假设 C 选项正确，此时乙的两句话都为假，排除； 假设 D 选项正确，此时甲的两句话都为真，排除； 假设 E 选项正确，和题干没有矛盾，故答案为 E。

9. 答案 E

解题步骤	
第一步	整理题干信息： ①买瓜子∨买花生 ②买栗子∨买花生 ③买山楂∨买核桃 ④买核桃∨买栗子 只有一个回忆是正确的。
第二步	由题干信息只有一句为真，先观察①和②，从重复的"买花生"入手，若买花生，则①和②都是真的，不满足只有一个为真，矛盾，故一定不买花生。
第三步	同理可得，不买栗子和不买核桃也一定为真。故答案选 E。
提示	①A∨B、②B∨C、③C∨D 三个判定只有一真时，可得¬B∧¬C 为真，这是一真模型的基本原理，考生熟练运用可快速解题。

10. 答案 D

	解题步骤
第一步	整理题干信息：①买开心果∧买巴旦木；②买松子∧买碧根果；③买碧根果∧买芒果干；④买芒果干∧买开心果。 只有一个回忆是错误的。
第二步	由题干信息只有一句为假，先观察①和④，从重复的"买开心果"入手，若不购买开心果，则①和④都是假的，不满足只有一个为假，矛盾，故一定要买开心果。
第三步	同理可得，买碧根果和买芒果干也一定为真。故答案选 D。
提　示	①A∧B、②B∧C、③C∧D 三个判定只有一假时，可得 B∧C 为真，这是一假模型的基本原理，考生熟练运用可快速解题。

11. 答案 B

	解题步骤
第一步	真假情况：五个判断中四个为假，一个为真。
第二步	标准化题干信息：①甲：明天星期三（今天星期二）；②乙：今天星期三；③丙：后天星期三（今天星期一）；④丁：今天不是星期日∧不是星期一∧不是星期二（今天星期三∨星期四∨星期五∨星期六）；⑤戊：今天不是星期六∧不是星期日（今天星期一∨星期二∨星期三∨星期四∨星期五）。
第三步	题干信息④和⑤均属于选言判断，有一个肢判断为真就为真，因此可快速寻找重复的项进行排除，比如：结合①和⑤可得，今天不能是星期二（如果今天是星期二，那么两句话都是真的）。
第四步	结合上述推理，可得：今天不是星期一、不是星期二、不是星期三、不是星期四、不是星期五，故今天是星期六。答案选 B。

12. 答案 B

题干 信息	①甲、乙、丙、丁四人，他们分别住在北京的二环、三环、四环、五环。 ②甲：甲不住在三环，乙不住在三环，丙住在四环。 ③乙：乙住在三环，丙住在四环，丁不住在二环。 ④丙：甲不住在三环，丙住在五环，丁住在二环。 ⑤丁：丁不住在二环，丙不住在二环，甲住在五环。 ⑥他们每个人都说了两句真话，一句假话。
第一步	比对条件②③可知，"乙不住在三环"和"乙住在三环"必定一真一假，由于条件⑥每人都是两真一假，那么②③都涉及的"丙住在四环"为真。
第二步	因为"丙住在四环"，所以根据条件④可知"丁住在二环"为真，将该结果代入③可知"乙住在三环"，代入⑤可知"甲住在五环"。比对选项可知，正确答案为 B。

13. 答案 A

	解题步骤
第一步	真假情况：题干没有给出两句话几真几假的规定，则存在四种情况：第一句话为真，第二句话为假；第一句话为假，第二句话为真；两句话同真；两句话同假。（本题更应该关注右边箱子上的话，因为这句话实质上是一个不相容选言命题：要么左边为真，要么右边为真。它的内容覆盖到了两个箱子上的话，针对它进行假设，便于后续的推理。）

（续）

	解题步骤
第二步	做假设：假设右边的话为真，则根据其内容"只有一句话是真的"，得知左边箱子上写的话是假的，所以申请表在左边箱子里。
第三步	是否还要假设右边的话为假？扫一眼选项，看到 E 选项的表述，保险起见，必须要考虑到这句话为假的情况。况且此时还有 D 选项没有排除。假设"只有一句话为真"这句话是假的，从内容上看，这意味着两种情况： ①两句话都是真的——与本次假设矛盾，因为已经假设这句话是假的了； ②两句话都是假的——与本次假设不矛盾，则左边箱子上写的话为假，申请表在左边箱子里。
结　果	综合两次假设，答案选 A。

14. 答案 D

	解题步骤
第一步	情景设置：两种人，姐姐上午说真话，下午就说假话；妹妹与姐姐相反。由此可知，本题没有确定的真假个数，而影响真假的要素就是"上午""下午"。故可沿着这个思路进行假设。
第二步	结合题干的场景可得出如下结论： | 时间	上午	下午
---	---	---
姐姐回答	我是姐姐（说真话）	我是妹妹（说假话）
妹妹回答	我是姐姐（说假话）	我是妹妹（说真话）	
第三步	观察表格可得：此时只能是上午，才能使两个人都回答"我是姐姐"。由胖的说是上午，可知她说的是真话，因此胖的是姐姐，瘦的是妹妹，因此答案为 D。

15. 答案 B

	解题步骤
第一步	真假情况：对同队的人说真话，对异队的人说假话。 Ⅰ．标准化题干信息：①甲：乙是足球队员；②乙：丙和丁是足球队员；③丙：乙和丁是篮球队员；④丁：戊和乙是足球队员；⑤戊：甲和丙都不是篮球队员。 Ⅱ．选取假设对象：每个人只有两种身份，可假设：①甲是足球队员；②甲是篮球队员。
第二步	假设甲是篮球队员：甲不可能对乙说乙是足球队员（考生注意题干：同队的人说真话，异队的人说假话，假设乙是篮球队员，甲会说乙是篮球队员；假设乙是足球队员，甲也会说乙是篮球队员），因此，甲是篮球队员不成立，甲只能是足球队员。
第三步	甲是足球队员，从对甲说话的人"戊"出发，由于戊说甲不是篮球队员，可知戊对甲说了假话，因此戊是篮球队员； 丁对戊说假话，因此丁与戊不同队，丁是足球队员； 丙对丁说假话，因此丙与丁不同队，丙是篮球队员； 乙对丙说假话，因此乙与丙不同队，乙是足球队员。
结　果	甲、乙、丁是足球队员；丙、戊是篮球队员。答案为 B。
提　示	由于对同队人说真话，对异队人说假话，因此，每人对所有人都会说是本队的。比如，甲是足球队员时，若乙是足球队员，则甲会对乙说你是足球队员；若乙是篮球队员，则甲会对乙说你是足球队员；由此可快速得出甲、乙、丁是足球队员；丙和戊是篮球队员。

专项五

对应题

应试技巧点拨

对应题，也叫元素匹配题，是分析推理中最重要的题型，需要考生将复杂的元素进行分类，并根据给出的条件进行匹配，最后通过推理或排除得出确定的对应关系。考试时主要考查三类题型：

题型 1：二维对应题

题干特点：题干给出两类事物的若干条件，要求考生求解出最终的对应关系，这是近几年考试的重点。

解题技巧：

（1）从确定的信息出发，灵活将不确定的信息转化为确定信息（首选）。

（2）从重复出现的元素和相同的话题出发，搭桥得出新的确定信息（次选）。

（3）灵活运用假言判断条件（优先从肯定 P 和否定 Q 的条件入手）。

（4）代选项排除法（选项信息充分，正向推理困难，问题求"可能真"，二者满足至少其一时可优先考虑）。

相关试题：可参考练习一的题 01~11，不熟练的同学可补充学习《逻辑精点》强化篇第 121~131 页。

题型 2：多维对应题

题干特点：题干要求解出三类及以上的事物对应，此类问题考试考查较少，考生适当训练即可。

解题技巧：

（1）将每一维度放到一列，列表进行排除（基本方法）。

（2）对重复出现的信息和相同的话题进行搭桥（解题突破口）。

相关试题：可参考练习一的题 12~15，不熟练的同学可补充学习《逻辑精点》强化篇第 132~133 页。

题型 3：综合对应题

综合对应题主要是指其他题型与对应相结合的综合推理题，是近几年考试的难点所在。

解题思想：

（1）位置关系+对应结合（先考虑位置关系）。

（2）真话假话+对应结合（先考虑真假关系）。

（3）排序+对应结合（先从排序条件入手）。

（4）分组+对应结合（先从分组情况入手）。

相关试题：可参考练习二的题 01~15，不熟练的同学可补充学习《逻辑精点》强化篇第 121~133 页。

练习一

【题01】某宿舍住着四个研究生,分别是四川人、安徽人、河北人和北京人。他们分别在中文、国政和法律三个系就学。其中:

(1) 北京籍研究生单独在国政系。
(2) 河北籍研究生不在中文系。
(3) 四川籍研究生和另外某个研究生同在一个系。
(4) 安徽籍研究生不和四川籍研究生同在一个系。

以上条件可以推出四川籍研究生所在的系为哪个系?

A. 中文系 　　　　　　 B. 国政系 　　　　　　 C. 法律系
D. 中文系或国政系 　　 E. 无法确定

【题02】某地举办了一次"我所喜欢的导演、演员"评选活动,评委要在得票最多的四位当选人中确定两对导演、演员分别获得金奖和银奖,每个人都只能获得其中一个奖项。这四位当选人中,一位是上海的女演员,一位是北京的男演员,一位是重庆的女导演,一位是大连的男导演。不论在金奖还是在银奖中,评委都不希望出现男演员和女导演配对的情况。

以下哪项是评委所不希望出现的结果?

A. 获金奖的一对中,一位是北京演员;获银奖的一对中,一位是女导演。
B. 获金奖的一对中,一位是上海演员;获银奖的一对中,一位是女导演。
C. 获金奖的一对中,一位是男导演;获银奖的一对中,一位是女演员。
D. 获银奖的一对中,一位是男演员,另一位是大连导演。
E. 获金奖的一对中,一位是上海演员,另一位是重庆导演。

【题03】甲、乙、丙、丁、戊5个人是好朋友,如今长大成人,他们分别当上了水果店老板、理发店老板、蔬菜店老板、烟酒经销商和公司职员(人和职业顺序不一定),如果知道以下条件:

(1) 水果店老板不是丙,也不是丁。
(2) 烟酒经销商不是丁,也不是甲。
(3) 丙和戊住在同一栋公寓,隔壁是公司职员的家。
(4) 丙娶理发店老板的女儿时,乙是他们的伴娘。
(5) 甲和丙有空时,就和蔬菜店老板、水果店老板打牌。
(6) 每隔几天,丁和戊一定要到理发店让老板帮忙修脸。
(7) 公司职员从来不到理发店去。

根据上述陈述,以下各项关于五个人的职业描述正确的是?

A. 甲是公司职员。 　　 B. 乙是水果店老板。 　　 C. 丙是蔬菜店老板。
D. 丁是烟酒经销商。 　 E. 戊是水果店老板。

【题04】联合国召开国际会议,4位代表围桌而坐,侃侃而谈。他们用了中、英、法、德4种语言。现在已知:(1) 甲、乙、丙各会两种语言,丁只会一种语言。(2) 有一种语言4人中有3人都会。(3) 甲会德语,丁不会德语,乙不会英语。(4) 甲与丙、丙与丁不能直接交谈,乙与丙可以直接交谈。(5) 没有人既会德语,又会法语。

根据以上信息可以得出以下哪项结论?

A. 甲会说中文和德语,乙会说法语和德语。
B. 丙会说法语和英语,丁会说德语。
C. 甲会说中文和德语,丙会说法语和中文。
D. 乙会说法语和中文,丁会说中文。
E. 甲会说中文和英语,丁会说英语。

【题05】炅炅、磊磊和华华三个同学共报名六门注册会计师考试课程：会计、税法、经济法、财务管理、审计、公司战略。每人报名两门，且三人报的科目不相同。他们的情况如下：
(1) 报名经济法的同学和报名税法的同学是室友。
(2) 华华最年轻。
(3) 炅炅经常和报名财务管理的同学与报名税法的同学交流学习心得。
(4) 报名财务管理的同学的年纪比报名会计的同学年纪大。
(5) 华华、报名审计的同学和报名会计的同学经常一起下自习去吃晚饭。
根据以上条件，请判断以下哪项是正确的？
A. 炅炅报名会计和审计。　　　　　　B. 华华报名经济法和财务管理。
C. 磊磊报名战略和经济法。　　　　　D. 华华报名税法和战略。
E. 炅炅报名经济法和审计。

【题06】张丽、黄宏和邓凯是同事，由于工作压力不小，也从一定程度上损害了他们的身体健康。他们都在倡导经常慢跑一小时，但是一星期总有那么几天他们没有时间去跑步。
(1) 张丽在周二、周四和周日要陪孩子度过亲子时间，没有时间慢跑。
(2) 没有一个人会选择连续三天慢跑。
(3) 任何两个人在一星期内同一天不慢跑的情况不超过一次。
(4) 一星期中，只有一天出现三个人同时去慢跑的情况。
(5) 黄宏周四和周六有固定聚会，没时间锻炼。
(6) 邓凯周日会在家躺一天。
请问张丽、黄宏和邓凯会在哪一天同时选择慢跑一小时？
A. 周一　　　B. 周二　　　C. 周三　　　D. 周四　　　E. 周五

【题07】每个国家都有自己的国花，代表着独特的民族精神，已知石榴、扶桑、丁香、莲花、香石竹五种花卉，是埃及、利比亚、坦桑尼亚、苏丹、摩洛哥的国花，且有以下条件：
(1) 只有苏丹的国花不是扶桑，摩洛哥的国花才不是香石竹。
(2) 苏丹的国花是丁香和扶桑之一。
(3) 如果利比亚的国花是石榴，那么摩洛哥的国花是莲花，或者苏丹的国花不是丁香。
(4) 如果利比亚的国花不是石榴，或者埃及的国花不是莲花，那么苏丹的国花是香石竹。
根据以上信息，哪句诗对应的是坦桑尼亚的国花？
A. 殷勤解却丁香结，纵放繁枝散诞香。
B. 仰观眩晃目生晕，但见晓色开扶桑。
C. 庭中忽见安石榴，叹息花中有真色。
D. 红白莲花开共塘，两般颜色一般香。
E. 宝髻慵簪石竹花，温泉分得洗铅华。

08～09题基于以下题干：
5位运动员甲、乙、丙、丁、戊为了准备全运会，打算分别参加黑龙江、浙江、广东、福建、江苏等地举办的热身赛（顺序不定），每位运动员只去一个省份并且每个省份的热身赛只有一个人参加。已知：
(1) 如果甲去黑龙江参加比赛，乙就去江苏参加比赛。
(2) 只有丙去福建参加比赛，丁才去广东参加比赛。
(3) 或者乙去江苏参加比赛，或者戊去福建参加比赛。
(4) 去江苏比赛的运动员临行前曾与乙、丁话别。

【题08】根据以上信息，可以得出以下哪项？
A. 甲不去江苏。　　　　B. 乙不去浙江。　　　　C. 丙不去黑龙江。
D. 丁不去广东。　　　　E. 戊不去福建。

【题09】如果丙去浙江，则可以得出以下哪项？
  A. 戊去黑龙江。　　　　B. 乙去福建。　　　　C. 丁去江苏。
  D. 戊去广东。　　　　　E. 甲去江苏。

10~11题基于以下题干：

高考结束后，同一个学校的赵、钱、孙、李、周准备填报志愿，可选的学校有东南大学、湖南大学、河海大学、吉林大学和西北大学，已知：
（1）每所学校都只有三人申报。
（2）赵和钱申报的学校均不相同。
（3）若钱或孙至少一人申报了吉林大学，则钱和孙均申报了东南大学。
（4）若李申报了吉林大学，则孙、李和周3人均申报了西北大学。
（5）若赵、钱和孙3人中至少有2人申报了东南大学，则他们都申报了湖南大学。

【题10】根据上述信息，可以得出哪项？
  A. 赵没有申报西北大学。　　　B. 钱没有申报湖南大学。　　　C. 孙没有申报东南大学。
  D. 李没有申报吉林大学。　　　E. 周没有申报河海大学。

【题11】若某个人申报所有学校的情况是不存在的，则可以得出以下哪项？
  A. 赵申报了河海大学。　　　　B. 钱申报了东南大学。　　　C. 孙申报了湖南大学。
  D. 李申报了河海大学。　　　　E. 周申报了湖南大学。

【题12】3位在高街区不同商店工作的女店员都需要穿工作服上班，并且已知以下信息：
（1）张在半岛商店工作，它不是一家面包店。
（2）王每天都穿黄色的工作服上班。
（3）小货郎商店的女店员都穿蓝色的工作服。
（4）李在一家药店工作。
女店员：张、王、李。
商店类型：面包店、药店、零售店。
商店名称：半岛商店、家家乐商店、小货郎商店。
工作服颜色：蓝色、粉色、黄色。
以下关于每个店员所在的商店名称、商店的类型以及她们工作服的颜色的说法完全正确的一项是？
  A. 张的工作服颜色是蓝色并且所在商店类型是零售商店。
  B. 王所在商店的名称是家家乐并且工作服颜色是黄色。
  C. 李所在商店不是小货郎。
  D. 王所在商店不是面包店。
  E. 张工作服的颜色是粉色并且所在商店是面包店。

【题13】清北大学研究生宿舍的三名学生甲、乙、丙，他们分别来自北京、天津、河北。同时他们三个学的专业也不同，分别是企业管理、行政管理和公共管理。已知：
（1）甲不是学企业管理的，乙不是学公共管理的，丙不是学行政管理的。
（2）学企业管理的不来自天津，学公共管理的不来自北京。
（3）乙不来自河北，丙不来自北京。
（4）学行政管理的学生经常同来自河北的学生还有学企业管理的同学一起吃饭。
根据上述信息，可以得出以下哪项？
  A. 企业管理的学生是乙，来自天津。　　　B. 行政管理的学生是甲，来自天津。
  C. 公共管理的学生不是丙，丙来自河北。　　D. 行政管理的学生是乙，来自北京。
  E. 公共管理的学生是甲，来自天津。

14~15题基于以下题干：

某高校会计学院与金融学院进行篮球一对一对抗赛，会计学院派出队员是甲、乙、丙、丁，金融学院派出队员是赵、钱、孙、李。四对选手在相邻的4个篮球场地（从左至右编号1、2、3、4）同时开始对抗赛。每对选手比赛三场，赢一场积3分，平一场积1分，输一场积0分，然后根据四对选手积分总和比较学院胜负。比赛结束后，四对选手的积分情况为：9∶0、7∶1、6∶3、3∶3。已知：

(1) 1号场地至少有一局平局，4号场地比分不是6∶3。
(2) 孙总积分不低于其对手，也未与对手打过平局。
(3) 李三场都输，赵在总分上领先其对手。
(4) 乙的对手是钱，丁在4号场地，丙的比赛场地在李的右边。

【题14】根据上述信息，8个选手获得积分最高的是？
A. 甲。　　　B. 赵。　　　C. 孙。　　　D. 乙。　　　E. 丁。

【题15】根据上述信息以下选项一定正确的是？
A. 与孙比赛的选手是丁。
B. 丙最终获得6个积分。
C. 会计学院与金融学院最终收获的是平局。
D. 乙与钱的积分比为3∶6。
E. 与甲比赛的选手是钱。

精点解析

1. 答案 C

	解题步骤
第一步	明确维度和组度。 2个维度：所在院系及籍贯。 确定组度时一定要注意：4个人在3个系说明这不是严谨的一一对应，即会出现一对多的情况。
第二步	画出对应表格，将题干信息转移到表格中。 | | 四川人 | 安徽人 | 河北人 | 北京人 | |---|---|---|---|---| | 中文 | | | × | | | 国政 | × | × | × | √ | | 法律 | | | | | 观察可知河北人一定在法律系。
第三步	条件（3）（4）结合可得四川籍研究生和河北籍研究生在同一个系，即在法律系。中文系必须有研究生，故信息如下图： | | 四川人 | 安徽人 | 河北人 | 北京人 | |---|---|---|---|---| | 中文 | × | √ | × | × | | | 四川人 | 安徽人 | 河北人 | 北京人 | |---|---|---|---|---| | 国政 | × | × | × | √ | | 法律 | √ | × | √ | × | 对比选项，答案选 C。

2. 答案 B

题干信息	评委不想看到男演员女导演搭配得奖的组合。 选项信息一大片，可优先考虑从选项代入排除。

(续)

选项	解释	结果
A	获金奖的是北京演员，根据题干可知是男演员，则银奖肯定是女演员，又因为银奖是女导演，女导演和女演员，不是评委不希望出现的组合。	淘汰
B	获金奖的是上海女演员，那么获银奖的是男演员，获银奖的又是一位女导演，所以是评委不希望出现的结果，为正确答案。	正确
C	获金奖的是男演员，那么获银奖的是女导演，又因为获银奖的是女演员，女导演配女演员不是评委不希望看到的。	淘汰
D	由于大连导演是男导演，所以获银奖的是男导演和男演员，不是评委不希望看到的。	淘汰
E	上海女演员和重庆女导演获金奖，不是评委不想看到的组合。	淘汰

3. 答案 E

	解题步骤
第一步	整理题干信息并进行合理转换： ①水果店老板不是丙，也不是丁。 ②烟酒经销商不是丁，也不是甲。 ③丙和戊住在同一栋公寓，隔壁是公司职员的家（丙和戊不是公司职员）。 ④丙娶理发店老板的女儿时，乙是他们的伴娘（乙和丙不是理发店老板）。 ⑤甲和丙有空时，就和蔬菜店老板、水果店老板打牌（甲和丙不是蔬菜店老板，也不是水果店老板）。 ⑥每隔几天，丁和戊一定要到理发店让老板帮忙修脸（丁和戊不是理发店老板）。 ⑦公司职员从来不到理发店去（结合⑥，可知丁和戊不是公司职员）。
第二步	两类事物对应的题目，可优先考虑列表快速解题。将题干信息列表如下： |	甲	乙	丙	丁	戊
---	---	---	---	---	---
水果店老板	×⑤	×	×①	×①	√
烟酒经销商	×②	×	√	×②	×
公司职员	×	√	×③	×⑦	×③
蔬菜店老板	×⑤	×	×⑤	√	×
理发店老板	√	×④	×④	×⑥	×⑥	 （考生注意，上述表格中的数字表示此处用的是第几个条件）
第三步	观察可知答案选 E。

4. 答案 D

	解题步骤
第一步	观察本题属于二维对应的题目，因此可优先考虑列表的解法。 |	甲(2种)	乙(2种)	丙(2种)	丁(1种)
---	---	---	---	---
中文				
英语		×(3)		
法语	×(5)			
德语	√(3)			×(3)	

053

(续)

	解题步骤
第二步	结合条件(2)和(4)，观察上表可得，有一种三人都会的语言不是德语，此时甲和丙能直接交谈；也不是法语和英语，此时丙和丁能直接交谈，因此可得三人都会的语言是中文。又由于甲丙、丙丁不能交谈，故可得会中文的只能是甲、乙、丁。 |	甲(2种)	乙(2种)	丙(2种)	丁(1种) | |---|---|---|---|---| | 中文 | √ | √ | × | √ | | 英语 | | ×(3) | | | | 法语 | ×(5) | | | | | 德语 | √(3) | | | ×(3) |
第三步	再结合题干信息可补齐表格如下： | | 甲(2种) | 乙(2种) | 丙(2种) | 丁(1种) | |---|---|---|---|---| | 中文 | √ | √ | × | √ | | 英语 | × | ×(3) | √ | × | | 法语 | ×(5) | √(4) | √(4) | × | | 德语 | √(3) | × | × | ×(3) | 因此可得答案选 D。

5. 答案 D

题干信息	整理题干信息： ①报名税法和经济法的不是同一人； ②报名财管和税法的不是同一人，炅炅没有报名财管和税法； ③报名财管和会计的不是同一人，报名财管的同学年纪>报名会计的同学； ④报名审计和会计的不是同一人，华华没有报名审计和会计； ⑤华华年纪最小，所以华华没有报名财管。
第一步	根据②可知炅炅不报财管，不报税法。 根据④和⑤可知华华不报财管，不报审计，不报会计。 因此报名财管的是磊磊。根据②可知磊磊不报税法，报税法的是华华，根据③可知磊磊不报会计，报会计的是炅炅。 | | 会计 | 税法 | 经济法 | 财管 | 审计 | 战略 | |---|---|---|---|---|---|---| | 炅炅 | √ | × | | × | | | | 磊磊 | × | × | | √ | | | | 华华 | × | √ | | × | × | |
第二步	根据④可知报名会计、审计不是同一人，所以炅炅不报审计，报审计的是磊磊。 根据①可知华华不报经济法，因此必然报名战略管理，炅炅报经济法。 答案选 D。 | | 会计 | 税法 | 经济法 | 财管 | 审计 | 战略 | |---|---|---|---|---|---|---| | 炅炅 | √ | × | √ | × | × | × | | 磊磊 | × | × | × | √ | √ | × | | 华华 | × | √ | × | × | × | √ |

6. 答案 E

题干信息	①张丽在周二、周四和周日要陪孩子度过亲子时间,没有时间慢跑。 ②没有一个人会选择连续三天慢跑。 ③任何两个人在一星期内同一天选择不慢跑的情况不超过一次。 ④一星期中,只有一天出现三个人同时去慢跑的情况。 ⑤黄宏周四和周六有固定聚会,没时间锻炼。 ⑥邓凯周日会在家躺一天。

解题步骤

第一步	根据题干信息①⑤⑥,画表格如下:

	周一	周二	周三	周四	周五	周六	周日
张丽		×		×			×
黄宏				×		×	
邓凯							×

第二步	根据信息③可得:

	周一	周二	周三	周四	周五	周六	周日
张丽		×		×		√	×
黄宏	√			×		×	√
邓凯	√		√				×

第三步	根据信息②可得:

	周一	周二	周三	周四	周五	周六	周日
张丽		×		×		√	×
黄宏	×	√		×		×	√
邓凯	√	√	×	√			×

因此,只有周五可能是三个人同时慢跑的时间,答案选 E。
注意:周日、周一、周二也是连续的三天。

7. 答案 A

题干信息	①摩洛哥的国花不是香石竹→苏丹的国花不是扶桑。 ②苏丹的国花是丁香∨苏丹的国花是扶桑。 ③利比亚的国花是石榴→摩洛哥的国花是莲花∨苏丹的国花不是丁香。 ④利比亚的国花不是石榴∨埃及的国花不是莲花→苏丹的国花是香石竹。 ⑤独特的民族精神,意味着每个国家的国花只有一种,每一种花也只对应一个国家。

解题步骤

第一步	观察题干,本题属于没有确定信息的假言判断综合推理题,故此时优先考虑从重复最多的元素"苏丹"入手,同时结合假言推理规则,构建"肯定P推出肯定Q,否定Q推出否定P"的模型,此时结合题干条件发现,只能优先考虑①和④的Q位。
第二步	由于条件②只给出了两种可能,也就是苏丹的国花一定不是香石竹,由此结合④可知:利比亚的国花是石榴∧埃及的国花是莲花(确定事实)。将"利比亚的国花是石榴"代入③可得:摩洛哥的国花是莲花∨苏丹的国花不是丁香。由于已知埃及的国花是莲花,根据否定必肯定的原则进一步可知:苏丹的国花不是丁香,结合②可得:苏丹的国花是扶桑(确定事实)。将其代入①可得:摩洛哥的国花是香石竹(确定事实)。
第三步	由上述步骤,结合剩余法思想可知,坦桑尼亚的国花是丁香(确定事实)。故答案选 A。

MBA、MPA、MPAcc、MEM 联考逻辑1000题一点通

8. 答案 D

题干信息	①甲去黑龙江→乙去江苏。 ②丁去广东→丙去福建。 ③乙去江苏∨戊去福建＝乙不去江苏→戊去福建。 ④乙和丁都不去江苏。（确定信息）
解题步骤	
第一步	观察题干，本题属于有确定信息的假言判断综合推理题，将确定信息代入推理即可得出正确答案。
第二步	将条件④代入条件①和条件③，可得甲不去黑龙江、戊去福建；戊去福建，也就是丙不去福建（考生注意，一一对应时，若A对应B，那么A就不对应C），结合②可知丁不去广东。此时观察选项可得，答案选D。

9. 答案 E

题干信息	①甲去黑龙江→乙去江苏。 ②丁去广东→丙去福建。 ③乙去江苏∨戊去福建＝乙不去江苏→戊去福建。 ④乙和丁都不去江苏。（确定信息） ⑤丙去浙江。（确定信息）
解题步骤	
第一步	由于上一题没有额外的附加条件，故上一题的结论可以沿用至这一题，即：甲不去黑龙江、戊去福建、乙不去江苏、丁不去江苏、丁不去广东。
第二步	由条件⑤丙去浙江，结合："丁不去江苏、不去广东、不去福建（戊去福建）"，可知：丁去黑龙江。
第三步	此时观察发现，运动员还剩乙和甲，要去的省份还剩广东和江苏，由于乙不去江苏，可知乙去广东，那么就只剩下甲去江苏。观察选项可知答案选E。

10. 答案 A

题干信息	①每所学校都只有三人申报（每所学校都有3人申报，2人不申报）。 ②赵和钱申报的学校均不相同。 ③钱申报吉林大学∨孙申报吉林大学→钱申报东南大学∧孙申报东南大学。 ④李申报了吉林大学→孙申报西北大学∧李申报西北大学∧周申报西北大学。 ⑤赵、钱和孙3人至少有2人申报东南大学→赵申报湖南大学∧钱申报湖南大学∧孙申报湖南大学。
解题步骤	
第一步	题干条件②为确定信息，可考虑从条件②出发结合⑤进行推理。由②可知，赵和钱申报的学校均不相同，也就是赵和钱不可能同时在湖南大学，代入⑤可得：⑥赵、钱、孙至多有1人申报东南大学。

056

(续)

	解题步骤
第二步	此时出现了重复的信息"钱和孙均申报东南大学",故可将⑥结合③进行推理。由于赵、钱、孙至多有1人申报东南大学,也就是钱和孙不可能都申报东南大学,结合③可得:⑦钱不申报吉林大学∧孙不申报吉林大学。
第三步	此时出现了"吉林大学"的确定信息,故需结合④进行推理。由①可知每所学校都有2人不申报,又由于钱不申报吉林大学∧孙不申报吉林大学,进而可得:赵∧李∧周均申报吉林大学,进而结合④可知:孙申报西北大学∧李申报西北大学∧周申报西北大学,也就是赵和钱都不申报西北大学。观察选项可知答案选A。

11. **答案 C**

	解题步骤
第一步	本题给出了额外的附加条件"没有人申报所有学校",故此时可结合对应关系和剩余思想进行解题。
第二步	由上一题的推理结果可列表如下:(每列对应3√2×) |	东南大学	湖南大学	河海大学	吉林大学	西北大学
---	---	---	---	---	---
赵				√	×
钱				×	×
孙				×	√
李	√			√	√
周	√			√	√	 考生注意,由上一题的⑥赵、钱、孙至多有1人申报东南大学,结合每所学校均有3人申报,故可知李和周一定都申报东南大学。
第三步	分析上述表格结合附加信息"没有人申报所有学校"可知李的这一行至少1×,周的这一行至少1×。结合②赵和钱申报的学校均不相同,即赵和钱不可能同时申报湖南大学,即赵和钱在湖南大学这一列至少1×。同理,此时赵和钱也不可能同时申报河海大学,即赵和钱在河海大学这一列至少1×。湖南大学和河海大学一共是6√4×,现在已经满足4×,因此剩余的孙在湖南大学和河海大学均为√。此时的对应关系如下表: |	东南大学	湖南大学	河海大学	吉林大学	西北大学
---	---	---	---	---	---
赵		至少1×	至少1×	√	×
钱				×	×
孙		√	√	×	√
李	√	至少1×		√	√
周	√	至少1×		√	√	 故答案选C。

12. **答案 B**

	解题步骤
第一步	确定需要对应的维度和组度。4维3组。

(续)

解题步骤	
第二步	画出相应的表格并将题干信息转移到表格中，如下： | 女店员	商店名称	商店类型	工作服颜色
---	---	---	---
张	半岛商店	不是面包店	
王			黄色
	小货郎		蓝色
李		药店		
第三步	寻找突破口解题。 　　观察可以发现最后两行信息可以重叠，即最后两行指的是同一个人。检验：第三行中工作服的颜色是蓝色，不是黄色，就不是王，第三行商店名称是小货郎，就不是半岛商店，所以就不是张，故第三行所指的人是李。 　　确定李店员在小货郎商店，商店类型是药店，工作服颜色是蓝色后，剩下的信息可以快速全部找到，答案为 B。 | 女店员	商店名称	商店类型	工作服颜色
---	---	---	---
张	半岛商店	零售商店	粉色
王	家家乐	面包店	黄色
李	小货郎	药店	蓝色	

13. 答案 B

解题步骤	
第一步	观察题干可知本题属于三维对应，但题干信息前三个均属于"否定"形式，而第四个信息属于"肯定"的信息，而且第四个信息涉及三个对象，故可优先考虑从信息(4)出发。由于每个人只能学一个专业，故可知，来自河北的学生不学行政管理、不学企业管理，因此，来自河北的学生学习公共管理。
第二步	再结合题干信息(2)可得：学企业管理的来自北京；学行政管理的来自天津。
第三步	再结合题干信息(1)，根据重复出现的"行政管理"可得丙不来自天津，再结合丙不来自北京，可知丙来自河北，故可得第一组对应关系：丙—河北—公共管理。
第四步	再结合题干信息(1)，甲不来自北京+学企业管理的来自北京，可得甲不学企业管理，因此可得第二组对应关系：甲—天津—行政管理。最后只剩：乙—北京—企业管理。
结　果	分析选项可得，答案选 B。

14. 答案 A

解题步骤	
第一步	根据条件"李三场都输"，所以可以判断与李对局的队员积分最高。
第二步	根据"丙的比赛场地在李的右边"可得"李不在 4 号场地"，所以丁没有与李对阵，而根据条件 (4) 容易判断乙、丙没有与李对阵，所以与李对阵的是甲，即甲的积分最高。因此，答案选 A。

15. 答案 C

	解题步骤
第一步	三局均为平局的比分是3:3,所以李与对手甲不是这组成员。
第二步	根据条件(2),孙没有和他的对手打成平局,那么比分只能是6:3的这组(李与甲是9:0;7:1的这一组中有平局),再根据条件(1)可判断孙的对手既不在1号场地,也不在4号场地,而丁在4号场地,不能与孙一组,所以孙的对手只能是丙。
第三步	根据条件(4)乙的对手是钱,故丁的对手是赵。而根据条件(3)赵在积分上领先对手,所以赵与丁的比分是7:1,从而比分是3:3的是乙跟钱。 比赛信息整理如下表: | 场号 比分 学院	1号场地	2号场地	3号场地	4号场地
---	---	---	---	---
会计学院	乙(3)	甲(9)	丙(3)	丁(1)
金融学院	钱(3)	李(0)	孙(6)	赵(7)	 最终会计学院获得的总分为:3+9+3+1=16分;金融学院获得的总分为:3+0+6+7=16分。 因此,答案选C。

练习二

【题01】政府要员在一列国际列车的某节车厢内,有甲、乙、丙、丁四名不同国籍的旅客,他们身穿不同颜色的西装,坐在同一张桌子的两对面,其中两人靠边坐。已经知道,他们中有一位身穿蓝色西装的旅客是政府要员,并且又知道:
(1) 英国旅客坐在乙先生的左侧。
(2) 甲先生穿褐色西装。
(3) 穿黑色西装者坐在德国旅客的右侧。
(4) 丁先生的对面坐着美国旅客。
(5) 俄罗斯的旅客身穿灰色西装。
(6) 英国旅客把头转向左边,望着窗外。
请问:谁是穿蓝色西装的政府要员?
A. 甲 B. 乙 C. 丙 D. 丁 E. 无法判断

02~03题基于以下题干:
有甲、乙、丙、丁四个朋友,他们分别是音乐家、科学家、天文学家和逻辑学家。在少年时代,他们曾经在一起对未来做过预测。
当时,甲预测说:我无论如何也成不了科学家。乙预测说:丙将来要做逻辑学家。丙预测说:丁不会成为音乐家。丁预测说:乙成不了天文学家。事实上,只有逻辑学家一个人预测对了。

【题02】谁是逻辑学家?
A. 乙。 B. 丁。 C. 甲。 D. 丙。 E. 不确定。

【题03】以下哪项一定为真?
A. 乙是逻辑学家,丁是音乐家。   B. 甲是逻辑学家,丙是天文学家。
C. 丙是逻辑学家,乙是天文学家。 D. 乙是天文学家,丁是音乐家。
E. 丙是音乐家,丁是科学家。

【题 04】赵、钱、孙、李的四辆车要经过甲、乙、丙、丁四个路段，每辆车只经过其中一个路段且每个路段都有车经过。已知甲路段星期三禁行，乙路段星期一禁行，丙路段星期一与星期四禁行，丁路段只在星期二、星期四和星期六通行；星期日四个路段都禁行。

某天，赵、钱、孙、李四位司机进行交谈，赵司机说："我所经过的路段前天禁行。"钱司机说："我所经过的路段明天禁行。"孙司机说："我所经过的路段今天禁行，明天就不禁行了。"李司机说："从今天起，我所经过的路段连续四天都不禁行。"

那么赵车所经过的路段是哪条？

A. 甲　　　　B. 乙　　　　C. 丙　　　　D. 丁　　　　E. 无法确定

05~06 题基于以下题干：

吴、钱、孙、李四人相约自驾游，他们按照从前到后 1、2、3、4 的顺序即将通过"杜家坎"收费站。现已知：

（1）象牙白的车牌号是 68，它在吴的车前面。
（2）李的车紧跟在晶钻蓝后面。
（3）水晶紫紧跟在孙的车后面。
（4）2 号位置车的车牌号是 66。
（5）钱的车在 98 号车后面某个位置，98 号车不在 3 号位置。

驾驶员：钱、吴、孙、李
颜色：水晶紫、象牙白、月光银、晶钻蓝
车牌号：88、66、68、98

【题 05】李在几号位置？

A. 1 号　　　B. 2 号　　　C. 3 号　　　D. 4 号　　　E. 无法判断

【题 06】下面关于四辆车的说法正确的一项是？

A. 1 号位置，钱，晶钻蓝，98。　　　　B. 2 号位置，李，月光银，66。
C. 3 号位置，钱，象牙白，98。　　　　D. 4 号位置，吴，月光银，88。
E. 3 号位置，孙，象牙白，68。

07~08 题基于以下题干：

拉拉、小丁、小波、迪西、果果五人一起去购买冰激凌，每人购买了一至两种冰激凌。已知五人共挑选了三种冰激凌，分别是可爱多、八喜和小布丁，其中一种有三人购买，一种有两人购买，另一种有一人购买。此外，五人的选择还满足以下条件：

①果果和迪西没有购买同一种冰激凌；
②迪西和拉拉仅购买了一种相同的冰激凌，小丁和小波也仅购买了一种相同的冰激凌；
③拉拉没有购买可爱多，果果没有购买八喜；
④小波购买了小布丁；
⑤小丁同时购买了有两人购买与有三人购买的冰激凌。

【题 07】根据上述信息，以下哪项一定为真？

A. 只有一人购买的冰激凌是小布丁。　　　　B. 只有一人购买的冰激凌是八喜。
C. 小丁购买的是小布丁和可爱多。　　　　D. 小丁和小波购买了小布丁。
E. 小丁和果果购买了可爱多。

【题 08】根据上述信息，以下哪项一定为真？

A. 果果没有购买可爱多。　　　　B. 迪西购买了小布丁。
C. 有三个人购买的冰激凌是小布丁。　　　　D. 有三个人购买的冰激凌是八喜。
E. 小丁没有购买小布丁。

09~10题基于以下题干：

北清大学哲学系要举办一场关于"五行学说"的辩论赛，甲、乙、丙、丁、戊、己、庚7名队员要从金、木、水、火、土五行中选择一种特性代表自己，每名队员只能选择一种特性，每种特性至多有两名队员选择。另外，队员安排还要满足以下要求：
(1) 只有己选择火，乙才选择金。
(2) 除非甲选择木，否则己不选择火。
(3) 只要丙不选择水，庚就不选择土。
(4) 丙和丁不能选同一种特性。
(5) 只有乙选择的是金，并且只有庚选择的是土。

【题09】根据上述信息，以下哪项可能为真？
A. 金和水都分别有两个人选。
B. 木和水都分别有两个人选。
C. 水和土都分别有两个人选。
D. 火和土都分别有两个人选。
E. 金和木都分别有两个人选。

【题10】根据上述信息，如果有两名队员选择水，则可以得出以下哪项？
A. 甲和丁选择木。
B. 丙和己选择水。
C. 丁和己选择火。
D. 丙和戊选择水。
E. 戊和己选择火。

11~12题基于以下题干：

某学期学校新开设了4门课程"孔子研究""孟子研究""庄子研究""韩非子研究"，孔智、孟睿、荀慧、庄聪、墨灵、韩敏等6人从中选取自己喜欢的课程，每人选两门课程，每门课程都有3个人选择，并且每人所选的课程名字第一个字和自己的姓氏均不相同。已知：
(1) 没有人既选"韩非子研究"，又选"孟子研究"；
(2) 孔智如果选"孟子研究"，那么他也会选"韩非子研究"；
(3) 如果荀慧选"孟子研究"，那么孔智和荀慧有且只有一人选择"庄子研究"；
(4) 如果荀慧不选"庄子研究"，那么墨灵和韩敏都不选"庄子研究"。

【题11】根据上述信息，可以得出以下哪项？
A. 孔智选的两个课程是"孟子研究"和"韩非子研究"。
B. 孟睿选"庄子研究"。
C. 墨灵选"孔子研究"。
D. 韩敏选的两个课程是"孔子研究"和"庄子研究"。
E. 庄聪选的两个课程是"孟子研究"和"孔子研究"。

【题12】如果墨灵不选"孔子研究"，那么以下哪项一定为真？
A. 孔智选了"孟子研究"和"庄子研究"。
B. 荀慧选了"孔子研究"和"韩非子研究"。
C. 孟睿选了"孔子研究"和"韩非子研究"。
D. 庄聪选了"孟子研究"和"庄子研究"。
E. 墨灵选了"孔子研究"和"韩非子研究"。

【题13】高考后，新华中学的三位学生明兰、如兰、墨兰分别选了黄山、泰山、桂林和青海几个地方去旅游。
(1) 恰有两人去黄山，恰有两人去泰山，恰有两人去桂林，恰有两人去青海。
(2) 每名同学至多只能去三个地方。
(3) 对于明兰来说，如果去了黄山，那么一定也会去桂林。
(4) 对于如兰和墨兰来说，如果去了青海观光，则也去了泰山赏日出。
(5) 对于明兰和墨兰来说，如果去桂林，那么也要去泰山。

根据以上信息可以判断以下各项中一定为真的是？
A. 去泰山的是明兰和墨兰。
B. 去青海的是如兰和墨兰。
C. 墨兰选择去了黄山、泰山和桂林。
D. 明兰只选择去了泰山和桂林。
E. 如兰选择去了黄山、桂林和青海。

14~15题基于以下题干：

某宠物乐园有拉布拉多、贵宾犬、金毛寻回犬、比熊犬、哈士奇、萨摩耶6种宠物狗待售，现有钱仁礼、孙智、赵义三个人来购买，已知，每个人只购买该宠物乐园2至3个品种，且需要满足以下条件：
(1) 只有1个人购买哈士奇，且这个人没有购买贵宾犬；
(2) 购买金毛寻回犬的人，也购买拉布拉多；
(3) 孙智购买的宠物狗，钱仁礼也购买；
(4) 除非赵义购买哈士奇，否则孙智购买哈士奇；
(5) 只要孙智购买比熊犬，就要购买哈士奇。

【题14】如果只有一个人购买贵宾犬，那么可以得出以下哪项？
A. 孙智购买贵宾犬。
B. 孙智购买比熊犬。
C. 赵义购买拉布拉多。
D. 钱仁礼购买金毛寻回犬。
E. 钱仁礼购买贵宾犬。

【题15】如果三个人都购买3个品种的宠物狗，那么可以得出以下哪项？
A. 孙智购买贵宾犬。
B. 孙智购买萨摩耶。
C. 钱仁礼购买金毛寻回犬。
D. 钱仁礼购买拉布拉多。
E. 赵义购买金毛寻回犬。

精点解析

1. 答案 D

	解题步骤
第一步	本题属于位置关系+对应的综合推理题目，难度较大。故先从位置关系出发会更快解题。从重复的"英国旅客"出发，结合(1)和(6)、(3)可知： | 英国	窗户	黑色 | | 乙 | 桌子 | 德国 | 可能有考生会认为黑色和德国可能在左边，但此时信息(4)丁和美国相对就无法成立，因此只能是上图的可能。
第二步	结合信息(5)可知，俄罗斯对应灰色，因此只能是美国对应黑色，丁对应英国，乙对应俄罗斯： | 英国-丁 | 窗户 | 美国-黑色 | | 俄罗斯-乙 | 桌子 | 德国 |
第三步	再结合剩余信息补齐： | 蓝色-英国-丁 | 窗户 | 丙-美国-黑色 | | 灰色-俄罗斯-乙 | 桌子 | 甲-德国-褐色 | 因此可得答案选D。

2. 答案 C

	解题步骤
第一步	乙预测丙将来要做逻辑学家，而事实上只有逻辑学家预测对了，可以此为突破口。假设乙预测正确，则乙和丙都是逻辑学家，不符合题意；由此可以判断乙预测错误，乙和丙都不是逻辑学家。
第二步	丙预测错误可知丁是音乐家，所以丁也预测错误，预测正确的只能是甲，甲是逻辑学家，因此答案选 C。

3. 答案 D

	解题步骤
第一步	根据丙预测错误可知丁是音乐家，丁预测错误则乙是天文学家。
第二步	甲预测正确，甲是逻辑学家，因此丙是科学家。答案选 D。

4. 答案 D

	解题步骤
第一步	本题属于排序+对应型问题，首先可确定四条路的通行情况，列表如下： 		星期一	星期二	星期三	星期四	星期五	星期六	星期日
---	---	---	---	---	---	---	---
甲	√	√	×	√	√	√	×
乙	×	√	√	√	√	√	×
丙	×	√	√	×	√	√	×
丁	×	√	×	√	×	√	×	
第二步	观察四个人的说法，李司机的说法中涉及四天（今天+之后的三天），属于跨度大的条件，可优先考虑，故从上表中可看出李司机只能对应乙，而且今天有可能是星期二，也有可能是星期三。
第三步	若今天是星期二，与孙的说法"今天限行"矛盾，故今天只能是星期三。
第四步	今天只能是星期三，则根据赵的说法，赵可能对应丙，也可能对应丁；根据钱的说法，可知钱对应丙；由此可知赵对应丁，孙对应甲，此时与孙的说法也一致，不矛盾。故答案选 D。

5. 答案 B

6. 答案 D

题干信息	（1）象牙白=68……吴 （2）晶钻蓝|李（"|"表示位置相邻） （3）孙|水晶紫（相邻） （4）2号位置=66 （5）98≠3号位置……钱

	解题步骤
第一步	本题属于排序+对应的考题，是近几年考试的重点题型，因此可优先考虑从排序入手。观察信息发现，信息（5）既涉及位置关系，又涉及否定关系，可优先考虑。98号后面有人，故不能是4号位置，又由于2号位置=66，因此98号也不能是2号位置，结合信息（5），98号不能是3号位置，因此98号车在1号位置上。同理可得，68号后面也有人，不能是4号位置，那就只能是3号位置。

(续)

	解题步骤
第二步	由上一步信息，结合信息（1）可作图如下： |	1号位置	2号位置	3号位置	4号位置 | |---|---|---|---|---|
人				吴
颜色			象牙白	
车号	98	66	68	88	
第三步	此时，可从信息（2）出发，此时有两种可能：其一，晶钻蓝在1号位置，李在2号位置；其二，晶钻蓝在2号位置，李在3号位置。 若晶钻蓝在1号位置，李在2号位置，则可列表如下： |	1号位置	2号位置	3号位置	4号位置 | |---|---|---|---|---|
人	孙	李	钱	吴
颜色	晶钻蓝	水晶紫	象牙白	月光银
车号	98	66	68	88	 此时，符合题干中的条件，不矛盾，故5题答案选B，6题答案选D。考生可尝试将第二种可能也列出来，训练推理能力。

7. **答案 D**

8. **答案 D**

	解题步骤
第一步	明确题型，本题属于"分组+对应"的综合推理。 先明确分组情况。由条件"一种有三人购买，一种有两人购买，另一种有一人购买"，可知一共6份冰激凌，分给5个人，分组情况应该是2、1、1、1、1，只有一个人买了两种。 再明确对应情况。画出表格并确认每行每列√个数，根据题干可知：每行一个或两个√，其中一列三个√，一列两个√，一列一个√，共六个√，说明只有一行两个√，其余都是每行一个√。
第二步	由条件⑤可知，购买两种冰激凌的是小丁；由条件②可知，小波与小丁会购买同一种冰激凌，现小波购买小布丁，且只能购买一个品种冰激凌，所以得出小丁也会购买小布丁。 根据条件②③④⑤可将表格补充如下： | 人物	可爱多	八喜	小布丁 | |---|---|---|---|
拉拉	×		
小丁			√
小波			√
迪西			
果果		×		

（续）

	解题步骤
第三步	根据条件②"迪西和拉拉仅购买了一种相同的冰激凌"可知这种冰激凌只能是八喜。如果是小布丁，则就有 4 个人买小布丁，矛盾。进一步补充表格如下： | 人物	可爱多	八喜	小布丁
---	---	---	---
拉拉	×	√	
小丁			√
小波	×	×	√
迪西	×	√	
果果		×		
第四步	根据条件⑤可知小丁没有买可爱多，小丁应该购买八喜，具体见表格： | 人物	可爱多	八喜	小布丁
---	---	---	---
拉拉	×	√	×
小丁	×	√	√
小波	×	×	√
迪西	×	√	×
果果	√	×	×	 故可得，7 题答案选 D，8 题答案选 D。

9. **答案 B**

10. **答案 D**

题干信息	①乙选择金→己选择火 ②己选择火→甲选择木 ③丙不选择水→庚不选择土 ④丙选择某种特性→丁不能选 ⑤只有乙选择的是金∧只有庚选择的是土
	解题步骤
第一步	第 9 题求可能真，故可从题干确定的信息⑤出发，由于金只有乙一个人选，因此排除 A 和 E；由于土只有庚一个人选，因此排除 C 和 D，因此第 9 题答案选 B。
第二步	第 10 题给出附加条件"选择水的有 2 名队员"，可先从确定信息⑤出发，由于乙选金，结合①可得己选火，再结合②可得甲选木。又由于庚选土，结合③可得丙选水，结合④可得丁不能选水，那么最后只剩一个人能选水，那就是戊，因此第 10 题答案选 D。

11. 答案 E

12. 答案 C

题干信息	①6个人，"每个人选2门课程，剩2门不选" = "4门课程，每门课程有3个人选，剩3个人不选" ②每人所选的课程名字第一个字和自己的姓氏均不相同 ③不选"韩非子研究" ∨ 不选"孟子研究" ④孔智选"孟子研究" → 孔智选"韩非子研究" ⑤荀慧选"孟子研究" → 孔智选"庄子研究" ∀ 荀慧选"庄子研究" ⑥荀慧不选"庄子研究" → 墨灵不选"庄子研究" ∧ 韩敏不选"庄子研究"

解题步骤

第一步	首先从题干信息②中的确定信息出发，但无法完成推理，故此时，优先考虑从重复的信息"孔智"入手，由④可得：若孔智不选"韩非子研究"，则孔智不选"孟子研究"。再结合②孔智不选"孔子研究"，此时孔智不选的课程就是3门，与信息①"每人选2门，剩2门不选"矛盾，故孔智一定选"韩非子研究"；结合③可知孔智一定不选"孟子研究"；进而再结合①，每个人要选2门，剩2门，此时孔智一定选"庄子研究"。
第二步	再从重复的信息"'庄子研究'"入手，结合⑥若荀慧不选"庄子研究"，则墨灵和韩敏都不选"庄子研究"，结合②庄聪不选"庄子研究"，此时便有4个人不选"庄子研究"，与信息①每门课有3个人选，剩3个人不选矛盾，故可得：若荀慧一定选"庄子研究"。
第三步	由前两步的结论：孔智一定选"庄子研究" ∧ 荀慧一定选"庄子研究"，结合⑤可得，荀慧一定不选"孟子研究"。此时不选"孟子研究"的人有孔智、孟睿、荀慧，由于每门课有3个人选，3个人不选，故可知选"孟子研究"的人有庄聪、墨灵、韩敏。
第四步	由于选"孟子研究"的人有庄聪、墨灵、韩敏，结合③可知，不选"韩非子研究"的人有庄聪、墨灵、韩敏，补齐表格如下： |	孔智	孟睿	荀慧	庄聪	墨灵	韩敏
---	---	---	---	---	---	---
孔子研究	×		×	√		
孟子研究	×	×	×	√	√	√
庄子研究	√		√	×		
韩非子研究	√	√	√	×	×	×	 观察选项可知，第11题答案选 E。
第五步	第12题，题干给出了确定的附加条件"墨灵不选'孔子研究'"，补齐表格如下： |	孔智	孟睿	荀慧	庄聪	墨灵	韩敏
---	---	---	---	---	---	---
孔子研究	×	√	×	√	×	√
孟子研究	×	×	×	√	√	√
庄子研究	√	×	√	×	√	×
韩非子研究	√	√	√	×	×	×	 观察选项可知，第12题答案选 C。

13. 答案 A

题干信息	①恰有两人去黄山,恰有两人去泰山,恰有两人去桂林,恰有两人去青海。 ②每名同学至多只能去三个地方。 ③明兰:去黄山→去桂林→去泰山。 ④如兰:去青海→去泰山。 ⑤墨兰:去桂林→去泰山;去青海→去泰山。

解题步骤

第一步	分析本题属于分组+对应型综合推理问题,因此可优先明确分组情况,结合信息①和②可得,三个人分别能去的地方分组为:2、3、3。
第二步	题干没有确定信息,因此从重复最多的"去泰山"出发,由于去泰山在Q位,只能否定Q,推出否定P,因此可优先考虑"否定Q"。结合③⑤,若明兰不去泰山,则可得:不去桂林,也不去黄山,此时与明兰至少去两个地方矛盾,因此明兰一定去泰山。结合⑤④,若墨兰不去泰山,则可得:不去桂林,也不去青海,此时与墨兰至少去两个地方矛盾,因此墨兰一定去泰山。
第三步	由于每个地方只有两个人去,因此可得如兰不去泰山,结合④可得,如兰不去青海。此时可知,如兰去2个地方,明兰和墨兰都去3个地方,故可列表如下: |	明兰(3个地方)	如兰(2个地方)	墨兰(3个地方)
---	---	---	---
黄山		√	
桂林		√	
泰山	√	×	√
青海		×		
第四步	由于明兰一定要去3个地方,若明兰不去桂林,则明兰不去黄山,此时明兰最多只能去2个地方,矛盾,故明兰一定要去桂林。
第五步	故补齐表格如下: |	明兰(3个地方)	如兰(2个地方)	墨兰(3个地方)
---	---	---	---
黄山	×	√	√
桂林	√	√	×
泰山	√	×	√
青海	√	×	√	 因此可得答案选A。

14. 答案 E

15. 答案 D

题干信息	①每个人只购买该宠物乐园2至3个品种。 ②只有1个人购买哈士奇,且这个人没有购买贵宾犬。 ③购买金毛寻回犬→购买拉布拉多。 ④孙智购买的宠物狗→钱仁礼也购买。 ⑤赵义不购买哈士奇→孙智购买哈士奇。 ⑥孙智购买比熊犬→孙智购买哈士奇。

(续)

	解题步骤
第一步	题干出现了数字1+假言判断的信息，因此可优先考虑从数字1出发，结合条件②和④可得：孙智不购买哈士奇（若孙智购买哈士奇，则钱仁礼也购买哈士奇，此时就有两个人买哈士奇，与信息②矛盾）。
第二步	将这个确定的信息"孙智不购买哈士奇"代入⑤可得，赵义购买哈士奇；代入⑥可得，孙智没购买比熊犬。
第三步	14题，给出附加条件"只有一个人购买贵宾犬"，也属于数字1，可结合④可得孙智不购买贵宾犬，由上一步可知赵义购买哈士奇，再结合②可得赵义不购买贵宾犬，那此时购买贵宾犬的只能是钱仁礼，因此答案选E。
第四步	15题，给出附加条件"三个人都购买3个品种的宠物狗"，由此可知，三个人也有3个品种不购买，此时观察发现，孙智不购买哈士奇，也不购买比熊犬，再不购买1个才能符合不购买3个，此时结合信息③可得孙智一定购买拉布拉多（若孙智不购买拉布拉多也不会购买金毛寻回犬，此时不购买的个数达到4个，和题干相矛盾）。
第五步	观察发现没有此选项，故再结合信息④可得，若孙智购买拉布拉多，则钱仁礼也购买拉布拉多，因此15题答案选D。

专项六

分组题

分组题主要考查将若干元素按照一定的要求分成若干小组，要求考生得出相应的分组情况。此类试题是最近几年的命题热点和重点，主要结合假言条件进行考查，考生需重点掌握。

题型1：日常语言表达为主的分组问题

题干特点：题干主要是用日常语言表达，要求考生得出分组结果。

应对技巧：(1) 考虑分组情况，明确有几个元素分、成几个组；(2) 对是否可同组的条件进行灵活转化；(3) 结合"占位思想" + "剩余思想"得出结果。

相关试题：可参考题01~11，不熟练的同学可补充学习《逻辑精点》强化篇第136~140页。

题型2：形式语言表达为主的分组问题

题干特点：题干主要是用形式语言表达，要求考生得出分组结果。

应对技巧：(1) 灵活使用假言条件，掌握假言条件的"快选"思想；(2) 利用假言推理构造矛盾，得出事实。

相关试题：可参考题12~15，不熟练的同学可补充学习《逻辑精点》强化篇第141~143页。

01~02题基于以下题干：

一养鸟者有10只鸟，如下表所示。

种类	雄性	雌性
G	H	J、K
L	M	N
P	Q、R、S	T、W

该养鸟者展示数对鸟，每对鸟由同一种类的一雄一雌构成。每次最多只能展示2对鸟，剩余的鸟必须被分置在2个鸟笼中，该养鸟者受以下条件的限制：

①每个笼子中的鸟不能超过4只；
②同一种类相同性别的2只鸟不能放在同一个笼子中；
③J或W被展示时，S不能被展示。

【题01】下面哪一种对鸟的分配是可以接受的？

　　　　　第一笼　　　　第二笼　　　　展示
A. H, M, N　　　J, K, S　　　Q, R, T, W
B. K, M, Q　　　N, R, W　　　H, J, S, T
C. K, Q, S　　　R, T, W　　　H, J, M, N
D. H, J, M, R　　K, N, S, W　　Q, T
E. W, Q, M　　　K, N, R　　　H, J, S, T

069

【题02】下面哪一项列出了该养鸟者可以同时展出的2对鸟？
   A. H 和 J；M 和 N。
   B. H 和 J；S 和 T。
   C. H 和 K；M 和 N。
   D. H 和 K；R 和 W。
   E. K 和 J；M 和 N。

03~04题基于以下题干：
   五个人——赵、钱、孙、李和周参加三项活动——看电影、踢足球和去餐馆，每个人恰好参加一项活动，且遵循以下条件：
   ① 赵、钱和孙这3个人参加的活动互不相同；
   ② 恰好有两个人去踢足球；
   ③ 李和孙参加了不同的活动；
   ④ 赵和周中的某一个人去看电影时，另一个人也去看电影。

【题03】若周去踢足球，则下面除了哪一项之外都可能正确？
   A. 钱看电影。
   B. 赵去餐馆。
   C. 赵踢足球。
   D. 李踢足球。
   E. 李看电影。

【题04】下面除了哪一项之外都一定错误？
   A. 只有钱去餐馆。
   B. 只有孙去餐馆。
   C. 只有李去餐馆。
   D. 只有周去餐馆。
   E. 只有周看电影。

05~06题基于以下题干：
   某公司要从甲、乙、丙、丁、戊五人中选择一人或多人出国进修。选择人选时，必须满足以下条件：
   （1）甲、丁、戊中至多2人入选。
   （2）甲、丙中至少1人入选。
   （3）只有丁入选，甲才入选。
   （4）乙、丙、戊中至多1人入选。

【题05】若乙入选了，则以下哪项一定为真？
   A. 甲没入选。
   B. 甲入选。
   C. 丙入选。
   D. 戊入选。
   E. 丁没入选。

【题06】根据题干信息，以下哪项不可能为真？
   A. 有3人入选。
   B. 有3人没入选。
   C. 甲入选。
   D. 戊入选。
   E. 仅1人入选。

07~08题基于以下题干：
   某大学物理系有赵俊、钱明、孙星、李强、周凯、吴冰6位中国籍研究生，布朗、卡特、科比3位外国留学生。现在要将他们分成3组进行科研活动，每组都要有一位外国留学生和两位中国国籍研究生。已知：
   （1）孙星和李强在一组；
   （2）赵俊和吴冰不在一组；
   （3）李强与卡特或科比在一组。

【题07】若周凯和科比在一组，则以下哪项一定为真？
   A. 赵俊和科比在一组。
   B. 赵俊和布朗在一组。
   C. 赵俊和卡特在一组。
   D. 钱明和布朗在一组。
   E. 钱明和科比在一组。

【题08】已知以下哪项后，可以确定钱明所在那一组的外国留学生？
   A. 赵俊和卡特在一组。
   B. 赵俊和科比在一组。
   C. 李强和卡特在一组。
   D. 周凯和卡特在一组。
   E. 周凯和布朗在一组。

【题09】有五对夫妇要出门旅游，旅行社只登记了性别，忘记登记谁与谁是夫妻。有男（小赵、小李、小钱、小孙、小周）和女（小果、小毛、小欢、小琴、小玮），他们将在星期一到星期五之间的某一天出门旅游。已知：

(1) 每对夫妇出门旅游的日期都不一样。
(2) 小果将在周一出门旅游，但小周不是。
(3) 小李和小钱分别于周三及周五出门旅游，但是小玮不是。
(4) 小孙和小欢是同一天出门，并且比小琴晚一天出门。

根据以上信息，可以判断以下各项中一定为真的是？

A. 小周于星期四出门。　　　　B. 小琴于星期五出门。　　　　C. 小赵和小果同一天出门。
D. 小李于星期一出门。　　　　E. 小欢于星期五出门。

10～11题基于以下题干：

一个夜总会的管理者需要安排夜总会中一周的音乐演出，包括五种类型的音乐：摇滚、流行、爵士、民谣、古典音乐。该夜总会每周的周二、周三、周四、周五和周六五个晚上每晚演出两场，音乐的安排遵从下列条件：

(1) 每种类型的音乐必须在第一场安排一次，也必须在第二场安排一次。
(2) 演出流行的晚上一定要演出古典音乐。
(3) 流行一定是周二的第一场。
(4) 爵士一定为周六的第一场或第二场，但第一场和第二场不能同时为爵士。
(5) 民谣不在周四演出，民谣不在周五演出。
(6) 摇滚不在周六演出。

【题10】如果爵士安排在周四，那么哪项一定正确？

A. 流行是星期三的首场演出。　　　　B. 民谣是星期三的首场演出。
C. 摇滚是星期四的首场演出。　　　　D. 爵士是星期四的首场演出。
E. 古典音乐是星期五的首场演出。

【题11】下列哪项可以同时被安排为同一晚上的第一场和第二场演出？

A. 摇滚。　　B. 流行。　　C. 爵士。　　D. 民谣。　　E. 古典音乐。

12～13题基于以下题干：

某高校社团纳新，甲、乙、丙、丁、戊、己、庚和辛8位同学准备加入戏曲、话剧以及摇滚乐3个社团，已知：

(1) 每名同学只能参加1个社团且每个社团至少有2名同学参加。
(2) 甲和丙、丁和己、戊和辛参加的社团不相同。
(3) 只有丁参加戏曲社，乙才参加话剧社。
(4) 若甲和乙中有人参加话剧社，则戊、己和庚都参加摇滚乐社。
(5) 丙参加了摇滚乐社。

【题12】如果乙参加摇滚乐社，则可以推出以下哪项？

A. 甲参加戏曲社。　　　　B. 丁参加话剧社。　　　　C. 戊参加摇滚乐社。
D. 庚参加摇滚乐社。　　　　E. 己和辛中有1人参加摇滚乐社。

【题13】根据以上信息，可以得出以下哪项一定为假？

A. 乙参加摇滚乐社且庚参加摇滚乐社。　　　　B. 乙参加话剧社且辛参加摇滚乐社。
C. 乙参加戏曲社且丁参加话剧社。　　　　D. 甲参加话剧社且辛参加戏曲社。
E. 甲参加戏曲社且丁参加话剧社。

14～15题基于以下题干：

某合唱乐团有周、吴、郑、王、冯、陈、楚7名成员，拟组成两个战队巡演，第一战队3个人，第二战队4个人，组队需满足以下条件：
 (1) 陈必须编组在第二战队；
 (2) 周和郑不在同一战队；
 (3) 冯和郑至多有一人编组在第一战队；
 (4) 如果吴编组在第二战队，则王也必须编组在第二战队。

【题14】如果周在第二战队，则一定也在第一战队的人是谁？
 A. 吴　　　　B. 冯　　　　C. 王　　　　D. 楚　　　　E. 无法确定

【题15】如果王和楚在同一战队，则可以得出以下哪项？
 A. 周在第二战队。　　　　B. 吴在第二战队。　　　　C. 郑在第一战队。
 D. 楚在第二战队。　　　　E. 冯在第二战队。

精点解析

1. 答案 D

题干信息	①每个笼子中的鸟不能超过4只； ②J和K不能在一个笼子里；Q、R、S不能在一个笼子里；T和W不能在一个笼子里； ③展示J∨展示W→不展示S。
解题步骤	
第一步	观察题干信息发现，题干无确定信息，但问题求"可能为真"，选项是确定的，故此时可优先考虑代选项排除法。
第二步	由条件②排除A、C选项，由条件③排除B、E选项，故答案为D。

2. 答案 D

题干信息	①每个笼子中的鸟不能超过4只； ②J和K不能在一个笼子里；Q、R、S不能在一个笼子里；T和W不能在一个笼子里； ③展示J∨展示W→不展示S。
解题步骤	
第一步	观察题干信息发现，题干无确定信息，但问题求"可能为真"，选项是确定的，故此时可优先考虑代选项排除法。
第二步	结合条件③可排除B选项。结合条件②Q、R、S不能在一个笼子里，也就是Q、R、S这3只鸟不能都不展出（假如都不展出，那么不论怎么组合，一定会出现同一种类相同性别的2只鸟在一个笼子里，与条件②矛盾），故可知：Q、R、S这3只鸟一定至少要展出1只。此时观察选项可排除A、C、E这三个选项，故答案选D。

3. 答案 D

4. 答案 B

解题步骤	
第一步	明确题干中的情景设置。 五人分三组，可能的分组情况有：2、2、1；3、1、1。

（续）

	解题步骤
第二步	分析题干信息。 ① 赵、钱和孙这 3 个人参加的活动互不相同。 由特殊数字"3"可知"每项活动都会有赵、钱、孙中的一人参加"。 ② 恰好有两个人去踢足球。 出现了数字"2"，分组情况锁定为"2、2、1"；再结合条件①可知李、周中有且只有一人踢足球。 ③ 李和孙参加不同的活动。 此条件为限制条件，一般可用到排除思路解题。 ④ 赵和周中的某一个人去看电影时，另一个人也去看电影。 此条件为充要条件，故可能的情况只有两种：①赵、周都看电影；②赵、周都不看电影。
第三步	针对问题设置选择解题方法。
3题	问题给出了附加条件"周去踢足球"，要求选择一定为假的一项。我们解题的思路应该从"周"和"踢足球"入手，题干中涉及"踢足球"的条件为"②恰好有两人去踢足球"，又由条件①分析可知"赵、钱、孙"中有一人踢足球，故足球的两人中不可能有李，所以 D 选项"李踢足球"一定为假。答案选 D。
4题	条件①赵、钱和孙这三个人参加的活动互不相同，所以这 3 个人中有且仅有一个人去餐馆，从而可知选项 C、D 都是必定错误的。根据条件④淘汰 E 选项。当仅有钱去餐馆时，赵和周若同时去看电影，必定造成孙和李同去踢足球，从而违背条件③；当赵和周都不能看电影时，必定是孙和李同去看电影，同样违背条件③，所以 A 选项也是必定错误的。答案选 B。

5. 答案 B

	解题步骤
第一步	符号化题干信息： ①甲∨丁∨戊至多选 2 人。 ②甲∨丙。 ③甲→丁。 ④乙∨丙∨戊至多选 1 人。 ⑤选乙。（确定信息）
第二步	将确定信息⑤代入到条件④中可知，"不选丙∧不选戊"，将其代入到条件②中可知，"选甲"，结合条件③可知，"选丁"，因此答案选 B。

6. 答案 D

	解题步骤
第一步	符号化题干信息： ①甲、丁、戊至多选 2 人。 ②甲∨丙。 ③甲→丁。 ④乙、丙、戊至多选 1 人。
第二步	联合条件①②③可推知，不丙→甲→丁→不戊；由条件④可知，丙→不乙∧不戊；根据两难推理可知，戊一定不入选，答案选 D。

073

7. 答案 D

题干信息	①孙星和李强在一组 ②赵俊和吴冰不在一组（一人一组） ③李强与卡特或科比在一组 ④分组情况：9人分三组，每组3人，2个中国籍，1个外国留学生

解题步骤

第一步	题干给出了确定信息，由此可代入推理即可。
第二步	若"周凯和科比在一组"，结合①可知李强就不能跟科比在一组，只能是李强和卡特在一组。此时的分组情况有两种可能。 第一种可能： 		组1	组2	组3
---	---	---	---
中国籍	孙星、李强	赵俊/周凯	吴冰/钱明
留学生	卡特	科比	布朗 | 第二种可能： |	组1	组2	组3
---	---	---	---
中国籍	孙星、李强	吴冰/周凯	赵俊/钱明
留学生	卡特	科比	布朗	 无论如何钱明都和布朗在一组。观察选项可知，答案选 D。

8. 答案 D

题干信息	①孙星和李强在一组 ②赵俊和吴冰不在一组（一人一组） ③李强与卡特或科比在一组 ④分组情况：9人分三组，每组3人，2个中国籍，1个外国留学生

解题步骤

第一步	题干求"补前提"，此时观察题干条件发现，确定的是：孙星和李强在一组，而赵俊和吴冰一人一组，此时钱明和周凯也是一人一组。因此，要得出"钱明"的信息，优先考虑含有"周凯"的条件，再结合条件③，此时可优先考虑两种可能，即周凯和卡特一组、周凯和科比一组，如此能确定出李强的组合，才能进行进一步推理。
第二步	若"周凯和卡特在一组"，结合①可知李强就不能跟卡特在一组，只能是李强和科比在一组。此时周凯和卡特可能和吴冰一组，也可能和赵俊一组，剩下的钱明只能和布朗一组。故答案选 D。
提示	考生也可验证其他选项，但此类问题的解题诀窍在于，假设时要优先考虑能与题干构成进一步推理的可能，这个经验对于解决考试的难题很重要，希望考生能灵活使用。

9. 答案 C

解题步骤

第一步	本题属于排序+对应的综合推理问题，优先考虑从排序条件入手，解题速度会较快。因此，先考虑确定的条件，列表如下： |	星期一	星期二	星期三	星期四	星期五
男	不是小周		小李		小钱
女	小果		不是小玮		不是小玮	
---	---

（续）

	解题步骤					
第二步	再考虑排序条件（4），由于小琴是女性，故小孙和小欢的组合只能是在周四，而不能在周二。因此可补齐表格：					
		星期一	星期二	星期三	星期四	星期五
	男	小赵	小周	小李	小孙	小钱
	女	小果	小玮	小琴	小欢	小毛

10. 答案 E

题干信息	①每种类型的音乐必须在第一场安排一次，也必须在第二场安排一次。 ②流行→古典音乐。 ③流行：周二第一场。 ④爵士：周六第一场或第二场，但不能同时为爵士。 ⑤民谣≠周四；民谣≠周五。 ⑥摇滚≠周六。

	解题步骤
第一步	本题属于排序+分组结合的试题，属于综合考法，是最近几年考试命题的热点。首先明确分组情况可得，5 种类型的音乐，每种安排 2 场，共 10 场。
第二步	观察条件③属于确定信息，故结合①、②和③可知，流行与古典同组，并且流行在周二第一场，古典在周二第二场。
第三步	题干附加条件"爵士安排在周四"属于确定信息，代入条件④可知另一场爵士安排在周六；由于周二是流行和古典，故结合条件⑤可知，民谣≠周二、民谣≠周四、民谣≠周五，可得：民谣只能在周三和周六。
第四步	根据上一步可知，流行和古典同组，因此流行和古典不与其他类型的音乐同组，即：流行和古典≠周四、≠周六（有爵士），流行和古典≠周三、≠周六（有民谣），因此，根据剩余法，流行和古典只能在周二和周五，结合①可得：流行只能在周五的第二场，古典只能在周五的第一场，因此答案选 E。

11. 答案 A

题干信息	①每种类型的音乐必须在第一场安排一次，也必须在第二场安排一次。 ②流行→古典音乐。 ③流行：周二第一场。 ④爵士：周六第一场或第二场，但不能同时为爵士。 ⑤民谣≠周四；民谣≠周五。 ⑥摇滚≠周六。

	解题步骤
第一步	本题属于排序+分组结合的试题，属于综合考法，是最近几年考试命题的热点。首先明确分组情况可得，5 种类型的音乐，每种安排 2 场，共 10 场，分成 5 天，每天 2 场，也就是 10 场音乐演出平均分成 5 组。

075

(续)

	解题步骤
第二步	结合①和②可知，流行与古典同组；因此，同时被安排为同一晚上两场演出的不能是流行，也不能是古典，排除 B 和 E。
第三步	结合条件④可知，爵士只有一场在周六，我们应当考虑哪种类型的音乐在周六与爵士同组，根据条件④可知另一场不能是爵士，观察上一步可知，不能是流行，不能是古典，结合条件⑥可知不能是摇滚，一共有五种乐器，根据剩余法可得，只能是民谣与爵士在周六同组；因此，同时被安排为同一晚上两场演出的不能是民谣，也不能是爵士，排除 C 和 D。
结　果	综上可知，答案选 A。

12. 答案 A

题干信息	①8 个同学准备加入 3 个社团∧每名同学只能参加 1 个社团∧每个社团至少有 2 名同学参加。 ②甲和丙、丁和己、戊和辛参加的社团不相同。 ③乙参加话剧社→丁参加戏曲社。 ④甲参加话剧社∨乙参加话剧社→己∧戊∧庚参加摇滚乐社。 ⑤丙参加了摇滚乐社（确定信息）。 ⑥乙参加摇滚乐社（确定信息）。

	解题步骤
第一步	本题属于"分组+对应"的综合推理题，首先明确分组情况，结合条件①可知，8 个人分 3 组，每组至少 2 人，此时有"4、2、2""3、3、2"两种分组的可能。
第二步	由于题干给出了确定信息，也就是乙、丙都参加了摇滚乐社，由于参加摇滚乐社的至多有 4 个人，因此己、戊、庚 3 个人不可能都参加摇滚乐社，此时可结合条件④，得出：甲没参加话剧社∧乙没参加话剧社。
第三步	由条件②可知，由于甲和丙参加的社团不相同，由于丙参加了摇滚乐社，所以甲不能参加摇滚乐社，结合上一步的结论"甲没参加话剧社"可得：甲只能参加戏曲社。观察选项可知，答案选 A。

13. 答案 B

题干信息	①8 个同学准备加入 3 个社团∧每名同学只能参加 1 个社团∧每个社团至少有 2 名同学参加。 ②甲和丙、丁和己、戊和辛参加的社团不相同。 ③乙参加话剧社→丁参加戏曲社。 ④甲参加话剧社∨乙参加话剧社→己∧戊∧庚参加摇滚乐社。 ⑤丙参加了摇滚乐社（确定信息）。

	解题步骤
第一步	本题属于"分组+对应"的综合推理题，首先明确分组情况，结合条件①可知，8 个人分三组，每组至少 2 人，此时有"4、2、2""3、3、2"两种分组的可能。
第二步	观察问题求"一定为假"，而选项是确定的，此时可优先考虑代选项排除法解题，这是最近几年常考的思路。
第三步	由于题干存在假言判断条件，故此时可优先考虑验证"肯定 P 和否定 Q"的选项，观察发现 B 和 D 选项满足条件④中的"肯定 P"，故优先验证 B 和 D。

（续）

	解题步骤
第四步	验证 B 选项，若乙参加话剧社，则己、戊、庚三个人都参加摇滚乐社，若辛也参加摇滚乐社，此时辛和戊参加的社团就是相同的，与②矛盾，故答案选 B。 考生如有时间可尝试验证其他选项，但考试时没有必要浪费时间和精力。

14. 答案 A

题干信息	①陈在第二战队 ②周和郑一个在第一战队，一个在第二战队 ③冯和郑至多有一人编组在第一战队＝冯和郑至少有一个在第二战队 ④吴在第二战队→王在第二战队
	解题步骤
第一步	问题给出附加条件"周在第二战队"，可代入题干条件②得郑在第一战队，再代入③可得冯在第二战队。
第二步	此时第二战队已经有陈、周、冯三个人，只能再放一个人，但结合条件④可知，若吴在第二战队，则王也在第二战队，矛盾。因此吴只能在第一战队，因此答案选 A。

15. 答案 D

题干信息	①陈在第二战队 ②周和郑一个在第一战队，一个在第二战队 ③冯和郑至多有一人编组在第一战队＝冯和郑至少有一个在第二战队 ④吴在第二战队→王在第二战队
	解题步骤
第一步	问题给出附加条件"王和楚在同一战队"，此时有两种可能：其一，王和楚在第一战队；其二，王和楚在第二战队。
第二步	若王和楚在第一战队，结合条件②可知剩下的在第一战队的只能是周和郑中的一个人，其余的人（吴、陈、冯）都得在第二战队，此时与条件④矛盾。因此王和楚只能在第二战队，因此答案选 D。

专项七

方位排序题

应试技巧点拨

方位排序题主要考查考生结合题干给出的位置信息和排序信息，将若干元素进行顺序排列，得出相应的结果的能力。该题型在分析推理的重点题型中难度较大，但在最近几年的命题中比重较小，考生要准确理解它的两种题型及相应技巧，这样才能完全掌握该部分试题。

题型1：排序问题

题干特点：题干要求从已知条件得出几个元素排序的结果。

应对技巧：（1）分析题干条件，区分位置信息和排序信息；（2）从确定的位置和重复的元素入手；（3）从跨度比较大的条件入手；（4）考虑相邻/不相邻，从奇偶位置入手；（5）灵活使用假言条件。

相关试题：可参考题01~11，不熟练的同学可补充学习《逻辑精点》强化篇第144~151页。

题型2：方位问题

题干特点：题干需要结合方位图形确定若干元素的顺序。

应对技巧：（1）准确描绘出题干的图形；（2）从确定的位置入手；（3）灵活使用假言条件；（4）适当进行假设，利用反证法推出矛盾。

相关试题：可参考题12~15，不熟练的同学可补充学习《逻辑精点》强化篇第151~153页。

【题01】在某高速公路的一段，直线相邻地排列着五个小镇。已知：(1) 落霞镇既不和古井镇相邻，也不和荷花镇相邻；(2) 浣溪镇既不和紫薇镇相邻，也不和荷花镇相邻；(3) 紫薇镇既不和古井镇相邻，也不和荷花镇相邻；(4) 落霞镇里没有木塔；(5) 有木塔的镇是排在第一和第四的小镇。

由此可见，排在第二的小镇是以下哪一个？

A. 落霞镇。　　B. 荷花镇。　　C. 浣溪镇。　　D. 紫薇镇。　　E. 古井镇。

【题02】一名律师在家里被人杀害，警察抓到了四名嫌疑犯。警方根据目击者的证词得知，在律师死亡那天，只有这四个嫌疑人单独去过律师的家。在传讯前，出于各种不同的原因，这四个嫌疑人商定，每人向警方作的供词都是谎言。下面是每个嫌疑人所作的两条供词。

嫌疑人甲：(1) 我们四个人谁也没有杀害律师。(2) 我离开律师家的时候，他还活着。

嫌疑人乙：(3) 我是第二个去律师家的。(4) 我到达他家的时候，他已经死了。

嫌疑人丙：(5) 我是第三个去律师家的。(6) 我离开他家的时候，他还活着。

嫌疑人丁：(7) 凶手不是紧跟着我去律师家之后去的。(8) 我到达律师家的时候，他已经死了。

这四个嫌疑人中谁杀害了律师？

A. 甲　　B. 乙　　C. 丙　　D. 丁　　E. 无法判断。

【题03】小王根据学习计划制定了阅读书单，准备阅读《红楼梦》《水浒传》《三国演义》《西游记》《论语》《道德经》《诗经》等七部名著，每部均要阅读，但是她的阅读顺序必须符合如下要求：

(1) 阅读《道德经》之前要先阅读《三国演义》，阅读这两部著作之间还要阅读另外两部著作（《诗经》除外）；

(2) 第一部或者最后一部阅读《西游记》；
(3) 第三部阅读《论语》；
(4) 阅读《诗经》要在阅读《道德经》之前或者刚刚阅读完《道德经》之后。
如果小王首先阅读《三国演义》，则关于他读书的顺序，以下哪项一定为真？
A. 第二部阅读《水浒传》。　　B. 第五部阅读《道德经》。　　C. 第二部阅读《红楼梦》。
D. 第五部阅读《诗经》。　　　E. 第五部阅读《水浒传》。

04~05 题基于以下题干：

张、李、赵、丁、周、方、王、胡 8 个人参加了 100 米竞赛。比赛结果是：
① 李、赵、丁 3 人中李最快，丁最慢；
② 方的名次为张、赵名次的平均数；
③ 方在周之前到达终点，并且方与周中间隔了 3 个人；
④ 王第四名；
⑤ 张比赵跑得快。
根据以上信息回答下列问题：

【题 04】可以判断方一定为第几名？
A. 2　　　　　B. 3　　　　　C. 5　　　　　D. 6　　　　　E. 7

【题 05】如果丁不是最后一名，那么下面排列正确的一项是？
A. 李、张、丁、王、赵、方、周、胡。　　B. 李、张、方、王、丁、赵、周、胡。
C. 张、李、方、王、赵、胡、周、丁。　　D. 张、李、方、王、赵、丁、周、胡。
E. 张、丁、方、王、赵、李、周、胡。

06~07 题基于以下题干：

有七人正在排队，等着买电影票。已知这七人分别是甲、乙、丙、丁、戊、己和庚。他们之间的先后顺序符合下述条件：
(1) 甲必须在队伍中排第二。
(2) 丁不能在队伍最后。
(3) 乙既不能紧挨着丙在他前面，也不能紧随在丙之后。
(4) 丙必定在己前面排着。
(5) 己必定在庚前面的排着。

【题 06】如果庚在丁之前，并且也在戊之前的某个位置，下面那个选项一定为真？
A. 戊排在最后。
B. 己排在第三。
C. 丙或者紧挨着甲的前面或者紧接在甲后面。
D. 丁或者紧挨着乙在他前面或者紧接着在乙后面。
E. 戊排在第六个。

【题 07】如果乙紧挨在丙的前面排着，但题干所有其他条件都有效，以下选项除了哪项均可以为真？
A. 丁紧挨在甲后面。　　　B. 戊紧挨在丙后面。　　　C. 丁紧挨在己后面。
D. 丁紧挨在戊后面。　　　E. 庚紧挨在戊后面。

08~09 题基于以下题干：

北京经贸职业学院计划下周七天，从周一到周日，邀请六位学者来大学演讲，每天一位。这六位学者是孔智、孟睿、荀慧、庄聪、墨灵和韩敏。各位学者演讲的时间须遵从以下条件：孔智和孟睿之间相隔的天数与荀慧和庄聪之间相隔的天数相同；墨灵和韩敏的时间相邻，但先后位置不一定；周一这一天必须有学者演讲。

【题 08】若韩敏在周二演讲，则下面哪项一定正确？
A. 孔智在周三演讲。　　B. 孟睿在周四演讲。　　C. 荀慧在周五演讲。
D. 墨灵在周一演讲。　　E. 墨灵在周三演讲。

【题 09】若孔智和荀慧分别在周一和周三演讲，则没有学者演讲的那天一定是？
A. 周二或周四。　　B. 周二或周六。　　C. 周四或周五。
D. 周二或周日。　　E. 周五或周日。

10~11题基于以下题干：
小赵、小钱、小孙、小李、小周、小吴、小郑七名同学为参加学校的毕业晚会排练了一个舞蹈。在确定队形时，指导老师给出了以下建议：
(1) 小赵站在小吴的东边；
(2) 小周站在小李和小郑的西边；
(3) 如果小吴站在小郑的西边，则小孙站在小郑的东边；
(4) 小郑和小赵相邻；
(5) 小钱站在小周的东边。

【题 10】根据老师的建议，以下哪项一定为真？
A. 小周站在队伍的最西边。　　B. 小钱站在小李的西边。　　C. 小郑站在小孙的东边。
D. 小赵站在小周的东边。　　E. 小吴站在小周的西边。

【题 11】若老师再补充一条建议：除非小周站在队伍的正中间，否则小李和小钱都与小吴相邻。则根据老师的建议，可以确定以下哪项？
A. 小郑站在小赵的东边。　　B. 有两名同学可能站在队伍的最西边。
C. 小孙站在队伍的最东边。　　D. 小钱站在队伍的最西边。
E. 小李站在小吴的东边。

【题 12】某次会议讨论期间，甲、乙、丙、丁、戊被安排在一张圆桌前进行讨论，圆桌边放着标有1~5号的五张座椅（未必按序排列）。实际讨论时，甲、乙、丙、丁、戊5人均未按顺序坐在1~5号的座椅上，已知：
(1) 甲坐在1号座椅右边第二张座椅上；
(2) 乙坐在5号座椅左边第二张座椅上；
(3) 丙坐在3号座椅左边第一张座椅上；
(4) 丁坐在2号座椅左边第一张座椅上。
如果丙坐在1号座椅上，则可知甲坐的是哪个座椅？
A. 2号　　B. 3号　　C. 4号　　D. 5号　　E. 无法判断

【题 13】甲、乙、丙、丁、戊、己、庚、辛一共八个人围圆桌相向而坐。已知：甲与丁相邻而坐，丁坐在甲左手边；丙与戊正对面坐；丁与辛正对面坐；丙两边分别是庚与辛；若乙与戊相邻，则己与辛不相邻。
根据上述信息，能得出下列哪项？
A. 己与辛相邻。　　B. 乙与戊相邻。
C. 乙与戊不相邻，乙对面是庚。　　D. 乙与庚正对而坐，乙两侧是己和戊。
E. 己与庚正对而坐，己两侧是乙和戊。

14~15题基于以下题干：
为讨论公司的下一步发展，张、王、李、赵、孙、陈、刘、杨八位高管坐在一张八角形桌子边开会，各座位的编号如图所示。在安排座位时有如下要求：
(1) 张坐在1号位置上。
(2) 王和李座位必须相邻。

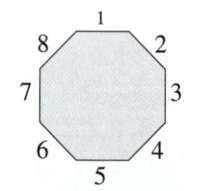

(3) 若赵、孙的座位不相邻，则陈、杨的座位相邻。
(4) 只有张、刘的座位相邻，杨、陈的座位才相邻。

【题 14】若刘坐在 5 号位置，则以下哪项不可能为真？
A. 王坐在 3 号位置。　　　B. 王坐在 4 号位置。　　　C. 赵坐在 6 号位置。
D. 赵坐在 7 号位置。　　　E. 陈坐在 7 号位置。

【题 15】若陈坐在 3 号位置，则以下哪项可能为真？
A. 刘坐在 6 号位置。　　　B. 刘坐在 7 号位置。　　　C. 刘坐在 8 号位置。
D. 杨坐在 5 号位置。　　　E. 杨坐在 7 号位置。

●●●●●● **精点解析** ●●●●●●

1. 答案 A

	解题步骤
第一步	找到突破口——荷花镇（出现次数最多）。
第二步	总共五个小镇，荷花镇不和三个相邻（落霞镇、浣溪镇、紫薇镇），所以荷花镇只和古井镇相邻。
第三步	进一步可知荷花镇只能在直线两头的位置，即第一或第五。 若荷花镇排在第一，根据条件（1）（2）（3）则有： 	第一	第二	第三	第四	第五	 |---|---|---|---|---|
荷花镇	古井镇	浣溪镇	落霞镇	紫薇镇 | 此时落霞镇在第四和条件（4）（5）相矛盾，故荷花镇只能在第五，此时有： | 第一	第二	第三	第四	第五 | |---|---|---|---|---|
紫薇镇	落霞镇	浣溪镇	古井镇	荷花镇	 答案选 A。

2. 答案 A

	解题步骤
第一步	本题属于基本排序题，看似很复杂，但只要将题干信息翻译一下，就能很快得出答案。由于四个人的话都是假的，故实际上应该是： （1）四个人有人杀害律师；（2）甲离开的时候，律师已经死亡； （3）乙不是第二个去律师家的；（4）乙去的时候，律师还没死亡； （5）丙不是第三个去律师家的；（6）丙离开的时候，律师已经死亡； （7）凶手是紧跟着丁去的律师家的；（8）丁去的时候，律师还没死亡。
第二步	分析上述信息（2）、（4）、（6）、（8），根据律师是由生到死的过程可知，乙和丁的时候还没死亡，甲和丙离开的时候已经死亡，因此先后顺序应该是乙、丁在前，甲、丙在后。
第三步	结合信息（3）、（5）可知，四个人的顺序应该是：乙、丁、甲、丙。
第四步	结合信息（7）可知，凶手是甲。因此答案选 A。

3. 答案 D

题干信息	①《三国演义》＿＿＿＿＿《道德经》（两部作品之间不是《诗经》）。 ②第一部读《西游记》∨第七部读《西游记》。 ③第三部读《论语》。 ④《诗经》……《道德经》∨《道德经》｜《诗经》（"｜"表示紧邻）。 ⑤第一部读《三国演义》。

	解题步骤
第一步	本题属于"排序"题型，优先从"确定信息+跨度大的信息"入手。
第二步	先从确定信息入手，联合条件②③⑤，可得下表： <table><tr><td>1</td><td>2</td><td>3</td><td>4</td><td>5</td><td>6</td><td>7</td></tr><tr><td>《三国演义》</td><td></td><td>《论语》</td><td></td><td></td><td></td><td>《西游记》</td></tr></table>
第三步	此时结合条件①，由于《三国演义》和《道德经》之间跨度为"4"，因此《道德经》应该放在第四部读；根据条件①，《诗经》不能放在第二部读，即《诗经》不能放在《道德经》之前，再结合条件④可推知，此时"《诗经》在刚刚读完《道德经》之后阅读"，因此第五部阅读《诗经》，此时排序情况如下表： <table><tr><td>1</td><td>2</td><td>3</td><td>4</td><td>5</td><td>6</td><td>7</td></tr><tr><td>《三国演义》</td><td></td><td>《论语》</td><td>《道德经》</td><td>《诗经》</td><td></td><td>《西游记》</td></tr></table> 故答案选 D。

4. 答案 B

解释
分析题干信息：①李、赵、丁的排序为李……赵……丁； ② 方 =（张+赵）/2； ③④组合可知方最差是第三名，②知方最好是第二名，所以方可选的名次为第二名和第三名。 当方为第二名时，张、方、赵分别为第一、第二、第三名，此时李便无处可放，矛盾，故方只能是第三名，答案是 B。

5. 答案 D

解释
附加条件为"丁不是最后一名"，由上题推理出的结果如下表： <table><tr><td>1</td><td>2</td><td>3</td><td>4</td><td>5</td><td>6</td><td>7</td><td>8</td></tr><tr><td>张</td><td>李</td><td>方</td><td>王</td><td>赵</td><td></td><td>周</td><td></td></tr></table> 若丁不是最后一名则可确定"丁"是第六名。故答案为 D。

6. 答案 C

题干信息	①甲＝2；②丁≠7；③乙、丙不相邻；④丙……己……庚；⑤庚……丁、戊

(续)

	解题步骤
第一步	观察可得，④和⑤联合起来就是丙……己……庚……丁、戊，此时跨度=5，可优先作为突破口。在甲=2的前提下，丙只能有两种可能，其一是1；其二是3。
第二步	由上一步分析，若丙是1，可将七个人的顺序列表如下： | 1 | 2 | 3 | 4 | 5 | 6 | 7 | | 丙 | 甲 | 己 | 庚 | 丁 | 戊 | 乙 | （此时，乙的位置可能有3、4、5、6、7五种可能，只要保证丁不在7即可，能确定的就是甲与丙相邻） 若丙是3，可将七个人的顺序列表如下： | 1 | 2 | 3 | 4 | 5 | 6 | 7 | | 乙 | 甲 | 丙 | 己 | 庚 | 丁 | 戊 | （此时，只有唯一的一种可能）
第三步	逐一代入选项排除，可得两种情况下，甲都与丙相邻，因此答案选C。

7. 答案 D

题干信息	①甲=2 ②丁≠7 ③乙｜丙（"｜"表示相邻位置） ④丙……己……庚

	解题步骤
第一步	观察可得，③和④联合起来就是乙｜丙……己……庚，此时跨度=4，可优先作为突破口，在甲=2的前提下，只能有两种可能，其一是从3出发；其二是从4出发。
第二步	由上一步分析，若是从3出发，可将七个人的顺序列表如下： | 1 | 2 | 3 | 4 | 5 | 6 | 7 | | 丁 | 甲 | 乙 | 丙 | 己 | 庚 | 戊 | | 丁 | 甲 | 乙 | 丙 | 戊 | 己 | 庚 | | 丁 | 甲 | 乙 | 丙 | 己 | 戊 | 庚 | （此时，丁和戊的位置可能互换，只要保证丁不在7即可） 若是从4出发，可将七个人的顺序列表如下： | 1 | 2 | 3 | 4 | 5 | 6 | 7 | | 丁 | 甲 | 戊 | 乙 | 丙 | 己 | 庚 | （此时，丁和戊的位置可能互换）
第三步	逐一代入选项排除，可得两种情况下，丁和戊都不可能相邻，因此答案选D。

8. 答案 D

题干信息	①孔智和孟睿之间相隔的天数=荀慧和庄聪之间相隔的天数（可能相隔0、1、2、3、4） ②墨灵｜韩敏（"｜"表示相邻位置） ③周一必须有人

083

(续)

	解题步骤
第一步	题干已知信息均不确定，但给出附加条件"韩敏在周二"是个确定信息，可从附加条件入手。此时墨灵就可能在周一或者周三。
第二步	若墨灵在周一，此时几个人的位置关系可列表如下： | 星期一	星期二	星期三	星期四	星期五	星期六	星期日
---	---	---	---	---	---	---
墨灵	韩敏	孔智	孟睿	荀慧	庄聪	×
墨灵	韩敏	×	孔智	孟睿	荀慧	庄聪
墨灵	韩敏	孔智	孟睿	×	荀慧	庄聪	 （考生注意，可考虑特殊情况，也就是孔智和孟睿相隔天数取0，荀慧和庄聪相隔天数也取0，这样一来，就能确定墨灵的位置在星期一）
第三步	若墨灵在周三，此时几个人的位置关系可列表如下： | 星期一	星期二	星期三	星期四	星期五	星期六	星期日
---	---	---	---	---	---	---
×	韩敏	墨灵	孔智	孟睿	荀慧	庄聪
×	韩敏	墨灵	孔智	荀慧	孟睿	庄聪	 （考生注意，此时孔智和孟睿的位置可以互换，荀慧和庄聪的位置也可以互换，周一一定就空下来了，与题干信息③矛盾） 根据上述，可得出墨灵的位置只能在星期一，因此答案选D。

9. 答案 E

题干信息	①孔智和孟睿之间相隔的天数=荀慧和庄聪之间相隔的天数（可能相隔0、1、2、3、4） ②墨灵｜韩敏（"｜"表示相邻位置） ③周一必须有人

	解题步骤
第一步	题干已知信息均不确定，但给出附加条件"孔智在周一、荀慧在周三"是个确定信息，可从附加条件入手。
第二步	若孔智和孟睿相隔天数=荀慧和庄聪相隔天数=0，此时几个人的位置关系可列表如下： | 星期一	星期二	星期三	星期四	星期五	星期六	星期日
---	---	---	---	---	---	---
孔智	孟睿	荀慧	庄聪	韩敏	墨灵	×
孔智	孟睿	荀慧	庄聪	×	韩敏	墨灵	 （考生注意，此时韩敏和墨灵的位置可以互换）
第三步	观察选项，可判定本题答案选E。考试时，以做出答案为优先，其他的情况就不用考虑啦！

10. 答案 D

11. 答案 C

题干信息	①小吴……小赵 ②小周……小郑、小李 ③小吴……小郑→小郑……小孙 ④小郑｜小赵（"｜"表示相邻位置） ⑤小周……小钱

专项七　方位排序题

(续)

	解题步骤
第一步	观察重复的人是"小周",因此可结合②和⑤可知,小周的东边有小钱、小郑、小李,故小周的位置只能是1、2、3、4。
第二步	再观察重复的人是"小赵",因此结合①和④可知小吴、小郑、小赵的位置关系是:小吴……小郑｜小赵。再结合②可得小吴、小郑、小钱、小周的位置关系是:(小周)、(小吴)、小郑｜小赵。考生注意,加上( )表示小周和小吴的位置不确定。
第三步	观察可得,小吴一定在小郑西边,也就是满足:小吴……小郑。进而代入③可得:小郑……小孙,也就是小孙在小郑的东边。由此可知小吴、小郑、小赵、小周、小孙的位置关系是:(小周)、(小吴)……小郑｜小赵……小孙。由此可得,第10题选D。
第四步	第11题补充条件:小周不在中间的位置(P)→小李和小钱都与小吴相邻(Q)。给出了一个假言判断条件,因此优先考虑肯定P位,或者是否定Q位。
第五步	由上题可知,小周的东边有小钱、小郑、小赵、小李、小孙,因此小周只能是1和2的位置,不可能是中间的位置,结合补充条件可得:小李和小钱都与小吴相邻。此时7个人的位置关系有如下可能: | 1 | 2 | 3 | 4 | 5 | 6 | 7 | |---|---|---|---|---|---|---| | 小周 | 小李 | 小吴 | 小钱 | 小郑 | 小赵 | 小孙 | (注意,小李和小钱的位置可以互换,小郑和小赵可以互换。) 逐一排除选项,可得第11题答案选C。

12. 答案 C

	解题步骤
第一步	可从确定信息"丙坐在1号座椅上"开始推理,则根据(1)可确定甲的位置(注意:左右是根据就餐人员面对桌子的朝向确定的),根据(3)可确定3号座椅在丙(即1号)右边的第一张座椅上。如图①所示,则甲只可能坐在2号、4号、5号座椅的其中一个,排除B选项。
第二步	假设甲坐2号座椅,根据(4)可知,丁坐在3号座椅上。如图②所示,则2个问号处位置有一个是5号座椅;但根据(2)乙坐在5号座椅左边第二张座椅上,即乙的位置是2号或者3号座椅,但是2号和3号已经确定有人坐,不可能是乙坐。故假设不成立,排除A选项。
第三步	假设甲坐在4号位置,根据条件(2),则4号座椅的右边是5号座椅(如果4号座椅的右边不是5号座椅,5号座椅只能在1号座椅左边,则根据(2),乙坐在4号,这与假设条件"甲坐在4号位置"矛盾,因此4号座椅的右边只能是5号座椅),即乙坐在3号座椅。根据条件(4)可知,丁坐在5号位置,戊坐在2号位置。如图③所示,假设成立。
第四步	假设甲坐在5号位置,根据条件(2),乙坐在1号位置,这与题干条件(5)矛盾,故假设不成立,排除D选项。综上所述,甲坐在4号座椅,即C选项。因此答案选C。

085

13. 答案 E

解题步骤	
第一步	画出圆桌，因为圆桌没有特定起始位置，则任选一个位置令甲坐下，进而根据题干信息可确定除乙和己的其他人的位置如右图所示。
第二步	由题干信息可知，若乙与戊相邻，则己与辛不相邻。 假设乙在位置②，与戊相邻，则己在位置①，与辛相邻，与题干信息矛盾； 因此乙在位置①，己在位置②。答案选 E。

14. 答案 E

题干信息	①张坐 1 号位置。（确定信息） ②王和李相邻。 ③赵和孙不相邻→陈和杨相邻。 ④陈和杨相邻→张和刘相邻。 ⑤刘坐 5 号位置。（确定信息）
解题步骤	
第一步	本题属于"排序"问题，优先从"确定的信息"出发。
第二步	根据条件①⑤可以推知，"张和刘不相邻"，将其代入到条件④中可得，"杨和陈不相邻"，将其代入到条件③中可知，"赵和孙相邻"。
第三步	分析题干中的图，此时空位有 2、3、4、6、7 和 8 号，结合上一步中得出的确定信息和条件②可知，"王和李相邻、赵和孙相邻、杨和陈不相邻"。此时若陈在 7 号位置，则此时题干图中只剩下一组相邻关系，与题干矛盾，因此答案选 E。

15. 答案 C

题干信息	①张坐 1 号位置。 ②王和李相邻。 ③赵和孙不相邻→陈和杨相邻。 ④杨和陈相邻→张和刘相邻。 ⑤陈坐 3 号位置。
第一步	问题问"可能为真"，因此我们可以采用代选项排除的方法。
第二步	若刘坐在 6 号位置，根据条件④可知，"杨和陈不相邻"，将其代入条件③中可推知，"赵和孙相邻"；结合条件②，此时王李和赵孙只能坐在 4 号和 5 号或者 7 号和 8 号的位置，杨只能在 2 号位置，与题干条件矛盾，因此排除 A 选项。 若刘坐在 7 号位置，根据条件④可知，"杨和陈不相邻"，将其代入条件③中可推知，"赵和孙相邻"；此时观察题干中的图，只剩下一组相邻关系，而题干要求赵和孙、王和李两组相邻，因此与题干矛盾，排除 B 选项。 若杨坐在 5 号位置，根据条件③中可推知，"赵和孙相邻"；此时图中同样只剩下一组相邻关系，与题干条件矛盾，因此排除 D 选项。 若杨坐在 7 号位置，根据条件③中可推知，"赵和孙相邻"；此时图中只剩下一组相邻关系，与题干条件矛盾，因此排除 E 选项。 答案选 C。

专项八

数据分析题

数据分析题重点考查考生运用数学思维，结合题干数据信息，进而得出结论的能力，属于考试中的难题，但是每年涉及的题目数量较少。考生可参考如下题型进行重点复习，在解题时可考虑两个思想：(1) 运用数学思维正向推理计算；(2) 运用举特例反证法。

题型1：比例问题

题干特点：题干围绕比例以及比例变化的趋势进行出题，要求考生判定某个元素在总群体中的变化。

应对技巧：明确比例描述的对象，运用比例的基本数学知识即可快速解题。

相关试题：可参考题01~08，不熟练的同学可补充学习《逻辑精点》强化篇第160~162页。

题型2：相容不相容问题

题干特点：题干围绕概念以及数据之间的关系进行划分，需要考生得出相应的数值或者是极值。

应对技巧：

(1) 针对概念间关系的问题，重点在于区分：
①两个概念是否属于同一划分标准下的概念；②区分两个概念间是否存在相容关系；③求出相应的极小值与极大值；④灵活运用假言规则。

应对技巧：

(2) 针对数据间关系的问题，重点在于区分：
①不同数值所代表的概念；②不同数值之间的关系；③列式求极值。

相关试题：可参考题09~13，不熟练的同学可补充学习《逻辑精点》强化篇第156~160页。

题型3：倍数问题

题干特点：题干围绕最小公倍数设计题目，要求得出"某几个元素在下一次相遇的极小值"。

应对技巧：明确不同元素的循环周期，利用最小公倍数求解。

相关试题：可参考题14~15，不熟练的同学可补充学习《逻辑精点》强化篇第165~166页。

数据分析的其他题型及变形，考生可学习《试题分册》中的题目，并结合《逻辑精点》强化篇相应内容进行复习提高，确保不丢分。

【题01】 崂山牌酸奶中含有丰富的亚1号乳酸，这种乳酸被全国十分之九的医院用于治疗先天性消化不良。

如果上述断定是真的，那么以下哪项也一定是真的？

Ⅰ. 全国有十分之九的医院使用崂山牌酸奶作为药用饮料。
Ⅱ. 全国至少有十分之一的医院不治疗先天性消化不良。
Ⅲ. 全国只有十分之一的医院不向患有先天性消化不良的患者推荐使用崂山牌酸奶。

A. 仅仅Ⅰ。 B. 仅仅Ⅱ。 C. 仅仅Ⅲ。
D. 仅仅Ⅰ和Ⅱ。 E. Ⅰ、Ⅱ和Ⅲ都不一定是真的。

【题02】南京某医院整形美容中心对接受整形手术者的统计调查表明，对自己的孩子选择做割双眼皮、垫鼻梁等整形手术，绝对支持的家长高达85%，经过子女做思想工作同意孩子整形的占10%，家长对子女整形的总支持率达到了95%，比两年前50%的支持率高出了近一倍。

以下哪一项陈述最适合作为从上面的论述中推出的结论？
A. 95%的家长支持自己的孩子做整形手术。
B. 坚决不同意自己的孩子做整形手术的家长不超过5%。
C. 10%做整形手术的孩子给家长做了思想工作。
D. 95%做整形手术的孩子得到了家长的同意。
E. 5%的家长不支持自己的孩子做整形手术。

【题03】一项实验正研究致命性肝脏损害的影响范围。暴露在低剂量的有毒物质二氧化硫中的小白鼠，65%死于肝功能紊乱。然而，所有死于肝功能紊乱的小白鼠中，90%并没有暴露在任何有毒的环境中。

以下哪项可为上述统计数据差异提供合理的解释？
A. 导致小白鼠肝脏疾病的环境因素与非环境因素彼此完全不同。
B. 仅有一种因素导致小白鼠染上致命性肝脏疾病。
C. 环境中的有毒物质并非对小白鼠的肝脏特别有害。
D. 在被研究的全部小白鼠中，仅有小部分暴露于低剂量的二氧化硫环境中。
E. 大多数小白鼠在暴露于低剂量的二氧化硫环境之后并没有受到伤害。

【题04】某国政府公布的数字显示在2010年公共部门和私人部门雇用了相同数量的雇员。根据政府的数据，在2010年到2014年之间，公共部门减少的就业总量多于私人部门增加的就业总量。

根据上述政府数据，如果在2010年和2014年该国的失业率相同，下面哪一项关于该国的陈述一定是正确的？
A. 按照政府统计，2014年的劳动力数量少于2010年。
B. 从2010年到2014年间，对已有工作的竞争加强了。
C. 政府统计的总就业数量，从2010年到2014年有所增加。
D. 在2010年和2014年被政府统计为失业的人数量相等。
E. 在2014年，有更多人愿意在私人部门工作。

【题05】2016年数字阅读市场规模已突破百亿元大关，站上120亿元历史新高，增长率达25%，同比提升6.5个百分点。2017年，预计中年女性读者的数目将持续增加，但是其增长速度低于读者总量的增长速度。

下列哪一句直接与上述信息矛盾？
A. 在读者总量中，中年女性读者的数目在2017年略微增长。
B. 中年男性和中年女性读者的比例在2016年和2017年保持一致。
C. 读者总量中中年女性读者的比例从2016年的42%下降到2017年的38%。
D. 中年女性读者在读者总量中的比例从2016年的39%增加到2017年的41%。
E. 读者总量的增长率和青年男性读者的增长率在2017年同时增加。

【题06】在一项关于公民阅读习惯的问卷调查中，参与调查的受访者，90后占15.8%，80后占36.7%，70后占34.2%，60后占13.3%。学历为初中及以下的受访者占0.8%，高中学历的占6.9%，大学专科学历的占20.7%，大学本科学历的占65.7%，硕士研究生占5.2%，博士研究生占0.7%。

根据以上信息，可以得出受访者中一定存在以下哪项？
A. 学历为博士的60后。 B. 学历为硕士的70后。 C. 学历为本科的70后。
D. 学历为本科的80后。 E. 学历为专科的90后。

【题07】某宿舍住着若干个研究生。其中，1个是大连人，2个是北方人，1个是云南人，2个人这学期只选修了逻辑哲学，3个人这学期选修了古典音乐欣赏。

假设以上的介绍涉及了此寝室中所有的人，那么，该寝室中最少可能是几个人？最多可能是几个人？

A. 最少可能是 3 人，最多可能是 8 人。　　B. 最少可能是 5 人，最多可能是 8 人。
C. 最少可能是 5 人，最多可能是 9 人。　　D. 最少可能是 3 人，最多可能是 9 人。
E. 无法确定。

08~09题基于以下题干：

王红、李铁、陈武、刘建、周彬五个人一起参加公务员录用考试，试题中包括十道判断题。判断正确得1分，判断错误倒扣1分，不答则不得分也不扣分。五个人的答案如下：

	第一题	第二题	第三题	第四题	第五题	第六题	第七题	第八题	第九题	第十题
王红	√	√	√	不答	×	√	×	×	√	×
李铁	√	√	×	×	不答	×	√	√	×	√
陈武	×	√	×	×	√	√	√	×	√	不答
刘建	×	×	√	√	√	√	√	√	√	√
周彬	√	√	×	√	×	×	×	√	√	√

已知五个人的得分依次分别为 5、-1、3、0、4。

【题08】根据上述条件可得，陈武和周彬答对的个数分别是几个？
A. 6 和 5。　　B. 7 和 6。　　C. 5 和 6。　　D. 6 和 7。　　E. 3 和 3。

【题09】根据上述条件，以下哪项一定正确？
A. 第四题错误。　　B. 第三题正确。　　C. 第二题正确。
D. 第九题错误。　　E. 第十题正确。

【题10】重点高中规定：只要在国家数理化三门科目竞赛中某一门获得一等奖及以上，就能保送清华大学；只有全年级前十名，才能保送北京大学。高三（二）班一共有50名学生，根据统计，一共有3人一次或者多次获得过国家数理化竞赛的一等奖，但他们的成绩都没有排名年级前十；另外有2人分别排名年级第4和第7名。据此，校长认为，高三（二）班一共有3名同学保送清华大学；而教导主任认为，高三（二）班一共有2名同学保送北京大学。

以下哪项是对校长和教导主任看法的评价？
A. 两个人的看法都不正确。　　B. 两个人的看法都正确。
C. 校长看法正确，教导主任看法不正确。　　D. 教导主任看法正确，校长看法不正确。
E. 如果校长看法不正确，那么教导主任看法正确。

【题11】杉杉外国语大学规定"只有成绩优良并且每学期参加社会工作满10小时以上，才能获得优秀毕业生资格"，同时规定"只要成绩优良并且每学期参加社会工作满10小时以上，就能够得到政府工作推荐"。根据统计，杉杉外国语大学西班牙语专业2020级毕业生一共有29名，其中成绩优良的一共17人，每学期参加社会工作满10小时以上的一共23人。

根据以上统计数据，关于杉杉外国语大学西班牙语专业2020级毕业生的以下断定哪项一定为真？
A. 一共有 11 名毕业生既获得优秀毕业生资格又得到政府工作推荐。
B. 一共至少有 11 名毕业生既获得优秀毕业生资格又得到政府工作推荐。
C. 一共至多有 11 名毕业生既获得优秀毕业生资格又得到政府工作推荐。
D. 一共至少有 17 名毕业生既获得优秀毕业生资格又得到政府工作推荐。
E. 一共至多有 17 名毕业生既获得优秀毕业生资格又得到政府工作推荐。

【题12】生态有机果园为了进行育种试验,今年仅仅种植了两种果树,其中梨树的数量比杏树的数量多;到了收获季节,已经结果的果树数量比没有结果的果树数量多。

根据以上信息,以下哪项一定为真?

A. 梨树上结的果实比杏树上结的果实多。 B. 有些梨树结果了。
C. 有些杏树结果了。 D. 有些梨树没有结果。
E. 结果的梨树比结果的杏树数量多。

【题13】某市实行人才强省战略,2019年从国内外引进各类优秀人才1000名,其中,管理类人才361人,非管理类不具有博士学位的人才250人,国外引进的非管理类人才206人,国内引进的具有博士学位的252人。

根据以上陈述,可以得出以下哪项?

A. 国内引进的具有博士学位的管理类人才少于70人。
B. 国内引进的具有博士学位的管理类人才多于70人。
C. 国外引进的具有博士学位的管理类人才少于70人。
D. 国外引进的具有博士学位的管理类人才多于70人。
E. 以上判断都不一定为真。

【题14】某国著名数字乐团成立26周年,于是决定做纪念版唱片回馈粉丝,需要在粉丝网上排号申请。每份唱片都有一个两位数编码,第一位数是0~9顺序排列,第二位数是26个英文字母A~Z顺序排列。例如在粉丝网上第一个申请的人,将会领到印有0A的唱片,第二个则为1B,第三个则为2C……当粉丝小高得知这个消息,去申请的时候,她已经排到了1721号。

那么小高将来领到的唱片会印有什么样的编码?

A. 0A B. 0E C. 3D D. 1M E. 3A

【题15】阳光小区的模范家庭——温馨小屋也就是小李家。他们家时常在家里人都有空的时间组织外出踏青或者其他家庭活动。温馨小屋是一个三口之家,爸爸在民航工作,每3天休息一天;妈妈是医生,每5天休息一天;豆豆在外地上学,每6天回一次家。这周日一家三人刚刚一起去看了场电影,他们约定下次一起在家的时候就去欢乐谷,你知道他们最早在周几去吗?

A. 周一。 B. 周二。 C. 周三。 D. 周六。 E. 周日。

●●●●●● **精点解析** ●●●●●●

1. 答案 E

题干信息	① 崂山牌酸奶中含有丰富的亚1号乳酸。 ② 亚1号乳酸被全国十分之九的医院用于治疗先天性消化不良。	
选项	解释	结果
Ⅰ	由②可知,题干强调的是全国十分之九的医院把亚1号乳酸当作药用,而未必是都把崂山牌酸奶当作药用饮料,因为题干没有限定:只有崂山牌酸奶含有亚1号乳酸,完全有可能用其他含有亚1号乳酸的酸奶。	可能真
Ⅱ	题干中断定的是:全国十分之九的医院都使用亚1号乳酸治疗先天性消化不良,从中可以推出全国有十分之一的医院或者不治疗先天性消化不良,或者治疗先天性消化不良但不使用亚1号乳酸,而不能推出全国至少有十分之一的医院不治疗先天性消化不良。	可能真
Ⅲ	同Ⅱ,也不能推出全国只有十分之一的医院不向患有先天性消化不良的患者推荐使用崂山牌酸奶。	可能真

2. 答案 D

题干信息	① 对接受整形手术者的统计，对自己的孩子选择做割双眼皮、垫鼻梁等整形手术，绝对支持的家长高达85%； ② 对接受整形手术者的统计，经过子女做思想工作同意孩子整形的占10%； ③ 对接受整形手术者的统计，家长对子女整形的总支持率达到了95%，比两年前50%的支持率高出了近一倍。
解题步骤	
第一步	考生注意，紧扣题干论证的是"接受整形手术的孩子"，而不是"孩子的家长"，因此可快速排除A、B和E三个选项，这三个选项的核心词都是"孩子的家长"，由于题干涉及的家长只是一部分，而非全部的家长，因此无法得出相关信息。
第二步	C选项显然偷换题干概念，题干强调的是经过子女做思想工作同意孩子整形的占10%，还存在经过子女做思想工作仍然没同意的可能，因此给家长做思想工作的比例应该至少10%才对。D选项可结合题干信息②和③联合推出。

3. 答案 D

题干信息	"暴露在低剂量的有毒物质二氧化硫中的小白鼠，65%死于肝功能紊乱"与"所有死于肝功能紊乱的小白鼠中，90%并没有暴露在任何有毒的环境中"的差异。
解题步骤	
第一步	分析题干差异，题干涉及比例，考生注意，一般需要分析题干涉及的比例关系。第一个65%的比例关系为：死于肝功能紊乱的小白鼠/全部置于低剂量有毒化学物二氧化硫中死亡的小白鼠。第二个90%的比例关系为：没有置于有毒环境中并且死于肝功能紊乱的小白鼠/全部死于肝功能紊乱的小白鼠。
第二步	显然最好的解释应该指出置于有毒化学物质二氧化硫中死亡的小白鼠在整个小白鼠中所占的比例，D选项直接说明，由于全部置于有毒物质中的小白鼠少，那么这些小白鼠很可能是由于有毒化学物质导致肝功能紊乱，进而导致死亡；而大部分小白鼠没有置于有毒物质中，因此可能是其他原因导致肝功能紊乱，进而导致死亡。两个比例并不矛盾，D选项是很好的解释。

4. 答案 A

题干信息	① 在2010年公共部门和私人部门雇用了相同数量的雇员。 ② 根据政府的数据，在2010年到2014年之间，公共部门减少的就业总数多于私人部门增加的就业总量。 ③ 在2010年和2014年该国的失业率相同。
解题步骤	
第一步	由信息③失业率相同可以推出就业率相同。具体公式：就业率=就业人数/总劳动力=（总劳动力-失业人数）/总劳动力=1-失业率。
第二步	由信息②可知就业人数总量减少。
第三步	就业率=就业人数/总劳动力。就业人数减少，要想达到就业率不变，总劳动力数量应该降低。故答案为A。

5. 答案 D

	解题步骤
第一步	抓住题目考点：中年女性读者的数目持续增加，但是其增长速度低于读者总量的增长速度。
第二步	假设 2016 年读者总量中中年女性读者的比例为 A/B，由题干最后一句话可知，到 2017 年，A 的增长率小于 B 的增长率，因此 2017 年读者总量中中年女性读者的比例一定小于 2016 年，因此答案选 D。 B 选项中读者总量除了中年女性以外，还包括中年男性、青年男性、青年女性等多种群体，因此中年男性和中年女性读者的比例保持一致是有可能的。

6. 答案 D

	解题步骤
第一步	整理题干信息，可列表如下： | 年龄	比例	学历	比例
---	---	---	---
90后	15.8%	初中及以下	0.8%
80后	36.7%	高中	6.9%
70后	34.2%	专科	20.7%
60后	13.3%	本科	65.7%
—	—	硕士研究生	5.2%
—	—	博士	0.7%	
第二步	根据上表进行分析： 由于调查的人群是相同的，因此若年龄占比+学历占比超过100%，则说明年龄和学历之间存在重合，观察选项发现，80 后占比（36.7%）+大学本科占比（65.7%）= 102.4%>100%，因此一定存在学历为本科的 80 后，答案选 D。

7. 答案 B

	解题步骤
第一步	本题一共涉及 9 个身份，但各种身份之间存在相容关系，因此需具体判定。
第二步	由于北方人和云南人一定没有交集，但大连人一定是北方人，故涉及省份的人有 3 个；由于 2 个人只选修了逻辑哲学，此时与 3 个选修古典音乐欣赏的人一定没有交集，此时涉及选修课程的有 5 个人。
第三步	由于省份和选修课程之间可能是相容的（即有交集），故至少 5 个人；也可能是不相容的（即没有交集），故至多可能有 8 个人。因此答案选 B。

8. 答案 D

	解题步骤
第一步	已知陈武得 3 分。观察陈武的答题情况，有一道题没有答，不得分也不扣分，剩余 9 道题答对 6 道，答错 3 道，且没有其他情况。
第二步	已知周彬得 4 分。观察周彬的答题情况，每道题都作答了，因此他答对 7 道，答错 3 道，且没有其他情况。答案选 D。

9. 答案 C

	解题步骤
第一步	结合上一题中，陈和周分别得 3 分和 4 分，两人一共答对了 13 道题，而一共只有 10 道题，因此两人至少同时答对了 3 道题目。观察两人的答题情况，恰好第二、三、九题答案相同，因此这 3 道题两人一定都答对了。又因为两人有 6 道题答案不一致，而恰好两人错题数之和为 6，因此第十题周的答案正确。
第二步	因为刘得了零分，且每道题都作答了，所以他错了 5 道，对了 5 道。刘和周一共答对了 12 道题，因为一共只有 10 道题，因此两人至少有两道题同时答对了，观察两人答题情况，可知两人第四、七题答案一样，因此这两题两人均答对了。根据答对的题目，再结合答案进行推理，可知第二题正确。答案选 C。

10. 答案 A

题干信息	① 在国家数理化三门科目竞赛某一门获一等奖及以上→保送清华 ② 保送北大→全年级前十名 ③ 共有 3 人一次或者多次获得国家数理化竞赛一等奖∧没有排名前十。 ④ 有 2 人排名前十。

	解题步骤
第一步	由条件①③可知至少有 3 人保送清华。考生注意，这是个易错点。如果 P，那么 Q，在比较数量关系时，应该是 P≤Q，因为有 P 为真，一定有 Q 为真，但没有 P 为真时，Q 也可能为真。本题中，就可能存在其他条件也能保送清华，故保送清华的人至少有 3 个人。
第二步	由条件②④可知排名前十的 2 人可能保送北大，但不一定保送北大。考生注意，只有 Q，才 P，在比较数量大小时，不满足 Q，一定不满足 P，但满足了 Q，也未必就满足 P，故此时只能知道至多有 2 个人保送北大。
第三步	由前两步分析可知，正确答案选 A。

11. 答案 E

题干信息	①获得优秀毕业生资格(P1)→成绩优良∧每学期参加社会工作满 10 小时以上(Q1)； ②成绩优良∧每学期参加社会工作满 10 小时以上(P2)→得到政府工作推荐(Q2)； ③共 29 人，其中成绩优良的一共 17 人，每学期参加社会工作满 10 小时以上的一共 23 人。

	解题步骤
第一步	本题首先考查概念间的相容关系，考虑成绩优良与每学期参加社会工作满 10 小时以上的人可能有交集，也可能没交集，则满足"成绩优良∧每学期参加社会工作满 10 小时以上"的人至少有 11 人（6 个参加社会工作不满 10 小时的人恰好是 17 个成绩优良中的 6 个），至多有 17 人（17 个成绩优良的人全部都是参加社会工作满 10 小时的人）。
第二步	本题其次考查的是联言判断的真假判定规则，基于选项全部都是"获得优秀毕业生资格∧得到政府工作推荐"这个判断，由于一定存在：成绩优良∧每学期参加社会工作满 10 小时以上的人，代入②可得出，得到政府工作推荐为真；但代入①可得出，获得优秀毕业生资格无法判断真假，故"获得优秀毕业生资格∧得到政府工作推荐"这个判断也无法得出一定真，此时可快速淘汰"至少"，考生想想为什么？

（续）

	解题步骤
第三步	本题最后还考查的是假言判断的数量关系，考生注意，P→Q 为真时，满足 P 一定可以得出 Q 为真，但不满足 P 为真时，Q 也仍然有可能为真。因此只能得出至多有 17 人获得优秀毕业生资格∧得到政府工作推荐，因此答案选 E。
提　示	本题考查的考点很多，属于综合推理中的难题，考生一定仔细体会。

12. 答案 B

	解题步骤
第一步	明确划分对象及划分标准。 划分对象：生态有机果园。划分标准：①梨树、杏树；②结果的果树、没结果的果树。
第二步	画出相应二维表格。 |	梨树	杏树
---	---	---
结果的果树	A	B
没结果的果树	C	D	
第三步	观察得出结论： Ⅰ．梨树的数量比杏树数量多＝A+C>B+D； Ⅱ．结果的果树比没结果的果树多＝A+B>C+D。 综上，">"左右两边相加可得：A+C+A+B>B+D+C+D。故可得：A>D，由于果树的数量不能"<0"，因此 A 一定存在，故答案选 B。

13. 答案 A

	解题步骤
第一步	根据题干划分标准可画表格如下： |	博士管理人才	无博士管理人才	博士非管理人才	无博士非管理人才
---	---	---	---	---
国内	A	B	C	D
国外	E	F	G	H	
第二步	根据题干信息列式： ①A+B+C+D+E+F+G+H=1000；②A+B+E+F=361；③C+D+G+H=639； ④D+H=250；⑤G+H=206；⑥A+C=252。 观察选项提及了两个概念，即 A 和 E，根据已知信息 E 不能判断，但可以判断 A。④+⑤+⑥-③得：A+H=69。 整理可得 A≤69 人，答案选 A。

14. 答案 B

	解题步骤
第一步	观察题干发现，这是一个类似于天干地支问题，可用"求余数"的方法解决。数字编码和字母编码分别按照 0~9 和 26 个英文字母循环，则可分别将数字编码和字母编码求出。

（续）

	解题步骤
第二步	数字编码：1721 除以 10，余数为 1，即进行完若干个循环后，数字编码为 0~9 中的第一个数字，为 0。 字母编码：1721 除以 26，余数为 5，即进行完若干个循环后，字母编码为 26 个字母中的第五个字母，为 E。 因此小高领到的唱片的编码为 0E。答案选 B。

15. 答案 B

	解题步骤
第一步	根据三个人休息的规律，可作如下表： |	休息日	休息日	休息日	休息日	休息日	休息日	休息日
---	---	---	---	---	---	---	---
爸爸	周日	周三	周六	周二	周五	周一	周四
妈妈	周日	周五	周三	周一	周六	周四	周二
豆豆	周日	周六	周五	周四	周三	周二	周一	
第二步	分析可知，3、5 和 6 中，因为 5 和 6 是互质数，所以 5 和 6 的最小公倍数是：5×6 = 30（天）；三人同一天休息是间隔 30 天。一周七天。30÷7 = 4…2（天），这次是周日，下次最早也应该是周二。因此答案 B。

专项九

削　弱

应试技巧点拨

削弱，主要是指反驳、质疑题干的观点或论证关系，是考试中重点考查的题型，考生需紧扣如下原则解题：

1. 考生在解题时，首先通过观察问题锁定题型，然后寻找"结论"，以及与之对应的"前提"。

（1）若题干问题针对论证关系，也就是针对"前提→结论"是否能够成立进行评价，此时针对论证关系的质疑是力度最强的削弱；若选项均针对关系进行削弱时，要重点考虑"量度词"和"话题的相关性"对削弱力度的影响。

常见的结构有：①指出 X 和 Y 无关；②指出以偏概全；③指出类比不当；④指出数字类谬误等。

（2）若题干问题不涉及论证关系，仅仅针对结论进行评价，此时针对结论进行质疑是最强的削弱，筛除干扰项时，重点考虑"态度"和"与结果的相关性"对力度强弱的影响。

2. 如题干通过"因果关系"构造了论证关系，此时针对"因果关系"的削弱，有 4 种常见表达：

（1）因果倒置（一般力度最强，考试时优先考虑作为正确答案）。

（2）存在他因（主要原则为：否定题干本因的选项削弱力度强于不否定题干本因的选项）。例如：

题干论证，因为吸烟，所以人们得肺癌。

选项 A：不是吸烟，而是雾霾使得人们得肺癌。

选项 B：雾霾使得人们得肺癌。

此时，A 选项的削弱力度便强于 B 选项。

（3）有因无果（一般体现为类比削弱，若选项的对象与题干的对象具有可比性，则力度很强）。

（4）无因有果。

3. 如题干通过"求同法""求异法"构造了论证关系，此时针对"差比关系"的削弱，紧扣如下原则：

（1）针对求同法：前提相同（唯一）+前提差异→结果相同。

削弱：①前提相同并不存在；②前提相同并不唯一（前提有其他相同点）。

（2）针对求异法：前提相同+前提差异（唯一）→结果差异。

削弱：①前提差异并不存在；②前提差异并不唯一（前提有其他差异）。

4. 针对"方法可行"的削弱，主要体现为质疑"方法对于目的的可行性"。

削弱：①方法不能找到；②方法不可行，不能达到目的；削弱力度①强于②。

针对上述原则与技巧，考生可：（1）完成下列练习，熟练掌握上述技巧；（2）对应《逻辑精点》强化篇第 233~256 页，梳理知识体系框架。

练习一

【题 01】一位海关检查员认为，他在特殊工作经历中培养了一种特殊的技能，即能够准确地判定一个人是否在欺骗他。他的根据是，在海关通道执行公务时，短短的几句对话就能使他确定对方是否可疑；而在他认为可疑的人身上，无一例外地都查出了违禁物品。

以下哪项如果为真，能削弱上述海关检查员的论证？

Ⅰ．在他认为不可疑而未经检查的入关人员中，有人无意地携带了违禁物品。
Ⅱ．在他认为不可疑而未经检查的入关人员中，有人有意地携带了违禁物品。
Ⅲ．在他认为可疑并查出违禁物品的入关人员中，有人无意地携带了违禁物品。

A. 只有Ⅰ。　　B. 只有Ⅱ。　　C. 只有Ⅲ。　　D. 只有Ⅱ和Ⅲ。　　E. Ⅰ、Ⅱ和Ⅲ。

【题02】在一项调查中，对"如果被查出患有癌症，你是否希望被告之真相"这一问题，80%的被调查者作了肯定回答。因此，当人们被查出患有癌症时，大多数都希望被告之真相。

以下各项如果为真，都能削弱上述论证，除了？

A. 上述调查的策划者不具有医学背景。
B. 上述问题的完整表述是：作为一个意志坚强和负责任的人，如果被查出患有癌症，你是否希望被告之真相？
C. 在另一项相同内容的调查中，大多数被调查者对这一问题做了否定回答。
D. 上述调查是在一次心理学课堂上实施的，调查对象受过心理素质的训练。
E. 在被调查时，人们通常都不讲真话。

【题03】21世纪初，小普村镇建立了洗涤剂厂，当地村民虽然因此提高了收入，但工厂每天排出的大量污水，使村民们忧心忡忡：如果工厂继续排放污水，他们的饮用水将被污染，健康将受到影响。然而，这种担心是多余的。因为2021年对小普村镇村民的健康检查发现，几乎没人因水污染而患病。

以下哪项如果为真，最能质疑上述论证？

A. 2021年，上述洗涤剂厂排放的污水量是历年中较小的。
B. 2021年，小普村镇的村民并非全体参加健康检查。
C. 在2021年，上述洗涤剂厂的生产量减少了。
D. 合成洗涤剂污染饮用水导致的疾病需要多年后才会显现出来。
E. 合成洗涤剂污染饮用水导致的疾病与一般疾病相比更难检测。

【题04】手球比赛的目标是将更多的球攻入对方球门，从而比对方得更多的分。球队的一名防守型选手专门防守对方的一名进攻型选手。旋风队的陈教练预言在下周手球赛中本队将战胜海洋队。他的根据是：海洋队最好的防守型选手将防不住旋风队最好的进攻型选手曾志强。

以下哪项如果为真，最能削弱陈教练的上述预言？

A. 近年来，旋风队输的场次比海洋队多。
B. 海洋队防守型选手比旋风队的防守型选手多。
C. 旋风队最好的防守型选手防不住海洋队最好的进攻型选手。
D. 曾志强不是旋风队最好的防守型选手。
E. 海洋队最好的进攻型选手防不住旋风队最好的防守型选手。

【题05】中秋节来临，某超市为了吸引消费者，推出了一次购物满500元赠送一盒月饼的促销活动。超市经理说，促销活动开始以来收银机单次进款500元以上的单子增加了近30%，这表明促销活动很成功，达到了扩大市场份额的目的。

如果以下陈述为真，哪一项最有力地削弱了经理的断言？

A. 习惯于小额购物的顾客不太会受促销活动影响。
B. 有些在活动期间一次购物满500元的顾客，平时购物也总是高于500元。
C. 促销活动中，大多数一次购物满500元的人是这家超市的长期顾客，他们增加单次购物的额度，却减少了购物的次数。
D. 被促销活动吸引到该超市购物的顾客在活动结束后可能不会再来了。
E. 在中秋节期间，即使是不促销，收入也能有一定幅度的上升。

【题 06】 东部地区地方政府的平均财政收入远远高于西部地区地方政府，但财政支出却少得多。因为，仅仅去年，东部地区地方政府批准的财政支出项目平均是 177 个，而在西部地区，这一数字却是 323，接近东部地区的 2 倍。

以下哪项如果为真，最能质疑上述论证？

A. 不同的财政支出项目所涉及的财政支出额度是不同的，西部地区往往缺少大型的基建项目，因此平均每个财政支出项目的额度远小于东部地区。
B. 西部开发政策使西部地区的地方政府承担比东部更多的建设职能，因此，地方政府财政支出比较大。
C. 财政支出项目有许多涉及公务员的收入、福利等，东西部地方政府在这方面差距很大。
D. 政府的开支预算需要由人民代表大会来批准，不同地区人民代表大会与其政府的关系会影响到财政支出预算的批准。
E. 尽管存在一些差别，但是近年来，东西部地区地方政府收入都随着各地开发房地产的开发热潮而明显增多。

【题 07】 卫生部的报告表明，这些年来医疗保健费的确是增加了。可见，我们每个人享受到的医疗条件大大改善了。

以下哪项为真，最能削弱题干的论证？

A. 医疗保健费的绝大部分用在了对高危病人的高技术强化护理上。
B. 在不增加费用的情况下，我们的医疗条件也可能提高。
C. 国家给卫生部的拨款中有 70%用于基础设施的建设。
D. 老年慢性病的护理费用是非常庞大的。
E. 每个公民都有享受国家提供的医疗保健的权利。

【题 08】 西华科技大学社会学家李副教授通过对当地已婚者和离婚者展开的调查发现，恋爱时间较长的夫妻，婚后闹分手的概率会比那些恋爱时间较短的夫妻低。于是李副教授得出结论，要想以后的婚姻更稳固，必须延长恋爱时间。

以下哪项如果为真，最能削弱上述结论？

A. 恋爱谈得越长，两人结婚的可能性会越低。
B. 情侣在恋爱期是否深入了解彼此比恋爱时间长短更重要。
C. "一见钟情式"的速成婚姻容易破碎。
D. 恋爱时间长的人，往往会忘记恋爱的目的是婚姻。
E. 婚姻的稳定状况仅取决于人们的经济水平与价值观是否契合。

【题 09】 2011 年 7 月，美国房利美和房地美（简称"两房"）从纽约证券交易所退市，持有巨额"两房"债券的中国能否安全地收回投资？某专家认为，美国政府不会对"两房"坐视不管。2008 年次贷危机最严重时，美国政府曾向"两房"提供了 2000 亿美元资金。只要美国主权信用等级不被降低，"两房"债券的价格就不会受其股价太大的影响。

如果以下哪项陈述为真，将对这位专家的观点构成最严重的质疑？

A. "两房"债券并没有得到美国政府的信用担保。
B. "两房"2011 年第一季度亏损 211 亿美金，第二季度亏损 60 亿美金。
C. 中国没有投资"两房"股票，目前"两房"退市对其债券尚未造成负面影响。
D. "两房"股价分别从最高时 80 多美元和 140 多美元跌到目前 1 美元以下，"两房"已接近破产的边缘。
E. 美国的主权信用等级没有被降低，但"两房"股票价格大幅下跌，"两房"已多次呼吁美国政府救市。

【题 10】 李强说："我认识了 100 个人，在我所认识的人中没有一个是失业的，所以中国的失业率一定是很低的。"

以下哪项最能反驳李强的推理？
A. 李强所认识的人中有小孩。
B. 李强所在城市的失业率和其他城市不一样。
C. 由于流动人口的存在，很难计算失业率。
D. 李强认识的绝大多数是单位的同事。
E. 李强本人不是失业者。

【题 11】 很多人认为网恋不靠谱。芝加哥大学的一个研究小组对 1.9 万名在 2005~2012 年间结婚的美国人进行在线调查后发现，超过三分之一的人是通过约会网站或 Facebook 等社交网络与其配偶认识的；这些被调查对象总的离婚率远低于平均离婚率。这项调查表明，网恋在成就稳定的婚姻方面是很靠谱的。
如果以下陈述为真，哪一项最有力地质疑了上述论证？
A. 与网恋相比，工作联系、朋友介绍、就读同一所学校是觅得配偶更为常见的途径。
B. 被调查对象的结婚时间比较短。
C. 该项研究背后的资助者是某家约会网站。
D. 仍遵循传统的线下约会方式的人，不是年龄特别大就是特别年轻。
E. 很多稳定婚姻的双方除了通过网恋认识，还有在亲朋好友的见证下长时间的热恋经历。

【题 12】 地球和月球相比，有许多共同属性，如它们都属太阳系星体，都是球形的，都有自转和公转等。既然地球上有生物存在，因此，月球上也很可能有生物存在。
以下哪项如果为真，则最能削弱上述推论的可靠性？
A. 地球和月球大小不同。
B. 月球上同一地点温度变化极大，白天可上升到 100℃，晚上又降至 -160℃。
C. 月球距地球很远，不可能有生物存在。
D. 地球和月球生成时间不同。
E. 地球和月球旋转速度不同。

【题 13】 高脂肪、高糖含量的食物有害人的健康。因此，既然越来越多的国家明令禁止未成年人吸烟和喝含酒精的饮料，那么，为什么不能用同样的方法对待那些有害健康的食品呢？应该明令禁止 18 岁以下的人食用高脂肪、高糖食品。
以下哪一项如果为真，最能削弱上述建议？
A. 许多国家已经把未成年人的标准定为 16 岁以下。
B. 烟、酒对人体的危害比高脂肪、高糖食品的危害要大。
C. 并非所有的国家都禁止未成年人吸烟喝酒。
D. 禁止有害健康食品的生产，要比禁止有害健康食品的食用更有效。
E. 高脂肪、高糖食品主要危害中年人的健康。

【题 14】 一项调查结果显示：78% 的儿童中耳炎均来自二手烟家庭，研究人员表示，二手烟环境会增加空气中的不健康颗粒，其中包括尼古丁和其他有毒物质。与居住在无烟环境的孩子相比，居住于二手烟环境的孩子患中耳炎几率更大。因此医学专家表示，父母等家人吸烟，是造成儿童罹患中耳炎的重要原因。
以下哪项如果为真，最能削弱上述论述？
A. 调查中还显示，无烟家庭的比率呈逐年上升的趋势。
B. 研究证明，二手烟家庭中儿童中耳炎的治愈率较高。
C. 门诊数据显示，儿童中耳炎就诊人数下降了 4.6%。
D. 在这次调查的人群中，只有 20% 的儿童来自无烟家庭。
E. 题干调查中所选取的样本规模过小。

【题 15】 自 1940 年以来，全世界的离婚率不断上升。因此，目前世界上的单亲儿童，即只与生身父母中的某一位一起生活的儿童，在整个儿童中所占的比例，一定高于 1940 年。

以下哪项关于世界范围内相关情况的断定，如果为真，最能对上述推断提出质疑？

A. 1940 年以来，特别是 70 年代以来，相对和平的环境和医疗技术的发展，使中青年已婚男女的死亡率极大地降低。
B. 1980 年以来，离婚男女中的再婚率逐年提高，但其中的复婚率却极低。
C. 目前全世界儿童的总数，是 1940 年的两倍以上。
D. 1970 年以来，初婚夫妇的平均年龄在逐年上升。
E. 目前每对夫妇所生子女的平均数，要低于 1940 年。

精点解析

1. 答案 D

题干信息	前提：认为可疑的人身上，无一例外地都查出了违禁品。→结论：准确地判定一个人是否在欺骗他。	
选项	解释	结果
Ⅰ	无意携带，说明主观上没有故意欺骗的意图，同时海关检查员也认为不可疑，不能由此就判定海关检查员的判断正确与否，故不能削弱。	不能削弱
Ⅱ	有意携带，但却认为不可疑，说明没有发现刻意的欺骗，能削弱。	能削弱
Ⅲ	无意携带，说明主观上没有故意欺骗的意图，但海关检查员却认为可疑，说明海关检查员的判定不准确，能削弱。	能削弱

2. 答案 A

题干信息	前提：80% 的被调查者对"如果被查出患有癌症，你是否希望被告之真相"这一问题作了肯定回答。→结论：当人们被查出患有癌症时，大多数都希望被告之真相。	
选项	解释	结果
A	考生注意，一般直接否定"调查"设计，通常很难削弱论证，本题论证实际涉及的是"社会学"领域而非"医学"领域。	正确
B	选项说明调查样本选择有问题，如果被调查者原本都是坚强的人，那就无法得出"大多数人"，能削弱。	淘汰
C	直接削弱，说明该调查未必具有代表性。	淘汰
D	说明调查对象影响了结论，结论很可能并没有反映相关事实，削弱了论证。	淘汰
E	说明结论的得出未必是真实的，削弱了论证。	淘汰

3. 答案 D

题干信息	前提：2021 年检查，几乎没有人因水污染而患病→结论：村民健康不会因水污染而受影响。	
选项	解释	结果
A	选项指出排放的污水量比较小的情况下，村民没有人患病，在某种程度上起到了加强的作用，说明只要控制排放量，就不会影响村民的健康。	淘汰

(续)

选项	解释	结果
B	无需全体，只要有足够代表性就好。	淘汰
C	与题干论证关系无关。	淘汰
D	选项指出疾病会在多年后显现出来，那么2021年的检测结果就无法代表将来的结果，直接削弱题干的论证关系，力度最强。	正确
E	选项指出"更难检测"，但不等于"不能检测"，故削弱力度有限。	淘汰

4. 答案 C

题干信息	前提：海洋队最好的防守型选手将防不住旋风队最好的进攻型选手曾志强。→结论：旋风队将战胜海洋队。	
选项	解释	结果
A	选项不涉及海洋队和旋风队之间交手的胜负情况。	淘汰
B	防守型选手的"数量"不等于"防守的能力"，故削弱力度有限。	淘汰
C	选项最能削弱，考生试想，比赛胜负需要考虑双方，题干前提只涉及海洋队最好的防守型选手防不住旋风队最好的进攻型选手，但是旋风队最好的防守型选手是否能防住海洋队最好的进攻型选手呢？如果也不能，那胜负结果就无法预料了。	正确
D	直接削弱前提，力度较弱。	淘汰
E	题干不涉及进攻型选手防守防守型选手的相关信息。	淘汰

5. 答案 C

题干信息	经理的断言：单次进款500元以上的单子数量增加近30%(促销活动)。→扩大了市场份额（效果）。	
选项	解释	结果
A	该项欲用"小额顾客"来削弱促销效果，但本身"小额顾客"在所有顾客中的占比未知，所以削弱力度较弱。（注：通常缩小论证范围，削弱力度都较弱）。	淘汰
B	选项中"有些"活动中购满500元的，平时也购满500元的顾客不在"增加近30%"里面，因此不能削弱经理断言。	淘汰
C	扩大市场份额由两个因素决定①单项购买量②购买次数，单次购买量增加，购买次数减少，市场份额依旧可以下降。故选项削弱论证。	正确
D	该项表明促销手段吸引本不会在本店消费的顾客在中秋节进店消费，增加了销售量，确实扩大了市场份额，支持题干。	淘汰
E	收入是个绝对数，而本题所讨论的"市场份额"是相对数，由收入的增加无法得知市场份额增加还是减少，因此该项与题干无关。	淘汰

6. 答案 A

题干信息	前提：东部地区批准的财政支出项目比西部少。 结论：东部地区的财政支出少于西部。

(续)

选项	解释	结果
A	选项直接削弱论证关系，数量少推出总额少，就隐含假设单个项目的支出东西部大致相当，若单个项目的支出很大，尽管数量少，但支出总额仍然会比东部高，削弱力度最强。	正确
B	选项支持结论。	淘汰
C	选项态度不明确，差距很大，也不知道是谁比谁大。	淘汰
D	选项态度不明确。	淘汰
E	选项强调的是收入，而题干论证的是支出。	淘汰

7. 答案 **A**

题干信息	前提：这些年来医疗保健费的确是增加了。 结论：我们每个人享受到的医疗条件大大改善了。	
选项	解释	结果
A	该选项说明医疗保健费不是平均分配到每个人身上的，指出题干论证关系不成立，削弱力度最大。	正确
B	"不增加费用的情况下，我们的医疗条件也可能提高"不能否定"增加费用的情况下医疗条件可以提高"。	淘汰
C	大部分拨款用于基础设施的建设，即每个人的医疗条件改善了，支持了题干的结论。	淘汰
D	"老年慢性病的护理费用非常庞大"，是绝对量大，不是相对其他群体的占比大，不能削弱题干论证。	淘汰
E	支持题干论证。	淘汰

8. 答案 **E**

题干信息	因：延长恋爱时间。→果：婚姻更稳固。	
选项	解释	结果
A	选项削弱力度较弱，考生注意，题干论证的是"婚姻的稳固"，而不是"是否会结婚"。	淘汰
B	选项指出"他因削弱"，说明深入了解比恋爱时间对稳定婚姻更重要，但由于没有否定题干中的"因"，因此削弱力度弱。	淘汰
C	选项指出"无因无果"，支持题干论证关系。	淘汰
D	选项不涉及题干论证的"婚姻的稳固"。	淘汰
E	选项直接割裂关系，说明稳定的婚姻与恋爱时间无关，削弱力度最强。考生注意"仅取决于"这个割裂关系的量度词。	正确

专项九 削 弱

9. 答案 A

题干信息	专家的观点：只要美国主权信用等级不被降低，"两房"债券的价格就不会受其股价太大的影响。	
选项	解释	结果
A	题干论证要想成立，必须建立美国主权信用等级和"两房"债券的关系，如果美国主权信用等级与"两房"债券无关，那么结论就不成立了，选项直接削弱假设，割裂了美国主权信用等级和"两房"债券的关系，力度最强。	正确
B	该项简单地陈述了"两房"的亏损，至多只能看出亏损在减少，但关于题干论证的重点——"债券"未能提及，不能质疑题干。	淘汰
C	"股票"不是题干论证的重点。	淘汰
D	没能提及中国的"两房债券"是否能够安全收回，仅仅指出两房的破产，不能质疑题干。	淘汰
E	该项未能提及"债券"，并且题干结论认为"主权信用没降低"，"债券"就不会受"股票价格"的影响，因此该项不能质疑题干。	淘汰

10. 答案 D

解释
该题属于逻辑错误和推理缺陷型试题。D 选项指出了李强所认识的人对分析中国的失业率来说不具有代表性，也就是说题干犯了"以偏概全"的逻辑错误。考生如果能抓住"在我所认识的人中"这个限定词，就很好选出正确答案了。

11. 答案 B

题干信息	前提：被调查的对象网恋的离婚率远低于平均离婚率。 结论：网恋能成就稳定的婚姻。	
选项	解释	结果
A	选项不能质疑，"觅得配偶"只能说明能建立婚姻关系，但是否"稳定"无法判断。	淘汰
B	被调查对象经过网恋离婚率较低，得出网恋能成就稳定的婚姻，需要保证被调查的对象这个样本具有代表性才行，而选项直接指出被调查的对象婚姻时间较短，因此不具有代表性，最能削弱。	正确
C	选项削弱题干背景信息，削弱力度较弱。考生试想，赞助者本身的身份并不能完全决定调查的结果。	淘汰
D	选项不涉及是否"结婚"，不能削弱。	淘汰
E	"除了网恋"说明网恋对于稳定婚姻是有一定影响，有一定支持的作用。考生注意，选项属于近几年真题中典型的"未否定本因"的干扰项。	淘汰

12. 答案 B

解题步骤	
第一步	整理题干论证，前提：地球上有生物存在。→结论：月球上也有生物存在。题干论证显然存在不当类比的嫌疑，故指出类比对象不具有可比性便是最强的削弱。

103

(续)

	解题步骤
第二步	分析选项。A、B、D、E 四个选项都指出了不当类比，但考生试想，大小、生成时间、旋转速度是否会影响有无生物存在呢？而温度对于生物的存在影响非常大，故 B 选项力度最强。C 选项直接针对结论，没有针对论证关系，故力度较弱。

13. 答案 E

题干信息	整理题干论证，题干属于类比推理。 前提：禁止未成年人吸烟和喝含酒精的饮料。 结论：应该禁止未成年人食用高脂肪、高糖食品。 要想削弱题干论证，直接说明类比对象不具有可比性就是最强的削弱。

选项	解释	结果
A	未成年人的年龄标准与题干类比无关，不能削弱。	淘汰
B	烟、酒对人体的危害比高脂肪、高糖食物的危害要大，说明类比的对象在一定程度上是可比的，即都对人体有害，支持题干论证。	淘汰
C	选项不涉及题干类比，不能削弱。	淘汰
D	选项不涉及题干类比，不能削弱。	淘汰
E	选项直接说明类比的对象不具有可比性，烟酒主要伤害未成年人，而高脂肪、高糖食品主要伤害中年人，二者伤害的主体不同，因此不能类比，最能削弱。	正确

14. 答案 D

题干信息	前提：78% 的儿童中耳炎均来自二手烟家庭。→结论：父母等家人吸烟导致儿童罹患中耳炎。

选项	解释	结果
A	选项不能质疑，无烟家庭的比例上升，但从总体上来讲，无烟家庭占所有家庭的比例无法判断，因而不能质疑题干的 78% 的比例。	淘汰
B	选项不能质疑，考生注意，题干强调的是中耳炎的患病率，而非治愈率。	淘汰
C	选项不能质疑，中耳炎就诊人数下降与导致中耳炎的原因无关。	淘汰
D	选项能够质疑，本题属于典型的同比削弱，差比加强的问题。题干前提强调 78% 的儿童中耳炎患者均来自二手烟家庭，题干结论依据前提中的 78% 这个比例占大多数进而得出结论。举例说明，假如一个班考上研究生的同学中女生占 70%，那么能不能说明这个班女生优秀呢？考生试想，如果全校女生正好占 70%，那么这个班的女生考研成功率只是达到了一般平均分布的水平，不能算优秀；如果全校女生超过 70%，那就说明这个班的女生水平还没达到平均水平，更不能说明优秀；如果全校女生占比例小于 70%，即可说明这个班的女生优秀。因此，本题要想使得 78% 的比例具有代表性，就得需要全部家庭中，二手烟家庭的比例至少小于 78%。选项中无烟家庭占 20%，那么二手烟家庭占 80%，符合同比削弱的思想，最能削弱。	正确
E	选项质疑题干背景信息，力度较弱。	淘汰

15. 答案 A

	解题步骤
第一步	锁定核心词"单亲儿童"。
第二步	分析"单亲儿童"来源，一是父母离异，二是父母一方死亡。这也是笔者希望大家对核心概念有"穷举"的思想。这样很容易理解选项 A 了。一个结果受两个因素的影响，一个因素正向变化，但是一个因素负向变化，很可能导致结论负向变化。

练习二

【题 01】 2020 年北美的干旱可能是由太平洋地区温度模式的变化导致的，因此，干旱不是由二氧化碳等大气污染引起的正在发生的长期全球变暖趋势所导致的。

下面哪一项，如果正确，对上文论述提出最好地批评？
A. 我们所记录的 2020 年的干旱发生在太平洋地区温度模式变化之前。
B. 在过去的 100 年内，美国没有出现变暖的趋势。
C. 全球变暖趋势的后果发生在污染释放入大气很久以后。
D. 2020 年排入到大气中的二氧化碳增加。
E. 全球变暖趋势能够影响太平洋地区温度模式变化的频率和轻重程度。

【题 02】 2013 年夏天，中国长江中下游流域发生了波及面积很广的高温酷暑天气，关于高温酷暑天气的原因，中国气象局认为是由于大气环流发生异常变化所导致。中国气象局的上述观点也驳斥了一些人的猜想：高温酷暑是由于在长江上游修筑大型水库的结果。

以下哪项如果为真，最能质疑中国气象局的观点？
A. 我们有所记录的 2013 年以前的大部分高温酷暑都是由于大气环流异常所造成的。
B. 中国长江中下游流域在过去 50 年一直存在气候转暖的趋势，平均气温 50 年以来上升了大约 5 摄氏度。
C. 长江中下游流域的污染物排放很严重，有些污水甚至没有经过任何处理就直接排放到长江中。
D. 这次高温酷暑对于长江造成的影响随着长江上游大型水库的放水而逐渐消除。
E. 人们对于大型水库在工程和力学方面的知识是充分的，但是对于大型水库对大气环流可能产生的影响却知之甚少。

【题 03】 一项对夫妻一方的睡眠和清醒周期与另一方不一样时夫妻间婚姻关系的研究表明，这些夫妻与那些婚姻关系中双方有相同的睡眠和清醒方式的夫妻相比起来，相互参与的活动要少，并且有更多的暴力争吵。所以，夫妻间不相配的睡眠和清醒周期会严重威胁到婚姻。

下面哪项如果正确，最严重地削弱了以上的论证？
A. 夫妻双方具有相同的睡眠和清醒方式的已婚夫妻偶尔也会产生可威胁到婚姻的争吵。
B. 人们的睡眠和清醒周期倾向于随季节而变化。
C. 睡眠和清醒周期与其配偶差别明显的人很少会在工作中与同事争吵。
D. 生活在不快乐的婚姻中的人已被发现采用与其配偶不同的睡眠和清醒周期来表达敌意。
E. 根据一项最新的词查，大多数人的睡眠和清醒周期可能被轻易地控制和调节。

【题 04】 因为青少年缺乏基本的驾驶技巧，特别是缺乏紧急情况的应对能力，所以必须给青少年的驾驶执照附加限制。在这点上，应当吸取 H 国的教训。在 H 国，法律规定 16 岁以上就可申请驾驶执照。尽管在该国注册的司机中 19 岁以下的只占 7%，但他们却是 20% 的造成死亡的交通事故的肇事者。

以下有关 H 国的判定如果为真，都能削弱上述议论，除了哪项？
A. 与其他人相比，青少年开的车较旧，性能也较差。
B. 青少年开车时载客的人数比其他司机要多。

C. 青少年开车的年均公里（即每年平均行使的公里数）要高于其他司机。
D. 和其他司机相比，青少年较不习惯系安全带。
E. 据统计，被查出酒后开车的司机中，青少年所占的比例，远高于他们占整个司机总数的比例。

【题 05】一家评价机构，为评价图书的受欢迎程度进行了社会调查。结果表明：生活类图书的销售量超过科技类图书的销售量，因此生活类图书的受欢迎程度要高于科技类图书。

以下哪项如果为真最能削弱题干的论证？
A. 销售量只是部分反映图书的受欢迎程度。
B. 购买科技类图书的往往都受过高等教育。
C. 生活类图书的种类远远超过科技类图书的种类。
D. 销售的图书可能有一些没有被阅读。
E. 有些生活类图书可能不在书店里销售。

【题 06】随着人们生活和工作逐渐进入高楼大厦，人们接触日光的机会变少。研究发现，日光是合成维生素 D 的必要条件，而维生素 D 是促进钙吸收的关键因素。因此，张教授得出结论，现代人更容易患骨质疏松等因缺钙而引起的疾病。

以下哪项如果为真，最能对上述论证中教授的观点构成质疑？
A. 骨质疏松疾病患者晒太阳就可以缓解或治愈。
B. 现代人饮食结构中的含钙食品比以前丰富很多。
C. 口服维生素 D 片是添加了促吸收剂的合成配方。
D. 骨质疏松症患者接触日光的时长与其他人无异。
E. 现代人经常不运动也会导致严重的骨质疏松等因缺钙引起的疾病。

【题 07】新挤出的牛奶中含有溶菌酶等抗菌活性成分。将一杯原料奶置于微波炉加热至 $50°C$，其溶菌酶活性降低至加热前的 50%。但是，如果用传统热源加热原料奶至 $50°C$，其内的溶菌酶活性几乎与加热前一样，因此，对酶产生失活作用的不是加热，而是产生热量的微波。

以下哪项如果属实，最能削弱上述论证？
A. 将原料奶加热至 $100°C$，其中的溶菌酶活性会完全失活。
B. 加热对原料奶酶的破坏可通过添加其他酶予以补偿，而微波对酶的破坏却不能补偿。
C. 用传统热源加热液体奶达到 $50°C$ 的时间比微波炉加热至 $50°C$ 时间长。
D. 经微波炉加热的牛奶口感并不比用传统热源加热的牛奶口感差。
E. 微波炉加热液体会使内部的温度高于液体表面达到的温度。

【题 08】当奶油中的脂肪被认为是有营养的和有益健康时，国家就颁布了一条法律，要求所有的生产商使用"仿制奶油"的术语来说明他们的被水稀释的奶油中的奶油脂肪含量。今天，众所周知，奶油脂肪中较高的胆固醇含量使其有害于人类健康。既然鼓励公众吃低奶油脂肪含量而不是高奶油脂肪含量的食物，既然"仿制"一词所具有的假的含义阻止了人们购买那些希望降低奶油脂肪含量的厂家生产的如此命名的产品，就应该使用更具吸引力的名字，"清淡奶油"。

下面哪项如果正确，最能驳斥以上论述？
A. 喜欢用"清淡"一词代替"仿制"的厂商主要是被他们股东的财政上的利益所驱使。
B. 希望用"清淡奶油"称呼他们的产品的厂商计划改变他们产品的成分，以使它比现在含有更多的水分。
C. 一些需要减少胆固醇摄入量的人，并不因为稀释奶油产品具有"仿制"一词的负面含义而停止其购买。
D. 胆固醇仅是导致多种通常与过量消耗胆固醇相联系的健康问题的多种因素之一。
E. 大多数因"仿制奶油"的名字而不敢吃"仿制奶油"的人选择使用的替代品中的奶油含量比"仿制奶油"低。

【题 09】一项拟议中的法令要求在新的住宅中安装一旦出现火情就自动触发的喷水装置。然而，一个住宅建筑商争辩说，因为超过 90% 的居室火灾是由住户中的人扑灭的，因此居室中的喷水装置只能稍微减轻由居室火灾引起的财产损失。

以下哪一项，如果是正确的，将最严重地削弱该住宅建筑商的论述？
A. 绝大多数人没有受过如何扑灭火灾的正规训练。
B. 由于新的住宅在城市中可以使用的房屋中只占很小的一部分，这种新的法令在适用范围上将非常狭小。
C. 在新住宅中安装烟雾探测器将比安装喷水装置的成本低很多。
D. 在这个提议该法令的城市，消防部门要求的对火灾做出反应的平均时间低于全国平均水平。
E. 由居室火灾引起的财产损失中，最大的一部分是由住户中无人在家时发生的火灾造成的。

【题10】最近，国家新闻出版总署等八大部委联合宣布，"网络游戏防范沉迷系统"及配套的《网络游戏防范沉迷系统实名认证方案》将于今年正式实施，未成年人玩网络游戏超过5小时，经验值和收益将计为0。这一方案的实施，将有效地防止未成年人沉迷于网络游戏。

以下哪项说法如果正确，能够最有力地削弱上述结论？
A. "网络游戏防范沉迷系统"的推出，意味着未成年人玩网络游戏得到了主管部门的允许，从而可以从秘密走向公开化。
B. 除网络游戏外，还有单机游戏、电视机上玩的PS游戏等，"网络游戏防范沉迷系统"可能会使很多未成年玩家转向这些游戏。
C. 许多未成年人只是偶尔玩玩网络游戏，"网络游戏防范沉迷系统"对他们并无作用。
D. "网络游戏防范沉迷系统"对成年人不起作用，未成年人有可能冒用成年人身份或利用网上一些生成假身份证号码的工具登录网络游戏。
E. 未成年人即使不沉迷于网络游戏也会有其他事情浪费青春，很少人能做到克制自己。

【题11】某市私家车泛滥，加重了该市的空气污染，并且在早高峰和晚高峰期间常常造成多个路段出现严重的拥堵现象。为了解决这一问题，该市政府决定对私家车实行全天候单、双号限行，即奇数日只允许尾号为单数的私家车出行，偶数日只允许尾号为双数的私家车出行。

以下哪项最能质疑该市政府的决定？
A. 该市有一家大型汽车生产企业，限行令必将影响该企业的汽车销售。
B. 该市私家车拥有者一般都有两辆或者两辆以上的私家车。
C. 该市私家车车主一般都比较富有，他们不在乎违规罚款。
D. 该市正在大力发展轨道交通，这将有助于克服拥堵现象。
E. 私家车的运行是该市的税收来源之一，税收减少将影响公共交通的进一步改善。

【题12】宏达山钢铁公司由五个子公司组成。去年，其子公司火龙公司试行与利润挂钩的工资制度。其他子公司则维持原有的工资制度。结果，火龙公司的劳动生产率比其他子公司的平均劳动生产率高出13%。因此，在宏达山钢铁公司实行与利润挂钩的工资制度有利于提高该公司的劳动生产率。

以下哪项如果为真，最能削弱上述论证？
A. 实行了与利润挂钩的分配制度后，火龙公司从其他子公司挖走了不少人才。
B. 宏达山钢铁公司去年从国外购进的先进技术装备，主要用于火龙公司。
C. 火龙公司是三年前组建的，而其他子公司都有10年以上的历史。
D. 红塔钢铁公司去年也实行了与利润挂钩的工资制度，但劳动生产率没有明显提高。
E. 宏达山公司的子公司金龙钢铁公司去年没有实行与利润挂钩的工资制度，但它的劳动生产率比火龙公司略高。

【题13】在我国北方严寒冬季的夜晚，车辆前挡风玻璃会因低温而结冰霜。第二天对车辆发动预热后玻璃上的冰霜会很快融化。何宁对此不解，李军解释道：因为车辆仅有除霜孔位于前挡风玻璃，而车辆预热后除霜孔完全开启，因此，是开启除霜孔使车辆玻璃冰霜融化。

以下哪项为真，最能质疑李军对车辆玻璃迅速融化的解释？
A. 车辆一侧玻璃窗没有出现冰霜现象。

B. 尽管车尾玻璃窗没有除霜孔，其玻璃上的冰霜融化速度与前挡风玻璃没有差别。
C. 吹在车辆玻璃上的空气气温增加，其冰霜的融化速度也会增加。
D. 车辆前挡风玻璃除霜孔排出的暖气流排出后可能很快冷却。
E. 即使启用车内空调暖风功能，除霜孔的功能也不能被取代。

【题 14】据交通部去年对全国十个大城市的统计，S 市的汽车交通事故率最低。S 市在前年实施了汽车特殊安检制度，提高了安检的标准和力度。为了有效降低汽车交通事故率，其他大城市也应当像 S 市那样，对本市的汽车实施特殊安检。

以下哪项如果为真，最能削弱题干的论证？

A. 在上述十个大城市中，在 S 市行驶的汽车中外地汽车所占的比例最低。
B. 在上述十个大城市中，去年 S 市的汽车交通事故中外地汽车肇事所占的比例最低。
C. 在上述十个大城市中，在 S 市行驶的汽车的总量最少。
D. S 市去年的汽车交通事故的数量要少于前年。
E. 在上述十个大城市中，H 市也实行了和 S 市同样的特殊安检制度，但去年其汽车交通事故率要高于 S 市。

【题 15】脐带血指胎儿娩出、脐带结扎并离断后残留在胎盘和脐带中的血液，其中含有的造血干细胞对白血病、重症再生障碍性贫血、部分恶性肿瘤等疾病有显著疗效，是人生中错过就不再有的宝贵的自救资源。父母为新生儿保存脐带血，可以为孩子一生的健康提供保障。

如果以下陈述为真，除哪一项外，都能削弱上面论述的结论？

A. 目前中国因患血液病需要做干细胞移植的概率极小，而保存脐带血的费用昂贵。
B. 目前在临床上脐带血并不是治疗许多恶性疾病的最有效手段，而是辅助治疗手段。
C. 脐带血的保存量通常为 50 毫升，这样少的数量对大多数成年人的治疗几乎没有效果。
D. 现在脐带血与外周血、骨髓一起成为造血干细胞的三大来源。
E. 脐带血在保存超过 5 年后，其作用将很难得到保证，而往往在 10 年以后左右才需要用到它。

●●●●●● 精点解析 ●●●●●●

1. 答案 E

题干信息	前提：太平洋地区温度模式的变化（X1），而不是全球变暖趋势（X2）。→结论：导致 2020 年北美的干旱（Y）。	
选项	解释	结果
A	选项说明不是温度模式变化导致的 2020 年北美的干旱，仅仅只否定了原因（一），削弱力度有限。	淘汰
B	选项支持题干论证，说明不是全球变暖导致的 2020 年北美的干旱。	淘汰
C	题干不涉及全球变暖的后果，故选项不能削弱。	淘汰
D	选项说明很可能是全球变暖趋势导致的北美干旱，但只否定了原因（二），削弱力度有限。	淘汰
E	选项构建了 X2→X1→Y 的论证关系，直接指出 X2 是根本原因，否定了题干的因果关系，削弱力度最强。	正确

2. 答案 E

题干信息	气象局认为：因：大气环流发生异常变化→果：中国长江中下游流域高温酷暑天气。 驳斥观点：因：长江上游修筑大型水库→果：中国长江中下游流域高温酷暑天气。	
选项	解释	结果
A	选项直接支持气象局的观点。	淘汰
B	选项间接支持气象局的观点，气候转暖也属于大气环流的范畴。	淘汰
C	选项不能削弱，排放污染物与高温酷暑之间的关系不得而知。	淘汰
D	选项干扰性很大，考生注意：题干的论证范围是"中国长江中下游流域"，而本项说的是高温酷暑对"长江"造成的影响，可见论证范围发生了变化。故排除。	淘汰
E	选项直接削弱，选项表明可能是大型水库导致大气环流进而导致高温酷暑，而人们不了解这个客观事实。这是一个典型的结构"甲：X→Y；乙：Z→Y"。最好支持乙而反驳甲的方法就是Z→X→Y。	正确

3. 答案 D

题干信息	不相配的睡眠和清醒周期（因）→婚姻质量不高（果）	
选项	解释	结果
A	选项直接指出"无因有果"的削弱，但"偶尔"这个量度词降低了削弱的强度。	淘汰
B	选项指出"季节变化会影响睡眠和清醒周期"，但不涉及结果"婚姻质量"，故削弱力度较弱。	淘汰
C	选项不涉及夫妻的"婚姻质量"，不能削弱。	淘汰
D	选项直接指出"因果倒置"，削弱力度最强。	正确
E	选项不涉及夫妻的"婚姻质量"，不能削弱。	淘汰

4. 答案 B

题干信息	因：青少年缺乏基本开车技巧→果：青少年开车造成死亡的交通事故率更高	
选项	解释	结果
A	选项说明是由于开的车较旧、性能差导致青少年开车发生事故率高，而非驾驶技巧，利用他因削弱题干论证。	淘汰
B	题干强调的是事故发生的比率，与载客人数关系不大。如1车10人死亡算1起事故，1人死亡也算1起事故。	正确
C	年均公里高于其他司机说明青少年开车的时间和公里数大于其他司机，更容易造成交通事故，而非驾驶技巧，利用他因的削弱。	淘汰
D	由于不系安全带而导致交通事故，而非驾驶技巧，利用他因的削弱。	淘汰
E	酒后驾车成为导致交通事故的主要原因，而非驾驶技巧，利用他因的削弱。	淘汰

5. 答案 C

题干信息	前提：生活类图书的销售量超过科技类图书的销售量。 结论：生活类图书的受欢迎程度要高于科技类图书。	
选项	解释	结果
A	选项在"销售量"和"受欢迎程度"之间建立关系，起到了支持作用，但力度不大。	淘汰
B	选项无法判断是否受欢迎，更无法比较"欢迎程度"。	淘汰
C	该选项说明生活类图书和科技类图书的另一个差异，即种类多少不同，我们可以合理判断是因为种类多导致的销量大，而非"受欢迎程度高"他因削弱。	正确
D	是否被阅读未涉及题干论证关系。	淘汰
E	选项未针对题干论证关系。	淘汰

6. 答案 D

题干信息	前提：现代人接触日光（合成维生素 D）的机会变少。 结论：现代人更易患因缺钙（维生素 D 促进钙吸收）引起的疾病。	
选项	解释	结果
A	选项不能削弱，考生试想，题干论证的是"引发疾病"，而不是"缓解和治愈疾病"。近几年考试考查核心谓语动词是常见易错点。	淘汰
B	该项削弱力度较弱，尽管含钙食品丰富，但并不能确定人体对钙的吸收量，因此，是否会抵消因缺乏接触日光减少的吸收的钙不能确定。	淘汰
C	该项与题干无关，现代人是否大量食用口服维生素 D 片不得而知。	淘汰
D	该项表明，接触日光的时长与患骨质疏松无关，直接割裂题干的论证关系，削弱力度最强。	正确
E	选项削弱力度较弱，不运动会导致患病并不能否认因缺钙导致的患病，二者有可能同时为真。如果没有更好的割裂关系的选项，才考虑这类选项。考生一定注意这类干扰项，最近几年常出现。	淘汰

7. 答案 E

题干信息	前提：热源（差）→溶菌酶活性（差）。 结论：让酶失活的不是加热，而是微波。	
选项	解释	结果
A	题干论证条件是"50℃"，改变前提条件，不能判断论证关系是否成立。	淘汰
B	题干不涉及对于酶的破坏的补偿。	淘汰
C	存在他差（加热时间），但削弱力度弱于 E 项。	淘汰
D	题干不涉及加热后的口感。	淘汰
E	微波炉加热使液体内部温度超过 50℃，这与传统热源不同。但也说明导致酶活性改变的依旧是"加热"本身，而不是"微波"，考生请体会。	正确

8. 答案 E

题干信息	目的：鼓励公众吃低奶油脂肪含量而不是高奶油脂肪含量的食物。 方法：使用更具吸引力的名字："清淡奶油"。	
选项	解释	结果
A	选项不能削弱，题干论证的是奶油的名字对于公众态度的影响，而不涉及厂商的态度。	淘汰
B	选项不涉及奶油脂肪含量的多少，与题干论证无关。	淘汰
C	选项削弱力度较弱，一些人不会因为名字停止购买行为不能说明其他人是否会因为名字停止购买行为，说明改名字的方法只适用于部分人群，考生注意，方法有缺陷的削弱力度小于方法不可行。	淘汰
D	选项不涉及奶油脂肪含量的多少，与题干论证无关。	淘汰
E	选项说明改名字的方法不可行，人们购买奶油的标准不是名字，而是奶油含量，最强的削弱。	正确

9. 答案 E

题干信息	前提：超过90%的居室火灾是由住户中的人扑灭的。 结论：居室中的喷水装置只能稍微减轻由居室火灾引起的财产损失。	
选项	解释	结果
A	住户是否受过训练强调的是人的因素对于火灾的作用，而与题干论证的喷水装置对火灾的作用无关。	淘汰
B	考生注意，题干强调的是喷水装置的作用，与法令的适用范围无关。	淘汰
C	安装其他装置成本更低，但是不涉及带来的财产损失的情况，不能削弱。	淘汰
D	对火灾做出反应的时间与喷水装置是否能够减少损失无关。	淘汰
E	选项直接削弱，如果最大的一部分财产损失是由住户中无人在家时发生的火灾造成的，那么自动喷水装置就能很大程度上减少财产损失。考生注意，只有E选项建立了"火灾"—"财产损失"—"喷水装置"三者间的联系。	正确

10. 答案 D

题干信息	方法：实施"网络游戏防范沉迷系统"及配套的《实名认证方案》。 目的：有效地防止未成年人沉迷于网络游戏。	
选项	解释	结果
A	"走向公开化"更多强调的是允许玩，但是否沉迷不得而知。	淘汰
B	只要保证未成年玩家不沉迷网络游戏即可，至于是否沉迷其他游戏与目的无关。	淘汰
C	题干论证的对象是"沉迷网络游戏的未成年人"，论证"防范沉迷系统"是否能够让他们不沉迷，而选项针对的是"偶尔"玩网络游戏的未成年人。	淘汰
D	选项说明方法无效，由于系统对成年人不起作用，未成年人可以冒用成年人身份或利用网上一些生成假身份证号码的工具登录网络游戏，这样实际上也就对未成年人不起作用了，削弱力度最强。	正确
E	选项与题干中的目的无关。	淘汰

11. 答案 B

题干信息	目的：解决私家车泛滥导致的多个路段拥堵。方法：对私家车实行全天候单、双号限行。	
选项	解释	结果
A	选项不针对题干论证关系，无法判断方法是否可行。	淘汰
B	说明方法不可行。题干方法强调"全天候单、双号限行"，隐含的论证关系就是：每个私家车主只有一辆车，要么属于单号，要么属于双号。选项直接割裂假设，即车主拥有不只一辆车，即便"限号"，已无法"限车"上路。（考生注意：思考选项，不能极端设计，比如有考生考虑，如果私家车主的多辆车尾号一样呢？这种概率是多少？你可以自己算算！）	正确
C	"不在乎罚款"没有针对题干论证关系，题干提出的方法并非是"罚款"。	淘汰
D	用其他方法来解决这一问题，并不能否定题干中的方法对于目的的可行性。	淘汰
E	影响公共交通的进一步改善，未能质疑题干目的是否可行，①解决问题是空气污染和拥堵，解决当下问题，即可无须关注"进一步"改善；②公共"交通改善"范围过大，既可指道路，也可指交通工具改善，要能够解决"私家车泛滥"，我们还需补充更多信息，其力度不如 B。	淘汰

12. 答案 B

	解题步骤
第一步	确定题型——"求同存异"。
第二步	前提："工资制度（差）"。结论："平均劳动生产力（差）"。
第三步	削弱，寻找导致结论（差）的其他（差）。选项 A、B、C 都表示他差，但只有 B 选项更接近题干论证，"技术装备"对于提高"劳动生产率"更直接。
第四步	选项 D 与 E 分别采用的是"有因无果"和"有果无因"。但考生注意，"红塔钢铁公司""金龙钢铁公司"相当于构造类比，割裂因果关系，但选项本身存在逻辑缺陷，此时削弱力度弱于 B 项"他差（他因）"。

13. 答案 B

题干信息	前提：仅有除霜孔位于前挡风玻璃，车辆预热后除霜孔完全开启。 结论：开启除霜孔使车辆玻璃冰霜融化。	
选项	解释	结果
A	与题干论证的因果关系无关。	淘汰
B	没有除霜孔，产生了一样的结果，削弱思路为"无因有果"方法割裂因果关系，力度较强。	正确
C	温度增加会增加冰霜融化的速度，并不能否认除霜孔的作用，故削弱力度有限。	淘汰
D	无法从选项判断冰霜是否融化，选项态度不明确，故削弱力度有限。	淘汰
E	选项支持了题干中的结论。	淘汰

14. 答案 B

	解题步骤
第一步	分析题干。"S 市的汽车交通事故率最低。S 市在前年实施了汽车特殊安检制度，提高了安检的标准和力度。为了有效降低汽车交通事故率，其他大城市也应当像 S 市那样，对本市的汽车实施特殊安检。"
第二步	根据"为了"可定位解题思路是"方法可行"。注意背景信息中"汽车"和结论中"本地汽车"，概念外延发生了变化，如能细心审题，可快速抓住正确答案 B，答案很好理解，不再详细解析。

15. 答案 D

题干信息	方法：父母为新生儿保存脐带血。 目的：可以为孩子一生的健康提供保障。	
选项	解释	结果
A	选项指出保存脐带血代价高（费用昂贵），并且作用小，说明方法有缺陷，能削弱。	淘汰
B	选项说明脐带血只是辅助治疗手段，因此没有了保存的必要，能削弱。	淘汰
C	选项说明方法无效果，即保存的脐带血量少，不能对成年人的治疗起到效果，不能保证孩子一生的健康，能削弱。	淘汰
D	选项强调了脐带血是造血干细胞的主要来源，说明题干的方法存在必要性，支持了题干论证。	正确
E	选项说明方法无效果，不能保证孩子一生的健康，能削弱。	淘汰

专项十

假 设

应试技巧点拨

假设，主要是指补充必要的前提保证题干论证关系成立。假设是考试中重点考查的题型，需要紧扣如下原则：

1. 假设的**基本要求**：
（1）假设是题干成立的必要条件，可采用"加非验证"的方法；
（2）假设一定要起到支持题干的作用，不能削弱题干。

2. 假设时，一般优先考虑"**搭桥**"建立关系的思路，也就是建立"前提核心概念"和"结论核心概念"的关系，常见的思路有：
（1）重复题干的核心概念；
（2）补齐题干的推理结构；
（3）弥补题干存在的缺陷与漏洞。

3. 若题干表达的是"**因果关系**"，补假设时，则有3种思考方向：
（1）因果不倒置（果不是因的原因，也就是确保果不会导致因）。
（2）排除他因（确保没有他因导致果，进而保证题干因果关系成立）。
（3）无因无果（确保选项与题干构成一因一果）。

4. 若题干表达的是"**差比关系**"，应保障"求同法""求异法"成立，主要体现为：
（1）针对求同法：前提相同（唯一）+前提差异→结果相同。
　　假设：①前提相同存在；②前提相同唯一（前提没有其他相同点）。
（2）针对求异法：前提相同+前提差异（唯一）→结果差异。
　　假设：①前提差异存在；②前提差异唯一（前提没有其他差异）。

5. 若题干表达的是"**方法可行**"，主要体现为保障"方法对于目的的可行性"。
　　假设：①方法能找到；②方法可行，能达到目的。

针对上述原则与技巧，考生可：（1）完成下列练习，熟练掌握上述技巧；（2）对应《逻辑精点》强化篇206~222页，梳理知识体系框架。

【题01】医生在给病人做常规检查的同时，会要求附加做一些收费昂贵的非常规检查。医保单位经常拒绝支付这类非常规检查的费用，这样会耽误医生对一些疾病的诊治。

为使上述论证成立，以下哪项是必须假设的？
A. 非常规检查比常规检查对疾病的诊治更为重要。
B. 医生要求病人做收费昂贵的非常规检查不包含任何经济上增收的考虑。
C. 常规检查的收费标准都低于非常规检查。
D. 所有非常规检查对疾病的诊治都有不可取代的作用。
E. 有些患者因为医保单位拒绝支付费用而放弃做一些收费昂贵的非常规检查。

【题02】国家教育主管部门的有关负责人说："总的来说，现在大学生的家庭困难情况比起以前有了大幅度的改观。这种情况十分明显，因为现在课余要求学校安排勤工俭学的人越来越少了。"

上面的结论是由下列哪个假设得出的？
A. 现在大学生父母亲的收入随着改革开放的深入发展而增加，使得大学生不再需要勤工俭学来自己养活自己了。
B. 尽管家境有了改善，也应当参加勤工俭学来锻炼自己的全面能力。
C. 课余要求学校安排勤工俭学是学生家庭是否困难的一个重要标志。
D. 大学生把更多的时间用在学业上，勤工俭学的人就少起来了。
E. 学校安排的勤工俭学报酬相对越来越低，不能满足学生的要求。

【题 03】每次油价上涨，出租车价格都会上涨，这影响了出租车的招租率。但是，出租车司机上交给出租车公司的管理费（俗称"份钱"）从来没有减少。临安出租车司机为此举行了罢工，三个月后，罢工终于以司机的妥协而告结束。在罢工结束时，司机和出租车公司签订了为期一年的合同，司机向公司上交的管理费并没有减少。但司机们在罢工中表现了在极端困难的情况下内部团结的能力，这一事实将在一年合同期满后所要进行的下一轮谈判中，产生有利于司机的实质性影响。

以下哪项是上述断定所假设的？
Ⅰ. 在上述罢工中所形成的司机内部的团结至少能保持到一年以后。
Ⅱ. 在下一轮谈判中，出租车公司将会考虑在罢工中所显示的司机内部的团结。
Ⅲ. 在现行合同期满后，司机们将举行新的罢工以迫使出租车公司降低管理费。

A. 只有Ⅰ。 　　　　　　B. 只有Ⅱ。 　　　　　　C. 只有Ⅰ和Ⅱ。
D. 只有Ⅱ和Ⅲ。 　　　　E. Ⅰ、Ⅱ和Ⅲ。

【题 04】肖群一周工作五天，除非这周内有法定休假日。除了周五在志愿者协会，其余四天肖群都在大平保险公司上班。上周没有法定休假日。因此，上周的周一、周二、周三和周四肖群一定在大平保险公司上班。

以下哪项是上述论证所假设的？
A. 一周内不可能出现两天以上的法定休假日。　　B. 大平保险公司实行每周四天工作日制度。
C. 上周的周六和周日肖群没有上班。　　　　　　D. 肖群在志愿者协会的工作与保险业有关。
E. 肖群是个称职的雇员。

【题 05】某大学的商学院的核心科目"商学的批判性思维"，期末考试有 1200 名学生参加，却有 400 多人不及格，其中有八成是中国留学生。该大学解释说："中国学生缺乏批判性思维，英语水平欠佳。"学生代表 L 对此申诉说："学校录取的学生，英语水平都是通过学校认可的，商学院入学考试要求雅思 7 分，我们都达到了这个水平。"

以下哪项陈述是学生代表 L 的申诉所依赖的假设？
A. 校方在为中国留学生评定成绩时可能存在不公正的歧视行为。
B. 校方对学生不及格有不可推卸的责任，重修费用应当减半。
C. 学校对学生入学英语水平的要求与入学后各科学习结业时的要求相同。
D. 每门课的重修费用是 5000 美元，如此高的不及格率是由于校方想赚取重修费。
E. 达到商学院入学要求的人一定是具备高英语水平的。

【题 06】在美国，医生所开的药物处方中都不包含中草药。有人说，这是因为中草药的药用价值仍然受到严重质疑。其实真正的原因不在这儿。一种药物，除非由法定机构正式批准可用于相关医学处置，否则不允许上市。一种药物要获得法定机构的批准，一般要耗费 200 万美元，只有专利获得者才负担得起这笔费用。虽然鉴定中草药药用价值的方法可以申请专利，但中草药本身及其使用没有专利。因此，在现有体制下，美国的医生不可能建议用中草药治病。

以下哪项断定是上述论证所假设的？
A. 中草药没有药用价值已经得到证明。
B. 只有执照医生在处方中开出的药物才有疗效。

C. 除非中草药作为一种药物合法出售，否则执照医生不可能建议用中草药治病。
D. 中草药在美国受到质疑是由于西方社会对东方文化的偏见。
E. 除非是法定机构，否则不可能具备鉴定药物医用价值的能力。

【题 07】以权钱为背景的社会强势力量所制造的邪恶（强势邪恶），特别为社会深恶痛绝。《社会能见度》《焦点访谈》这样一些备受社会关注的电视专题节目，如果要保持目前强有力的社会影响力，就不能接受任何外来的资助。因为资助方不论是单位还是个人，都代表着社会强势方面的某种利益和关系。《社会能见度》《焦点访谈》如果接受这样的资助，就很难保持目前对社会强势邪恶的巨大杀伤力。

以下哪项是上述论证所假设的？
A. 《社会能见度》《焦点访谈》如果能保持对社会强势邪恶的巨大杀伤力，就能保持强有力的社会影响力。
B. 《社会能见度》《焦点访谈》要保持强有力的社会影响力，就必须保持对社会强势邪恶的巨大杀伤力。
C. 社会强势力量不可能不制造邪恶。
D. 《社会能见度》《焦点访谈》可以接受外来资助，但不受资助者对节目内容的影响。
E. 电视节目接受外界资助，已成为一种普遍现象。

【题 08】在过去两年中，有 5 架 F717 飞机坠毁。针对 F717 存在设计问题的说法，该飞机制造商反驳说：调查表明，每一次事故都是由于飞行员操作失误造成的。

飞机制造商的上述反驳基于以下哪一项假设？
A. 在 F717 飞机的设计中，不存在任何会导致飞行员操作失误的设计缺陷。
B. 调查人员能够分辨出，飞机坠毁是由于设计方面的错误，还是由于制造方面的缺陷。
C. 有关 F717 飞机设计有问题的说法并没有明确指出任何具体的设计错误。
D. 过去两年间，商业飞行的空难事故并不都是由飞行员操作失误造成的。
E. F717 飞机的飞行事故只要飞行员注意谨慎驾驶，就不会出现事故。

【题 09】新疆一座古代城市遗址地挖掘出一些食品加工作坊，这些作坊位于从遗址中心向外辐射的马路边上，且离中心有一定的距离。由于贵族仅居住在中心地区，考古学家因此得出结论，认为这些作坊制作的食品不是供给贵族的，而是供给一个中等阶级的，他们一定已足够富有，可以不用自己生产食品而购买别人加工的食品。

考古学家的诊断中作了下列哪项假设？
A. 食品加工作坊的生产者自己本身就是富有的中等阶级的成员。
B. 食品加工作坊的生产者住在作坊附近。
C. 食品加工作坊生产者的产品原料与供贵族享用的食品所用的原料不同。
D. 食品加工作坊的生产者全天的工作都是进行食品加工，而不从事其他劳动。
E. 食品加工作坊的生产者不把作坊中加工生产的食品送交给贵族顾客。

【题 10】自从 20 世纪中叶化学工业在世界范围内成为一个产业以来，人们担心造成的污染将会严重影响人类的健康。但统计数据表明，这半个世纪以来，化学工业发达国家的人均寿命增长率，大大高于化学工业不发达的发展中国家。因此，人们关于化学工业危害人类健康的担心是多余的。

以下哪项是上述论证必须假设的？
A. 20 世纪中叶，发展中国家的人均寿命低于发达国家。
B. 如果出现发达的化学工业，发展中国家的人均寿命增长率会因此更低。
C. 如果不出现发达的化学工业，发达国家的人均寿命增长率不会因此更高。
D. 化学工业带来的污染与它带给人类的巨大效益相比是微不足道的。
E. 发达国家在治理化学工业污染方面投入巨大，效果明显。

【题 11】科学家在克隆某种家蝇时，改变了家蝇的某单个基因，如此克隆出的家蝇不具有紫外视觉，因为它们缺少使家蝇具有紫外视觉的眼细胞。而同时以常规方式（未改变基因）克隆出的家蝇具有正常的视觉。科学家由此判断，不具有紫外视觉的这种家蝇必定在这个基因上有某种缺陷或损坏。

以下哪项陈述是这个论证所需要的假设？

A. 所有种类的家蝇都具有紫外视觉。
B. 科学家已经很好地理解了家蝇的基因与其视觉之间的关系。
C. 基因上有某种缺陷或损坏的家蝇也可能不具有紫外视觉。
D. 除缺少紫外视觉细胞外，改变这个基因对家蝇没有其他影响。
E. 这种家蝇在生成紫外视觉细胞时不需要其他的基因。

【题12】在十多年前进入国营航空公司就职的飞行员中，那些后来转入民营航空公司的人现在通常年薪会超过百万元，而仍然留在国营航空公司的飞行员年薪一般不超过60万元。这些数据表明，国营航空公司飞行员的薪酬过低了。

以下哪项陈述是上述结论需要的假设？

A. 绝大多数转入民营航空公司的飞行员认为国营航空公司的薪酬太低。
B. 那些转入民营航空公司的飞行员总体上级别更高、工作能力更强。
C. 如果那些仍然留在国营航空公司的飞行员也选择了去民营航空公司，那他们的年薪也会超过一百万。
D. 民营航空公司的飞行员和国营航空公司的飞行员每年的飞行里程大致相同。
E. 如果国有企业的员工薪酬过低，他们就会转入薪酬更高的民营企业。

【题13】尽管计算机可以帮助人们进行沟通，计算机游戏却妨碍了青少年沟通能力的发展。他们把课余时间都花费在玩游戏上，而不是与人交流上。所以说，把课余时间花费在玩游戏上的青少年比其他孩子有较差的沟通能力。

以下哪项是上述议论最可能假设的？

A. 一些被动的活动，如看电视和听音乐，并不会阻碍孩子们的交流能力的发展。
B. 大多数孩子在玩电子游戏之外还有其他事情可做。
C. 在课余时间不玩电子游戏的孩子至少有一些时候是在与人交流的。
D. 传统的教育体制对增强孩子们与人交流的能力没有帮助。
E. 由玩电子游戏带来的思维能力的增强对孩子们的智力开发并没有实质性的益处。

【题14】孩子们看的电视越多，他们的数学知识就越贫乏。美国有超过1/3的孩子每天看电视的时间在5小时以上，在中国仅有7%的孩子这样做。但是鉴于在美国只有不到15%的孩子懂得高等测量与几何学的概念，而在中国却有40%的孩子在这个领域有该种能力。所以，如果美国孩子要在数学上出色的话，他们就必须少看电视。

下面哪一个是上述论证所依赖的假设？

A. 美国孩子对高等测量和几何学的概念的兴趣比中国的孩子小。
B. 中国的孩子在功课方面的训练比美国孩子多。
C. 想在高等测量和几何学上取得好的成绩的孩子会少看电视。
D. 如果一个孩子每天看电视的时间不超过1小时，那么他在高等测量与数学方面的能力就会提高。
E. 美国孩子在高等测量与几何学方面所能接受的教育并不比中国孩子差很多。

【题15】心脏的搏动引起血液循环。对同一个人，心率越快，单位时间进入循环的血液量越多。血液中的红细胞运输氧气。一般地说，一个人单位时间通过血液循环获得的氧气越多，他的体能及其发挥就越佳。因此，为了提高运动员在体育比赛中的竞技水平，应该加强他们在高海拔地区的训练。因为在高海拔地区，人体内每单位体积血液中含有的红细胞数量，要高于在低海拔地区。

以下哪项是题干的论证必须假设的？

A. 海拔的高低对运动员的心率不产生影响。
B. 不同运动员的心率基本相同。

C. 运动员的心率比普通人慢。
D. 在高海拔地区训练能使运动员的心率加快。
E. 运动员在高海拔地区的心率不低于在低海拔地区。

精点解析

1. 答案 E

题干信息	前提：医保单位经常拒绝为病人支付一些收费昂贵的非常规检查的费用。→结论：耽误医生对一些疾病的诊治。		
选项	解释		结果
A	题干不涉及"常规检查"和"非常规检查"重要性的比较，考生试想，如果该检查对于疾病的诊治是必要的，即便不是更重要，也会耽误疾病的诊治，故选项不必假设。		淘汰
B	选项迷惑性较大，考生试想，即便医生出于经济上增收的考虑让病人做非常规的检查，病人基于自身的健康考虑，自己付钱做了这些检查，就不会耽误疾病的诊治，如果病人基于费用的考虑，不做这些检查，那就会耽误疾病的诊治，故选项不必假设。		淘汰
C	题干不涉及"常规检查"和"非常规检查"费用的比较，也不涉及人们究竟是否会在意费用，不必假设。		淘汰
D	选项迷惑性很大，不需要保证全部的非常规检查都具有不可替代的作用，只需要保证有一些非常规检查的作用不可替代即可。考生注意，假设时的"量度"是关键，要注意体会过度假设。		淘汰
E	选项直接补齐了题干的论证关系，考生注意，医保单位拒绝支付+病人自身拒绝支付=不支付检查的费用，进而没法完成检查，会耽误疾病的诊治。故选项必须假设。		正确

2. 答案 C

解题步骤		
第一步	锁定题干结构词："因为"。	
第二步	锁定题干前提："课余要求学校安排勤工俭学的人越来越少了"，锁定题干结论："大学生的家庭困难情况比起以前有了大幅度的改观"。	
第三步	采用"搭桥"思路，将"前提"和"结论"通过关联词建立关系，这是我们做假设题首选思路，在这个思路之后才能考虑其他思路。	
第四步	确定正确答案，方法很简单，大多时候就是将"前提"和"结论"重复一下，正如 C 选项。	
选项	解释	结果
A	考生注意理解"收入增长"≠"家庭困难改观"，比如：收入增长了，如果物价也大幅上涨，家庭困难依旧没有改观。再次提醒考生"核心词"改变的选项要慎重考虑。	淘汰
B	没有涉及题干论证。题干相当于"X→Y"，而选项则是"Y→Z"。考生注意，假设要求选项在"X→Y"论证中起作用，而非"W→X"（解释前提），更非"Y→Z"（推出结论）。考生请认真理解本项解释！	淘汰
C	直接搭桥，使前提和结论间建立联系。	正确
D	解释前提，并没有针对论证。	淘汰
E	解释前提，并没有针对论证。	淘汰

3. 答案 B

题干信息	司机们在罢工中表现了在极端困难的情况下内部团结的能力，这一事实将在一年合同期满后所要进行的下一轮谈判中，产生有利于司机的实质性影响。	
选项	解释	结果
Ⅰ	"内部的团结"不一定要保持到一年以后，可以是一年以后再次罢工时表现出来，因此该项不是必要假设。	不必假设
Ⅱ	选项直接搭桥，建立团结能力与谈判结果之间的关系，"加非"验证，若出租车公司不考虑"内部团结能力"，那么题干论证就不成立了。	**必须假设**
Ⅲ	注意题干强调的是罢工中表现的"内部团结能力"，要体现这种能力也不一定必须要罢工，完全可以采用其他方式，考生想想？	不必假设

4. 答案 C

题干信息	① P，除非 Q=¬P→Q。即：肖群一周没有工作五天→本周有法定休假日。 ② 周五在志愿者协会上班，其余四天都在大平保险公司上班。 ③ 上周没有法定休假日。
解题步骤	
第一步	由①+③可知：肖群上周一共工作了五天。
第二步	肖群工作了五天，由②知：除了周五，其剩下的四天在大平保险公司上班。
第三步	要得出周一、周二、周三、周四肖群在大平保险公司上班，必须补充两个条件（即弥补论证漏洞）：(1) 上周肖群有两天没上班；(2) 肖群上周没上班的两天不能是周一、周二、周三、周四其中的一天。因此必须假设肖群上周周六、周日没上班。答案选 C。

5. 答案 C

题干信息	前提：中国学生入学考试英语水平合格。→结论：根据期末考试的成绩判定学生的英语水平欠佳是不合理的。	
选项	解释	结果
A	歧视可能会导致学生期末考试不及格，但却不是必要条件，很可能是学生自身能力无法达标。	淘汰
B	选项强调的是"不及格的责任问题"，与题干无关。	淘汰
C	选项直接搭桥建立关系，必须要保证"入学考试"和"期末考试"的标准是一致的，才能准确地判定学生的英语水平是否合格。	**正确**
D	选项强调的是"不及格率较高产生的原因"，与题干无关。	淘汰
E	选项仅仅针对的是前提，也就是入学的时候水平要合格，至于期末考试时的水平，无法判断。	淘汰

6. 答案 C

解题步骤	
第一步	整理题干论证。前提：①允许上市→法定机构正式批准可用于相关医学处置→耗费200万美元→专利获得者；②中草药本身及其使用没有专利。→结论：在现有体制下，美国的医生不可能建议用中草药治病。

119

(续)

	解题步骤
第二步	前提①和②联合可得：③中草药不能上市(¬Q)，要想得出结论：美国的医生不可能建议用中草药治病(¬P)。显然本题只需搭桥建立"医生建议用来治病(P)→上市(Q)"即可，因此答案选 C。考生注意，假设题目中一般涉及假言判断等复合判断推理时，优先考虑的思路便是"搭桥"的思路。

7. 答案 B

	解题步骤
第一步	整理题干论证。根据题干中的"因为"，可快速确定：前提：《社会能见度》《焦点访谈》接受外来资助→很难保持目前对社会强势邪恶的巨大杀伤力。→结论：要保持目前强有力的社会影响力→不能接受任何外来的资助。
第二步	分析题干论证。本题属于典型的三段论补前提结构，需要确保重复的项"左对齐"，因此先将结论逆否等价为：接受外来资助→不能保持目前强有力的社会影响力。
第三步	根据三段论补前提的基本模型，重复的项"左对齐"时，补"上→下"即可。也就是补：不能保持目前对社会强势邪恶的巨大杀伤力→不能保持目前强有力的社会影响力（答案选 B）。

8. 答案 A

	解题步骤
第一步	梳理论证： 观点：设计问题→F717 事故。 反驳者：飞行员操作失误→F717 事故。（即：非设计问题）
第二步	分析：反驳者的论证若成立，必须保证以下两种情况不能发生。① F717 事故，"设计问题∧飞行员操作失误同时发生"；②"设计问题→F717 事故"。故答案选 A。

9. 答案 E

	解题步骤
第一步	整理题干论证。前提：①作坊位于从遗址中心向外辐射的马路边上，且离中心有一定的距离；②贵族仅居住在中心地区。→结论：作坊制作的食品不是供给贵族的，而是供给中等阶级的。
第二步	题干论证显然缺一个"桥"，即食品供给范围与食品供给对象之间的关系，即需要保证没有其他原因会影响贵族购买食品，因此 E 选项属于"没有他因"的假设，如果提供送货，那么范围与身份之间的关系就不成立。因此答案选 E。

10. 答案 C

	解题步骤
第一步	分析论证结构，通过本题的学习，考生应该进一步提升论证结构的分析能力。 "但统计数据表明，这半个世纪以来，化学工业发达国家的人均寿命增长率，大大高于化学工业不发达的发展中国家。因此，人们关于化学工业危害人类健康的担心是多余的"。

专项十 假 设

（续）

	解题步骤
第二步	转折词"但"将我们注意力转移到了后部，"因此"让我们区分出前提和结论。但是，本题的难度就是在于"因"与"果"的判断。
第三步	化学工业发达国家的人均寿命增长率，大大高于化学工业不发达的发展中国家 → 人们不必担心化学工业危害人类健康 = 化学工业发达 → 人均寿命增长率高 → 人们不必担心化学工业危害人类健康 　　　　　　　　① 　　　　　　　　　　　　②
第四步	因果关系①，大家不好理解，主要原因是它和常识不一样，因此，我们再次强调：我们做论证题，只能以题干论证作为出发点，选项要为题干论证服务。
第五步	本题正确选项恰恰是针对因果关系①，使用的方法是"无因无果"。

选项	解释	结果
A	题干是"人均寿命增长率"，选项是"人均寿命"，核心概念不一致。	淘汰
B	考生注意题干中的因果关系，而选项支持的因果关系是： 发达的化学工业→降低发展中国家人均寿命增长率，显然与题干论证态度不一致。	淘汰
C	"无因无果"的假设方式支持题干因果关系。	正确
D	与题干的因果关系无关。	淘汰
E	与题干的因果关系无关。	淘汰

11. 答案 E

	解题步骤
第一步	整理题干论证。 前提：改变家蝇的某单个基因，克隆出的家蝇不具有紫外视觉；而不改变基因，克隆出的家蝇视觉正常。（前提使用了差推差的求异法） 结论：不具有紫外视觉的这种家蝇必定在这个基因上有某种缺陷或损坏。
第二步	分析题干论证。求异法的假设一般有两个思路：其一，保前提差存在；其二，保前提差唯一。E 选项恰好符合保前提差唯一的思想，即没有其他差异影响视觉，只受唯一的"某单个基因"影响，否则如果有其他基因影响，就无法说明是受"某单个基因影响"。
第三步	分析其他选项。A 选项不涉及紫外视觉与基因的关系，无关；B 选项易错选，但考生注意，B 选项属于过度假设，题干论证的核心词是"紫外视觉"和"某单个基因"的关系，而 B 选项强调的是"视觉"和"基因"的关系，显然扩大了范围；C 选项易错选，C 选项指出"有因有果"，但却不能保证题干的"基因"的这个差是唯一的前提差，因此不需要假设；D 选项，是否有其他影响与题干论证无关。

12. 答案 C

题干信息	前提：转入民营航空公司的飞行员的年薪高于留在国营航空公司的飞行员的年薪（差）。 结论：国营航空公司飞行员的薪酬低于民营航空公司飞行员的薪酬（差）。

121

(续)

选项	解释	结果
A	选项支持题干结论，但却不需要假设。飞行员主观认为的薪酬水平过低不能必然得出客观事实上薪酬过低。	淘汰
B	选项指出前提存在其他差异，削弱题干论证，说明是由于级别和工作能力更强的差别导致薪酬水平的差别。	淘汰
C	选项是题干论证必要的假设，保证题干差存在。如果留在国营航空公司的飞行员去民营航空公司也能获得100万年薪，那么就直接说明正是因为民营航空公司与国营航空公司的差异导致薪酬水平的差别，否则就说明与公司性质无关。	正确
D	选项干扰性很大，属于过度假设的支持。考生试想，只需要保证国营航空公司的飞行员的飞行里程不少于民营航空公司即可，而不需要保证相同。	淘汰
E	选项"国有企业"和"民营企业"，不能等同于"国营航空公司"与"民营航空公司"，论证对象不能混淆，直接淘汰。	淘汰

13. 答案 C

	解题步骤
第一步	整理题干论证，前提：把课余时间都花费在玩游戏上的青少年不与人交流。→结论：把课余时间都花费在玩游戏上的青少年比其他孩子沟通能力更差。
第二步	分析题干论证发现，题干结论是有差异的，也就是强调"把课余时间花费在玩游戏的青少年"和"其他青少年"沟通能力的差异，但是前提却只涉及了"把课余时间花费在玩游戏的青少年"不与人交流，那么评价的关键就是"其他青少年"是否与人交流，故分析可发现，C选项保证前提差异存在，是隐含的假设。
提示	很多考生可能会误认为A选项属于"排除他因"的假设，但是看电视和听音乐对交流能力的发展是否有关，根本就不得而知，故不必假设。

14. 答案 E

题干信息	前提：美国孩子比中国孩子看电视的时间长。 结论：美国孩子在高等测量与几何学的能力比中国孩子差。

选项	解释	结果
A	选项补"差"，说明是没兴趣导致美国孩子数学能力差，削弱。	淘汰
B	选项补"差"，说明是训练多导致中国孩子数学能力强，削弱。	淘汰
C	选项看似搭桥，建立看电视时间和数学能力的关系，但其实是过度假设。考生注意，是否需要保证所有孩子都是如此呢？紧扣题干论证的对象，中国孩子和美国孩子即可。	淘汰
D	同 C 选项，也属于过度假设。	淘汰
E	选项保证前提中提到的"看电视时间"是唯一的差，也就是看电视是影响数学能力的原因，而不是接受教育更多导致中国孩子数学能力更好，符合求异法思想。	正确

15. 答案 E

	解题步骤
第一步	根据标志词"为了",可确定题型——"方法可行",题干又涉及"高海拔地区"和"低海拔地区"二者的比较,确定题型——"求同存异"。
第二步	"一个人单位时间通过血液循环获得的氧气越多,他的体能及其发挥就越佳。"血液循环获得的氧气基于:一是心率的快慢,二是红细胞的数量多少。在高海拔地区红细胞数量多,只要保证另一个条件,也就是心率不会低于低海拔地区即可。正确答案选 E。
第三步	有的考生选 A,想想,A 项是否是一个必要假设呢?不是,"海拔的高低对运动员的心率不产生影响",没有必要,如果有影响也可以,想想,要是高海拔地区心率越快的话(这也是一种影响),不是更能说明要在高海拔地区训练了吗?希望大家好好理解,这是假设的一个核心思想,也是假设题难点所在。选项 D 是过度假设,只要不低于就可以,没有必要一定要高于。 提示:注意 E 选项"不低于"= 等于∨高于= 选项 A∨选项 D,P∨Q 为真的假设,可以对假设的"度"有更高层次的认知。有的题目是各种思路的综合,大家要灵活使用。

专项十一

支 持

应试技巧点拨

支持，主要是指加强题干中的论证关系，或者是赞同题干中表达的观点，是考试中的基本题型，需要紧扣如下原则：

1. **支持题的思路可沿用假设的做题方法**，只需要保证题干论证成立即可。通俗来说，就是哪个选项与题干最接近，那就最优先考虑。

2. **支持题力度的强弱主要考虑：**
（1）是否与题干话题最直接相关；
（2）是否与题干中的结果最相关；
（3）量度词表达的程度和范围；
（4）类比的结构与题干是否一致。

针对上述原则与技巧，考生可：（1）完成下列练习，熟练掌握上述技巧；（2）对应《逻辑精点》强化篇第233~256页，梳理知识体系框架。

【题01】"节食族"是指那些早餐吃水果、午餐吃蔬菜，几乎不吃高热量食物的人。在这个物品丰盛的时代，过度节食，就像把一个5岁的孩子带进糖果店，却告诉他只能吃一个果冻。营养专家指出，这种做法既不科学也不合乎情理。

如果以下哪项陈述为真，能给专家的观点以最有力的支持？
A. 科学家发现，使老鼠的卡路里摄入量减少30%，就会降低老鼠罹患癌症的可能性。
B. 科学家发现，采用限制卡路里的饮食方法，可以降低血压，减少动脉栓塞的可能性。
C. 有专家警告说，限制卡路里的摄入，有造成骨质疏松和生育困难的风险。
D. 冲绳岛是世界上百岁老人比例最高的地区，那里的居民信奉"八分饱"的饮食哲学。
E. 科学家发现，经常让肠胃保持一定的空间有助于增强肠胃动力，提高免疫力。

【题02】专家：上市公司的董事会通常由大股东组成，小股东因股权小不能进入董事会，因此小股东的利益很容易受到大股东的侵犯。设立独立董事制度，是希望独立董事能够代表小股东，形成对大股东的制衡。但独立董事由公司董事会聘请并支付报酬，这就形成了独立董事与公司董事会在经济上的"同盟"关系，使得独立董事很难站在小股东立场上行使独立董事的权力。

如果以下陈述为真，哪一项最有力地支持了上述专家的结论？
A. 许多退休高官担任了中国上市公司的独立董事。
B. 有些独立董事敢于维护小股东的利益诉求，尽管会受到很大压力。
C. 如果独立董事为了维护小股东的利益而与公司董事会叫板，其结果往往是被公司董事会解聘。
D. 目前，中国上市公司的独立董事制度尚不健全。
E. 很多中小企业的股东大会基本形同虚设，重大的决策大多由董事长独立决定。

【题03】离家300米的学校不能上，却被安排到2公里以外的学校就读，某市一位适龄儿童在上小学时就遇到了所在区教育局这样的安排，而这一安排是区教育局根据儿童户籍所在施教区做出的。根据该市教育局规定的"就近入学"原则，儿童家长将区教育局告上法院，要求撤销原来安排，让其孩子就近入学，法院对此做出一审判决，驳回原告请求。

下列哪项最可能是法院判决的合理依据？

A. "就近入学"不是"最近入学"，不能将入学儿童户籍地和学校的直线距离作为划分施教区的唯一依据。
B. 按照特定的地理要素划分，施教区中的每所小学不一定就处于该施教区的中心位置。
C. 儿童入学究竟应上哪一所学校不是让适龄儿童或其家长自主选择，而是要听从政府主管部门的行政安排。
D. "就近入学"仅仅是一个需要遵循的总体原则，儿童具体入学安排还要根据特定的情况加以变通。
E. 该区教育局划分施教区的行政行为符合法律规定，而原告孩子户籍所在施教区的确需要去离家2公里外的学校就读。

【题04】同样类型的犯罪，在中国的不同省区，判决结果可能存在较大不同。中国司法部认为这种不强制统一的判决方法是适合中国国情的，因为这种判决，赋予法官们自由裁量权，使他们可以根据实际情况考虑加刑或减刑，从而达到真正的公正，即惩罚的力度与犯罪的严重程度相符。所以，司法部并不打算引入不同地区相同的强制统一判决法。

下面哪项如果正确，证明了中国司法部的观点？

A. 目前在不强制统一判决法的情况下，中国东西部省区的法官对同一种类型且严重程度相同犯罪的判决差异很大。
B. 中国的河南省，要求在全省境内实行强制统一判决法，该省犯罪率明显因此下降。
C. 中国的法律制度模仿了苏联，这一制度要求法官具有公正、廉洁的品德和无私的精神。
D. 中国刑法所规定的各种罪行，即使罪行相同，但最高量刑与最低量刑之间却有很大差别。
E. 中国的法官都不是终身制，因此他们极容易受各种政治压力的影响。

【题05】科学家假设，一种特殊的脂肪"P-脂肪"，是视力发育形成过程中所必需的。科学家观察到，用含"P-脂肪"低的配方奶喂养的婴儿比母乳喂养的婴儿视力要差，而母乳中"P-脂肪"的含量高，于是他们提出了上述假说。此外还发现，早产5~6周的婴儿比足月出生的婴儿视力要差。

如果以下哪一项陈述为真，最能支持上述科学家的假说？

A. 母亲的视力差并不会导致婴儿的视力差。
B. 胎儿的视力是在妊娠期的最后3个月中发育形成的。
C. 日常饮食中缺乏"P-脂肪"的成年人比日常饮食中"P-脂肪"含量高的成年人视力要差。
D. 胎儿只是在妊娠期的最后4周里加大了从母体中获取的"P-脂肪"的量。
E. 孕妇在临产期缺乏"P-脂肪"时会导致母亲看东西越来越模糊。

【题06】建筑历史学家丹尼斯教授对欧洲19世纪早期铺有木地板的房子进行了研究。结果发现较大的房间铺设的木板条比较小房间的木板条窄得多。丹尼斯教授认为，既然大房子的主人一般都比小房子的主人富有，那么，用窄木条铺地板很可能是当时有地位的象征，用以表明房主的富有。

以下哪项如果为真，最能加强丹尼斯教授的观点？

A. 欧洲19世纪晚期的大多数房子所铺设的木地板的宽度大致相同。
B. 丹尼斯教授的学术地位得到了国际建筑历史学界的公认。
C. 欧洲19世纪早期，木地板条的价格是以长度为标准计算的。
D. 欧洲19世纪早期，有些大房子铺设的是比木地板昂贵得多的大理石。
E. 在以欧洲19世纪市民生活为背景的小说《雾都十三夜》中，富商查理的别墅中铺设的就是有别于民间的细条胡桃木地板。

【题07】中国的医药卫生事业在20世纪80年代初有了长足的发展，尽管还有许多缺陷，但是效果是明显的，从传染病的发病率明显下降就可以看出这一点。调查表明，最近几年来，成年人中患肺结核的病例逐年减少。当然，卫生部的官员仍然非常谨慎，他们在公开场合表示，上述调查还不能得出肺结核发病率逐年下降的结论。

以下哪项如果为真,则最能加强卫生部官员的观点?

A. 上述调查的重点是在城市,农村中肺结核的发病情况缺乏准确的统计,而城乡医疗条件存在很大差异。

B. 肺结核早就不是不治之症。

C. 和心血管病、肿瘤等比较,近年来对肺结核的防治缺乏足够的重视。

D. 防治肺结核病的医疗条件近年来有较大的改善,但比较起来,西部地区在人员配备、医疗器材等各个方面与东部相比,仍然差距甚远。

E. 近年来由于城市人口增长较快,加上城市青少年身体素质较差,所以青少年成为肺结核发病的主要人群。

【题08】环境科学家:在过去的 10 年中,政府对保护湿地的投资确实增加了 6 倍,而同时需要这样保护的土地面积只增加了 2 倍(尽管这些区域在 10 年前已经很大了)。即使把通货膨胀考虑进去,现在的投资金额也至少是 10 年前的 3 倍。虽然如此,目前政府对保护湿地的投资仍是不够的,政府的投资应该进一步增加。

下面哪一项如果正确,最有助于使环境科学家的结论与引用的证据相一致?

A. 负责管理湿地保护资金的政府机构在过去的 10 年中一直管理不当且运行效率较低。

B. 在过去的 10 年中,那些被政府雇来保护湿地的科学家的薪水的增长比率高于通货膨胀的比率。

C. 过去 10 年的研究使现在的科学家在湿地遭受严重破坏的危险之前就把它们定为需要保护的对象。

D. 现在有更多的人与科学家一样在为保护包括湿地在内的自然资源而工作。

E. 不像现在,10 年以前对保护湿地的投资几乎是不存在的。

【题09】对常兴市 23 家老人院的一项评估显示,爱慈老人院在疾病治疗水平方面受到的评价相当低,而在其他不少方面评价不错,虽然各老人院的规模大致相当,但爱慈老人院医生与住院老人的比率在常兴市的老人院中几乎是最小的。因此,医生数量不足是造成爱慈老人院在疾病治疗水平方面评价偏低的原因。

以下哪项如果为真,最能加强上述论证?

A. 和祥老人院也在常兴市,对其疾病治疗水平的评价比爱慈老人院还要低。

B. 爱慈老人院的医务护理人员比常兴市其他老人院都要多。

C. 爱慈老人院的医生发表的相关学术文章很少。

D. 爱慈老人院位于常兴市的市郊。

E. 爱慈老人院某些医生的医术一般。

【题10】体内不产生 P450 物质的人与产生 P450 物质的人比较,前者患帕金森氏综合征(一种影响脑部的疾病)的可能性三倍于后者,因为 P450 物质可保护脑部组织不受有毒化学物质的侵害。因此,有毒化学物质可能导致帕金森氏综合征。

下列哪项如果为真,将最有力地支持以上论证?

A. 除了保护脑部不受有毒化学物质的侵害,P450 对脑部无其他作用。

B. 体内不能产生 P450 物质的人,也缺乏产生某些其他物质的能力。

C. 一些帕金森氏综合征病人有自然产生 P450 的能力。

D. 当用多乙胺——一种脑部自然产生的化学物质治疗帕金森氏综合征病人时,病人的症状减轻。

E. 很快就有可能合成 P450,用以治疗体内不能产生这种物质的病人。

【题11】某研究机构调查分析了 208 名有心痛和心律不齐等症状的病人。在开始接受手术治疗时通过问卷报告了自己对病情的看法,其中约有 20% 的人非常担忧病情会恶化,有的甚至还害怕因此死亡,其他人就没有那么多担忧。后来的随访调查表明,那些手术前持有严重担忧情绪的人手术后复发率高于其他人。研究人员因此认为,担忧情绪不利于心脏病的康复。

以下哪项如果为真，最能支持上述论证的结论？
A. 有研究表明，担忧情绪会抑制大脑前额叶皮层活动，使人更抑郁。
B. 研究人员发现那些有严重担忧情绪的人更关注自己心脏健康情况。
C. 担忧情绪对健康是一个潜在威胁，会导致癌症、糖尿病等多种疾病。
D. 那些有严重担忧情绪的人往往因为知道自己血液中含有加重心脏病风险的化学物质而感到担忧。
E. 没有那么多担忧的人会对自己和周围环境创造积极的心理暗示，而这种暗示对于心脏病康复有一定帮助。

【题12】科学家发现，一种名为"SK3"的蛋白质在不同年龄的实验鼠脑部的含量与其记忆能力密切相关：老年实验鼠脑部SK3蛋白质的含量较高，年轻实验鼠含量较少；而老年实验鼠的记忆力比年轻实验鼠差。因此，科学家认为，脑部SK3蛋白质含量增加会导致实验鼠记忆力衰退。

以下哪项如果为真，最能支持科学家的结论？
A. 在年轻的实验鼠中，也发现脑部SK3蛋白含量较高的情况。
B. 已经发现人类的脑部也含有SK3蛋白质。
C. 当科学家设法降低老年实验鼠脑部SK3蛋白质的含量后，它们的记忆力出现了好转。
D. 科学家已经弄清了SK3蛋白质的分子结构。
E. 实验鼠随着年龄的增长脑部SK3蛋白质的含量不断增加。

【题13】美国联邦所得税是累进税，收入越高，纳税率越高。美国有的州还在自己管辖的范围内，在绝大部分出售商品的价格上附加7%左右的销售税。如果销售税也被视为所得税的一种形式的话，那么，这种税收是违背累进原则的：收入越低，纳税率越高。

以下哪项如果为真，最能加强题干的议论？
A. 人们花在购物上的钱基本上是一样的。
B. 近年来，美国的收入差别显著扩大。
C. 低收入者有能力支付销售税，因为他们缴纳的联邦所得税相对较低。
D. 销售税的实施，并没有减少商品的销售总量，但售出商品的比例有所变动。
E. 美国的大多数州并没有征收销售税。

【题14】据统计，被指控抢劫的定罪率要远高于被指控贪污的定罪率。其重要原因是贪污案的被告能聘请收费昂贵的律师，而抢劫案的被告主要由法庭指定的律师辩护。

以下哪项如果为真，最能支持题干的叙述？
A. 被指控抢劫的被告，远多于被指控贪污的被告。
B. 被告聘请的律师与法庭指定的律师一样，既忠实于法律，又努力维护委托人的合法权益。
C. 被指控抢劫的被告中事实上犯罪的比例，不高于被指控贪污的被告相应的比例。
D. 一些被指控抢劫的被告，有能力聘请收费昂贵的律师。
E. 司法腐败导致对有权势的罪犯的庇护，而贪污等职务犯罪的构成要件是当事人有职权。

【题15】为了节省能源，H国政府2003年把高速公路最高限速由原来的每小时180公里降低为每小时130公里。降低时速后的第一年，高速公路交通事故死亡率下降了15%，创历史纪录的最低。此后的近十年中，每年都有下降。H国政府的此项措施，拯救了很多人的生命。

以下哪项如果为真，最能加强上述论证？
A. 2003年以来，在H国高速公路上行驶的机动车的数量逐年上升。
B. 2003年以来，在H国高速公路上因交通事故死亡的人数逐年下降。
C. 允许摩托车通行的高速公路交通事故死亡率高于禁止摩托车通行的高速公路。摩托车的时速平均为150公里。
D. 和H国毗邻的K国高速公路的最高限定时速一直为180公里，近十年来高速公路交通事故死亡率逐年下降。
E. 2003年以来，H国的高速公路的公里数增长了近10倍。

精点解析

1. 答案 C

解题步骤	
第一步	找到专家的观点：几乎不吃高热量食物，即限制卡路里摄入（这种做法）既不科学，也不合乎情理。
第二步	A、B、D、E 都表明限制卡路里有好处，只有 C 选项指出限制卡路里的弊端，支持题干的观点。

2. 答案 C

解题步骤	
第一步	专家的结论为：独立董事由大股东聘请，并支付报酬使得独立董事很难站在小股东的立场上。
第二步	通过分析题干专家的结论，C 选项直接支持了专家的观点，其余选项都没有提到独立董事与小股东的关系。E 选项有一定的迷惑性，但考生注意题干论证对象是"上市公司"，而选项却指的是"中小企业"，赶紧淘汰，不要犹豫！

3. 答案 E

题干信息	题干要求选择法院判决的合理依据，即法院判决教育局的做法合法。

解题步骤	
第一步	法院判决的依据应是行为是否合法而非合情合理，这是本题快选依据。
第二步	E 选项直接指出该区教育局划分施教区的行政行为符合法律规定，为正确答案。A 选项干扰性很大，该项针对的是"教育局规定"的合理性而非合法性。考生注意，法院判决依据是，①教育局规定是否合法，②施教区划分是否合法，而非以上决定的合理性。

4. 答案 D

题干信息	前提：不强制统一的判决方法赋予法官们自由裁量权，使得惩罚的力度与犯罪的严重程度相符。→结论：不打算引入不同地区相同的强制统一判决法。

选项	解释	结果
A	选项直接指出同一类型、严重程度相同的犯罪本该判决相似，而实际却是差异很大，削弱司法部的观点。	淘汰
B	选项削弱司法部的观点，说明应该引入强制统一判决法。	淘汰
C	选项与题干论证无关。	淘汰
D	选项说明，即便罪行相同，但由于量刑差异很大，因此不应使用强制统一判决法，才更可能保持司法公正。	**正确**
E	选项与题干论证无关。	淘汰

5. 答案 D

题干信息	前提：用含"P-脂肪"低的配方奶喂养的婴儿比母乳喂养的婴儿视力要差。 结论（假说）："P-脂肪"是视力发育形成过程中所必需的。 附加信息：早产 5~6 周的婴儿比足月出生的婴儿视力要差。

专项十一　支持

（续）

选项	解释	结果
A	即使母亲的视力差会导致婴儿的视力差，也没办法评价"P-脂肪"与婴儿的视力差之间的关系，完全有可能多因一果。考生想一想。	淘汰
B	选项与题干中的"P-脂肪"无关，可迅速淘汰。	淘汰
C	论证对象不一致，题干强调的是婴儿的视力发育，不是成年人的视力，考生可快速淘汰该项。	淘汰
D	从"早产5~6周的婴儿与足月生的婴儿之间的差异"入手，早产的婴儿获取的"P-脂肪"的量小于足月的婴儿获取"P-脂肪"的量，直接搭桥建立附加信息与结论的论证关系，是最强支持。	正确
E	论证对象不一致，题干强调的是婴儿的视力发育，不是母亲的视力。	淘汰

6. 答案 C

	解题步骤
第一步	整理题干丹尼斯教授的观点：用窄木条铺地板很可能是当时有地位的象征，用以表明房主的富有。
第二步	分析选项。考生会在C和E选项间困惑，C选项使用是假设中"搭桥"的方法，其力度自然最大。有考生认为题干是"宽窄"，选项是"长度"，话题不一致，想想在特定面积情况下，宽度和长度的关系，你就能理解了。E选项是特例支持，力度最小，一般情况下，在不存在其他更强选项时可以考虑它。

7. 答案 E

题干信息	前提：成年人中患肺结核的病例逐年减少。→结论：肺结核发病率可能没有逐年下降。	
选项	解释	结果
A	选项不能支持，题干不涉及患肺结核的病例发生的地区。	淘汰
B	选项与题干论证无关。	淘汰
C	选项不能支持，题干不涉及肺结核与其他疾病的对比。	淘汰
D	选项不能支持，西部地区与东部相差甚远，但其自身与之前相比可能已有了长远发展。削弱官员观点。	淘汰
E	选项最能支持，选项直接指出题干可能犯了以偏概全的错误，成年人并不能作为肺结核发病的主要群体，因此需要青少年这个主要发病群体的发病率才能得出结论。	正确

8. 答案 E

题干信息	前提：现在的投资金额是10年前的3倍（投资增加6倍，面积增加2倍，相对比值是3倍）。→结论：政府对湿地保护的投资应该进一步增加。	
选项	解释	结果
A	选项削弱题干结论，如果管理不当且运行效率较低，那么进一步投入的必要性就值得商榷了。	淘汰

(续)

选项	解释	结果
B	科学家的薪水增长比率只是政府对湿地保护投资的一部分，只能说明对科学家的投资没有减少，不能说明整体对湿地保护投资的金额是多还是少。	淘汰
C	选项直接支持前提，说明研究使得湿地面积增加 2 倍是合乎实际情况的，但仅仅说明面积变大，并不针对论证强调的数据比例关系，故力度弱。	淘汰
D	选项不涉及政府投资金额的大小，无关。	淘汰
E	选项直接支持论证关系，力度最强。前提强调的是倍数，是相对值；而结论强调的是投资额，是绝对值，此处明显缺少基数。若 10 年前的基数太小，那么即便增加了 3 倍，很可能绝对量也不大，故需要增加投资。	正确

9. 答案 B

	解题步骤
第一步	整理题干论证。前提：爱慈老人院医生与住院老人的比率最小。→结论：医生数量不足是造成爱慈老人院在疾病治疗水平方面评价偏低的原因。
第二步	分析题干论证。前提涉及的是"医生的比例"，结论涉及的是"医生的数量"，显然支持需要涉及"数量"。由于老人院疾病治疗水平＝医生的数量＋医务护理人员的数量。因此，B 选项直接指出医务护理人员最多，而前提各老人院规模大致相当，直接说明爱慈老人院的医生数量最少，因此导致疾病治疗水平评价低，支持论证。

10. 答案 A

	解题步骤
第一步	确定题型——"保障因果"。
第二步	锁定因果。"因"：P450 物质可保护脑部组织不受有毒化学物质的侵害，"果"：有毒化学物质可能导致帕金森氏综合征。
第三步	分析因果。A 选项，假设 P450 没有他因（用），才能保证结论的成立。如果 P450 还能防护其他物质，那么很有可能是其他物质导致帕金森氏综合征，许多医学上的发现也是基于此逻辑推理。

11. 答案 E

题干信息	因：担忧情绪。→果：不利于心脏病的康复。	
选项	解释	结果
A	不涉及担忧情绪对心脏病康复的影响，不能支持题干结论。	淘汰
B	不涉及担忧情绪对心脏病康复的影响，不能支持题干结论，注意"关注心脏健康的状况"不代表对心脏病的康复有影响，无关选项。	淘汰
C	与题干心脏病无关。	淘汰
D	解释担忧情绪的由来，不能支持题干的结论。	淘汰
E	没有担忧的人创造积极暗示，有利于心脏病康复，无因无果，支持了题干结论的因果关系。	正确

12. 答案 C

题干信息	根据题干论证可确定题型"差比关系"。(注:差比关系也是一种"因果关系",考生认真思考一下) 前提:老年鼠和年轻鼠相比,SK3蛋白含量较高,记忆力较差。 结论:因:脑部SK3蛋白质含量增加。果:实验鼠记忆力衰退。 (根据前提的"差比关系"推出结论中的"因果关系")

选项	解释	结果
A	该项属于个例削弱,不能支持题干结论。	淘汰
B	没有涉及SK3含量的多少以及该含量对记忆力有何种影响,因此不能支持结论。	淘汰
C	老年鼠SK3含量降低后,记忆力产生好转。该项属于"无因无果",支持题干结论。	正确
D	明显无关选项,不能对结论起到支持作用。	淘汰
E	"随着年龄的增加,SK3的含量不断增加"对题干的一部分信息起到支持的作用,但该项未涉及"记忆力",即没有涉及题干论证关系,支持力度较弱。	淘汰

13. 答案 A

解题步骤	
第一步	锁定题干议论:"销售税是违背累进原则的:收入越低,纳税率越高。"
第二步	分析选项。

选项	解释	结果
A	该选项是一个必要的假设,如果该选项不成立的话,销售税就没有违背累进原则(比如:一个月收入10000元的人和一个月收入1000元的人,如果他们的月购物金额都是800元,那么他们缴纳的税就是一样的。这种税收就违背了累进原则)。	正确
B	没有涉及收入和纳税的关系。	淘汰
C	该项涉及的论证关系是:所得税率→支付税收能力,与题干论证何关?	淘汰
D	没有涉及收入和纳税的关系。	淘汰
E	与题干论证无关。	淘汰

14. 答案 C

解题步骤	
第一步	题干涉及"被指控抢劫的定罪率"和"被指控贪污的定罪率"二者的比较,确定题型——"求同存异"。随后,我们需要找出前提和结论中的"同"和"异"来,并弄清它们之间的关系。
第二步	前提:辩护律师(差)。结论:定罪率(差)。
第三步	B选项作用是削弱,考生想一想为什么?选项否定了前提差,即律师间的差异。C选项是必要的假设,两类案例获胜的可能性应该一致,否则,就不能保证是因为所聘请律师的差异导致的结果不同。假设本身就是力度很大的支持。

15. 答案 C

题干信息	前提：降速使得 H 国政府高速公路交通事故死亡率每年都呈现下降趋势。结论：H 国政府降速的措施拯救了很多人的生命。	
选项	解释	结果
A	机动车的数量增加未必一定会导致交通事故率上升，选项不能支持。	淘汰
B	选项削弱题干论证，考生试想，死亡人数逐年下降可能是客观的，是否与由 H 国政府的措施有关无法判断。	淘汰
C	选项直接支持，说明限速降低了交通事故死亡率。考生注意，题干中涉及的措施核心是将最高限速由 180 降为 130，而选项 150 比 130 要高。	正确
D	K 国的情况属于无因有果，削弱了题干。	淘汰
E	高速公路里程总数的增加未必会导致交通事故率的上升，选项不能支持。	淘汰

专项十二

解释与评价

> **1. 解释题**
> 主要是指寻找合理的原因使题干看似矛盾的二者实际并不冲突，或者是寻找某个现象发生的合理原因，是考试中的基本题型，考试时一般会涉及 2～3 道题，解题时需把握如下原则：
> (1) 一般不能支持，也不能削弱，而是寻找合理的原因使题干成立。
> (2) 紧扣解释的对象，优先考虑最能得出题干结果的选项。
>
> **2. 评价题**
> 主要是针对题干的结论和论证过程进行评价，考查考生对于基本论证关系的理解，此类试题属于考试中的难题，一般会涉及 1～2 道题，学有余力和希望考满分的同学可适当掌握。
> 考试时有如下题型：
> (1) 直接评价题。解题时可参考假设的思路，选项涉及"是否"能够使得题干论证关系成立。
> (2) 对话焦点题。解题思路：① 找到二者的态度，明确支持和反对的内容和对象；② 分析二者的论证结构，把握究竟是假设有分歧，还是结论有分歧。
> (3) 推理漏洞题。解题思路：① 违背了形式逻辑推理的规则；② 强加了因果关系；③ 犯了相关逻辑谬误。
>
> 针对上述原则与技巧，考生可：(1) 完成下列练习，熟练掌握上述技巧；(2) 对应《逻辑精点》强化篇第 267～278 页，梳理知识体系框架。

【题01】 汽车保险公司的统计数据显示：在所处理的汽车被盗索赔案中，安装自动防盗系统汽车的比例明显低于未安装此种系统的汽车，这说明，安装自动防盗系统能明显减少汽车被盗的风险。但警察局的统计数据却显示：在报案的被盗汽车中，安装自动防盗系统的比例高于未安装此种系统的汽车。这说明，安装自动防盗系统不能减少汽车被盗的风险。

以下哪项如果为真，最有利于解释上述看来矛盾的统计结果？
A. 许多安装了自动防盗系统的汽车车主不再购买汽车被盗保险。
B. 有些未安装自动防盗系统的汽车被盗后，车主报案但未索赔。
C. 安装自动防盗系统的汽车大都档次较高，汽车的档次越高，越易成为盗窃的对象。
D. 汽车失盗后，车主一般先到警察局报案，再去保险公司索赔。
E. 有些安装了自动防盗系统的汽车被盗后，车主索赔但未报案。

【题02】 石器时代的陶工制作了复杂并且常常是精致的陶瓷水罐、工具和珠宝。他们也制作了精致的陶人。有许多这种精致的陶瓷水罐、工具和珠宝被发现时是完整的或几乎完整，然而大致与这些陶器在同时期制作的陶人却大多以小碎片的形式被发现。

以下哪项如果为真，能最好地解释为什么很少有陶人被发现时是完整的而许多精致的陶器却不是？
A. 最后修整期间，如果一组陶器中有一个碎了，石器时代的人有时会故意打碎整组东西，也许是为了避邪。
B. 世界各地陶土的成分差别很大，而这种成分又相应地会影响陶器的持久性。

133

C. 陶艺是石器时代发明的，人们早在掌握制作精致陶器技术以前就已经精通了制陶技术。
D. 石器时代的陶工制作陶人和制作陶瓷制品的时间一样多。
E. 许多石器时代的仪式需要打碎陶人，可能是作为对神的祭祀。

【题 03】美国斯坦福大学梅丽莎·莫尔博士在《天哪：脏话简史》一书中谈到一个有趣的现象：有些患阿尔茨海默症或中过风的病人在彻底丧失语言能力后，仍能反复说出某句脏话。这不免令人感到困惑：难道说脏话不是在说话吗？

如果以下陈述为真，哪一项最好地解释了上述现象？

A. 脑科学家的研究证实，人的精神能够在生理学的意义上改变身体状态。
B. 脏话是最能表达极端情绪的词语，说脏话能减轻压力并有助于忍受疼痛。
C. 在约 100 万个英语单词中，尽管只有十多句是脏话，但它们的使用频率非常高。
D. 一般的词语被保存在控制自主行为和理性思考的大脑上层区域，而脏话则被保存在负责情绪和本能反应的大脑下层区域。
E. 说脏话也是说话，不能因为说话的内容不同而有差异。

【题 04】美国汽车三包法案实施后的几年中，汽车公司因向退货人支付退款而遭受了巨大损失。因此，某国《家用汽车产品修理、更换、退货责任规定》（简称三包法）实施前，业内人士预测该汽车三包法会对汽车厂家形成很大冲击。但三包法实施一年来，记者在该国各地多家 4S 店的调查显示，依据三包法退换车的案例为零。

如果以下陈述为真，哪项最好地解释了上述反常现象？

A. 三包法实施一年后，仅有 7% 的消费者在购车前了解三包权益。
B. 多数汽车经销商没有按法规要求向消费者介绍其享有的三包权益。
C. 三包法保护车主利益的关键条款缺乏可操作性，导致退换车很难成功。
D. 为免受法律的惩罚，汽车厂家和经销商提高了维修方面的服务质量。
E. 三包法在实施的过程中遇到了很大的阻力，导致很多 4S 店都非常抵触。

【题 05】分析师在对一副中草药经过成分分析后，确认了其有效成分，但是按照其有效成分制成的化学药剂却往往没有中草药的疗效，即使这些有效成分的剂量与分析中的中草药完全相同。

以下哪项如果为真，最能有效地解释上述矛盾？

A. 中草药配方中有一些药在服用时需要"药引"，这些药引被认为是中药有疗效的关键。
B. 一些医生所开的中草药都具有名贵的配料，如熊胆、牛黄等。
C. 中草药有效成分以外的其他成分如草汁等，化学分析是无疗效的水，但这些物质将影响人类对中草药的吸收速度和它在血液中的含量。
D. 因为有些中草药的成分无法界定，所以欧盟目前都不承认中草药在欧盟各国的合法性。
E. 患病的老人更容易接受中草药治疗，因为中草药不仅仅治疗病症，而且具有调理的功效。

【题 06】小朱生日那天状态很好，特地邀约了小王、小张、小刘、小李这四个好朋友到家里吃饭，小朱的妈妈为他们准备了丰盛的晚餐。按照当地的习俗，小朱吃了妈妈专门给他煮的一个鸡蛋。用餐过程中，大家还开玩笑地警告肠胃最差的小王不要吃太多，小心拉肚子。桌上的每道菜所有人都品尝了，小朱不顾大家的警告，吃得最多。结果饭后不久小朱便出现腹泻的症状，其他人却没有问题。

以下各项中，最能解释小朱腹泻的是？

A. 小朱的妈妈在做菜的过程中没有做好卫生防范，可能菜没有洗干净，或者可能生食熟食没有分开。
B. 小朱这天肠胃特别不好，只不过他没有感觉到而已。
C. 某道菜用的原材料很可能是反季节菜或者转基因食品，食用过多容易引起腹泻。
D. 桌上有的菜是不能和鸡蛋一起吃的，否则会引起腹泻。
E. 小王饭前吃了肠胃药，做好了预防措施。

专项十二 解释与评价

【题07】近百年来，在达里湖地区，长期的干旱使多草的湿地大量萎缩，变成盐碱地。多草的湿地是鸭类、鹅类以及其他种类水鸟筑巢和孵化的场所。然而，随着湿地的不断萎缩，该地区赤麻鸭数量平均下降的速度却远低于天鹅数量平均下降的速度。

如果以下哪项陈述为真，对上文中的不一致给出了最佳的解释？
A. 赤麻鸭每窝孵化8至10枚卵，天鹅每窝孵化2至3枚卵，成活率大体相当。
B. 环境保护措施的加强减缓了赤麻鸭、天鹅及其他种类水鸟数量平均下降的速度。
C. 赤麻鸭和天鹅都是迁徙类鸟类，赤麻鸭在迁徙过程中更容易遭到捕杀。
D. 除湿地外，赤麻鸭逐渐学会在树洞和崖洞筑巢孵化，天鹅则未能如此。
E. 赤麻鸭的肉质远比天鹅好吃，成为人们餐桌野味的首选。

【题08】S市餐饮经营点的数量自2015年的约20000个，逐年下降至2020年的约5000个。但是这五年来，该市餐饮业的经营资本在整个服务行业中所占的比例并没有减少。

以下各项中，哪项最无助于说明上述现象？
A. S市2020年餐饮业的经营资本总额比2015年高。
B. S市2020年餐饮业经营点的平均资本额比2015年有显著增长。
C. 作为激烈竞争的结果，近五年来，S市的餐馆有的被迫停业，有的则努力扩大经营规模。
D. 2015年以来，S市服务行业的经营资本总额逐年下降。
E. 2015年以来，S市服务行业的经营资本占全市产业经营总资本的比例逐年下降。

【题09】在一场魔术表演中，魔术师看来是随意请一位观众志愿者上台配合他的表演。根据魔术师的要求，志愿者从魔术师手中的一副扑克中随意抽出一张。志愿者看清楚了这张牌，但显然没有让魔术师看到这张牌。随后，志愿者把这张牌插回那副扑克中。魔术师把扑克洗了几遍，又切了一遍。最后魔术师从中取出一张，志愿者确认，这就是他抽出的那一张。有好奇者重复三次看了这个节目，想揭穿其中的奥秘。第一次，他用快速摄像机记录下了魔术师的手法，没有发现漏洞；第二次，他用自己的扑克代替魔术师的扑克；第三次，他自己充当志愿者。这三次表演，魔术师无一失手。此好奇者因此推断：该魔术的奥秘，不在手法技巧，也不在扑克或者志愿者有诈。

以下哪项最为确切地指出了好奇者的推理中的漏洞？
A. 好奇者忽视了这种可能性：他的摄像机功能会不稳定。
B. 好奇者忽视了这种可能性：除了摄像机以外，还有其他仪器可以准确记录魔术师的手法。
C. 好奇者忽视了这种可能性：手法技巧只有在使用做了手脚的扑克时才能奏效。
D. 好奇者忽视了这种可能性：魔术师表演同一个节目可以使用不同的方法。
E. 好奇者忽视了这种可能性：除了他所怀疑的上述三种方法外，魔术师还可能使用其他的方法。

【题10】许多哲学家论证，每个人的目标都是追求幸福，这种幸福，是在充分实现个人价值的过程中所获得的满足感。这些哲学家又断定，这种幸福不是轻而易举就能得到的，它需要常年乃至终身的不懈努力。这些哲学家可以称为幸福悲观论者，因为他们夸大了追求幸福的难度。花前月下和情侣的一次悠闲的散步，难道带来的不是难以忘怀的幸福体验？

以下哪项最为准确地指出了上述论证中存在的漏洞？
A. 它否定一个断定，不是依据其内容，而是依据其来源。
B. 它仅依据个例，轻率地概括出一般性结论。
C. 它忽视了在某种场景下获得的幸福体验不一定能持续。
D. 它把一个可能不具有代表性的观点作为反驳的目标。
E. "幸福"这一关键概念的含义前后未保持一致。

【题11】网络媒体报道称，让水稻听感恩歌大悲咒能增产15%。福建省良山村连续3季的水稻种植结果证实，听大悲咒不仅增产了15%，水稻颗粒也更加饱满。有农业专家表示，音乐不仅有助于植物对营养物质的吸收、传输和转化，还能达到驱虫的效果。

以下哪一个问题的回答对评估上述报道的真实性最不相关？

A. 专家能否解释为什么大悲咒对水稻的生长有益而对害虫的生长无益？
B. 专家的解释是否具有可靠的理论支持？
C. 听大悲咒的水稻与不听大悲咒的水稻的其他生长条件是否完全相同？
D. 该方法是否具有大面积推广的可行性？
E. 没听音乐的水稻是否也增产了？

【题12】张教授：大量的交通事故都是由这个城市极差的交通而导致的，因此，这个城市的街道必须被重修。

李研究员：这个城市可以改进它的公共交通系统，这要比修路更省钱。由于交通事故主要是由交通拥挤而造成的，所以发展公共运输能大大缩减事故，由于这个城市不能同时采用两种办法，而且发展公交有其他的优点，所以，我们应大力发展公交。

以下哪项能最好地说明张教授和李研究员论战的主要分歧所在？
A. 一个具体问题是否真实存在？
B. 一个具体问题是怎么产生的？
C. 谁负责处理一个具体问题？
D. 是否这个城市有充足的资金来处理问题？
E. 这个城市是如何最好地解决某一问题的？

【题13】张教授：由于要想保护每个目前濒临灭绝的物种将极为昂贵，所以那些对人类价值最大的濒危物种应该享有最优先的被保护权利。

李研究员：这个政策是不合适的，这是因为一个物种的未来价值是无法预测的，另外，那些对人类贡献很少，但却是间接贡献的物种的目前价值也是无法估计的。

下面哪一项是李研究员针对张教授的回答的要点？
A. 尽管应该保护所有濒危的物种，但这样做，从经济上来说是不可能的。
B. 即使某一物种对人类的价值是已知的，该价值也不应作为决定是否应该尽力保护该物种的一个因素。
C. 那些对人类有直接贡献的物种应该比那些对人类仅有间接贡献的物种享有更优先的被保护权。
D. 由于用于确定哪一物种对人类的价值最大的方法是不完善的，所以无法根据对这种价值的估计做出明智的决定。
E. 保护那些对人类的价值能够可靠预测的濒危物种比保护那些对人类来说价值无法预测的物种更加重要。

【题14】20世纪40年代，美国出版了7000多种图书，其中仅有10多种成为畅销书。一位纽约的出版商发现，这一年最畅销的书与3种题材有关，一种与美国总统林肯有关，一种与医生有关，还有一种与狗有关。他想，如果将这3种内容结合在一起，一定畅销。于是他策划出版了《美国总统的内科医生的宠物狗》，结果这本书的销售格外差。

以下哪项陈述最恰当地表明了上面推理的缺陷？
A. 认为整体具有的属性也为部分所具有。
B. 认为部分具有的属性也为整体所具有。
C. 忽略了其他可能的原因。
D. 将一个现象导致的结果当成了这个现象的原因。
E. 将前后相继发生的两种现象人为判定存在因果关系。

【题15】索马里自1991年以来，实际处于武装势力割据的无政府状态。1991年索马里的人均GDP是210美元，2011年增长到600美元，同年，坦桑尼亚的人均GDP是548美元、中非是436美元、埃塞俄比亚是350美元。由此看来，与非洲许多有强大中央政府统治的国家相比，处于无政府状态的索马里，其民众生活水平一点也不差。

以下哪项陈述准确地概括出了上述论证最严重的缺陷？

A. 索马里的财富集中在少数人手中，许多民众因安全或失业等因素陷入贫困。
B. 人均 GDP 的增长得益于索马里海盗劫持各国商船，掠夺别国的财产。
C. 索马里人均 GDP 增长的原因是无政府状态中包含的经济自由的事实。
D. 依据某种单一指标来判断一个国家民众的总体生活水平是不可靠的。
E. 索马里的民众由于无政府状态，人均 GDP 每年甚至是每个月的起伏都很大。

•••••• 精点解析 ••••••

1. 答案 A

题干信息	保险公司统计结论：汽车索赔案中，安装自动防盗系统汽车的比例低于未安装系统的汽车。 警察局统计结论：汽车被盗案中，安装自动防盗系统的比例高于未安装此系统的汽车。 解释矛盾的关键是要指出"保险公司"和"警察局"二者之间的差异。	
选项	解释	结果
A	选项若成立，说明很多安装了自动防盗系统的车主并未购买汽车被盗保险，从而他们会去警察局报案，但不会去保险公司索赔，这就很好解释了在汽车索赔案件中和汽车被盗案件中的比例不一致的矛盾。	正确
B	选项不能解释，题干论证的对象是"安装防盗系统的汽车"。	淘汰
C	选项不涉及"保险公司"和"警察局"二者之间的差异，不能解释。	淘汰
D	选项指出车主对二者的态度是相同的，不能解释差异。	淘汰
E	选项说明在警察局统计中，未安装防盗系统的汽车数量增大，导致安装防盗系统的比例可能低于未安装防盗系统的比例。在保险公司统计中，安装防盗系统的汽车比例可能高于未安装防盗系统的汽车比例，加剧了题干矛盾。	淘汰

2. 答案 E

题干信息	差异：陶器是完整的，而陶人是破碎的，二者存在差异。	
选项	解释	结果
A	选项削弱，不能解释，如果陶器都打碎，那么发现的陶器应该是碎片居多。	淘汰
B	选项不涉及二者之间的差异，不能解释。	淘汰
C	选项不涉及二者之间的差异，不能解释。	淘汰
D	制作的时间一样多，与题干"是否完整"无关，不能解释。	淘汰
E	选项直接指出差异，祭祀时打碎陶人是差异原因，能解释。	正确

3. 答案 D

	解题步骤
第一步	整理题干现象：彻底丧失语言能力后，仍能反复说出某句脏话。
第二步	本题属于典型的解释差异的问题，即说话和说脏话的差异，选项直接指出二者差异即是最好的解释，考生据此可快速判断答案为 D，D 选项直接指出是一般词语和脏话保存在大脑位置不同导致的差异。其余选项均不涉及说话和说脏话的差异，不能解释。

4. 答案 C

	解题步骤
第一步	简化题干信息： ①美国汽车三包法案实施后，汽车公司因向退货人支付退款而遭受了巨大损失；②某国三包法实施前，业内人士预测该汽车三包法会对汽车厂家形成很大冲击；③三包法实施一年来，记者在该国各地多家 4S 店的调查显示，依据三包法退换车的案例为零。
第二步	解释反常现象的关键是说明为何三包法的实施在美国及业内人士的预测情况与某国实施情况的差异性。C 选项中三包法保护车主利益的关键条款缺乏可操作性，导致退换车很难成功，即说明三包法在某国很难操作实施，所以依据三包法退换车的案例为零。
提 示	解释的关键内容是三包法实施的结果差异，抓住关键判断正确方向。

5. 答案 C

	解题步骤
第一步	找到题干矛盾双方，化学药剂中有效成分的剂量与分析中的中草药完全相同，但化学药剂却没有中草药的疗效。
第二步	要解释矛盾，就需要寻找其他对疗效产生重大作用，但不是有效成分的因素，存在于中草药，同时不存在于化学药剂中即可。C 选项直接说明是"草汁"的作用导致结果不相同，能解释。而 A 选项有一定的迷惑性，中草药服用时需要"药引"，但服用药剂时是否需要"药引"不得而知，故不能解释。

6. 答案 D

	解题步骤
第一步	题干结论是差异"小朱腹泻，而其他人没有症状"，属于结果有差异，因此需要前提存在差异方能弥补论证，故寻找题干前提差异即可。
第二步	小朱与其他人之间的相同点：所有菜品都吃了。小朱与其他人之间的差异：①小朱吃了鸡蛋，而其他人没有；②小朱吃得最多，而其他人相对少。要解释小朱腹泻，就可能是食物多少的差异，或者是鸡蛋的差异，因此答案选 D。

7. 答案 D

	解题步骤
第一步	要求解释赤麻鸭数量平均下降的速度远低于天鹅数量平均下降的速度，指出两者不同是最好的解释方式。
第二步	分析选项。A 选项是两者的不同，但每窝的数量差不能解释数量的差，因为平均每窝所需的时间等因素还没确定；B 选项是两者的同；C 选项说明赤麻鸭数量平均下降的速度远高于天鹅数量平均下降的速度，与题干矛盾；D 选项是两者的不同，且和题干话题最相关，为正确答案；E 选项同 C 选项。

8. 答案 E

题干信息	题干现象：餐饮业经营点数量下降，餐饮业经营资本占整体服务业的比例没有下降。 解释方向：①虽然餐饮业经营点数量下降，但是餐饮业经营资本总额不变，比例也会不变；②服务行业整体的经营资本总额下降。

选项	解释	结果
A	餐饮业资本总额比 2015 年高，分子变大，故比例仍可能没有减少，能解释上述现象。	淘汰
B	2020 年经营点的平均经营资本额比 2015 年显著增长，说明 2020 年虽然餐饮业经营点的数量下降，但资本总额未必下降，使得比例没有显著减少，有助于解释现象。	淘汰
C	有的努力扩大规模，说明 2020 年存在的经营点的规模扩大，在数量变小的情况下，每个经营点的资本扩大，资本总额未必下降，比例仍有可能没有显著减少，有助于解释现象。	淘汰
D	如果服务行业的资本总额下降，在分母变小的情况下，那么餐饮业的比例也可能是没有减少，有助于解释现象。	淘汰
E	服务行业的总资本占全市产业经营总资本的比例下降，这是一个相对变量，未必服务业的资本总额这个绝对变量就会下降，无助于解释上述现象。	正确

9. 答案 D

	解题步骤
第一步	整理志愿者的推理。前提：第一次排除手法技巧，第二次排除扑克，第三次排除志愿者。→结论：该魔术的奥秘，不在手法技巧，也不在扑克或者志愿者有诈。
第二步	分析志愿者的推理。显然这个志愿者犯了排除法的谬误。志愿者使用单独的三种方法去检验魔术师的魔术，存在缺陷，可能忽略了这三种方法混合使用是魔术师的手法，因此贸然排除这三种方法显然是不合理的。选项 C 只是指出了存在的一种可能，而应该是指出魔术师不同手法才是最大的漏洞，D 选项更为准确地指出了漏洞。考生注意，推理漏洞题需要从题干本身出发，切忌忽视题干本身的选项。再者，指出漏洞是削弱的一种方式，指出漏洞可以用来进行削弱，但是削弱不能等价于指出漏洞，因此 E 选项为干扰项，不能选。

10. 答案 E

	解题步骤
第一步	整理题干论证。前提：花前月下和情侣的一次悠闲的散步是一种轻而易举就能得到的幸福体验。→结论：哲学家断定幸福（指的是在充分实现个人价值的过程中所获得的满足感）需要常年乃至终身的不懈努力是悲观论。
第二步	分析题干论证。前提和结论中都涉及一个相似的概念"幸福"，但前提中的幸福指的是一般意义上的满足感，限定条件不多；而结论中的幸福指的是实现个人价值的满足感，是需要达到一定条件的满足感，故前后核心概念不一致，因此答案选 E。

11. 答案 D

题干信息	报道的前提：①福建省良山村的水稻听大悲咒增产了15%；②农业专家表示音乐不仅有助于植物对营养物质的吸收、传输和转化，还能达到驱虫的效果。→结论：让水稻听感恩歌大悲咒能增产。		
选项	解释		结果
A	选项能评价，如果能解释，则可以说明专家的观点是真实的，如果不能，则说明专家的观点不真实。		淘汰
B	选项能评价，能否有理论支持也在一定程度上影响专家观点的真实性。		淘汰
C	选项能评价，说明听不听大悲咒是否是前提唯一的差，如果是，支持；如果不是，则削弱。		淘汰
D	选项与评价真实性最不相关，题干强调的是真实性，而不是推广的可行性。而考生认为不真实就没法推广纯属个人主观臆断，与题干无关。		正确
E	选项能评价，建立前听不听大悲咒的差异与产量的结果差异，如果没听大悲咒的水稻也增产了，削弱；如果没听大悲咒的水稻没增产，支持。		淘汰

12. 答案 E

	解题步骤
第一步	整理二者的论证。 张教授：方法：重修街道→目的：减少交通事故。 李研究员：方法：大力发展公交→目的：减少交通事故。
第二步	分析二者的论证可知，二者的分歧在于如何解决交通事故。故答案选 E。

13. 答案 D

	解题步骤
第一步	整理二者论证。 张教授：对人类价值最大的濒危物种→应该享有最优先的被保护权利。 李研究员：物种的未来价值无法预测∧间接贡献的物种的目前价值也无法估计→不能确定濒危物种的优先保护权利。
第二步	李研究员论述主要针对"价值"来论述，表明价值的不可测来反驳张教授提出的观点。因此答案选 D。

14. 答案 D

	解题步骤
第一步	整理题干推理。前提：畅销的书与3种题材有关。→结论：与3种题材有关的书一定畅销。
第二步	分析题干推理。题干前提强调的是因为畅销所以与3种题材有关，而结论却强调因为与3种题材有关，所以一定畅销。显然犯了因果倒置的错误，因此最合理地指出缺陷即 D 选项。B 选项干扰性很大，考生注意，在推理漏洞问题中，优先要保证因果关系成立、核心论证对象要一致。

15. 答案 A

	解题步骤
第一步	整理题干论证。前提：索马里与非洲许多有强大中央政府统治的国家相比人均 GDP 大致相同或更高。→结论：索马里的民众生活水平一点也不差。
第二步	分析题干论证。前提核心强调的是人均 GDP，而结论强调的是民众的生活水平，强调的是具体的对象，此时论证最大的缺陷是存在平均数的谬误，人均 GDP 是指平均数，无法反映样本个体的情况。A 选项直接指出存在极大值，其他人的 GDP 数值实际上很小，直接指出平均数的谬误，D 选项虽然也指出了题干不能从 GDP 的数值来判断民众的生活水平，但是不如 A 选项描述得更具体。考生注意，推理缺陷这类问题越具体的选项越符合题干。

逻辑模拟试卷（一）

建议测试时间：55—60分钟　　实际测试时间（分钟）：_____　　得分：_____

本测试题共30小题，每小题2分，共60分，从下面每小题所列的5个备选答案中选取出一个，多选为错。

1. 不创新不行，创新慢了也不行。实施创新驱动发展战略，是应对发展环境变化的必然选择，是加快转变经济发展方式的必然选择，是更好引领我国经济发展新常态的必然选择。这是时代发展的迫切要求，更是科技战线肩负的光荣使命。
   根据以上信息，以下除哪项外都可能为假？
   A. 能更好引领我国经济发展新常态，除非实施创新驱动发展战略。
   B. 除非实施创新驱动发展战略，否则不能加快转变经济发展方式。
   C. 或者实施创新驱动发展战略，或者可以应对发展环境变化。
   D. 实施创新驱动发展战略的同时，加快转变经济发展方式。
   E. 要么实施创新驱动发展战略，要么不能加快转变经济发展方式。

2. 大学教育分为专业教育和通识教育。专业教育传授和训练专业知识与技能；通识教育提高学生的综合素养，其中最重要的是日常思维素养。即使大学教育的主要目标是为了毕业生就业，即使每一种职业都需要专门知识与技能，大学教育仍然应当把通识教育放在最重要的地位。因为不论何种职业，都需要就业者有较高的综合素养，特别是日常思维素养。
   以下哪项如果为真，最能加强上述论证？
   A. 掌握专业知识和技能无助于提高日常思维素养。
   B. 有的职业需要不止一门专业知识和技能。
   C. 大学入学考试中新增加了一门以测试日常思维能力为目标的考试科目。
   D. 专业课成绩较好的学生，一般通识课的成绩也较好。
   E. 和专业教育相比，通识教育对教师有更高的要求。

3. 甲、乙、丙、丁、戊五人乘坐高铁出差，他们正好坐在同一排的A、B、C、D、F五个座位上。已知：
   （1）若甲或者乙中的一人坐在C座，则丙坐在B座。
   （2）若戊坐在C座，则丁坐在F座。
   如果丁坐在B座，那么可以确定的是？
   A. 甲坐在A座。　　　　　　B. 乙坐在D座。　　　　　　C. 丙坐在C座。
   D. 戊坐在F座。　　　　　　E. 戊坐在A座。

4. 龙卷风是大气中最强烈的涡旋现象，经过之处，常会发生拔起大树、掀翻车辆、摧毁建筑等现象，它往往使成片庄稼、成万株果木瞬间被毁，令交通中断，房屋倒塌，人畜生命和经济遭受损失。分析数据显示，每年爆发龙卷风的平均次数逐渐升高，过去60年龙卷风平均次数增多了1.5倍，与此同时，人类活动激增，全球气候明显变暖，有人据此认为，气候变暖导致龙卷风爆发次数增加。
   以下哪项如果为真，可以支持上述结论？
   A. 龙卷风有多旋涡龙卷、水龙卷、火龙卷等多种类型，在全球变暖后，各种龙卷风出现的次数并没有明显的变化。
   B. 气候温暖是龙卷风形成的一个必要条件，几乎所有龙卷风的形成都与当地较高的温度有关。
   C. 尽管全球变暖，龙卷风依然最多地发生在夏季的雷雨天气时，发生时间和环境没有变化。
   D. 龙卷风是雷暴天气（即伴有雷击和闪电的局地强对流天气）的产物，只要在雷雨天气下出现极强的空气对流，就容易发生龙卷风。
   E. 美国是世界上遭受龙卷风侵袭次数最多的国家，平均每年遭受100000个雷暴、1200个龙卷风的袭击，有50人因此死亡。

5. 小赵和小刘是非常熟悉的好朋友，两家相距很近，由于当地准备举办活动，需要各个小区的住户进行配合，各个住户要相互通知到。已知小赵短信通知了本单位同处室的同事，小刘也给所在小区他认识的所有人发了短信通知，并进一步通过电话进行了确认提醒，小赵、小刘互通了电话，提醒近期的活动，小赵给小刘发过短信通知，小刘没有给小赵发过短信通知。
根据以上信息，可以得出以下哪项不可能为真？
A. 小赵近期没有去过小刘家。
B. 小刘、小赵是同事。
C. 小刘、小赵不是一个处室的。
D. 小赵、小刘住一个小区。
E. 小刘、小赵不住同一个小区。

6. 研究人员在 2015 年至 2021 年间采集了 600 多名 60 岁以上老年人的身高、血压和饮食习惯等多项数据，随后，又对研究对象进行了神经心理评估和认知障碍评定，在排除吸烟、饮酒等风险因素后发现，那些每周吃两次、每次吃约 150 克蘑菇的老年人，比每周吃蘑菇少于一次的老年人患轻度认知障碍的风险低 20%。研究人员解释说，这是因为蘑菇中含有一种特殊化合物——麦角硫因，因此，食用蘑菇有助于降低老年人患轻度认知障碍的风险。
以下哪项如果为真，最能支持研究人员的观点？
A. 研究发现，每周食用两次以上蘑菇的年轻人患心脏病的风险降低。
B. 轻度认知障碍老年患者血浆中麦角硫因的水平明显低于同龄健康人。
C. 上述研究中老年人主要食用的是金针菇、平菇等 6 种常见蘑菇。
D. 人体实际上无法自行合成麦角硫因，只能从食物中获取。
E. 许多没食用蘑菇的老年人，也未患有不同程度的认知障碍。

7. 推荐小组确定了援疆干部人选。党办、人事处和业务处的推荐意见分别是：
党办：从甲、乙、丙 3 人中选派出一至两人。
人事处：如果不选派甲，就不选派乙且不选派丙。
业务处：只有不选派乙并且不选派丙，才选派甲。
在下列选项中，能够同时满足三个部门的意见的方案是哪一项？
A. 选派甲和乙，不选派丙。
B. 不选派乙且不选派丙，选派甲。
C. 选派乙，不选派甲和丙。
D. 选派丙，不选派甲和乙。
E. 选派乙和丙，不选派甲。

8. 患有抑郁症的人有很强的自杀倾向，很多人认为抑郁症是一种心理疾病，20 世纪中期，医学研究发现，抑郁症自杀者大脑内有 3 种神经递质（血清素、去甲肾上腺素和多巴胺）的浓度低于正常人。医学家由此推测：是这 3 种神经递质的浓度失衡导致了抑郁症。
如果以下哪项陈述为真，能给上述医学家的结论以最强的支持？
A. 抑郁症不仅是一种心理疾病，也是一种器质性病变。
B. 可能是抑郁症导致了大脑内上述 3 种神经递质的浓度失衡。
C. 女性和老年人是抑郁症的高发人群。
D. 针对上述 3 种神经递质而研制出的保持其浓度平衡的药物，对治疗抑郁症有效。
E. 长期心理压抑和负担过重会加剧心脏负荷，进而产生经常性负面情绪。

9. 有研究人员认为，胶原蛋白保持皮肤年轻的说法并不科学，他们认为，皮肤得以保持年轻应归功于表皮干细胞。哺乳动物的表皮细胞会持续更新，细胞来源于表皮干细胞。这些干细胞会通过一种特定分化的多元蛋白结构——半桥粒附着在基膜上。表皮干细胞会不断复制分化，产生新细胞，取代受损的老细胞，这一更新有利于维持皮肤的年轻，因此表皮干细胞的更新才是保持皮肤年轻的原因。
以下哪项如果为真，最能削弱上述结论？
A. 表皮干细胞的更新还需要其他化合物的促进。
B. 表皮干细胞的再生能力会随着年龄的增长而衰退。
C. 充足的睡眠和乐观的心态会影响人的生理机能，使皮肤显得年轻化。
D. 胶原蛋白的表达在不同干细胞之间存在很大差异。
E. 胶原蛋白对促进表皮干细胞的更新至关重要。

10. 赵、钱、孙、李、周五人到北京、上海、天津、重庆四个直辖市考察，每人只去一个城市，每个城市至少去一人。已知：
    (1) 若赵或钱至少有一人去北京，则李去重庆并且周不去重庆。
    (2) 若钱去北京或李去重庆，则周去重庆而赵不去天津。
    (3) 若李、周不都去重庆，则赵去北京。
    根据以上信息，可以得出以下哪项？
    A. 赵去上海，钱去北京。　　　B. 钱去天津，孙去北京。　　　C. 孙去北京，李去上海。
    D. 李去北京，周去重庆。　　　E. 赵去上海，周去北京。

11. 日本的柔道列入东京奥运会，韩国的跆拳道也进入汉城奥运会，然而，中国武术却进不了北京奥运会。中国武术以前向世界推广的大都是武术套路，尽管后来的武术比赛中又派生出一个散打项目，但它并不代表武术比赛的主流。多年来，中国武术界频频出国表演，有的纯属商业性表演，不少当地报纸称武术为"杂技艺术"，有的武术选手拍摄过不少电影和电视剧，这使更多的外国观众误以为武术是一种表演的艺术。
    以下各项均能从上述断定中推出，除了？
    A. 如果只是推广武术套路，那么就很难进入奥运会。
    B. 武术运动员到国外纯商业性演出越多，武术进入奥运会就越难。
    C. 武术选手拍电视剧越多，武术进入奥运会就越难。
    D. 多举办国际武术邀请赛，才会为武术进入奥运会消除障碍。
    E. 散打项目在比赛中占的比重越大，武术进入奥运会就越难。

12. 勺园住进了四名留学生甲、乙、丙、丁，他们的国籍各不相同，分别来自英、法、德、美四个国家。而且他们入学前的职业也各不相同，现已知德国人是医生，美国人年龄最小且是警察，丙比德国人年纪大，乙是法官且与英国人是好朋友，丁从未学过医。
    请问：丙是哪国人？
    A. 法国人。　　B. 德国人。　　C. 美国人。　　D. 英国人。　　E. 不能确定。

13. 野外群居的长尾猴会遇到地面野兽，也会遇到空中猛禽的袭击。当发现地面野兽时，它们会发出一种声音互相警告；当发现空中猛禽时，它们会发出另一种明显不同的声音互相警告。
    以下哪项如果为真，最有助于解释上述现象？
    A. 长尾猴躲避地面野兽的方式是攀爬到树顶，躲避空中猛禽的方式是潜藏在树丛。
    B. 长尾猴较多受到地面野兽的袭击，较少受到空中猛禽的袭击。
    C. 当发现地面野兽时，长尾猴的目光是平视的；当发现空中猛禽时，长尾猴的目光是仰视的。
    D. 没有动物既能从空中又能从地面袭击长尾猴。
    E. 有的地面野兽是长尾猴的天敌，只捕食长尾猴；而空中猛禽既捕食长尾猴，也捕食其他动物。

14. 某连锁企业拟在若干个城市开设连锁店，有要求如下：
    (1) 在北京、上海中至少选择一个城市开店。
    (2) 在天津、北京和成都中至多选择两个城市开店。
    (3) 在上海、成都和广州中至少选择两个城市开店。
    (4) 如果在上海开店，则不在天津开店。
    根据上述要求，可以得出以下哪项？
    A. 在成都、天津中至多选择一个城市开店。
    B. 上述五个城市中，至多可以在三个城市开店。
    C. 上述五个城市中，至少在三个城市开店。
    D. 成都、北京中至少要选择一个城市开店。
    E. 一定要在广州开店。

15. 拥有一个健康迷人的身材是每一个人生活中不可或缺的部分。如果能保持健硕迷人的身材，就要能控制高脂肪和高热量食物的摄入量，除非能坚持一套科学合理的健身计划；对于一个能控制高脂肪和高热量食物的摄入量的人而言，如果能保持科学合理的作息规律，就能拥有一个令人嫉妒的健康体魄。
    如果上述断定为真，以下哪项一定为真？

A. 如果没能拥有一个令人嫉妒的健康体魄，就不能保持健硕迷人的身材。
B. 如果能保持科学合理的作息规律且没能拥有一个令人嫉妒的健康体魄，就不能保持健硕迷人的身材或者能坚持一套科学合理的健身计划。
C. 如果没能控制高脂肪和高热量食物的摄入量，但能保持健硕迷人的身材，就不能坚持一套科学合理的健身计划。
D. 如果没能保持科学合理的作息规律同时没能拥有一个令人嫉妒的健康体魄，就不能控制高脂肪和高热量食物的摄入量。
E. 能保持健硕迷人的身材或者不能坚持一套科学合理的健身计划或者要控制高脂肪和高热量食物的摄入量。

16~17题基于以下题干：
在一次优秀企业家评选中，有7名企业家甲、乙、丙、丁、戊、己、庚参加评选，他们中恰好有3名会被评为优秀企业家。现有如下规则：
(1) 如果甲入选，那么庚也要入选。　　(2) 丁和戊恰好有一个人入选。
(3) 如果己入选，那么丙一定入选。　　(4) 乙和丙至少有一个人入选。

16. 如果实际名单符合上述规则，那么以下哪项一定为真？
A. 庚一定没有入选。　　B. 丁一定没有入选。　　C. 己一定没有入选。
D. 甲一定没有入选。　　E. 丙一定没有入选。

17. 如果丙没有入选，那么以下哪个选项一定为真？
A. 庚一定入选了。　　B. 丁一定入选了。　　C. 戊一定入选了。
D. 己一定入选了。　　E. 甲一定入选了。

18. 当企业做大做强之后，首要需要解决的问题就是员工管理问题。多样的业态、庞大的企业规模、复杂的组织架构让高效管理成为难题。因此，企业要进行组织管理形态进化，数字化与透明型组织、混沌化与智能型组织、动态化与成长型组织必须至少满足其一。而实现数字化与透明型组织，就要做到组织内成员共享同源信息；实现混沌化与智能型组织，就要做到放权，"让听得见炮火的人呼唤炮火"；实现动态化与成长型组织，就要在管理中抛开完美和不出错的心态，更多关注动态成长、持续调优。
根据以上信息，可以得出以下哪项？
A. 如果做不到放权，就不能进行组织管理形态进化。
B. 如果做不到组织内成员共享同源信息，就不能进行组织管理形态进化。
C. 如果做不到动态化与成长型组织，就不能进行组织管理形态进化。
D. 如果企业要进行组织管理形态进化，就必须做到数字化与透明型组织或者混沌化与智能型组织。
E. 如果企业要进行组织管理形态进化，但没有实现混沌化与智能型组织，也没有实现数字化与透明型组织，就要在管理中抛开完美和不出错的心态，更多关注动态成长、持续调优。

19. 在空调病日益频发的今天，不少人开始重新关注电风扇。由于风扇吹来的微风让人感到轻松自如，虽然不能冷却空气，但这种微风能促进皮肤热量对流和汗液蒸发，让身体保持凉爽。因此，在许多研究中，人们都认为风扇在炎炎夏日中能起到降温效果，对人体有益无害。
以下哪项如果为真，最能够质疑上述观点？
A. 在不同的研究中，人们对风扇降温作用的认识并不一致。
B. 人们进行剧烈运动后，相比空调冷气对机体的刺激，通过风扇进行降温更有益处。
C. 如果温度极高，风扇向身体各部位吹热风会促进对流热量的增加，更容易导致中暑。
D. 天气潮热时，风扇的降温效果就会显著降低，尽管空气仍在流动，但它已经充满了水分，使得汗水更难蒸发。
E. 如果温度很高，风扇降温的效果会大打折扣，同时风扇运行时会发出巨大的噪声，使得人们的心情更容易烦躁。

20~21题基于以下题干：
在某地的中秋节灯会上，游客甲、乙、丙、丁、戊、己正在挑选花灯，可供选择的花灯品种有芝麻灯、蛋壳灯、刨花灯、稻草灯、鱼鳞灯、谷壳灯，已知：
(1) 每个人只能挑选一种花灯，每种花灯只能有一人挑选。

(2) 若乙选择刨花灯,则丙不选稻草灯且己不选芝麻灯。
(3) 若丁不选鱼鳞灯或者戊不选刨花灯,则己选鱼鳞灯且丙选稻草灯。

20. 根据上述信息,可以得出以下哪项?
    A. 甲不选芝麻灯。
    B. 乙不选刨花灯。
    C. 丙不选稻草灯。
    D. 丁不选谷壳灯。
    E. 戊不选芝麻灯。

21. 若甲、丙、己各自选择芝麻灯、稻草灯和谷壳灯中的一种,则可以得出以下哪项?
    A. 戊选择鱼鳞灯。
    B. 己选择谷壳灯。
    C. 丁选择刨花灯。
    D. 乙选择蛋壳灯。
    E. 丙选择刨花灯。

22. 近年来,私家车的数量猛增。为解决日益严重的交通拥堵问题,新华市决定大幅降低市区地面公交线路的票价。预计降价方案实施后,96%的乘客将减少支出,这可以吸引乘客优先乘坐公交车,从而缓解新华市的交通拥堵状况。
    以下哪项陈述如果为真,能够最有力地削弱上面的结论?
    A. 一些老弱病残孕乘客仍然会乘坐出租车出行。
    B. 新华市各单位的公车占该市机动车总量的1/5,是造成该市交通堵塞的重要因素之一。
    C. 公交线路票价大幅度降低后,公交车会更加拥挤,从而降低乘车的舒适性。
    D. 便宜的票价对注重乘车环境和"享受生活"的私家车主没有吸引力。
    E. 乘坐公交车的人数增加会加大公交公司运营的危险系数,增加交通事故发生的概率。

23. 2015年10月,十八届五中全会决定,全面放开二胎政策。至此,实施了30多年的独生子女政策正式宣布终结。很多夫妇准备生二胎,但不孕不育却是摆在面前的一大难题。一项调查显示:35岁以下的健康夫妇当中,大约有四分之三在头几个月的备孕过程中遇到麻烦,而有15%的夫妇则在两年后都无法怀孕。这些调查对象的压力都比较大,因此研究人员得出结论:压力大是当今高水平不孕不育的一个主要因素。
    下面哪项如果正确,最能削弱以上结论?
    A. 该研究主要是由一个研究生和一个本科生来完成的。
    B. 压力增加时,有些夫妇的生育能力恢复到正常。
    C. 压力降低时,有些年轻健康的夫妇甚至结婚5年仍无法怀孕。
    D. 在对大鼠的实验中,阻断压力产生的促性腺激素抑制激素的编码基因,也无法帮助雌性大鼠提高生育能力。
    E. 结婚一年仍未怀孕会导致父母和亲戚的过分关心,让这些夫妇感觉压力较大。

24~25题基于以下题干:
在一次宠物表演中,有5位狗主人A、B、C、D、E分别带了自养的一只宠物参加比赛。他们养的狗分别为边牧、哈士奇、贵宾、柴犬和金毛。每个主人依次带自己的宠物上场表演,最终通过评分得出结果。并且上场的顺序符合以下条件:
(1) 第三个上场的主人是B,他和C上场顺序不相邻。
(2) 第四个上场的狗是哈士奇。
(3) E主人养的狗是贵宾,A主人养的不是哈士奇。
(4) 边牧和哈士奇上场之间恰好隔了1只其他的狗。

24. 根据以上条件,能够推出以下哪个选项一定为真?
    A. C第一个上场。
    B. E第二个上场。
    C. A第二个上场。
    D. C第五个上场。
    E. D第五个上场。

25. 如果第五个上场的主人养的是金毛,以下哪个选项一定为真?
    A. 第一个上场的是边牧。
    B. 第二个上场的是贵宾。
    C. 第三个上场的是柴犬。
    D. 第四个上场的是柴犬。
    E. 第五个上场的是贵宾。

26. 某海岛上,生活有海鹦、鳗鱼和北极燕鸥三类生物。其中,鳗鱼是北极燕鸥和海鹦的主要食物。从1980~1990年的十年间,鳗鱼的数量从100万只下降到了50万只。令人奇怪的是,这十年中,海鹦的数量从100万只仅仅下降到了60万只,而北极燕鸥的数量则从100万只下降到了25万只左右。
下列哪项最好地解释了1980~1990年间海鹦和北极燕鸥这两种海鸟数量下降比例之不同?

A. 海鹦减少了吃鳗鱼，转而吃石鱼或其他鱼，但是北极燕鸥没有这样做。
B. 另一些附近的且条件相似的岛屿上，这两种海鸟的数量是稳定的。
C. 鳗鱼的减少是因为其生存环境的改变而不是因为人类的过度捕捞。
D. 海鹦和北极燕鸥的幼鸟的食物是幼小的鳗鱼。
E. 海鹦的主要食物是幼小的鳗鱼。

27. 某公司为了扩大经营，决定派几名员工去外地进行考察，经领导层商议，初步决定从荀攸、贾诩、郭嘉、程昱、刘晔和蒋济六人当中进行挑选，已知：
    (1) 荀攸、贾诩中至少去一个人。　　(2) 荀攸、程昱不能同时去。
    (3) 荀攸、刘晔、蒋济中委派两个人去。　(4) 贾诩、郭嘉都去或者都不去。
    (5) 郭嘉、程昱中去一个人。　　　　(6) 若程昱不去，刘晔也不去。
    根据上述原则，请问委派哪几名员工去考察？
    A. 荀攸、郭嘉、蒋济。　　　　　　B. 荀攸、程昱、蒋济。
    C. 荀攸、郭嘉、蒋济、贾诩。　　　D. 郭嘉、刘晔、蒋济、贾诩。
    E. 荀攸、刘晔、贾诩、蒋济、郭嘉。

28. 野生动物之间因病毒入侵会暴发传染病。最新研究发现，热带、亚热带或低海拔地区的动物，因生活环境炎热，一直面临着罹患传染病的风险。生活在高纬度或高海拔等低温环境的动物，过去因长久寒冬可免于病毒入侵，但现在冬季正变得越来越温暖，持续时间也越来越短。因此，气温升高将加剧野生动物传染病的暴发。
    以下哪项如果为真，最能支持上述观点？
    A. 无论气候如何变化，生活在炎热地带的动物始终面临着患传染病风险。
    B. 适应寒带和高海拔栖息地的动物物种遭遇传染病暴发的风险正在升高。
    C. 在东非大草原炎热的气候条件下，野生羚羊的传染病一旦发作，便一发不可收拾，迅速蔓延至整个草原。
    D. 寒冷气候可能让野生动物免受病毒入侵，炎热气候却更易导致野生动物感染病毒。
    E. 气温高低与野生动物患传染病风险之间存在正相关性，即气温越高患病风险越高。

29~30题基于以下题干：
某哲学系有六个学生，分别是文东、泽西、殿南、北凯、方中、小嵩，他们准备去五岳游玩，五岳分别为东岳、西岳、南岳、北岳、中岳这五座山。由于每个人的时间安排不同，六个人分别至少去了五岳中的两座，每座山只有三个人去，并且除小嵩以外，每人所去的山的名称中的方位与自己名字中的方位均不相同。已知：
    (1) 只有方中不去西岳，也不去北岳，她才不去中岳。
    (2) 如果泽西去南岳，则方中不去东岳。
    (3) 没有人既去东岳，又去中岳。
    (4) 如果泽西不去东岳，则她不去北岳。
    (5) 只有北凯去西岳，文东才去西岳。
    (6) 如果文东不去南岳，则北凯也不去南岳。
    (7) 如果北凯去南岳，那么殿南也去南岳。

29. 根据上述信息，可以得出以下哪项？
    A. 文东去西岳。　　　　B. 泽西去南岳。　　　　C. 殿南去北岳。
    D. 小嵩去南岳。　　　　E. 北凯去东岳。

30. 如果北凯去了东岳，并且她和小嵩只去了其中两座山，则以下哪项一定为真？
    A. 文东去了三座山。　　　　　　B. 殿南去了四座山。
    C. 文东和小嵩都去了中岳。　　　D. 北凯和小嵩都去了西岳。
    E. 有两座山殿南和泽西都没去。

逻辑模拟试卷（二）

建议测试时间：55-60 分钟　　　实际测试时间（分钟）：_____　　　得分：_____

本测试题共 30 小题，每小题 2 分，共 60 分，从下面每小题所列的 5 个备选答案中选取出一个，多选为错。

1. 如同许多别的技术发明那样，要精确地确定冶金诞生的地点和日期，是个虚无缥缈的幻想。毫无疑问，我们可以设想最初使用铜和黄金的人偶然发现了把这些矿石放在陶器制造者的窑里融化，并利用其特性锻打成首饰，此外还做什么别的东西呢？显然金和铜具有可锻性，因此，不允许制造工具和武器。

    以下哪项如果成立，最能支持题干论证？

    A. 早在公元前 3000 年初期，埃及人和美索不达米亚人就认识到了金和铜的可锻性。
    B. 对于金属，只要具有可锻性，就不允许制造工具和武器。
    C. 从古至今，金和铜都不被允许制造工具或武器。
    D. 如果某种金属不被允许制造工具或武器，那么这种金属一定具有可锻性。
    E. 只有具有可锻性的金属才能允许被制造工具和武器。

2. 某实验小学最近举办了演讲比赛和数学竞赛，参加学校演讲比赛获奖的六年级学生都获得了平板电脑；所有获得平板电脑的学生都是班干部；参加数学竞赛获奖的五年级学生都获得了一等奖学金。已知李明和马丽是该校学生并且参加了这两个比赛，马丽是六年级的班干部，李明不是班干部。

    以上陈述为真，能得出以下哪项结论？

    A. 马丽没有获得一等奖学金。
    B. 马丽获得了平板电脑。
    C. 李明演讲比赛没有获奖。
    D. 如果李明演讲比赛没有获奖，那么他是六年级学生。
    E. 如果李明演讲比赛获奖了，那么他一定不是六年级的学生。

3. 贾研究员：4 万年前尼安德特人的灭绝不是因为智人的闯入，而是近亲繁殖导致的恶果。

    尹研究员：事情并非如此，因为尼安德特人当时已经"濒危"。种群个体数量的减少，不仅会给个体健康带来负面影响，而且一旦种群的出生率、死亡率或性别比发生偶然变动，就会直接导致种群的灭绝。

    以下哪项如果为真，最能支持尹研究员的观点？

    A. 父母的本能是照顾后代，确保生命的延续，但是尼安德特人没能通过这种方式将他们的种群延续下去。
    B. 非洲某部落虽也近亲繁殖，但促使该部落消失的根本原因是大多数幼儿患麻疹而死亡。
    C. 800 万年前濒临灭绝的猿类是人类的祖先，他们因为吃成熟发酵的水果进化出一种特定的蛋白质，反而活了下来。
    D. 一个仅有 1000 人左右的种群，若一年中只有不到四分之一的育龄妇女生孩子，就会直接导致这个种群的灭绝。
    E. 近亲繁殖的新生儿容易患多种疾病，可能会给种群繁衍带来不利影响。

4. 甲、乙、丙、丁作为四个嫌疑人被警方拘捕。四人供词如下：甲，"我没有犯罪，乙是罪犯"；乙，"如果我是罪犯，那么甲也是罪犯"；丙，"如果乙是罪犯，那么我就没有犯罪"；丁，"我们之中肯定有人犯罪，但不是我"。

    已知上面四句供词仅有一句为真，则以下哪项为真？

    A. 甲、乙、丙、丁都是罪犯。　　　　　　B. 乙、丙、丁都是罪犯，甲不是罪犯。
    C. 甲、乙、丙、丁都不是罪犯。　　　　　D. 不能确定甲是不是罪犯。
    E. 甲、乙、丙、丁都不能确定是否是罪犯。

5. 据人口统计专家说，在美国只有不到一半的工作遵守标准的 40 小时/周的工作时间，即"早九晚五"、一个星期5个工作日的工作时间。专家说这主要是由于服务性企业数量的迅速增加，以及美国劳动力中被这种公司雇佣的劳动力的比例升高造成的。

下列哪项如果正确，最有助于解释服务性行业的增长是如何产生了上面提到的影响的？

A. 为了补贴收入，一小部分其他经济部门的工人也从事了一些服务性行业的工作。

B. 许多新服务性公司的出现是为了满足白天看护小孩的需求，这种需求是由于父母双方都工作的家庭日益增多而引起的。

C. 由于传统职业中新技术的应用，创造出了比全日制工作更多的兼职工作。

D. 制造性企业和其他非服务性行业通常实行每周7天工作制，并且每天工作24小时。

E. 最大并且发展最快的服务性行业在"早九晚五"的5天工作制外给人们提供他们希望从事的休闲活动。

6. 一个寝室有六个人，分别是小赵、小钱、小孙、小李、小周、小吴。他们决定去旅行，要求将六人分为自立组和自强组（两组人数不一定相同）。但是对于谁和谁在一个组，他们有一些奇怪的要求。已知：

(1) 小赵、小钱两人至少有一个人在自立组。

(2) 小赵、小周、小吴三人中有两个人在自立组。

(3) 小钱和小孙两人是好朋友，总是形影不离，要么两人都在自立组，要么两人都在自强组。

(4) 小赵、小李两人最近在闹矛盾，他们不想分到同一组。

(5) 小孙、小李两人分在不同的组。

(6) 如果小李不在自立组，那么小周也不在自立组。

根据题干信息，以下哪项一定为真？

A. 小钱和小李在自立组。　　B. 小孙和小周在自强组。　　C. 小李不在自强组。

D. 小钱、小赵和小吴都在自立组。　　E. 小周在自立组。

7. 由于工业废水的污染，淮河中下游水质恶化，有害物质的含量大幅度提高，这引起了多种鱼类的死亡。但由于蟹有适应污染水质的生存能力，因此，上述沿岸的捕蟹业和蟹类加工业将不会像渔业同行那样受到严重影响。

以下哪项如果是真的，将严重削弱上述论证？

A. 许多鱼类已向淮河上游及其他水域迁移。

B. 上述地区渔业的资金向蟹业转移，激化了蟹业的竞争。

C. 作为幼蟹主要食物来源的水生物蓝藻无法在污染水质中继续存活。

D. 蟹类适应污染水质的生理机制尚未得到科学的揭示。

E. 在鱼群分布稀少的水域中蟹类繁殖较快。

8. "天天爱锻炼"健身俱乐部的老板，打算免费赠送一部分会员资格给用户甲、乙、丙、丁、戊、庚六个人。他有如下约定：

(1) 六个人中只能有三个人得到会员资格，如果得到会员资格的人凑不齐三人或超过三人的话，这次会员资格奖励就取消。

(2) 如果把会员资格赠送给甲，那么乙得不到会员资格。

(3) 如果乙得不到会员资格，那么丁得到会员资格的概率是50%，但如果乙得到会员资格，那么丙一定得到会员资格且丁绝对不可能得到会员资格。

(4) 甲和戊不可能同时得到会员资格。

(5) 如果丙得到会员资格，戊和庚一定同时获得会员资格。

根据上述断定，一定不可能得到会员资格的人是？

A. 甲　　　　B. 乙　　　　C. 丙　　　　D. 丁　　　　E. 戊

9. 已知：只要甲和乙都是肇事者，丙就不是肇事者；除非丁不是肇事者，否则乙是肇事者；甲和丙都是肇事者。

如果上述断定都是真的，以下哪项也一定是真的？

A. 乙和丁都是肇事者。　　　　　　　　　B. 并非或者乙是肇事者或者丁是肇事者。
C. 乙是肇事者但丁不是肇事者。　　　　　D. 乙不是肇事者但丁是肇事者。
E. 不能确定到底谁是肇事者。

10. 某女生宿舍全部报名参加了考研，关于录取情况有如下几项陈述：
    (1) 该宿舍有的女生被录取了；
    (2) 该宿舍有的女生没有被录取；
    (3) 并非该宿舍有的女生没有被录取；
    (4) 该宿舍的王玲以优异的成绩被录取了。
    如果以上陈述中有两个是假的，则以下哪项必假？
    A. 该宿舍的有些女生被录取了。　　　　B. 该女生宿舍所有人都被录取了。
    C. 该女生宿舍所有人都没有被录取。　　D. 在该女生宿舍中，所有成绩优秀的人都被录取了。
    E. 该宿舍有些女生没有被录取。

11. 一天，甲、乙、丙、丁、戊5个人参加一个聚会。由于下雨，5个人各带了一把伞。聚会结束时，由于走得匆忙，大家到了家以后才发现，自己拿的并不是自己的伞。
    现在已知：
    (1) 甲拿走的伞不是乙的，也不是丁的。
    (2) 乙拿走的伞不是丙的，也不是丁的。
    (3) 丙拿走的伞不是乙的，也不是戊的。
    (4) 丁拿走的伞不是丙的，也不是戊的。
    (5) 戊拿走的伞不是甲的，也不是丁的。
    另外，还发现没有两个人相互拿错了雨伞。
    关于这5个人拿走的雨伞分别是谁的，以下正确的是哪项？
    A. 丁拿走了丙的。　　　B. 乙拿走了丙的。　　　C. 甲拿走了戊的。
    D. 丙拿走了甲的。　　　E. 戊拿走了乙的。

12. 新学期即将开始，甲、乙、丙、丁四位同学选择新学期的科目，一共有以下六门科目可供选择：管理学、社会学、经济学、心理学、美学、创业基础。四位同学的选择符合如下条件：
    (1) 甲由于要参加社会实践，这学期只能选择一门课程。
    (2) 如果丙选择了管理学，那么丁会选社会学和经济学。
    (3) 乙既不选心理学，也不选美学。
    (4) 每门课程都有人选，并且每门课程都只有一个人选择。
    (5) 每个人都要选择课程，但最多只能选择2门课程。
    已知丙选择了管理学，那么甲最可能选择哪一门学科？
    A. 社会学。　　B. 管理学。　　C. 美学。　　D. 创业基础。　　E. 经济学。

13. 纵观近年来在创新表达中有突破、赢得大众认可和喜爱的影视作品，无不是从普通百姓故事中提炼真情实感，从火热现实生活中汲取素材养分。因此，如果综艺节目也想取得进步，就要加大转型的步伐。从过去的看重流量，到现在的关注普通百姓的生活，综艺节目在迭代转型中要更加关注大众人群的兴趣点。
    以下哪项陈述是上述论述所必须依赖的假设？
    A. 综艺节目要具有时效性，这样才能和当下热点相结合。
    B. 综艺节目和影视作品的目标受众群体是相同的。
    C. 我国传统文化也应该根据时代的改变，进行推陈出新。
    D. 我国文艺工作者的意愿就是创作出与时代相结合的作品，他们会为此不断探索追求。
    E. 影视作品要反映出来人民群众对于美好生活的向往，因此要不断地从生活中提取灵感。

14. 心理医学专家经过多年观察发现，有强迫症倾向的患者，都不能克制自己的言行。他们想说的话就一定要说，想做的事就必须去做，哪怕这些言行通常是不恰当的，甚至明知是不恰当的。

上述断言如果为真，最能支持以下哪项断定？
    A. 具有强迫症倾向的患者不能克制自己的言行。
    B. 没有强迫症倾向的人通常能克制自己的言行。
    C. 具有强迫症倾向的患者，不会都想说就说，想做就做。
    D. 被观察的有强迫症倾向的患者对自己的言行基本不能自律。
    E. 具有强迫症倾向的患者应该注意克服自己言行中的不足之处。

15~16题基于以下题干：
  李娜、叶楠和赵芳三位女性的特点符合下面的条件：
  （1）恰有两位非常学识渊博，恰有两位十分善良，恰有两位温柔，恰有两位有钱；
  （2）每位女性的特点不能超过三个；
  （3）对于李娜来说，如果她学识非常渊博，那么她也有钱；
  （4）对于叶楠和赵芳来说，如果她十分善良，那么她也温柔；
  （5）对于李娜和赵芳来说，如果她有钱，那么她也温柔。

15. 哪位女性并非有钱？
    A. 只有李娜。   B. 只有赵芳。   C. 只有叶楠。
    D. 李娜和赵芳。   E. 赵芳和叶楠。

16. 根据以上信息可以判断一定为真的一项是？
    A. 赵芳有（以上）两个特点。   B. 只有赵芳学识渊博。   C. 叶楠没有钱。
    D. 赵芳既十分善良又学识渊博。   E. 李娜学识渊博。

17. 钩端螺旋体病主要是人们被带有病菌的跳蚤叮咬后传染的。一般来说跳蚤并不会直接产生这种细菌，它们往往是因为在幼虫时期，寄生在携带了寄生钩端螺旋体病的灰鼠身上，从而携带具有传染性的病菌。所以，如果在该区域放生一些没有寄生细菌的老鼠，这样跳蚤在幼虫时期寄生在带有病菌的灰鼠身上的几率就会降低，从而也降低了人们被跳蚤叮咬以后感染钩端螺旋体疾病的几率。
    以下哪项如果为真，最能支持上述论述？
    A. 跳蚤本身的健康不会被钩端螺旋体病菌影响。
    B. 目前没有例子证明，人们会直接被带有钩端螺旋体病的灰鼠所传染。
    C. 幼虫时期没有生长在患病灰鼠身上的跳蚤，即使以后接触患病老鼠，也不会有传染性。
    D. 除了跳蚤，还有其他的方式会导致人们被钩端螺旋体病感染。
    E. 带有钩端螺旋体病的跳蚤也会叮咬猫狗等小动物，但是猫和狗并不像人那么容易受到这种病毒的影响。

18. 公司董事会决定调整公司的经理层，现有甲、乙、丙、丁、戊、己、庚共7个合格人选，董事会将挑选4名进入新组建的经理层。如何选定此4人，公司人力资源部门经过充分调查论证，已形成下列意见：
    （1）如果决定丙不进入经理层，那么最好选丁进入经理层。
    （2）如果甲不进入经理层，而让丙进入经理层，那么最好让戊进入经理层。
    （3）最好不让戊和己同时进入经理层。
    （4）最好让己成为新班子的总经理。
    根据以上意见，理想的人选方案是以下哪项？
    A. 己、甲、乙、戊。   B. 己、丁、戊、丙。   C. 己、丙、戊、甲。
    D. 己、丙、乙、丁。   E. 丁、丁、乙、甲。

19. 同卵双生子的大脑在遗传上是完全相同的。当一对同卵双生子中的一个人患上精神分裂症时，受感染的那个人的大脑中的某个区域比没受感染的那个人的大脑的相应区域小。当双胞胎中的两个人都没有患精神分裂症时，两人就没有这样的差异。因此，这个发现为精神分裂症是由大脑的物质结构受损而引起的理论提供了确定的证据。
    下面哪一项是上述论述需要的假设？

A. 患有精神分裂症的人的大脑比任何不患精神分裂症的人的大脑小。
B. 精神分裂症患者的大脑的某些区域相对较小不是在精神分裂症治疗过程中使用医药的结果。
C. 同卵双生子中一个人的大脑平均来说不比非同卵双生子的人的大脑小。
D. 当一对同卵双生子都患有精神分裂症时，他们大脑的大小是一样的。
E. 有没有患上精神分裂症很容易判断。

20. 有一6×6的方阵，它所含的每个小方格中可以填入一个汉字，已有部分汉字填入。现要求该方阵中的每行每列均含有礼、乐、射、御、书、数6个汉字，不能重复也不能遗漏，并且对角线上的汉字也不能重复。
根据上述要求，以下哪项是方阵第一列5个空格中从上至下应填入的汉字？

乐		射			
	御		书		
				御	数
			乐	御	礼	书
				御		射

A. 射、御、数、书、礼。 B. 礼、射、御、书、数。
C. 御、书、礼、数、射。 D. 礼、御、射、数、书。
E. 数、御、礼、射、书。

21. 医学研究人员发现，人均电视机数量最多的村子感染严重的脑部疾病蚊媒脑炎（一种主要靠蚊子传染的疾病）的发病率最低。研究人员得出结论，这些村子的人们在室内停留的时间更多，从而降低了被蚊虫叮咬的几率。
如果以下哪一项属实，能够加强研究人员的结论？
A. 试图减少传染疾病蚊子数量的计划，并没有明显地影响蚊媒脑炎的发病率。
B. 一些身体非常健康的人，即使被蚊子叮了也不会患脑炎。
C. 在人均电视机数量最多的县，蚊媒脑炎的发病率有希望进一步下降。
D. 一个村子人们在户外的时间越多，他们对蚊子可能传播的脑炎的危险的认识就越大。
E. 一个村子人均电视机数量越多，居民在室内看电视的时间就越多。

22~23题基于以下题干：
大连市某中医药房从成立之初就每年组织员工出省素质拓展，但是为了不影响正常的药房工作，以下两个部门仅能有4人参与素质拓展。医师部门：赵、钱、孙和李，仅能派2名参与。抓药师傅部门：甲、乙和丙，每年可以派2名参与。另外，每年素质拓展的地点由这两个部门派出的4人中的一人决定，称其为领队。已知该药房素质拓展还有如下规章：
（1）在第一年做领队的人，第二年不能参与素质拓展。
（2）在第二年做领队的人在第一年必须参与过素质拓展。
（3）钱和甲不能一起参与素质拓展。
（4）孙和乙不能一起参与素质拓展。
（5）每一年，李和甲中有且只有一位参与素质拓展。

22. 如果孙在第一年做领队，下面哪一位能够在第二年做领队？
A. 赵 B. 钱 C. 乙 D. 李 E. 孙

23. 下面哪项一定为真？
A. 孙在第一年参与素质拓展。 B. 赵在第二年参与素质拓展。
C. 李在两年内都参与素质拓展。 D. 丙在第二年参与素质拓展。
E. 孙在两年内都参与素质拓展。

24. 一种外表类似苹果的水果被培育出来，我们称它为皮果。皮果皮里面会包含少量杀虫剂的残余物。然而，专家建议我们吃皮果之前不应该剥皮，因为这种皮果的果皮里面含有一种特殊的维生素，这种维生素在其他水果里面含量很少，对人体健康很有益处，弃之可惜。
以下哪项如果为真，最能对专家的上述建议构成质疑？
A. 皮果皮上的杀虫剂残余物不能被洗掉。
B. 皮果皮中的那种维生素不能被人体充分消化吸收。
C. 吸收皮果皮上的杀虫剂残余物对人体的危害超过了吸收皮果皮中的维生素对人体的益处。

D. 苹果皮上杀虫剂残余物的数量太少，不会对人体带来危害。
E. 苹果皮上的这种维生素未来也可能用人工的方式合成，有关研究成果已经公布。

25. 研究人员在正常的海水和包含两倍二氧化碳浓度的海水中分别培育了某种鱼苗，鱼苗长大后被放入一个迷宫。每当遇到障碍物时，在正常海水中孵化的鱼都会选择正确的方向避开。然而那些在高二氧化碳浓度下孵化的鱼却会随机地选择左转或向右转，这样，这种鱼遇到天敌时生存机会减少。因此，研究人员认为在高二氧化碳环境中孵化的鱼，生存的能力将会减弱。
以下哪项如果为真，不能支持该项结论？
A. 人类燃烧化石燃料产生的二氧化碳大约有三分之一都被地球上的海洋吸收了，这使得海水逐渐酸化，会软化海洋生物的外壳和骨骼。
B. 在二氧化碳含量高的海洋区域，氧气含量较低。氧气少使海洋生物呼吸困难，觅食、躲避掠食者以及繁衍后代也变得更加困难。
C. 二氧化碳是很多海洋生物的重要营养物质，它们在曝光照射下把叶子吸收的二氧化碳和根部输送来的水分转变为糖、淀粉以及氧气。
D. 将小丑鱼幼鱼放在二氧化碳浓度较高的海水中饲养，并播放天敌发出的声音，结果这组小鱼听不到声音。
E. 将鲜鱼幼鱼分别放在正常海水和二氧化碳较高的海水中饲养，结果发现，在二氧化碳高的水中的幼鱼体质远远比不上正常海水中的幼鱼。

26. 某单位2022年实行延期退休制度，延期退休的员工，或者是具有丰富经验的"先进员工"，或者是有当地户口的低收入员工。有当地户口的低收入员工都居住在旧城区，"先进员工"都居住在新城区。
关于该单位2022年延期退休的员工，以下哪项判断一定为真？
A. 有些具有丰富经验的"先进员工"也是低收入。
B. 外地户口的低收入员工都居住在新城区。
C. 居住在旧城区的都具有丰富的经验。
D. 有当地户口的员工都没有丰富的经验。
E. 没有丰富经验的都居住在新城区。

27. 如下是某届奥林匹克运动会跳水项目的选手评分表：

选手姓名	助跑	起跳动作	空中动作	入水动作
甲	连贯	难	难	难
乙	平稳	中等	简单	中等
丙	流畅	简单	简单	简单
丁	连贯	中等	中等	简单
戊	流畅	简单	简单	简单

以下哪项对上述五名选手的概括最为准确？
A. 助跑流畅的选手在空中动作和入水动作上的难度都被评为简单。
B. 所有助跑连贯的选手在其他三个动作评分上不会都被评为难。
C. 若某位选手至少两个方面的动作被评为简单，则其助跑一定被评为流畅。
D. 若某位选手三个方面的动作都没有被评为难，则其助跑一定没有被评为连贯。
E. 若某位选手在起跳动作和空中动作两个方面都没有被评为难，则其助跑一定被评为流畅。

28. 近年来，全球的青蛙数量有所下降，而同时地球接受的紫外线辐射有所增加。因为青蛙的遗传物质在受到紫外线辐射时会受到影响，且青蛙的卵通常为凝胶状而没有外壳或皮毛的保护，所以可以认为，青蛙数量的下降至少部分是由于紫外线辐射的上升导致的。
下列哪一项如果正确，最能支持以上论述？
A. 即使在紫外线没有显著上升的地方，青蛙的产卵数量仍然显著下降。

B. 在青蛙数量下降最少的地方，作为青蛙猎物的昆虫的数量显著下降。
C. 数量显著下降的青蛙种群中杀虫剂的浓度要高于数量没有下降的青蛙种群。
D. 在很多地方，海龟会和青蛙共享栖息地，虽然海龟的卵有外壳保护，海龟的数量仍然有所下降。
E. 有些青蛙种群会选择将它们的卵藏在石头或沙子下，而这些种群的数量下降要明显少于不这样做的青蛙种群。

29~30题基于以下题干：

某位新晋导演与某市的甲、乙、丙、丁、戊5家影院签订对赌协议，如果该导演的5部电影《纸飞机》《山河》《岁月》《极寒之城》《呼吸之野》在这五家影院点映时的总票房达到500万，就可以进行公映，由于排片的限制，还要满足：

(1) 这5部电影，每家影院只放映3部电影。
(2) 如果某影院放映了《纸飞机》，就不能放映《山河》。
(3) 如果《山河》和《岁月》至少有一部在丁影院放映，则这两部电影都要在甲影院放映。
(4) 如果丁影院放映《极寒之城》，则戊影院放映《岁月》《极寒之城》《呼吸之野》。
(5) 如果《纸飞机》《山河》《岁月》中至少有2部电影在甲影院放映，则这三部电影都要在乙影院放映。

29. 根据以上信息，可以得出以下哪项？
   A. 戊影院不放映《纸飞机》。
   B. 乙影院不放映《山河》。
   C. 甲影院不放映《岁月》。
   D. 丁影院不放映《极寒之城》。
   E. 丙影院不放映《呼吸之野》。

30. 若没有电影可以在所有影院都放映，则可以得出以下哪项？
   A. 丙影院放映《纸飞机》。
   B. 甲影院放映《山河》。
   C. 乙影院放映《岁月》。
   D. 丙影院放映《极寒之城》。
   E. 乙影院放映《呼吸之野》。

逻辑模拟试卷（三）

建议测试时间：55-60分钟　　实际测试时间（分钟）：＿＿＿＿＿　　得分：＿＿＿＿＿

本测试题共30小题，每小题2分，共60分，从下面每小题所列的5个备选答案中选取出一个，多选为错。

1. 超前点播、夹带广告、自动续费、更改协议……视频平台的这些操作，无异于杀鸡取卵、饮鸩止渴。作为视频行业的一份子，每一位追求基业长青的决策者理当认识到：如果企业不尊重消费者，只会给竞争对手制造机会；而如果给竞争对手制造机会，就会造成消费群体流失；消费群体流失必然会对企业造成更大的盈利压力。
   如果上述论述为真，可以推出以下哪项？
   A. 只要不给竞争对手制造机会，就不用担心消费群体流失。
   B. 如果企业尊重消费者，那么就不会对企业造成更大的盈利压力。
   C. 只有消费群体不流失，企业才能尊重消费者。
   D. 若没有对企业造成更大的盈利压力，则企业尊重消费者。
   E. 任何给竞争对手制造机会的行业都会造成消费者群体流失。

2. 可以端菜、扫地、唱歌跳舞，可以跟孩子做游戏、陪老人谈天说地……在本届机器人世界杯上，各式各样的服务机器人成为最吸引眼球的明星。多位业内专家预测，面向家庭和个人的服务机器人，将超越工业机器人，成为我国下一个爆发式增长的市场。
   以下哪项如果为真，最能质疑上述专家的预测？
   A. 由于一些关键硬件仍依赖进口，导致有些国内的服务机器人的价格居高不下。
   B. 在我国，目前服务机器人进入家庭只是"看上去很美"，有的产品尚未量产。
   C. 目前的服务机器人技术行的，实现成本却太高；方案成本低的，技术却不行。
   D. 机器人产业中，中国的主要差距在硬件，而硬件差距对机器人性能影响很小。
   E. 中国和其他国家相比，主要差距在机器人相关软件的开发上。

3. 没有一个抽象的哲学命题能够通过观察或实验而被证验为真，所以无法知道抽象的哲学命题的真实性。
   为了合乎逻辑地推出上述结论，需要假设下面哪项为前提？
   A. 如果一个命题能够通过观察或实验被证明为真，则其真实性是可以知道的。
   B. 只凭观察或实验无法证实任何命题的真实性。
   C. 要知道一个命题的真实性，需要通过观察或实验证明它为真。
   D. 人们是通过信仰来认定抽象哲学命题的真实性的。
   E. 所有抽象的哲学命题都是不能被观察或实验验证为真的。

4. 安达信会计师事务所应客户要求，派彭山、谢海、甘生、朱希和宗敬五人去沈阳、北京、上海和杭州出差，这五人中每人都去2个城市出差，且每个城市都有2~3人去。已知：
   （1）若彭山去北京，则甘生不去上海。
   （2）甘生和宗敬的专业互补，因此总是一起出差。
   （3）朱希和谢海只去南方城市出差。
   根据以上信息，可以得出以下哪项？
   A. 彭山去沈阳和北京。　　B. 谢海去沈阳和上海。　　C. 甘生去北京和上海。
   D. 朱希去沈阳和杭州。　　E. 宗敬去沈阳和北京。

5. 长城公司规定，只有在本公司连续工作20年以上或者具有突出业绩的职工，才能享受公司发放的特殊津贴。小周虽然只在长城公司工作了3年，但现在却享受公司发放的特殊津贴，因此他一定是做出了突出业绩。
   以下哪项推理方式和上述题干最为类似？

A. 要想取得好成绩，既要勤奋学习，又要方法得当。汪洋虽然勤奋，但成绩不太好，看来他的学习方法不当。
B. 一个罪犯要实施犯罪，必须既有作案动机，又有作案时间。在某案中，A嫌疑人有作案动机，但却无作案时间（即不在现场），因此，A嫌疑人不是该案的作案者。
C. 如果既经营无方又铺张浪费，那么一个企业必将严重亏损。大鹏公司虽经营无方，但并未出现严重亏损，这说明它至少没有铺张浪费。
D. 法制的健全或者执政者强有力的社会控制能力是维持一个国家社会稳定必不可少的条件。某国社会稳定，但法制尚不健全，因此，其执政者一定具有强有力的社会控制能力。
E. 一个论证不能成立，当且仅当，或者它的论据虚假，或者它的推理错误。小刘论文之论证尽管逻辑严密，推理无误，但还是被认定不能成立。因此，他的论证至少有部分论据虚假。

6~7题基于以下题干：
某渔场场主为了扩大收益，将某鱼塘划分为甲、乙、丙、丁、戊、己和庚7个区域，计划养殖鲢鱼、鳙鱼、草鱼、青鱼、鲤鱼、鲫鱼和鳊鱼7种鱼类，每个区域只能养一种鱼类，每种鱼类也只能在一个区域养殖。已知：
(1) 若乙区不养殖鲢鱼，则甲区养殖鳙鱼。
(2) 若丁区养殖草鱼或鲫鱼，则庚区养殖青鱼。
(3) 若甲区不养殖鳙鱼，则丁区养殖草鱼。
(4) 若己区不养殖青鱼，则乙区养殖鳊鱼或鲤鱼。

6. 根据上述信息，可以得出以下哪项？
   A. 甲区养殖鳙鱼。　　　B. 乙区养殖鲢鱼。　　　C. 丁区养殖草鱼。
   D. 己区养殖鲤鱼。　　　E. 庚区养殖青鱼。

7. 若乙区养殖鲢鱼且戊区养殖鳊鱼，则可以得出以下哪项？
   A. 丙区养殖草鱼。　　　B. 丙区养殖青鱼。　　　C. 庚区养殖草鱼。
   D. 丁区养殖鲤鱼。　　　E. 己区养殖鲤鱼。

8. 笔迹，广义上讲，是运用各种工具在已定界面上书写的带有文字规范限制的痕迹。狭义上讲，就是指在自然状态下由书写人留在纸张上的带有文字规范限制的书写痕迹。因为书写者的性格和心理特性是不同的，由此可以推测，研究人的笔迹可以分析书写者的性格特点和心理状态。
以下哪项如果为真，最能支持上述推测？
   A. 不同笔迹的连笔程度和笔画结构是不同的。
   B. 近代以来，很多先进的理论和仪器被用来进行笔迹鉴定。
   C. 据调查，现在很多公司在招聘员工时加入笔迹分析这一项。
   D. 人的性格特点和心理状态往往能通过人的日常行为展示出来。
   E. 书写的压力、笔画结构和字体大小能反映出人的自我意识和对外部世界的态度。

9. 中国国家认可的学历依次是：小学毕业、中学毕业、中专毕业、大专毕业、本科毕业、研究生毕业。其中，研究生毕业又包括硕士研究生毕业和博士研究生毕业。教育部定义的"接受过高等教育的人"是指具有大专及以上毕业证书的人。在对中国2000对夫妻调查后发现，"郎才女貌"是有一定事实依据的，因为接受过高等教育的丈夫要多于妻子。
根据以上陈述，关于这2000对夫妻，以下哪项是真的？
   Ⅰ. 与接受过高等教育的人结婚的人中，男性比女性多。
   Ⅱ. 与未接受过高等教育的人结婚的人中，男性比女性多。
   Ⅲ. 与未接受过高等教育的人结婚的人中，接受过高等教育的男性比女性多。
   A. 仅Ⅰ。　　B. 仅Ⅱ。　　C. 仅Ⅲ。　　D. 仅Ⅱ和Ⅲ。　　E. Ⅰ、Ⅱ和Ⅲ。

10. 调查结果表明，口腔的老化程度与患认知障碍症之间存在一定关联：牙齿少于20颗的75岁以上老人与牙齿相对健全的同年龄段人相比，咀嚼力要低50%~90%，咀嚼食物的力量也要低1/6~1/3，咀嚼能力变差会加速大脑老化，患认知障碍症的风险也就相应加大。对70岁以上老人做的认知障碍程度测试显示，健康的人平均有 14.9 颗牙齿，而疑似患认知障碍症的参试者平均只有 9.4 颗牙齿。这表明牙齿健康的老人患认知障碍症的概率比较低。

以下哪项如果为真，最能反驳上述推论？

A. 为了克服老年人不识字或看不清等问题，研究者在调查过程中让参与者报告是否出现注意力、记忆力、信息整合、运动等方面的障碍并根据其程度来作为评价其认知障碍的依据。

B. 随机抽取 300 位老人进行调查，结果发现健康的人和患认知障碍症的人的牙齿颗数并没有太大的区别。

C. 老年痴呆症是认知障碍症的一种，而目前没有研究表明口腔的老化程度和老年痴呆症之间存在着一定联系。

D. 参与研究的老人年龄集中在 70 岁左右，60~65 岁和 85~90 岁这两个年龄段的老人相对较少。

E. 牙齿越少，患认知障碍症的可能性越大。

11. 根据 2020 年某旅游网站统计，关于中国冰雪旅游城市级目的地排行榜如下表：

城市	省份	地域	游客期待指数	美誉度	核心竞争力	传播影响力
哈尔滨	黑龙江	东北	97.3	91.5	95.3	89.2
长春	吉林	东北	93.7	89.9	90.1	85.8
张家口	河北	京津冀	85.6	88.4	90.5	93.1
沈阳	辽宁	东北	83.2	90.3	88.8	86.2
呼伦贝尔	内蒙古	内蒙	86.3	94.1	87.4	78.5

以下哪项对上述表格中内容的概括最为准确？

A. 位于东北地域的城市其游客期待指数都高于 90。
B. 位于东北地域的城市其传播影响力都不低于 86。
C. 若某城市任意三个方面的指数都高于 85，则其剩下的一方面也高于 85。
D. 若某城市在两个方面的指数均高于 95，则其剩下至少有一方面高于 90。
E. 若某城市在美誉度和核心竞争力这两方面的指数都不超过 95，则该城市的传播影响力一定都不低于 85。

12~13 题基于以下题干：

一位画家从红、橙、黄、绿、青、蓝、紫七种颜色中选择四种，从黑、白、灰、棕四种颜色中选择两种来作画，他的选择必须符合下列条件：
(1) 如果选绿色，就不选蓝色，也不选灰色。
(2) 除非不选棕色，也不选黄色，否则不选蓝色。
(3) 只有选白色，才能选红色。
(4) 不能选橙色，否则选黑色。
(5) 如果选白色，则不能选黑色。

12. 根据以上信息，以下哪项可能是画家选择的所有颜色的组合？

A. 绿、黄、青、紫、棕、黑
B. 绿、红、紫、橙、棕、白
C. 绿、红、黄、青、白、黑
D. 绿、橙、黄、青、紫、黑
E. 蓝、橙、黄、青、灰、黑

13. 如果画家选了蓝色，那么以下哪项一定为真？

A. 画家没选青色。
B. 画家选了红色。
C. 画家选了紫色。
D. 画家没选灰色。
E. 画家选了白色。

14. 某影视公司计划翻拍经典话剧《雷雨》，通知发出后，共有赵、钱、孙、李、周、吴和郑 7 名演员来试镜周朴园、周冲、蘩漪 3 个角色，已知：

(1) 每名演员只能试镜一个角色。

(2) 若李不试镜周朴园或者孙不试镜周朴园,则周和赵都要试镜周朴园。
(3) 若赵、吴、郑中至少有一个人不试镜蘩漪,则周试镜周冲并且孙试镜蘩漪。
根据上述信息,可以得出以下哪项?
A. 李和赵都要试镜周朴园。
B. 钱和孙都要试镜周冲。
C. 李和孙都要试镜周朴园。
D. 郑和周都要试镜蘩漪。
E. 周和钱都要试镜周冲。

15. 伦理学家:汽车卖钱,完全是商品;小说和电影也卖钱,但不完全是商品。目前一些完全商品化的很有影响的小说和电影,不停地向读者和观众展示一些有道德缺陷的人所做的一些有道德缺陷的事。受众,特别是其中的年轻人会因此认为这些有道德缺陷的人才是正常人,而主流价值观是不可信的说教。毫无疑问,这样的文艺作品对目前社会日益严重的道德问题有不可推却的责任。
作家:如果目前社会确实存在日益严重的道德问题,要对此负责的也不应是小说或电影。小说或电影只是展示给读者或观众想看的东西,至于想看还是不想看、有道德缺陷还是合乎情理、正常还是不正常,完全由观众自己决定,这有什么错?对作品限制过多,违背文学艺术发展的规律。
以下哪项对上述争论的焦点问题的概括最为恰当?
A. 目前社会是否存在严重的道德问题?
B. 是否应当无节制地在小说或电影中展示有道德缺陷的人所做的有道德缺陷的事?
C. 对小说或电影给以不必要的限制是否违背文学艺术发展的规律?
D. 一些小说或电影是否应当对社会的道德问题负责?
E. 小说或电影是否也是商品?

16. 某实习生在学习菜品摆盘时,要摆出合格的菜品搭配模式。已知:
(1) 共有三类菜品供选择,分别为刺身、水果和蔬菜。
(2) 刺身编号分别为a、b、c,水果编号为X、Y、Z,蔬菜编号为1、2、3。
(3) 刺身之间不可相邻。
(4) 每份拼盘中至少要有一个果蔬对(即水果与蔬菜相邻成为果蔬对)。
(5) 当出现多个果蔬对时,这些果蔬之间必须要以某个刺身相隔。
根据以上信息,以下哪种拼盘是合格的?
A. cbX12Ya3
B. aXYb12cZ
C. X1Y23aZc
D. cX3a2YZb
E. c2Y13Zb

17. 某县为了抗击当地的土地荒漠化,决定种植几种固沙培土的植物,要求如下:
(1) 或者种梭梭,或者种柠条。
(2) 如果种梭梭,则不能种沙拐枣或胡杨。
(3) 如果不种胡杨,就不能同时种红柳和花棒。
(4) 只有种花棒,才能不种柠条。
根据以上陈述,如果该县决定种植胡杨,则以下哪项为假?
A. 没有种沙拐枣。
B. 没有种梭梭。
C. 没有种柠条。
D. 种了花棒。
E. 种了花柳。

18. 面对预算困难,W国政府不得不削减对于科研项目的资助,一大批这样的研究项目转而由私人基金资助。这样,可能产生争议结果的研究项目在整个受资助研究项目中的比例肯定会因此降低。因为私人基金资助者非常关心其公众形象,他们不希望自己资助的项目会导致争议。
以下哪项是上述论证所必须假设的?
A. W国政府比私人基金资助者较为愿意资助可能产生争议的科研项目。
B. W国政府只注意所资助的研究项目的效果,而不在意它是否会导致争议。
C. W国政府没有必要像私人基金资助者那样关心自己的公众形象。
D. 可能引起争议的科研项目并不一定会有损资助者的公众形象。
E. 可能引起争议的科研项目比一般的项目更有价值。

19. K县位于自然保护区,8年前,制定并严格实施了禁止狩猎的法规。近年来,数量剧增的野生动物对村民的正常生活造成了严重的干扰甚至危害。野猪毁坏庄稼，野狼掠食牲口，甚至危及人的安全。因此，上述禁止狩猎的法规影响了人和野生动物的自然平衡，带来了严重的后果。

以下哪项如果为真，最能加强上述论证？

A. 野生动物之间弱肉强食的生物链是制约其数量的主要因素。
B. 对野生动物的乱捕乱杀破坏了人和野生动物的自然平衡。
C. K县的周边县不禁止狩猎，野生动物的数量未出现明显变化。
D. 近年来K县的自然环境特别是湿润的气候更适合野生动物的繁衍。
E. 和K县毗邻的H县同样禁止狩猎，但从未发生过野生动物危害村民的事件。

20. 2012年9月，欧盟对中国光伏电池发起反倾销调查。一旦欧盟决定对中国光伏产品设限，中国将失去占总销量60%以上的欧洲市场。如果中国光伏产品失去欧洲市场，中国光伏企业将大量减产并影响数十万员工的就业。不过，一位中国官员表示："欧盟若对中国光伏产品设限，将搬起石头砸自己的脚。"

如果以下陈述为真，哪一项将给中国官员的断言以最强的支持？

A. 中国光伏产业从欧盟大量购买原材料和设备，带动了欧盟大批光伏上下游企业的发展。
B. 欧盟若将优质低价的中国光伏产品挡在门外，欧洲太阳能消费者将因此付出更高的成本。
C. 太阳能产业关乎欧盟的能源安全，俄罗斯与乌克兰的天然气争端曾经殃及欧盟各国。
D. 目前欧洲债务问题继续恶化，德国希望争取中国为解决欧债危机提供更多的帮助。
E. 如果欧盟限制中国光伏产品进入欧洲，欧盟将会减少一大笔由光伏产品爆炸带来的损失。

21~22题基于以下题干：

帮风、耀博、生欣、太维和禾航5家公司由于资质以及资金需求量的不同，拟在上交所、港交所、纽交所和纳斯达克寻求上市，为了提高成功率，每家公司会向2家证券交易所提交上市申请，而每家证券交易所都收到了2~3家公司的上市申请。已知：

(1) 若帮风向港交所提交申请，则太维没有向纽交所提交申请。
(2) 由于公司的资质相同，禾航和生欣选择了相同的证券交易所。
(3) 耀博和太维两家公司没有做到连续3年盈利，所以只能到美国寻求上市。

21. 根据以上信息，可以得出以下哪项？

A. 帮风向上交所和港交所提交了上市申请。
B. 耀博向纽交所和上交所提交了上市申请。
C. 生欣向纽交所和港交所提交了上市申请。
D. 太维向纳斯达克和上交所提交了上市申请。
E. 禾航向港交所和上交所提交了上市申请。

22. 若中美两国的证券交易所收到的上市申请总数相同，则可以得出以下哪项？

A. 帮风向纽交所提交了上市申请。
B. 帮风向纳斯达克提交了上市申请。
C. 帮风向上交所提交了上市申请。
D. 禾航向纳斯达克提交了上市申请。
E. 禾航向纽交所提交了上市申请。

23. 一项研究中，研究者观察了近300名2~4年级儿童在一个学年中的课堂参与度。参与度是根据上课过程中的专心行为和分心行为衡量的，前者指的是回答问题、举手发言或参与讨论等，后者指闲聊等行为。实验中，一半学生站立在高课桌前听课，另一半则坐着听课。结果发现：站立听课的学生比坐着的学生更加专注。

以下哪项如果为真，最能支持上述结论？

A. 站立需要大脑平衡身体、控制轻微肌肉收缩，这些适度的压力会使人的注意力更加集中。
B. 长时间坐着听课会增加身体对脊柱的压力，不利于学生的身体健康。
C. 即使是站立听课，也有个别学生会来回走动，影响课堂秩序，让他人分心。
D. 许多性格活泼的学生更喜欢站立听课，专注力更好，而内向的学生则愿意坐着听课，觉得更利于提高注意力。
E. 站立时间过长，会造成大脑缺氧，严重分散人的注意力。

24. 很多家长认为，孩子不听话，"打屁屁"惩罚一下，至少能让孩子注意到自己的行为不当，变得更听话一些。还有一些人坚持"不严加管教会惯坏孩子"的传统信念，认为"打屁屁"是为孩子好。研究者对16万名儿童在过去5年里的经历进行研究，通过收集"打屁屁"行为的数据加以分析，发现：打屁股会在儿童成长过程中造成智商低、攻击性行为高等多种负面影响。

以下哪项如果为真，最能支持上述结论？

A. 最新调查显示，智商相对较低的孩子大多数经常被家长打屁股。

B. 儿童在成长过程中伴有攻击性强的行为会严重影响儿童智力的发育。

C. 研究报告称全球大约80%的父母都有以打屁股管教孩子的经历。

D. 经常被打屁股的孩子在成长的过程中只懂得按家长要求去做，而不会独立思考。

E. 父母体罚儿童的行为会使得儿童模仿学习，增加儿童的暴力倾向，造成攻击性行为。

25. 有研究人员声称找到了一种全新的控制糖尿病人血糖浓度的方法，这种新疗法的关键就是咖啡因。他们对患有糖尿病的小鼠进行了试验，当小鼠摄入咖啡因的时候，对于血糖浓度的控制能力比没有摄入咖啡因的小鼠好。研究人员据此认为，以往通过注射胰岛素控制糖尿病人血糖浓度的方法在未来也可以被摄入咖啡因替代。

以下哪项如果为真，最能支持上述结论？

A. 上述研究成果被发表在全球顶尖的医学期刊上。

B. 每天注射胰岛素对于糖尿病患者来说比较麻烦。

C. 研究证明咖啡因可以降低直肠癌和黑色素瘤的发病风险。

D. 小鼠和人类体内的肾细胞吸收咖啡因会促进胰岛素的产生。

E. 小鼠体内有一种独有的淋巴细胞能大大增强咖啡因产生胰岛素的功能。

26. A品牌是一个拥有百年历史的奢侈品品牌，产品主要包括服装、皮具和皮鞋等。但最近的统计发现，该品牌上个月的全球销量出现了大幅度下滑。为挽救低靡的销售数据，A品牌的销售总监建议通过适度降价来提高业绩。但其CEO断然否决了这一提议。

以下哪项如果正确，最能支持该CEO的决定？

A. 如果降价幅度过大，会引起一些已经原价购买衣物的老客户的不满。

B. 奢侈品的销量主要取决于能否赢得消费群体的喜爱，而与价格关系很小。

C. 全球最近半年经历的经济危机影响了许多A品牌老客户的消费能力。

D. B品牌同样经历了销量的下滑，他们通过宣传、开发新客户等方式明显提高了销量。

E. 该品牌的服装销量虽然下降明显，但皮具等产品销量却出现了正向增长。

27. 《论语·子路》：名不正，则言不顺；言不顺，则事不成；事不成，则礼乐不兴；礼乐不兴，则刑罚不中；刑罚不中，则民无所措手足。故君子名之必可言也，言之必可行也。君子于其言，无所苟而已矣！

根据上述信息，可以得出以下哪项？

A. 有些言而无信的人可能是君子。　　B. 如果民泰然自若，从容不迫，则一定名正。

C. 如果一个人言不顺，那么他一定名不正。　　D. 只有礼乐兴，才会名正。

E. 如果民无所措手足，那么一定名不正。

28. 如果爱因斯坦的相对论是正确的，那么，顺时运动的物体的时速不可能超过光速。但是，量子力学预测，基本粒子超子的时速超过光速。因此，如果相对论是正确的，那么，或者量子力学的这一预测是错误的，或者超子逆时运动（返回过去）。

上述推理方式和以下哪项最为类似？

A. 有语言学家认为，现代英语起源于古代欧洲的波罗英多语，这一看法不正确。英语更可能是起源于芬兰乌戈尔语，因为英语和诸多起源于乌戈尔语的现代语种都有相似之处。

B. 如果被告实施犯罪，那么他或者有明确动机，或者精神不正常，因为只有精神不正常的人的行为才没有明确动机。心理检测的结论是该被告的精神不正常，但证据说明，该被告的行为有明确动机。因为没有理由否定证据，所以，被告有罪。

C. 现代医学断定，人的大脑在缺氧情况下只能存活几分钟。令人惊奇的是，一个目击者声称，一个巫师深埋地下一周后仍然活着。因此，如果现代医学的这一断定没有错，那么，或者目击者所说的不是事实，或者该巫师的大脑并没有完全缺氧。

D. 拥有一个国家的国籍，意味着就是这个国家的公民。有的国家允许本国公民有双重国籍，但中国的法律规定，中国公民不能拥有双重国籍。欧洲H国公民查尔斯拥有中国国籍。这说明中国有关双重国籍的法律没有得到严格实施。

E. 如果宇宙大爆炸的理论是正确的，那么宇宙正不断地扩张：星系离最初的中心爆炸点越来越远，星系之间也越来越远。大爆炸理论同时预测，星系间的引力将不断抵消星系的动能，最终导致大爆炸的终止。

29~30题基于以下题干：

在某次学术会议上，一个圆桌上的座位顺序按照1~7号顺时针依次排列（座位号大小依次递增），学者甲、乙、丙、丁、戊、己和庚共7人随机坐在该圆桌的座位上，已知：

（1）丁的左手边第二个座位是乙，丁的座位号是最大的。
（2）戊的座位号比庚的座位号大，比甲的座位号小。
（3）如果甲在4号座位或者5号座位，那么丙在2号座位。
（4）坐在奇数号座位的人说真话，偶数号座位的人说假话。

29. 如果同时问庚和己"丙坐在哪里"，两人都回答"丙坐在了偶数号座位上"，那么丙在几号座位？
   A. 1号座位。 B. 3号座位。 C. 4号座位。 D. 5号座位。 E. 6号座位。

30. 如果丁说"戊和己隔着一个人坐"，那么七个人的座位顺序有几种情况？
   A. 2种。 B. 3种。 C. 4种。 D. 5种。 E. 6种。

逻辑模拟试卷（四）

建议测试时间：55-60分钟　　实际测试时间（分钟）：_____　　得分：_____

本测试题共30小题，每小题2分，共60分，从下面每小题所列的5个备选答案中选取出一个，多选为错。

1. 事实上，友善并不是一项保证团队和谐所不可或缺的因素。如果其他团队特征具备的话，即使一个脾气暴躁的工作团队也可以是有效团队。当一个工作团队取得丰硕成果并且获得认可时，团队成员会对他们的成绩感到愉悦。

   根据以上信息，以下除了哪项外都可能为假？
   A. 如果一个团队成员对于他们的成绩并不能感到愉悦，那么该工作团队或者没有取得丰硕成果，或者获得认可。
   B. 或者一个工作团队取得丰硕成果并且获得认可，或者团队成员不会对他们的成绩感到愉悦。
   C. 如果团队成员不会对他们的成绩感到愉悦，那么工作团队一定取得了丰硕成果并且获得认可。
   D. 一个工作团队取得丰硕成果并且获得认可，除非团队成员会对他们的成绩感到愉悦。
   E. 一个工作团队除非或者不能取得丰硕成果，或者不获得认可，团队成员才不会对他们的成绩感到愉悦。

2. 人类与疟疾已经进行了几个世纪的斗争，但一直是"治标不治本"——无法阻断疟疾传染源。日前研究者培育出一种经过基因改造的蚊子，它不再具备感染疟疾的能力，并且能妨碍野生蚊子繁衍，从而有效切断人与蚊子的疟疾传播途径，假以时日，就能根绝疟疾这个顽症。

   以下哪项如果为真，则最能支持上述结论？
   A. 转基因蚊子的体质比野生蚊子差，一旦被放到野外很容易死亡。
   B. 转基因蚊子只在疟疾存在时才有生存优势，当生存环境中没有疟疾时，它们和野生蚊子的存活率是相同的。
   C. 转基因蚊子的生殖能力在繁衍了九代后显著增加，会带来野生蚊子种群的灭亡。
   D. 转基因蚊子与野生蚊子交配产下的后代并不都具有抗疟疾基因，但在基因层面上都会产生突变，形成新型蚊子。
   E. 目前，只有少数科学家能掌握转基因蚊子的批量培育技术。

3. 某游戏公司正在筹划一款全新的MOBA手游，已知首批参加该项目的员工有赵、钱、孙、李、周，这五名员工的岗位为原画师、动画设计师、角色设计师、策划师和UI设计师，还知道：
   （1）若赵是原画师或者UI设计师，则孙是策划师。
   （2）若钱或李中有一人是UI设计师，则赵是原画师。
   （3）孙或者是动画设计师，或者是角色设计师。

   根据上述陈述，可以得出以下哪项？
   A. 孙是策划师。　　B. 周是UI设计师。　　C. 李是动画设计师。
   D. 赵是角色设计师。　　E. 钱是原画师。

4. 当颁发向河道内排放化学物质的许可证时，它们是以每天可向河道中排放多少磅每种化学物质的形式来颁发的。通过对每种化学物质单独计算来颁发许可证，这些许可证所需的数据是基于对流过河道的水量对排放到河道内的化学物质的稀释效果的估计。因此河道在许可证的保护之下，可以免受排放到它里面的化学物质对它产生不良的影响。

   上面论述依赖的假设是？
   A. 相对无害的化学物质在水中不相互反应形成有害的化合物。
   B. 河道内的水流动得很快，能确保排放到河道的化学物质被快速地散开。
   C. 没有完全禁止向河道内排放化学物质。

· 21 ·

D. 那些持有许可证的人通常不会向河道内排放达到许可证所允许的最大量的化学物质。
E. 化学物质对河道污染所带来的危险只应用它是否危及人类健康的观点来评价，而不应以它是否危及人类和野生动植物的观点来评价。

5~6题基于以下题干：

某公司从张华、王军、赵静、刘刚、孙涛、李明和郭凯这7名生产部门员工中挑选4名参加生产技术研讨会，挑选必须符合下列条件：
(1) 张华或王军有一人参加，但二人不能都参加；
(2) 孙涛或李明有一人参加，但二人不能都参加；
(3) 如果孙涛参加，则赵静参加；
(4) 除非王军参加，否则郭凯不参加。

5. 如果刘刚不参加该研讨会，则参加该研讨会的员工必然包括以下哪项？
   A. 王军和赵静。 B. 张华和郭凯。 C. 王军和李明。
   D. 赵静和李明。 E. 孙涛和郭凯。

6. 公司挑选以下哪两名员工参加该研讨会，能使参会的四人组合成为唯一的选择？
   A. 刘刚和郭凯。 B. 王军和刘刚。 C. 赵静和郭凯。
   D. 赵静和孙涛。 E. 赵静和王军。

7. 市长：在过去五年中的每一年，这个城市都削减教育经费，并且，每次学校官员都抱怨，减少教育经费可能逼迫他们减少基本服务的费用。但实际上，每次仅仅是减少了非基本服务的费用。因此，学校官员能够落实进一步的削减经费，而不会减少任何基本服务的费用。
   下列哪项如果为真，最强地支持该市长的结论？
   A. 该市的学校提供基本服务总是和提供非基本服务一样有效。
   B. 现在，充足的经费允许该市的学校提供某些非基本的服务。
   C. 自从最近削减学校经费以来，该市学校对提供非基本服务的价格估计实际没有增加。
   D. 几乎没有重要的城市管理者支持该市学校的昂贵的非基本服务。
   E. 该市学校官员几乎不夸大经费削减的潜在影响。

8. 有一论证（相关语句用序号表示）如下：
   ①按照传统观点，后者患冠心病的风险应该比前者高；
   ②不饮酒的男性患冠心病的风险跟适度饮酒的人近似；
   ③然而，他们通过数据检验，最后却发现了不同的结果；
   ④同时从不饮酒的女性患冠心病的风险反而比适度饮酒的人高；
   ⑤来自伦敦大学学院的研究者达拉·奥尼尔表示，科学家利用长期追踪数据来区分从不饮酒的人和曾经饮酒但已戒酒的人。
   以下哪项中的句子顺序最符合该论证的结构？
   A. ⑤②①④③ B. ⑤④①③② C. ③⑤①④② D. ⑤②④③① E. ⑤①③②④

9. "新药"一般指刚上市不久的药物，而"老药"则是指已经在市场存在很长时间的药物。自2011年起，德国开展了一项针对欧洲上市的216种新药物的研究。他们研究的数据表明只有1/4的药物超越了现有的治疗措施，带来了更显著的健康效益。而剩下3/4的药物只有微小效益，甚至没有效益。从而实验者宣称，患者应该根据自己的需求选择合适的药物，而不应该仅仅依靠"新旧"来做出判断。
   除了哪个选项之外，都可以支持实验者的论述？
   A. 一些改良换代的药物与老药相比，效果更好、不良反应更小、特异性更强。这是科学进步的结果。
   B. 有些新药，其实就是一些常用的老药，只是改换了药名、或改换了包装、或由国产变成了中外合资冠以"洋名"，其有效成分完全相同。
   C. 研发新药主要的目标是老药难以解决的病症，大多数普通的病症已经有很成熟的解决方案。
   D. 新药临床使用的时间并不长，使用者数量有限，潜在的不良反应有可能还没有被发现。
   E. "新药"不等于"科技创新"，很多新药物使用的还是多年以前的科研成果。

10. 一种密码只由数字 1、2、3、4、5 组成，这些数字由左至右写成，并且符合下列条件才能组成密码：
    (1) 密码最短为两个数字，可以重复。
    (2) 1 不能为首。
    (3) 如果在某一密码数字中有 2，则 2 就得出现两次或两次以上。
    (4) 3 不可为最后一个数字，也不可为倒数第二个数字。
    (5) 如果这个密码数字中有 1，那么一定有 4。
    (6) 除非这个密码数字中有 2，否则 5 不可能是最后一个数字。
    下列哪一个数字可以放在 2 与 5 后面形成一个由三个数字组成的密码？
    A. 1　　　　　B. 2　　　　　C. 3　　　　　D. 4　　　　　E. 5

11. 有一 5×5 的方阵，它所含的每个小方格中可填入一个汉字，已有部分汉字填入。现要求该方阵中的每行每列均含有"名""师""出""高""徒" 5 个汉字，不能重复也不能遗漏。
    根据上述要求，以下哪项是标示"？"空格中应填入的汉字？
    A. 名　　　　　B. 师　　　　　C. 出
    D. 高　　　　　E. 徒

	高	名		徒
			?	
师			徒	
				出
高	出			

12. 李娜心中的白马王子是高个子、相貌英俊的博士。她认识王威、吴刚、李强、刘大伟 4 位男士，其中有一位符合她所要求的全部条件。
    (1) 4 位男士中，有 3 个高个子，2 名博士，1 人长相英俊；
    (2) 王威和吴刚都是博士；
    (3) 刘大伟和李强身高相同；
    (4) 李强和王威并非都是高个子。
    请问谁符合李娜要求的全部条件？
    A. 刘大伟　　B. 李强　　C. 吴刚　　D. 王威　　E. 王威或刘大伟

13. 甲、乙、丙、丁四人争夺围棋比赛的前四名。赵、钱、孙、李对此分别做了预测。赵说："丁是第一名。"钱说："甲不是第一名并且乙不是第二名。"孙说："如果乙是第二名，那么丙不是第三名。"李说："如果甲不是第一名，那么乙是第二名。"最终结果表明，上述四人所做的预测中只有一个人的预测是对的。
    以下哪项可以从上述陈述中推出？
    A. 甲、乙、丙、丁的名次分别是第一、第二、第四、第三。
    B. 甲、乙、丙、丁的名次分别是第二、第一、第三、第四。
    C. 甲、乙、丙、丁的名次分别是第三、第二、第一、第四。
    D. 甲、乙、丙、丁的名次分别是第一、第二、第三、第四。
    E. 甲、乙、丙、丁的名次分别是第一、第三、第二、第四。

14. 任何不能回答病人问题的人都不能算是一个合格的医生。这正是我对自己的医生充满信心的原因，因为无论问题多么麻烦，她总是细心地回答我的每一个问题。
    上述论证中的推理错误也类似地出现在以下哪一项中？
    A. 没有一个脾气不好的而且意志力强的人会在商业上获得成功。张华是个意志力强的人，所以他不会在商业上获得成功。
    B. 任何从事两份或者两份以上工作的人都不能协调职业和家庭生活之间的平衡。孟非只有一份工作，所以他能够协调职业和家庭之间的平衡。
    C. 任何不支持这项提议的人都缺乏对议题的了解。赵丽反对这项提议，所以她缺乏对议题的了解。
    D. 任何在大家庭中长大的人都习惯于妥协。何东是一个习惯于妥协的人，所以他可能是在大家庭中长大的。
    E. 任何不诚实的人都或多或少地具有某些诚实的表现。陈真是一个不诚实的人，所以他的行为中很可能有一些诚实的情况。

15. 在报考研究生的应届考生中，除非学习成绩名列前三位，并且有两位教授推荐，否则不能成为免试推荐生。钱仁礼、赵义、孙智这三位考生都是应届生，都报考了研究生。
    以下哪项如果为真，说明上述规定没有得到贯彻？
    Ⅰ．钱仁礼学习成绩名列第一，并且有两位教授推荐，但未能成为免试推荐生。
    Ⅱ．赵义成为免试推荐生，但只有一位教授推荐。
    Ⅲ．孙智成为免试推荐生，但学习成绩不在前三名。
    A．只有Ⅰ。 B．只有Ⅰ和Ⅱ。 C．只有Ⅱ和Ⅲ。 D．Ⅰ、Ⅱ和Ⅲ。 E．以上都不是。

16. 某作家协会要为甲、乙、丙、丁、戊五人颁发诗歌、散文、童话、小说、科幻奖章，每人获得一枚，五人获得的奖章各不相同。已知：
    （1）甲获得的不是诗歌奖章就是散文奖章；
    （2）如果乙获得童话奖章，那么丁获得的一定不是小说奖章；
    （3）如果丙获得小说奖章，那么甲一定获得科幻奖章；
    （4）如果戊获得的不是科幻奖章，那么丁获得的一定是诗歌奖章；
    （5）除非丙获得小说奖章，否则乙获得的一定是童话奖章。
    根据以上信息，以下哪项一定为真？
    A．戊获得了科幻奖章。 B．丁获得了童话奖章。 C．乙获得了散文奖章。
    D．甲获得了诗歌奖章。 E．丙获得了科幻奖章。

17. 公共教育正在遭受社会管理过度这种疾病的侵袭。这种疾病剥夺了许多家长对孩子接受教育类型的控制权。父母们曾经拥有的这种权利被转移到专职教育人员那里了。而且这种病症随着学校集权化和官僚化而变得日趋严重。
    下面哪项如果正确，会削弱以上关于家长对孩子教育控制减弱这种观点？
    A．由于社会压力，越来越多的学校管理者听从了家长提出的建议。
    B．尽管过去十年里学生的数目减少了，但是专职教育人员的数目却大大增加了。
    C．游说更改学校课程设置的家长组织通常是白费力气。
    D．大多数学校理事会的成员是由学校管理者任命的，而不是公众选举的。
    E．在过去20年里，全国范围内统一使用的课程方案增加了。

18. 张教授：有的歌星一次出场费是诺贝尔奖金的数十倍甚至更高，这是不合理的。一般地说，诺贝尔奖得主对人类社会和历史的贡献，要远高于这样那样的明星。
    李研究员：你完全错了。歌星的酬金是一种商业回报，他的一次演出，可能为他的老板带来了上千万的利润。
    张教授：按照你的逻辑，诺贝尔基金就不应该设立。因为，例如，诺贝尔在生前不可能获益于杨振宁的理论发现。
    以下哪项最为恰当地概括了张教授和李研究员争论的焦点？
    A．诺贝尔奖得主是否应当比歌星有更高的个人收入？
    B．商业回报是否可以成为一种正当的个人收入？
    C．是否存在判别个人收入的合理性的标准？
    D．什么是判别个人收入合理性的标准？
    E．诺贝尔基金是否应当设立？

19. 小红装病逃学了一天，大明答应为她保密。事后，知道事情底细的老师对大明说，我和你一样，都认为违背承诺是一件不好的事；但是，人和人的交往，事实上默认一个承诺，这就是说真话，任何谎言都违背这一承诺。因此，如果小红确实装病逃学，那么，你即使已经承诺为她保密，也应该对我说实话。
    要使老师的话成立，以下哪项是必须假设的？
    A．说谎比违背承诺更有害。
    B．有时违背承诺并不是一件坏事。

C. 任何默认的承诺都比表达的承诺更重要。
D. 违背默认的承诺有时要比违背表达的承诺更不好。
E. 每一个人都不应该违背任何承诺。

20. 最近德国科学家发明了一种皮肤传感器,并找到了一种将其用于医疗目的的方法。这种传感器类似于"纹身墨水",可以植入人体皮肤并以纹身图案的方式体现在皮肤上,同时对人体没有明显的副作用和影响。科学家指出,这项发明可能会对那些经常需要采集血液样本的人,比如那些患有糖尿病或肾病的人提供非常大的便利。
以下哪个选项为真,最能支持上述科学家的论述?
A. "纹身墨水"可以像传统纹身一样,根据个人喜好纹在身体的各个位置。
B. "纹身墨水"提供的信息并不能直接作为医生诊断的依据。
C. "纹身墨水"除了医疗以外,还可以有很多其他的用途。
D. "纹身墨水"的有效期非常长,一般可以持续超过10年。
E. "纹身墨水"会根据人的血液pH值、血糖值和钠含量改变皮肤的颜色。

21. 有一块挂衣板上有6个小孔,同在一个平面上,从左至右用1~6编号。5个衣钩的颜色分别为黄、绿、红、白、蓝,需嵌入挂衣板的小孔内,一个衣钩嵌入一个孔内,只有一个孔不挂衣钩。衣钩必须按以下条件嵌入孔内:
① 绿衣钩必须离红衣钩近,离蓝衣钩远;
② 黄衣钩必须紧挨在蓝衣钩左边;
③ 白衣钩不能与蓝衣钩相邻;
④ 红衣钩不能嵌入1号孔内。
如果绿衣钩必须紧邻黄衣钩左边,那么下列哪种从左至右的安排可能是符合条件的?
A. 绿衣钩、红衣钩、黄衣钩、蓝衣钩、余孔、白衣钩。
B. 白衣钩、红衣钩、余孔、绿衣钩、黄衣钩、蓝衣钩。
C. 余孔、红衣钩、绿衣钩、黄衣钩、蓝衣钩、白衣钩。
D. 余孔、白衣钩、红衣钩、绿衣钩、黄衣钩、蓝衣钩。
E. 白衣钩、红衣钩、绿衣钩、余孔、黄衣钩、蓝衣钩。

22. 甲、乙、丙、丁、戊5个学校各派出1名学生代表参加区里组织的田径比赛。比赛的项目分为跳高、跳远、铅球三个田赛和400米、1500米两个径赛。每个学校在自己的操场举办一个比赛项目,并且自己不能参加自己学校组织的比赛项目。
(1) 甲、乙学校的代表参加的均不是径赛。
(2) 丁学校举办的是400米比赛。
(3) 如果丁学校的代表参加了1500米比赛,那么丙和乙的学校代表不能参加铅球项目。
(4) 丙学校的代表参加了跳远项目。
若上述论述均属实,能推出以下哪个选项一定为真?
A. 甲校代表参加的项目为铅球。　　　　B. 乙校代表参加的项目为铅球。
C. 甲校代表参加的项目为跳高。　　　　D. 乙校代表参加的项目为400米。
E. 戊校代表参加的项目为1500米。

23. 近年来,意大利面会导致肥胖已得到普遍共识,因此很多人在面对这种地中海饮食时,都抱有一种又爱又恨的纠结心情。然而,意大利地中海神经病学专家通过研究发现,意大利面非但不会导致肥胖,还可以起到相反的效果——降低体脂率。研究结果显示,如果人们能够适量摄入,并保证饮食多样性,意大利面对人们的身体健康大有裨益。
根据该项研究结果,最能得出以下哪项?
A. 如果人们适量摄入意大利面,但没保证饮食多样性,那么就不会对人们的身体健康大有裨益。
B. 如果意大利面对人们的身体健康大有裨益,那么就要适量摄入,同时保证饮食多样性。
C. 适量摄入,但没保证饮食多样性,否则意大利面不会对人们的身体健康大有裨益。

D. 只有适量摄入,并保证饮食多样性,意大利面才对人们的身体健康大有裨益。

E. 如果人们适量摄入意大利面,但却没有对人们的身体健康大有裨益,一定是没有保证饮食的多样性。

24~25题基于以下题干:

2018年12月,上海市长宁区程家桥街道42个小区全部实现生活垃圾定时定点分类投放,每天早晨7至9点、傍晚6点至8点半开放,由150名党员、楼组长等组成的志愿者队伍轮流执勤,指导居民分类投放。程家桥街道的王阿姨,虽然经过多期的垃圾分类培训,但是在今天扔垃圾的时候还是有以下甲、乙、丙、丁、戊、己、庚、辛共8种垃圾没能区分明白。王阿姨知道这8种垃圾之间:

(1) 丙和丁是同一类垃圾。

(2) 甲和己不是同一类垃圾。

(3) 庚和辛不是同一类垃圾。

(4) 如果己是干垃圾,那么乙必须也是干垃圾。

垃圾投放点的志愿者小王,看见王阿姨拿的这8样物品后说:"王阿姨你这是4个干垃圾,4个其他垃圾。"王阿姨瞬间对垃圾分类有了头绪。

24. 如果己是干垃圾,那么以下哪个物品一定是其他垃圾?
   A. 乙   B. 丙   C. 戊   D. 庚   E. 辛

25. 如果己和乙是不同种类的垃圾,那么以下哪两个物品一定也是不同的垃圾种类?
   A. 乙和戊   B. 丙和戊   C. 丁和己   D. 丁和庚   E. 丙和辛

26. "心率变异性"是指逐次心跳周期差异的变化情况,它含有大脑神经系统对心血管系统调节的信息。研究人员分析了130对主人与狗的心率变化情况。他们每隔10秒测量一次狗和主人的心率周期,据此判断狗和主人之间的关联。结果发现,当主人做不同事情,心理压力发生变化时,部分参与实验的狗与主人心率变异性解析数值趋同。研究还发现,被主人饲养时间越长,狗与主人的心率变化越容易同步。研究人员宣称,这一发现意味着狗和主人之间能发生"情绪传染"。

以下哪个选项最能够支持上述论述?

A. 智商越高的狗,越容易被主人的情绪所传染。

B. 当亲近的人有正面或者负面的情绪的时候,大多数人也会被该情绪所"传染"。

C. 除了心跳以外,饲养时间长的狗的用餐周期也跟主人的用餐周期很接近。

D. 雌性狗比雄性狗更容易和主人产生情绪关联。

E. 只有两者具有近似的情绪,才会发生心率变异性相似的情况。

27. 偏头痛一直被认为是由食物过敏引起的。但是,一项实验表明,偏头痛的患者在停止食用那些已经证明会不断引起过敏性偏头痛的食物三天后,他们的偏头痛并没有停止,因此,显然存在别的某种原因引起偏头痛。

下列哪项如果是真的,最能削弱上面的结论?

A. 许多普通食物只有在食用几天后才诱发偏头痛,因此,不容易观察患者的过敏反应与他们食用的食物之间的关系。

B. 许多不患偏头痛的人同样有食物过敏反应。

C. 许多患者说诱发偏头痛病的那些食物往往是他们最喜欢吃的食物。

D. 很少有食物过敏会引起像偏头痛那样严重的症状。

E. 许多偏头痛患者同时患有神经官能症,表现为易不安、多疑、无端自感不适等。

28. 在海滨度假地使用防鲨网保护游泳区免遭鲨鱼袭击的做法受到了环境保护主义者的批评,因为这种网每年都不必要地杀死数千只海洋动物。然而,最近环保主义者发现,在游泳区周围埋上一种电缆能使鲨鱼离开游泳区,这样既不伤害人也不伤害海洋生命。因此,通过安装这样的电缆,度假村将能够在留住游客的同时满足环保主义者的要求。

下列哪一项如果为真,能够最严重地削弱上述论证?

A. 许多海边度假村虽然从未见到过鲨鱼,现在也准备安装这种新电缆。

B. 尽管绝大多数人都声称害怕鲨鱼，有鲨鱼出没的度假地的游客也只是受到过轻微的伤害。

C. 绝大多数游客都不喜欢去游泳时看不到防鲨鱼保护设施的海滨旅游。

D. 埋电缆并不是环保主义者所称赞的唯一能够成功地驱赶鲨鱼而又不伤害它们的发明。

E. 由埋下的电缆产生的电流驱赶走了许多种类的鱼，但是在许多度假地很吸引游客的海洋哺乳动物例外。

29~30题基于以下题干：

某动物学家要在一块实验牧场中试养9种动物。这块实验牧场被分割成9块，大致如图。有公共边界的实验牧场被认为是相邻的，否则视为不相邻，例如：1、2两块实验牧场是相邻的，而1、5两块实验牧场是不相邻的。这9种动物包括绵羊、山羊、奶牛、牦牛、黄牛5类，分别是2种绵羊、2种山羊、2种奶牛、2种黄牛和1种牦牛。已知，有1种黄牛与其余4类动物均相邻。

1	2	3
4	5	6
7	8	9

29. 若要求除黄牛、牦牛外，同类的动物必须相邻饲养，且牦牛饲养在6号地块，则以下哪个地块是不可能饲养黄牛的？

    A. 1　　　　B. 2　　　　C. 3　　　　D. 5　　　　E. 9

30. 若要求同类的动物不可以相邻饲养，且2种黄牛均既与绵羊相邻，又与奶牛相邻，则以下哪项是一定为真的？

    A. 牦牛与至少一种绵羊相邻。　　　　　　　　B. 牦牛与至少一种奶牛相邻。
    C. 牦牛与至少一种山羊相邻。　　　　　　　　D. 2种山羊不与绵羊相邻。
    E. 2种山羊均不与牦牛相邻。

逻辑模拟试卷（五）

建议测试时间：55-60分钟　　实际测试时间（分钟）：_____　　得分：_____

本测试题共 30 小题，每小题 2 分，共 60 分，从下面每小题所列的 5 个备选答案中选取出一个，多选为错。

1. 自工业革命以来，人类大量焚烧化石燃料和毁林，排放的温室气体不断增加，导致了 20 世纪全球明显升温。如果要控制大气中温室气体浓度的长期增长，各国就要进行人为干预，或者从源头上限制化石能源的使用，减少温室气体排放；或者增加温室气体的排放，即通过植树造林把排放到大气中的温室气体重新吸收起来。

   如果上述断定都是真的，以下哪项也一定是真的？
   A. 如果从源头上限制化石能源的使用，就能避免全球明显升温。
   B. 如果通过植树造林增加温室气体的排放，就能避免全球明显升温。
   C. 如果各国既不从源头上限制化石能源的使用，又不增加温室气体的排放，就不能控制大气中温室气体浓度的长期增长。
   D. 如果各国从源头上限制化石能源的使用，或者通过植树造林增加温室气体的排放，就能控制大气中温室气体浓度的长期增长。
   E. 如果各国既从源头上限制化石能源的使用，又增加温室气体的排放，就能控制大气中温室气体浓度的长期增长。

2. 为了保证小学生每天一小时校园体育运动方案的落实，羊城市要求市内每个学校提交一项专题运动企划书，以下为部分学校的提交主题：

学校名称	运动主题	学校名称	运动主题	学校名称	运动主题
博雅	足球	里仁	羽毛球	龙翔	跳绳
三立	篮球	景新	武术	胡杨	跆拳道
闻道	乒乓球	立德	轮滑	翰辰	围棋
弘毅	羽毛球	胜蓝	篮球	圣哲	足球

   根据上述信息，以下哪项做出的论断最为准确？
   A. 由于所列学校并非羊城市的所有学校，所以上面所列的 9 类运动一定不是所有的运动类型。
   B. 由于所列学校是羊城市最好的 12 所学校，所以上面所列的 9 类运动一定是所有的运动类型。
   C. 由于所列学校提交的专题运动企划书可能涵盖所有的运动类型，所以上面所列的 9 类运动一定是所有的运动类型。
   D. 由于所列学校分别坐落于羊城市的各个地区，所以上面所列的 9 类运动一定是所有的运动类型。
   E. 由于所列学校提交的专题运动企划书不一定涵盖所有的运动类型，所以上面所列的 9 类运动可能不是所有的运动类型。

3. 《周易》有言："形而上者谓之道，形而下者谓之器。"哲学和自然科学具有不同的思维特征，哲学是在"问道"，自然科学旨在"求器"。辩证思维作为哲学思维的核心内容，旨在寻找万事万物背后的对立统一关系。因此，对于一个人的长远发展来说，学习辩证思维比学习自然科学更重要一些。

   以下哪项如果为真，最能支持上述论述？
   A. 面对具体的事情的时候，人们需要掌握一定的技能来应对日常的工作。
   B. 辩证思维需要长时间的体会领悟，比较难学，而自然科学相对容易学习。
   C. 对于一个人的发展来说，长期目标比短期目标更重要。
   D. 掌握辩证思维能够让人更加理性，只有在理性的方向指导下，具体做的事才有价值和意义。
   E. 哲学辩证思维的更新速度要比自然科学更新的速度慢很多。

4. 近日，一位光学权威专家提出了新的观点，认为孩子近视，有一个不可忽视的重要因素——婴儿学走路越来越早了。因为婴儿出生后视力发育尚不健全，他们都是些"目光短浅"的"近视眼"，而爬行可使其看清自己能看清的东西，这便有利于他们视力健康正常地发育。
   以下哪项最能支持上述论证？
   A. 爬行能降低婴儿因看不清东西而导致受伤的风险，而过早走路更容易碰伤。
   B. 通常父母中有一个高度近视者，其孩子会近视的可能性会比普通孩子大7倍。
   C. 孩子近视不佩戴眼镜会使视力越发下降。
   D. 过早地学走路，孩子因看不清眼前较远的景物，便会努力调整眼睛的屈光度和焦距来注视景物，反复则可损伤视力。
   E. 爬行时婴儿会调节身体全部骨骼群，帮助发育，而过早走路着重于腿部发育，负累过多影响孩子发育。

5~6题基于以下题干：
3名男士赵、钱、孙和3名女士甲、乙、丙，从周一至周六每人工作一天，没有两人在同一天一起工作的情况。每天的安排必须符合下列条件：
（1）丙工作在钱之后且中间隔两人。
（2）甲或赵在周三工作。
（3）如果乙在周六工作，则赵在周三工作；如果赵在周三工作，则乙在周六工作。
（4）若孙在周六工作，则乙在周一工作。

5. 若甲在乙后一天工作，则谁在孙前一天工作？
   A. 钱   B. 赵   C. 甲   D. 丙   E. 无法判断

6. 若甲在周四工作，下列哪一个一定正确？
   Ⅰ．3名男士连续工作3天。
   Ⅱ．3名女士连续工作3天。
   Ⅲ．赵在甲前一天工作。
   A. 只有Ⅰ。   B. 只有Ⅱ。   C. 只有Ⅲ。   D. Ⅰ、Ⅱ和Ⅲ。   E. 只有Ⅱ和Ⅲ。

7. 所有乐观的人都喜欢性格开朗而不喜欢性格忧郁的人。存在一些人，性格既谈不上开朗，也谈不上忧郁。甲是乐观的人；乙不是性格开朗的人；丙是性格开朗的人；丁不是性格忧郁的人。
   根据以上陈述，以下各项可能为真，除了哪项？
   A. 甲喜欢乙。   B. 甲不喜欢乙。   C. 甲不喜欢丙。
   D. 甲不喜欢丁。   E. 甲喜欢丁。

8. 小芳每天早上都会为上班的男朋友做早餐。小芳会做的早餐品种有肉末菜粥、元宝馄饨、鸡蛋灌饼、三明治、红枣核桃糕5种，但每天她只为男朋友做其中的一种。已知：
   ① 做肉末菜粥比较容易，一周做两次，两次在一周内相隔3天；
   ② 做鸡蛋灌饼的时间是在第一次做肉末菜粥的前一天或后一天，一周仅做一次；
   ③ 元宝馄饨也是一周仅做一次，但这次是在第二次做肉末菜粥之前的任何一天；
   ④ 三明治也仅做一次，时间与第一次做肉末菜粥那天在一周内相隔4天；
   ⑤ 有一次做红枣核桃糕的时间是在第一次做肉末菜粥之前。
   假定周一为一周的第一天，根据以上陈述，可以得出以下哪项？
   A. 周一做鸡蛋灌饼。   B. 周二做肉末菜粥。   C. 周四做元宝馄饨。
   D. 周日做红枣核桃糕。   E. 周六做三明治。

9. 如果你演讲时讲真话，那么富人会反对你。如果你演讲时讲假话，那么穷人会反对你。你演讲时或者讲真话，或者讲假话。所以，或者富人会反对你，或者穷人会反对你。
   以下哪项与上述推理的结构最为相似？
   A. 如果月球上有生物，则一定有空气。如果月球上有生物，则一定有水。月球上或者没有空气，或者没有水。所以，月球上没有生物。
   B. 如果对物体加压，则它的体积会变小。如果对物体降温，则它的体积会变小。或者对物体加压，或者对物体降温。所以，物体的体积会变小。

C. 如果天下雨，则地一定会湿。如果天不下雨，则地不一定会湿。或者天下雨或者天不下雨。所以，或者地一定会湿，或者地不一定会湿。

D. 如果刺激老虎，则老虎要吃人。如果不刺激老虎，则老虎也要吃人。或者刺激老虎，或者不刺激老虎。总之，老虎都要吃人。

E. 如果天晴，我们就出去玩。如果天下雨，我们就在屋里待着。或者天不晴，或者天不下雨。所以，或者我们不出去玩，或者我们不在屋里待着。

10. 某高校准备开展领导轮换交叉管理制度，这次的轮换备选人员有甲、乙、丙、丁、戊，调换的系别有物理系、化学系、管理系、数学系、汉语言系（五人均不是五个系曾经的领导），每个系有三位领导管理，每位领导至少管理两个系，并且甲和丁不会管理相同的系。已知：
(1) 若甲和乙至少一个去汉语言系，则甲和乙会都去管理系；
(2) 只有甲、丙、丁都去管理系，甲、丙、丁才至少有两人去化学系；
(3) 除非乙不去汉语言系，否则甲、丙、戊都会去数学系。
如果乙去汉语言系，可以得出以下哪项一定为真？
A. 如果甲去汉语言系，则丙去管理系。   B. 如果甲去汉语言系，则丙去化学系。
C. 如果丁去汉语言系，则甲去物理系。   D. 如果丙去化学系，则丁去汉语言系。
E. 如果甲去管理系，则丙去化学系。

11. 康和制药公司主任认为，卫生部要求开发的疫苗的开发费用该由政府资助。因为疫苗市场比任何其他药品公司市场利润都小。为支持上述主张，主任给出下列理由：疫苗的销量小，因为疫苗的使用是一个人一次，而治疗疾病尤其是慢性疾病的药物，对每位病人的使用是多次的。
下列哪项如果为真，将最严重的削弱该主任提出的针对疫苗市场的主张的理由？
A. 疫苗的使用对象比大多数其他药品的使用对象多。
B. 疫苗所预防的许多疾病都是可以由药物成功治愈的。
C. 药物公司偶尔销售既非医学药品也非疫苗的产品。
D. 除了康和制药公司外，其他制药公司也生产疫苗。
E. 疫苗的使用费不是由生产疫苗的制药公司承担的。

12. 迅达公司规定：只要某员工每周工作时间超过 50 小时，就能够获得每周的超勤奖；只有某员工每周工作时间超过 40 小时，才能获得每周的出勤奖。该公司一共有 17 名员工，在九月的最后一周，一共有 7 名员工本周工作时间超过 50 小时，而其余 10 名员工的工作时间都不足 40 小时。
根据以上数据，关于九月最后一周的迅达公司员工，以下哪项一定为真？
Ⅰ. 获得超勤奖的员工一定获得了出勤奖。
Ⅱ. 获得出勤奖的员工一定获得超勤奖。
Ⅲ. 获得超勤奖的员工不到员工总数的一半。
A. 仅Ⅰ。   B. 仅Ⅱ。   C. 仅Ⅲ。   D. Ⅱ和Ⅲ。   E. Ⅰ、Ⅱ和Ⅲ。

13. 甲、乙、丙三人判断 7 道是非题，按规定，如果认为"对"就画一个"√"；如果认为"错"就画一个"×"。甲、乙、丙三人答题情况如下表所示。回答结果发现，这三个人都判断对了 5 道题，判断错了 2 道题。

	1	2	3	4	5	6	7
甲	×	×	√	×	×	×	√
乙	√	×	×	×	×	√	×
丙	√	√	√	√	×	√	√

下面关于这 7 道是非题的正确答案说法正确的一项是？
A. 1、3题的答案为正确。   B. 2、5、6题的答案为错误。   C. 3、7的答案为错误。
D. 1、4、6的答案为正确。   E. 7的答案为错误。

14. 政府每年都公布对 S 海域鳕鱼储量的估计数值，这个数值是综合两个独立的调查数据得出的，一个是根据研究考察渔船每年一次的抽样捕捞量做出的；另一个是以上一年商用渔船单位捕捞量（在一千米长的范围撒网停留一小时所捕捞的鳕鱼量）的平均吨位数为基础而得出的。在过去的几十年中，这两项调查所得到的数据是非常近似的，而在最近 10 年中，基于商用渔船单位捕捞量的调查数据明显上升，而基于研究考察渔船抽样捕捞量的调查数据却明显下降。

以下哪项如果为真，最能解释上述两项调查数据差异的不断变化？

A. 商用渔船通常超额捕鱼，并且少报数量。
B. 现在每年动用的研究考察船要多于 10 年前的。
C. 过去的 10 年中，技术的进步使商用渔船能准确地发现大鱼群的位置。
D. 研究考察渔船只用 30 天的时间采集鳕鱼样本，而渔船则全年捕捞。
E. 由于以前过度捕捞，现在渔船很难捕到法律允许的最大捕捞量。

15~16 题基于以下题干：

北京某歌舞剧监制公司，新签约了 7 名专业舞台剧演员赵、钱、孙、李、周、吴、郑，准备排练两部新剧。为了平衡两部剧的人员，也为了让每个演员都专心投入一部剧的创作当中，这 7 名舞台剧演员被分组到 2 部舞台剧中：《明月几时有》，3 名成员；《基督山伯爵》，4 名成员。分组必须符合以下要求：

（1）赵和孙不能排练同一种舞台剧。
（2）如果钱在《明月几时有》，那么李必须在《明月几时有》。
（3）如果周在《明月几时有》，那么孙必须在《基督山伯爵》。
（4）吴必须在《基督山伯爵》。

15. 如果赵在《基督山伯爵》，那么以下哪位也一定在《基督山伯爵》？
A. 钱　　　　B. 孙　　　　C. 李　　　　D. 周　　　　E. 郑

16. 如果周和孙排练同一种舞台剧，那么以下除了哪项都可能在同一组？
A. 赵和钱　　B. 钱和郑　　C. 孙和郑　　D. 李和郑　　E. 李和赵

17. 甲：根据统计发现，成功的人往往都有比较坚韧的性格，抵抗打击能力较强。这说明做出成功的事情有助于帮助人们增强心灵的抗打击能力。

乙：你只看到了表象，恰恰是因为抵抗打击的能力强，帮助了这些人走向成功。

以下哪项与上述反驳方式最为相似？

A. 甲：你看那些无欲无求的人都生活得很开心。说明让自己的需求降低，可以增加对生活的满意程度。
乙：你只看到了表象。是无欲无求让身心放松、身体更健康，拥有健康的人生，当然对生活更满意。

B. 甲：吸烟酗酒的人患忧郁症的比例是那些不吸烟不酗酒的人的四倍。很显然，吸烟和酗酒会导致人们容易患上忧郁症。
乙：你只看到了表象。一般压力大倾向去吸烟酗酒，压力大的人自然也更容易患忧郁症。

C. 甲：你看事业成功的男士往往娶的老婆更漂亮。说明男士事业成功可以帮助自己获取美人的芳心。
乙：你只看到了表象。不少有能力的男人身边妻子的外貌也并不出众。不少美人身边的男人的事业也并非很成功。

D. 甲：参加马拉松运动的人通常比不参加马拉松运动的人身体更健康，因此，马拉松运动有助于增进健康。
乙：你只看到了表象。往往是因为身体好并且健康的人会倾向选择马拉松这种运动。

E. 甲：很多成功的人都运气很好。说明运气好可以帮助人们成功。
乙：你只看到了表象。部分人的成功确实是因为运气好，但是更多的人成功是靠自己的努力。

18. 志意修则骄富贵，道义重则轻王公；内省而外物轻矣。传曰："君子役物，小人役于物。"此之谓矣。身劳而心安，为之；利少而义多，为之；事乱而通，不如事穷而顺焉。故良农不为水旱不耕，良贾不为折阅不市，士君子不为贫穷怠乎道。

根据上述陈述，可以推出以下哪项？
A. 若志意不修，则不骄富贵。
B. 若重王公，则道义不重。
C. 事乱君不如事穷君。
D. 身劳而心安，则内省而外物轻矣。
E. 若役于物，则为小人。

19. 从2013年到2016年，新加坡香烟的消耗上升了3.4%，而咀嚼烟草的销量上升了18%，与此同时，新加坡的人口上升了5%。
如果上述陈述为真，则以下哪项结论可以适当地得出？
A. 新加坡烟草制造者2016年的利润比2013年要高。
B. 新加坡2016年平均每人消耗的香烟量比2013年低。
C. 在2013年到2016年之间，新加坡不抽烟的人的比率下降了。
D. 新加坡烟草制造者意识到香烟的利润低于咀嚼烟草。
E. 在2013年到2016年之间，很大比率的新加坡抽烟者从抽香烟转化成了咀嚼烟草者。

20. 电影院的售票处有6位观众在买票，他们分别是张华、李华、王华、赵华、李伟和王伟。已知：①王华既不排在队伍的前端也不排在队伍的末尾。②王伟不在队伍的最后面，在她和队伍末尾之间有两个人，位于队伍末尾的不是李伟。③赵华没有排在队伍的最前面，他前面和后面都至少各有两个人。④张华前面至少有4个人，但张华也不在队伍的最后面。
根据上述条件，李华排在第几位？
A. 第一。 B. 第二。 C. 第四。 D. 第五。 E. 第六。

21. 当一批受访者被问及他们所持的政治立场时，25%把自己归为保守派，24%把自己归为激进派，51%把自己归为中间派。但当涉及某个具体的政治问题时，77%的受访者所支持的观点被普遍认为代表了激进派的立场。
如果上述断定为真，以下哪项一定为真？
A. 大多数把自己归为中间派的受访者反对某个被认为代表了激进派立场的观点。
B. 所有把自己归为激进派的受访者不可能支持代表保守派或中间派立场的观点。
C. 某些把自己归为保守派的受访者支持某个被认为代表了激进派立场的观点。
D. 某些把自己归为激进派的受访者反对某个被认为代表了激进派立场的观点。
E. 某些受访者对被问及的上述政治问题不表示确定意见。

22~23题基于以下题干：
为全面抗击2020年新冠肺炎疫情，各小区业主委员会也做出了应有的贡献，为管理好城市治安，某小区安排6个人值班，他们分别是张珊、李思、孔睿、孟荀、韩瑾、孙珊。每人每3天值班一次，每天安排2人值班，一旦排班确定，就固定不变。人员安排还须满足以下条件：
（1）孟荀与韩瑾在同一天值班。
（2）如果孔睿在第一天值班，那么张珊在第二天值班。
（3）如果孙珊在第三天值班，那么李思在第二天值班。

22. 如果韩瑾在第二天值班，以下哪项可以为真？
A. 张珊在第一天值班。 B. 孔睿在第一天值班。 C. 李思在第二天值班。
D. 孙珊在第三天值班。 E. 孙珊在第二天值班。

23. 如果张珊和孔睿在同一天值班，以下哪项一定真？
A. 李思在第一天值班。 B. 孟荀在第一天值班。 C. 孔睿在第二天值班。
D. 孙珊不在第三天值班。 E. 孙珊在第三天值班。

24. 研究人员对75个胎儿进行了跟踪调查，他们中的60个偏好吸吮右手，15个偏好吸吮左手。在这些胎儿出生后成长到10到12岁时，研究人员发现，60个在胎儿阶段吸吮右手的孩子习惯用右手；而在15个吸吮左手的胎儿中，有10个仍旧习惯用左手，另外5个则变成"右撇子"。
以上陈述支持以下各结论，除了哪一项？
A. 大部分人是"右撇子"。
B. 大多数人的偏侧性在胎儿时期就形成了。

C. "左撇子"可能变成"右撇子",而"右撇子"很难变成"左撇子"。
D. 人的偏侧性随着年龄的增长不断改变。
E. 人的偏侧性可能不会随着年龄的增长而发生很大的改变。

25. 为了调查疫苗接种普及率,龙祥咨询公司的工作人员对豫市某些市辖区进行家庭疫苗接种意向调查,中正咨询公司的工作人员对鲁市所有市辖区都进行了家庭疫苗未接受原因调查。现在知道,刘耀文对豫市所有市辖区都进行了家庭疫苗接种意向调查,但没有到城关区进行家庭疫苗未接受原因调查;刘程鑫对安宁区进行了家庭疫苗未接受原因调查,但没有对豫市的所有市辖区进行家庭疫苗接种意向调查。
根据以上信息,可以得出以下哪项?
A. 如果刘耀文是中正咨询公司的工作人员,则城关区不是鲁市的。
B. 如果刘程鑫是中正咨询公司的工作人员,则安宁区不是豫市的。
C. 刘程鑫是中正咨询公司的工作人员。
D. 刘耀文是龙祥咨询公司的工作人员。
E. 安宁区和城关区不在同一个城市。

26. 如果你爬山,你就不会长寿。但是,除非你爬山,否则你会感到活得厌烦。所以,如果你长寿,你将会感到活得厌烦。
以下哪项中的推理与上述论证中的结构最相似?
A. 如果你不试着游泳,你就不能学会游泳。但是,如果你不会游泳,你在船上就不安全。所以,你一定要试着游泳。
B. 如果你不打高尔夫球,你在周末就会不愉快。但是,除非你周末放松,否则你下周就会感到很疲惫。所以,若要有一个愉快的周末,就必须通过打高尔夫球来放松。
C. 如果你为你的候选人工作,就不会提高你的吉他演奏技巧。但是,除非你为你的候选人工作,否则你就会忽视你的工作职责。所以,如果你提高了你的吉他演奏技巧,你就会忽视你的工作职责。
D. 如果你不训练,你就不会成为一个优秀的运动员。但是,除非你训练,否则你会易于感到疲劳。所以,如果你训练,你就不会易于感到疲劳。
E. 如果你花光了你的钱,你就不会变得富有。但是,除非你花光了所有的钱,否则你会饿肚子。所以,如果你变得富有,你就不会饿肚子。

27. 所有的娱乐节目都以取悦观众为目的,所有以取悦观众为目的行为都是商业行为,一切商业行为的背后都有相关产业利益驱动,但仍存在一些商业行为是以公益扶助为目的的。
如果以上陈述为真,以下哪项一定为真?
A. 有的以公益扶助为目的的行为是以取悦观众为目的的。
B. 有的有相关产业利益驱动的行为不是娱乐节目。
C. 有的商业行为不以取悦观众为目的。
D. 有的以公益扶助为目的的行为是受相关产业利益驱动的。
E. 有的以取悦观众为目的的行为不受相关产业利益驱动。

28. 下列动物如果只能归属为一种门类,并且满足以下条件:
(1) 如果动物 B 是鸟,那么动物 A 不是哺乳动物。
(2) 或者动物 C 是哺乳动物,或者动物 A 是哺乳动物。
(3) 如果动物 B 不是鸟,那么动物 D 不是鱼。
(4) 或者动物 D 是鱼,或者动物 E 不是昆虫。
以下哪项如果为真,可以得出"动物 C 是哺乳动物"的结论?
A. 动物 B 不是鸟。   B. 动物 A 是哺乳动物。   C. 动物 D 不是鱼。
D. 动物 E 是昆虫。   E. 动物 B 是昆虫。

29~30题基于以下题干:
有四位男生王勇、赵宇、杜杨、李伟和四位女生田蕊、刘冰、孙楠、何敏相约周末一起去北京经贸职业学院打网球,他们分别选择了与异性对决,并且选择了从左至右的1号、2号、3号、4号场地进行比赛，比赛结束之后，四个场地的比分分别是：6∶5、3∶2、4∶1、5∶4（比分顺序不确定）。已知：
(1) 赵宇和刘冰来自同一个城市，故选择在一组比赛。
(2) 何敏紧挨在孙楠右边的场地比赛。
(3) 王勇在 1 号场地比赛。
(4) 2 号场地和 3 号场地的比分互不相同；1 号场地和 4 号场地的比分也互不相同。
(5) 与李伟同组的人的比分均高于与田蕊同组的人的比分。
(6) 与杜杨同组的人的比分跟与田蕊同组的人的比分有相同的。
(7) 1 号场地比赛的两人的比分之和低于 3 号场地两人的比分之和，也低于 4 号场地两人的比分之和。

29. 根据上述信息，可知关于何敏的断定为真的是以下哪项？
    A. 所在组的比分是 3∶2。　　　　　　B. 和杜杨在一组比赛。
    C. 在 2 号场地比赛。　　　　　　　　D. 和王勇在一组比赛。
    E. 所在组的比分是 6∶5。

30. 根据上述信息，能得出以下哪项？
    A. 赵宇在 3 号场地比赛。　　　　　　B. 孙楠所在组的比分是 5∶4。
    C. 王勇的比分是最低的。　　　　　　D. 田蕊所在组的比分是 3∶2。
    E. 杜杨在 4 号场地比赛。

逻辑模拟试卷（六）

建议测试时间：50—55分钟　　实际测试时间（分钟）：_____　　得分：_____

本测试题共 30 小题，每小题 2 分，共 60 分，从下面每小题所列的 5 个备选答案中选取出一个，多选为错。

1. 就当前情况来看，我国目前基本依赖传统能源，我国政府大力支持研究机构的发展并且设立了专项基金帮助有需要的机构。在由基本依赖传统能源向逐步实现能源清洁化转变的过程中，可靠的技术支持是必不可少的条件。而各种研究机构的建立和发展是拥有可靠技术的重要前提。只有获得政府的政策和资金支持，研究机构的建立和发展才能得到保障。
    如果上述断定为真，则最能得出以下哪项？
    A. 只有我们有了可靠的技术，我们的科研机构才会迅速成长起来。
    B. 如果获得政府的政策和资金支持，研究机构的建立和发展就能得到保障。
    C. 只要获得政府的大力支持，我国就能由完全依赖传统能源向逐步实现能源清洁化转变。
    D. 如果没有可靠的技术支持，那么我们就不能要求政府提供政策和资金支持。
    E. 如果没有国家的政策和资金支持，那么我们不能向逐步实现能源清洁化转变。

2. 君子非小人。君子皆喻于义，小人皆喻于利。没有小人喻于义，但确有君子喻于利。
    如果上述断定为真，则以下哪项一定为假？
    A. 如果不喻于义，则不是君子。　　　　B. 如果喻于义，则是君子。
    C. 如果不喻于利，则不是小人。　　　　D. 如果喻于义，则不是小人。
    E. 如果喻于利，则不喻于义。

3. 壳牌石油公司连续三年在全球 500 家最大公司净利润总额排名中位列第一，其主要原因是该公司比其他公司有更多的国际业务。
    下列哪项如果为真，则最能支持上述说法？
    A. 与壳牌公司规模相当但国际业务少的石油公司的利润都比壳牌石油公司低。
    B. 历史上全球 500 家大公司的净利润冠军都是石油公司。
    C. 近三年来全球最大的 500 家公司都在努力走向国际化。
    D. 近三年来石油和成品油的价格都很稳定。
    E. 壳牌石油公司是英国和荷兰两国所共同拥有的。

4. 曙光智能、华业智能、祥瑞智能都在新宁市辖区。它们既是同一公司下的分公司，在市场上也是竞争对手。在市场需求的五种智能产品中，曙光智能擅长制造智能音箱、智能家居和智能穿戴。华业智能擅长制造智能家居、智能小电和智能大电；祥瑞智能擅长制造智能小电和智能大电。如果两个公司制造同样的产品，一方面是规模不经济，另一方面是会产生恶性内部竞争。如果一个公司制造三种产品，在人力和设备上也有问题。为了发挥好地区经济合作的优势，总公司召集三个分公司的领导对各自的生产产品作了协调，作出了满意的决策。
    以下哪项最可能是这几个公司的产品选择方案？
    A. 曙光智能制造智能音箱和智能大电，华业智能只制造智能家居。
    B. 曙光智能制造智能音箱和智能家居，华业智能制造智能小电和智能大电。
    C. 华业智能制造智能家居和智能小电，祥瑞智能只制造智能穿戴。
    D. 华业智能制造智能家居和智能大电，祥瑞智能制造智能小电和智能穿戴。
    E. 祥瑞智能制造智能小电和智能大电，华业智能只制造智能家居。

5. 尽管癌症目前仍然是不治之症，但是人们在癌症治疗技术方面的研究确实取得了很大进步。据统计，

· 35 ·

在20世纪50年代，癌症病人在病情被发现后经过治疗，60%的患者生活了至少5年。现在，这样的病人至少能生活7年。这个事实表明，由于医疗技术的提高，现在的癌症病人比20世纪50年代的病人在病情被发现之后生活的时间长些。

上述结论暗含着以下哪项假设？

A. 在20世纪50年代，仅有60%的癌症病人接受了治疗，而现在接受治疗的人的比例大大提高。

B. 与20世纪50年代相比，现在对于享受健康保险的人来说，更可能获得免费医疗。

C. 在癌症的发展阶段上，现在发现病情的时间平均来说不明显早于20世纪50年代。

D. 与20世纪50年代的内科医生相比，现在的内科医生预测癌症病人生活的时间要长些。

E. 现在癌症病人的人数与20世纪50年代的人数大致相当。

6. 为迎接友人，主人在饭店订了一桌酒席。主人要求：

(1) 如果有鸡，那么也要有鱼；

(2) 如果没有鲍鱼，那么必须有海参；

(3) 甲鱼汤和乌鸡汤不能都有；

(4) 如果没有鸡而有鲍鱼，则需要有甲鱼汤。

如果酒席中有乌鸡汤，则关于该酒席的搭配哪项为真？

A. 酒席中有鸡。　　　　　B. 酒席中有鲍鱼。　　　　　C. 酒席中没有鲍鱼。

D. 酒席中没有鱼和海参。　　E. 酒席中有鱼或海参。

7. 土豆线囊虫是土豆作物的一种害虫。这种线虫能在保护囊中休眠好几年，除了土豆根散发的化学物质之外，它不会出来。一个已确认了相关化学物质的公司正计划把这种化学物质投放市场，让农民把它喷洒在没有种土豆的地里，这样所有出来的线虫不久就会被饿死。

下面哪个如果正确，最能支持这个公司的计划获得成功？

A. 从囊中出来的线虫能被普通的杀虫剂杀死。

B. 线虫只吃土豆的根。

C. 一些通常存在于土豆根里的细菌能消化那些导致线虫从囊中出来的化学物质。

D. 试验显示，在土豆田里喷洒少量的化学物质可以使存在的9/10的线虫从囊中出来。

E. 能使线虫从囊中出来的化学物质并不是在土豆生长的所有时间都能被释放出来。

8~9题基于以下题干：

化验师仅在周一到周五的白天时间内工作。进行一项化验要花费化验师整个上午或整个下午的时间。一周之内这个化验师恰好进行8项化验：第1、第2、第3、第4、第5、第6、第7、第8项。该化验师在一周内的工作计划如下：

(1) 该化验师在周五的上午不工作。

(2) 该化验师在周三的下午不工作。

(3) 他在周二的上午化验第4项。

(4) 他在周四的上午化验第7项。

(5) 他在化验第6项之前以及第8项之后化验第4项。

(6) 第2、第5和第8项是在下午化验的。

8. 若该化验师在某一个上午化验了第6项，且化验第2项在第7项之前，那么最多有几项的化验时间不能确定？

A. 1　　　　　B. 2　　　　　C. 3　　　　　D. 4　　　　　E. 5

9. 若一周内该化验师在化验第3项之前化验第1项，则下面哪一项陈述一定错误？

A. 该化验师在周二下午化验第1项。　　　B. 该化验师在周四下午化验第2项。

C. 该化验师在周三上午化验第3项。　　　D. 该化验师在周四下午化验第5项。

E. 该化验师在周五下午化验第6项。

10. 软饮料制造商：我们的新型儿童饮料力派克增加了钙的含量。由于钙对形成健康的骨骼非常重要，所以经常饮用力派克会使孩子更健康。

消费者代表：但力派克中同时含有大量的糖分，经常饮用大量的糖是不利于健康的，尤其是对孩子。

在对软饮料制造商的回应中，消费者代表做了下列哪一项反驳？

A. 对制造商宣称的钙元素在儿童饮料中的营养价值提出质疑。

B. 争论说如果制造商对所引用的证据加以正确的思考，会得出完全相反的结论。

C. 暗示制造商对该产品的营养价值毫不关心。

D. 怀疑某种物质是否在适度食用时有利于健康，而过度食用时则对健康有害。

E. 举出其他事实以向制造商所得的结论提出质疑。

11. 一项调查显示，百岁老人中，相当大比例都抽烟、喝酒、吃肥肉并且缺少运动，事实证明，这些都属于不利健康长寿的生活方式。因此，生活方式只在一定的年龄区间影响人的寿命，超过某个年龄段，对人的寿命起决定性影响的不是生活方式，而是遗传因素。

以下哪项如果为真，最能加强上述论证？

A. 百岁老人中，属于独生子女的只占很小的比例。

B. 百岁老人，比其他年龄段的老人受到社会更多的帮助，包括有更好的医护条件。

C. 百岁老人中，相当大比例都有兄弟姐妹健在。

D. 有抽烟、喝酒等不健康生活方式的百岁老人中，相当大比例都有兄弟姐妹健在。

E. 对人类寿命威胁最大的几类疾病，例如癌症、心脑血管病都有一定的遗传性。

12. 某省妇女儿童占全省总人口的2/3。如果妇女是指所有女性人口，儿童是指所有非成年人口，并且对任一年龄段，该省男女人口数量持平，则上述断定能推出以下哪项结论？

A. 该省男性成年人口和儿童人口持平。　　B. 该省男性成年人口多于儿童人口。

C. 该省男性成年人口少于儿童人口。　　　D. 该省女性成年人口和男性儿童人口持平。

E. 该省男性成年人口和女性儿童人口持平。

13. 众所周知，西医利用现代科学技术手段可以解决很多中医无法解决的病症，而中医依靠对人体经络和气血的特殊理解也治愈了很多令西医束手无策的难题。据此，针对某些复杂疾病，很多人认为中西医结合的治疗方法是有必要的。

为使上述论证能够成立，必须假设的前提是以下哪一项？

A. 针对这些疾病的中医和西医的治疗方法可以相互结合，扬长避短。

B. 这些疾病单独用中医疗法或者单独用西医疗法并不能有效治疗。

C. 针对这些疾病，医疗界已经掌握了中西医结合的治疗方法。

D. 针对这些疾病，医学界已经尝试了中西医结合的治疗方法，并取得了良好的效果。

E. 对于慢性病来说，应该还是中医治疗比较好。

14. 最近关于电视卫星发射和运营中发生的大量事故导致相应地向承担卫星保险的公司提出索赔的案例大幅增加。结果保险费大幅上升，使得发射和运营卫星的成本更加昂贵。反过来，这又增加了目前仍在运行的卫星上更多工作负荷的压力。

以下哪一项如果是正确的，同以上信息结合在一起，能最好地支持"电视卫星成本将继续增加"这个结论？

A. 由于向卫星提供的保险金由为数很少的保险公司承担，保险费必须非常高。

B. 若卫星达到轨道后无法工作，通常来说不可能很有把握地指出它无法工作的原因。

C. 要求安装在卫星上的功能越大，卫星就越有可能出现故障。

D. 大多数卫星生产的数量很少，因此不可能实现规模经济。

E. 由于很多卫星是由庞大的国际财团建造的，无效率是不可避免的。

15. 夫子：知者不惑，仁者不忧。

学生：我反对。不知者惑，不仁者忧。

以下哪项与上述论证结构最为相似？

A. 夫子：不愤不启，不悱不发。
   学生：我反对。启则愤，发则悱。

B. 夫子：玉不琢，不成器；人不学，不知道。
   学生：我反对。成器，则玉琢；知道，则人学。

C. 夫子：邦有道，贫且贱焉；邦无道，富且贵焉。
   学生：我反对。邦有道，富且贵焉；邦无道，贫且贱焉。

D. 夫子：食者不语，寝者不言。
   学生：我反对。不食者语，不寝者言。

E. 夫子：仁者乐山，智者乐水。
   学生：我反对。仁者不乐山，智者不乐水。

16. 理想的科学理论必须满足：第一，它能基于一个足够简单的理论模型，准确地解释一大类观察事实，这个模型简单到只包含为数不多的几个理论元素；第二，它包含对未知事实的确定预测。只有理想的科学理论才同时满足两个条件。例如，亚里士多德的宇宙哲学断定，万物都由4种元素组成：土、气、火和水，这满足第一个条件，但是未做出任何确定的预测。因此，亚里士多德的宇宙哲学至少不是一个理想的科学理论。

    如果上述断定为真，则以下各项都一定为真，除了？

    A. 理想的科学理论的模型一定是简单的。
    B. 理想的科学理论一定包含对未知事实的确定预测。
    C. 一个不够理想的科学理论如果包含对未知事实的确定预测，则它的理论模型一定不够简单。
    D. 如果一个科学理论不理想，则这一理论或者未包含对未知事实的确定预测，或者理论模型一定不够简单。
    E. 如果一个科学理论不理想，则这一理论的模型一定不够简单，并且未包含对未知事实的确定预测。

17. 秦始皇陵位于陕西省西安市以东35公里的临潼区境内，是秦始皇于公元前246年至公元前208年修建的，也是中国历史上第一个皇帝陵园。20世纪70年代中期长沙马王堆汉墓"女尸"的发现震惊中外，其尸骨保存之完好举世罕见。由此，有人推测秦始皇的遗体也会完好地保存下来。

    对于下列三条陈述和以上推测的论证关系，哪一项评价是正确的？

    Ⅰ．长沙马王堆汉墓的修建日期距秦代不足百年。
    Ⅱ．秦始皇死于盛夏出巡途中，尸骨经长途颠簸运回咸阳，由死到下葬间隔近两个月。
    Ⅲ．秦陵地宫"令匠作机弩矢，有所穿进者辄射之"，至今没有发现被盗痕迹。

    A. Ⅰ支持，Ⅱ、Ⅲ质疑。　　B. Ⅰ支持，Ⅱ质疑，Ⅲ无关。　　C. Ⅰ、Ⅱ、Ⅲ均质疑。
    D. Ⅰ、Ⅲ支持，Ⅱ质疑。　　E. Ⅰ质疑，Ⅱ、Ⅲ无关。

18. 语言不能生产物质财富，如果语言能够生产物质财富，那么夸夸其谈的人就会成为世界上最富有的人。

    下面哪项论证在方式上与上述论证最类似？

    A. 人在自己的生活中不能不尊重规律，如果违背规律，就会受到规律的无情惩罚。
    B. 加强税法宣传十分重要，这样做可以普及税法知识，增加人们的纳税意识，增加国家财政收入。
    C. 有些近体诗是要求对仗的，因为有些近体诗是律诗，而所有律诗都要求对仗。
    D. 风水先生惯说空，指南指北指西东，倘若真有龙虎地，何不当年葬乃翁。
    E. 金属都具有导电的性质，因为，我们研究了金、银、铜、铁、铅这些金属，发现它们都能导电。

19. 某公司一项对员工工作效率的调查测试显示，办公室中白领人员的平均工作效率和室内气温有直接关系。夏季，当气温高于30℃时，无法达到完成最低工作指标的平均效率；而在此温度线之下，气温越低，平均效率越高，只要不低于22℃。冬季，当气温低于5℃时，无法达到完成最低工作指标的平均效率；而在此温度线之上，气温越高，平均效率越高，只要不高于15℃。另外，调查测试显示，车间中蓝领工人的平均工作效率和车间中的气温没有直接关系,只要气温不低于5℃,不高于30℃。从上述断定推出以下哪项结论最为恰当?

A. 在车间所安装的空调设备是一种浪费。
B. 在车间中,如果气温低于5℃,则气温越低,工作效率越低。
C. 在春秋两季,办公室白领人员的工作效率最高时的室内气温在15~22℃之间。
D. 在夏季,办公室白领人员在室内气温32℃时的平均工作效率,低于在气温31℃时。
E. 在冬季,当室内气温为15℃时,办公室白领人员的平均工作效率最高。

20. 我国多数软件开发工作者的"版权意识"十分淡漠,不懂得通过版权来保护自己的合法权益。最近对500多位软件开发者的调查表明,在制定开发计划时也同时制定了版权申请计划的仅占20%。
以下哪项如果为真,最能削弱上述结论?

A. 制定了版权申请计划并不代表有很强的"版权意识",是否有"版权意识"要看实践。
B. 有许多软件开发者事先没有制定版权申请计划,但在软件完成后申请了版权。
C. 有些软件开发者不知道应该到什么地方去申请版权。有些版权受理机构服务态度也不怎么样。
D. 版权意识的培养需要有一个好的法制环境。人们既要保护自己的版权,也要尊重他人的版权。
E. 在被调查的500多名软件开发者以外还有上万名计算机软件开发者,他们的"版权意识"如何,有待进一步调查。

21. 在昨天的议会选举中,保守派候选人获得了大多数选民的支持,而且投票赞成反污染法案的候选人也获得了大多数选民的支持,所以,在昨天的选举中,大多数选民肯定支持了投票赞成反污染法案的保守派候选人。
以下哪一项中的推理错误与上述论证中的最相似?

A. B认为土壤太湿的时候耕种会破坏土壤,S认为在湿地中播种会使种子腐烂,那么,如果他俩说的对,在土壤湿时耕地播种的人会破坏他们的土壤和种子。
B. S说大多数孩子喜欢馅饼,R说大多数孩子喜欢果浆,如果他们说的都对,大多数孩子肯定喜欢有果浆的馅饼。
C. 只有今天不下雨,M才会去参加野餐,而只有M去参加野餐,S才会去参加,由于今天没有下雨,M和S都会去参加野餐。
D. 经常去这家饭店吃饭的多数顾客总会点鱼和蘑菇,所以,鱼和蘑菇肯定是这家饭店最常被点的菜。
E. 大多住在G地的人都是烹调好手,由于大多数住在G地的人都喜欢美食,所以,G地的多数饭菜肯定可口。

22. 在英语四级考试中,陈文的分数比朱利低,但是比李强的分数高;宋颖的分数比朱利和李强的分数低;王平的分数比宋颖的高,但是比朱利的低。
如果以上陈述为真,根据下列哪项能够推出张明的分数比陈文的分数低?

A. 陈文的分数和王平的分数一样高。　　B. 王平的分数和张明的分数一样高。
C. 张明的分数比宋颖的高,但比王平的低。　D. 张明的分数比朱利的分数低。
E. 王平的分数比张明的高,但比李强的分数低。

23. 知识共享是指企业内部员工通过彼此之间相互交流知识,使得知识由个人的经验扩散到整个组织的层面。
根据上述定义,以下属于知识共享的是?

A. 某工程建设企业通过猎头公司聘请了一位既有专业的工程知识,又有丰富工作经验的首席工程师,不仅提升了企业的工作效率,也激发了其他员工的学习热情,多人报名工程专业资格证的考试。
B. 某图书馆与当地职教中心经常联合举办以"读书伴我成长"为主题的阅读分享交流会,近百名学生通过交流分享了读书带给自己的改变,推荐了优秀图书,营造了"书香满校园"的氛围。
C. 某通信技术公司设有专职岗位,负责收集行业新技术的发展形势,研发工具的使用技巧以及竞争对手的变动等信息,并发布在信息技术知识分享平台上供全体员工使用。

D. 某公司销售部每次签订超过10万元的订单后都会举行部门会议，先由未参与的人员表达自己会采取的销售策略，再由参与销售的人员讲述销售过程中的签单技巧。

E. 某手机厂商通过系统开源，使其开发的A系统可以为各大手机厂商使用，经过各大手机厂商的不断钻研和改进，A系统越发的流畅和人性化。

24. 仿制药物和拥有商标的原创药物在活性成分上既相同又等量，因为仿制药物就是用以替代原创药物的。但是，仿制药物有时候在服用效果上，和原创药物相比，又存在着一些重要的不同。
   下面哪一项如果为真，最有助于解决上文中所体现出来的矛盾？
   A. 当原创药物的专利到期后，中国法律允许在不进一步研究该药物活性成分功效的情况下生产该药的仿制药物。
   B. 因为一些医生对仿制药物的剂量不熟悉，因此他们只开原创药物的处方。
   C. 药物中没有活性的成分和填充物能够影响药物有效成分被吸收的速率和在血液中的分布情况，仿制药物和原创药物在填充物和没有活性的成分上有很大的不同。
   D. 由于仿制药物的生产者无须为该药物的研发付费，因此其产品能够以较低的价格出售。
   E. 和年轻人的身体相比，经常使用原创药物的老年人对药物剂量的微小改变发生的反应会更明显。

25. 不同的读者在阅读时，会对文章进行不同的加工编码，一种是浏览，从文章中收集观点和信息，使知识作为独立的单元输入大脑，称为线性策略；一种是做笔记，在阅读时会构建一个层次清晰的架构，就像用信息积木搭建了一个"金字塔"，称为结构策略。做笔记能够对文章的主要内容进行标注，因此与单纯的浏览相比，做笔记能够取得更优的阅读效果。
   以下哪项如果为真，最能支持上述论证？
   A. 做笔记需要耗费时间，会大大延长阅读的时间。
   B. 用浏览的方式进行阅读属于知识加工的线性策略。
   C. 做笔记涉及到了更加复杂的认知加工过程。
   D. 与线性策略相比，结构策略能够让学习提升速度。
   E. 阅读效果的好坏取决于能否在阅读时抓住要点。

26~27题基于以下题干：
   美佳、新月、海奇三家商店在美食一条街毗邻而立。已知，三家店中两家销售茶叶，两家销售水果，两家销售糕点，两家销售调味品；每家都销售上述4类商品中的2~3种。另外，还知道：
   （1）如果美佳销售水果，则海奇也销售水果；
   （2）如果海奇销售水果，则它也销售糕点；
   （3）如果美佳销售糕点，则新月也销售糕点。

26. 根据以上信息，可以得出以下哪项？
   A. 美佳不销售糕点。 B. 新月销售水果。 C. 海奇销售调味品。
   D. 美佳销售茶叶。 E. 新月不销售糕点。

27. 如果美佳不销售调味品，则可以得出以下哪项？
   A. 海奇不销售水果。 B. 新月销售水果。 C. 美佳不销售水果。
   D. 海奇销售茶叶。 E. 新月销售茶叶。

28. 某厂新开发的"哈哈乐"牌饮料中含有一些对人体有益的微量元素，已知钠和铁至少有一种，同时还通过调查发现：
   (1) 如果有铁，就必须有锌。
   (2) 锌、钠至多只能有一种。
   (3) 若有钠，就必须有镁。
   (4) 有镁，就必须有锌。
   如果以上为真，该饮料中一定包含以下哪两种微量元素？
   A. 钠和锌。 B. 铁和锌。 C. 镁和铁。 D. 锌和镁。 E. 铁和钠。

29~30 题基于以下题干：

著名的"数寄屋桥次郎"寿司店决定在一周七天（周一到周日）中每天上午、下午分别出售一款特价寿司。其中有 5 种军舰卷，3 种箱寿卷，3 种稻荷卷，2 种江户卷，1 种五目散卷。已知：

(1) 除了周四全天售卖军舰卷以外，其余六天中，每天上午、下午售卖的特价寿司都不是同一类寿司。
(2) 周日出售五目散卷。
(3) 军舰卷和稻荷卷没有在同一天特价出售。
(4) 箱寿卷和江户卷没有在同一天特价出售。

29. 根据以上信息，以下哪两款寿司不可能在同一天特价出售？
    A. 五目散卷和箱寿卷。　　　B. 军舰卷和箱寿卷。　　　C. 稻荷卷和江户卷。
    D. 稻荷卷和箱寿卷。　　　　E. 军舰卷和江户卷。

30. 据上述信息，如果同类型的寿司在一周七天中每天连续特价出售，那么周六可以特价出售的寿司是哪种？
    A. 军舰卷和箱寿卷。　　　　B. 稻荷卷和箱寿卷。　　　C. 军舰卷和江户卷。
    D. 军舰卷和稻荷卷。　　　　E. 箱寿卷和江户卷。

逻辑模拟试卷（七）

建议测试时间：50-55 分钟　　实际测试时间（分钟）：_____　　得分：_____

本测试题共 30 小题，每小题 2 分，共 60 分，从下面每小题所列的 5 个备选答案中选取出一个，多选为错。

1. 经济运行有其自身规律。只有充分尊重经济规律，才能适应生产力的发展要求；如果没有发挥市场作用或者没有扫除人为障碍，则无法实现贸易畅通；而适应生产力的发展要求是发挥市场作用的必备条件。

   根据以上概述，可以得出以下哪项？
   A. 如果实现贸易畅通，则说明充分尊重了经济规律。
   B. 如果没有扫除人为障碍，则不能适应生产力的发展要求。
   C. 只要充分尊重经济规律，就可以适应生产力发展要求。
   D. 实现贸易畅通是充分尊重经济规律的必要条件。
   E. 如果适应生产力发展要求，则说明充分尊重了政治发展规律。

2. 从 2020 年开始，"姐姐"就成了很热门的词，一大波聚焦女性的节目让人见识到了综艺世界里的"她力量"。实际上，在商业世界中，"她力量"同样不容忽视。如果一家上市公司的董事会由一半以上的女性构成，那么该上市公司在决策过程中就会保持理性。如果该上市公司在决策过程中保持理性，那么其股价就会保持稳定。

   根据上述信息，可以得到以下哪项？
   A. 若一家上市公司的董事会由一半以上的女性构成，则该公司的股价就会大幅上涨。
   B. 若一家上市公司的董事会由一半以上的女性构成，则该公司的股价就会不断衰减。
   C. 若某上市公司的股价不断衰减，则说明该公司的董事会是由一半以上的女性构成。
   D. 若某上市公司的股价不断衰减，则说明该公司的董事会不是由一半以上的女性构成。
   E. 若某上司公司的股价保持稳定，则说明该公司的董事会是由一半以上的女性构成。

3. 有一个国家的研究人员曾在环境暴露室中的两间实验室里做过下面的一个实验：将大气中被污染的空气放入一间实验室里，而在另一间的入气孔上装上活性炭过滤器等清除污染物的装置，使送入的空气变为洁净的空气。两间实验室中其他与植物生长有关的其他条件完全相同。在两间实验室里，分别栽上同样的白杨十五株。四个月之后，在空气洁净的实验室里，叶数平均为七十一片，而在污染室中，平均仅为二十六片。而且，前者在九月上旬叶子还在继续生长，而后者在八月初即开始落叶。这清楚表明：白杨树提早落叶的原因是大气污染。

   以下哪个论证与题干的论证最类似？
   A. 同一品牌的化妆品价格越高卖得越火。由此可见，消费者喜欢价格高的化妆品。
   B. 将一群十岁的儿童按其认知能力均等划分为两组，其中一半作为实验组，食用了大量的味精，而另一半作为对照组没有吃这种味精。结果，实验组的认知能力比对照组差得多。可以得出结论：这一不利的结果是由于食用这种味精造成的。
   C. 警察锁定了犯罪嫌疑人，但是从目前掌握的事实看，都不足以证明他犯罪。专家组由此得出结论，必然有一种未知的因素潜藏在犯罪嫌疑人身后。
   D. 同学们通过对此次获得省级三好学生的张丽、刘月、李明的分析，发现品德端正、学习成绩优秀是省级三好学生的共同特征。
   E. 要是冬天去 A 市，室外温度会很低；要是其他季节去，室外温度会很高。因此，张华去 A 市的时候室外温度一定不会宜人。

4. 已知有 6 个球，3 个是木球，3 个是皮球。其中，5 个球沾有红色颜料，4 个球沾有蓝色颜料。则下列说法中，有可能正确的一项是？

A. 两个皮球沾有蓝色颜料但都没有沾红色颜料。
B. 三个沾有红色颜料的木球都没有沾蓝色颜料。
C. 两个木球沾有红色颜料但都没有沾蓝色颜料。
D. 三个沾有蓝色颜料的木球中只有一个沾有红色颜料。
E. 只有一个球同时沾有红色颜料和蓝色颜料。

5. 张教授：每年数以百计的交通事故都归因于我市街道条件太差，因此必须维修道路以挽救生命。
   李研究员：城市可用少于维修街道的花费来改进其众多运输系统，从而大大减少交通拥挤，这对避免交通事故大有裨益。城市负担不起同时进行两项改善，因此它应该改进众多运输系统，因为减少交通拥挤还有其他好处。
   下列哪项最好地描述了张教授和李研究员争论的焦点？
   A. 某一问题实际上是否存在。 B. 某一问题怎样出现。
   C. 谁负责处理某一问题。 D. 该城市是否有足够的财力来处理某一问题。
   E. 城市如何能够最佳地处理好某一问题。

6. 正是因为有了充足的奶制品作为食物来源，生活在呼伦贝尔大草原的牧民才能摄入足够的钙质。很明显，这种足够的钙质，对于呼伦贝尔大草原的牧民拥有健壮的体魄是必不可少的。
   以下哪种情况如果存在，最能削弱以上的断定？
   A. 有的呼伦贝尔大草原的牧民从食物中能摄入足够的钙质，且有健壮的体魄。
   B. 有的呼伦贝尔大草原的牧民不具有健壮的体魄，但从食物中摄入的钙质并不缺少。
   C. 有的呼伦贝尔大草原的牧民不具有健壮的体魄，他们从食物中不能摄入足够的钙质。
   D. 有的呼伦贝尔大草原的牧民有健壮的体魄，但没有充足的奶制品作为食物来源。
   E. 有的呼伦贝尔大草原的牧民没有健壮的体魄，但有充足的奶制品作为食物来源。

7. 调查显示，79.8%的糖尿病患者对血糖监测的重要性认识不足，即使在进行血糖监测的患者中仍然有62.2%的人对血糖监测的时间和频率缺乏正确的认识，73.6%的患者不了解血糖控制的目标，这组数据足以表明目前我国血糖监测应用现状不尽如人意。有专家表示，近八成的糖尿病患者不重视血糖监测，这说明大部分患者还不知道应该如何管理糖尿病。
   以下哪项如果为真，最能支持上述专家的观点？
   A. 如果不测血糖，就不知道自身血糖水平是高还是低，从而使饮食、锻炼、治疗方面的努力都会变得徒劳。
   B. 血糖监测是糖尿病综合治疗中的重要环节。
   C. 除非重视血糖监测，否则不能对糖尿病进行科学有效的管理。
   D. 除非不重视血糖监测，否则能对糖尿病进行科学有效的管理。
   E. 血糖监测是控制糖尿病的基础。

8. 人们经常使用微波炉给食品加热。有人认为，微波炉加热时食物的分子结构发生了改变，产生了人体不能识别的分子。这些奇怪的新分子是人体不能接受的，有些还具有毒性，甚至可能致癌。因此，经常吃微波食品的人或动物，体内会发生严重的生理变化，从而造成严重的健康问题。
   以下哪项最能质疑上述观点？
   A. 微波加热不会比其他烹调方式导致更多的营养流失。
   B. 我国微波炉生产标准与国际标准、欧盟标准一致。
   C. 发达国家使用微波炉也很普遍。
   D. 微波只是加热食物中的水分子，食品并未发生化学变化。
   E. 自 1947 年发明微波炉以来，还没有因微波炉食品导致癌变的报告。

9. 当专利是从政府资助的大学研究中产生时，最近一项新的法律文件规定把专利的所有权，也就是制造和出售一项发明的专有权利给予了大学，而不是政府。北清大学的行政人员计划把他们取得的所有专利出售给公司以资助改善本科生教学的计划。
   以下哪项如果正确，最能对上述大学行政人员计划的可行性提出质疑？

A. 对开发以大学特有的专利为基础的产品感兴趣的营利性公司可能企图成为正在进行的大学研究计划的唯一赞助人。

B. 大学研究设备的赞助人在新的税收政策下可以获得税收优惠。

C. 北清大学从事研究的科学家们有很少或没有教学任务，并且如果有也很少参与他们领域中的本科生计划。

D. 在北清大学进行的政府资助的研究很大程度上重复了已经被一些营利性公司完成的研究。

E. 北清大学不可能吸引资助它的科学研究的公司。

10. 赵小亮、钱小华、孙小东、李小峰四位同学都渴望在接下来的高考中取得好成绩，四个人兴高采烈地奔赴北京大学参观，提前感受校园环境。最近的地铁站是北京大学东门站，四个人同时从 2 号线出发，乘车基于以下情况：

   (1) 各条地铁线每一站运行加停靠所需时间均彼此相同。
   (2) 换乘一次的时间相当于地铁运行一站加停靠的时间。
   (3) 如果赶上早高峰，赵小亮就坐 4 站，然后换乘 4 号线坐 5 站到北京大学东门站。
   (4) 除非赶上晚高峰，否则钱小华就坐 3 站，然后换乘 10 号线坐 6 站后，再换乘 4 号线坐 2 站到北京大学东门站。
   (5) 只要没赶上早高峰，孙小东就坐 1 站，然后换乘 6 号线坐 3 站后，再换乘 9 号线坐 1 站后，再换乘 4 号线坐 5 站后到北京大学东门站。
   (6) 只有赶上晚高峰，李小峰才坐 2 站，然后换乘 13 号线坐 2 站后，再换乘 10 号线坐 3 站后，再换乘 4 号线坐 2 站后到达北京大学东门站。

   如果四个人都是选择非早晚高峰时间出行，并且四个人步行时间均相同，则以下哪项最不可能发生？

   A. 赵小亮比钱小华先到北京大学。 B. 钱小华比孙小东晚到北京大学。
   C. 钱小华比李小峰晚到北京大学。 D. 赵小亮比李小峰先到北京大学。
   E. 孙小东比赵小亮先到北京大学。

11. 在 20 世纪 80 年代，数十亿枚电池被扔到垃圾坑中，人们越来越担心在电池腐蚀时，其中的有毒金属会渗入地下水中并将其污染。然而，这种担心是没有根据的，因为对 20 世纪 50 年代曾经用过而后关闭的大垃圾坑附近的地下水的研究表明，这种污染即使有也是微不足道的。

    如果以下哪项为真，最严重地削弱了上述论证？

    A. 与 20 世纪 80 年代典型的垃圾坑相比，20 世纪 50 年代典型垃圾坑中含有的电池数量可以忽略不计。
    B. 20 世纪 50 年代的电池中有毒金属的含量比 20 世纪 80 年代的含量高。
    C. 与 20 世纪 80 年代相比，在 20 世纪 50 年代被倒进垃圾坑中的焚化垃圾包含更多的从电池中产生的有毒物质。
    D. 与 20 世纪 50 年代相比，20 世纪 80 年代制造的电池泄漏有毒金属液体的可能性较小。
    E. 在 20 世纪 80 年代，循环使用电池中含有的有毒金属的含量明显增加。

12. 某金库发生了失窃案。公安机关侦查确定，这是一起典型的内盗案，可以断定金库管理员甲、乙、丙、丁中至少有一人是作案者，办案人员对四人进行了询问，四人的回答如下：
    甲："我不是作案者。"
    乙："如果甲作案那么我作案。"
    丙："如果我作案那么丁也作案。"
    丁："丙作案，我没有作案。"
    后来事实表明，他们四个人中两个人说真话两个人说假话。
    根据以上陈述，以下哪项一定为真？

    A. 乙说假话。   B. 丙说真话。   C. 丙作案。
    D. 乙是作案者。 E. 丁不是作案者。

13. 传统看法认为，《周易》八卦和六十四卦卦名的由来或是取象说，或是取义说，不存在其他的解释。取象说认为八卦以某种物象的名来命名，比如乾卦之象为天，乾即古时的天字，故取名为乾。取义说认为卦象代表事物之理，取其义理作为一卦之名，比如坤卦之象纯阴，阴主柔顺，故此卦名为坤，坤即柔顺之义。

以下哪一项陈述为真，最严重地动摇了卦名由来的传统看法？

A. 乾坤两卦之所以居六十四卦之首，这是因为乾卦代表天，坤卦代表地，天地相交，万物才得以生。
B. 卦名不能单靠取象说来解释，也不能单靠取义说来解释，只有将二者结合起来，才能给出所有卦名的解释。
C. 卦名的由来虽然有诸多不同的解释，但万变不离其宗，或者归属于取象说，或者归属于取义说。
D. 卦名出自卦辞记述的所占之事，坤卦占问的是失马之事，当初筮得三三象，认为牝马驯良可以找到，便取名为坤。
E. 卦名自伏羲发明以来，很多学者进行学术研究和学术创作时要么遵循取义说，要么遵循取象说。

14. 各品种的葡萄中都存在着一种化学物质，这种物质能有效地减少人血液中的胆固醇。这种物质也存在于各类红酒和葡萄汁中，但白酒中不存在。红酒和葡萄汁都是用完整的葡萄作原料制作的；白酒除了用粮食作原料外，也用水果作原料，但和红酒不同，白酒在以水果作原料时，必须除去其表皮。

以上信息最能支持以下哪项结论？

A. 用作制酒的葡萄的表皮都是红色的。
B. 经常喝白酒会增加血液中的胆固醇。
C. 食用葡萄本身比饮用由葡萄制作的红酒或葡萄汁更有利于减少血液中的胆固醇。
D. 能有效地减少血液中胆固醇的化学物质，只存在于葡萄之中，不存在于粮食作物之中。
E. 能有效地减少血液中胆固醇的化学物质，只存在于葡萄的表皮之中，而不存在于葡萄的其他部分中。

15. 一般商品只有在多次流通过程中才能不断增值，但艺术品作为一种特殊商品却体现出了与一般商品不同的特征。在拍卖市场上，有些古玩、字画的成交价有很大的随机性，往往会直接受到拍卖现场气氛、竞争激烈程度、买家心理变化等偶然因素的影响，成交价有时会高于底价几十倍乃至数百倍，使得艺术品在一次"流通"中实现大幅度增值。

以下哪项最无助于解释上述现象？

A. 艺术品的不可再造性决定了其交换价格有可能超过其自身价值。
B. 不少买家喜好收藏，抬高了艺术品的交易价格。
C. 有些买家就是为了炒作艺术品，以期获得高额利润。
D. 虽然大量赝品充斥市场，但是对艺术品的交易价格没有什么影响。
E. 国外资金进入艺术品拍卖市场，对价格攀升起到了拉动作用。

16. 美国黑人患高血压的概率比美国白人高两倍。把西方化的非洲黑人和非洲白人相比，情况也是如此。研究者假设，西方化的黑人之所以会患高血压，是两个原因相互作用的结果，一个原因是西方食品含盐量高，另一个原因是黑人遗传基因中对于缺盐环境的适应机制。

以下哪项如果是真的，最能削弱研究者的假设？

A. 当代西方化非洲黑人塞内加尔人和冈比亚人后裔的血压通常不高，塞内加尔和冈比亚历史上一直不缺盐。
B. 非洲某些地区的不同寻常的高盐摄入是危害居民健康的严重问题。
C. 考虑到保健，大多数非洲白人也注意控制盐的摄入量。
D. 西非约鲁巴人的血压通常不高，约鲁巴人有史以来一直居住在远离海盐的内陆，并远离非洲撒哈拉盐矿。
E. 缺盐和不缺盐对于人的新陈代谢过程没发现有什么实质的不同影响。

17. 河北省商业许可办公室声称，他们通过把申请人在面谈那天填制旧式的申请表改为先邮寄计算机可读的表格并让计算机安排面谈，这样可以将手续时间减少一星期。而商人们反驳说，现在得到一个许可证平均要多花一个星期时间。

下面哪一项如果正确，能最有助于解释上面提出的明显的差异？

A. 该省的企业只有获得许可证之后才能营业，在审批期间，它们会损失很多它们得到的收入。

B. 许可办公室认为这一过程是从面谈后开始的，但申请人认为这一审批过程从他们提交申请表就开始了。

C. 自从许可办公室改变了程序，该省申请许可证的申请人就减少了。

D. 采用计算机可识别的表格，缩短了许可办公室验证申请表格上的陈述所必需的时间，所以缩短了面谈时间。

E. 自从许可办公室开始在计算机上记录申请，申请的格式就没有改变过。

18~19题基于以下题干：

新华医大的五名学生甲、乙、丙、丁、戊在大四实习的时候去了同一家医院。院里在给他们五人排班的时候按照以下条件：

①从周一到五人每人只上一天。
②甲在戊的前一天上班。
③戊和乙性格不合不能挨在一起，并且戊要在乙之前。
④丙和乙也闹过矛盾，不能安排在一起。

18. 丁应该在周几实习？

  A. 周二 B. 周三 C. 周四 D. 周五 E. 不能确定

19. 丙可能在哪些天值班？

  A. 周一 B. 周一和周四 C. 周二和周三 D. 周四 E. 周一和周三

20. 近期K国出现了严重的经济衰退。政府要求各经营企业在每个月初报告新雇佣的人员数和被裁减的人员数，根据这些上报的数据，政府部门在月末统计出该月新雇佣和被裁减的总人数。尽管企业都根据要求准确地上报了上述数据，并且政府对这些数据的统计也是准确的，但是，近期K国失业的人数还是被大大地低估了。

以下哪项有关K国的断定如果为真，最能解释上述现象？

A. 一些企业新雇佣的人员中，包括被其他企业裁减的人员。

B. 近期大量企业倒闭，停止了经营。

C. 近期劳动力市场的规模，即具备就业条件的总人数基本不变。

D. 近期除了少数几个月例外，新雇佣的总人数都低于被裁减的总人数。

E. 近期的经济衰退导致了大量国内劳动力外流。

21. 审计员：上周在面包房发现约有6%的夜班制作的蛋糕存在质量问题，但是却没有发现白班制作的蛋糕存在质量问题。由于所检查的蛋糕都是由同一班组制作的，因此很明显，尽管是在夜间从事检查工作，夜班质量控制检查员也比白班质量控制检查员要警觉得多。

上述论证建立在以下哪项假设之上？

A. 上周面包房白班制作的蛋糕中至少有一些是存在质量问题的。

B. 并不是所有的由夜班质量控制检查员查出的存在有质量问题的蛋糕都在事实上真的存在有质量问题。

C. 夜班质量控制检查员接受的质量控制程序培训比白班质量控制检查员要多。

D. 在一周中，夜班制作的被发现存在质量问题的蛋糕并不到6%。

E. 在面包房，每天的上班安排只分白班和夜班两班。

22. 张教授：历史学不可能具有客观性。且不说历史学所涉及的历史事件大多数缺乏绝对真实的证据，即使这样的事件确实发生过，历史学家对此的解读都不可避免受到其民族、宗教和阶级地位的影响。

李研究员：当然有历史学家难免存在偏见，但不能由此说历史学家都有偏见。是谁指出历史学理论中存在的偏见，并且有说服力地分析此种偏见产生的根源？不是别人，还是历史学家！

以下哪项最为恰当地指出了李研究员反驳中存在的漏洞？

A. 忽视了这种可能性：能识别偏见的历史学家也可能存有偏见。

B. 忽视了这种可能性：即使历史学家对某个事件的解读没有个人偏见，但这个事件在历史上并没有发生过。
C. 使用某种偏见来反驳张教授的论证,而类似的偏见恰恰存在于张教授的论证中。
D. 忽视了这种可能性:历史学家对同一历史事件的不同解读都有其合理性。
E. 忽视了这种可能性:历史学家对同一历史事件的解读会发生变化。

23. 插花花艺课上,老师提到独创的四花花艺,即将四种种类及数量不同的花插入花瓶的艺术,四种花有其特殊的艺称:主花、副花、衬花、缀花。插花时需要主花4朵、副花3朵、衬花2朵、缀花1朵。课程结束后,老师将黑、白、红、黄四种颜色的花瓶分给了四个人做结课插花检测,并提供玫瑰、牡丹、百合、向日葵四种花,已知:
(1) 每个花瓶的主花、副花、衬花、缀花皆不相同;
(2) 黑色花瓶的牡丹、红色花瓶的百合和黄色花瓶的玫瑰有相同的艺称;
(3) 白色花瓶的玫瑰插四朵;
(4) 黄色花瓶的牡丹是副花、向日葵是缀花。
根据以上信息,可以推出以下哪项?
A. 黑色花瓶的百合是副花。
B. 红色花瓶的牡丹是主花。
C. 白色花瓶的百合是衬花。
D. 白色花瓶的向日葵是副花。
E. 黄色花瓶的玫瑰是缀花。

24. 赵老师将"梅、兰、竹、菊"四幅国画分别放置在一个有四层抽屉的柜子里,让学生猜测它们各自在哪一层。按照梅、兰、竹、菊的顺序,小李猜测四幅画依次装在第一、二、三、四层,小王猜测四幅画依次装在第一、三、四、二层,小赵猜测四幅画依次装在第四、三、一、二层,而小杨猜测四幅画依次装在第四、二、三、一层。赵老师说,小赵一个都没猜对,小李和小王各猜对了一个,而小杨猜对了两个。
由以上信息可知正确的是以下哪项?
A. 第一层抽屉里装的是"兰"画。
B. 第二层抽屉里装的是"竹"画。
C. 第三层抽屉里装的不是"梅"画。
D. 第四层抽屉里装的不是"菊"画。
E. 无法确定。

25. 在西方经济发展的萧条期,消费需求的萎缩导致许多企业解雇职工甚至倒闭。在萧条期,被解雇的职工很难找到新的工作,这就增加了失业人数。萧条之后的复苏,是指消费需求的增加和社会投资能力的扩张,这种扩张要求增加劳动力。但是经历了萧条之后的企业主大都丧失了经商的自信,他们尽可能地推迟雇佣新的职工。
上述断定如果为真,最能支持以下哪项结论?
A. 经济复苏不一定能迅速减少失业人数。
B. 萧条之后的复苏至少需要两三年。
C. 萧条期的失业大军主要由倒闭企业的职工组成。
D. 萧条通常是由企业主丧失经商自信引起的。
E. 在西方经济发展中出现萧条是解雇职工造成的。

26. 研究人员分析了美国南加州将近4000名亚裔和非亚裔胃癌患者的病例资料,他们发现亚洲人的存活率远高于其他种族患者。一般而言,5年期的存活率,亚裔有20%的比例,拉丁裔是12%,而白人和黑人则是10%。一些研究人员推测,这可能是由于生物学上的差异导致亚裔人体内肿瘤较不具有侵害性。
下列哪项对上述研究人员的推测最不能构成质疑?
A. 亚裔人的饮食习惯和其他种族不同,而饮食习惯对胃癌影响很大。
B. 亚裔人普遍重视体检,可以早期发现胃癌。
C. 亚裔肿瘤患者除接受西医治疗外,还常常接受中医疗法。
D. 亚裔人胃癌发病率比其他种族低。
E. 亚裔人从小更多接受来自父母的言传身教,有很好的保护意识。

27~28题基于以下题干：

一般认为，一个职业运动员在45岁时和他在30岁时相比，运动水平和耐力都会明显降低，但是在已退役与正在服役的职业足球运动员中举行的一场马拉松比赛结果却是：45岁的退役足球运动员和30岁的正在服役的运动员在比赛中的成绩没有什么差别。据此，认为一个职业球员到了45岁时运动水平和耐力都会明显降低的观点是错误的。

27. 以下哪项为真，最能削弱上述论证？
A. 马拉松运动不能充分反映足球运动员的耐力和运动水平。
B. 退役的职业球员有更多的时间锻炼身体。
C. 现役职业球员有很多人是有伤病在身的。
D. 退役球员为了证明自己的实力在比赛中不惜冒超出自己体能的风险。
E. 仅以年龄为衡量职业球员运动水平和耐力的标准是不全面的。

28. 以下哪项为真，最能加强上述论证？
A. 以上调查分析是由专门研究足球运动员体能的科研机构进行的。
B. 30岁左右的现役职业足球运动员的运动水平和耐力高于上一代职业足球运动员。
C. 以上调查中的退役职业球员都是长期担任足球教练的人。
D. 年龄在一定限度内的增加并不必然导致运动水平和耐力的下降。
E. 科学研究证明，人的青年时期可以延续到45岁，因此运动水平和耐力应该能够保持。

29~30题基于以下题干：

小慧、小才、小静、小水、小战和小纪六个人分别来自保险学院、税务学院、经济学院、法学院、计算机科学学院和金融学院。他们相邀一同报名参加2021年注册会计师考试。考试可选科目为会计、审计、财务管理、经济法、税法和公司战略。他们六人各报名了一科考试科目，且每人报名科目不相同。已知：

（1）金融学院的小静没有报名会计、税法、审计。
（2）小慧报名了经济法，且她与保险学院的同学是闺蜜，与经济学院的同学是情侣。
（3）法学院的同学报名了会计。
（4）小水报名了公司战略，她不来自经济学院。
（5）税务学院的同学报名了审计，他不是小战。
（6）报名税法的同学来自经济学院，他与小才是兄弟，小才没有报名会计。
（7）小纪打算放到第二年再考税法。

29. 如果上述陈述为真，以下哪项关于报名税法的人的断定为真？
A. 来自金融学院的小慧。 B. 来自法学院的小纪。 C. 来自保险学院的小静。
D. 来自经济学院的小战。 E. 来自税务学院的小才。

30. 如果上述陈述为真，则以下哪项为真？
A. 小水来自计算机科学学院。 B. 小慧来自税务学院。
C. 小战来自法学院，报名了会计。 D. 小纪报名了会计。
E. 小静报名了经济法。

逻辑模拟试卷（八）

建议测试时间：55—60分钟　　实际测试时间（分钟）：_____　　得分：_____

本测试题共30小题，每小题2分，共60分，从下面每小题所列的5个备选答案中选取出一个，多选为错。

1. 在人们的普遍观念里，聪明的人会在社会上获得更多的资源和获取更大的成就。但是在最近的一项统计中显示，在与经济相关的纠纷和官司中，聪明的人反而更容易选择妥协和让步，即使自己会因为妥协让步而吃亏。从这个角度看起来，聪明的人反而成了更傻的一方。
   以下哪个选项能够最好地解释上述论述中看似的矛盾？
   A. 有的聪明的人在社会上并没有获得很大的成功。
   B. 有时候聪明反被聪明误，再聪明的人也免不了有吃亏的时候。
   C. 相对不够聪明的人，对于争议和纠纷往往者更加执着。
   D. 聪明和傻是相对的，并没有绝对准确的标准来界定和区分。
   E. 聪明的人往往有更多的选择和更多的机会，他们更倾向于早点结束纠纷从而把节约的时间用来做收益更大的事情。

2. 永久型赛马场的休闲用骑乘每年都要拆卸一次，供独立顾问们进行安全检查。流动型赛马场每个月迁移一次，所以可以在长达几年的时间里逃过安全检查网及独立检查，因此，在流动型赛马场骑马比在永久型赛马场骑马更加危险。
   下列哪一项如果对于流动型赛马场而言是正确的，最能削弱上面论述？
   A. 在每次迁移前，管理员们都拆卸其骑乘，检查并修复潜在的危险源，如磨损的滚珠轴承。
   B. 它们的经理们拥有的用于安全方面及维护骑乘的资金要少于永久型赛马场的经理们。
   C. 由于它们可用迁移以寻找新的顾客，建立安全方面的良好信誉对于他们而言不是特别重要。
   D. 在它们迁移时，赛马场无法接收到来自它们的骑乘生产商的设备回收通知。
   E. 骑乘的管理员们经常忽视骑乘管理的操作指南。

3. 某校高三开展年终教学会议，参加会议的人员有教学部的主任和副主任，以及教学部门的数学组、语文组和英语组的组长及副组长。他们8人围绕一张正八边形的桌子而坐：
   （1）教学部副主任对面的人是坐在数学组长左边的一位组长；
   （2）语文组副组长左边的人是坐在英语组组长对面的一位副组长；
   （3）英语组组长右边的人是一位副组长，这位副组长坐在教学部主任左边的第二个位置的副组长对面。
   如果这8个人中只有一组的座位是隔开的，则座位一定被隔开的是？
   A. 数学组的组长和副组长。　　　　　　　　B. 语文组的组长和副组长。
   C. 英语组的组长和副组长。　　　　　　　　D. 教学部的主任和副主任。
   E. 语文组的副组长和教学部的副主任。

4. 在美国，消费者的发展形态可能是受到了下列两点的影响：其一是拓荒的传统，这种传统要求人们必须凡事靠自己；其二是移民的经验。欧洲的消费者则可能是以下两点所塑造出来的：一是至今尚未被人们忘怀的阶级差别及其严密性；二是从前的欧洲人缺乏迁徙和变换职业的经验。
   上述说法假定了以下哪项？
   A. 欧洲的消费者和美国的消费者相比，更有经验。
   B. 美国的消费者还没有达到欧洲的消费者的那种复杂程度。
   C. 社会阶层对消费者行为的影响力，在欧洲比在美国大。
   D. 对消费形态的研究，要考虑到社会阶层的结构、传统习惯、文化和流动性等。
   E. 由于难以对不同国家消费者的行为进行准确界定，因此对消费者行为的研究不具备科学性。

5. 即使权力得到有效的监督，也不能保证所有的官员都必然清廉。但是，如果权力得不到有效的监督，则必然有官员贪腐。

假设不清廉就意味着贪腐，则以下哪项完全符合题干的断定？

Ⅰ．在权力得到有效监督的体制下，仍然有官员必然贪腐。

Ⅱ．如果权力得不到有效的监督，不可能所有官员都清廉。

Ⅲ．除非权力得到有效的监督，否则必然有官员贪腐。

A．只有Ⅰ。　　B．只有Ⅱ。　　C．只有Ⅲ。　　D．Ⅱ和Ⅲ。　　E．Ⅰ、Ⅱ和Ⅲ。

6~7题基于以下题干：

某一次社会实践活动共有8个学生参加，其中四个是北方人，两个是山东人，一个是海南人，两个是本科生，三个是研究生。假设上述介绍涉及本次社会实践活动的所有人。对此，张老师说："海南人不是研究生。"李老师说："山东人都是研究生。"王老师说："研究生都是北方人。"

6．若三位老师说的都不符合事实，则以下哪项一定为假？

A．有一个山东人是本科生。　　B．有一个北方人不是研究生。

C．两个山东人都不是本科生。　　D．两个山东人有一人是本科生，另一个人是研究生。

E．四个北方人都不是研究生。

7．若三位老师中两人说对了，一人说错了，则可以得出下列哪项？

A．有一个山东人是本科生。　　B．有一个北方人是本科生。

C．除山东人外的两个北方人有一个是研究生。　　D．海南人是研究生。

E．海南人不是本科生。

8．伦敦某研究团队使用结构性磁共振成像技术，对18名16岁至21岁的吸烟青少年和此年龄段24名不吸烟的青少年的大脑进行了检测，结果发现，吸烟者的右脑岛比非吸烟者的右脑岛体积要小，脑岛周围被大脑皮层包裹，与大脑的记忆、意识和语言功能区彼此相连。研究者认为，吸烟改变了大脑发育过程，这一改变将对青少年产生终身影响。

下列哪项最能够质疑研究者的结论？

A．右侧脑岛有大量尼古丁感受体，脑岛受到破坏后，烟瘾会戒除。

B．吸烟的青少年其大脑发育明显受到激素水平的影响。

C．先天右脑岛体积小的人，更容易对吸烟产生兴趣并导致依赖。

D．青少年因好奇而吸烟，随着年龄增长会逐渐失去对烟草的兴趣。

E．吸烟者对香烟产生的渴望程度与脑岛的活动情况之间有着强烈的关联。

9．对于企业员工考核结果如下：

（1）如果员工能得到年终奖，那么个人先进奖和见义勇为奖至少得到了一个。

（2）如果员工获得了见义勇为奖，那么年终奖和个人先进奖至多得一个。

如果上述论述为真，以下哪项不可能为真？

A．小赵获得了年终奖，但是没有获得见义勇为奖。

B．小孙没有获得年终奖，但是获得了见义勇为奖。

C．小李获得了年终奖和个人先进奖。

D．小王三个奖项都获得了。

E．小陈一个奖也没有得到。

10．与普通消费品以产品成本为基础的定价方式相异，奢侈品品牌通常会根据不同的市场期望值制定出欧洲、美国、亚洲3个不同的零售价格区域。在以法国、意大利为主要原产地的欧洲，奢侈品的定价往往最低。欧洲品牌到了美国市场，通常也只会把价格稍微提高一些，因为那里的消费者对奢侈品的消费心理已经成熟。而在亚洲市场，奢侈品品牌的定价是最高的。

以下哪项最能解释奢侈品品牌在亚洲市场定价最高这一现象？

A．亚洲远离奢侈品品牌原产地，物流成本高。

B．亚洲地区的人工及店铺租金等经营成本相对较高。

C．亚洲市场的消费者对奢侈品品牌怀有过高的期望值。

D．亚洲人民收入普遍很高，亚洲是很好的消费市场。

E．亚洲市场拥有比欧洲、美国市场更为庞大的奢侈品消费群体。

11. 在人类文明遗迹中发现的大量战争题材的绘画和雕塑，一直可以追溯到新石器时代，当时，农业刚刚出现。而在新石器时代以前，从未发现战争题材的绘画和雕塑。这说明，人类最早的战争，发生于人类社会向农耕社会转变时期。

以下哪项是上述论证所假设的？

A. 绘画和雕塑是新石器时代主要的艺术形式。
B. 新石器时代的战争主要起因于耕地的争夺。
C. 在绘画和雕塑出现以前人类未发生过战争。
D. 战争是人类文明发展不可避免的结果。
E. 战争比农耕更适合作为绘画和雕塑的题材。

12. 当且仅当汤姆在法国时，列宾在英国并且詹姆士不在西班牙。当且仅当詹姆士在西班牙时，劳力斯不在电视台露面。当且仅当劳力斯不在电视台露面，夏洛尔在剧场演出或者露丝参加蒙面舞会。

如果夏洛尔在剧场演出，下面哪项一定是真实的？

A. 汤姆不在法国。　　　B. 詹姆士不在西班牙。　　　C. 列宾在英国。
D. 劳力斯在电视台露面。　　　E. 露丝参加蒙面舞会。

13~14题基于以下题干：

对济南、郑州、合肥、南京、长沙、武汉六个城市某日的天气预报如下：

① 六个城市共出现了四种天气情况，按照恶劣程度由低到高排序，分别为晴、多云、小雨、暴雨。
② 最多只有两个城市出现同一种天气。
③ 济南与合肥的天气情况一样。
④ 郑州与武汉将会下雨。
⑤ 武汉与南京和长沙的天气情况不一样。
⑥ 郑州与另五个城市的天气情况都不一样。

13. 根据上述信息，以下哪项一定为真？

A. 郑州的天气情况为晴。　　　B. 郑州与武汉的天气情况一样。
C. 合肥的天气情况为多云。　　　D. 南京与长沙的天气情况一样。
E. 南京的天气情况为暴雨。

14. 若已知武汉的天气情况不是最恶劣的，则以下城市按照天气恶劣程度由高到低排序，可能正确的是哪项？

A. 郑州、武汉、南京、长沙。　　　B. 济南、武汉、南京、郑州。
C. 郑州、武汉、长沙、合肥。　　　D. 合肥、郑州、长沙、武汉。
E. 长沙、郑州、武汉、济南。

15. 没有一个草率的人是可以统领全局的，而圣约翰大学的毕业生都可以统领全局。所以，圣约翰大学的毕业生肯定没有接受过所谓风暴式训练方法的训练。

为了合乎逻辑地推出上述结论，需要假设下面哪项为前提？

A. 圣约翰大学的毕业生不草率。
B. 不草率的人都接受过所谓风暴式训练方法的训练。
C. 接受过所谓风暴式训练方法训练的人都不草率。
D. 草率的人都接受过所谓风暴式训练方法的训练。
E. 如果一个人不草率，那么他就没有接受过所谓风暴式训练方法的训练。

16~17题基于以下题干：

水果店预计在下周内（周一至周日）出售香橙、芒果、香蕉和西瓜，每种水果仅在连续的三天内出售，且满足以下条件：

①香橙与芒果不在同一天出售；
②香蕉与香橙出售的日子有两天相同；
③西瓜与香蕉出售的日子有一天相同；

④周三有三种水果出售。
16. 根据上述信息,以下哪项一定为真?
    A. 香橙在周一出售。　　B. 香蕉在周二出售。　　C. 芒果在周四出售。
    D. 周五有两种水果在出售。　　E. 周六有两种水果在出售。
17. 若除了相同的一天外,西瓜出售的日期在香蕉之前,则以下哪项可以确定?
    A. 香蕉与芒果不在同一天出售。　　B. 周四可能有三种水果出售。
    C. 香蕉在周三和周四出售。　　D. 西瓜在周五和周三出售。
    E. 芒果不在周日出售。
18. 财政局根据上级指示要求,决定派出一名同志前往农村扶贫。财政局甲、乙、丙、丁、戊等多名同志知道消息后积极报名,申请前往。根据报名情况及本局自身工作需要,领导做出以下几项决定:
    (1) 在甲、乙两人中至少挑选1人;
    (2) 在乙、丙两人中至多挑选1人;
    (3) 在甲、丁两人中也至多挑选1人;
    (4) 如果挑选了丁,那么丙、戊两人缺一不可。
    以下哪项能从上述陈述中推出?
    A. 不挑选丁。　B. 挑选甲。　C. 不挑选甲。　D. 挑选丁。　E. 无法判断。
19. 张珊的一个在可食花方面非常博学的朋友告诉她,所有的雏菊都不能吃,至少都是不可口的。然而,张珊这样推理,因为存在一种属于菊花的雏菊,又因为存在味美可食的菊花,所以她的朋友告诉她的话肯定不正确。
    下面哪一项推理的模式具有与张珊的推理模式最为相似的缺陷?
    A. 李斯是一个城市合唱队的成员,且那个城市合唱队非常有名,因此,李斯是一个优秀的歌手。
    B. 王武是图书馆读书小组的一员,而那个小组的所有成员都是读起书来废寝忘食的人,因此,王武也是读起书来废寝忘食的人。
    C. 赵六的某些姐姐参加了那个论述小组,且那个论述小组的某些成员是差生。所以赵六至少有一个姐姐一定是差生。
    D. 莱恩的大多数朋友都是游泳健将,且游泳健将都十分强壮,所以很有可能,至少有一些莱恩的朋友十分强壮。
    E. 萨沙的同事都出了书,他们的书大多数都写得很好。因此有一些萨沙的同事是优秀的作家。
20. 比利时是一个以制作巧克力而闻名的国家,到比利时旅游的人都会被当地的巧克力所吸引。但是,对于理智并了解行情的中国旅游者来说,只有在比利时出售的巧克力比在国内出售的同样的巧克力便宜,他们才会购买。实际上,了解行情的人都知道,在中国出售的比利时巧克力并不比在比利时出售的同样的巧克力更贵。
    从上面的论述中可以推出以下哪一个结论?
    A. 不理智或不了解行情的中国旅游者会在比利时购买该国的巧克力。
    B. 在比利时购买该国巧克力的理智的中国旅游者,都不了解行情。
    C. 在比利时购买该国巧克力的中国旅游者既不理智,也不了解行清。
    D. 理智并了解行情的中国旅游者会在国内购买比利时巧克力。
    E. 在比利时购买该国巧克力的不了解行情的中国旅游者,都不理智。
21. 近年来,"嘻哈哈"凉茶饮料的销量有了明显的增长,同时,生产该饮料的公司用于该饮料的保健效用的研发费用也同样有明显的增长。业内人士认为,"嘻哈哈"凉茶饮料的销量增长,得益于其保健效用的提升。
    以下哪项为真,最能削弱上述业内人士的观点?
    A. 在饮料消费市场中,凉茶饮料所占的份额只有10%。
    B. 市面上保健效用被公认为最好的"笑哈哈"凉茶饮料的销量并不如"嘻哈哈"凉茶饮料。
    C. 近年来,市面上不少品牌的凉茶饮料的销售量都有了大幅度提升。

D. 许多消费者购买"嘻哈哈"凉茶饮料时并不看功效，而是觉得该饮料的口味宜人、包装时尚。
E. 近年来人们的健康保健意识使得人们越来越重视凉茶的保健效用，进而促使越来越多的人购买"嘻哈哈"凉茶饮料。

22. 作为国内需求的重要方面，消费拉动经济发展的作用日益凸显。持续释放消费潜力才能为经济发展注入更多活力与动力。要持续释放消费潜力，就不仅要继续深化供给侧结构性改革，还要加快收入分配改革。
根据以上陈述，可以得出以下哪项？
A. 如果要进一步深化供给侧结构性改革，就要为经济发展注入更多活力与动力。
B. 若不能深化供给侧结构性改革，就无法加快收入分配改革。
C. 只要供给侧结构性改革和收入分配改革均衡发展，就可以持续拉动经济发展。
D. 只有加快收入分配改革，才能为经济发展注入更多活力与动力。
E. 如果没有持续释放消费潜力，就不能继续深化供给侧结构性改革。

23. 美国的医院以前主要依靠从付款的病人那里取得的收入来弥补未付款治疗的损失。几乎所有付款的病人现在都依靠政府或私人的医疗保险来支付医院账单。最近，保险公司一直把他们为投保病人的治疗所进行的支付限制在等于或低于真实费用的水平。
下面哪个结论是以上的信息最能支持的？
A. 虽然技术的进步已经使富人能够享受昂贵的医疗程序，这些医疗程序却在低收入病人的支付能力以外。
B. 如果医院不能找到方法增加额外收入以此来补偿未付款的治疗，他们就必须或者拒绝为某些人治疗，或者接受下来并蒙受损失。
C. 一些病人收入高于一定水平而没有资格参加政府医疗保险，但他们的收入水平负担不起医院治疗的私人保险。
D. 如果医院降低其提供治疗的成本，保险公司会保持现有的偿款水平，从而为未付款治疗提供更多资金。
E. 尽管以往慈善捐款为医院提供了一些支持，这些捐款现在却在降低。

24. 美国的一些科学家经过研究发现，有过暴力犯罪的人其基因较没有犯过罪的人有缺陷。因此，对暴力犯罪不应给予法律制裁而应通过基因工程加以解决。
上述结论以下列哪项补充假设作为前提？
A. 基因缺陷是造成犯罪的原因。
B. 基因缺陷与造成暴力犯罪有必然的因果关系。
C. 基因工程可以修复人的基因。
D. 科学家发现的只是一种巧合的联系。
E. 法律制裁在解决犯罪问题上有不容忽视的作用。

25. 如果我们做到"三个确保"（即确保高致病性禽流感不通过车船等交通工具扩散传播；确保交通通畅，不得以防治为由阻断交通；确保防治禽流感的各种医疗设备、药品、疫苗等应急物资的及时、快速运输），那么高致病性禽流感就能得到防治。
如果上述断定为真，以下哪项就一定是真的？
A. 如果高致病性禽流感不能得到防治，那么说明防治禽流感的应急物资没有及时、快速运输。
B. 如果高致病性禽流感不能得到防治，那么说明禽流感通过交通工具扩散传播了。
C. 或者高致病性禽流感得到防治，或者我们没有做到"三个确保"。
D. 如果高致病性禽流感不能得到防治，那么说明我们没有确保交通通畅。
E. 如果高致病性禽流感能得到防治，那么说明我们确保了交通通畅。

26. 在信息纷繁复杂的互联网时代，每个人都时刻面临着被别人的观点欺骗、裹挟、操纵的风险。如果你不想总是受他人摆布，如果你不想混混沌沌地度过一生，如果你想学会独立思考、理性决策，那你就必须用批判性思维来武装你的头脑。
如果以上陈述为真，以下哪一项陈述不必然为真？
A. 不能用批判性思维武装头脑的人，就不可能学会独立思考、理性决策。

B. 你或者选择用批判性思维来武装你的头脑，或者选择混混沌沌地度过一生。
C. 不想学会独立思考、理性决策的人，就不必用批判性思维来武装头脑。
D. 只有用批判性思维武装头脑的人，才能摆脱被他人摆布的命运。
E. 除非用批判性思维来武装你的头脑，否则就不能学会独立思考、理性决策。

27. 消费者协会进行了一项有趣的统计来计算人们吃完饭以后，给服务员的小费的金额。经过大量的数据统计，研究者发现当结账金额的末位数为7、8或者9的时候，人们平均给的小费的金额大概是总餐费的16%，而当结账金额的末位数为1、2或者3的时候平均给的小费的金额是总餐费的12%。
以下哪项如果为真，最能支持上述有趣的发现？
A. 服务态度好，长得好看的服务员，往往能够得到更多的小费。
B. 愿意多给小费的顾客，往往比不愿意多给小费的顾客点的菜多，也更贵。
C. 当结账金额的末位数为7、8、9的时候，顾客会更倾向于用现金买单而不是信用卡。
D. 当结账金额末位数为1、2或者3的时候，顾客会希望服务员能给打折免去零头。
E. 当结账末位数为7、8和9的时候，顾客潜意识里会觉得这顿饭比较便宜，进而给出更多的小费。

28. 橙腹草原田鼠实行的是动物世界极为罕见的"一夫一妻制"。研究者首先检测了雌性田鼠的内侧前额叶皮层与伏隔核两个区域的"交流"（这两大区域在解剖学上是相连的，伏隔核在大脑的奖励系统中扮演了关键的角色），然后让这些雌性田鼠与雄性田鼠见面，在见面过程中持续检测这两个脑区之间的交流强度。他们发现，那些脑区交流强度更高的田鼠，更容易与另一半快速建立起亲密关系。他们由此认为，这两个脑区之间的环路的激活，能够直接影响动物爱意的产生。
以下哪项如果为真，最能支持以上研究者的观点？
A. 在首次性行为后，橙腹草原田鼠的两个脑区交流的强度，与性行为后它们拥抱的速度快慢有直接关联。
B. 既往研究发现，与爱情有关的化学物质，无论是多巴胺还是催产素，或多或少都能激活奖励系统，使人对伴侣产生爱意。
C. 即使给雌雄两只橙腹草原田鼠特定波长的光，激活这条神经通路，次日，它们对待所有异性田鼠的表现相差无几。
D. 研究者让雌雄两只田鼠靠近但不能直接接触，给予特定波长的光，激活这条神经通路。次日，相比面对陌生雄性田鼠，雌性田鼠更愿意与昨日见过的雄性田鼠亲昵。
E. 和橙腹草原田鼠超过99%的基因相同的山地鼠，即使给它们注入足量催产素（与爱情有关的化学物质），它们也依旧对伴侣过夜即忘，研究发现山地鼠的大脑相应区域缺乏催产素的受体。

29~30题基于以下题干：
在一次传统艺术汇报表演中一共有7个节目，其中，3个戏曲——《观灯》《白蛇传》《七品芝麻官》；3种武术——《太极拳》《形意拳》《少林拳》；一个相声——《卖估衣》，这7个节目的表演顺序必须符合下列条件：
（1）不能连续表演戏曲，也不能连续表演武术。
（2）第三个表演《太极拳》，否则《少林拳》不能在《太极拳》之前表演。
（3）《少林拳》必须在《卖估衣》之前表演。
（4）《七品芝麻官》必须在《观灯》之前表演，《观灯》必须在《形意拳》之前表演。

29. 如果《观灯》第四个表演，则以下哪项最可能为真？
A. 《少林拳》第五个表演。
B. 《卖估衣》第六个表演。
C. 《白蛇传》第五个表演。
D. 《七品芝麻官》第一个表演。
E. 《卖估衣》第一个表演。

30. 如果《七品芝麻官》第三个表演，则以下哪项最可能为真？
A. 《少林拳》第一个表演。
B. 《白蛇传》第六个表演。
C. 《太极拳》第一个表演。
D. 《观灯》第四个表演。
E. 《卖估衣》第五个表演。

逻辑模拟试卷（九）

建议测试时间：50-55 分钟　　实际测试时间（分钟）：_____　　得分：_____

本测试题共 30 小题，每小题 2 分，共 60 分，从下面每小题所列的 5 个备选答案中选取出一个，多选为错。

1. 针对某种溃疡最常用的一种疗法可在 6 个月内将 44% 的患者的溃疡完全治愈。针对这种溃疡的一种新疗法在 6 个月的试验中使治疗的 80% 的溃疡患者取得了明显改善，61% 的溃疡患者得到了痊愈。由于该试验只治疗了那些病情比较严重的溃疡患者，因此这种新疗法显然在疗效方面比最常用的疗法更显著。
   对以下哪项的回答最能有效地对上文论述做出评价？
   A. 这两种疗法使用的方法有何不同？
   B. 这两种疗法的使用成本是否存在很大差别？
   C. 在 6 个月中以最常用疗法治疗的该种溃疡的患者中，有多大比例取得了明显康复？
   D. 这种溃疡如果不进行治疗的话，病情显著恶化的速度有多快？
   E. 在参加 6 个月的新疗法试验的患者中，有多大比例的人对康复的比例不满意？

2. 地球在其形成的早期是一个熔岩状态的快速旋转体，绝大部分的铁元素处于其核心部分。有一些熔岩从这个旋转体的表面甩出，后来冷凝形成了月球。
   如果以上这种关于月球起源的理论正确，则最能支持以下哪项结论？
   A. 月球是唯一围绕地球运行的星球。
   B. 月球将早于地球解体。
   C. 月球表面的凝固是在地球表面凝固之后。
   D. 月球像地球一样具有固体的表层结构和熔岩状态的核心。
   E. 月球的含铁比例小于地球核心部分的含铁比例。

3. 某市一项对健身爱好者的调查表明，那些称自己每周固定进行 2~3 次健身锻炼的人近两年来由 28% 增加到 35%，而对该市大多数健身房的调查则显示，近两年来去健身房的人数明显下降。
   以下各项如果为真，都有助于解释上述看来矛盾的断定，除了：
   A. 进行健身锻炼没什么规律的人在数量上明显减少。
   B. 健身房出于非正常的考虑，往往少报光顾人数。
   C. 由于简易健身器的出现，家庭健身活动成为可能并逐渐流行。
   D. 为了吸引更多的顾客，该市健身房普遍调低了营业价格。
   E. 受调查的健身锻炼爱好者只占全市健身锻炼爱好者的 10%。

4. "一带一路"是一项具有深厚历史文化底蕴的国际倡议，充分彰显了中华优秀传统文化的魅力。"一带一路"建设正是中华民族担当情怀的积极实践。一花独放不是春，百花齐放春满园。对此，某学者认为，除非任何传统文化的传播都必然导致良好风气，否则有的外来文化可能不阻碍传统文化发展。
   以下哪项如果为真，最能质疑该学者的观点？
   A. 任何传统文化发展都不必然导致良好风气，但任何外来文化都可能阻碍了传统文化的发展。
   B. 有的传统文化发展可能导致良好风气，而有的外来文化却阻碍了传统文化的发展。
   C. 有的传统文化发展可能不导致良好风气，但有的外来文化却可能阻碍了传统文化的发展。
   D. 传统文化发展可能不都导致良好风气，但任何外来文化都必然阻碍了传统文化的发展。
   E. 有的传统文化发展可能导致良好风气，而有的外来文化却可能阻碍了传统文化的发展。

5. 研究显示，对称的脸比不对称的脸孔看上去更美、更有吸引力，而脸孔对称实际上是健康的标志。朱迪安、兰柯路易斯设计了一种十分有创意的研究方法，他们把不同人的脸孔合成为一张张"平均脸"，让参加者评价这些脸孔和真实脸孔的吸引力。他们惊人地发现，合成时用的脸越多，就会被认为越有魅力！而平均脸往往比任何一张真实的脸都更加对称。
   以下哪项如果为真，最能对上述论证构成质疑？

A. 有些脸孔看上去不是很对称的人的身体也很强壮、很健康。

B. 一般来说，即使一个人的脸孔是对称的，但如果看上去没有任何活力、死气沉沉的，也不会让人觉得是有吸引力的。

C. 看上去不美或者不太具有吸引力的人，往往不太在意自己的脸孔对称不对称。

D. 方形脸、看上去脸孔很对称的人实际上也有许多生活并不幸福。

E. 一个人的脸孔是否有充分的吸引力，在于先天的遗传情况。

6~7题基于以下题干：

某国家领导人要在连续6天（分别编号为第一天，第二天，……，第六天）内视察6座工厂甲、乙、丙、丁、戊和己，每天只视察一座工厂，每座工厂只被视察一次。视察时间的安排必须符合下列条件：

(1) 视察甲在第一天或第六天。
(2) 视察丁的日子比视察戊的日子早。
(3) 视察戊恰在视察己的前一天。
(4) 如果视察乙在第三天，则视察戊在第五天。

6. 根据上述断定，以下哪项不可能为真？

　A. 视察乙安排在第四天。　　　　　　B. 视察丙安排在第六天。
　C. 视察丁安排在第四天。　　　　　　D. 视察己安排在第二天。
　E. 视察戊安排在第三天。

7. 如果视察己恰在视察甲的前一天，下面哪个选项必定是真的？

　A. 视察乙或者视察丙安排在第一天。　B. 视察丙或者视察丁安排在第三天。
　C. 视察乙或者视察丁安排在第二天。　D. 视察丙或者视察丁安排在第四天。
　E. 视察乙或者视察己安排在第三天。

8. 心电图是用于检测心脏病的一种仪器。一项对比研究表明，用计算机解读心电图数据，正确测定被测试者患有心脏病的比例（即被测试者中心脏病患者被测定患有心脏病的比例），明显高于最有经验的医生。因此，在解读心电图结果时，应由计算机代替医生工作。

以下哪项如果为真，最能削弱上述论证？

A. 心电图呈现的图像数据的细微差别，靠人的肉眼很难识别。

B. 心电图测试如果操作不当，得到的数据可能并不准确反映实际情况。

C. 在解读心电图数据时，有经验的医生正确测定被测试者不患有心脏病的比例，明显高于计算机。

D. 计算机解读心电图数据的正确率（即正确的测试结果占其全部测试结果的比例），明显高于最有经验的医生。

E. 在很多情况下，无论计算机还是有经验的医生，仅靠心电图来确定一个人是否患有心脏病是不够的。

9. 建设一流大学、一流学科，离不开一流校舍、一流教师，更离不开一流学生。然而当前国内高校"严进宽出"的培养观念，导致许多大学生放松了自我管理，严重降低了高校毕业生质量。因此把牢毕业出口是大学必然的选择。

下列选项中与上述推理结构最为相似的是？

A. 好的书籍能够增进人的知识、陶冶人的情操，由于诗歌既能增进人的知识，又能陶冶人的性情，因此诗歌是好的书籍。

B. 现代主义建筑强调建筑的功能性，反对毫无功用的纯美学装饰，然而缺乏美学装饰的建筑反而会令人感到单调，因此许多现代主义建筑并不受人喜爱。

C. 预防近视必须适度用眼，尤其要避免长时间近距离用眼，而当前许多学生的学习压力过大，难以避免长时间伏案用眼，因此许多大学生都会近视。

D. 想拥有高超的钢琴技艺必须积累丰富的经验，而"三天打鱼两天晒网"式的练习是无法积累足够的经验的，因此要获得高超的钢琴技艺必须勤加苦练。

E. 发展人工智能离不开对人才的培养，而人才的培养离不开政府的支持，因此发展人工智能离不开政府的支持。

10. 如果早上空气好，则会跑步；如果早上空气不好，则会心情不好。如果晚上运动过量，则会影响睡眠；而如果晚上不运动或者运动太少，也会心情不好。

以上陈述为真，又知老王的心情好，则可以推出以下结论，除了哪项？

A. 老王跑步。　　　　　　　B. 早上空气好。　　　　　　C. 老王晚上运动。

D. 老王的睡眠受到了影响。　　E. 老王做了足够的运动。

11. 国家的政府官员和公民对于政府在其行动中负有义务遵守规则的理解是相同的。因此，如果一个国家故意无视国际法，该国的政府官员的态度也会变得不支持他们的政府。

上面的论述基于下列哪一个假设？

A. 人们对政府义务的理解经常改变。

B. 一个国家的公民将赞成其政府通过合法的方式发展其国际影响力的努力。

C. 极权主义政府的一些官员对国际法中所体现的规则是不敏感的。

D. 每个国家的公民都相信国际法是政府应当遵守的规则之一。

E. 当选的政府官员比任命的政府官员更可能怀疑他们自己政府行动的明智性。

12. 据统计，目前全球每年死于饥饿的人数高达千万。而中国人每年在餐桌上浪费的粮食约为800万吨，相当于1亿人一年的口粮。这意味着，如果我们能有效杜绝餐桌上的食物浪费，就能够救活千百万的饥民。

如果以下陈述为真，哪一项最适合用来质疑上述结论？

A. 消费能拉动经济发展，富人帮助穷人的途径之一是增加消费。

B. 当今农业发展的水平已经能够从总量上保障全世界的人免于饥饿。

C. 杜绝食物浪费只是解决饥饿问题的有利条件。

D. 恶劣气候导致粮食价格波动，加剧了饥饿问题。

E. 许多人宁可选择饿死，也不会选择吃残羹冷炙。

13. 一个著名学者说道："得到不该得到的得到，就会失去不该失去的失去；只有忍受别人不能忍受的忍受，才能享受别人不能享受的享受。"

以下哪个选项最符合这个著名学者的断定？

A. 如果没有得到不该得到的得到，那么就不会失去不该失去的失去。

B. 除非得到不该得到的得到，否则不会失去不该失去的失去。

C. 如果忍受别人不能忍受的忍受，那么就能享受别人不能享受的享受。

D. 如果不能忍受别人不能忍受的忍受，那么就会失去不该失去的失去。

E. 或者不能享受别人不能享受的享受，或者忍受别人不能忍受的忍受。

14. 在发生全球危机那样的极为紧急的时刻，投机活动猖獗，利率急剧上升，一切都变化不定，保护好自己的财产是至关重要的。管理和经济领域的专家认为：储蓄仍然是最安全的避难所，尽管收益非常低，但是把钱存起来实际上不会遇到风险。即使存款的银行破产，政府也保证归还储户一定数量的存款。对于存款数额多的人来说，在发生恐慌时，最好能将存款分别存入不同的户头，每个户头不超过政府保证归还的最高额。

根据上述信息分析，以下哪项如果为真最能对上述建议产生质疑？

A. 每个人允许在不同的银行开设多个银行户头。

B. 政府在银行破产时只归还那些按照真实姓名开设户头的储户一定数量的存款。

C. 政府保证归还的最高存款限额是有明文规定的。

D. 在出现危机时，购买房子、汽车也是一个安全的决定。当然这仅仅是在出现恶性通货膨胀时。

E. 在大批银行破产的时候，政府也会失去对银行的控制，地位岌岌可危。

15. 飞驰汽车制造公司同时推出飞鸟和锐进两款春季小型轿车。两款轿车以新颖的造型受到购车族的欢迎。两款轿车销售时都带有轿车安全性能和出现一般问题时的处理说明书以及使用轿车一年后的意见反馈表。飞鸟轿车购车族的56%同时购买了轿车保险，锐进轿车购车族的82%同时购买了轿车保险，一年后，锐进轿车出现问题的反馈表是飞鸟轿车的四倍，由此可见，锐进轿车的质量比飞鸟轿车的质量差，锐进轿车的购车者同时购买轿车保险的数量比飞鸟轿车多是有一定道理的。

下面哪一项如果为真，最有助于加强上述论述？

A. 飞鸟轿车购车族的平均年龄比锐进轿车购车族的平均年龄低。

B. 飞鸟轿车情况反馈表比锐进轿车情况反馈表更完善，需要花费更多的时间完成表格的填写。

C. 飞驰汽车制造公司收到的飞鸟轿车投诉信数量是锐进轿车的两倍。

D. 购买飞鸟轿车的客户数量是购买锐进轿车的两倍。

E. 飞鸟轿车的广告是锐进轿车的两倍，其良好的质量广为人知。

16. 全校的湖南籍学生都出席了周末的"湘江联谊会"，李华出席了周末"湘江联谊会"。因此，李华一定是湖南籍学生。

以下哪项最有力地削弱了上述论证？

A. "湘江联谊会"实际上是湖南籍学生同乡会。

B. 有不少非湖南籍的学生要求出席周末"湘江联谊会"。

C. 如果缺少办事人员，周末"湘江联谊会"将邀请非湖南籍学生出席并担任办事员。事实上周末"湘江联谊会"当时确实缺少办事人员。

D. 李华曾经出席过其他联谊会。

E. 李华对组织"湘江联谊会"提出过许多合理建议。

17~19题基于以下题干：

在某一烹饪大赛中，每一个参赛者提交两道菜，一道是开胃小菜，另一道是主菜。这两道菜一共必须恰好包含7种口味——F、G、L、N、P、S和T，且每种口味只能出现在两道菜的某一道之中。每一个参赛者所做的菜必须满足以下条件：

(1) 开胃小菜最多包含3种口味；

(2) F和N不能被包含在同一道菜之中；

(3) S和T不能被包含在同一道菜之中；

(4) G和N被包含在同一道菜之中。

17. 下面哪一项可能完整准确地列出了几个参赛者的主菜所包含的口味？

A. 包含F, L, S　　　　　　　B. 包含F, G, N, T　　　　　　C. 包含G, L, N, P

D. 包含G, N, P, T　　　　　　E. 包含F, L, S, T

18. 若某一参赛者的某一道菜中同时包含有L和P，则该参赛者的主菜中必须包含下面哪一种口味？

A. 包含G　　B. 包含L　　C. 包含N　　D. 包含S　　E. 包含T

19. 若去掉G和N必须在同一道菜中，而其他的条件保持不变，则下面哪一项列出了一个参赛者的主菜中可以包含的所有口味？

A. 包含G, L, N, P　　　　　　B. 包含G, L, P, T　　　　　　C. 包含F, G, L, P, S

D. 包含F, G, L, S, T　　　　　E. 包含F, S, G

20. 所有获得诺贝尔奖的人都精通数学，爱好广泛的人没有一个能成为物理学家，而所有企业首席经济师都是爱好广泛的人，有的企业首席经济师获得了诺贝尔奖。

如果上述断定为真，则以下各项均可能为真，除了？

A. 有的企业首席经济师没有获得诺贝尔奖。　　B. 精通数学的人都是物理学家。

C. 精通数学的人不都是物理学家。　　　　　　D. 物理学家都不是精通数学的人。

E. 所有物理学家都是精通数学的人。

21. 某一中学有许多学生都有非常严重的学业问题，该校的教导主任组建了一个委员会来研究这个问题。委员会的报告显示，那些在学业上有问题的学生，是因为他们在学校的运动项目上花了大量的时间，而在学习上花的时间太少。于是教导主任就禁止所有在学习上有问题的学生从事他们以前积极参与的运动项目。他说这样就可以使那些在学习上有问题的学生取得好成绩。

以下哪项是教导主任的推理所依赖的假设？

A. 有些参加运动项目的学生并没有学业问题。

B. 所有在学习上表现出色的学生，都是因为他们不参加运动项目从而节省下了大量时间好好地学习。
C. 学生们至少可以利用一些不参加运动项目而节省下的时间来解决他们的学业问题。
D. 参加运动项目的学生的学习成绩都不好。
E. 这个学校的运动项目的质量不会因为该禁令而受损。

22. 在我们周围的人中，有些人经常打呼噜。打呼噜通常被认为是可以起到降低来自生活中各种压力的作用。实际上，在整个人群中，打呼噜的人非常少。一项最近的研究发现，在吸烟的人中打呼噜的人比不吸烟的人中打呼噜的人更常见，以此为据，研究者假设吸烟可能会导致打呼噜。
如果以下哪项正确，对研究者的假设提出了最强的质疑？
A. 不吸烟的人也照样打呼噜。
B. 肥胖导致许多人打呼噜。
C. 多数打呼噜的人不吸烟。
D. 多数吸烟的人不打呼噜。
E. 对许多人来说，压力大导致了吸烟和打呼噜。

23. 目前，研究人员发明了一种弹性超强的材料，这种材料可以由1英寸被拉伸到100英寸以上，同时这一材料可以自行修复且能通过电压控制动作。因此研究者认为，利用该材料可以制成人工肌肉替代人体肌肉，从而为那些肌肉损伤后无法恢复功能的患者带来福音。
以下哪项如果为真，不能支持研究者的观点？
A. 该材料制成的人工肌肉在受到破坏或损伤后能立即启动修复机制，比正常肌肉的康复速度快。
B. 该材料在电刺激下会发生膨胀或收缩，具有良好的柔韧性，与正常肌肉十分接近。
C. 目前，该材料研制成的人工肌肉尚不能与人体神经很好地契合，无法实现精准抓取物体等动作。
D. 一般材料如果被破坏，需通过溶剂修复或热修复复原，而该材料在室温下就自行恢复。
E. 该材料研制成功的肌肉能够通过人体心肺功能很好的控制动作，使它们能够与人体肌肉的活动机理一致。

24. 暑假期间，中学生英语、作文、物理、化学四项大赛分别在我国的四座直辖市举行，某校学生张薇、陆峻、马宇和赵楠代表学校参赛。他们每人只报名参加了一个项目。已知：张薇在北京参赛；英语大赛在重庆举行；马宇在天津参赛；陆峻参加的是作文大赛；张薇没有参加化学大赛。
根据以上条件，以下哪项为真？
A. 张薇参加了英语大赛。
B. 化学竞赛在上海举行。
C. 在北京举行的是化学竞赛。
D. 陆峻是在重庆参加竞赛。
E. 在上海举行的是作文竞赛。

25. 华语五大电影奖每年都是备受关注的大事，奖项有5个，分别是中国电影金鸡奖、大众电影百花奖、中国电影华表奖、香港电影金像奖和台湾电影金马奖。其中如果评选了台湾电影金马奖则不能再评选大众电影百花奖，也不能评选中国电影金鸡奖；如果评选了中国电影华表奖就不能再获得香港电影金像奖；如果评选了中国电影金鸡奖，则不能再获得中国电影华表奖。每个人最多获得两个奖项。飞天公司一共3位演员，囊括了所有奖项，每个人都获奖，但是奖项各不相同。已知演员周小东获得了台湾电影金马奖，演员吴小南和演员郑小北二人之间有人获得了香港电影金像奖。
由此可知，下列推测一定正确的是？
A. 如果吴小南获得了香港电影金像奖，则其还获得中国电影金鸡奖。
B. 如果吴小南获得了中国电影华表奖，则吴小南和郑小北各获得两个奖项。
C. 如果吴小南获得了香港电影金像奖和大众电影百花奖，则周小东一定只获得一个奖项。
D. 如果郑小北获得了中国电影华表奖，则吴小南一定不能获得中国电影金鸡奖。
E. 如果吴小南获得了中国电影金鸡奖，那么郑小北一定至少获得两个奖项。

26. 张、汪、李和赵四个人是好朋友，都参加了集五福活动，但每个人都还没有集齐五福。此时赵大胆地做了以下四个猜测：
（1）汪有和谐福，否则赵没有友善福；
（2）如果张有敬业福，那么李有富强福；
（3）赵有友善福且汪没有和谐福；

(4) 李有富强福且张有敬业福。

已知上述猜测中只有两个为真,则以下哪项一定为真?

A. 如果汪有和谐福,那么赵没有友善福。
B. 如果张有敬业福则李有友善福。
C. 汪有和谐福。
D. 汪没有和谐福或赵没有友善福。
E. 张有敬业福和富强福。

27. 湖队是不可能进入决赛的。如果湖队进入决赛,那么太阳就从西边出来了。

以下哪项与上述论证方式最相似?

A. 今天天气不冷。如果冷,湖面怎么结冰了?
B. 语言是不能创造财富的。若语言能够创造财富,则夸夸其谈的人就是世界上最富有的人了。
C. 草木之生也柔脆,其死也枯槁。故坚强者死之徒,柔弱者生之徒。
D. 天上是不会掉馅饼的。如果你不相信这一点,那上当受骗是迟早的事。
E. 古典音乐不流行。如果流行,那就说明大众的音乐欣赏水平大大提高了。

28. 政府只有不超发货币并控制物价,才能控制通货膨胀。若控制物价,则政府税收减少;若政府不超发货币并且税收减少,则政府预算将减少。

如果政府预算未减少,则可以得出以下哪项?

A. 政府控制了物价。
B. 政府未能控制通货膨胀。
C. 政府超发了货币。
D. 政府既未超发货币,也未控制物价。
E. 政府既超发了货币,又控制了物价。

29~30题基于以下题干:

每一周给7件产品 G、H、J、K、L、M、O 中不同的两件产品做广告,共四周,其中有一件产品做两次广告,其他产品仅做一次。广告必须遵循的原则是:

(1) 在某一周内不能做 J 的广告,除非在此之前的一周内做了 H 的广告;
(2) 做了两次广告的那件产品在第四周内做它的广告,但不能在第三周内做它的广告;
(3) 在某一周内不能做 G 的广告,除非该周内做了 J 或 O 的广告;
(4) K 的广告在前两周内的某一周内做;
(5) O 是第三周内被做广告的产品之一。

29. 下面哪两件产品不能在同一周内做广告?

A. H、K   B. H、M   C. J、O   D. J、L   E. M、L

30. 下面哪一个产品不可能在两个星期内都被做广告?

A. G   B. H   C. L   D. M   E. 以上均不可能

逻辑模拟试卷（十）

建议测试时间：50-55分钟　　实际测试时间（分钟）：_____　　得分：_____

本测试题共 30 小题，每小题 2 分，共 60 分，从下面每小题所列的 5 个备选答案中选取出一个，多选为错。

1. 如果是一只食量大的母牛，那么必须一天喂食 10 次以上，否则这只母牛就会患病。而如果一只公牛食量大并且一天喂食 10 次以上，这只公牛就不会患病。
   根据以上陈述，以下哪项为真？
   A. 一只食量小的公牛患病了，这只公牛一定没有一天喂食 10 次以上。
   B. 一只食量大的母牛患病了，这只母牛一定没有一天喂食 10 次以上。
   C. 一只食量小的母牛没有患病，这只母牛一定一天被喂食了 10 次以上。
   D. 一只食量大的公牛没有患病，这只公牛一定一天被喂食了 10 次以上。
   E. 一只食量大的公牛患病，一定是因为没有在一天被喂食 10 次以上。

2. 科学家现在认为：人工髋关节的移植以前被认为是安全的，其实在使用 45 年以后会增加癌症的威胁。尽管这些移植确实提高了接受者生活的质量，但增加的癌症威胁是不可接受的代价，因此，应该被禁止。
   下面哪一项，如果正确，最反对上面的论述？
   A. 人工髋关节的移植会导致严重的并发症，比如感染、慢性发热、骨退变，这些并发症本身就可能使人变跛或者致命。
   B. 几乎所有人工髋关节的移植者是在他们不可能再活 30 年的时候接受移植的。
   C. 尽管移植在 45 年以后增加癌症威胁，但是一些癌症并不致命。
   D. 由于人工髋关节的移植还不普遍，禁止它们也不会有多大难度。
   E. 虽然在过去的 10 年，人工髋关节手术没有什么变化，但是手术费用却是大幅提高。

3. 北美的雪松有的长在悬崖上，有的长在森林里。长在悬崖上的雪松几乎无从吸取养料，不如林中雪松的十分之一高。但是，林中雪松的年头很少超过 400 年，而很多悬崖上雪松的年头已超过 500 年。
   以下哪项如果为真，最有助于解释上述两种雪松年头上的差别？
   A. 雪松具有顽强的生命力，否则不能在悬崖上生长。
   B. 因气候干燥，北美经常发生森林火灾，而火灾不会殃及悬崖上的雪松。
   C. 悬崖上雪松的生存条件和大多数不长树木地方的生存条件类似。
   D. 和高大的树木相比，较矮的树木在生长过程消耗的养分较少。
   E. 雪松的年纪可以依据它们的年轮准确判定。

4. 最近上映了一部很受欢迎的电影，小刘购买了四张座位连在一起的电影票，邀请小马、小杨、小廖一同去观看。四人各自随机拿了一张电影票，此时他们分别猜了一下座位情况：
   小刘说："我好像是坐在小马旁边。"
   小马说："我的左手边不是小刘就是小杨。"
   小杨说："我肯定是坐在小廖旁边。"
   小廖说："小刘应该是坐在我的左手边。"
   假如他们四人都猜错了，那么他们面向银幕从左到右的正确座位可能是：
   A. 小廖、小马、小杨、小刘。　　　　　　B. 小刘、小马、小杨、小廖。
   C. 小马、小廖、小杨、小刘。　　　　　　D. 小杨、小马、小廖、小刘。
   E. 小廖、小刘、小杨、小马。

5~6 题基于以下题干：
小华家里养了黑、白两只猫和一只狗，猫和狗之间总是会上演"战争与和平"的话剧。由于贪图方便，

· 61 ·

小华总是给猫狗集中喂食，并且狗粮、猫粮是一种食物，统一地倒在一个大碗中，猫狗开始吃食，并且三只动物吃的食物都不一样多。小华经过观察发现：

(1) 如果狗吃得最多，那么两只猫之间便会和平，并且两只猫都会与狗发生战争。
(2) 如果狗吃得最少，那么两只猫之间便会发生战争；而狗与两只猫之间都和平。
(3) 如果白猫吃得比黑猫多，狗便与黑猫和平。
(4) 如果黑猫吃得比白猫多，狗便会与黑猫发生战争。

5. 根据以上陈述，周一这一天猫狗进食后，狗与黑猫发生了战争，由此可以确定以下哪项？
   A. 两只猫之间是和平的。　　　　B. 两只猫之间发生战争。　　　　C. 狗吃得最多。
   D. 白猫吃得最少。　　　　　　　E. 狗与白猫之间和平。

6. 根据以上陈述，周一这一天猫狗进食后，狗与黑猫和平，由此可以确定以下哪项为假？
   A. 白猫吃得比狗少。　　　　　　B. 狗比黑猫吃得多。　　　　　　C. 黑猫吃得比狗多。
   D. 两只猫之间和平。　　　　　　E. 两只猫之间发生战争。

7. 吃胶质奶糖可能导致蛀牙。胶质奶糖粘在牙齿上的时间越长，则引起蛀牙的风险越大。吃巧克力可能导致蛀牙，同样，巧克力粘在牙齿上的时间越长，则引起蛀牙的风险越大。因为巧克力粘在牙齿上的时间比胶质奶糖短，因此对引起蛀牙来说，吃胶质奶糖比吃巧克力的风险更大。
   以下哪项对上述论证的评价最为恰当？
   A. 上述论证成立。
   B. 上述论证有漏洞，因为它没有区分胶质奶糖和巧克力的不同类型。
   C. 上述论证有漏洞，因为它不当地假设，只有吃含糖食品才会导致蛀牙。
   D. 上述论证有漏洞，这一漏洞也出现在以下的推理中：海拔高度的增高会导致空气的稀薄，一个城市海拔越高，空气越稀薄。西宁的海拔比西安高，因此，西宁比西安的空气稀薄。
   E. 上述论证有漏洞，这一漏洞也出现在以下的推理中：火灾和地震都会造成生命和财产的损失，火灾或地震持续的时间越长，造成的损失越大。因为地震持续的时间比火灾短，因此，火灾造成的损失比地震大。

8. 彼尔是有名的作家，但一直被"吗啡瘾君子"的恶名缠身。最近人们对彼尔的信件进行了全面而精确的研究，发现在任何一封信中，他都没有提到过令他出名的吗啡瘾。这个研究可以证明，彼尔得到"吗啡瘾君子"的恶名是不恰当的，那些关于他的吗啡瘾的报道也是不真实的。
   上文的论述作了下列哪一项假设？
   A. 有关彼尔对吗啡上瘾的报道直到彼尔死后才广为流传。
   B. 没有一项有关彼尔对吗啡上瘾的报道是由真正认识彼尔的人所提供的。
   C. 彼尔的稿费不足以支付其吸食吗啡的费用。
   D. 在吗啡的影响下，彼尔不可能写这么多的信件。
   E. 彼尔不会因害怕后果而不敢在其信中提及对吗啡的嗜好。

9. 有一种插花艺术对色彩有如下要求：或者不使用天蓝，或者使用铁青；如果使用橙黄，则不能使用天蓝；只有使用橙黄，才能使用铁青。
   如果上述是真的，那么以下哪项一定是真的？
   A. 使用橙黄。　　　　　　　　　B. 使用铁青。　　　　　　　　　C. 不使用橙黄。
   D. 不使用铁青。　　　　　　　　E. 不使用天蓝。

10. 有些自然物品具有审美价值，所有的艺术品都有审美价值。因此，有些自然物品也是艺术品。
    以下哪项推理具有和上述推理最为类似的结构？
    A. 有些有神论者是佛教徒，所有的基督教徒都不是佛教徒，因此，有些有神论者不是基督教徒。
    B. 某些律师喜欢钻牛角尖。李小鹏是律师，因此，李小鹏喜欢钻牛角尖。
    C. 有些南方人爱吃辣椒，所有的南方人都习惯吃大米，因此，有些习惯吃大米的人爱吃辣椒。
    D. 有些进口货是假货，所有国内组装的APR空调机的半成品都是进口货，因此，有些APR空调机半成品是假货。

E. 有些小保姆接受过专业培训，所有的保安人员都接受过专业培训，因此，有些小保姆兼当保安。

11. 机关从张宜、杜涛、李山、赵思、王武、孙柳和方起 7 名在职干部中挑选 4 名参加党校学习，挑选须符合下列条件：
    (1) 要么张宜参加，要么杜涛参加。
    (2) 要么王武参加，要么孙柳参加。
    (3) 如果王武参加，则李山参加。
    (4) 除非杜涛参加，否则方起不参加。
    如果上述断定为真，则以下哪项一定为真？
    A. 杜涛和方起，至少有一人参加。　　B. 李山和赵思，至少有一人参加。
    C. 赵思和王武，至少有一人参加。　　D. 王武和方起，至少有一人参加。
    E. 以上断定，都不一定为真。

12. 正是因为有了科学训练法，职业运动员才能够保持好的竞技状态。很明显，保持好的竞技状态对保持职业运动员高效率的竞技水平是必要的。
    以下哪种职业运动员，最能削弱以上断言？
    A. 高效率的竞技水平和保持好的竞技状态的能力的职业运动员。
    B. 低效率的竞技水平和保持好的竞技状态的能力的职业运动员。
    C. 低效率的竞技水平但没有保持好的竞技状态的能力的职业运动员。
    D. 高效率的竞技水平但没有科学训练法的职业运动员。
    E. 低效率的竞技水平和科学训练法的职业运动员。

13. A、B、C 三人的名字分别叫真真、假假、真假（不一定顺序对应），真真只说真话，假假只说假话，而真假有时说真话有时说假话。有一个人遇到了他们，于是问 A："请问，B 叫什么名字？" A 回答说："他叫真真。" 这个人又问 B："你叫真真吗？" B 回答说："不，我叫假假。" 这个人又问 C："B 到底叫什么？" C 回答说："他叫真假。"
    以下哪项一定为真？
    A. A 说真话。　B. B 是真真。　C. C 说假话。　D. A 是假假。　E. C 是真假。

14. 生命仪进入控制系统，指一种运用指纹、声模等来管理对限制区域的进入的系统，根据相似程度而非身份吻合来工作。毕竟，即使同一个手指也很少会留下完全相同的指纹，这些系统能被调节到对合法的寻求进入者的拒绝最小化的程度。但是，这些调节增加了允许冒名顶替者进入的可能性。
    上述信息最有力地支持了下面哪个结论？
    A. 如果一个生命仪进入控制系统被设计成根据身份是否吻合来工作，它不会形成任何正确的准入决策。
    B. 如果一个生命仪进入控制系统能够可靠地防止冒名顶替者进入，它有时会拒绝合法的寻求进入者。
    C. 仅仅在冒名顶替者被允许进入的情况不如错误地拒绝进入的情况严重时，生命仪进入控制系统才是恰当的。
    D. 非生命仪进入控制系统，例如根据的是数字代码，比生命仪进入控制系统更少可能允许冒名顶替者进入。
    E. 每个选择进入控制系统的人都应该只把其选择依托于错误拒绝与错误准入的比率。

15~16 题基于以下题干：
李建的爸爸计划在高考后的 7 周内带李建游览 7 个城市，它们分别是哈尔滨、长春、沈阳、北京、天津、石家庄和济南，每周游览一个城市，每个城市只游览一周。李建爸爸的计划如下：
(1) 长春必须在第三周游览。
(2) 沈阳和济南不能连续游览。
(3) 北京必须安排在天津和济南之前游览。
(4) 哈尔滨和天津必须在连续的两周内游览。

15. 如果把济南安排在第六周，那么必须把石家庄安排在哪一周？
    A. 第七周。　　B. 第五周。　　C. 第四周。　　D. 第二周。　　E. 第一周。

16. 如果沈阳恰好被安排在天津之前那一周，以下哪项一定为真？
    A. 济南恰好安排在北京之后的那一周。
    B. 石家庄被安排在第一周或第二周。
    C. 北京被安排在长春之前的某一周。
    D. 把哈尔滨安排在沈阳之前。
    E. 把石家庄安排在长春之后。

17. 家长对于孩子的学习成绩采用物质奖励的方式似乎很奏效。大张对孩子小张说：如果你期末考试能进步 10 名以上，那么你要么可以买遥控汽车，要么可以买滑板鞋。小张灵机一动说，我再给个条件好吧：除非期末考试能进步 10 名以上，否则要么买遥控汽车，要么买滑板鞋。大张听着好像合理，就答应了。
    根据这个物质奖励的条件，以下哪项表述一定为真？
    A. 这次期末考试，小张一定进步很大。
    B. 由于对物质奖励的渴望，小张期末考试一定能进步 10 名以上。
    C. 小张或者买遥控汽车，或者买滑板鞋，这是必然的。
    D. 小张不可能要么买遥控汽车，要么买滑板鞋。
    E. 以上选项都不一定为真。

18. 阿尔迪、里德尔等德国超市折扣连锁店在全球食品涨价潮中逆市走俏。德国模式的折扣连锁店经营方式不同于普通超市、家庭店铺或法国特色的农民市场。它的店面一般要比普通超市低 30%到 50%，分析人士认为，德国折扣连锁模式在食品涨价潮中逆市走俏的原因是多方面的，除了其"低价"优势外，折扣店品种少、规模大的采购模式使开店成本很低。
    以下哪项最能对上述分析人士的解释构成质疑？
    A. 德国折扣连锁商店在法国零售业的市场份额已经从一年前的 10.5%上升到 11.2%，与此同时家乐福等大型超市的市场份额却在下降。
    B. 低成本战略和低价战略是所有超市都在尽可能使用的经营战略，即力求在"价格优势"上压倒竞争对手。
    C. 里德尔折扣连锁店在挪威被当地一家超市连锁店收购，挪威本土的这家连锁店，恰恰是德国折扣连锁模式的翻版。
    D. 家乐福等大型超市多年来有自己的经营模式、经营理念，并且形成了其特有的企业文化。
    E. 德国折扣连锁商店在中国零售市场的销售份额这几年的情况不如往年。

19. 高考结束后，甲、乙、丙、丁、戊五个人正在交流自己想要报考的专业，一共有播音主持、有机化学、应用数学、自动化、法语五门专业可供选择，现有如下条件：
    (1) 甲不会报考理科专业；
    (2) 如果甲报考了播音主持，那么乙会报考有机化学；
    (3) 丙或者报考应用数学，或者报考自动化；
    (4) 丁报考法语，除非乙报考了自动化；
    (5) 每个人只能报考一个专业，并且没有两个人报考的专业相同。
    以下哪项与上述信息一致？
    A. 甲报考播音主持，丁报考了应用数学。
    B. 丁报考了播音主持，甲报考了应用数学。
    C. 丁报考了法语，乙报考了播音主持。
    D. 甲报考了播音主持，丙报考了应用数学。
    E. 戊报考了有机化学，丁报考了法语。

20. 所有的人并非必然都能取得成功。
    以下哪项最接近于上述断定的含义？
    A. 所有的人可能不能取得成功。
    B. 有的人可能不能取得成功。
    C. 不必然所有的人都不能取得成功。
    D. 所有的人必然都不能成功。
    E. 有的人必然能取得成功。

21. 低收入家庭通常无力提供所需的儿童抚养费用。一项政府计划想向低收入家庭退还他们所支付的收入税，每个低于 4 岁的儿童 1000 美元。这一计划使所有的有 4 岁以下儿童的低收入家庭能获得比原来更多的儿童资助。

下面哪项如果正确,最严重地对该计划可使所有的低收入家庭获得更多的儿童资助的说法提出了质疑?

A. 有4岁以下儿童的普通家庭每年花费1000美元以上用于抚养儿童。

B. 一些父母一方有空照顾4岁以下儿童的低收入家庭也许不愿意把他们的收入税的退还款用于抚养儿童。

C. 退还收入税导致的政府收入的降低使得其他政府计划的削减,如对高等教育的补助,成为必要。

D. 许多有4岁以下孩子的低收入家庭不支付收入税。因为他们总的收入很低,尚未达到应税标准。

E. 过去20年来收入税显著增加了,减少了低收入家庭可用于抚养儿童的资金。

22. 过度工作和压力不可避免地导致失眠症。森达公司的所有管理人员都有压力。尽管医生已经提出警告,但大多数的管理人员每周工作仍然超过60小时,而其余的管理人员每周仅工作40小时。只有每周工作不少于40小时的员工才能得到一定的奖金。

以上陈述最强地支持下列哪项结论?

A. 大多数得到一定奖金的森达公司管理人员患有失眠症。

B. 森达公司员工的大部分奖金给了管理人员。

C. 森达公司管理人员比任何别的员工更易患失眠症。

D. 没有一位每周仅仅工作40小时的管理人员工作过度。

E. 森达公司的工作比其他公司的工作压力大。

23. 三位股票经纪人对于热门股甲乙丙丁的推荐如下:

(1) 如果买了甲或者乙,那么也要买丙和丁;

(2) 甲股要买,乙丙丁不能都买;

(3) 只有丙和丁都不买,才能同时买甲和乙。

如果小王同时听从上述三位股票经纪人的建议,那么小王购买股票的情况是?

A. 买了甲,其他三种股票都没有买。 B. 没有买丙,其他三种股票都买了。

C. 没有买乙,其他三种股票都买了。 D. 买了甲和乙,丙和丁没有买。

E. 甲、乙、丙都买了,丁没有买。

24. 某省每个企业按月向政府上报新雇用和解雇的人数,省政府把各企业的两类数据分别相加,并按月向社会公布企业新获得(包括重新获得)和失去工作的总人数。上个月大成服装厂上报新雇用30人,解雇26人;政府向社会公布企业新获得工作和失去工作的总人数分别为15000人和12000人。

如果上述断定为真,并且相关数据都是准确的,则以下哪项一定为真?

Ⅰ. 大成服装厂上个月职工增员4人。

Ⅱ. 该省上个月企业职工增员3000人。

Ⅲ. 该省上个月有12000名企业职工失业。

A. 只有Ⅰ。 B. 只有Ⅱ。 C. 只有Ⅲ。 D. 只有Ⅰ和Ⅱ。 E. Ⅰ、Ⅱ和Ⅲ。

25~26题基于以下题干:

12本书从左到右被放在书架上,其中,4本是小的纸皮书,2本是大的纸皮书,3本是布皮书,3本是皮面书。

(1) 4本小的纸皮书相互相邻。

(2) 3本皮面书相互相邻。

(3) 第1本和第12本书是纸皮书。

25. 若第1本书是小纸皮书,3本布皮书相互相邻,且第11本书是皮面书。下列哪本书可能是大的纸皮书?

A. 第4本。 B. 第5本。 C. 第6本。 D. 第9本。 E. 第10本。

26. 若第1本为大的纸皮书,第2本为小纸皮书,第7本为皮面书。下列哪个可能正确?

A. 第4本是布皮书。 B. 第5本书是皮面书。

C. 第6本书是大的纸皮书。 D. 第8本书是布皮书。

E. 第9本书是布皮书。

27. 李强从网上下载了一个公开课视频，该视频文件无法用已有的视频播放软件打开。李强由此断言，该视频文件是不完整的文件。
   以下哪项如果为真，最可能使李强的断言不成立？
   A. 不完整的视频文件都可以用已有的视频播放软件打开。
   B. 所有不完整的视频文件都不能用已有的视频播放软件打开。
   C. 已有的视频播放软件尚不能打开不完整的视频文件。
   D. 有些不完整的视频文件不能用已有的视频播放软件打开。
   E. 有些不完整的视频文件可以用已有的视频播放软件打开。

28. 某学校新来了三位年轻老师，蔡老师、朱老师、孙老师，他们每个人分别教生物、物理、英语、政治、历史和数学六科中的两科课程。其中，三个人有以下关系：
   (1) 物理老师和政治老师是邻居；
   (2) 蔡老师在三人中年龄最小；
   (3) 孙老师、生物老师和政治老师三人经常一起从学校回家；
   (4) 生物老师比数学老师年龄要大些；
   (5) 在双休日，英语老师、数学老师和蔡老师三人经常一起打排球。
   根据以上条件，可以推出孙老师教哪两科？
   A. 历史和生物。　　　　B. 物理和数学。　　　　C. 英语和生物。
   D. 政治和数学。　　　　E. 政治和历史。

29~30 题基于以下题干：
   甲、乙、丙、丁、戊、己是同一宿舍的室友，如今面临大四的到来，六人分别选择了不同的方向。其中四人选择了实习，申请了四大会计师事务所，分别是普华永道、德勤、安永、毕马威，一人保研，一人考研。已知：
   (1) 戊和丁都没有申请普华永道会计师事务所，否则乙申请毕马威会计师事务所。
   (2) 己没有保研，也没有申请普华永道会计师事务所。
   (3) 甲和丙都没有申请毕马威会计师事务所，也没有申请安永会计师事务所。
   (4) 乙要么考研，要么保研。
   (5) 如果丁没有申请毕马威会计师事务所，则甲和丙都没有申请普华永道会计师事务所。
   (6) 如果丁申请了毕马威会计师事务所或安永会计师事务所，则己没有申请毕马威会计师事务所或安永会计师事务所。

29. 根据上述信息，可以得到以下哪项一定为真？
   A. 丁申请了安永会计师事务所。　　　　B. 戊申请了安永会计师事务所。
   C. 甲申请了普华永道会计师事务所。　　D. 乙选择了考研。
   E. 丙选择了考研。

30. 已知丙向四大会计师事务所递交了申请，且没有申请普华永道会计师事务所，则下列哪项为真？
   A. 乙选择了考研，己选择了保研。
   B. 甲申请了德勤会计师事务所，丙申请了普华永道会计师事务所。
   C. 戊申请了毕马威会计师事务所，己申请了普华永道会计师事务所。
   D. 甲申请了普华永道会计师事务所，己选择了考研。
   E. 丁申请了毕马威会计师事务所，甲申请了德勤会计师事务所。

逻辑模拟试卷（十一）

建议测试时间：55-60 分钟　　实际测试时间（分钟）：_____　　得分：_____

本测试题共 30 小题，每小题 2 分，共 60 分，从下面每小题所列的 5 个备选答案中选取出一个，多选为错。

1. 对于年轻人来说，你必须明白：如果想在事业上取得一定成绩，那么平常做事要认真并且戒掉拖延症的毛病。

   根据以上信息，以下除哪项外都可能为真？
   A. 王蒙在事业上取得一定成绩，那么或者平常做事不认真或者没有戒掉拖延症的毛病。
   B. 除非平常做事要认真并且戒掉拖延症的毛病，否则不可能在事业上取得一定成绩。
   C. 景瑞在事业上取得一定成绩，但是或者平常做事不认真或者没有戒掉拖延症的毛病。
   D. 不可能在事业上取得一定成绩，除非平常做事要认真并且戒掉拖延症的毛病。
   E. 除非平常做事要认真并且戒掉拖延症的毛病，才能在事业上取得一定成绩。

2. 一位电影评论家认为，没有丰富的生活阅历的人不可能成为一名优秀的电影编剧，没有一个获得"莲花奖"的演员会多种语言，电影导演均会多种语言，但是有些电影导演却是优秀的电影编剧。

   以下哪项如果为真，最能反驳电影评论家的上述观点？
   A. 有些电影导演不是优秀的电影编剧。
   B. 有些有丰富的生活阅历的人不是获得"莲花奖"的演员。
   C. 所有获得"莲花奖"的演员都是有丰富的生活阅历的人。
   D. 获得"莲花奖"的演员都不是有丰富的生活阅历的人。
   E. 有丰富的生活阅历的人都是获得"莲花奖"的演员。

3. 尽管对包办酒席的机构的卫生检查程序比对普通餐馆的检查程序更严格是一个事实，但是上报到市卫生部门的食物中毒案例更多地是由包办酒席服务的部门引起的，而不是由餐馆的饭菜引起的。

   下面哪一项如果是正确的，有助于解释上面陈述中明显的矛盾？
   A. 在任何时候，在餐馆吃饭的人比参加包办宴会酒席的人多得多。
   B. 包办酒席的机构知道他们将招待多少人，因此比餐馆提供剩饭的可能性小，而剩饭是食物中毒的一个主要来源。
   C. 很多餐馆除了提供个人饭菜之外，也提供包办酒席的服务。
   D. 上报的在酒席宴会上发生的食物中毒案例与食品原料来源无关。
   E. 人们不太可能将其所吃的一顿饭与之后的疾病联系起来，除非一群相互有联系的人都得了这种病。

4. 高中同学聚会，甲、乙、丙在各自的工作岗位上都做出了一定的成绩，成为了教授、作家和市长。另外，还知道以下信息：（1）他们分别毕业于数学系、物理系和中文系；（2）作家称赞中文系毕业者身体健康；（3）物理系毕业者请教授写了一个条幅；（4）作家和物理系毕业者在一个市内工作；（5）乙向数学系毕业者请教过统计问题；（6）毕业后，物理系毕业者、乙和丙三人互相没有联系过。

   根据以上信息，以下哪项为真？
   A. 丙是作家，甲毕业于物理系。　　B. 乙毕业于数学系。　　C. 甲毕业于数学系。
   D. 中文系毕业者是作家。　　E. 乙是中文系的市长。

5~6 题基于以下题干：

赵、钱、孙、李四位居民积极参与到社区的疫情防控工作中，有关这四位居民的具体工作安排如下：
(1) 如果某位居民本周休息，那么下一周他就是监督员。
(2) 如果某位居民出省游玩，那么下一周他就不是监督员。
(3) 某一周如果赵是监督员，那么钱和孙都不是监督员。
(4) 某一周只有钱是监督员，李才是监督员。

· 67 ·

(5) 监督员每周只能安排一名或两名。

5. 根据以上安排，关于2021年第6周的情况，以下除了哪项均可能为真？
   A. 赵一个人是监督员。　　　B. 钱和孙都是监督员。　　　C. 钱一个人是监督员。
   D. 李和孙都是监督员。　　　E. 赵和钱都不是监督员。

6. 根据以上安排，又已知在2021年第8周，钱不是监督员，则关于这一周的情况以下哪项为假？
   A. 钱没有休息。　　　　　　B. 李休息了。　　　　　　　C. 赵没有出省游玩。
   D. 孙和李都不是监督员。　　E. 赵和孙都不是监督员。

7. 张华对王磊说：你对我说，作为公司的合法拥有者，只要我愿意，我就有权卖掉它。可是，你又对我说，如果我卖掉它，忠诚的员工们将会因此遭受不幸，因而我无权这样做。显然，你的这两种说法是前后矛盾的。
   以下哪项陈述最准确地描述了张华推论中的缺陷？
   A. 张华忽略了他的员工也有与卖掉这个公司相关的权利。
   B. 张华没有为卖掉他的公司提供充足可靠的理由。
   C. 张华现在无权卖掉他的公司不意味着他永远无权卖掉它。
   D. 张华将公司的拥有权与对忠诚员工的负责权混为一谈。
   E. 张华将有权卖掉公司的必要性和充分性本末倒置。

8. 为提供额外收入改善城市公共服务，某市的市长建议提高公共汽车车费。公共服务公司的领导却指出，前一次提高公交车费导致很多通常乘公交车的人放弃了公交系统服务，以致该服务公司的总收入降低。这名领导争辩道，再次提高车费只会导致另一次收入下降。
   该名领导的论述基于下面哪项假设？
   A. 以前车票价格提高的数量和这次建议的一样。
   B. 抬高车费不一定引起城市公共汽车服务业的收入减少。
   C. 降低车费可以吸引更多的乘客，从而提高了公共汽车服务业的收入。
   D. 对该市来说，抬高车费后，公共汽车服务会比同等城市的公共汽车服务昂贵。
   E. 目前乘公共汽车的人可以选择不乘公共汽车。

9. 近年来，我国电子垃圾产生量增长迅猛。若要实现建设生态文明的目标，除非电子垃圾问题得到妥善解决。因此，必须多管齐下，综合治理。除了建立生产者责任延伸制度和加大打击电子垃圾进口走私力度外，还要大力促进电子垃圾拆解处理领域的技术创新。如果这样，那么电子垃圾就不再会是令人头痛的污染源，而能成为填补短缺的"新矿山"。
   如果上述断定为真，则以下哪项一定为真？
   A. 如果不能实现建设生态文明的目标，那么电子垃圾问题就不能得到妥善解决。
   B. 如果能够实现电子垃圾拆解处理领域的技术创新，就能彻底解决电子垃圾问题。
   C. 如果建立生产者责任延伸制度，就能从设计开始尽量降低电子垃圾产生量。
   D. 除非电子垃圾不是令人头痛的污染源，否则一定是打击电子垃圾进口走私力度不够。
   E. 只有妥善解决电子垃圾问题，才能实现建设生态文明的目标。

10. 如果所有的艺术作品都表达作者某种确定的意向，并且这幅野兽派画作是艺术作品，那么，这幅野兽派画作一定表达了作者某种确定的意向。但这幅野兽派画作并未表达作者任何确定的意向。因此，或者这幅画不是艺术作品，或者并非所有的艺术作品都表达作者某种确定的意向。
    上述推理形式和以下哪项最为类似？
    A. 如果所有对他人造成违法伤害的行为都出于故意，并且老张实施的是对他人造成违法伤害的行为，那么，老张的行为一定出于故意。但老张的行为是合法的正当自卫。因此，或者老张的行为不是出于故意，或者有些对他人造成违法伤害的行为不是出于故意。
    B. 如果所有的科学都要运用数学，并且医疗心理学是一门科学，那么，医疗心理学就要运用数学。但是医疗心理学不要运用数学。因此，医疗心理学不是一门科学。
    C. 如果所有的医闹都是由患者方无理取闹引起的，并且上周末发生的那次医患纠纷属于医闹。那么，上周末的那次医患纠纷就是由患者方无理取闹引起的。但上周末的那次医患纠纷不是由患者方无理取闹引起的。因此，上周末发生的那次医患纠纷不属于医闹，并且并非所有的医闹都是由患者方无理取闹造成的。

D. 如果所有提供有偿陪侍的娱乐场所都必须受到查处，并且东方夜总会是提供有偿陪侍的娱乐场所，那么，东方夜总会必须受到查处。但事实上东方夜总会从未受到过查处。因此，或者东方夜总会不是提供有偿陪侍的娱乐场所，或者并非所有提供有偿陪侍的娱乐场所都必须受到查处。

E. 如果所有维生素片剂都可以安全地大剂量服用，并且天然胡萝卜素片剂是维生素片剂，那么，天然胡萝卜素片剂可以安全地大剂量服用。但天然胡萝卜素片剂大剂量服用是不安全的。因此，或者天然胡萝卜素片剂不是维生素片剂，或者并非所有维生素片剂都可以安全地大剂量服用。

11. 李栋有两个妹妹：李兰和李桦。李栋的女友郑媛有两个弟弟：郑强和郑永。他们的职业分别是：李栋，舞蹈家；郑强，舞蹈家；李兰，舞蹈家；郑永，歌唱家；李桦，歌唱家；郑媛，歌唱家。六人中有一位担任了一部电影的主角；其余五人中有一位是该片的导演。

（1）如果主角和导演是亲属，则导演是个歌唱家。
（2）如果主角和导演不是亲属，则导演是位男士。
（3）如果主角和导演职业相同，则导演是位女士。
（4）如果主角和导演职业不同，则导演姓李。
（5）如果主角和导演性别相同，则导演是个舞蹈家。
（6）如果主角和导演性别不同，则导演姓郑。

谁担任了电影主角？

A. 李栋。 B. 郑强。 C. 李兰。 D. 郑永。 E. 李桦。

12. 调查表明，使得大学生学习成绩下降的一个重要因素是：很多大学生玩网络游戏。为了提高大学生的学习成绩，学校做出决定：禁止在校园网上玩网络游戏。

以下哪项最能对学校的决定进行质疑？

A. 玩网络游戏是不可能被禁止的。
B. 适度的玩网络游戏可以提高大学生的素质。
C. 大学生主要在网吧里玩网络游戏。
D. 要禁止大学生在校园网上玩网络游戏，技术上实现起来比较困难。
E. 影响大学生成绩下降的原因有很多。

13. 有四个嫌疑人，甲、乙、丙、丁，关于他们是否作案的情况，赵队长认为"如果甲作案，则乙肯定也作案"，钱副队长则认为"只有乙不作案，甲才作案"，孙警员则认为"丙作案，则丁也会作案"，李警员的观点是"只有甲和乙都不作案，丁才不作案"。

案件侦破，发现四个人的推测只有一个为真，则以下哪项为真？

A. 赵队长推测为真，甲没作案。　　　　　B. 钱副队长推测为假，乙没有作案。
C. 孙警员推测为假，丙作案。　　　　　　D. 李警员推测为真，丁没有作案。
E. 以上选项都不一定是真的。

14. 图示方法是几何学课程的一种常用方法。这种方法使得这门课比较容易学，因为学生们得到了对几何概念的直观理解，这有助于培养他们处理抽象运算符号的能力。对代数概念进行图解相信会有同样的教学效果，虽然对数学的深刻理解从本质上说是抽象的而非想象的。

上述议论最不可能支持以下哪项判定？

A. 通过图示获得直观理解，并不是数学理解的最后步骤。
B. 具有很强的处理抽象运算符号能力的人，不一定具有抽象的数学理解能力。
C. 几何学课程中的图示方法是一种有效的教学方法。
D. 培养处理抽象运算符号的能力是几何学课程的目标之一。
E. 存在着一种教学方法，可以有效地既用于几何学，又用于代数。

15~16题基于以下题干：
地处中关村的高新技术企业的甲、乙、丙、丁、戊五名员工，来自不同的部门（人事部、开发处、生产部、财务室、销售部），五个人入职时间长短也各不相同。戊在公司的时间比人事部的员工时间长，但是短于有CPA证书的乙。丙的入职时间是最短的，所在岗位不是人事部。该公司只有入职时间最长的两个人拥有CPA证书。如果戊是销售部或生产部门的，那么甲一定不是人事部门的。

15. 如果丁也拥有CPA证书，那么以下哪项推理为假？
    A. 戊在财务室或开发处。 B. 丁的入职时间大于甲。
    C. 丙没有CPA证书。 D. 甲在人事部，并且戊的入职时间第二长。
    E. 乙可能入职时间最长。

16. 甲的入职时间短于有CPA证书的人，但是长于销售部的人，且戊没有CPA证书。
    以下哪项一定真？
    A. 甲入职时间不长于丙。 B. 甲入职时间长于戊。 C. 丙在人事部。
    D. 戊不在生产部。 E. 丁没有CPA证书。

17. 某大学考古研究会宣布，任何一个三年级以上的学生，只要对考古有兴趣并且至少修过一门考古学相关课程，都可以参加考古挖掘实习。
    以下哪项如果为真，说明上述规定没有得到贯彻？
    Ⅰ. 小张是二年级学生，对考古有兴趣并且选修过二门考古学课程，被批准参加考古挖掘实习。
    Ⅱ. 小李是五年级学生，对考古有兴趣但未选修过考古学课程，被批准参加考古挖掘实习。
    Ⅲ. 小王是四年级学生，对考古有兴趣并且选修过二门考古学课程，但未被批准参加考古挖掘实习。
    A. 只有Ⅰ。 B. 只有Ⅱ。 C. 只有Ⅲ。 D. 只有Ⅰ和Ⅱ。 E. Ⅰ、Ⅱ和Ⅲ。

18. 有研究者认为，有些人患哮喘病是由于情绪问题。焦虑、抑郁和愤怒等消极情绪，可促使机体释放组织胺等物质，从而引发哮喘病。但是，反对者认为，迷走神经兴奋性的提高和交感神经反应性的降低才是引发哮喘病的原因，与患者的情绪问题无关。
    以下哪项如果为真，最能削弱反对者的观点？
    A. 现代医学已经证实，消极情绪也可诱发身体疾病。
    B. 哮喘病发作会造成患者情绪焦虑、抑郁和愤怒等。
    C. 焦虑、抑郁和愤怒等消极情绪是现代人的普遍问题。
    D. 消极情绪会提高患者迷走神经的兴奋性并降低交感神经的反应性。
    E. 哮喘患者发病时一般都伴随有严重的情绪低落。

19. 小王到商店买衬衫，售货员问他想要哪种颜色的，小王幽默地说："我不像讨厌黄色那样讨厌红色，我不像讨厌白色那样讨厌蓝色，我不像喜欢粉色那样喜欢红色，我对蓝色不如对黄色那样喜欢。"
    根据以上信息，小王最后会选择的颜色是？
    A. 黄色 B. 蓝色 C. 红色 D. 粉色 E. 白色

20. 大多数为老百姓做过好事的干部都是好干部。但有些做过错事的干部仍不失为一个好干部。所有的好干部都有一个共同特点，那就是不以权谋私。
    如果上述断定为真，以下哪项一定为真？
    A. 所有不以权谋私的干部都是好干部。
    B. 有些干部虽然不以权谋私，但并不是好干部。
    C. 有些干部并不以权谋私，但做过错事。
    D. 对于一个干部来说，以权谋私是最大的错事。
    E. 任何一个干部，即使不以权谋私，也不可能不做错事。

21. 莫尔鸟是仅存在于新西兰的一种高大但不会飞的鸟。在人定居新西兰之前，莫尔鸟没有什么可怕的天敌，数量极多。当人们开始猎取它们后，莫尔鸟几乎绝迹了。所以，肯定是人类的打猎造成了莫尔鸟的绝迹。
    下面哪项如果正确，最严重削弱上面的论述？

A. 一些莫尔鸟栖息在新西兰人类定居最晚的一部分地区。
B. 新西兰人也猎取一种哺乳动物，这种动物虽然也易受本地天敌的攻击，却并未灭绝。
C. 人们引入新西兰好几种捕食莫尔鸟的动物。
D. 大约第一批人进驻新西兰500年之后，莫尔鸟仍存在于新西兰的某些地区。
E. 一些莫尔鸟能战胜人类。

22. 一个人不可能相信东西方历史都是按照某种确定的规律发展的，除非他对社会必然性有明确的信念。但是，随着社会历史知识的增进，一个人对社会必然性的信念会随之减弱。

上述断定最能支持以下哪项结论？

A. 一个对社会历史无知的人，不可能对社会必然性有明确的信念。
B. 一个人对社会必然性的信念属于信仰，和他的社会历史知识没有关系。
C. 随着社会历史知识的增进，一个人更有理由相信历史是按照某种确定的规律发展的。
D. 一个相信历史是按照某种确定的规律发展的人，往往缺少足够的社会历史知识。
E. 如果一个人对社会必然性有明确的信念，那么他一定不会相信历史的规律。

23. 某杂志登载了这样四句话：雅士琴棋书画；俗人柴米油盐。不沾柴米油盐，何以琴棋书画？张老师对此的解读是：如果是雅士，则擅长琴棋书画。如果是俗人，则离不开柴米油盐。如果离开柴米油盐，则不擅长琴棋书画。

如果张老师的陈述为真，则以下哪项一定为真？

A. 雅士都是俗人。
B. 雅士离不开柴米油盐。
C. 有些俗人擅长琴棋书画。
D. 有些俗人不是雅士。
E. 有些俗人是雅士。

24. 在高考中，各科总分低于最低录取线的考生不能被录取。B市的最低录取线分甲、乙两档，甲档适用于本市考生，乙档适用于外地考生。前者比后者低20分。在今年结束的高考中，B市某大学严格执行上述标准，按计划完成了招生任务。

如果上述断定为真，则以下哪项一定为真？

Ⅰ. 该大学今年录取的新生中，本地学生多于外地学生。
Ⅱ. 该大学今年录取的新生中，本地学生的人均各科总分低于外地学生。
Ⅲ. 该大学今年录取的新生中，有人的各科总分低于乙档但不低于甲档。

A. 只有Ⅰ。　　　　　　　B. 只有Ⅱ。　　　　　　　C. 只有Ⅲ。
D. Ⅰ、Ⅱ和Ⅲ。　　　　　E. Ⅰ、Ⅱ和Ⅲ都不一定为真。

25~26题基于以下题干：

某软饮料生产商针对消费者为他的新汽水提出的7个被推荐的名字 J、K、L、M、N、O 和 P 的偏爱程度进行了调查。该生产商根据这7个名字所得选票的多少来给它们排序。得票最多的排在第一位，每一个名字所得的票数都不同。调查结果如下：
(1) J 的票数比 O 的多。
(2) O 的票数比 K 的多。
(3) K 的票数比 M 的多。
(4) N 的票数不是最少的。
(5) P 所得的票数比 L 的少，但是比 N 的多，也比 O 的多。

25. 最多可能有多少个饮料的名字可以是大家最喜爱的三种之一？
A. 2。　　　B. 3。　　　C. 4。　　　D. 5。　　　E. 6。

26. 若 P 的票数比 J 多，那么最多可能有多少个名字的排列位置会被确定？
A. 1。　　　B. 2。　　　C. 3。　　　D. 4。　　　E. 5。

27. 一个医生在进行健康检查时，如果检查得足够彻底，就会使那些没有疾病的被检查者无谓地饱经折腾，并白白地支付昂贵的检查费用；如果检查得不够彻底，又可能错过一些严重的疾病，给病人一种虚假的安全感而延误治疗。问题在于，一个医生往往很难确定会把一个检查进行到何种程度。因此，对普通人来说，没有感觉不适应就去接受医疗检查是不明智的。
以下各项如果为真，都能削弱上述论证，除了哪项？
A. 有些严重疾病早期就有病人自己能察觉的明显症状。
B. 有些严重疾病早期虽无病人能察觉的明显症状，但这些症状并不难被医生发现。
C. 有些严重疾病只有经过彻底检查才能发现。
D. 有些经验丰富的医生可以恰如其分地把握检查的彻底程度。
E. 有些严重疾病发展到病人有明显不适并已错过了治疗的最佳时机。

28. 一个国家必须提供多元化服务供给，才能发展出多样化的人群、足够的人群规模和合理的职业结构。因为有不同角色才能提供不同的供给；有不同的供给，才能让社会健康发展。已知 A 国没有多元化服务的供给，但是有多样化的人群。
根据以上论述，以下哪个选项一定为真？
A. 如果 A 国家有足够的人群规模，那么它一定没有合理的职业结构。
B. 如果 A 国家没有足够的人群规模，那么它一定有合理的职业结构。
C. 如果 A 国家没有遇到战争，那么社会可以健康发展。
D. 如果 A 国家有不同的角色，那么它可以健康发展。
E. 如果 A 国家没有多样化人群，说明人群规模还不够。

29~30 题基于以下题干：
张伟、赵伟、李伟、张华、赵华、李华六个人分别参加 2021 年全国铁人三项（天然水域游泳、公路自行车、公路长跑）比赛，每人必须并且只能参加一个项目，每个项目都有两人参加。关于参加比赛的情况，有如下事实：
（1）如果张伟参加天然水域游泳项目，则赵伟不参加公路长跑项目。
（2）赵伟和张华至少有一个人不参加公路长跑项目。
（3）如果李伟参加公路长跑项目，那么赵华参加天然水域游泳项目。
（4）只有李华参加公路长跑项目，赵华才参加天然水域游泳项目。
（5）张伟和李伟参加的项目相同。

29. 如果赵伟参加公路长跑项目，则以下哪项一定为真？
A. 李华参加天然水域游泳项目。   B. 赵华参加天然水域游泳项目。
C. 张伟参加公路长跑项目。   D. 张华参加天然水域游泳项目。
E. 李华参加公路长跑项目。

30. 如果赵伟和张华参加相同的比赛项目，则以下哪项一定为真？
A. 赵华参加天然水域游泳项目。   B. 李华参加公路自行车项目。
C. 张伟参加公路自行车项目。   D. 赵华参加公路长跑项目。
E. 李伟参加天然水域游泳项目。

逻辑模拟试卷（十二）

建议测试时间：50-55 分钟　　实际测试时间（分钟）：_____　　得分：_____

本测试题共 30 小题，每小题 2 分，共 60 分，从下面每小题所列的 5 个备选答案中选取出一个，多选为错。

1. 根据第一位获得诺贝尔科学奖项的中国本土科学家、第一位获得诺贝尔生理医学奖的华人科学家屠呦呦的成功经历我们知道，艰苦奋斗的勤奋精神、百折不挠的求是精神、执着专注的敬业精神对于一个想取得伟大成就的人而言，三者缺一不可。一个不想取得伟大成就的人，一定不可能三者都得到。
   如果上述陈述为真，以下哪项陈述一定为真？
   A. 一个想取得伟大成就的人，有艰苦奋斗的勤奋精神和百折不挠的求是精神，但却没有执着专注的敬业精神。
   B. 一个不想取得伟大成就的人，一定没有艰苦奋斗的勤奋精神同时缺乏百折不挠的求是精神并且没有执着专注的敬业精神。
   C. 一个不想取得伟大成就的人，既有艰苦奋斗的勤奋精神和百折不挠的求是精神，也具备执着专注的敬业精神。
   D. 一个不想取得伟大成就的人，有艰苦奋斗的勤奋精神和百折不挠的求是精神，就没有执着专注的敬业精神。
   E. 一个不想取得伟大成就的人，有艰苦奋斗的勤奋精神和百折不挠的求是精神，却没有执着专注的敬业精神。

2. 在计算机技术高度发达的今天，我们可以借助计算机完成许多工作，但正是因为对计算机的过度依赖，越来越多的青少年使用键盘书写汉字，而手写汉字的能力受到抑制，因此过多使用计算机解决学习和生活问题的青少年实际的手写汉字能力要比其他孩子差。
   以下哪项最能支持上述结论？
   A. 过度依赖计算机的青少年和较少接触计算机的青少年在智力水平上差别不大。
   B. 大多数青少年在使用计算机解决问题的同时也会自己动手解决一些问题。
   C. 青少年能利用而非依赖计算机来解决实际问题本身也是对动手能力的训练。
   D. 那些较少使用计算机的青少年手写汉字能力较强。
   E. 书写汉字有利于弘扬中华民族精神。

3. 当玉米粒内核的水汽被加热时，形成的水蒸气不断在内核积累压力，最后内核爆炸而形成人们所喜欢吃的爆米花。一批玉米粒各粒内核中所含有的水汽含量的相同保证了玉米粒各自被爆化的时间长度上的一致性，结果也保证了出现更少的未被爆化的玉米粒。在实际操作中，一批爆米花中未被爆化的玉米粒的数量可以通过对玉米粒大小的筛选来降低。
   下面哪一项如果为真，最有助于解释为什么当一批大小均匀的玉米粒被爆化时，爆米花中未被爆化的玉米粒就比较少的现象？
   A. 未被爆化的玉米粒的数量可以通过延长加热时间来降低。
   B. 不管颗粒大小如何，所有玉米粒都将在适当的条件下被爆化。
   C. 黄色的玉米粒内核所含有的水汽比白色或蓝色的玉米粒要多。
   D. 玉米粒内核的水汽含量基本上取决于它的尺寸大小。
   E. 玉米粒内核破裂是导致玉米粒不能被爆化的原因之一，破裂的内核所含有的水汽比完整的内核要少。

4. 少年宫 1~4 楼的 8 个房间分别是音乐、舞蹈、美术、书法、棋类、电工、航模、生物 8 个活动室。并且从 1 楼到 4 楼分别排号为 1, 2, 3, …, 7, 8（每层楼 2 个活动室）。已知：（1）1 楼是舞蹈室和电工室；（2）航模室上面是棋类室，下面是书法室；（3）美术室和书法室在同一层楼上，美术室的上面是音乐室；（4）音乐室和舞蹈室都设在单号房间。
   下面关于 8 个活动室的号码说法正确的一项是？
   A. 舞蹈室是 1 号，书法室是 3 号。　　　　　　　　B. 生物室是 8 号，航模室是 6 号。

· 73 ·

C. 书法室是4号，棋类室是8号。　　D. 电工室是1号，棋类室是7号。
E. 航模室是7号，书法室是4号。

5~6题基于以下题干：
作为艺术世家，小李祖孙三人（小李、大李和老李）都十分擅长乐器。已知：三人中两人擅长古筝，两人擅长长笛，两人擅长小提琴，两人擅长单簧管；每人都擅长上述4种乐器的2~3种，还知道：
(1) 若小李擅长长笛，则老李也擅长长笛。
(2) 若老李擅长长笛，则老李也擅长小提琴。
(3) 若小李擅长小提琴，则大李也擅长小提琴。

5. 根据以上信息，可以得出以下哪项？
   A. 小李擅长古筝。　　B. 大李擅长长笛。　　C. 老李擅长单簧管。
   D. 小李不擅长小提琴。　　E. 大李不擅长小提琴。

6. 如果小李不擅长单簧管，则可以得出以下哪项？
   A. 老李擅长古筝。　　B. 大李擅长长笛。　　C. 小李不擅长长笛。
   D. 小李不擅长古筝。　　E. 大李擅长古筝。

7. 在最新的盲肠切除手术中，外科医生通过腹部一个很小的切口，边看监控录像，边做手术。因为该手术系统比传统的手术所导致的痛苦小多了，手术切口小，创伤也恢复得快多了，因此，病人们非常强烈地倾向于用该系统来做相应的手术。所以，相应的手术培训不再需要包括传统的盲肠切除方法了。
   下面哪一项如果为真，最严重地削弱了上文中的推理？
   A. 最新的盲肠切除手术的普遍应用已经降低了盲肠手术的感染率。
   B. 许多手术技术已经被流程更先进的手术技术所代替。
   C. 实习医院采用该手术系统的步伐比其他医院的步伐要慢些。
   D. 因为历史原因而保存已经落后的手术技术不是手术培训的任务的一部分。
   E. 没有操作过传统的盲肠切除手术的学生在学习该手术系统时会遇到很大的障碍。

8. 要杜绝令人深恶痛绝的"黑哨"，必须对其进行罚款，或者永久性地取消其裁判资格，或者直至追究其刑事责任。事实证明，罚款的手段在这里难以完全奏效，因为在一些大型赛事中，高额的贿金往往足以抵消被罚款的损失。因此，如果不永久性地取消"黑哨"的裁判资格，就不可能杜绝令人深恶痛绝的"黑哨"现象。
   以下哪项，是上述论证最可能假设的？
   A. 一个被追究刑事责任的"黑哨"，必定被永久性地取消裁判资格。
   B. 大型赛事中对裁判的贿金没有上限。
   C. "黑哨"是一种职务犯罪，本身已触犯刑律。
   D. 对"黑哨"的罚金不可能没有上限。
   E. "黑哨"现象只存在于大型赛事中。

9. 对于考试成绩不理想的同学来说，如果掌握了正确的学习方法，那么或者没有养成良好的学习习惯，或者没有端正的学习态度，除非没有保障学习时间。
   黄灿灿的成绩总不理想，那么根据以上信息可以得出以下哪项一定为真？
   A. 如果黄灿灿没有掌握正确的学习方法，但是养成了良好的学习习惯，那么她一定没有端正的学习态度，并且没有保障学习时间。
   B. 如果黄灿灿掌握了正确的学习方法，并且养成了良好的学习习惯，那么她一定没有端正的学习态度，并且没有保障学习时间。
   C. 如果黄灿灿有端正的学习态度，那么肯定是没有掌握正确的学习方法，或者没有保障学习时间。
   D. 黄灿灿有端正的学习态度，并且养成了良好的学习习惯同时没有掌握正确的学习方法，否则她保障了学习时间。
   E. 如果黄灿灿有端正的学习态度，并且养成了良好的学习习惯，如果她不是没有保障学习时间，就一定是没有掌握正确的学习方法。

10. 如果房价调控措施执行不严格，那么，房价会继续上涨。现在房价继续在上涨，因此，房价调控措施一定没有严格执行。

以下哪项论证与题干所犯的错误最为类似？

A. 氦或氢是化学周期表上最轻的元素。氦不是周期表上最轻的元素。因此，氢肯定是周期表上最轻的元素。

B. 如果盗版光盘的泛滥是由于正版光盘的价格过高的话，那么，降低正版光盘的价格就可以阻止盗版光盘的泛滥。但是，几次正版光盘价格的较大幅度降价，并没有有效阻止盗版光盘的泛滥。因此，盗版光盘的泛滥并不是由于正版光盘的价格过高。

C. 只要夸克是比原子更小的宇宙间最小的基本粒子，那么，就需要粘子把夸克连结在一起。事实上需要粘子把夸克连结一起。因此，夸克是比原子更小的宇宙间最小的基本粒子。

D. 只有在校期间品学兼优，才可以获得奖学金。李明获得了奖学金，所以在校期间一定品学兼优。

E. 如果患者患的是肺炎，那么用听诊器就一定能听到肺罗音。这位患者患的不是肺炎，因此，用听诊器不可能听到肺罗音。

11. 许先生认识张、王、杨、郭、周五位女士，其中：
① 五位女士分别属于两个年龄档，有三位小于 30 岁，两位大于 30 岁；
② 五位女士的职业有两位是教师，其他三位是秘书；
③ 张和杨属于相同年龄档；
④ 郭和周不属于相同年龄档；
⑤ 王和周的职业相同；
⑥ 杨和郭的职业不同；
⑦ 许先生的妻子是一位年龄大于 30 岁的教师。
请问谁是许先生的妻子？
A. 张   B. 王   C. 杨   D. 郭   E. 周

12. 长期以来，AST 被认为是治疗哮喘速效药中最有效的一种。然而，在被观察的哮喘病人中，有 1/5 的人在服用该药后产生了严重的副作用。一些医生据此认为，应该禁止使用 AST 作为治疗哮喘的药物。
以下哪项如果为真，最严重地削弱了上述观点？

A. 在 AST 最常用于治疗哮喘的某些地区，由哮喘而导致死亡的人数近几年增加了。

B. 在被观察的那些服用 AST 的病人中，许多人以前从未服过这种药。

C. 尽管 AST 越来越受关注，许多医生仍然给哮喘患者开这种药。

D. 在被观察的那些服用 AST 的病人中，只有那些胆固醇含量极高的患者服用后才产生副作用。

E. AST 使某些人的哮喘病加剧是因为它能破坏心脏组织。

13. 东汉艺术学院为应对近期发生的蝗灾，表演系的西施、貂蝉、大乔、小乔四人均采用匿名捐款。
西施说：除非我们四个说的话都为真，才是我捐的款。
貂蝉说：我和大乔都没捐款。
大乔说：除非西施捐款，否则貂蝉不会捐款。
小乔说：西施和大乔两人至少有一人捐款。
由于西施、貂蝉、大乔、小乔四人都很害羞，只有一人说真话，那么捐款者是？
A. 西施   B. 貂蝉   C. 大乔   D. 小乔   E. 无法判断

14. 人类至今的文化产品，分为互相独立的三类，即真的思想、善的行为和美的事物，简称真、善、美。任一文化产品，要么是男人创造的，要么是女人创造的，要么是男女共同创造的。如果没有女人，人类至今创造的文化产品中，将失去 50%的真、60%的善和 70%的美。
如果上述断定为真，最能支持以下哪项结论？

A. 女人创造美的能力强于男人。 B. 女人创造美的能力弱于男人。
C. 男人求真的能力可能强于女人。 D. 男人求真的能力一定和女人相同。
E. 男人求真的能力弱于女人。

15~16 题基于以下题干：
荒漠猫、丛林猫、沙丘猫、黑足猫是一个森林小区土生土长的 4 种猫科动物。该森林小区有甲、乙、丙三个栖息地，甲与乙相邻，乙与丙相邻，但甲与丙不相邻。在森林小区中，栖息地和猫科动物的特性导致猫科动物的生存符合以下条件：

(1) 每个栖息地或者生存荒漠猫或者生存沙丘猫。
(2) 丛林猫不生存在栖息地乙。
(3) 如果荒漠猫生存在某个栖息地，则丛林猫也生存在那个栖息地。
(4) 如果沙丘猫生存在某个栖息地，则黑足猫不生存在任何与之相邻的栖息地。
(5) 如果黑足猫生存在某个栖息地，则荒漠猫生存在一个与之相邻的栖息地。

15. 以下哪项必然是真的？
    A. 猫科动物黑足猫生存在栖息地甲。   B. 猫科动物黑足猫生存在栖息地丙。
    C. 猫科动物沙丘猫生存在栖息地甲。   D. 猫科动物沙丘猫生存在栖息地乙。
    E. 猫科动物沙丘猫生存在栖息地丙。

16. 如果猫科动物黑足猫生存在栖息地乙，以下哪项必然为真？
    A. 猫科动物荒漠猫生存在栖息地甲。   B. 猫科动物荒漠猫生存在栖息地乙。
    C. 猫科动物沙丘猫生存在栖息地甲。   D. 猫科动物沙丘猫生存在栖息地丙。
    E. 猫科动物黑足猫生存在栖息地甲。

17. 企业职工基本养老保险规定：
    (1) 达到国家、省规定的退休年龄（男年满60周岁，女工人年满50周岁，女干部年满55周岁）。
    (2) 用人单位和参保人员均按照规定足额缴费。
    (3) 缴费年限15年以上，或者1998年6月30日前参加工作并参加基本养老保险，2008年6月30日前达到退休年龄且缴费年限在10年以上。
    同时满足以上3个条件者，可以在退休后申请领取养老金。
    根据上述条件，以下哪项所述人员可以领取养老金？
    A. 王一是一名男性货车司机，1999年开始缴纳养老保险，2019年王一52岁，自己因身体原因，主动申请提前退休。
    B. 赵二在纺纱厂工作，是一名纺纱女工，1997年参加工作，2003年纺纱厂开始为赵二按规定缴纳社保，2019年赵二55岁在纺纱厂退休。
    C. 钱三，女，X市检察院院长，1990年入职工作，入职同年开始按规定缴纳养老保险，2019年钱三52岁因工伤申请提前退休。
    D. 赵四是一名经理人，男，1989年开始工作，至退休前赵四跳槽过很多家企业，有些企业因公司效益等原因，并未给赵四缴纳规定的养老保险费，但赵四本人并不知情，2019年60岁赵四退休。
    E. 孙五是一名民办学校的女教师，2008年参加工作，学校2010年开始为孙五缴纳养老保险费，2019年孙五52岁，申请退休。

18. 一位研究者发现，相对于体重而言，孩子吃的碳水化合物多于大人，孩子运动比大人也更多。研究者假设碳水化合物的消耗量与不同程度的运动相联系的卡路里需求量成正比。
    以下哪项如果为真，最能削弱研究者的假设？
    A. 政府在公众运动项目上平均每人花费更多的国家里，人均食用碳水化合物也更多。
    B. 不参加有组织运动的孩子比参加有组织运动的孩子倾向于吃更少的碳水化合物。
    C. 增加碳水化合物消耗量是长跑运动员准备长距离奔跑的一个惯常的策略。
    D. 与其他情况相比，身体生长时期需要相对多的碳水化合物。
    E. 尽管碳水化合物是维持身体健康所必不可少的，但吃更多碳水化合物的人并不一定更健康。

19. 赛马场上参赛的五匹骏马陆续到达终点。已知：
    (1) "赤兔"比"暴风"速度慢。
    (2) "飞雪"和"追风"的排名相邻。
    (3) "闪电"跑得比"赤兔"快，但它不是冠军。
    (4) "追风"比"赤兔"速度慢，但它不是最后一名。
    根据以上条件，哪一匹马是第三名？
    A. 赤兔   B. 飞雪   C. 追风   D. 闪电   E. 暴风

20. 张教授说："除非所有的疾病都必然有确定的诱因，否则有些疾病可能难以预防。"
    李研究员说："我不同意你的看法。"

以下哪项断定,能准确表达李研究员的看法?
- A. 有些疾病必然没有确定的诱因,但所有的疾病都可能加以预防。
- B. 所有的疾病都必然有确定的诱因,但有些疾病可能难以预防。
- C. 有些疾病可能没有确定的诱因,但所有疾病都必然可以预防。
- D. 所有的疾病都可能没有确定的诱因,但有些疾病可能加以预防。
- E. 有些疾病可能没有确定的诱因,但有些疾病可能加以预防。

21. 因为恐龙是爬行动物,所以科学家们曾经认为,像今天所有生活着的爬行动物一样,恐龙是冷血动物。然而,最近在北极北部发现的恐龙化石使一些研究者认为至少有一些恐龙是温血动物。这些研究者指出只有温血动物才能经受得住北极冬季严寒的气候,而冷血动物在极冷的情况下会被冻死。
   下面哪一点如果正确的话,最能削弱研究者的论证?
   - A. 今天的爬行动物一般都生活在温和甚至是热带的气候范围内。
   - B. 那些化石显示北极恐龙比其他已知种类的恐龙小得多。
   - C. 北极恐龙的化石是在极其耐寒的植物化石旁被发现的。
   - D. 发现在一起的恐龙化石的数量表明恐龙群是如此的庞大,以至于它们需要迁移以找到一个可持续供给食物的地方。
   - E. 史前气候环境学家认为史前北极北部冬季的气温与今天相比无明显差别。

22. 近20年来,美国女性神职人员的数量增加了两倍多,越来越多的女性加入牧师的行列。与此同时,允许妇女担任神职人员的宗教团体的教徒数量却大大减少,而不允许妇女担任神职人员的宗教团体的教徒数量则明显增加。为了减少教徒的流失,宗教团体应当排斥女性神职人员。
    如果以下陈述为真,哪一项将最有力地强化上述论证?
    - A. 调查显示,77%的教徒说他们需要到教堂净化心灵,而女性牧师在布道时却只谈社会福利问题。
    - B. 宗教团体的教徒数量多不能说明这种宗教握有真经,所有较大的宗教在刚开始时教徒数量都很少。
    - C. 女性牧师面临的最大压力是神职和家庭的兼顾,有56%的女性牧师说,即使有朋友帮助,也难以消除她们的忧郁情绪。
    - D. 在允许女性担任神职人员的宗教组织中,女性牧师很少独立主持较大的礼拜活动。
    - E. 虽然美国女性神职人员的数量增加了两倍多,但大多数女性还是不愿意担任神职人员。

23. 关于财务混乱的错误谣言损害了一家银行的声誉。如果管理人员不试图反驳这些谣言,它们就会传播开来并最终摧毁顾客的信心。但如果管理人员努力驳斥这种谣言,这种驳斥使怀疑增加的程度比使它减少的程度更大。
    如果以上的陈述都是正确的,根据这些陈述,下列哪一项一定是正确的?
    - A. 银行的声誉不会受到猛烈的广告宣传活动的影响。
    - B. 管理人员无法阻止已经出现的威胁银行声誉的谣言。
    - C. 面对错误的谣言,银行经理的最佳对策是直接说出财务的真实情况。
    - D. 关于财务混乱的正确的传言,对银行储户对于该银行的信心的影响没有错误的流言大。
    - E. 有利的口碑可以提高银行在财务能力方面的声誉。

24. 为了更好地进行科研交流,良乡大学成立了博士俱乐部,俱乐部的博士既包括在读博士,也包括已经毕业的博士;所有博士根据其所研究领域,分为基础学科博士和应用学科博士。根据统计,俱乐部一共有博士180名,其中女博士82名;男博士中在读博士50名,基础学科的男博士有16名;应用学科在读博士一共有101名。
    根据以上统计数据,可以推知以下哪项一定为真?
    - A. 应用学科毕业男博士最少66人。
    - B. 应用学科在读男博士最多48人。
    - C. 应用学科在读女博士最少51人。
    - D. 基础学科在读女博士最多28人。
    - E. 基础学科毕业男博士最多30人。

25~26题基于以下题干:
   某电商平台计划在连续的6天(分别编号为第一天,第二天,……,第六天)内分别上架老舍先生的六部作品:《骆驼祥子》《四世同堂》《老张的哲学》《赵子曰》《二马》和《猫城记》,每天只能上架一部作品,每部作品只能上架一次,上架的时间安排必须符合下列条件:
   (1) 上架《骆驼祥子》在第一天或第六天。

(2) 上架《赵子曰》的时间比上架《二马》的时间早。
(3) 上架《二马》恰在上架《猫城记》的前一天。
(4) 如果在第三天上架《四世同堂》，则在第五天上架《二马》。

25. 下面哪一个选项必定是假的？
    A. 第四天上架《四世同堂》。
    B. 第二天上架《猫城记》。
    C. 第四天上架《赵子曰》。
    D. 第三天上架《二马》。
    E. 第六天上架《老张的哲学》。

26. 如果上架《猫城记》恰在上架《骆驼祥子》的前一天，下面哪一选项必定是真的？
    A. 第三天上架《四世同堂》或《猫城记》。
    B. 第四天上架《老张的哲学》或《赵子曰》。
    C. 第二天上架《四世同堂》或《赵子曰》。
    D. 第三天上架《老张的哲学》或《赵子曰》。
    E. 第一天上架《四世同堂》或《老张的哲学》。

27. 某企业在林浩、张亮两位候选人中民主选举正厂长。在选举的前10天进行的民意测验显示，受调查者中36%打算选林浩，42%打算选张亮。而在最后的正式选举中，林浩的得票率是52%，他的对手的得票率仅46%。这说明，选举前的民意测验在操作上出现了失误。
    以下哪项，如果是真的，最能削弱上述论证的结论？
    A. 选举前20天进行的民意测验显示，林浩的得票率是30%，张亮的得票率是40%。
    B. 在进行民意测验的时候，许多选举者还没拿定主意选谁。
    C. 在选举的前7天，林浩为厂里要回30万元借款，张亮为厂里获得40万元贷款。
    D. 民意测验同时涉及对选举的组织者的意见。
    E. 林浩在竞选中的演说能力要比张亮强。

28. 一箪食，一豆羹，得之则生，弗得则死。呼尔而与之，行道之人弗受；蹴尔而与之，乞人不屑也。万钟则不辩礼义而受之，万钟于我何加焉！为宫室之美，妻妾之奉，所识穷乏者得我与？乡为身死而不受，今为宫室之美为之；乡为身死而不受，今为妻妾之奉为之；乡为身死而不受，今为所识穷乏者得我而为之；是亦不可以已乎？此之谓失其本心。
    根据以上信息，可以得出以下哪项？
    A. 若行道之人受之，则非呼尔而与之。
    B. 得一箪食、一豆羹，则未必生。
    C. 若非蹴尔而与之，则乞人屑也。
    D. 若谓之失其本心，则为宫室之美，妻妾之奉，所识穷乏者得我而为之。
    E. 弗得一箪食、一豆羹，则未必死。

29~30题基于以下题干：
"经贸学院足球队"打算从赵、钱、孙、李、周、吴、郑、王8名队员中挑选5人参加暑期魔鬼训练营，并且满足以下条件：
(1) 如果赵和郑都入选，那么王也入选；
(2) 如果吴或郑入选，那么李不入选；
(3) 钱和周至少一个不入选；
(4) 钱、孙、吴这3个选手中有1人不入选。

29. 如果孙和吴都入选，则以下哪项是一定不能入选的两个人？
    A. 赵和钱。   B. 钱和李。   C. 钱和周。   D. 周和郑。   E. 赵和周。

30. 如果吴没有入选，则以下哪项一定为真？
    A. 周入选。   B. 李没入选。   C. 赵入选。   D. 郑入选。   E. 钱没入选。

逻辑模拟试卷（十三）

建议测试时间：50-55 分钟　　　实际测试时间（分钟）：_____　　　得分：_____

本测试题共 30 小题，每小题 2 分，共 60 分，从下面每小题所列的 5 个备选答案中选取出一个，多选为错。

1. 东方商学院规定，针对任何一名在校学生，除非每门专业课都及格，否则不可能获得国家励志奖学金且获得优秀毕业生推荐资格。
   如果上述断定为真，以下哪项最准确地表达了东方商学院的规定？
   A. 东方商学院的一名学生，如果有的专业课不及格，那么必然没获得国家励志奖学金或者没获得优秀毕业生推荐资格。
   B. 东方商学院的一名在校学生，如果有的专业课不及格，那么可能获得国家励志奖学金或获得优秀毕业生推荐资格。
   C. 东方商学院的一名在校学生，如果必然获得国家励志奖学金且获得优秀毕业生推荐资格，那么有的专业课不及格。
   D. 东方商学院的一名在校学生，如果必然没获得国家励志奖学金或没获得优秀毕业生推荐资格，那么有的专业课不及格。
   E. 东方商学院的一名在校学生，如果有的专业课不及格，那么必然没获得国家励志奖学金或者没获得优秀毕业生推荐资格。

2. 一个解决机场拥挤问题的节省成本的方案是在间距 200 到 500 英里的大城市间提供高速的地面交通。成功地实施这项计划的花费远远少于扩建现有的机场，并且能减少阻塞在机场和空中的飞机的数量。
   以下哪项如果为真，将最有利于支持上述计划的正确性？
   A. 一个有效的高速地面交通系统要求对许许多多的高速公路进行大修，并改善主干道。
   B. 在全国最忙的机场，一半的离港班机是飞往一个 225 英里以外的大城市。
   C. 从乡村地区机场出来的旅行者，大多数飞往 600 英里以外的城市。
   D. 在目前由高速公路地面交通系统提供服务的地区，修建了很多新机场。
   E. 乘坐飞机旅行的人中很大一部分是乘坐长途航班的度假者。

3. 有三位见习医生，他们在同一家医院中担任住院医生。
   (1) 一星期中只有一天三位见习医生同时值班。
   (2) 没有一位见习医生连续三天值班。
   (3) 任两位见习医生在一星期中同一天休假的情况不超过一次。
   (4) 第一位见习医生在星期日、星期二和星期四休假。
   (5) 第二位见习医生在星期四和星期六休假。
   (6) 第三位见习医生在星期日休假。
   请问三位见习医生星期几同时值班？
   A. 星期一。　　B. 星期二。　　C. 星期三。　　D. 星期四。　　E. 星期五。

4. 埃文里基夏季戏剧研讨班的评委们决定根据申请者试演的好坏，给 10% 的最优秀的当地申请者和 10% 的最优秀的外地申请者提供奖学金。他们这样做是为了确保只向试演中得到最高评价的申请者提供这个项目的奖学金。
   下面哪一点指出了为什么评委们的计划不可能有效地达到他们的目标？
   A. 最好的演员也可申请加入另一项目，于是就不能加入埃文里基项目。
   B. 对一个演员会产生良好效果的试演材料可能对另一个演员来说是不利的，从而导致了评价的不准确性。
   C. 10% 的最优秀的当地和外地申请者可能不需要埃文里基项目的奖学金。
   D. 有些获得奖学金的申请者的试演得到的评价可能没有某些没有获得奖学金的申请者得到的评价高。
   E. 把申请者分成当地组和外地组是不公平的，因为它偏袒了外地申请者。

5. 如果一个社会能够促进思想和言论的自由，那么在这一段能自由表达思想的时间内，这个社会的创造性将会得到激发。美国在18世纪时创造性得到了极大的激发，因此，很明显美国在18世纪时思想自由得到了极大的激励。
下面的论述除了哪一项之外，都犯了与文中论述同样的推理错误？
　A. 对航空业来说，要使航空旅行更安全，机票价格就必须上涨，既然机票刚涨价过，因此我们可以非常确信地认为航空旅行比以前变得更安全了。
　B. 我们可以推断出希尔塞得警察局已提高了它的工作效率。因为希尔塞得的犯罪率有所下降，众所周知，当警察局的工作效率提高时，犯罪率就会下降。
　C. 真正对保护野生动植物感兴趣的人很明显是不会猎取大猎物的；既然她从未猎取过大猎物，并从未打算去猎取它们，因此很明显，她是个真正关心、保护野生动植物的人。
　D. 如果一个瓶内的东西可以被安全地喝下，那么这个瓶子就不会被标为"毒品"，所以，既然一个瓶子没被标为"毒品"，那么它里面的东西就可以被安全地喝下。
　E. 没有一个所谓的西方民主是真正的民主，因为，如果一个国家是个民主国家的话，每个公民的见解就一定会对政府产生有意义的影响，而这些国家中没有一个国家中每一个公民的意见会有这样的效果。

6. 在一次新闻发布会上，委员会成员约翰指出市长史密斯所任命的咨询委员会是近年来最没有影响力的一个。当被问到支持这一说法的论据时，约翰指出大多居民叫不出咨询委员会成员的姓名。
委员会成员约翰所给出的合理性基于以下哪项假设？
　A. 一个不称职的咨询委员会成员就像一个称职的咨询委员会成员一样被公众所熟悉。
　B. 公众通常对咨询委员会的活动不感兴趣。
　C. 只有委员会成员有资格评价咨询委员会的工作质量。
　D. 公众对于咨询委员会构成的熟悉程度是咨询委员会工作有效的一个指示。
　E. 咨询委员会成员的当选是因为他们中的每一个已经被公众很好地熟悉。

7. 过去大多数航空公司都尽量减轻飞机的重量，从而达到节约燃油的目的。那时最安全的飞机座椅是非常重的，因此航空公司只安装很少的这类座椅。今年，最安全的座椅卖得最好。这非常明显地证明，现在航空公司在安全和省油这两方面更倾向重视安全了。
以下哪项如果是真，能够最有力地削弱上述结论？
　A. 去年销售量最大的飞机座椅并不是最安全的座椅。
　B. 所有航空公司总是宣称他们比其他公司更重视安全。
　C. 与安全座椅销售不好的那年相比，今年的油价有所提高。
　D. 由于原材料成本提高，今年的座椅价格比以往都贵。
　E. 由于技术创新，今年最安全的座椅反而比一般的座椅重量轻。

8. 2021年东汉大学春节晚会结束后，学校将参与演出的人员召集在一起，做了一次调查。张老师总结说：如果有的演出没有失误的人员训练时间少于三个月，那么没有演出人员留有遗憾。韩老师总结说：要么所有演出没有失误的人员训练时间不少于三个月，要么没有演出人员留有遗憾。
结果证明张老师和韩老师两人只有一人的说法为真，那么以下关于参与演出的人员的判断不能确定真假的是？
　Ⅰ. 所有演出没有失误的人员训练时间都不少于三个月，所有演出人员都没有留有遗憾。
　Ⅱ. 所有演出没有失误的人员训练时间都不少于三个月，所有演出人员演出都没有失误。
　Ⅲ. 有的演出没有失误的人员训练时间少于三个月，所有演出人员演出都没有失误。
　Ⅳ. 有的演出没有失误的人员训练时间不少于三个月，所有演出人员演出都没有失误。
　A. Ⅰ、Ⅱ和Ⅲ。　　　　　B. 仅Ⅰ。　　　　　C. Ⅰ、Ⅱ、Ⅲ和Ⅳ。
　D. Ⅱ和Ⅳ。　　　　　　E. Ⅰ和Ⅱ。

9~10题基于以下题干：
小张、小李、小王、小方、小陶、小郑和小刘七位学生的某次期末考试成绩各不相同，按照成绩由高到低进行排名。

已知：
(1) 小李和小王的分数都比小张低。
(2) 小李的分数比小陶高。
(3) 小郑和小刘的分数都比小王低。
(4) 小方和小郑的成绩都比小陶低。
(5) 小郑的分数不是最低。

9. 以下哪项不可能是第三？
   A. 小王。　　B. 小李。　　C. 小陶。　　D. 小刘。　　E. 小方。

10. 如果小李的分数比小王高，小郑的分数比小方高，则以下哪项一定为真？
    A. 小李是第二。　　　　B. 小李是第三。　　　　C. 小王是第三。
    D. 小陶是第三。　　　　E. 小方是第七。

11. 一个心理研究中心在实施一个研究项目，内容是血型和性格的关系，方式是请被研究人员当众回答预先设计或随机提出的若干问题，其中不乏尖锐、敏感的问题。例如，你是否介意你的爱人当人体模特？你如何看待婚前性行为？你是否认为撒谎是极丢体面的事？你自己撒过谎吗？工作人员在大街上邀请了20个志愿者，他们都是B型血，并且愿意当众回答尖锐的问题。测试结果显示，这20个志愿者性格中的开朗、坦率的特征指数明显高于一般人。研究人员由此得出结论，血型和性格有确定的关系。
    以下哪项如果为真，最能说明上述研究方法中存在的漏洞？
    A. 上述志愿者都是年轻人。
    B. 上述研究中心不是一个权威机构。
    C. 另一个测试结果显示，A型血志愿者性格中的开朗、坦率的特征指数明显低于一般人。
    D. 不具有开朗、坦率性格的人一般不愿意当众回答尖锐的问题。
    E. B型血的人在人群中占有较高的比例。

12. 若一个评论家是某行业知名的专家，则他一定会及时关注这个行业的发展动态；任意一位对该行业分析透彻的评论家都会受人们追捧；但是对所有行业都似懂非懂的人一定不会受人们追捧。全球贵金属委员会只会终止那些没及时关注这个行业发展动态者的劳务合同。
    根据以上信息，可以得出以下哪项？
    A. 全球贵金属委员会不可能终止对该行业分析透彻的评论家的劳务合同。
    B. 一个评论家作为某行业知名的专家，不可能被全球贵金属委员会终止劳务合同。
    C. 全球贵金属委员会不可能终止受人们追捧的评论家的劳务合同。
    D. 全球贵金属委员会终止了某些评论家的劳务合同。
    E. 对所有行业都似懂非懂的评论家，一定会被全球贵金属委员会终止劳务合同。

13. 在某大学的留学生学院有来自日、韩、法、美的甲、乙、丙、丁四人在进行交流。每个留学生除了会说母语外，还会说其他三个国家语言中的一种，其中有一种语言三个人都会说。
    已知他们交流的情况如下：
    (1) 四人中，没有一个人既能用法语交谈，又能用韩语交谈。
    (2) 甲是法国人，丁不会说法语，但他俩却能无障碍地交谈。
    (3) 乙、丙、丁三人找不到一种共同语言交谈。
    (4) 乙不会说日语，当甲与丙交谈时，他在一边作为翻译。
    则三人都会的语言是？
    A. 法语。　　B. 英语。　　C. 日语。　　D. 韩语。　　E. 不确定。

14. 一个社会的婴儿死亡率是其整体健康状况的公认标志。尽管美国某些地区的婴儿死亡率比许多发展中国家高，而从全国来看，该比率一直在下降。但是这种下降并不一定说明，美国现在的婴儿在他们出生时平均比以前更健康了。
    下面哪一点如果正确，能最强有力地支持上面对婴儿死亡率下降所做的声明？
    A. 作为整体计算的婴儿死亡率数据不能代替特殊地区该数据的不足。
    B. 出生体重轻是美国一半婴儿死亡的主要原因。
    C. 美国在挽救早产和出生体重较轻婴儿方面的技术非常精湛，这使得这些婴儿目前的死亡率几乎为0，而过去这一比率相当高。

D. 在美国11个州内,去年的婴儿死亡率下降了。
E. 那些不能得到充分关心的婴儿不能健康地成长,所以他们的体重增长较慢。

15. 妈妈准备在超市大减价活动日去购物,但她忘记活动的具体日期,于是她分别询问了如下五人,他们的回答分别是:
爷爷:我没有记错,就是周末中的某一天。
奶奶:是星期二、星期四或星期六中的一天。
爸爸:反正不是星期一。
儿子:是星期一、星期三、星期五或星期日中的一天。
女儿:是星期五。
如果这五个人中只有一个人说对了,那么超市大减价活动日是哪天?
A. 星期一。　　B. 星期三。　　C. 星期五。　　D. 星期六。　　E. 星期日。

16. "取之有度,用之有节",是生态文明的真谛。所有倡导简约适度、绿色低碳的生活方式都能引领更多人热爱自然、融入自然,追求美好生活;但是任何一种无序开发、粗暴掠夺的生活方式都阻碍人们热爱自然、融入自然,追求美好生活。因此,所有无序开发、粗暴掠夺的生活方式都会遭到大自然无情报复。
以下哪项是上述推论必须依赖的前提?
A. 所有倡导简约适度、绿色低碳的生活方式都不会遭到大自然的无情报复。
B. 所有倡导简约适度、绿色低碳的生活方式都不是无序开发、粗暴掠夺的。
C. 任何不会遭到大自然无情报复的生活方式都是倡导简约适度、绿色低碳的。
D. 没有一个不会遭到大自然无情报复的生活方式是倡导简约适度、绿色低碳的。
E. 有的不倡导简约适度、绿色低碳的生活方式会遭到大自然的无情报复。

17. 中国自周朝开始便实行同姓不婚的礼制。《曲礼》说:"同姓为宗,有合族之义,故系之以姓……虽百世,婚姻不得通,周道然也。"《国语》说:"娶妻避其同姓。"又说:"同姓不婚,恶不殖也。"由此看来,我国古人早就懂得现代遗传学中优生优育的原理,否则就不会意识到近亲结婚的危害性。
如果以下哪项陈述为真,最能削弱作者对"同姓不婚"的解释?
A. 异族通婚的礼制为国与国的政治联姻奠定了礼法性的基础。
B. 我国古人基于同姓婚姻导致乱伦和生育不良的经验而制定同姓不婚的礼制。
C. 秦国和晋国相互通婚称为秦晋之好,秦晋之好是同姓不婚的楷模。
D. 同姓不婚的礼制鼓励异族通婚,异族通婚促进了各族之间的融合。
E. 古人通婚的原则更多的是"父母之命,媒妁之言",近亲结婚的现象很平常。

18. 科学家:就像地球一样,金星内部也有一个炽热的熔岩核,随着金星的自转和公转会释放巨大的热量。地球是通过板块构造运动产生的火山喷发来释放内部热量的,在金星上却没有像板块构造运动那样造成的火山喷发现象,令人困惑。
如果以下陈述为真,哪一项对科学家的困惑给出了最佳的解释?
A. 金星自转缓慢而且其外壳比地球的薄得多,便于内部热量向外释放。
B. 金星大气中的二氧化碳所造成的温室效应使其地表温度高达485℃。
C. 由于受高温高压的作用,金星表面的岩石比地球表面的岩石更坚硬。
D. 金星内核的熔岩运动曾经有过比地球的熔岩运动更剧烈的温度波动。
E. 金星的熔岩比地球的熔岩性质更稳定,更不容易喷发。

19~20题基于以下题干:
有六位贸易代表张三、李四、王武、李栋、郑永、赵四,坐在环绕圆桌连续等距排放的六张椅子上进行谈判,每张椅子只能坐一人,六张椅子的顺序编号依次是1号到6号。座次必须符合以下要求:
(1) 李栋和赵四必须紧挨着。
(2) 如果李四不和王武紧挨着,那么李四和李栋必须紧挨着。
(3) 张三不和王武紧挨着。
(4) 如果郑永和赵四紧挨着,则郑永和王武紧挨着。

19. 如果李四和赵四紧挨着,那么以下哪项中的两个人也必须紧挨着?

A. 张三和郑永。 B. 李四和李栋。 C. 李四和郑永。
D. 王武和李栋。 E. 王武和赵四。

20. 如果李四和李栋紧挨着，那么以下哪项必然为假？
A. 张三和郑永紧挨着。 B. 李四和王武紧挨着。 C. 郑永和赵四紧挨着。
D. 李栋坐在李四和赵四之间。 E. 郑永坐在张三和王武之间。

21. 一项研究将一组有严重失眠的人与另一组未曾失眠的人进行比较，结果发现，有严重失眠的人出现了感觉障碍和肌肉痉挛，例如，皮肤过敏或不停地"跳眼"症状。研究人员的这一结果有力地支持了这样一个假设：失眠会导致周围神经系统功能障碍。
以下哪项如果为真，最能质疑上述假设？
A. 感觉障碍或肌肉痉挛是一般人常有的周围神经系统功能障碍。
B. 常人偶尔也会严重失眠。
C. 该项研究并非由权威人士组织实施。
D. 有周围神经系统功能障碍的人常患有严重的失眠。
E. 参与研究的两组人员的性别与年龄构成并不完全相同。

22. 对于服刑的犯人来说，重要的是实际服刑时间。判刑就是裁定实际服刑时间。减刑就是依法减少实际服刑时间。死刑就是裁定实际服刑时间可以很短。无期徒刑就是裁定实际服刑时间无上限，即假定犯人可以一直活下去。任何服刑的犯人要想获得减刑，实际服刑年限必须不少于判刑年限的三分之二，除非适逢特赦。
如果上述断定为真，并且都得到严格执行，则以下哪项情况不可能出现？
A. 李某被判有期徒刑 20 年，获减刑 10 年。
B. 张某被判无期，未遇特赦，但被减刑，改判有期。
C. 赵某被判死刑，适逢特赦，但未被赦免。
D. 王某被判有期徒刑 10 年，未遇特赦，获减刑 2 年。
E. 孙某被判有期徒刑 30 年，后证明是冤案，被无罪释放。

23. 在丈夫或妻子至少有一个是中国人的夫妻中，中国女性比中国男性多 2 万。
如果上述断定为真，则以下哪项一定为真？
Ⅰ. 恰有 2 万中国女性嫁给了外国人。
Ⅱ. 在和中国人结婚的外国人中，男性多于女性。
Ⅲ. 在和中国人结婚的人中，男性多于女性。
A. 只有Ⅰ。 B. 只有Ⅱ。 C. 只有Ⅲ。
D. 只有Ⅱ和Ⅲ。 E. Ⅰ、Ⅱ和Ⅲ。

24. 张教授：在世界首次围棋人机大战中，"阿尔法狗"（一种计算机围棋程序）战胜世界围棋冠军李世石，这说明计算机在围棋比赛中取胜的能力已经超过人类。
李研究员：你忽视了"阿尔法狗"也是人编写的。
张教授：但是，编写"阿尔法狗"程序的工程师，如果作为棋手参加围棋比赛既不能战胜李世石，也不能战胜"阿尔法狗"。
在以下哪个问题上，张教授和李研究员最可能有不同意见？
A. 人机比赛和人人比赛的区别是什么？
B. 离开了人，计算机是否可以具备超越人的能力？
C. 人赋予了计算机某种能力，是否意味着人自身一定具有此种能力？
D. "阿尔法狗"是否能够战胜其他围棋高手？
E. 编写"阿尔法狗"程序的工程师，如果作为棋手参加围棋比赛，是否能战胜李世石？

25. 甲、乙、丙、丁、戊、己是一个家族的兄弟姐妹。已知：甲是男孩，有 3 个姐姐；乙有一个哥哥和一个弟弟；丙是女孩，有一个姐姐和一个妹妹；丁的年龄在所有人当中是最大的；戊是女孩，但是她没有妹妹；己既没有弟弟也没有妹妹。
从上述叙述中，可以推出以下哪项结论？

A. 己是女孩且年龄最小。 B. 丁是女孩。
C. 6个兄弟姐妹中女孩的数量多于男孩的数量。 D. 甲在6个兄弟姐妹中排行第三。
E. 乙在6个兄弟姐妹中排行第二。

26. 人非圣贤，孰能无过。我不是圣贤，所以，我也有犯错误的时候。
以下除哪项外，均与题干的论证结构相似？
A. 金无足赤，人无完人，张玲玲是人，所以，张玲玲也不是完美的。
B. 无知者无畏。小张见多识广，所以，他做事谨小慎微。
C. 志不强者智不达。曹芳意志不坚定，所以，曹芳不能充分发挥他的智慧。
D. 狭路相逢勇者胜。苏梅是勇者，所以，她最终会取得胜利。
E. 爱拼才会赢。张磊取得了胜利，所以他爱拼搏。

27. 研究人员为研究睡眠与记忆力的关系，进行了如下研究。他们分别为21岁的年轻人和75岁的老年人进行睡眠和记忆测试。在晚上入睡前，对受试者进行单词记忆测试。结果显示，老年人的单词记忆成绩比年轻人大约差25%。在睡眠过程中，研究人员借助脑电图仪对受试者的睡眠和脑电波活动进行检测，老年人的慢波睡眠时间比年轻人平均少75%。在8小时睡眠后的次日，研究人员再次检测对日前单词的记忆情况。结果显示，老年人次日的单词记忆成绩比年轻人差55%。因此，研究人员认为，慢波睡眠时间缩短是影响老年人记忆力的关键。
以下哪项如果为真，能够质疑上述观点？
A. 睡眠质量的好坏不仅取决于慢波睡眠的长短，也取决于快波睡眠的长短。
B. 慢波睡眠可以帮助新获取的信息从短期储存记忆的海马区转移到长期储存记忆的前额皮质。
C. 大多数老年人大脑功能减退，记忆力下降，即使延长慢波睡眠时间，也难改善记忆力。
D. 实验中，一些慢波睡眠时间短的老人记住的单词比慢波睡眠时间长的老人记住的更多。
E. 年轻人的记忆能力也不尽相同。

28. "夫夷以近，则游者众；险以远，则至者少。而世之奇伟、瑰怪、非常之观，常在于险远，而人之所罕至焉，故非有志者不能至也。"
根据王安石的感慨，最可能得出以下哪项？
A. 危险但不远之地，到达的人一定少。
B. 险远而人之所罕至之地，只有有志者才能到达。
C. 有些险远之地没有奇伟、瑰怪、非常之观。
D. 世之奇伟、瑰怪、非常之观一定都在险远之地。
E. 夷以近然至者少之地也是存在的。

29~30题基于以下题干：
北华大学图书馆预算委员会，必须从下面8个学科领域，即公共事业管理、工程力学、物流工程、化学工程与工艺、食品科学与工程、汉语国际教育、企业管理和园林设计中，削减恰好5个领域的经费，其条件如下：
(1) 如果公共事业管理和企业管理被削减，则园林设计也被削减。
(2) 如果化学工程与工艺被削减，则汉语国际教育和企业管理都不会被削减。
(3) 如果食品科学与工程被削减，则工程力学不被削减。
(4) 在工程力学、物流工程和汉语国际教育这三个学科领域中，恰好有两个领域被削减。

29. 如果物流工程和汉语国际教育同时被削减，下面哪一个选项列出了经费不可能被削减的两个领域？
A. 公共事业管理、工程力学。 B. 工程力学、化学工程与工艺。
C. 工程力学、食品科学与工程。 D. 食品科学与工程、企业管理。
E. 公共事业管理、化学工程与工艺。

30. 如果汉语国际教育未被削减，下面哪一个选项必定是真的？
A. 食品科学与工程被削减。 B. 化学工程与工艺未被削减。
C. 企业管理被削减。 D. 公共事业管理被削减。
E. 工程力学未被削减。

逻辑模拟试卷（十四）

建议测试时间：55—60分钟　　实际测试时间（分钟）：_____　　得分：_____

本测试题共30小题，每小题2分，共60分，从下面每小题所列的5个备选答案中选取出一个，多选为错。

1. 铁路网建设事关雄安新区社会发展和人民福祉。只有以时不我待的紧迫感、舍我其谁的责任感、勇于担当的执行力奋力作为，才能按下"快进键"，跑出"加速度"，让创新发展更有"速度"，让老百姓的幸福更有"质感"，让全面小康更有"温度"。要想有时不我待的紧迫感、舍我其谁的责任感、勇于担当的执行力，就要以"改革是为人民而改革，发展是为人民而发展"为出发点。

   根据上述信息，可以得出以下哪项？

   A. 要想以"改革是为人民而改革，发展是为人民而发展"为出发点，就要有时不我待的紧迫感、舍我其谁的责任感、勇于担当的执行力。

   B. 不以"改革是为人民而改革，发展是为人民而发展"为出发点，就不能有时不我待的紧迫感、舍我其谁的责任感、勇于担当的执行力。

   C. 如果以"改革是为人民而改革，发展是为人民而发展"为出发点，就很难让老百姓的幸福更有"质感"。

   D. 如果以时不我待的紧迫感、舍我其谁的责任感、勇于担当的执行力奋力作为，就能让创新发展更有"速度"，让老百姓的幸福更有"质感"，让全面小康更有"温度"。

   E. 除非让创新发展更有"速度"，让老百姓的幸福更有"质感"，让全面小康更有"温度"，才能以时不我待的紧迫感、舍我其谁的责任感、勇于担当的执行力奋力作为。

2. 法庭上依次站着甲、乙、丙三个人，其中的每一个人要么是职业小偷，要么是农民，他们不同的是，小偷对问题的回答总是假的，而农民的回答总是真的。法官依次地向他们提出问题。他先向甲问道："你是什么人？"甲回答以后，法官转向乙和丙问道："他回答的是什么？"对此，乙回答说："甲说他是农民。"丙则回答说："甲说他是小偷。"

   法官据此对乙和丙的身份做出了正确的判断。他的判断是？

   A. 乙是农民，丙是农民。　　B. 乙是小偷，丙是小偷。　　C. 乙是小偷，丙是农民。
   D. 乙是农民，丙是小偷。　　E. 无法做出判断。

3. S城的人非常喜欢喝酒，经常酗酒闹事，影响了S城的治安环境。为了改善城市的治安环境，市政府决定：减少S城烈酒的产量。

   以下哪项最能对市政府的决定提出质疑？

   A. 影响S城治安环境的不仅仅是酗酒闹事。　　B. 有些喝低度酒的人也酗酒闹事。
   C. S城市场上的烈酒大多数来自其他城市。　　D. S城的经济收入主要来源于烈酒生产。
   E. 喜欢喝酒是S城的人的传统习惯。

4. 周末，三位姑娘刘芳、李璐和孙娜分别为自己选购了一件心爱的礼物。她们分别到甲、乙和丙商场购买了连衣裙、迪奥口红和项链，但顺序不一定对应。已知：
   (1) 丙商场购买的是项链，但刘芳没到丙商场；
   (2) 李璐没有购买甲商场的任何商品；
   (3) 购买连衣裙的那个姑娘没有到乙商场去；
   (4) 购买项链的并非李璐。

   根据以上已知条件，以下哪项为真？

   A. 李璐在甲商场买的东西。　　　　　　　　B. 李璐买的是项链。

C. 孙娜在乙商场买的东西。 D. 刘芳买的是连衣裙。
E. 刘芳在乙商场买的东西。

5. 人的血液中高浓度脂肪蛋白含量的提高能增强人体去除多余胆固醇的能力，从而降低血液中胆固醇的含量。某些人通过经常锻炼和减轻体重的计划使血液中的高浓度脂肪蛋白的含量显著增加。
   从以上陈述中可以正确地推导出以下哪项结论？
   A. 那些体重不足的人不会有血液中出现高含量胆固醇的危险。
   B. 那些不经常锻炼的人到了晚年，在血液中出现高含量胆固醇的风险较高。
   C. 锻炼和减轻体重是降低人体血液胆固醇含量的最有效办法。
   D. 一个经常锻炼和减轻体重的项目降低了某些人血液中的胆固醇含量。
   E. 要降低体重正常的人的血液中的胆固醇含量，只有经常锻炼是必要的。

6. 除了何东辉，4 班所有的奖学金获得者都来自西部地区。
   上述结论可以从以下哪项中推出？
   A. 除了何东辉，如果有人是来自西部地区的奖学金获得者，他一定是 4 班的学生。
   B. 何东辉是唯一来自西部地区的奖学金获得者。
   C. 如果一个 4 班学生来自于西部地区，只要他不是何东辉，他就是奖学金获得者。
   D. 何东辉不是 4 班来自西部地区的奖学金获得者。
   E. 除了获得奖学金的何东辉，如果是 4 班的学生，他一定来自西部地区。

7. 贝尔制造业的工人很快就要举行罢工，除非管理部门给他们涨工资。因为贝尔的总裁很清楚，为给工人涨工资，贝尔必须卖掉它的一些子公司。所以贝尔的某些子公司将会被出售。
   如果假设下面哪一项，就可以合理地推出上面的结论？
   A. 贝尔制造业将会开始蒙受更多的损失。
   B. 贝尔的管理部门将会拒绝给它的工人们涨工资。
   C. 在贝尔制造业工作的工人将不会举行罢工。
   D. 贝尔的总裁有权力给他的工人们涨工资。
   E. 贝尔的工人不会接受以一系列改善的福利来代替他们渴望的工资增加。

8. 如果吃早饭，则会保证肠胃健康；如果不吃早饭，则会导致低血糖。如果晚饭吃得过饱，则会引起高血脂；而如果不吃晚饭或者吃得太少，也会导致低血糖。
   以上陈述为真，又知老王的血糖不低，则可以推出以下各项结论，除了哪项？
   A. 老王的肠胃健康。 B. 老王吃早饭了。 C. 老王吃晚饭了。
   D. 老王血脂较高。 E. 老王晚饭吃得不是太少。

9. 根据天气预报，这周只有三种天气，分别是晴天、雨天和多云天。每天也只可能有一种天气，现在已知：
   ① 今天是周四，晴天。
   ② 周一没有下雨。
   ③ 明天是多云天。
   ④ 明天以后要么是雨天，要么是多云天。
   ⑤ 这周有三天是晴天。
   那么根据上述陈述，以下推断错误的是？
   A. 为了避免被雨淋湿，这周最多只有三天需要带雨伞出门。
   B. 如果周六和周日天气不相同，这周最多有三天是多云天。
   C. 周三和周五天气不可能相同。
   D. 如果周二是多云天，则周一是晴天。
   E. 周一可能不是晴天，也没有下雨。

10. 张涌、胡纯、李明、郑功四位运动员分别来自北京、上海、浙江和吉林，在游泳、田径、乒乓球和足球四项运动中，每人只参加一项。此外，有以下资料可供参考：

(1) 张涌是球类运动员，不是南方人。

(2) 胡纯是南方人，不是球类运动员。

(3) 李明和北京运动员、乒乓球运动员同住一房间。

(4) 郑功不是北京运动员，年龄比吉林运动员和游泳运动员都小。

(5) 浙江运动员没有参加游泳比赛。

假设以上的情况和资料属实，那么下列哪项是确实的？

A. 张涌来自北京，是游泳运动员。　　B. 胡纯来自浙江，是游泳运动员。

C. 李明来自吉林，是田径运动员。　　D. 郑功来自上海，是乒乓球运动员。

E. 李明来自北京，是足球运动员。

11. 某国的科研机构跟踪研究了出生于20世纪50至70年代的1万多人的精神健康状况，其间测试了他们在13岁至18岁时的语言能力、空间感知能力和归纳能力。结果发现，在此期间语言能力远低于同龄人水平的青少年，成年后患精神分裂症等精神疾病的风险较高。研究人员认为，青少年期语言能力的高低将是预测成年后精神疾病的重要指标。

以下哪项如果为真，能够质疑上述观点？

A. 青少年期激素分泌水平异常，影响大脑发育，导致语言能力发展迟缓。

B. 患精神分裂症的青少年，其归纳能力相比语言能力的发展更加缓慢。

C. 有些精神健康的脑肿瘤患者在青少年时期也经常出现语言能力发展迟缓的问题。

D. 适当的教育可显著提高青少年的语言能力，但对中老年人影响不大。

E. 青少年时期语言能力高的许多人在成年后也会患有严重的精神分裂症。

12. 好莱坞恐怖片中有两种常见的类型。一种是描写病态科学家所做的灾难性实验；另一种是描写鬼怪，例如吸血鬼。在有些描写鬼怪的好莱坞恐怖片中，编导表达了这样一种意思：比鬼怪更可怕的是人自身的心理错乱。而在描写病态科学家的好莱坞恐怖片中，编导通常想表达的意思是：不要高估科学的正能量，也不要低估科学的负能量。尽管有这些不同，这两类好莱坞恐怖片的共同特点是描写在现实中不可能出现的违反自然规律的现象，并且极力造成观众的恐惧。

如果上述断定为真，则以下哪项一定为真？

A. 所有对鬼怪的描写都违反自然规律。

B. 有些描写病态科学家的影片描写了违反自然规律的现象。

C. 影片描写违反自然规律现象的目的，都是为了造成观众的恐惧。

D. 大多数描写病态科学家的好莱坞影片都表达了编导的反科学立场。

E. 不论何种类型，好莱坞恐怖片通常都表达了编导的反科学立场。

13. 有六位学者老柯、老李、老米、老倪、老欧和老平，他们每个人都要做一场报告。3个在午饭前，3个在午饭后。报告的顺序必须遵守以下条件：老李的报告必须紧接在老米之后，他们的报告不能被午饭时间隔断；老倪必须第一个或最后一个做报告。

老李可以被安排到以下位置做报告，除了？

A. 第二个。　　B. 第三个。　　C. 第四个。　　D. 第五个。　　E. 第六个。

14. "闪婚"是指男女双方恋爱不到半年就结婚。某研究所对H市法院审理的所有离婚案件做了调查。结果显示，闪婚夫妻3年内起诉离婚的比例远远高于非闪婚夫妻。该研究机构据此认为，闪婚是目前夫妻离婚的一个重要原因。

下列哪项如果为真，最能削弱以上论证？

A. 调查发现，离婚最快的夫妻往往不是闪婚夫妻。

B. 到该H市民政部门办理的协议离婚案件占该市离婚案件总量的70%。

C. 调查显示，闪婚夫妻婚后感情更加融洽。
D. 调查显示，恋爱时间过长的夫妻离婚率高于闪婚夫妻。
E. 非闪婚夫妻离婚的情况也不在少数。

15. 中超足球联赛前，国安队甲、乙、丙、丁四名队员在一起议论本俱乐部球员的转会申请情况。
    甲说："咱们俱乐部所有球员都已递交了转会申请。"
    乙说："如果大刘递交了转会申请，那么小王就没有递交申请。"
    丙说："大刘递交了转会申请。"
    丁说："咱们俱乐部有的球员没有递交转会申请。"
    已知四人中只有一人说假话，则可推出以下哪项结论？
    A. 甲说假话，大刘没递交申请。　　　　B. 乙说假话，小王没递交申请。
    C. 甲说假话，小王没递交申请。　　　　D. 丁说假话，小王递交了申请。
    E. 丙说假话，大刘没递交申请。

16. 婚礼看得见，爱情看不见；情书看得见，思念看不见；花朵看得见，春天看不见；水果看得见，营养看不见；帮助看得见，关心看不见；刮风看得见，空气看不见；文凭看得见，水平看不见。有人由此得出结论：看不见的东西比看得见的东西更有价值。
    下面哪个选项使用了与题干中同样的推理方法？
    A. 三角形可以分为直角三角形、钝角三角形和锐角三角形三种。直角三角形的三内角之和等于180°，钝角三角形的三内角之和等于180°，锐角三角形的三内角之和等于180°，所以，所有三角形的三内角之和都等于180°。
    B. 我喜欢"偶然"胜过"必然"。你看，奥运会比赛中充满了悬念，比赛因此激动人心；艺术家的创作大多出自"灵机一动"；科学发现与发明常常与"直觉""灵感""顿悟""机遇"连在一起；在茫茫人海中偶然碰到"他"或"她"，互相射出丘比特之箭，成就人生中最美好的一段姻缘。因此，我爱"偶然"，我要高呼"偶然性万岁"！
    C. 外科医生在给病人做手术时可以看X光片，律师在为被告辩护时可以查看辩护书，建筑师在盖房子时可以对照设计图，教师备课可以看各种参考书，为什么不允许学生在考试时看教科书及其他相关材料？
    D. 玫瑰花好看，因为所有的花都好看。
    E. 东边日头，西边雨，道是无晴还有晴。

17. 陈经理今天将乘飞机赶回公司参加上午10点的重要会议。秘书小张告诉王经理：如果陈经理乘坐的飞机航班被取消，那么他就不能按时到达会场。但事实上该航班正点运行，因此，小张得出结论：陈经理能按时到达会场。王经理回答小张："你的前提没错，但推理有缺陷。我的结论是：陈经理最终将不能按时到达会场。"
    以下哪项对上述断定的评价最为恰当？
    A. 王经理对小张的评论是正确的，王经理的结论也由此被强化。
    B. 虽然王经理的结论根据不足，但他对小张的评论是正确的。
    C. 王经理对小张的评论有缺陷，王经理的结论也由此被弱化。
    D. 王经理对小张的评论是正确的，但王经理的结论是错误的。
    E. 王经理对小张的评论有偏见，并且王经理的结论根据不足。

18. 经过对最近十年的统计资料分析，D市因癌症死亡的人数比例比全国城市的平均值要高两倍。而在历史上，D市一直是癌症特别是肺癌的低发病地区。看来，D市最近这十年对癌症的防治出现了失误。
    以下哪项如果为真，最能削弱上述论断？
    A. 十年来D市的人口增长和其他城市比起来并不算快。
    B. D市的气候和环境适合疗养，很多癌症病人在此地走过了最后一段人生之路。

C. D市最近几年医疗保健的投入连年上升，医疗设施有了极大的改善。

D. D市医学院在以中医理论探讨癌症机理方面取得了突破性的进展。

E. 尽管肺癌的死亡率上升，但D市的肺结核死亡率几乎降到了零。

19～20题基于以下题干：

在一个会议中有一至三的三个会期。有8篇论文K、L、M、N、O、P、R和S将被讨论。每篇论文将被安排入一个会期，会期一和二每个会期将安排3篇论文，会期三安排2篇论文，论文安排入每个会期时将遵从下列条件：

(1) K将被安排入比L早的会期。

(2) O将被安排入比P早的会期。

(3) O或者P一定与L安排入同一会期。

(4) R一定被安排到第三个会期。

19. 下列哪一项一定正确？

  A. L被安排在会期二。 B. N被安排在会期三。 C. O被安排在会期一。

  D. P被安排在会期二。 E. O被安排在会期二。

20. 假如P被安排入会期三，下列哪一项可能正确？

  A. K被安排在会期二。 B. M被安排在会期一。 C. N被安排在会期三。

  D. O被安排在会期一。 E. L被安排在会期一。

21. 针对威胁人类健康的甲型H1N1流感，研究人员研制出了相应的疫苗，尽管这些疫苗是有效的，但某大学研究人员发现，阿司匹林、羟苯基乙酰胺等抑制某些酶的药物会影响疫苗的效果，这位研究人员指出："如果你服用了阿司匹林或者对乙酰氨基酚，那么你注射疫苗后就必然不会产生良好的抗体反应。"

如果小张注射疫苗后产生了良好的抗体反应，那么根据上述研究结果可以得出以下哪项结论？

  A. 小张服用了阿司匹林，但没有服用对乙酰氨基酚。

  B. 小张没有服用阿司匹林，但感染了H1N1流感病毒。

  C. 小张服用了阿司匹林，但没有感染H1N1流感病毒。

  D. 小张没有服用阿司匹林，也没有服用对乙酰氨基酚。

  E. 小张服用了对乙酰氨基酚，但没有服用羟苯基乙酰胺。

22. 某国际卫生机构在去年10月发布该年第三季度全球病毒性感冒流行情况的统计，并把它归入A等级，这是很少使用的标志流行病应引起世界卫生组织关注的严重等级。令人费解的是，同其他三个季度相比，该年第三季度全球病毒性感冒的发病率并不是最高的，而该机构做出的其他季度的评价等级均为正常。

以下哪项如果为真，最能解释上述看似矛盾的现象？

  A. 上述国际卫生机构对去年第三季度全球病毒性感冒流行情况的统计数据有误。

  B. 去年第三季度全球病毒性感冒流行的中心地域由欧洲向亚洲转移。

  C. 世界卫生组织要求加大对流行病包括病毒性感冒的关注。

  D. 严重威胁人类生命健康的SARS（非典型性肺炎）的症状和病毒性感冒在初期很难区别。

  E. 一般地说，和其他季度相比，一年中第三季度全球病毒性感冒的发病率最低。

23. 某高校在人口普查中发现，某学院的7名教授甲、乙、丙、丁、戊、己和庚出生的时刻为寅时、卯时和辰时中的一个，并且每个时辰都至少对应着一位教授，已知：

  (1) 丙和丁是同一时辰出生的。

  (2) 戊和己是同一时辰出生的。

  (3) 出生在辰时的比出生在卯时的人数要多。

(4) 或者丙在寅时出生，或者庚在寅时出生，二者必居其一。

(5) 己和庚中有且只有一人在卯时出生。

(6) 庚要么在寅时出生，要么在卯时出生。

若在寅时出生的比在卯时出生的人数少，则以下哪项最可能为真？

A. 丙在寅时出生。　　　B. 乙在辰时出生。　　　C. 丁在卯时出生。

D. 戊在辰时出生。　　　E. 庚在卯时出生。

24. 教师节那天，小白、小黄、小蓝和小紫手里分别拿着不同颜色的花在校园里相遇，小白一看大家手里的花，思索了一会儿，就高兴地宣布她发现的规律：(1) 四种花的颜色和她们的四个姓恰好相同，但每个人手里花的颜色与自己的姓并不相同；(2) 如果将她手中的花与小黄交换，或与小蓝交换，或将小蓝手中的花与小紫交换，那么，每人手里花的颜色和自己的姓仍然不同。

根据以上陈述，可以推断小白、小黄、小蓝和小紫最初手里花的颜色分别是？

A. 紫、蓝、黄、白。　　　B. 白、黄、蓝、紫。　　　C. 黄、白、紫、蓝。

D. 蓝、紫、白、黄。　　　E. 紫、黄、白、蓝。

25. 赵亮：一个国家的经济要发展，人民要富裕，社会必须稳定。

王宜：你的断定不成立。我国的近邻老挝是一个被誉为世界上最舒适安宁的国家，很多后现代的西方人，都跑到老挝寻求前现代的安宁和舒适。但老挝是东南亚最穷的国家之一，人均 GDP 还不到 300 美元，约等于中国的 1/10，比正在崛起的越南也差很多。

以下哪项对王宜的反驳的评价最为恰当？

A. 只要上述有关老挝的陈述是真实的，那么，王宜的反驳就是成立的，有说服力的。

B. 王宜的反驳有漏洞：仅根据个别的不具有代表性的论据轻率概括出一般性的结论。

C. 王宜的反驳有漏洞：把某一现象导致的结果当作导致这一现象的原因。

D. 王宜的反驳有漏洞：把缺少证据证明某种情况存在当作有充分证据证明某种情况不存在。

E. 王宜的反驳有漏洞：把赵亮的断定误解为一个国家要稳定，人民必须富裕。

26. 一份房屋租赁合同规定：承租人须赔偿承租房内的一切坏损，除非此种坏损是在承租人入住前已经存在，或者此种坏损的出现是承租人不可控制的。

上述规定最有力地支持以下哪项坏损承租人不须赔偿？

A. 墙上的一个洞，承租人入住前并不存在，但没有证据证明这是由承租人的过失造成的。

B. 浴室的钢化玻璃门在承租人的一次洗浴时突然粉碎性破裂，承租人称，此种坏损的出现是他不可控制的。

C. 一个花瓶被承租人的小孩在玩耍时不慎打碎。

D. 书柜中几本用以装饰的书，承租人入住时还在，现在不见了。

E. 所在小区的一次突然停电，使承租房内正进入高速运转脱水程序的洗衣机受到严重损坏。

27. 信仰、信念、信心，任何时候都至关重要。小到一个人、一个集体，大到一个政党、一个民族、一个国家。只要有信仰、信念、信心，就会愈挫愈奋、愈战愈勇，否则就会不战自败。

根据上述陈述，以下哪项最不可能为真？

A. 小明有信仰、信念、信心，但他没能愈挫愈奋、愈战愈勇。

B. 奥数小组有信仰、信念、信心，并且愈挫愈奋、愈战愈勇，但还是不战自败。

C. 某公司团建小组没有不战自败，一定是没有信仰、信念、信心，或者没有愈挫愈奋、愈战愈勇。

D. 某个化学科研团队没有不战自败，他们虽然有信仰、信念、信心，但却没有愈挫愈奋、愈战愈勇。

E. 中国女排姑娘有信仰、信念、信心，在逆境的比赛中愈挫愈奋、愈战愈勇，没有不战自败。

28. 加拿大的一位运动医学研究人员报告说，利用放松体操和机能反馈疗法，有助于对头痛进行治疗。研究人员抽选出 95 名慢性牵张性头痛患者和 75 名周期性偏头痛患者，教他们放松头部、颈部和肩部的肌肉，以及用机能反馈疗法对压力和紧张程度加以控制。其结果，前者中有四分之三，后者中有一半人报告说，他们头痛的次数和剧烈程度有所下降。

以下哪项如果为真，最不能削弱上述论证的结论？

A. 参加者接受了高度的治疗有效的暗示。同时，对病情改善的希望亦起到推波助澜的作用。

B. 参加者有意迎合研究人员。即使不符合事实，也会说感觉变好。

C. 多数参加者志愿合作，虽然他们的生活状况承受着巨大的压力。在研究过程中，他们会感觉到生活压力有所减轻。

D. 参加实验的人中，慢性牵张性头痛患者和周期性偏头痛患者人数选择不等，实验设计需要进行调整。

E. 放松体操和机能反馈疗法的锻炼，减少了这些头痛患者的工作时间，使得他们对于自己病情的感觉有所改善。

29~30题基于以下题干：

赵甲、钱乙、孙丙、李丁、周武是五个无话不谈的好哥们儿，最近他们一起逛街的时候，每人买了四件物品，均为黄帽子、橙袜子、红外套和紫裤子，他们准备在下周和艺术学院的联谊中，穿上他们一起采购的衣服和帽子。然而可能搭配不合适，五个人各穿戴了其中的一种、两种或者三种。现已知：

(1) 赵甲、孙丙和周武各穿戴了其中两种，李丁穿戴了其中三种，钱乙只穿戴了其中一种。

(2) 赵甲最忌讳黄配橙，并且他今天穿了橙袜子。

(3) 李丁最钟爱的就是红外套，无论如何都会穿红外套参加。

(4) 钱乙和孙丙、孙丙和周武之间没有相同的装备。

(5) 当且仅当赵甲戴黄帽子的时候，周武才穿红外套。

(6) 赵甲、李丁和周武说好了，对于袜子的颜色，三人必须保持一致，然而钱乙的袜子颜色跟他们不一样。

(7) 只有一件物品，五个人中四个人都有穿戴。

29. 若以上陈述为真，以下哪项一定为真？

A. 孙丙穿了红外套和紫裤子。
B. 孙丙没有穿紫裤子，但穿了橙袜子。
C. 五人中四个人都有穿戴的物品是橙袜子。
D. 五人中，只有李丁穿红外套。
E. 钱乙没有戴黄帽子。

30. 若孙丙只穿戴了其中一件，那么以下哪项一定为真？

A. 孙丙和周武都穿了红外套。
B. 孙丙穿了橙袜子。
C. 孙丙和李丁不都穿红外套。
D. 孙丙和周武不都穿橙袜子。
E. 孙丙和钱乙都不穿红外套。

逻辑模拟试卷（十五）

建议测试时间：50-55 分钟　　　实际测试时间（分钟）：_____　　　得分：_____

本测试题共 30 小题，每小题 2 分，共 60 分，从下面每小题所列的 5 个备选答案中选取出一个，多选为错。

1. 生物种类的灭绝是一个依赖于生态、地理和生理变量的过程。这些变量以不同的方式影响不同种类的有机体，因而灭绝的方式应该是杂乱无章的。然而，化石记录显示生物以一种令人惊奇的确定的方式灭绝，很多种群同时消失。
   以下哪一项如果是正确的，为化石所记录的灭绝方式至少提供了部分解释？
   A. 主要的灭绝发生期是由于影响很多不同种群的范围很广的环境变化引起的。
   B. 某些灭绝发生期有选择地影响那些拥有它们种群独一无二特征的有机体。
   C. 一些种群灭绝了是因为它们的当地环境逐渐积累的变化。
   D. 在地理上最近一段时间，没有化石记录人们的干预已经改变了灭绝的方式。
   E. 那些广泛分布的种群最不可能灭绝。

2. 有些温文尔雅且有慈悲心怀的男人是有从政心态的，因此，有从政心态的男人都是好男人。
   以下哪项如果为真，最能反驳上述论证？
   A. 所有温文尔雅且有慈悲心怀的男人都不是好男人。
   B. 有从政心态的男人有些是好男人。
   C. 有些温文尔雅且有慈悲心怀的男人不是好男人。
   D. 有些有从政心态的男人不是温文尔雅且有慈悲心怀的。
   E. 温文尔雅且有慈悲心怀的男人就是好男人。

3. 四个人玩游戏，在每张纸上写上 1～9 中的一个数字，然后叠起来，每人从中抽取 2 张，然后报出两数的关系，由此猜出剩下没有人拿的那个数字是多少。已知：
   （1）A 说他手里的两数相加为 10。
   （2）B 说他手里的两数相减为 1。
   （3）C 说他手里的两数之积为 24。
   （4）D 说他手里的两数之商为 3。
   由此他们四人都猜出了剩下没有人拿的那个数字，这个数字最可能是？
   A. 5　　　　B. 6　　　　C. 7　　　　D. 8　　　　E. 9

4. 市长：当我们 4 年前重组城市警察部门以节省开支时，批评者们声称重组会导致警察对市民责任心的减少，会导致犯罪的增长。警察局整理了重组那年以后的偷盗统计资料，结果表明批评者们是错误的。包括小偷小摸在内的各种偷盗报告普遍地减少了。
   以下哪项如果正确，最能削弱市长的论述？
   A. 当城市警察局被认为不负责时，偷盗的受害者们不愿向警察报告偷盗事故。
   B. 市长的批评者们一般同意认为警察局关于犯罪报告的统计资料是关于犯罪率的最可靠的有效数据。
   C. 在警察部门进行过类似重组的其他城市里，报告的偷盗数目在重组后一般都上升了。
   D. 对警察系统的重组所节省的钱比预期目标要少。
   E. 在重组之前的 4 年中，与其他犯罪报告相比，各种偷盗报告的数目节节上升。

5. 二十八星宿是中国古代天文学家为观测日、月、五大行星运行而划分的二十八个星区，是我国本土天文学创作。古时人们为了方便于观测日、月和五大行星（金、木、水、火、土）的运转，便将黄、赤道附近的星座选出二十八个作为标志，合称二十八星座或二十八星宿。已知：
   （1）土在第三位；

(2) 水在土的后面;
(3) 水在奇数的位置;
(4) 日、月、火三个相邻。
根据以上陈述，以下哪项可能为真?

A. 日在第七位。　　　　　B. 水在第五位。　　　　　C. 金在第二位。
D. 月在第一位。　　　　　E. 火在第二位。

6. 某单位年会评选节目，参与评选的有甲、乙、丙、丁、戊、己六个单人节目，有五个部门分别表明了自己的态度：
(1) 财务部表示，丙、丁两人中只能去一个人。
(2) 进口部表示，若丁去，则乙也去。
(3) 出口部表示，甲、丙和己三人只有一个不能入选。
(4) 行政部表示，如果甲不去，则乙去。
(5) 人事部表示，己和丁至少有一个要去。
结果显示五个部门的态度均被采纳，则可以推出以下哪项?

A. 甲一定去。　　　　　B. 甲一定不去。　　　　　C. 乙一定去。
D. 乙一定不去。　　　　E. 戊一定去。

7. 伟大的科学家不仅要自己能够发明创造，更要能培养出能够发明创造的学生。汤姆逊教授就是这样一位伟大的科学家。他是电子的发现者和诺贝尔物理学奖获得者，并且培养了许多物理学家，其中有7人获得诺贝尔奖，32人成为伦敦皇家学会成员，83人成为物理学教授。这表明创造性研究所需要的技巧是能够教授和学习的。
以下哪项是上述论证所必须假设的?

A. 汤姆逊是国际上知名的学者，世界各地的学者都来与他一起工作。
B. 所有由汤姆逊培养的科学家都以他们创造性的科学研究而著称。
C. 至少有一位由汤姆逊培养过的科学家在见到汤姆逊之前不是一位有创造性的研究者。
D. 物理学中的创造性研究所需要的研究习惯不必是其他科学的创造性研究所需要的。
E. 那些最有研究成就的科学家通常都受过著名科学家的专业培养。独立性越大，他所取得的教育进步就越大。

8. 最近，网络上开展了关于是否逐步延长退休年龄的讨论。根据某网站该问题讨论专栏一个月来的博客统计，在超过200字的陈述理由的博文中，有半数左右同意逐步延长退休年龄，以减轻人口老龄化带来的社会保障压力；然而，在所有博文中，有80%左右反对延长退休年龄，主要是担心由此产生的对青年就业带来的负面影响。
以下哪项如果为真，最能支持逐步延长退休年龄的主张?

A. 现在有许多人在办理退休手续后，又找到第二职业。
B. 尊老爱幼是中国几千年的优良传统，应该发扬光大。
C. 青年人的就业问题应该靠经济发展和转型升级来解决。
D. 由于多年来实行独生子女政策，中国老龄化问题将比许多西方发达国家更尖锐。
E. 有些青年埋怨就业难，不是因为没有工作岗位，而是就业观念有问题。

9~10题基于以下题干:
大通公司业务员钱多多负责七个省的售后服务，他的工作需要在江西、安徽、浙江、湖北、湖南、江苏、福建巡回。为了能更好地完成售后服务工作，他每个月对于各省的巡回路线有以下安排：
(1) 一个月内如果去了江苏，那么就去安徽或者浙江。
(2) 一个月内如果去湖南，那么就要去湖北。
(3) 一个月内，湖南和湖北不能都不去。
(4) 一个月内只有去江西或者福建，才去湖北。

(5) 一个月内只有不去安徽，才会去江西。

9. 根据以上路线安排，以下哪项一定为假？
   A. 某个月钱多多安徽和江苏都没有去。
   B. 某个月钱多多湖南和湖北都去了。
   C. 某个月钱多多江西和安徽都没有去。
   D. 某个月钱多多江西和福建都没有去。
   E. 某个月钱多多湖南和江西都没有去。

10. 若钱多多九月没有去福建，由此可以确定以下哪项为真？
    A. 钱多多九月去了浙江。
    B. 钱多多九月没有去江苏。
    C. 钱多多九月没有去安徽。
    D. 钱多多九月去了湖南。
    E. 钱多多九月没有去江西。

11. 塑料垃圾因为难以被自然分解，一直令人类感到头疼。近年来，许多易于被自然分解的塑料代用品纷纷问世，这是人类为减少塑料垃圾的一种努力。但是这种努力几乎没有成效，因为依据全球范围内大多数垃圾处理公司统计，近年来，他们每年填埋的垃圾中塑料垃圾的比例，不但没有减少，反而有所增加。

    以下哪项如果为真，最能削弱上述论证？
    A. 近年来，由于实行了垃圾分类，越来越多过去被填埋的垃圾被回收利用了。
    B. 塑料代用品利润很低，生产商缺乏投资的积极性。
    C. 近年来，原来用塑料包装的商品的品种有了很大的增长，但其中一部分改用塑料代用品包装。
    D. 上述垃圾处理公司绝大多数属于发达或中等发达国家。
    E. 由于燃烧时会产生有毒污染物，塑料垃圾只适合填埋地下。

12. 去年以来，北京楼市经历了一次下挫。但出乎很多人意料的是，今年1-6月份房价和成交量又迅速攀升，达到历史最高点。有人认为，来自境外的投资性行为造成了北京房价的暴涨。

    以下哪项陈述如果为真，最能质疑上述观点？
    A. 与上半年非常类似的7-10月，境外投资北京楼市的需求继续增加，但是北京楼市价格明显回调。
    B. 随着北京常住性人口的增加，对住房的需求呈刚性增长。
    C. 虽然有户籍制度的限制，但是大量高端流动人口的购房需求还是可以通过购买高端商品房来实现的。
    D. 投资北京房地产的还有很多来自国内其他地区的有钱人，他们对北京楼市的价格也起推波助澜的作用。
    E. 对于楼市来说，投资性行为是永远不可能避免的。

13. 在一次比赛中，中国、韩国、日本三支足球队，两两对阵，一共比了三场球，均没有平局出现。每个队的比赛结果及进、失球如下表：

国家	胜	负	进球数	失球数
韩国	2	0	6	2
中国	0	2	2	6
日本	1	1	4	4

    根据这张表，可以判断以下关于三场球赛的具体比分说法正确的一项是？
    A. 韩VS中 4：2；韩VS日 4：2；日VS中 2：1。
    B. 韩VS中 3：0；韩VS日 3：2；日VS中 3：2。
    C. 韩VS中 2：1；韩VS日 4：1；日VS中 4：1。
    D. 韩VS中 3：1；韩VS日 3：1；日VS中 3：1。
    E. 韩VS中 2：0；韩VS日 4：2；日VS中 2：2。

14~15题基于以下题干：

    余涌：一个城市的汽车数量、道路面积和交通拥堵三者之间的关系是简单且确定的：如果汽车数量多，则交通一定拥堵，除非道路面积不少。

方宁：但事实是，世界上汽车数量和道路面积之比高于北京的城市不在少数，在这些城市中，大多数交通拥堵情况好于北京。

14. 如果余涌的上述断定为真，则以下哪项一定为真？
   A. 一个城市，如果汽车数量不多，且道路面积不小，则交通一定拥堵。
   B. 一个城市，如果交通不拥堵，则汽车数量不多，且道路面积不少。
   C. 一个城市，如果交通不拥堵，则汽车数量不多，或者道路面积不少。
   D. 一个城市，如果交通拥堵，则汽车数量多，且道路面积少。
   E. 一个城市，如果交通拥堵，则汽车数量多，或者道路面积少。

15. 如果方宁的上述断定为真，则以下哪项一定为真？
   Ⅰ. 世界上汽车数量比北京多的城市不在少数。
   Ⅱ. 世界上道路面积比北京少的城市不在少数。
   Ⅲ. 世界上大多数城市的交通拥堵情况好于北京。
   A. 只有Ⅰ。 B. 只有Ⅱ。 C. 只有Ⅲ。
   D. Ⅰ、Ⅱ和Ⅲ。 E. Ⅰ、Ⅱ和Ⅲ都不一定为真。

16. 鱼龙与鱼之间的相似性是趋同性的一个例子，趋同性就是不同种类的生物为适应同一环境而独自发育形成一个或多个相似的外部身体特征的过程。鱼龙是海生爬行动物，因此它与鱼不属于同一纲的生物。然而，鱼龙通过把它们的外部身体特征与那些鱼类的趋于一致来适应海洋环境。最引人注意的是鱼龙像鱼一样具有鳍。

如果上面的陈述是正确的，下面哪一项是基于上述陈述的合理推论？
   A. 栖居于同一环境的单一类生物体的成员的所有外部身体特征一定完全相同。
   B. 某一单类的生物体成员一定具有一个或多个使它们与其他种类的生物体相区分的外部身体特征。
   C. 一种生物发育成与其他种类的生物相似的外部身体特征完全是它们适应相似环境的结果。
   D. 不能仅仅因为一生物具有一个或多个与某类生物体的成员相似的身体外部特征，就把该生物与它们归为一类。
   E. 当两种生物体共享同一环境时，一种生物体的成员与另一种生物体的成员在数个外部身体特征上有所不同。

17. 汤姆、玛丽和约翰在图书馆一共借了四本书。汤姆说，"我借了2本书，玛丽和约翰都只借了1本书。"玛丽说，"我借了3本书，汤姆借了1本书，约翰没有借。"约翰说，"我借了2本书，汤姆借了2本，玛丽没有借。"接着，汤姆说，"玛丽说谎了。"玛丽说，"约翰说谎了。"约翰说，"汤姆和玛丽都说谎了。"

已知，说真话的人前后都说真话，而说谎话的人前后都说谎话，则以下哪项为真？
   A. 汤姆借了2本书，玛丽和约翰都只借了1本书。
   B. 汤姆借了1本书，玛丽借了2本书，约翰借了1本书。
   C. 汤姆借了1本书，玛丽借了3本，约翰没有借书。
   D. 汤姆和约翰都借了2本书，玛丽没有借书。
   E. 汤姆没有借书，玛丽和约翰都借了2本书。

18. 中海学府公馆是一高档住宅小区。在中海学府公馆小区内，每一幢木结构别墅都带有私家车库；大多数带有私家车库的别墅都是双层复式的。因此，中海学府公馆的大多数木结构别墅都是双层复式的。

以下哪项类比最能说明上述推理存在漏洞？
   A. 仿照上述推理，可以得出结论：大多数说汉语的华人都不居住在中国大陆。因为每一个马来西亚华人都能说汉语，而大多数马来西亚华人不居住在中国大陆。
   B. 仿照上述推理，可以得出结论：大多数马来西亚华人都居住在中国大陆。因为每一个马来西亚华人都能说汉语，而大多数说汉语的华人都居住在中国大陆。

· 95 ·

C. 仿照上述推理，可以得出结论：大多数说汉语的华人都是马来西亚华人。因为每一个马来西亚华人都能说汉语。

D. 仿照上述推理，可以得出结论：并非每一个说汉语的华人都居住在中国大陆。因为大多数说汉语的马来西亚华人不居住在中国大陆。

E. 仿照上述推理，可以得出结论：大多数说汉语的都是居住在中国大陆的华人。因为每一个马来西亚华人都能说汉语，而大多数马来西亚华人都居住在中国大陆。

19~20题基于以下题干：

现要从九名候选人中选出七人组成一个委员会。九名候选人中有四人是P党成员，其中二男二女；有三人是Q党成员，其中二男一女；剩余两人是R党成员，其中一男一女。委员会选举的规则是：

① 至少要选出三名女性为委员会委员。
② 任何一个党派当选的委员会委员不能多于三人。

19. 如果P党的两名男性候选人当选为委员会委员，则下列哪一项必定为真？
   A. 当选委员中男性比女性多。
   B. 当选委员中女性比男性多。
   C. 当选委员中P党成员比Q党多。
   D. 当选委员中Q党成员比R党多。
   E. 当选委员中女性比Q党成员多。

20. 如果当选委员中Q党成员比P党多，则下列哪一项可以是真的？
   A. R党的那名男性候选人没有当选为委员会委员。
   B. R党的那名女性候选人没有当选为委员会委员。
   C. P党的那两名男性候选人当选为委员会委员。
   D. 所有女性候选人都当选为委员会委员。
   E. 所有男性候选人都当选为委员会委员。

21. 《孟子·离娄章句下》写道："爱人者，人恒爱之；敬人者，人恒敬之。"
   下列哪一个选项不是上面这句话的逻辑推论？
   A. 只有人恒爱者，才是爱人者。
   B. 若不爱人者，则非人恒爱者。
   C. 除非不爱人，否则人恒爱之。
   D. 凡是非恒敬者都不敬人。
   E. 如果非恒敬者，必不敬人。

22. 李明极有可能是一位资深的逻辑学教师。李明像绝大多数资深的逻辑学教师一样，熟悉哥德尔的完全性定理和不完全性定理，而绝大多数不是资深的逻辑学教师的人并不熟悉这些定理。实际上，许多不是资深的逻辑学教师的人甚至没有听说过哥德尔。
   以下哪一项陈述准确地指出了上述推理的缺陷？
   A. 忽视了这种可能性：有些资深的逻辑学教师不熟悉哥德尔的这些定理。
   B. 推理中"资深的"这一概念是模糊的概念。
   C. 忽视了这种可能性：大多数熟悉哥德尔这些定理的人不是资深的逻辑学教师。
   D. 不加证明就断定不熟悉哥德尔完全性定理和不完全性定理的人也没有听说过哥德尔。
   E. 忽视了有的不是资深的逻辑学教师也可能不熟悉哥德尔的完全性定理和不完全性定理。

23. 有四对夫妻同在一个公司工作，他们分别姓夏、武、诸葛、欧阳、张、王、赵、李。现在，只知道这样几个条件：
   (1) 夏结婚时，欧阳送去贺礼。
   (2) 欧阳与武的发型是一样的。
   (3) 诸葛的爱人是王的爱人的亲表兄。
   (4) 未结婚前，诸葛、欧阳、李曾住同一个宿舍。
   (5) 王和其爱人外出度假时，赵、李、欧阳的爱人曾到机场送行。
   请根据以上条件，判断下列哪项为真？
   A. 武和李、欧阳和诸葛、夏和赵、王和张各是一对夫妻。

B. 王和欧阳、武和张、赵和李、诸葛和夏各是一对夫妻。
C. 夏和李、诸葛和赵、欧阳和张、武和王各是一对夫妻。
D. 夏和欧阳、王和武、张和诸葛、赵和李各是一对夫妻。
E. 赵和欧阳、王和李、夏和诸葛、张和武各是一对夫妻。

24. 在司法审判中，所谓肯定性误判是指把无罪者判为有罪，简称错判；否定性误判是指把有罪者判为无罪，简称错放。司法公正的根本原则是"不放过一个坏人，不冤枉一个好人"。某法学家认为，衡量一个法院在办案中是否对司法公正的原则贯彻得足够好，就看它的肯定性误判率是否足够低。
以下哪项能最有力地支持上述法学家的观点？
A. 各个法院的办案正确率有明显的提高。
B. 各个法院的否定性误判率基本相同。
C. 宁可错判，不可错放，是"左"的思想在司法界的反映。
D. 错放造成的损失，大多是可以弥补的；错判对被害人造成的伤害，是不可以弥补的。
E. 错放，只是放过了坏人；错判，则是既放过了坏人，又冤枉了好人。

25. 某书店有10个书架按序号1、2、3、…、10依次摆放，其中只放置儿童书籍的书架有1个；只放置科技书籍的书架有2个，并且连号排列；只放置历史书籍的书架有3个，并且不与放置儿童书籍的书架连号排列；只放置文学书籍的书架有4个，并且不与放置科技书籍的书架连号排列。
如果第1、3、10号书架放置历史书籍，4号书架放置科技书籍，那么儿童书籍一定放置在几号书架上？
A. 2号书架。 B. 5号书架。 C. 6号书架。 D. 7号书架。 E. 3号书架。

26. 无论从全球范围，还是从我国的实际情况来看，人类文明都发展到了这样的一个阶段，既保证生态环境，又确保人与自然的和谐，是经济能够得到可持续发展的必要前提，也是人类文明得以延续的重要保障。
以下哪项如果为真，最能质疑上述观点？
A. 如果不能保证生态环境或者确保人与自然的和谐，则经济就不能够得到可持续发展，人类文明也就得不到延续的保障。
B. 如果不能保证生态环境，就不能确保人与自然的和谐，经济就不能够得到可持续发展。
C. 不能保证生态环境，也不能确保人与自然的和谐，经济也能够得到可持续发展，人类文明的延续也是可以保障的。
D. 保证了生态环境或者保证了人与自然的和谐，经济也不能够得到可持续发展，人类文明的延续也不能得以保障。
E. 保证了生态环境，但仍然不能确保人与自然的和谐，经济也不能够得到可持续发展，人类文明的延续也得不到保障。

27. 某报评论：H市的空气质量本来应该已经得到改善。五年来，市政府在环境保护方面花了气力，包括耗资600多亿元将一些污染最严重的工厂迁走，但H市仍难摆脱空气污染的困扰，因为解决空气污染问题面临着许多不利条件，其中，一个是机动车辆的增加，另一个是全球石油价格的上升。
以下各项如果为真，都能削弱上述论断，除了哪项？
A. 近年来H市加强了对废气排放的限制，加大了对污染治理费征收的力度。
B. 近年来H市启用了大量电车和使用燃气的公交车，地铁的运行路线也有明显增加。
C. 由于石油涨价，许多计划购买豪华车的人转为购买低耗油的小型车。
D. 由于石油涨价，在国际市场上一些价位偏低的劣质含硫石油进入H市。
E. 由于汽油涨价和公车改革，拥有汽车的人缩减了驾车旅游的计划。

28. 在一种网络游戏中，如果一位玩家在A地拥有一家旅馆，他就必须同时拥有A地和B地。如果他在C花园拥有一家旅馆，他就必须拥有C花园以及A地和B地两者之一。如果他拥有B地，则他还拥有C花园。

假如该玩家不拥有 B 地,可以推出下面哪一项结论?

A. 该玩家在 A 地拥有一家旅馆。
B. 该玩家在 C 花园拥有一家旅馆。
C. 该玩家拥有 C 花园和 A 地。
D. 该玩家在 A 地不拥有旅馆。
E. 该玩家拥有 A 地但不拥有 C 花园。

29~30 题基于以下题干:

某医院的外科病区有甲、乙、丙、丁、戊 5 位护士,她们负责病区 1、2、3、4、5、6、7 号共 7 间病房的日常护理工作,每间病房只由一位护士来护理,每位护士至少护理一间病房。在多年的护理过程中,她们已经形成特定的护理习惯和经验。已知:

(1) 甲护理 1、2 号两间病房,不护理其他病房;
(2) 乙和丙都不护理 6 号病房;
(3) 如果丁护理 6 号病房,则乙护理 3 号病房;
(4) 如果丙护理 4 号病房,则乙护理 6 号病房;
(5) 戊只护理 7 号病房。

29. 根据以上信息,可以得出以下哪项?

A. 乙护理 3 号病房。
B. 丙护理 4 号病房。
C. 丁护理 5 号病房。
D. 乙护理 5 号病房。
E. 丁护理 4 号病房。

30. 如果丁只护理一间病房,则得不出以下哪项?

A. 乙护理 4 号病房。
B. 丙护理 5 号病房。
C. 丁护理 6 号病房。
D. 乙护理 5 号病房。
E. 乙护理 3 号病房。

逻辑模拟试卷（十六）

建议测试时间：55-60分钟　　实际测试时间（分钟）：_____　　得分：_____

本测试题共30小题，每小题2分，共60分，从下面每小题所列的5个备选答案中选取出一个，多选为错。

1. 在由发展中国家向经济发达国家前进的过程中，大量资本支持是必不可少的条件，而高储蓄率是获得大量资本的必要条件。就目前来说，中国正处于经济起飞时期，因此，储蓄率高是当前经济发展中的一种正常而合理的现象。
   由以上论述可以推出以下哪项？
   A. 有了大量的资本支持，就可以实现由发展中国家向发达国家的跨越。
   B. 有了高储蓄率，就可以获得大量的资本支持。
   C. 如果没有获得大量的资本支持，说明储蓄率不高。
   D. 不可能没有高储蓄率而能实现向发达国家的转变。
   E. 不可能有高储蓄率而不能实现向发达国家的转变。

2. 漂亮妈妈：我5岁大的双胞胎兄弟大大和小小穿同样的衣服。今天我将他俩穿过的两件衬衣分别清洗，大大穿的那件衬衣用平时常用的那种普通洗衣粉洗，小小穿的那件衬衣用最新推出的奥妙牌洗衣粉洗，结果发现小小的比大大的洗得干净多了。因此，奥妙牌洗衣粉比我平时常用的那种洗衣粉的去污力更强。
   下面哪一项如果为真，是上文中的推理所依据的一个假设？
   A. 5岁大的双胞胎比其他同龄的小孩倾向于把他们穿的衣服弄得更肮脏。
   B. 用平时常用的洗衣粉清洗的衬衣并不比用最新推出的奥妙牌洗衣粉清洗的衬衣更肮脏。
   C. 一件弄脏的衣服用等量的平时常用的洗衣粉清洗时，每次清洗的效果是一样的。
   D. 用最新推出的奥妙牌洗衣粉清洗弄脏的衣服比用其他任何洗衣粉都洗得更干净。
   E. 大多数双胞胎小孩常常穿同样的衣服。

3. 四位导师汪、那、庚、周和各自的学员张、王、李、赵（顺序分别对应），在等级核定环节，只有A、B、C、D四个等级，汪、那、庚、周四位导师分别给各自的学员评级为A、B、C、D（顺序分别对应），并且每位导师还需要给另外的三名学员评级，已知每个导师给四个学员的等级各不相同，每位学员获得的四位导师的评级也各不相同。已知以下信息：
   （1）汪导师给那导师学员的评级和那导师给庚导师学员的评级一样。
   （2）汪导师给周导师学员的评级和那导师给汪导师学员的评级一样。
   根据以上信息可以推出以下哪项？
   A. 汪导师给李学员的评级为C。　　　　B. 汪导师给赵学员的评级为B。
   C. 庚导师给张学员的评级为D。　　　　D. 周导师给张学员的评级为D。
   E. 那导师给赵学员的评级为D。

4. 暴露于高温时，房屋建筑材料发出独特的声音。声音感应器能够精确探测这些声音，内装声音感应器的火灾报警器能够提供一个房屋起火的早期警报，使居住者能在被烟雾困住之前逃离。由于受烟熏是房屋火灾最通常的致命因素，要求安装声音感应报警器来替代烟雾探测器将使房屋火灾不再是导致死亡的主要原因。
   下列哪一项假设正确，最能反对上面的论述？
   A. 假如基于声音感应器的报警系统广泛使用的话，其高昂成本将下降。
   B. 在完全燃烧时，许多用于房屋建筑的材料发出的声音在几百码之外也可以听得见。
   C. 许多火灾开始于坐垫和床垫，产生大量烟雾却不发出声音。
   D. 在一些较大的房屋中，需要两个或两个以上的声音探测器为基本要求的报警器以达到足够的保护。
   E. 在它们普遍使用后，烟雾探测器拯救了许多生命。

· 99 ·

5. 在 B 市，2022 年里每天的环保费用支出与这一天路上行车的最大值成正比。既然今年的平均行车峰值比去年的该数值高不少，那么就可以推出 B 市今年的环保费用支出一定比去年大。

下面哪一个论述的推理模式与上面的论述最相似？

A. 在 H 洲 25 个国家里，任何一个国家博物馆的参观人数都与这个国家的文化教育投入成正比。既然 H 洲的这些国家去年比前年总共多投入了 15% 的经费，那么去年该洲的国家博物馆的参观人数就比前年的多。

B. H 洲在任何一个时期博物馆对外开放的时间，都与 H 洲这个时期国家的文化教育投入成正比。但是 H 洲每年对外开放的时间都是一样的。因此，通常 H 洲的博物馆的开放时间比其他洲的时间长。

C. H 洲每年增加的新的馆藏的数量都与它前一年所开展的文化教育活动成正比。因此，如果学院想增加博物馆的馆藏，它就必须增加在文化教育活动上的开支。

D. 学生在 H 洲博物馆的门票收费与他们的国家发展水平成正比，既然 H 洲学生参观博物馆的人数在增加，那么就可推出 H 洲收取的门票费用比过去大。

E. H 洲每年雇用的清洁人员与该年度所开放的时间以及该洲学生人数成正比。因此，H 洲在每年雇佣的清洁人员数都与该年度入学人数成正比。

6. 传统上，人们认为由经理们一步一步理性地分析做出的决策要优于通过直觉做出的决策。然而，最近的一项研究发现，高级经理使用直觉比大多数中级或低级经理多得多。这确证了一项替代观点，即直觉实际上比仔细的、有条不紊的理性分析更有效。

以上结论基于以下哪一项假设？

A. 有条不紊的、一步一步地理性分析在做出许多真实生活中的管理决策时不适用。

B. 高级经理既有能力使用直觉判断，也有能力使用有条不紊的、一步一步地理性分析来做决策。

C. 使用有计划的分析和使用直觉判断一样，可以轻松地做出中级和低级经理做出的决策。

D. 高级经理使用直觉判断做出他们的大多数决策。

E. 高级经理比中级和低级经理在做决策方面更有效。

7. 我国科研人员经过对动物和临床的多次试验，发现山茱萸具有抗移植免疫排斥反应和治疗自身免疫性疾病的作用，是新的高效低毒免疫抑制剂。某医学杂志首次发表了关于这一成果的论文。多少有些遗憾的是，从杂志收到该论文到它的发表，间隔了 6 周。如果这一论文能尽早发表的话，这 6 周内许多这类患者可以避免患病。

以下哪项如果为真，最能削弱上述论证？

A. 上述医学杂志在发表此论文前，未送有关专家审查。

B. 只有口服山茱萸超过两个月，药物才具有免疫抑制作用。

C. 山茱萸具有抗移植免疫排斥反应和治疗自身免疫性疾病的作用仍有待进一步证实。

D. 上述杂志不是国内最权威的医学杂志。

E. 口服山茱萸可能会引起消化系统不适。

8. 2019 年，随着房价调控政策的改革，很多城市的房价大跌。一项报告显示：贷款买房的工薪阶层都是毕业三年的本科毕业生；有些未婚女青年买了具有升值空间的学区房；买了具有升值空间的学区房的多少都有长远的规划。据此，该报告的结论是：毕业三年的本科毕业生都没有长远的规划。

以下哪项如果为真，最能质疑该报告的结论？

A. 贷款买房的工薪阶层都是未婚女青年。

B. 有些未婚女青年不是贷款买房的工薪阶层。

C. 未婚女青年都不是贷款买房的工薪阶层。

D. 有些毕业三年的本科毕业生是未婚女青年。

E. 未婚女青年都是贷款买房的工薪阶层。

9~10 题基于以下题干：

达丽卡公司近年来经营稳定、业绩良好，公司在航运、农业、环保、汽车、旅游等多个领域都有不错的表现。在最近召开的董事会上，高层主管经过激烈的讨论，达成以下共识：

(1) 如果今年公司的利润没有达到历史最好水平，那么公司在航运和环保两个领域上至少有一个不能盈利。

(2) 只有今年的公司利润是历史最差水平时，公司在环保和汽车两个领域中才至少会有一个不能盈利。

(3) 只有公司在环保领域不盈利，公司在农业和旅游两个领域才会都不盈利。

(4) 如果公司在农业领域不盈利，那么公司在旅游领域就不能盈利。

9. 如果上述共识是真的，又知道达丽卡公司今年公司利润不是历史最差，由此可以确定以下哪项为假？
    A. 环保领域盈利。　　　　B. 汽车领域盈利。　　　　C. 旅游领域盈利。
    D. 旅游领域不盈利。　　　E. 农业领域不盈利。

10. 如果上述共识是真的，又知道达丽卡公司今年公司利润不是历史最差，也不是历史最好，由此可以确定以下哪项为真？
    A. 航运领域不盈利。　　　B. 环保领域不盈利。　　　C. 旅游领域不盈利。
    D. 旅游领域盈利。　　　　E. 航运领域盈利。

11. 某餐馆老板：顾客要求增加蔬菜的品种。为满足顾客的要求，本餐馆新推出了三个蔬菜品种：蒜叶茄丁、南瓜百合、浓汁土豆。点前两个菜的人很多，后一个菜价格相比最便宜，但几乎无人问津。这说明顾客一定不喜欢吃土豆。

    以下哪项最为恰当地指出了题干餐馆老板论证中存在的漏洞？
    A. 依据一个不具有代表性的样本得出与样本不相干的结论。
    B. 把主观性猜测当作客观性证据来得出一般性结论。
    C. 仅仅根据两个现象统计相关就断定它们因果相关。
    D. 把所要得出的结论当作得出此种结论的论据。
    E. 把对某个现象的一种可能的解释当作唯一可能的解释。

12. 《东周列国志》中有载：秦穆公有幼女，名唤弄玉，年十五，穆公欲为之求佳婿。弄玉自誓曰："必是善笙人，能与我唱和者，方是我夫，他非所愿也。"

    根据上述陈述，以下哪项最符合弄玉的誓约？
    A. 我的夫君不是善笙者或者是能与我相和者。
    B. 如果此人善笙但不是能与我相和者，那便不是我要嫁之人。
    C. 如果此人是善笙者，而且是能与我相和者，那便是我要嫁的人。
    D. 不是我要嫁的人，就一定不是善笙者，也不能与我相和者。
    E. 如果不是我要嫁的人，那么此人或者不是善笙者，或者不是能与我相和者。

13. 慈善部门收到 10 台向贫困山区中学捐赠的电脑，可以确定是赵、钱、孙三位企业家捐赠的。面对他们各自捐赠了多少台电脑的询问，赵说："我捐了四台，另外两位企业家都捐了三台。"钱说："我只捐了两台，赵先生捐的最多，是五台。"孙说："我只捐了一台，钱先生捐的最多，是六台。"听完各自的陈述后，赵接着说，"钱先生说的是假话"；钱接着说，"孙先生说的是假话"；孙接着说，"赵先生和钱先生都说了假话"。

    已知说假话的人前后都说假话，说真话的人则前后都说真话。

    根据以上陈述，关于赵、钱、孙三位捐赠的电脑台数符合以下哪项？
    A. 四、三、二。　　　　　　　　　　B. 五、二、三。
    C. 三、一、六。　　　　　　　　　　D. 四、二、四。
    E. 根据已知信息无法确定三人捐赠电脑的具体数量。

14. 人类对甜食的热衷曾一度是对人体有益的：因为喜欢甜食，人们更乐于去吃那些有益健康的食品（如成熟的水果），而不吃无益的食品（如不成熟的水果）。然而，现在的糖都经过了提炼，因此对甜食的热衷不再是有益的，因为精制的糖是不利健康的。

    下列哪选项如果正确，将支持以上观点？
    A. 一些食物即使生吃时不利健康，但做熟了吃，就对健康有好处。
    B. 一些喜欢吃甜食的人更愿意吃成熟的水果，而不是糖块。

C. 喜欢吃甜食的人会更愿意吃含有精炼糖的食品，而不是吃成熟的水果这类自然的甜食品。
D. 史前期的人类可能不依靠味觉，就无法辨别出健康食品和非健康食品。
E. 某些没有精炼过的食品不比其精炼后的产物更有营养。

15. 某花园的园艺师将能够代表春夏秋冬四季的四种花分别放在四个温度不同事宜生长的屋子里，让每一个来赏花的人猜分别在哪一屋子中。按照春兰、夏荷、秋菊、冬梅的顺序，小雷猜测四种花依次装在第一、第二、第三、第四号房间，小刚猜测四种花依次装在第一、第三、第四和第二号房间，小赵猜测四种花依次装在第四、第三、第一和第二个房间，而小芳猜测四种花依次装在第四、第二、第三和第一个房间。园艺师说，小赵一个都没猜对，小雷和小刚各猜对了一个，而小芳猜对了两个。
    如果上述陈述为真，以下哪项一定是真的？
    A. 第一个房间里装的是夏荷。
    B. 第一个房间里装的是秋菊。
    C. 第二个房间里装的是秋菊。
    D. 第三个房间里装的不是春兰。
    E. 第四个房间里装的不是冬梅。

16. 在本届乒乓球公开赛上，如果中国队的女子双打能够进入半决赛，同时混合双打失利，则男子单打无法夺冠或者女子单打无法夺冠。
    如果以上命题为真，再加上以下哪项前提，可以得出结论：中国队的女子双打没有进入半决赛？
    A. 中国队的混合双打没有失利，而且女子单打和男子单打都夺冠了。
    B. 中国队的混合双打夺冠，但男子单打和女子单打都没有夺冠。
    C. 中国队的男子单打和女子单打都夺冠了，但混合双打失利。
    D. 中国队的混合双打、男子单打和女子单打都没有夺冠。
    E. 中国队的混合双打没有失利，但女子单打和男子单打都失利了。

17. 最近对北海轮船乘客的一项调查表明，在旅行前服用晕船药的乘客比没有服用的乘客有更多的人表现出了晕船的症状。显然，与药品公司的临床试验结果报告相反，不服用晕船药会更好。
    如果以下哪项为真，最强地削弱了上文的结论？
    A. 在风浪极大的情况下，大多数乘客都会表现出晕船的症状。
    B. 没有服用晕船药的乘客和服用了晕船药的乘客以相同的比例加入了调查。
    C. 那些服用晕船药的乘客如果不服药，他们晕船的症状会更加严重。
    D. 花钱买晕船药的乘客比没有花钱买药的乘客更不愿意承认自己有晕船的症状。
    E. 该班轮船上有不少乘客由于在旅行前服用了晕船药，在整个旅行中都没有表现出任何晕船的症状。

18. 实质上，所有租金管理政策都包含规定一个房东可向房客索要的最高租金。租金管理的基本原理是在对房子的需求增加而房子的供给有限致使租金急剧增加的情况下，来保护房客的利益。然而，尽管租金管理从短期来看能帮助房客，但是从长期来看它会对出租房屋市场造成负面影响。这是因为房东将会不情愿维持他们现有房地产的质量，甚至更不愿意额外再建一些供出租的房子。
    下面哪一点如果正确，能最好地解释上面描述的房东的不情愿的行为？
    A. 房客喜欢租金管理下的低质量的住宿设施，而不喜欢没有租金管理下的高质量的住宿设施。
    B. 租金管理使房东很难从维护或建筑新房的任何投资中取得公正合理的收益。
    C. 租金管理是一种常见的习惯做法，尽管它对缓和租房紧张毫无作用。
    D. 租金管理一般是由于政治原因而被引进的，因此它需要政治行为来解除它。
    E. 房客们喜欢租金管理，而不喜欢直接从政府那里接受津贴来补偿他们付不起的租金。

19~20题基于以下题干：
某卫视直播的娱乐节目中，甲、乙、丙、丁四人一组扮演警察来执行一项任务，来追捕戊和己扮演的两名逃犯。导演告诉甲、乙、丙、丁四人，他们四人中有人可能和逃犯串通，所以四名警察之间并不完全信任。甲信任所有不信任丙的警察，丁不信任丙，丙信任所有信任甲的警察。

19. 假定以上陈述为真，且乙不信任丙，则以下哪项一定为真？
    A. 如果甲信任丙，则乙不信任甲。
    B. 乙信任甲，乙信任丁。
    C. 甲信任乙和丁。
    D. 甲信任乙，乙信任丁。
    E. 只有甲信任丙，丙才信任乙。

20. 假定以上为真,且丙不信任所有警察,则以下哪项一定为假?
   A. 乙不信任甲。
   B. 丁不信任甲。
   C. 如果乙信任甲,则丁信任甲。
   D. 只有丁不信任甲,乙才信任甲。
   E. 除非丁信任甲,否则乙信任甲。

21. 一些国家为了保护储户免受因银行故障造成的损失,由政府给个人储户提供相应的保险。有的经济学家指出,这种保险政策对这些国家的银行高故障率承担部分责任。因为有了这种保险,储户在选择银行时就不关心其故障率的高低,这极大地影响了银行通过降低故障率来吸引储户的积极性。
   为使上述经济学家的论证成立,以下哪项是必须假设的?
   A. 银行故障是可以避免的。
   B. 储户有能力区分不同银行的故障率的高低。
   C. 故障率是储户选择银行的主要依据。
   D. 储户存入的钱越多,选择银行就越谨慎。
   E. 银行故障的主要原因是计算机病毒。

22. 所谓红利,实际上是指一个国家或地区在特定发展阶段所具有的发展优势,以及利用这种发展优势所带来的好处。对于任何一个国家或地区来说,红利的产生和消失都是其经济发展的一种正常现象。
   根据上述定义,下列哪项不涉及红利?
   A. 甲国多数企业都会按季度发放股息分红,其数额约占公司税后净利的50%,良好的利润分配方式,使企业经营结构更加优化,发展更是蒸蒸日上。
   B. 乙国的劳动年龄人口占总人口比重较大,抚养率比较低,为经济发展创造了有利的人口条件。整个国家的经济呈高储蓄、高投资和高增长的局面。
   C. 丙市经济发展曾一度陷入停滞状态,为促进经济发展,该市通过改革,将原有的制度和体制加以调整。释放发展潜力的同时,也使经济得到平稳较快发展。
   D. 丁省拥有丰富的土地资源、矿产资源、森林资源、淡水资源和草场资源,通过充分合理利用这些优势资源,该省经济发展始终位于全国前列。
   E. 戊县在国家大力扶持高新技术产业的情况下,通过招商引资同时减免税款的政策,吸引来了大批高科技企业入驻,这让戊县成功摆脱了贫困县的帽子。

23. 有一首歌这样唱到:"十个男人七个傻,八个呆,九个坏,还有一个人人爱……"在上述歌词提到的男人中,已知具备"傻""呆""坏"三种特性中的一种或多种,则不会"人人爱"。
   对于同时具备"傻""呆""坏"三种特性的男人,以下说法正确的是?
   A. 最多7人,最少6人。
   B. 最多7人,最少5人。
   C. 最多9人,最少7人。
   D. 最多8人,最少7人。
   E. 最多9人,最少6人。

24. 张教授:根据《国际珍稀动物保护条例》的规定,杂种动物不属于该条例的保护对象。《国际珍稀动物保护条例》的保护对象中包括赤狼。而最新的基因研究技术发现,一直被认为是纯种物种的赤狼实际上是山狗与灰狼的杂交种。由于赤狼明显需要保护,所以条例应当修改,使其也保护杂种动物。
   李研究员:您的观点不能成立。因为,如果赤狼确实是山狗与灰狼的杂交种的话,那么,即使现有的赤狼灭绝了,仍然可以通过山狗与灰狼的杂交来重新获得它。
   以下哪项最为确切地概括了张教授与李研究员争论的焦点?
   A. 赤狼是否为山狗与灰狼的杂交种。
   B. 《国际珍稀动物保护条例》的保护对象中,是否应当包括赤狼。
   C. 《国际珍稀动物保护条例》的保护对象中,是否应当包括杂种动物。
   D. 山狗与灰狼是否都是纯种物种。
   E. 目前赤狼是否有灭绝的危险。

25. 某市举办了一场职业技能竞赛,有甲、乙、丙、丁四支代表队进入决赛,每支队伍有两名参赛选手,获得第一名的选手将得10分,第二名得8分,第三名到第八名分别得6、5、4、3、2、1分,最后总分最高的队伍将获得冠军。比赛的排名情况如下:

(1) 甲队选手的排名都是偶数，乙队两名选手的排名相连，丙队选手的排名一个是奇数一个是偶数，丁队选手的排名都是奇数。

(2) 第一名是丁队选手，第八名是丙队选手。

(3) 乙队两名选手的排名在甲队两名选手之间，同时也在丙队两名选手之间。

根据以上条件可以判断各队总分由高到低的排列顺序为以下哪项？

A. 丁＞乙＞丙＞甲。　　B. 丁＞甲＞丙＞乙。　　C. 甲＞丁＞乙＞丙。

D. 甲＞丁＞丙＞乙。　　E. 丁＞甲＞乙＞丙。

26. 如果经常关注股市行情并且了解各大公司内幕，就能做出正确的投资，除非不够果断坚决。老王果断坚决并且经常关注股市行情，所以，只有老王不了解各大公司内幕，才不能作出正确的投资。

以下哪项中的推理与上文中的最相似？

A. 如果想要跳过广告并且免费观看付费内容，就要开通会员，除非是内部员工。小张是内部员工并且想要跳过广告，因此，若小张免费观看付费内容，则他不用开通会员。

B. 某种产品必须有精确的客户定位并且包装精美，才能畅销，除非产量超过了市场需求。"浓醇"咖啡客户定位精确并且包装精美，所以，如果"浓醇"咖啡没有畅销，说明其产量超过了市场需求。

C. 如果注意饮食健康并且定期体检，就能降低心脏病的死亡率，除非拥有良好的医疗条件。S国人民没有良好的医疗条件但注意饮食健康，因此，或者S国人民死于心脏病的比例没有降低，或者S国人民没有定期体检。

D. 成为一个好销售的必备条件是口齿伶俐或者身体强壮，小赵的业绩平平，因此如果小赵口齿伶俐，那么他身体一定不强壮。

E. 只要具有独到的眼光且独特的工艺，就能成为行业领军者，除非具有雄厚的资金背景。W企业没有雄厚的资金背景并且其高层有独到的眼光，因此，或者W企业成为行业领军者，或者W企业没有独特的工艺。

27. 科学研究证明，非饱和脂肪酸含量高和饱和脂肪酸含量低的食物有利于预防心脏病。鱼通过食用浮游生物中的绿色植物使得体内含有丰富的非饱和脂肪酸"奥米加·3"。而牛和其他反刍动物通过食用青草同样获得丰富的非饱和脂肪酸"奥米加·3"。因此，多食用牛肉和多食用鱼对于预防心脏病都是有效的。

以下哪项如果为真，最能削弱题干的论证？

A. 在单位数量的牛肉和鱼肉中，前者非饱和脂肪酸"奥米加·3"的含量要少于后者。

B. 欧洲疯牛病的风波在全球范围内大大减少了牛肉的消费者，增加了鱼肉的消费者。

C. 牛和其他反刍动物在反刍消化的过程中，把大量的非饱和脂肪酸转化为饱和脂肪酸。

D. 实验证明，鱼肉中含有的非饱和脂肪酸"奥米加·3"比牛肉中含有的非饱和脂肪酸更易被人吸收。

E. 统计表明，在欧洲内陆大量食用牛肉和奶制品的居民中患心脏病的比例，要高于在欧洲沿海大量食用鱼类的居民中的比例。

28. 如果这个节日期间零售商店的销售额下降的话，那么，要么是人们对赠送奢侈品的态度发生了变化，要么是物价上涨到了大多数人难以承受的程度。如果是送礼的态度发生了变化，那么这个节日期间零售商店的销售额会下降；如果是物价上涨到了大多数人难以承受的程度，那么去年工资上升的步伐肯定没有跟上物价的上涨。

假设以上前提为真，如果去年工资的上升跟上了价格上涨的步伐，以下哪项必然为真？

A. 人们对赠送奢侈品的态度发生了变化。

B. 如果人们对赠送奢侈品的态度没发生变化，那么这个节日期间人们对送礼的态度没有发生变化。

C. 如果人们对赠送奢侈品的态度发生了变化，那么这个节日期间零售商店的销售额不会下降。

D. 这个节日期间，人们对赠送奢侈品的态度没有发生变化，零售商店的销售额也不会下降。

E. 这个节日期间零售商店的销售额会下降。

29～30题基于以下题干：

8张编了号的纸牌扣在桌上，它们的相对位置如下表所示：

		1	
2	3	4	
	5	6	7
		8	

且满足以下条件：

(1) 其中至少有一张 Q。
(2) 每张 Q 都在两张 K 之间。
(3) 至少有一张 K 在两张 J 之间。
(4) 没有一张 J 与 Q 相邻。
(5) 其中只有一张 A。
(6) 没有一张 K 与 A 相邻。
(7) 至少有一张 K 和另一张 K 相邻。
(8) 这8张牌中只有 K、Q、J 和 A 这4种牌。

29. 可以判断有几张 K?
    A. 2张。　　B. 3张。　　C. 4张。　　D. 5张。　　E. 6张。

30. 可以判断有几张 J?
    A. 2张。　　B. 3张。　　C. 4张。　　D. 5张。　　E. 6张。

逻辑模拟试卷（十七）

建议测试时间：55-60分钟　　实际测试时间（分钟）：_____　　得分：_____

本测试题共30小题，每小题2分，共60分，从下面每小题所列的5个备选答案中选取出一个，多选为错。

1. 除非是伟大的艺术家并且懂得发现奇葩作品中的美，否则不会鼓励广大青年投身艺术事业中。
   如果上述断定为真，则以下哪项除外，均一定为真？
   A. 如果某人是鼓励广大青年投身艺术事业中的人，则他一定是伟大的艺术家。
   B. 如果某人不是伟大的艺术家，他不会鼓励广大青年投身艺术事业中。
   C. 如果某人是伟大的艺术家，但由于他不是一个真正懂得发现奇葩作品中的美的人，则他也不会鼓励广大青年投身艺术事业中。
   D. 不可能某个伟大的艺术家不鼓励广大青年投身艺术事业中而懂得发现奇葩作品中的美。
   E. 不可能某个伟大的艺术家鼓励广大青年投身艺术事业中而不懂得发现奇葩作品中的美。

2. 骨质疏松会降低骨骼密度，导致骨骼脆弱，从而容易骨折。目前治疗骨质疏松的方法如使用雌激素和降血钙素，会阻止骨质的进一步流失，但并不会增加骨骼密度。氟化物可以增加骨骼密度。因此，骨质疏松症患者使用氟化物能够帮助他们强化骨质，降低骨折风险。
   以下哪项如果正确，最能削弱以上论述？
   A. 大多数患有骨质疏松症的人都没有意识到氟化物可以增加骨骼密度。
   B. 在很多地方氟化物都被添加在水中以促进牙齿健康。
   C. 患骨质疏松和其他骨骼受损疾病的风险会因为运动以及充足的钙摄入而降低。
   D. 雌激素和降血钙素对很多人会产生严重的副作用，而使用氟化物则不会有这种问题。
   E. 通过使用氟化物增加密度之后的骨骼比起正常的骨骼组织更脆更易受损。

3. 一般来讲，某种产品价格的上升会减少其销量，除非价格上升同时伴随着该种产品质量的改进。但是，葡萄酒是个例外。某个特定生产商生产的葡萄酒价格上升往往会导致其销量的增加，尽管葡萄酒本身没有变化。
   下面哪项如果是正确的，最能解释以上描述的反常现象？
   A. 葡萄酒零售市场竞争性产品的类型极其广泛。
   B. 许多消费者在决定购买哪种葡萄酒时，根据的是书籍和期刊上的评价。
   C. 在店铺里选购葡萄酒的消费者利用标价来作为判断葡萄酒质量的指导。
   D. 葡萄酒零售商和生产者一般可以通过价格折扣来暂时增加某种葡萄酒的销量。
   E. 定期购买葡萄酒的消费者普遍对自己偏好哪种葡萄酒有固定的看法。

4. 一个人要受人尊敬，首先必须保持自尊；一个人，只有问心无愧，才能保持自尊；而一个人如果不恪尽操守，就不可能问心无愧。
   以下哪项结论可以从题干的断定中推出？
   Ⅰ. 一个受人尊敬的人，一定恪尽操守。
   Ⅱ. 一个问心有愧的人，不可能受人尊敬。
   Ⅲ. 一个恪尽操守的人，一定保持自尊。
   A. 只有Ⅰ和Ⅱ。　　　　　　B. 只有Ⅰ和Ⅲ。　　　　　　C. 只有Ⅱ和Ⅲ。
   D. Ⅰ、Ⅱ和Ⅲ。　　　　　　E. 只有Ⅱ。

5~6题基于以下题干：
   一家果品公司销售果酱。每箱有三罐果酱，果酱共有葡萄、橘子、草莓、桃子、苹果五种口味。每罐果酱只含一种口味。必须按照以下条件装箱：
   （1）每箱必须包含两种或三种不同的口味。

(2) 含有橘子果酱的箱里必定至少装有一罐葡萄果酱。
(3) 桃子果酱与苹果果酱不能装在同一箱内。
(4) 含有草莓果酱的箱里必定至少有一罐苹果果酱。

5. 一罐橘子果酱再加上下列哪两罐果酱即可装成一箱？
   A. 一罐橘子果酱与一罐草莓果酱。
   B. 两罐橘子果酱。
   C. 一罐葡萄果酱与一罐草莓果酱。
   D. 两罐葡萄果酱。
   E. 一罐桃子果酱和一罐苹果果酱。

6. 以下关于一箱装有桃子果酱的箱子说法正确的是？
   A. 可能装有苹果果酱。
   B. 可能装有草莓果酱。
   C. 一定没有橘子果酱。
   D. 一定装有葡萄果酱。
   E. 一定有橘子果酱。

7. 在外汇市场中，具有高流通性的外汇品种也只有依靠高交易量才能存在。而高交易量代表着这种货币在国际经济中有较高的地位。因此像新西兰元这种在外汇市场流通性很低的货币，在国际经济中的地位一定不高。

   以下哪项如果为真，最为恰当地指出了上述论证的漏洞？
   A. 该结论只是对其前提中某个断定的重复。
   B. 论证中对某个关键概念的界定前后不一致。
   C. 在同一个论证中，对一个带有歧义的断定做出了不同的解释。
   D. 把某种情况的不存在，作为证明此种情况的必要条件也不存在的根据。
   E. 把某种情况在现实中不存在，作为证明此类情况不可能发生的根据。

8. 乳糖是牛奶中的一种成分，有助于钙的吸收，而钙的吸收是防治中老年人骨质疏松所必需的。和其他地区不同，赤道地区的居民缺少牛奶，失去了吸收乳糖的能力。但是，赤道地区中老年人骨质疏松的健康问题，并不比其他地区严重。

   以下哪项如果为真，最有助于解释上述看似矛盾的现象？
   A. 因为缺少牛奶，赤道地区的中老年人定期服用含乳糖的片剂。
   B. 牛奶的消费在全球范围内呈下降趋势。
   C. 赤道地区阳光充足，使当地居民在体内自然产生有助于吸收钙的维生素D。
   D. 赤道地区人均寿命低于其他地区，中老年人在总人口中的比例相应也较低。
   E. 除了牛奶外，海带、鸡蛋、动物骨头、花生、大豆等，也都含有丰富的钙。

9. 网络写手蔡智恒在其成名作《第一次亲密接触》的开头写道："如果我有一千万，我就能买一座房子。我有一千万吗？没有。所以我仍然没有房子。如果我有翅膀，我就能飞。我有翅膀吗？没有。所以我也没办法飞。如果把整个太平洋的水倒出，也浇不熄我对你爱情的火焰。整个太平洋的水能够倒得出吗？不行。所以我并不爱你。"

   下列哪一项选项，其手法与上面诗句中的类似？
   A. 假如你是天边的月，我就是月边的星。假如你是山上的树，我就是树上的藤。
   B. 假如只依靠我厂的力量，是不能攻克这个难关的；所以，我们必须加强外部协作，联合攻关。
   C. 正因为已经不是计划经济，而是市场经济，所以我们要靠自己去争取订单，而不是等待政府的订货。
   D. 有一个法国小孩，名叫梅莱娜·若罗，写下了这样的句子："假如地球是方的，孩子们就有地方藏身。但地球却是圆的，我们不能不面对世界。"
   E. 如果2的倍数是5，则3的倍数就是8。3的倍数不是8，所以，2的倍数不是5。

10~11题基于以下题干：
六位电影评论家，甲、乙、丙、丁、戊和己在即将举行的电影节上将要看4部电影，分别是《哪吒传奇》《熊出没》《大圣归来》和《白蛇缘起》，要求如下：
(1) 每个评论家恰好看一部电影，每一部电影至少要被一个评论家看；
(2) 丙和甲同看一部电影；
(3) 己恰好和另一个评论家同看一部电影；

(4) 乙看《哪吒传奇》;

(5) 丁如果不看《哪吒传奇》,就要看《白蛇缘起》。

10. 若己看了《大圣归来》,则下面哪一项一定正确?
    A. 丙看《熊出没》。 B. 乙看《大圣归来》。 C. 戊看《哪吒传奇》。
    D. 戊看《熊出没》。 E. 甲看《白蛇缘起》。

11. 若戊没看《大圣归来》,则下面哪一项一定正确?
    A. 己和乙一起看《哪吒传奇》。 B. 己和丁一起看《白蛇缘起》。
    C. 己和戊一起看《熊出没》。 D. 甲和丙看《大圣归来》。
    E. 戊与乙看同一部电影。

12. 张医生能确定,一个急症病人所患的病不是 X 就是 Y,但无法确定是哪一种。张医生有十分的把握治疗 X 病,但没有把握治疗 Y 病。因此,对张医生来说,一种合理的处置是,假设该病人患的是 X 病,并依据这一假设进行治疗。

    以下哪项如果为真,最能加强上述论证?
    A. X 是一种比 Y 严重得多的疾病。
    B. 上述病人所患的,只可能是 X 或 Y,不可能是其他疾病。
    C. 一个 Y 病患者如果接受针对 X 病的治疗,他的病情不会因此受到不利影响。
    D. 一个 X 病患者如果接受针对 Y 病的治疗,他的病情肯定会因此受到不利影响。
    E. 张医生是治疗 X 病的知名专家。

13. 河西、山南、江北和城东四支足球队参加西部足球联赛。联赛一共有 20 支球队参加,前三名球队将代表西部地区参加全国联赛。甲、乙、丙、丁四位球迷对于四支球队的比赛结果有如下预测:

    甲:河西队肯定能够进入前三名。

    乙:江北队一定可以代表西部参加全国联赛。

    丙:山南队最近表现一般,不可能进入前三名。

    丁:四支球队代表了西部地区最高水平,不管怎么说,至少有一支球队能够去参加全国联赛。

    对照比赛结果,甲、乙、丙、丁四人的预测只有一位是正确的。根据以上陈述,能够推出以下哪项为真?
    A. 河西队或者江北队进入前三名。 B. 仅城东队进入前三名。
    C. 仅山南队进入前三名。 D. 四支球队都没有去参加全国联赛。
    E. 根据已有条件无法确定四支球队中是否有球队进入前三名。

14. 国际刑警历经千辛万苦,总算掌握了世界排名前五的杀手甲、乙、丙、丁、戊的部分情报。其资料如下:

    (1) 杀手飞鹰的体型比杀手戊强壮。
    (2) 杀手丁是杀手白猴、杀手黑狗的前辈。
    (3) 杀手乙总是和杀手白猴和黑狗互认为是知音,从未闹过矛盾。
    (4) 杀手丁香和杀手飞鹰是杀手甲的徒弟。
    (5) 杀手白猴的枪法远比杀手甲、杀手戊的准。
    (6) 杀手雪豹和杀手丁香都曾与杀手戊有过过节。

    请问:杀手乙的外号是什么?
    A. 白猴。 B. 丁香。 C. 飞鹰。 D. 雪豹。 E. 黑狗。

15. 男青年小张、小王和小李分别和女青年小赵、小陈、小高相爱。三对情侣分别养了狗、猫、鸟作为宠物。其中:小李不是小高的男友,也不是猫的主人;小赵不是小王的女友,也不是狗的主人;如果狗的主人是小王或小李,小高就是鸟的主人;如果小高是小张或小王的女友,小陈就不是狗的主人。

    根据以上陈述可知一定为真的一项是?
    A. 小高养的宠物是猫。 B. 小赵的男朋友是小李。 C. 小陈养的宠物是狗。
    D. 小王的女朋友是小高。 E. 鸟的主人是小王。

16. 睡眠呼吸暂停是一种疾病，表现为患者在睡觉时空气进入肺部受阻。一旦短暂中断呼吸，患者会立刻醒来，以便再度呼吸。因此，深受睡眠呼吸暂停之苦的人有时每一两分钟就要醒一次，这样的情况可能会持续一整夜。一项研究发现，被确诊为睡眠呼吸暂停的男性和女性，患上重度抑郁的可能性分别要比睡得好的人高出 2.4 倍和 5.2 倍。研究人员认为，睡眠呼吸暂停可能会导致抑郁症。

    以下哪项如果为真，最能支持上述结论？

    A. 睡眠呼吸暂停的患者都有睡眠严重不足的问题。
    B. 全世界患有抑郁症的女性比男性人数高出两倍多。
    C. 有研究发现，深睡眠时间较长的人第二天精神状态更好。
    D. 用辅助设备使患者恢复正常呼吸和睡眠，可显著缓解抑郁症状。
    E. 越抑郁的人，睡眠质量越差，从而越容易导致睡眠断断续续。

17. 一个最近的人力资源调查发现文秘学校毕业生的寿命预计超过其他高中毕业生的寿命。一个可能的结论是上文秘学校有益于一个人的健康。

    在评价上述结论时，最重要的是回答下列哪一个问题？

    A. 高中毕业生的平均年龄和文秘学校毕业生的平均年龄近年来增加了吗？
    B. 一些从文秘学校毕业的学生有大学学位吗？
    C. 女性比男性寿命长，在高中和文秘学校中男生和女生的相对比例是多少？
    D. 女性比男性寿命长，占多少比例的女生上了文秘学校？
    E. 上文秘学校的高中毕业生的比例在近年来增加了吗？

18. 刘爽、李闯、王冉、张涛、赵优 5 个人一起参加主持人录用考试，试题中包括 10 道判断题。判断正确得 1 分，判断错误倒扣 1 分，不答则不得分也不扣分。5 个人的答案如下：

	第1题	第2题	第3题	第4题	第5题	第6题	第7题	第8题	第9题	第10题
刘爽	√	√	√	不答	×	√	×	×	√	×
李闯	√	√	×	×	不答	×	×	√	×	×
王冉	×	√	×	×	√	√	√	√	√	不答
张涛	×	×	√	√	√	×	√	×	×	√
赵优	√	√	×	√	×	√	×	√	×	√

已知 5 个人的得分依次是 5、1、3、0、4，那么这些判断题正确的答案是？

A. ×√×××√√√×√× B. √√√√××××√ C. ×√××√√√×√√

D. √√×√√√××√√ E. ×√√√√××√×××

19~20 题基于以下题干：

某次研讨会上，赵、钱、孙、李、周、吴、郑、王坐在从左到右的 8 个座位上，每个座位只坐一个人。座位顺序从 1 到 8 编号。安排座位时需遵循以下条件：

(1) 如果赵在孙的左侧某个座位上，则钱坐在吴左侧的某个位置上。
(2) 如果周在孙右侧、吴左侧的某个座位上，则李位于郑的右侧、王的左侧的某个位置上。
(3) 如果孙在王的左侧某个座位上，则周在李右侧的某个座位上。

19. 若在 1 到 5 号座位的依次是周、李、吴、钱、郑，则 6 到 8 号座位上的人应依次为？

A. 赵、孙、王 B. 赵、王、孙 C. 孙、赵、王

D. 王、赵、孙 E. 王、孙、赵

20. 若在 1 到 3 号座位上的依次为赵、王、孙，则除哪项外，均可能是坐在 7 号座位上的人？

A. 钱 B. 郑 C. 周 D. 李 E. 吴

21. 一家飞机发动机制造商开发出了一种新的发动机，其所具备的安全性能是早期型号的发动机所缺乏的，而早期模型仍然在生产。在这两种型号的发动机同时被销售的第一年，早期的型号的销量超过了新型号的销量；该制造商于是得出结论认为安全性并非客户的首要考虑。

以下哪项如果为真，会最严重地削弱该制造商的结论？
- A. 私人飞机主和商业航空公司都从这家飞机发动机制造商那里购买发动机。
- B. 许多客户认为早期的型号在安全性风险方面比新型号更小，因为他们对老型号的安全性知道得更多。
- C. 这种飞机发动机制造商的许多客户也从另一些飞机发动机制造商那里购买发动机，那些制造商在其新型号发动机中没有提供额外的安全性能。
- D. 新型号的发动机可以被所有的使用旧型号发动机的飞机使用。
- E. 在新型发动机和旧型发动机间没有重大的价格差别。

22. 所有喜欢吃西红柿的人都不喜欢吃土豆。
    从以上命题可以推知以下各项，除了哪项？
    - A. 所有不喜欢吃土豆的人都喜欢吃西红柿。
    - B. 有些喜欢吃土豆的人不喜欢吃西红柿。
    - C. 有些不喜欢吃土豆的人喜欢吃西红柿。
    - D. 有些喜欢吃西红柿的人不喜欢吃土豆。
    - E. 所有喜欢吃土豆的人不喜欢吃西红柿。

23. 如果有足够丰富的合客人口味的菜肴和上档次的酒水，并且正式邀请的客人都能出席，那么一个宴会虽然难免有不尽人意之处，但总的来说一定是成功的。张总举办的这次家宴准备了足够丰富的菜肴和上档次的酒水，并且正式邀请的客人悉数到场，因此，张总举办这次家宴是成功的。
    以下哪项对上述推理的评价最为恰当？
    - A. 上述推理是成立的。
    - B. 上述推理有漏洞，这一漏洞也类似地存在于以下推理中：如果保持良好的心情，并且坚持适当的锻炼，一个人的免疫能力就能增强。王老先生心情一向不错，但就是不好锻炼，因此，他的免疫能力一定下降。
    - C. 上述推理有漏洞，这一漏洞也类似地存在于以下推理中：一个饭店如果有名厨掌勺，并且广告到位，就一定能有名气。鸿门楼饭庄在业内小有名气，因此一定有名厨掌勺。
    - D. 上述推理有漏洞，这一漏洞也类似地存在于以下推理中：如果有能力并且又善于抓住机会，一个创业者一定能成功。李思创业屡遭挫折，因此，他一定不善于抓住机会。
    - E. 上述推理有漏洞，这一漏洞也类似地存在于以下推理中：如果来自西部并且家庭贫困，就能获得特别助学贷款。张珊是否家庭贫困尚在审核中，但他确实来自西部，因此，他一定能获得助学贷款。

24. 一场音乐会，如果有节目获得连续两次以上的谢幕，就堪称是场成功的音乐演出。一场音乐演出不能称为是成功的，除非台下有具备专业欣赏水平的听众。一个听众要具备专业欣赏水平，就必须了解自己的音乐功底。
    如果上述断定为真，则以下哪项一定为真？
    - A. 在一场音乐会上，如果听众中没人具备专业欣赏水平，则不可能有节目获得连续两次以上的谢幕。
    - B. 如果一场音乐会没取得成功，那么，听众中就没人了解自己的音乐功底。
    - C. 如果听众中有人了解自己的音乐功底，那么，至少有一个节目会获得连续两次以上的谢幕。
    - D. 一场音乐会总能取得成功，除非听众中没人了解自己的音乐功底。
    - E. 在一场音乐会上，如果听众中有人具备专业欣赏水平，则总会有节目获得连续两次以上的谢幕。

25. 如果在标准大气压下，气温降到摄氏零度以下，则水就会结冰。
    如果上述断定为真，则以下哪项一定为真？
    - A. 如果气温降到摄氏零度以下，则水就会结冰。
    - B. 在标准大气压下，如果气温在摄氏零度以上，则水就不会结冰。
    - C. 如果水结冰，则气压为标准大气压，并且气温在摄氏零度以下。
    - D. 如果水未结冰，则气温在摄氏零度以上。
    - E. 在标准大气压下，如果水未结冰，则气温没在摄氏零度以下。

26. 对于现代城市来说，除了要有活力和生气，还需要有和谐稳定的治安环境以及人居环境。除非一个城市有和谐稳定的治安环境或者合适的人居环境，否则人们不会来这个城市生活而且即使来了也会想办法尽快离开。

以下哪项如果为真，最能对上述断定提出质疑？

A. 即使一个城市有了和谐稳定的治安环境和合适的人居环境，人们也不一定就来这个城市生活或者即使来了也会想办法离开。

B. 一个城市如果没有和谐稳定的治安环境，即使有了合适的人居环境，人们也不会来这个城市生活而且即使来了也会想办法尽快离开。

C. 一个城市如果没有合适的人居环境，即使有了和谐稳定的治安环境，人们也不会来这个城市生活而且即使来了也会想办法尽快离开。

D. 一个城市没有和谐稳定的治安环境，或者没有合适的人居环境，但人们还是会来这个城市生活而且即使来了也不会想办法尽快离开。

E. 一个城市没有和谐稳定的治安环境，也没有合适的人居环境，但人们还是会来这个城市生活而且即使来了也不会想办法尽快离开。

27. 统计数据显示，当今人类的寿命和各个年龄段的健康水平比以往任何年代都高。但同时，当代人中因不当饮食、缺乏体力支出等因素导致的肥胖者的比例比以往任何年代都高。这说明，健康饮食、体育锻炼和控制体重等当今保健要领对于延长寿命和提高健康水平其实并不是必要的。

以下哪项如果为真，最能削弱上述论证？

A. 当代人如果能降低肥胖者的比例，平均预期寿命能更长。
B. 以往年代人类如果适当提高肥胖者的比例，有可能提高平均寿命。
C. 以往年代肥胖者比例低的主要原因是大多数人的食物缺少足够的热量。
D. 当今人口总量远远超过以往任何年代。
E. 无论哪个年代，不同国度人口的寿命和健康水平都存在差异。

28. "仓廪实而知礼节，衣食足而知荣辱" 出自春秋时期辅佐齐桓公成为第一霸主的管仲之口，在《管子·牧民》的原文里是 "仓廪实则知礼节，衣食足则知荣辱"。西汉史学家司马迁在《史记·管晏列传》的引文中改动了一个字："则" 改成了 "而"，就有了为后世津津乐道的 "仓廪实而知礼节，衣食足而知荣辱"。孔培一对司马迁的改动表示质疑，他振振有词地说：有的国家粮仓充足却看不出礼节在哪里。

请问孔培一把司马迁的话理解为了什么？

A. 所有知礼节的国家粮仓都充足。　　　B. 知礼节是因为粮仓充足。
C. 除非知礼节，才粮仓充足。　　　　D. 如果想知礼节，就必须粮仓充足。
E. 有的知礼节的粮仓并不充足。

29~30 题基于以下题干：

有六个不同民族的人，他们分别是甲、乙、丙、丁、戊和己；他们的民族分别是汉族、苗族、满族、回族、维吾尔族和壮族（名字顺序与民族顺序不一定一致）。现已知：

(1) 甲和汉族人是医生；
(2) 戊和维吾尔族人是教师；
(3) 丙和苗族人是技师；
(4) 乙和己曾经当过兵，而苗族人从没当过兵；
(5) 回族人比甲年龄大，壮族人比丙年龄大；
(6) 乙和汉族人下周要到满族聚居地去旅行，丙和回族人下周要到瑞士去度假。

29. 可以确定苗族人是？
A. 甲　　　B. 丙　　　C. 丁　　　D. 己　　　E. 乙

30. 下面关于六个人民族的说法不正确的是？
A. 甲或乙是维吾尔族人。　　　　　B. 如果甲是回族，那么乙是汉族人。
C. 只有戊是汉族时丁才是苗族。　　D. 丙是满族或回族。
E. 乙是维吾尔族且己是汉族。

逻辑模拟试卷（十八）

建议测试时间：55-60 分钟　　实际测试时间（分钟）：_____　　得分：_____

本测试题共 30 小题，每小题 2 分，共 60 分，从下面每小题所列的 5 个备选答案中选取出一个，多选为错。

1. 某种在污水中新发现的极其有害的细菌难以直接探测到。在海水中对一种毒性较小类型的细菌伊克利的测试，可能是一个可靠地确定这些更有毒的细菌是否存在的方法，因为除非海水遭到含有此种有毒细菌的污水污染，海水中才会含有伊克利。
   下列哪一项，假如正确，最能反对上面的论述？
   A. 有许多种不同种类的伊克利细菌，并且只有这些种类中的一些有毒。
   B. 一些在污水中被发现的细菌既不是导致疾病的，也不是难以直接探测的。
   C. 一些被发现在污水中与伊克利共存的细菌对人无害，除非这些细菌被大量消化。
   D. 伊克利比污水中更有害的细菌死得更快，并且不再容易被探测到。
   E. 一些被发现在污水中与伊克利共存的细菌复制的速度比伊克利慢。

2. 学校的课堂和实验室可以培养出工程师和医生。但只靠课堂和实验室培养不出作家和艺术家。造就作家和艺术家真正的课堂和实验室的是社会和人生，并且作家和艺术家大都具有超常的天赋。具有超常天赋的人大都擅长抽象推理。但很少有作家和艺术家擅长抽象推理。
   如果上述断定为真，最能支持以下哪项结论？
   A. 工程师和医生大都不具有超常的天赋。
   B. 作家和艺术家在具有超常天赋的人中只占很小的比例。
   C. 作家和艺术家大都不是科班出身。
   D. 一个作家或艺术家如果事实上缺乏超常的天赋，则很可能是科班出身。
   E. 学校教育使很多具有天赋的学生逐渐变得平庸。

3. 某单位人事制度规定，除非考勤表现不好或者业绩不突出，否则发给年终奖励或者不扣发工资津贴。
   以下哪项所描述的情况与上述人事制度规定不符？
   A. 赵正义考勤表现好但业绩不突出，他还是获得了年终奖而且没有被扣发工资津贴。
   B. 钱二照考勤表现好且业绩突出，但没有发给他年终奖励而且扣发了他的工资津贴。
   C. 孙文江考勤表现不好业绩也不突出，但他获得了年终奖励而且也没有被扣发工资津贴。
   D. 李波考勤表现不好而且业绩也不突出，但他没有获得年终奖励也被扣发工资津贴。
   E. 王文明考勤表现不好或者业绩不突出，但他获得了年终奖励也没有被扣发工资津贴。

4. 据人口普查司报告说，扣除通货膨胀因素后，1983 年中等家庭收入增加了 1.6%。通常情况下，随着家庭收入上升，贫困人数就会减少。然而 1983 年全国贫困率是 18 年来的最高水平。人口普查司提供了两种可能的原因：影响深、持续时间长的 1981~1982 年经济衰退的持续影响；由妇女赡养的家庭人口数量和不与亲戚们同住的成年人数量的增多，这两种人都比整体人口更加贫困。
   根据这个报告能得出以下哪项结论？
   A. 全国贫困率在最近的 18 年里一直稳步增长。
   B. 如果早期的经济衰退仍带来持续的影响，那么全国的贫困率会升高。
   C. 即使人口中有些家庭收入下降或未增加，中等家庭收入仍然可能增加。
   D. 不与亲戚一同生活的成年人是决定经济是否改善的最关键的一种人。
   E. 中等家庭收入受家庭形式变化的影响比受国民经济扩张或衰退程度的影响更大。

5. 班主任：只有上学期期末考试各科成绩都优秀，才能申请本年度学校特殊奖学金。
   张珊：不对，我上学期没有一门期末考试成绩不优秀，但却不能申请本年度学校特殊奖学金。
   张珊最可能把班主任的话理解为以下哪项？
   A. 只要上学期有一门学科期末考试不优秀，就不能申请本年度学校特殊奖学金。

B. 要申请本年度学校特殊奖学金，就必须上学期期末考试各科成绩都优秀。
C. 只要上学期期末考试各科成绩都优秀，就能申请本年度学校特殊奖学金。
D. 除非上学期期末考试各科成绩都优秀，否则不能申请本年度学校特殊奖学金。
E. 能否申请本年度学校特殊奖学金，事实上并不是由上学期期末考试成绩决定的。

6. 考古学家们已经发现了塔尔特克人——12世纪居住在现在称为维拉克鲁斯的居民，所制造的有轮子的陶瓷玩具。虽然还没有考古证据证明塔尔特克人除了玩具还使用过轮子，一些考古学家估计有轮子的货车曾经被用来运送塔尔特克人建造纪念建筑所需要的材料。

下面哪项如果正确，最能帮助考古学家们解释上文提到的证据缺乏的原因？

A. 塔尔特克人有时把器皿或其他有实际用途的装置的代表物结合到他们的玩具中去。
B. 塔尔特克人使用的任何有轮子的货车都可能是用木头制造的。和陶瓷不同，在维拉克鲁斯那样潮湿的气候下，木头会很快腐坏。
C. 纪念墙壁上的雕刻显示，塔尔特克人的有轮子的陶瓷玩具除了被儿童和成年人用来做装饰品和玩物外，有时也具有宗教的用途。
D. 在20世纪，世界上很多地区使用有轮子的货车，但这一时期在维拉克鲁斯以外的地区，有轮子的玩具并不很常见。
E. 纪念建筑遗址附近发现了一些有轮子的陶瓷玩具。

7. 美国的枪支暴力惨案再度引发了枪支管控的讨论。反对枪支管控者称，20世纪80年代美国枪支暴力案飙升，1986年有些州通过法律手段实施严格的枪支管控，但实施严格枪支管控的这些州的平均暴力犯罪率却是其他州平均暴力犯罪率的1.5倍。可见，严格的枪支管控无助于减少暴力犯罪。

如果以下陈述为真，哪一项最强地削弱了以上论证？

A. 自1986年以来，美国拥有枪支家庭的比例显著下降。
B. 自1986年以来，实施严格枪支管控的这些州的年度暴力犯罪数持续下降。
C. 在那些实施严格枪支管控法律的州，很少有人触犯该项法律。
D. 犯罪学家对比了各种调查结果，并未发现私人拥有枪支的数量与枪支暴力犯罪有明显的相关性。
E. 在美国，枪支管控一直是讨论度极高的话题。

8. 镇静剂具有抑制人焦虑情绪的功效，但长期服用可能会使人产生药物依赖性。最近的一项实验发现，服用一定剂量镇静剂的人在测谎检测中撒谎，测谎仪却没有显示其撒谎。对此，药物专家合理的解释是：镇静剂抑制了测谎实验测量中撒谎者的紧张反应。这一事实暗示我们，该药物除了具有抑制焦虑的功效外，还可以有效地缓解日常情况下的紧张感，这可能就是某些人长期服用镇静剂而产生依赖性的原因。

以下哪项是上述论证中所必须假设的？

Ⅰ. 人们服用镇静剂就是为了缓解日常情况下的紧张感。
Ⅱ. 测谎仪测量的紧张感与日常生活中的紧张反应类似。
Ⅲ. 人们对镇静剂之所以产生依赖性，是因为长期服用的结果。

A. 仅仅Ⅰ。　　　　　　　　B. 仅仅Ⅱ。　　　　　　　　C. 仅仅Ⅲ。
D. 仅仅Ⅱ和Ⅲ。　　　　　　E. Ⅰ、Ⅱ和Ⅲ。

9～10题基于以下题干：

在一次历史课上，某班级开展"评选你心目中最具历史底蕴的花卉"活动，赵、钱、孙、李、周、吴、郑7名同学投票选出"牡丹、月季、山茶、荷花"共4种花卉，已知：

(1) 每名同学只能投选一种花卉；
(2) 每种花卉至少有一名同学投选，但最多不超过3名。
(3) 若赵和李投选了同一种花卉，则孙、吴和郑都投选荷花。
(4) 如果钱没单独投选山茶，那么钱和周一同投选荷花。
(5) 李和吴不喜欢牡丹，也不会投选牡丹。

9. 如果赵和李投选了同一种花卉，则周投选了哪种花卉？

A. 牡丹。　　B. 月季。　　C. 山茶。　　D. 荷花。　　E. 以上各项均不确定。

10. 如果只有赵投选了月季，同时周没有投选荷花，则以下除哪项外，均一定为真？
   A. 周投选牡丹。　　　　　　　B. 钱投选山茶。　　　　　　　C. 郑投选牡丹。
   D. 李投选荷花。　　　　　　　E. 吴投选荷花。

11. 在一盘纸牌游戏中，某个人的手中有这样的一副牌：
   （1）正好有 13 张牌；
   （2）每种花色至少有 1 张；
   （3）每种花色的张数不同；
   （4）红心和方块总共 5 张；
   （5）红心和黑桃总共 6 张；
   （6）其中有一种牌属于"王牌"，且有 2 张。
   红心、黑桃、方块和梅花这四种花色，哪一种是"王牌"花色？
   A. 红心。　　B. 黑桃。　　C. 方块。　　D. 梅花。　　E. 不能确定。

12. 大华医院新进一批医学院实习生。这些实习生包括实习医生和实习护士。根据统计，实习护士是 50 名，实习医生是 28 名；男实习生一共 30 名，女实习生一共 48 名。
   根据以上统计数据，以下哪项为真？
   A. 实习男护士比实习女护士少。　　　　B. 实习女护士最多。
   C. 实习女医生最少。　　　　　　　　　D. 实习男护士比实习女医生多。
   E. 实习男护士比实习男医生少。

13. 张王李赵四个人在讨论着中午吃什么，已知，小王吃披萨，除非小李吃炒面。只有小王不吃披萨，小张才会吃汉堡。除非小李不吃炒面，否则小赵不吃鸡排饭。小张一吃汉堡，小赵就会吃鸡排饭。
   根据以上信息，可以推出以下哪项？
   A. 小李肯定不吃炒面。　　　　　　　　B. 小王不吃披萨。
   C. 小张不吃汉堡。　　　　　　　　　　D. 或者小张吃汉堡，或者小李不吃炒面。
   E. 以上选项都不能推出。

14. 所有储蓄账户都是有息账户，有些有息账户的利息是免税的，所以，一定有一些储蓄账户的利息是免税的。
   以下哪项在论证方式上的错误与上文中的最相似？
   A. 所有的艺术家都是知识分子，有些伟大的摄影师是艺术家，所以，有些伟大的摄影师必定是知识分子。
   B. 所有伟大的摄影师都是艺术家，所有艺术家都是知识分子，所以，一些伟大的摄影师必定是知识分子。
   C. 所有伟大的摄影师都是艺术家，有些艺术家是知识分子，所以，有些伟大的摄影师是知识分子。
   D. 所有伟大的摄影师都是艺术家，有些伟大的摄影师是知识分子，所以，有些艺术家必定是知识分子。
   E. 所有伟大的摄影师都是艺术家，没有艺术家是知识分子，所以，有些伟大的摄影师必定不是知识分子。

15~16 题基于以下题干：
   在一个小型出版社有三本入门级的教科书 F、G、H 以及三本高级的教科书 X、Y、Z 将被编辑 J 和出版商 R 分别评阅一次，他们将从第一周到第六周的连续六周内对这些书进行评阅。每一个评阅者每周恰好评阅一本教科书，没有教科书会被 J 和 R 同一周内评阅。下面是评阅必须遵守的其他条件：
   （1）入门级的教科书必须在 J 评阅之后，R 才能进行评阅。
   （2）高级教科书必须在 R 评阅之后，J 才能开始评阅。
   （3）R 不能连续评阅两本入门级的教科书。
   （4）J 在第四周必须评阅 X。

15. 若 R 在第一周评阅 X，在第二周评阅 F，则下面哪一项可能正确？
   A. X 是被 J 评阅的第三本高级教科书。　　　　B. Y 是被 J 评阅的第一本高级教科书。

C. J 没有连续地评阅任何两本入门级教科书。　　D. J 在第六个星期评阅了 Z。

E. Z 是被 J 评阅的第一本高级教科书。

16. 下面哪一项可能正确？

A. J 在第六周评阅了 F。　　B. J 在第一周评阅了 Z。　　C. R 在第五周评阅了 X。

D. R 在第一周评阅了 G。　　E. R 在第二周评阅了 H。

17. 一个世界范围的对生产某些破坏臭氧层的化学物质的禁令只能提供一种受到保护的幻觉。已经生产出的大量的这种化学物质已经作为制冷剂存在于数百万台冰箱中。一旦它们到达大气中的臭氧层时，它们引起的反应无法被停止。因此没有办法来阻止这些化学物质进一步破坏臭氧层。

下面哪项如果正确，严重地削弱了以上的论述？

A. 无法准确测出作为冰箱制冷剂存在的破坏臭氧层的化学物质的数量。

B. 在现代社会，为避免不健康甚至对生命构成潜在威胁的状况，冷藏食物是必要的。

C. 这些化学物质的替代品还没有被研制成功，并且这种替代品比现在使用的冰箱制冷剂要昂贵得多。

D. 即使人们放弃使用冰箱，早已存在于冰箱中的制冷剂还是会威胁大气中的臭氧。

E. 冰箱中的制冷剂可以在冰箱完成它的使命后被完全开发并重新使用。

18. 一个人从饮食中摄入的胆固醇和脂肪越多，他的血清胆固醇指标就越高。存在着一个界限，在这个界限内，二者成正比。超过了这个界限，即使摄入的胆固醇和脂肪急剧增加，血清胆固醇指标也只会缓慢地有所提高。这个界限，对于各个人种是一样的，大约是欧洲人均胆固醇和脂肪摄入量的1/4。

上述判定最能支持以下哪项结论？

A. 中国的人均胆固醇和脂肪摄入量是欧洲的 1/2，但中国人的人均血清胆固醇指标不一定等于欧洲人的 1/2。

B. 上述界限可以通过减少胆固醇和脂肪摄入量得到降低。

C. 3/4 的欧洲人的血清胆固醇含量超出正常指标。

D. 如果把胆固醇和脂肪摄入量控制在上述界限内，就能确保血清胆固醇指标的正常。

E. 血清胆固醇的含量只受饮食的影响，不受其他因素，例如运动、吸烟等生活方式的影响。

19. 李磊："除非所有的食品生产者都必然遵守食品安全的规定，否则有些食品安全导致的纠纷可能难以避免。"

韩晓："我不同意你的看法。"

以下哪项确切地表示了李磊的看法？

A. 除非所有食品生产者都必然遵守食品安全的规定，否则所有食品安全导致的纠纷必然可以避免。

B. 或者所有食品安全导致的纠纷必然可以避免，或者所有食品生产者都必然遵守食品安全的规定。

C. 有的食品安全导致的纠纷可能难以避免，但是所有食品生产者都必然遵守食品安全的规定。

D. 只有并非所有食品生产者都必然遵守食品安全的规定，才会使所有食品安全导致的纠纷必然可以避免。

E. 或者并非所有食品安全导致的纠纷必然可以避免，或者所有食品生产者都必然遵守食品安全的规定。

20~21 题基于以下题干：

"幻云"艺术中心正在为一尊雕塑着色。这尊雕塑具有未来魔幻意境，在着色过程中仅使用红、橙、黄、绿、青、蓝、紫七种颜色，并且这七种颜色的选择需遵循以下原则：

(1) 如果上部采用红色或者蓝色，那么中部就不能采用橙色或者绿色。

(2) 只有下部不采用黄色时，中部才不同时采用青色和紫色。

(3) 除非中部采用绿色，否则下部需同时采用紫色和黄色。

(4) 雕塑的上、中、下任何一个部位使用颜色不能超过两种，并且任何一种颜色不能在雕塑两处以上部位使用。

20. 根据以上着色原则，目前雕塑已经在上部采用青色和蓝色，由此可以确定以下哪项为真？

A. 雕塑某两部分都采用的颜色只有青色。　　B. 雕塑某两部分都采用的颜色只有紫色。

· 115 ·

C. 雕塑没有采用黄色。 D. 雕塑某两部分都采用的颜色不是黄色。
E. 雕塑一共采用了五种颜色。

21. 根据以上着色原则，又已知雕塑的中部采用了绿色，则关于雕塑的着色，以下哪项为假？
    A. 上部采用了绿色。 B. 下部采用了紫色。 C. 下部采用了黄色。
    D. 上部采用了黄色。 E. 下部采用了青色。

22. 表面看来，美国目前面临的公众吸毒问题和20年代所面临的公众酗酒问题很类似。当时许多人不顾禁止酗酒的法令而狂喝滥饮。但是，二者还是有实质性的区别的。吸毒，包括吸海洛因和可卡因这样一些毒品，从来没有在大多数中产阶级分子和其他一些守法的美国人中成为一种被广泛接受的社会性的行为。
    上述论述基于以下哪项假设？
    A. 20年代，大多数美国中产阶级分子普遍认为酗酒并不是不可接受的违法行为。
    B. 美国的中产阶级的价值观成为美国社会公众行为的一种尺度。
    C. 大多数美国人把海洛因和可卡因视为和酒精类似的东西。
    D. 在议会制国家，法律的制定以大多数人的意志和价值观为基础。
    E. 只要有毒品存在，就有吸毒行为，尽管有法律禁止。

23. 苏轼在《策别第十》中写道："有所取必有所舍，有所禁必有所宽。"这句话的意思是，要有所获取，就一定要有所舍弃；要有所禁止，就一定要有所宽容。
    下列哪项与苏轼想要表达的语义相同？
    A. 除非有所获取，否则有所禁止。 B. 如果有所获取，那么一定有所宽容。
    C. 如果无所宽容，那么一定无所禁止。 D. 只有有所获取，才能有所舍弃。
    E. 只要有所宽容，就一定有所禁止。

24. 一位研究人员希望了解他所在社区的人们喜欢的口味是可口可乐还是百事可乐。他找了些喜欢可口可乐的人，要他们在一杯可口可乐和一杯百事可乐中，通过品尝指出喜好。杯子上不贴标签，以免商标引发明显的偏见，只是将可口可乐的杯子标志为"M"，将百事可乐的杯子标志为"Q"。结果显示，超过一半的人更喜欢百事可乐，而非可口可乐。
    以下哪项如果为真，最可能削弱上述论证的结论？
    A. 参加者受到了一定的暗示，觉得自己的回答会被认真对待。
    B. 参加实验者中很多人从来都没有同时喝过这两种可乐，甚至其中的30%的参加实验者只喝过其中一种可乐。
    C. 多数参加者对于可口可乐和百事可乐的市场占有情况是了解的，并且经过研究证明，他们普遍有一种同情弱者的心态。
    D. 在对参加实验的人所进行的另外一个对照实验中，发现了一个有趣的结果：这些实验者中的大部分人更喜欢英文字母"Q"，而不大喜欢"M"。
    E. 在参加实验前的一个星期中，百事可乐的形象代表正在举行大规模的演唱会，演唱会的场地中有百事可乐的大幅宣传画，并且在电视转播中反复出现。

25. 牙刷按棕毛的硬度分为软、硬两种。如何合理地选择和使用牙刷以减少牙垢，科研人员做了以下测试。被测试者分为人数相等的4组，每天刷牙2次，所用牙刷不更换。第一组和第二组使用软棕牙刷，其他两组使用硬棕牙刷；第一组和第三组每10天对牙刷进行一次保洁消毒，其他两组不做此种保洁。半年后，比较被测试者新形成的牙垢，第一组的明显较少，其他三组的基本相同，不见明显减少。
    上述测试结果最能支持以下哪项结论？
    A. 为减少牙垢的形成，牙刷的选择（硬棕或软棕）比牙刷的保洁更重要。
    B. 为减少牙垢的形成，牙刷的保洁比牙刷的选择（硬棕或软棕）更重要。
    C. 牙刷的细菌污染是形成牙垢的主要原因。
    D. 牙刷的选择不当是形成牙垢的主要原因。
    E. 为了减少牙垢的形成，选择软棕牙刷比选择硬棕牙刷更合理。

26. 在《西游记》中，孙悟空很多时候也面临着痛苦的抉择。三打白骨精时，若孙悟空打了白骨精，那么师父会念紧箍咒；若孙悟空不打白骨精，则师父就会面临危险。根据以上的客观分析，以下哪项一定为真？
   A. 孙悟空应该选择打白骨精。
   B. 孙悟空应该选择采用其他方式消灭白骨精。
   C. 师父如果没有念紧箍咒，那么师父就面临危险。
   D. 或者师父不念紧箍咒，或者师父会面临危险。
   E. 以上选项都不一定为真。

27. 北美的雄性棕熊通常会攻击并杀死不是由它交配的雌熊产下的幼崽。然而，在每年7至8月间鲑鱼洄游的季节里，聚集在哈罗港捕鱼的棕熊中，雄性棕熊攻击并杀死雌性棕熊幼崽的概率不到平时的十分之一，而带着幼崽的雌性棕熊与雄性棕熊不期而遇的概率却是平时的几十倍。在这个雌性棕熊与雄性棕熊相遇最多的时期，幼崽被击杀的概率却最低。
   如果以下哪项陈述为真，对雄性棕熊的反常行为提供了最佳的解释？
   A. 棕熊平时为保护自己的领地大打出手，在鲑鱼洄游的季节，它们专注于自己的捕鱼技术，很少为争夺地盘而打斗。
   B. 幼崽靠雌性棕熊养育3年才能独立生存，由于雌性棕熊在哺乳期内不会受孕，3至12个月大的幼崽被杀率最高。
   C. 鲑鱼是北美棕熊大量补充体内脂肪的主要食物来源，棕熊奋力捕鱼而增加体重，以便熬过即将到来的严冬。
   D. 雌性棕熊为了保护将来的幼崽，通常会和多只雄性棕熊交配，以便让更多的雄性棕熊认为它们是其幼崽的父亲。
   E. 雄性棕熊为了能够更好地吸引雌熊，会尽量展示自己的力量，而杀死幼崽的行为通常会被大多数雌性棕熊认为是一种极具安全感的行为。

28~30题基于以下题干：
   某单位有孔智、孟睿、荀慧、庄聪、墨灵、韩敏六名工作人员，从周一到周六他们每人工作一天，这六天中每天都有人工作，六人中的任何两人都不在同一天工作。工作安排应满足以下条件：
   (1) 孟睿工作的那一天与韩敏工作的那一天恰好间隔两天，且在一周内，孟睿总是在韩敏之前工作。
   (2) 要么庄聪在星期三工作，要么孔智在星期三工作。
   (3) 荀慧在星期六工作，当且仅当，墨灵在星期一工作。
   (4) 墨灵在星期六工作，当且仅当，孔智在星期三工作。

28. 若庄聪在星期二工作，则谁在星期五工作？
   A. 孔智   B. 荀慧   C. 孟睿   D. 墨灵   E. 韩敏

29. 若墨灵在星期五工作，则荀慧在哪天工作？
   A. 星期一   B. 星期二   C. 星期三   D. 星期四   E. 星期六

30. 以下哪项一定是正确的？
   Ⅰ. 同一周内，孔智在孟睿之后工作。
   Ⅱ. 墨灵不能在星期四工作。
   Ⅲ. 同一周内，庄聪在孔智之前工作。
   A. 仅Ⅰ。   B. 仅Ⅱ。   C. 仅Ⅰ与Ⅱ。   D. 仅Ⅰ与Ⅲ。   E. Ⅰ、Ⅱ和Ⅲ。

逻辑模拟试卷（十九）

建议测试时间：50-55 分钟　　实际测试时间（分钟）：_____　　得分：_____

本测试题共 30 小题，每小题 2 分，共 60 分，从下面每小题所列的 5 个备选答案中选取出一个，多选为错。

1. 爱护动物，爱护珍稀动物，就是爱护我们人类自身。尽管人们已经开始抵制珍稀动物的皮草产品，但仍有家居制造商将珍稀动物的皮毛用于家居饰品。几年前，专家发现了一种新的高仿合成皮草，得到了家居制造商广泛的好评。但从最近几年的统计看，各地为获取皮毛而对珍稀动物进行捕杀的活动并没有减少。
   以下哪项如果为真，最能够对上述存在的矛盾现象做出解释？
   A. 上述家居制造商的做法遭到了动物保护协会的抗议。
   B. 家居制造商在销售大的家居物件时，往往将家居饰品当作赠品免费送给购买者。
   C. 生产新的高仿合成皮草比生产原来的合成皮草的成本更低。
   D. 新的高仿合成皮草与动物毛皮的质地相似，很难区分。
   E. 绝大部分珍稀动物的皮毛用在了越来越流行的皮草服饰上。

2. 一项关于婚姻状况的调查显示，那些起居时间明显不同的夫妻之间，虽然每天相处的时间相对较少，但每月爆发激烈争吵的次数，比起那些起居时间基本相同的夫妻明显要多。因此，为了维护良好的夫妻关系，夫妻之间应当注意尽量保持基本相同的起居规律。
   以下哪项如果为真，最能削弱上述论证？
   A. 夫妻间不发生激烈争吵，不一定关系就好。
   B. 夫妻闹矛盾时，一方往往用不同时起居的方式以示不满。
   C. 个人的起居时间一般随季节变化。
   D. 起居时间的明显变化会影响人的情绪和健康。
   E. 起居时间的不同很少是夫妻间争吵的直接原因。

3. 某仓库有 6 间库房，按从 1 到 6 的顺序编号。有 6 种货物：大米、小麦、大豆、玉米、高粱、土豆。每一间库房恰好储存 6 种货物中的一种，不同种类的货物不能存入同一间库房。储存货物时还需满足以下条件：
   （1）储存小麦的库房号比储存大豆的库房号大。
   （2）储存大豆的库房号比储存土豆的库房号大。
   （3）储存高粱的库房号比储存大米的库房号大。
   （4）储存土豆的库房紧挨着储存高粱的库房。
   以下哪间库房中可能储存着大豆？
   A. 仅 3 号库房、4 号库房。　　　　　　B. 仅 3 号库房、5 号库房。
   C. 仅 4 号库房、5 号库房。　　　　　　D. 仅 4 号库房、5 号库房、6 号库房。
   E. 3 号库房、4 号库房、5 号库房、6 号库房。

4. 莱布尼兹是 17 世纪伟大的哲学家。他先于牛顿发表了他的微积分研究成果。但是当时牛顿公布了他的私人笔记，说明他至少在莱布尼兹发表其成果的 10 年前已经运用了微积分的原理。牛顿还说，在莱布尼兹发表其成果的不久前，他在给莱布尼兹的信中谈起过自己关于微积分的思想。但是事后的研究说明，牛顿的这封信中，有关微积分的几行字几乎没有涉及这一理论的任何重要之处。因此，可以得出结论，莱布尼兹和牛顿各自独立地发现了微积分。
   以下哪项是上述论证必须假设的？
   A. 莱布尼兹在数学方面的才能不亚于牛顿。
   B. 莱布尼兹是个诚实的人。
   C. 没有第三个人不迟于莱布尼兹和牛顿独立地发现了微积分。
   D. 莱布尼兹发表微积分研究成果前从没有把其中的关键性内容告诉任何人。
   E. 莱布尼兹和牛顿都没有从第三渠道获得关于微积分的关键性细节。

5. 贾平凹说过："一个作家实际上一直在写自己。"一个作家如果写到社会上不好的东西，那么他实际上是想揭露人性的恶，并给这个社会进行排毒；除非一个作家想宣扬人性里真善美的东西，否则他会写到这个社会上不好的东西。

如果以上陈述为真，以下哪项陈述一定为真？

A. 一个作家，一定会写到社会上不好的东西。

B. 一个作家不会给这个社会进行排毒，但是他会宣扬人性里真善美的东西。

C. 如果一个作家不会想去揭露人性的恶，并不给这个社会进行排毒，那他一定想宣扬人性里真善美的东西。

D. 一个作家既会想揭露人性的恶，并给这个社会进行排毒，又想宣扬人性里真善美的东西。

E. 一个作家不会写社会上不好的东西，但是他会给这个社会进行排毒。

6. 某研究所对该所上年度研究成果的统计显示：在该所所有的研究人员中，没有两个人发表的论文的数量完全相同；没有人恰好发表了10篇论文；没有人发表的论文的数量等于或超过全所研究人员的数量。如果上述统计是真实的，则以下哪项断定也一定是真实的？

Ⅰ. 该所研究人员中，有人上年度没有发表1篇论文。

Ⅱ. 该所研究人员的数量，不少于3人。

Ⅲ. 该所研究人员的数量，不多于10人。

A. 只有Ⅰ。　　　　　　　B. 只有Ⅰ和Ⅱ。　　　　　　　C. 只有Ⅰ和Ⅲ。

D. Ⅰ、Ⅱ和Ⅲ。　　　　　E. Ⅰ、Ⅱ和Ⅲ都不一定是真实的。

7. 某学校有29名同学参加了好声音华北区和东北区的入围赛，且规定每位参赛者只能选择一个地区比赛。关于比赛结果三位老师有如下猜测：

张老师：最多有5人入围华北区。

李老师：入围东北区的人数小于10人。

赵老师：如果入围华北区的人数不多于5人那么入围东北区的人数不少于10人。

结果表明三人中只有一人的猜测正确。

根据上述信息，关于参加比赛的人可以得出以下哪项？

A. 大部分人都没有入围。　　　B. 有入围华北区的同时入围东北区。　　　C. 张老师说法为真。

D. 最多10人入围东北区。　　　E. 落选的人数小于14人。

8. 目前果蔬榨汁机畅销。一台榨汁机的售价要千余元人民币，甚至更高。榨汁机的工作原理是粉碎果蔬并分离出其中的液汁以供饮用，据说常喝能减肥，有助消化，甚至还能防癌。榨汁机的保健作用就这样被夸大了。事实上，果蔬经过粉碎由固态变为液态，只会减少而不会增加所包含的营养素。因此，省点钱吧。如果你想喝胡萝卜汁，就吃胡萝卜吧。

以下哪项如果为真，最能削弱上述论证？

A. 相比固态的水果，许多消费者更喜欢喝果汁。

B. 摄入固态果蔬中的纤维素有利于人的健康。

C. 相比固态果蔬，果蔬汁中的营养素更易被人体吸收。

D. 果蔬在被粉碎榨干过程中流失的营养素微乎其微。

E. 一款价格低廉性能良好的果蔬榨汁机即将上市。

9. 近期，进博会在上海举办，全世界的许许多多的"黑科技"产品在进博会中亮相，某工厂的厂长准备让科技人员小王去进博会中考察考察，寻找一些适合工厂的新技术，考察之前，他给小王提出了如下要求：

（1）如果去农产品展区，那么也要去食品展区；

（2）只有去汽车展区，才去消费品展区；

（3）除非去服务贸易展区，否则不去汽车展区；

（4）如果去技术装备展区，则去汽车展区；

（5）一共有农产品、食品、汽车、消费品、服务贸易、技术装备6个展区，并且小王至少去3个展区。

如果小王按照厂长的要求去进博会，以下的哪项规划是不可能成立的？

A. 只去汽车展区、服务贸易区、食品展区、消费品展区。

B. 不去汽车展区且不去农产品展区。

C. 不去食品展区且不去消费品展区。
D. 去服务贸易展区和汽车展区。
E. 只去汽车展区、服务贸易展区、农产品展区和食品展区。

10. 由于人口老龄化，德国政府面临困境：如果不改革养老体系，将出现养老金不可持续的现象。解决这一难题的政策包括提高养老金缴费比例、降低养老金支付水平、提高退休年龄。其中提高退休年龄所受阻力最大，实行这一政策的政府可能会在下次选举时丢失大量选票。但德国政府于2007年完成法定程序，将退休年龄从65岁提高到67岁。
   如果以下哪一项陈述为真，能够最好地解释德国政府为什么冒险采用了这一政策？
   A. 为减轻压力，德国政府规定从2012年起用20年的过渡期来实现退休年龄从65岁提高到67岁。
   B. 2000年德国以法律形式确定了养老金缴费上限，2004年确定了养老金支付下限，两项政策已经用到极致。
   C. 现在德国人的平均寿命大大提高，退休者领取养老金的年限越来越长。
   D. 延迟一年退休，所削减的养老金可达GDP的近1%。
   E. 有部分民众到了67岁时依然精力旺盛，可以从事的工作并不比年轻人差。

11. 解雇张先生的决定是董事会在有很大争议的情况下做出的。此前，他一直被认为是公司最得力的技术型管理干部。显然，如果董事会解雇张先生的决定是正确的，那么，张先生一定出现了重要失误，这种失误，或者在专业技术方面，或者在行政管理方面。张先生在任职期间从未出现技术失误，因此，他一定在行政管理方面出现了失误。
   以下哪项是上述论证所假设的？
   A. 如果一个干部在专业技术或行政管理方面出现失误，则给以解雇是正确的。
   B. 董事会解雇张先生的决定是正确的。
   C. 张先生没有处理好与公司董事会的人际关系。
   D. 一个得力的干部不可能在专业技术或行政管理方面出现失误。
   E. 张先生是公司的高级管理人员。

12. 国际田径邀请赛在日本东京举行。方明、马亮和丹尼斯三人中至少有一人参加了男子100米比赛。而且：
   (1) 如果方明参加男子100米，那么马亮也一定参加。
   (2) 报名参加男子100米的人必须提前进行尿检，经邀请赛的专家审查通过后才能正式参赛。
   (3) 丹尼斯是在赛前尿检工作结束后才赶来报名的。
   根据以上情况，以下哪项一定为真？
   A. 方明参加了男子100米比赛。   B. 马亮参加了男子100米比赛。
   C. 丹尼斯参加了男子100米比赛。   D. 方明和马亮参加了男子100米比赛。
   E. 丹尼斯和方明参加了男子100米比赛。

13~14题基于以下题干：
一个部队有4个师，编号依次为一、二、三和四。每个师中恰好配备一个装甲旅和一个导弹旅。这8个旅中的每一个都是在1967年、1968年和1969年这3年中的某一年组建的，且满足以下条件：
   (1) 每一个师中的装甲旅不是比导弹旅组建得早就是和导弹旅在同一年组建；
   (2) 二师中的装甲旅和一师中的导弹旅是在同一年组建的；
   (3) 三师中的装甲旅和四师中的导弹旅是在同一年组建的；
   (4) 二师中的装甲旅和三师中的装甲旅不是在同一年组建的；
   (5) 一师中的装甲旅和三师中的导弹旅是在1968年组建的。

13. 若四师的装甲旅是在1968年组建的，则下面哪一句话一定正确？
   A. 一师中的导弹旅是在1968年组建的。   B. 一师中的导弹旅是在1969年组建的。
   C. 二师中的装甲旅是在1968年组建的。   D. 三师中的装甲旅是在1967年组建的。
   E. 上面的判断都不正确。

14. 若三师的装甲旅是在1968年组建的，则下面哪一句话可能正确？
   A. 一师中的导弹旅是在1968年组建的。   B. 二师中的装甲旅是在1967年组建的。

C. 二师中的导弹旅是在1968年组建的。　　D. 四师中的装甲旅是在1967年组建的。
E. 三师中的导弹旅是在1969年组建的。

15. 某官员在视察多所公立学校以后认为：所有重点大学都在大城市，所有医科大学都不在大城市，有自己独立实验室的大学都是综合性大学。然而，有些重点大学也具有自己独立的实验室。
以下哪项为真，最能够对某官员的观点提出质疑？
A. 医科大学都不是综合性大学。　　B. 医科大学都是综合性大学。
C. 重点大学都是综合性大学。　　D. 综合性大学都是医科大学。
E. 医科大学都不是重点大学。

16~17题基于以下题干：
从周一到周六，四个巡视员赵义、钱仁礼、孙智、李信负责巡视工厂的安全，每天只有一位巡视员巡视。六天的巡视安排必须满足以下条件：每个人至少巡视一天；没有人连续巡视两天；李信必须在周三或周六巡视，也有可能他在这两天都巡视，他还可以在其他天也巡视；赵义不在周一巡视；如果钱仁礼在周一巡视，那么李信不在周六巡视。

16. 若某一周内李信仅在周三和周六巡视，则下面哪项在该周内一定正确？
A. 赵义在周二巡视。　　B. 钱仁礼在周五巡视。　　C. 孙智不在周四巡视。
D. 赵义在六天中巡视两天。　　E. 孙智不在周二巡视。

17. 若某一周内钱仁礼和孙智都巡视两天，并且钱仁礼在周一巡视，则下面哪项在该周内一定正确？
A. 李信在周三巡视。　　B. 钱仁礼在周六巡视。
C. 周三巡视的人周五也巡视。　　D. 孙智在赵义的前一天巡视。
E. 赵义或孙智中有一人在周五巡视。

18. 所有爱斯基摩土著人都是穿黑衣服的；所有的北婆罗洲土著人都是穿白衣服的；没有穿白衣服又穿黑衣服的人；H是穿白衣服的。
基于以上事实，下列哪个判断必为真？
A. H是北婆罗洲土著人。　　B. H不是爱斯基摩土著人。
C. H不是北婆罗洲土著人。　　D. H是爱斯基摩土著人。
E. H既不是爱斯基摩土著人，也不是北婆罗洲土著人。

19. 企业能否成功，跟CEO有没有明确的志向和目标有很重要的关系，看那些成功的企业，大部分CEO都是有明确的目标和志向的，而那些失败的企业，大部分CEO都是浑浑噩噩的。所以，CEO有明确的目标和志向，是企业成功的重要原因。
以下哪项和题干中得出结论的方法最为相似？
A. 考试成绩是和平时学习的认真程度有很大关系的。小王平时总是认真学习，这次取得了好成绩，所以认真学习是考试成绩好的重要原因。
B. 一个人的仕途是和一个人的能力有很大关系的。小王虽然能力很强，但是这次选举没有能当选，说明能力不是能够当选的唯一原因。
C. 一个企业能否成功跟产品的宣传和产品的质量是有很大关系的。只有好宣传，而没有好产品，企业无法成功；而只有好产品，却没有好宣传，企业也无法成功。所以一个企业的成功，宣传和内在缺一不可。
D. 一个人的爱好跟在该行业能否成功是有很大关系的。做自己喜欢的事情的时候，人们往往能够成功，而当做的事情是自己不喜欢的事情的时候，成功的人寥寥无几。所以，爱好是成功的重要原因。
E. 服务的质量和服务的价格是有很大的关系的。一般说来，价格越高的商品，服务也越好，当价格越低的时候，服务也随之变差。所以价格的提高是服务提高的重要原因。

20. 如果一个发展中国家具备有利的自然要素资源条件，实行符合国情和外部环境需要的合理的经济制度与政策，就能抓住机遇，实现长期较快经济增长，不断提升综合实力，逐步缩小与发达国家之间的差距。发达国家只有彼此尊重发展中国家的发展成就，才能形成在竞争中合作和共同发展局面，更好适应生产力发展要求，实现贸易畅通、百业兴旺。
如果上述论述为真，以下哪个选项一定为假？

A. 一个发展中国家具备自然资源，但是没有合理的制度与政策，经济增长缓慢。
B. 一个发展中国家具备了有利的自然资源和合理的制度和政策，最终不被发达国家所尊重。
C. 一个发达国家尊重了发展中国家的成就，但是没有形成共同发展的局面。
D. 一个发展中国家具备了有利的自然资源和合理的制度和政策，和发达国家的差距在拉大。
E. 一个发达国家和发展中国家建立了合作和共同发展关系，但是发展中国家并没有受到尊重与重视。

21. 在美国，遭遇汽车事故的乘客所受的伤害通常比在欧洲严重，在那里法律要求使用一种不同种类的安全带。很明显，美国需要采用更严厉的安全带设计标准来更好地保护汽车司机。
下面选项如果正确，除了哪项其余都削弱了该论证？
A. 欧洲人比美国人更可能系安全带。
B. 和美国司机不同，欧洲司机接受培训学习如何发生事故时最好地做出反应以使对自己和乘客的伤害最小。
C. 针对欧洲市场制造的汽车比针对美国市场制造的汽车倾向于带有安全带。
D. 美国的汽车乘客比欧洲的乘客在统计上有更高的可能性遭遇事故。
E. 最近已经开始要求采用欧洲安全带的州中，乘客遭受汽车事故而受伤害的平均严重程度没有减少。

22. 选民的素质可能会直接影响到一个民主政体的良好运转。这些素质是多方面的，但道德素质特别重要。此外，选民一般还必须是明白人。好心可能会办坏事，说的就是这个道理。这就是说，除非选民是道德而又明智的时候，否则一个民主政体就不可能良好地运转。
以下哪项能从上述主张中合乎逻辑地推导出来？
A. 如果选民是道德而又明智的，一个民主政体就会良好地运转。
B. 或者一个民主政体不能良好地运转，或者其选民是道德又明智的。
C. 如果一个民主政体不能良好地运转，那么选民不道德或者不明智。
D. 选民是道德而又明智的与一个民主政体不能良好地运转这两者不可能同时为真。
E. 或者一个民主政体能良好地运转，或者其选民是不道德或者不明智的。

23. 玩电脑游戏是否会改变大脑结构呢？对此，研究人员进行了实验，他们把154名14岁青少年分为两组，其中一组青少年每周玩电脑游戏超过9个小时，即"频繁玩家"；另外一组玩电脑游戏较少。利用磁共振成像技术进行的大脑扫描显示，"频繁玩家"大脑中的"腹侧纹状体"比其他人要大。由此，研究人员得出结论，玩电脑游戏确实会改变大脑结构。
以下哪项如果为真，最能支持上述结论？
A. "腹侧纹状体"被称为大脑的"激励中心"，与奖励反馈有关，常常在人们得到外界回报时发挥作用，比如赌博赢钱或享受美食的时候。
B. 长期玩游戏的儿童阅读游戏规则更容易，还会对游戏中出现的画面变得敏感，但对周围的事物表现冷漠。
C. 追求新鲜和未知的经历是人和动物基本的行为趋势，选择新的选项可能使进化变得有意义。
D. 通过大范围调查显示，大脑结构不同不会导致部分人更喜欢玩电脑游戏。
E. 与其希望通过玩电脑游戏开发智力，不如通过打乒乓球有效。

24. 考察腐败为我们提供了否决可构建一门严格社会科学的依据。就像所有其他包含蓄意隐秘的社会现象一样，测量腐败本质上是不可能的；并且这不仅仅是由于社会科学目前还没有达到开发出充分的定量技术这个一定可以达到的目标。如果人们愿意回答有关他们贪污受贿的问题，则这意味着，这些做法就已经具有合法的、应征税的特征，就不再是腐败了。换言之，如果腐败能被测量，那它一定会消失。
下面哪一项最准确地陈述了上述论证作者必须做出的一个隐含假设？
A. 有些人认为可以构建一门严格的社会科学。
B. 一门严格社会科学的首要目的是量化并测量现象。
C. 包含有蓄意隐秘的社会现象的一个本质特征是它们不可能被测量。
D. 不可能构建一门研究包含蓄意隐秘的社会现象的严格社会科学。
E. 只有当所有研究的现象能够被测量时，才可能构建一门相关的严格社会科学。

25. 在逻辑学语言中有一种逻辑运算，其运算规则 m 和 n 是两个不同的逻辑值，如果两个数都是 m 时，其和为 m；一个为 m，一个为 n 时或两个都是 n 时，其和为 n。

根据以上运算规则，可以推出以下哪项？
- A. 如果和为 n，则两数必然都是 n。
- B. 如果和为 m，则两数必然都为 m。
- C. 如果和为 m，则两数中可能有一个为 n。
- D. 如果和为 n，则两数中至少有一个不为 m。
- E. 如果和不是 m，那么两个数中至少有一个是 n。

26. 如果今年油价持续上涨，那么将会有人放弃开车而选择公共交通。如果有人放弃开车而选择公共交通，那么北京的雾霾会有很大改善。今年油价除非持续上涨，否则小幅下跌。

    如果上述断定为真，下列哪项陈述一定为真？
    - A. 如果今年油价不持续上涨，那么不会有人放弃开车而选择公共交通。
    - B. 如果北京的雾霾没有很大改善，那么今年油价小幅下跌。
    - C. 北京的雾霾有很大改善，除非今年的油价没有小幅下跌。
    - D. 如果有人放弃开车而选择公共交通，那么今年油价持续上涨。
    - E. 如果今年油价没有小幅下跌，那么大部分人会放弃开车而选择公共交通。

27. 火山是一种常见的地貌形态，强烈的火山喷发会向大气圈排放大量的火山灰、水蒸气和 SO_2 等气体，尤其是 SO_2 能在平流层中形成气溶胶，并停留很长时间。近日，有科学家研究发现，火山喷发非但不会使全球变暖，反而会使全球气温降低。

    以下哪项为真，最能支持上述结论？
    - A. 研究表明，火山喷发时地下岩浆喷出地面，与空气接触产生氧化反应，引起局部温度升高。
    - B. 长时间的火山喷发会使地球大气受到严重污染，造成连年酸雨不断，使植物大量死亡。
    - C. 火山喷发会带来大规模的酸雨，酸雨能够在短期内降低火山区气温，但同时也引发了农作物的虫害。
    - D. 研究发现，随着全球逐渐变暖，火山喷发的频率越来越低。
    - E. 研究发现，火山喷发物质形成的气溶胶能减少太阳对地表的辐射量，延缓全球变暖。

28. 为了增加收入，新桥机场决定调整在计时停车场的收费标准。对每一辆在此停靠的车辆，新标准规定：在第一个 4 小时或不到 4 小时期间收取 4 元，尔后每小时收取 1 元。而旧标准为：第一个 2 小时或不到 2 小时期间收取 2 元，尔后每小时收取 1 元。

    以下哪项如果为真最能说明上述调整有助于增加收入？
    - A. 把车停在机场停车场作短途旅游的人较前有很大增长。
    - B. 机场停车场经过扩充，容量较前大有增加。
    - C. 机场停车场自投入使用以来，每年的收入都低于运行成本。
    - D. 大多数车辆在机场的停靠时间不超过 2 小时。
    - E. 越来越多的车主不在乎停车费。

29~30 题基于以下题干：

在某次听证会上，J、K、L、T、U、X、Y、Z 八位与会者入座位置如图所示。其中，J、K、L 是民营企业代表，X、Y、Z 是国有企业代表，T、U 是官方代表。且已知以下条件：
① 民营企业代表的座位是连着的，即任何一个民营企业代表的邻座，至少有一位是另一个民营企业代表。国有企业代表的座位也是如此。
② 没有一个民营企业代表和国有企业代表邻座。
③ T 的座位是东南角。
④ J 的座位在北排的中间。
⑤ 如果 T 和 X 邻座，则 T 不和 L 邻座。

29. 以下各项一定是真，除了哪项？
    - A. 西北角是国企代表。
    - B. 东北角是民企代表。
    - C. 西南角是国企代表。
    - D. 东边居中是民企代表。
    - E. 西边居中是国企代表。

30. 如果 Y 比 L 更靠南，但比 T 更靠北，则以下各项的两个代表都是邻座，除了哪项？
    - A. J 和 L
    - B. K 和 T
    - C. T 和 X
    - D. U 和 Y
    - E. X 和 Z

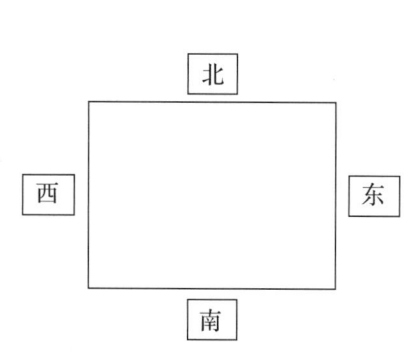

123

逻辑模拟试卷（二十）

建议测试时间：55-60分钟　　实际测试时间（分钟）：_____　　得分：_____

本测试题共30小题，每小题2分，共60分，从下面每小题所列的5个备选答案中选取出一个，多选为错。

1. 实现法制金融是防范金融风险的根本保障，只有克服立法不全、执法漏洞、监督不力等阻力和障碍，才能实现法制金融。而要克服立法不全、执法漏洞、监督不力等阻力和障碍，就要加快金融立法步伐、强化监督、深化金融法治教育。
   如果上述断定为真，则以下哪项一定为真？
   A. 克服了立法不全、执法漏洞、监督不力等阻力和障碍，就能防范金融风险。
   B. 如果没有实现法制金融，则没有加快金融立法步伐、强化监督、深化金融法治教育。
   C. 克服立法不全、执法漏洞、监督不力等阻力和障碍，否则不可能加快金融立法步伐、强化监督、深化金融法治教育。
   D. 除非实现法制金融，才能克服立法不全、执法漏洞、监督不力等阻力和障碍。
   E. 要防范金融风险，就要加快金融立法步伐、强化监督、深化金融法治教育。

2. 爱奇葩公司是国内知名的上市公司，有三位资深奇葩针对爱奇葩公司进行如下断定：
   马西西：如果爱奇葩公司盈利，公司股票就会上涨，除非人民币贬值。
   罗胖胖：如果爱奇葩公司进出口的数额持续加大，那么人民币就会升值。
   蔡胖团：爱奇葩公司不要持续进行产业结构升级，否则进出口贸易数额将会持续加大。
   如果三位奇葩关于爱奇葩公司的断定都符合事实，以下哪项不可能为真？
   A. 如果爱奇葩公司持续进行产业结构升级，那么爱奇葩公司将没有盈利。
   B. 如果人民币升值，那么爱奇葩公司没有盈利或者股票会上涨。
   C. 爱奇葩公司或者没有盈利，或者股票上涨，同时爱奇葩进出口贸易数额将持续加大。
   D. 爱奇葩公司要持续进行产业结构升级，但爱奇葩公司会盈利同时股票不会上涨。
   E. 如果人民币不会升值，那么爱奇葩公司不会盈利。

3. 除非是来自西部的贫困生，否则不能获得本学期的特殊奖学金。班主任张老师知道本班学生小李是来自西部的贫困生，因此，张老师知道小李能获得本学期的特殊奖学金。
   上述推理中存在的逻辑漏洞也都类似地出现在以下哪项中？
   A. 银行储户都知道，除非在存款当日下午三时前存入，否则该笔存款不能从存款当日计息。田亮知道自己的一笔存款是去年12月31日下午三时前存入，因此，他知道这笔存款从存款当日起计息。
   B. 只有现任系主任张磊离任，杜俊才会升任系主任；杜俊已知道张磊将离任。因此，杜俊知道自己将升任系主任。
   C. 在记者招待会上，只有记者才被允许提问，但丁力知道并不是每个记者都能均等地得到提问机会。丁力确信自己能得到提问的机会，因为他服务的通讯社有官方背景。
   D. 魏明一心想当个公务员。魏明知道，除非职权寻租，否则公务员属于社会的低薪阶层。因此，如果魏明当上公务员，一定会搞职权寻租。
   E. 都说有钱就任性。吴辰时时提醒自己不要任性，因为他知道自己没钱。

4. 中国传统上以黄河为界，划分南北，出生在黄河以北的人是"北方人"，出生在黄河以南的人是"南方人"。尽管南方人和北方人在生活习惯上存在一些差异，但这不妨碍南方人与北方人之间的通婚。尽管北方男人比北方女人多，但在2015年，却有比南方女人更多的南方男人与北方人结了婚。
   根据以上事实，在2015年以下哪项为真？
   Ⅰ. 与南方人结婚的北方女人多于北方男人。
   Ⅱ. 与南方人结婚的人，女人比男人多。
   Ⅲ. 与北方人结婚的人，男性比女性多。
   A. 仅Ⅰ。　　B. 仅Ⅱ。　　C. 仅Ⅲ。　　D. Ⅱ和Ⅲ。　　E. Ⅰ、Ⅱ和Ⅲ。

5. 张教授：和谐的本质是多样性的统一。自然界是和谐的，例如没有两片树叶是完全相同的。因此，克隆人是破坏社会和谐的一种潜在危险。

   李研究员：你设想的那种危险是不现实的，因为一个人和他的克隆复制品完全相同的仅仅是遗传基因。克隆人在成长和受教育的过程中，必然在外形、个性和人生目标等诸方面形成自己的不同特点。如果说克隆人有可能破坏社会和谐的话，我看一个现实危险是，有人可能把他的克隆复制品当作自己的活"器官银行"。

   以下哪项最为恰当地概括了张教授与李研究员争论的焦点？

   A. 克隆人是否会破坏社会的和谐？
   B. 一个人和他的克隆复制品的遗传基因是否可能不同？
   C. 一个人和他的克隆复制品是否完全相同？
   D. 和谐的本质是否为多样性的统一？
   E. 是否可能有人把他的克隆复制品当作自己的活"器官银行"？

6. 只要是高中毕业生，就不可能不想考上一所重点大学，并且选择一个自己心仪的专业。

   如果以上陈述为真，则以下哪项必假？

   A. 所有的高中毕业生都想考上重点大学并选择自己心仪的专业。
   B. 有的高中毕业生只想选择自己喜欢的重点大学。
   C. 小王是某重点高中的毕业生，但是他只想报一所重点大学。
   D. 小王是某重点高中的毕业生，但是他只想上一所高职学校。
   E. 任何一名高中生都想上重点大学的重点专业。

7. 认为只伤害自己而没有伤害到别人的行为并没有什么错误的想法，通常伴随着对人与人之间相互依赖的人际关系的忽视。毁坏一个人自己的健康或者生命意味着你将不能为家庭或者社会提供帮助，相反，这意味着你将额外享有那些本来就有限的诸如食物、健康服务和教育等社会资源，而不是相反将它们回报给社会。

   以下哪个选项如果正确，最强烈地支持题干所表达的观点？

   A. 很多人做出伤害自己的事情全凭自己的喜好，与社会风气无关。
   B. 伤害一个人能够导致间接的利益，诸如可以使别人获得与健康领域相关联的工作。
   C. 一个人对社会所作的贡献可以通过他的健康程度来衡量。
   D. 由喝酒、吸烟和吸食毒品所导致的主要伤害是由使用那些东西的人来承受的。
   E. 本来可以避免的疾病和意外事故所造成的花销增加了每个人的健康保险金。

8. 一项调查统计显示，肥胖者参加体育锻炼的月平均量只占正常体重者的不到一半，而肥胖者的食物摄入的月平均量基本和正常体重者持平。专家由此得出结论，导致肥胖的主要原因是缺乏锻炼，而不是摄入过多的热量。

   以下哪项如果为真，将严重削弱上述论证？

   A. 肥胖者的食物摄入平均量总体上和正常体重者基本持平，但肥胖者中有人是在节食。
   B. 肥胖者由于体重的负担，比正常体重者较为不乐意参加体育锻炼。
   C. 某些肥胖者体育锻炼的平均量，要大于正常体重者。
   D. 体育锻炼通常会刺激食欲，从而增加食物摄入量。
   E. 通过节食减肥有损健康。

9. 在本届全国足球联赛的多轮比赛中，参赛的青年足球队先后有六个前锋，七个后卫，五个中卫，两个守门员。比赛规则规定：在一场比赛中同一个球员不允许改变位置身份，当然也不允许有一个以上的位置身份，同时，在任一场比赛中，任一球员必须比赛到终场，除非受伤。由此可得出结论：联赛中青年足球上场的共有球员20名。

   以下哪项为真，最能削弱以上结论？

   A. 比赛中若有球员受伤，可由其他球员替补。
   B. 在本届全国足球联赛中，青年足球队中有些球员在各场球赛中都没有上场。
   C. 青年足球队中有些队员同时是国家队队员。
   D. 青年足球队队的某个球员可能在不同的比赛中处于不同的位置。
   E. 根据比赛规则，只允许11个球员上场。

10. 从赵、张、孙、李、周、吴六个工程技术人员中选出三位组成一个特别攻关小组,集中力量研制开发公司下一步准备推出的高技术拳头产品。为了使工作更有成效,我们了解到以下情况:
    (1) 赵、孙两个人中至少要选上一位;
    (2) 张、周两个人中至少要选上一位;
    (3) 孙、李两个人中的每一个都绝对不要与张共同入选。
    根据以上条件,若周没有被选上,则以下哪两位必同时入选?
    A. 赵、吴。   B. 张、李。   C. 赵、孙。   D. 赵、李。   E. 孙、李。

11. 在2000年到2010年之间,中国工业的能源消耗量在达到顶峰后又下降,这导致2010年虽然工业总产量有显著提高,但工业的能源总耗用量却低于2000年的水平。在那些年里,工业部门一定采取了高效节能措施才取得如此惊人的成果。
    下面哪项若正确最能反对上面推理的结论?
    A. 在21世纪初,许多行业尽最大可能地从使用高价石油转向使用低价的替代品。
    B. 2010年中国总的居民能源消耗高于2000年。
    C. 在21世纪以前,许多工业能源的使用者很少注意保存能量。
    D. 工业总量的增长在2000年到2010年之间没有在2000年以前增长快。
    E. 21世纪开始,产量急剧下降的工业部门中包括一大批能源密集型的部门。

12. "哎拍客"会议如期在上海举行,到场的人数很多,出乎意料地来了很多会计,参加会议人员的信息如下:
    (1) 至少有5名穿红衣服的女生是会计;
    (2) 除非是会计,否则不是男生;
    (3) 或者穿红衣服,或者是男会计;
    (4) 有的男生不是会计;
    (5) 会场上,或者是男会计,或者是不穿红衣服的人;
    (6) 至少有7名穿红衣服的会计是女生。
    已知题干六条信息一半真一半假,根据以上信息,以下哪项一定为真?
    A. 至少有5名女会计穿红衣服,但他们不足7人。   B. 有的男生不是会计。
    C. 不穿红衣服的都是男会计。   D. 红衣女会计最多2人,或者不足7人。
    E. 以上选项都不必然得出。

13. 在"禽流感"期间,某地区共有7名"禽流感"患者死亡,同时也有10名一般流感患者死亡。这说明"禽流感"的致命性并不比一般流感更强。
    以下哪项相关断定如果为真,最能削弱上述结论?
    A. 因"禽流感"死亡的患者的平均年龄,略低于一般流感而死亡的患者。
    B. "禽流感"患者的体质,一般高于其他流感患者。
    C. 尽管"禽流感"的致命性不高于一般流感,但其传播速度是一般流感的十倍。
    D. 总人口中感染"禽流感"的人远低于感染一般流感的人。
    E. 经过治疗的"禽流感"患者死亡人数,远低于未经治疗的"禽流感"患者死亡人数。

14. 2009年哥本哈根气候大会的主题是全球变暖。但科学家中有两派对立的观点。气候变暖派认为,1900年以来地球变暖完全是由人类温室气体排放所致。只要二氧化碳的浓度继续增加,地球就会继续变暖;两极冰川融化会使海平面上升,一些岛屿将被海水淹没。气候周期派认为,地球气候主要由太阳活动决定,全球气候变暖已经停止,目前正处于向"寒冷期"转变的过程中。
    如果以下陈述为真,都可以支持气候周期派的观点,除了哪一项?
    A. 1998年以来全球平均气温没有继续上升。
    B. 从2009年末到2010年初,南半球暴雨成灾,洪水泛滥。
    C. 去年冬季,从西欧到北美,从印度到尼泊尔,北半球受到创纪录的寒流或大雪的侵袭。
    D. 位于澳大利亚东北海域的大堡礁被认为将被海水淹没,但它的面积目前正在扩大。
    E. 海平面近年来逐步下降,以至于往年被淹没的岛屿隐隐浮出水面。

15. 大约一万年以前,亚洲西南部的人类开始由狩猎转为农耕。考古学家发现,早期农耕人群中普遍存在因营养不良和失衡带来的健康问题。这种问题在他们靠狩猎生存的祖先中很少存在,原因是早期农作物提供的营养远不如猎物。尽管如此，农耕人群并没有因此退回狩猎。
以下各项如果为真，哪项最无助于解释上述现象？
A. 和亚洲东北部相比，亚洲的西南部更具备农耕所需要的自然条件。
B. 和狩猎相比，农耕作为获得食物的一种生存方式更为稳定和较少危险。
C. 通过狩猎获得的猎物，不够维持当地人群的生存。
D. 因营养不良和失衡带来的健康问题，并没有威胁到早期农耕人群的生存，并没有引起他们的关注。
E. 早期农耕人群已意识到可以并开始通过扩大农作物的品种来增加食物的营养。

16. 如今，每个人都说自己太忙了，但是，这些繁忙好像并不能促使事情的完成。现在，没有完成的工作，没有回的电话以及错过的约会数量与这些繁忙发生之前一样的多。因此，人们一定没有他们声称的那样忙。
以下哪项如果为真，最能严重地削弱上述短文中的结论？
A. 如今，看起来忙忙碌碌是一种地位的象征。
B. 如今，人们不得不比所谓的繁忙发生之前做多得多的工作。
C. 人们浪费如此多的时间来谈论繁忙以至于他们不能完成工作。
D. 如今，人们做的事情与所谓的繁忙发生之前做的事情一样的多。
E. 如今，人们比所谓的繁忙发生之前有更多的闲暇时间。

17. 对动物大脑的偏侧性优势的研究表明，尽管大多数人习惯使用右手，但在其他任意一组动物中，用"左手"（即优先使用左侧肢体）的和用"右手"的却各占一半。不过，这个发现却是令人生疑的，因为长期以来人们注意到狗总是用右爪子与人"握手"。
如果以下哪项陈述为真，能对狗握手这个反例做出最好的解释？
A. 人们观察到狗在抓挠时与使用右爪子一样使用左爪子。
B. 人们在观察狗"握手"时所见到的只是狗使用前爪子的行为。
C. 左撇子的人在"右撇子的世界"中有时会感到不方便甚至会有耻辱感，而狗则不会遇到类似的麻烦。
D. 在学习完成某种技巧时，狗会受到其训练者行为的影响。
E. 狗在使用"右手"这一习惯上与人十分相似。

18~19题基于以下题干：
临近假期，七位同学甲、乙、丙、丁、戊、己和庚排队买演唱会门票，这七位同学恰好或者来自一班或者是二班，且每个班不超过4人。已知以下信息：
（1）同班同学都互不相邻；
（2）庚在2号位置；
（3）戊身后至少有一位同班同学；
（4）庚和丙同班，并且除非丙在4号位置，否则庚不在丙之前。

18. 以下哪项是戊可能的位置？
A. 4号位置。 B. 7号位置。 C. 6号位置。 D. 1号位置。 E. 以上都可能。

19. 如果庚和戊的间隔数等于庚和甲的间隔数，则以下哪项可能为真？
A. 丙戊同班。 B. 甲身后没有同班同学。 C. 丁在6号位置。
D. 己在1号位置。 E. 以上都不能为真。

20. 近年来中国制造的成本不断上升，美国波士顿咨询集团的调研数据显示，中国制造的成本已接近美国。以美国为基准（100），中国制造指数是96，也就是说，同样一件产品，在美国制造成本是1美元，在中国制造则需要0.96美元。尽管中国的人力成本有所上升，但中国工人的收入明显低于美国同行业工人的收入。
如果以下哪项陈述为真，能够更好地解释上述看似矛盾的现象？
A. 中国大部分地区的物价水平低于美国的物价水平。
B. 由于中国人力成本上升，一些制造业开始将部分工厂转往印度或东南亚国家。
C. 中国制造业的利润普遍比美国同行业低。
D. 近年来在中国投资的固定资产成本、能源成本等不断上升。
E. 近年来受到欧盟反倾销政策的影响，针对中国制造的关税逐年增加。

21. 类人猿和其后的史前人类所使用的工具很相似。最近在东部非洲考古所发现的古代工具，就属于史前人类和类人猿都使用过的类型。但是，发现这些工具的地方是热带大草原，热带大草原有史前人类居住过，而类人猿只生活在森林中。因此，这些被发现的古代工具是史前人类而不是类人猿使用过的。
    为使上述论证有说服力，以下哪些项是必须假设的？
    A. 即使在相当长的环境生态变化过程中，森林也不会演变成为草原。
    B. 史前人类从未在森林中生活过。
    C. 史前人类比类人猿更能熟练地使用工具。
    D. 史前人类在迁移时并不携带工具。
    E. 类人猿只能使用工具，并不能制造工具。

22. 金州勇士队获得了 2018 年 NBA 总冠军，在谈到夺冠经验时，"萌神"库里说道，只要一个篮球运动员每天练习投篮 3 小时以上并且命中至少 500 个三分球，他就将最终成为伟大的射手。第二天，采访他的记者报道说，由于库里是伟大的射手，所以，他每天练习投篮 3 小时以上并且命中至少 500 个三分球。
    以下哪项最恰当地描述了该记者推理的缺陷？
    A. 这个结论没有把每天练习投篮 3 小时以上并且命中至少 500 个三分球而没有成为伟大的射手的球员考虑在内。
    B. 这个结论没有考虑到伟大的射手还需要其他天赋，如心理、投篮手感等。
    C. 这个结论没有考虑如果一个人每天不投篮 3 小时以上并且命中至少 500 个三分球，这个人就不能成为伟大的射手。
    D. 这个结论没有考虑到并不是所有想成为伟大的射手的人都每天练习投篮 3 小时以上并且命中至少 500 个三分球。
    E. 这个结论没有把每天没有练习投篮 3 小时以上或者没有命中至少 500 个三分球也有可能成为伟大的射手的人考虑在内。

23. 火车的某节硬卧车厢里，三位睡上、中、下铺的旅客攀谈起来，通过聊天得知：这三位旅客是小陈、一位工人和睡在下铺的旅客；小高不是推销员；小郝也不是军人；睡上铺的不是推销员；睡中铺的不是小高；小郝的车票不是上铺。
    根据上面的条件，以下哪项为真，除了？
    A. 小陈在上铺。   B. 小陈是军人。   C. 小高在上铺。
    D. 小郝是推销员。   E. 中铺的是军人。

24. 某学院有甲、乙、丙和丁四位副教授应聘教授岗位。对应聘结果有如下四个预测。
    预测一：丙被聘用。
    预测二：甲被聘用。
    预测三：甲和丙都被聘用。
    预测四：如果甲被聘用，则乙或丁被聘用。
    已知四个预测中只有一个预测与结果不符，则聘用结果符合哪项？
    A. 甲未被聘用。   B. 乙未被聘用。   C. 丙未被聘用。
    D. 丁被聘用。   E. 四人都被聘用。

25. 最近，主打白噪音的助眠产品引起很多人的兴趣。有人认为，白噪音可以掩盖环境中干扰性的刺激，有助于促进睡眠、改善睡眠质量。但研究者对此持怀疑态度，认为白噪音可改善睡眠的研究证据不足，持续白噪音甚至会对睡眠造成影响。
    以下哪项如果为真，不能支持研究者的观点？
    A. 白噪音掩盖环境中干扰性的刺激，也会掩盖环境中有意义的声音，可能对人的生活甚至对生命造成威胁。
    B. 持续暴露在白噪音下，听觉系统会不断将声音信号转换成神经信号，上传大脑，大脑会持续保持活跃，无法充分休息。
    C. 持续的白噪音会引起听力的损害，甚至会导致认知功能障碍，严重者还会导致失眠或嗜睡。
    D. 白噪音会使健康志愿者睡眠期间脑电波的循环交替模式显著改变，这意味着健康人睡眠结构受到干扰。
    E. 处于没有白噪音环境下的人们，入睡时间较短且更容易进入深度睡眠。

26. 近年来，为避免煤矿安全事故的发生，很多煤矿主都加强了对安全生产的重视程度。公开资料显示：2010年以前，H国煤矿事故每年死亡上万人。从2010年开始，每年事故死亡人数开始控制在7000人以下，2013年事故死亡人数为6434人；2014年死亡6027人；2015年死亡5986人；2016年全国煤矿共发生事故死亡4746人。由此我们得出结论，只要煤矿主对安全生产给予足够的重视，就能有效地遏制矿难事故的发生。

以下哪项如果为真，最能削弱上述论证？
A. 近年来，煤矿主对安全生产的设施建设、资金投入、宣传教育等管理手段并没有真正落到实处。
B. 近年来，煤矿安全引起有关部门的高度重视，国家对安全生产的资金投入不断加大。
C. 近年来，该国强行关闭了大量没有安全保障的非法小煤矿。
D. 近年来，一些地质条件好、安全性高的煤矿先后开工。
E. 近年来，生产技术和装备的落后使得很多煤矿仍采用很原始的生产方式，尽管煤矿主对安全生产足够重视，但近年来矿难事故依然屡见不鲜。

27. 汽车尾气是里佛塞市一项严重的污染问题，对里佛塞市的桥梁征收通行费能够减少汽车行驶的总里程。然而，总的污染水平并没有减少，这是因为收费站处将有许多汽车排起长队，而汽车在开着发动机不行驶的状态下，每分钟所排出的尾气比在其他任何行驶状态下排出的尾气都多。

以上的观点是建立在下列哪项假设的基础上的？
A. 减少汽车行驶里程可以减少污染量，但在收费站停留时排出的尾气所造成的污染的增加量和减少量持平，甚至会超过减少量。
B. 平均而言，里佛塞市的汽车处于开着发动机而不行驶的状态下的时间比处于其他行驶状态下的时间长。
C. 大桥处汽车尾气的增加量不会显著影响空气污染，这是因为在里佛塞市没有多少汽车司机经常通过大桥。
D. 减少汽车尾气不是减少空气污染的最有效办法。
E. 由于在收费站排长队很不方便，里佛塞市的许多司机就改变路线，其行车里程也就随之变化。

28. 核战争将导致漫长的"核冬季"包围地球的这种科学预测是不可相信的。大气科学家和天气专家无法可靠而准确地预测明天的天气。而核爆炸对本地和世界范围大气情况的影响一定遵循那些控制着日常天气变化的规律。如果天气无法用目前知道的知识来预测，那么核冬季这一假设用目前的知识也不能预测。

下面哪项如果成立，将最严重地削弱上述论断：如果科学家无法准确地预测日常天气，他们对核冬季的预测也不可信？
A. 核冬季的科学理论使用的是那些预报日常天气的人可得到的数据。
B. 科学家对核冬季的预测只能是凭空构想的，因为这些预测无法通过不造成伤害的实验加以证实。
C. 气象预报人员通常不坚持说他们的预测不会出错。
D. 对灾难性自然事件，如火山爆发、地震所作的科学预测的可信度不比日常天气预测的可信度低。
E. 核冬季这一科学理论与剧烈的天气变化而非日常天气变化相关。

29~30题基于以下题干：

张明、王林和刘华三位好朋友一起到市图书馆阅读，有三本书《平凡的世界》《白鹿原》《围城》，关于他们的借书情况如下：
(1) 他们每人都借阅了其中的一本或者两本书，并且每本书最多两人借阅。
(2) 如果张明没有借阅《围城》或者王林没有借阅《白鹿原》，那么刘华就不会借阅《平凡的世界》。
(3) 如果刘华借阅《平凡的世界》，那么张明就会借阅《白鹿原》并且王林借阅《围城》。
(4) 三位好朋友中有两人借阅了《平凡的世界》，并且《围城》和《白鹿原》都有人借阅。

29. 根据以上陈述，可以确定以下哪项为真？
A. 刘华和张明都借阅了《平凡的世界》。 B. 张明没有借阅《围城》。
C. 张明借阅了《白鹿原》。 D. 刘华没有借阅《平凡的世界》。
E. 刘华借阅了《白鹿原》。

30. 根据以上陈述，以下哪项一定为假？
A. 王林和刘华借阅的图书都不相同。 B. 王林和张明借阅的图书都相同。
C. 刘华和张明借阅的图书不都相同。 D. 王林和张明借阅的图书不都相同。
E. 王林和刘华借阅的图书都相同。

逻辑模拟试卷（二十一）

建议测试时间：50-55 分钟　　实际测试时间（分钟）：_____　　得分：_____

本测试题共 30 小题，每小题 2 分，共 60 分，从下面每小题所列的 5 个备选答案中选取出一个，多选为错。

1. 这次获奖备选名单中，如果小王被提名，那么小张就会跳槽到其他公司。已知，只有小赵被提名，小张才准备跳槽到其他公司。然而，除非小赵被提名，否则小王被提名。
   若以上信息为真，则可以推出以下哪项？
   A. 或者小王被提名，或者小张不会跳槽。
   B. 小赵和小王都被提名。
   C. 无论小赵和小王谁被提名，都会导致小张跳槽的结果。
   D. 小王一定被提名。
   E. 小赵一定被提名。

2. 北华大学就业研究中心对该校应届毕业生进行调查后发现，不孝顺父母的人不可能成为一名品德高尚的人，没有一个总是为他人着想的人会成为以自我为中心的人，缺乏社会化训练的人均以自我为中心，但有些缺乏社会化训练的人却是品德高尚的人。
   以下哪项如果为真，最能反驳上述发现？
   A. 总是为他人着想的人不都是孝顺父母的人。
   B. 有些孝顺父母的人不是总是为他人着想的人。
   C. 孝顺父母的人都是总是为他人着想的人。
   D. 总是为他人着想的人都不是孝顺父母的人。
   E. 所有总是为他人着想的人都是孝顺父母的人。

3. 早期人类的骸骨清楚地显示他们比现代人更少有牙齿方面的问题。因此，早期人类的饮食很可能与今天的非常不同。
   以下哪项陈述最能强化上述论证？
   A. 那些残骸表明某些早期人类的牙齿有许多蛀牙。
   B. 早期人类的饮食至少和我们的饮食一样种类繁多。
   C. 早期人类的平均寿命较短，而牙齿问题主要出现在年纪大的人身上。
   D. 健康的饮食能保持健康的牙齿。
   E. 饮食是影响牙齿健康最重要的一个因素。

4. 美容院来了五位客人，她们的职业各不相同。
   已知：打字员和李娜选用了同一品牌的护肤品；健身教练、医生与周晨聊着娱乐圈的八卦新闻；张晔五岁的女儿恰好在幼儿园教师的班上；赵静和售货员、医生经常一起泡吧；打字员、周晨、张晔的爱好各不相同；圣诞节，售货员曾卖给王爽一件裘皮大衣，卖给周晨一套职业装；赵静和打字员的血型相同；李娜和售货员以及健身教练不一样，她从不去健身房。
   根据以上信息，售货员是谁？
   A. 李娜　　　　B. 周晨　　　　C. 张晔　　　　D. 赵静　　　　E. 王爽

5. 长久以来，心理学家都支持"数学天赋论"：数学能力是人类自打娘胎里出来就有的能力，就连动物也有这种能力。他们认为存在一种天生的数学内核，通过自我慢慢发展，这种数学内核最后会"长"成我们所熟悉的一切数学能力。最近有反对者提出了不同的看法：数学能力没有天赋，只能是文化的产物。
   以下哪项如果为真，最能支持反对者的看法？
   A. 10~12 个月的婴儿已经知道 3 个黑点和 4 个黑点是不一样的。

B. 绝大多数的原始部落的居民只能表示5以下甚至更少的数量。
C. 经过人为训练的大猩猩、海豚和大象等动物能处理数学问题。
D. 数学是大脑的产物，而大脑的生长模式早已由基因"预设"。
E. 很多数学家的父母大多也是大学教授，他们自身也从事数学研究。

6. 一个传动变速箱有1~6号齿轮受计算机程序控制，自动传动。这些齿轮在传动中的程序如下：
   (1) 如果1号转动，那么2号转动，但是5号停。
   (2) 如果2号或者5号转动，则4号停。
   (3) 3号和4号可以同时转动，不能同时停。
   (4) 只有6号转动，5号才停。
   根据上述情况，假如现在1号转动了，同时转动的3个齿轮是？
   A. 2号、4号和6号。　　　　B. 3号、4号和2号。　　　　C. 4号、5号和2号。
   D. 2号、3号和6号。　　　　E. 2号、5号和6号。

7. 很多体重超标的人都想通过不吃糖而改吃其他替代品来降低体重，但具有讽刺意味的是，用阿斯帕拓麻作为发甜剂来减少摄入热量的人们最终可能无法达到目的。因为最近的研究显示，高浓度的阿斯帕拓麻可能通过耗尽大脑中那些和糖类相关的化学物质，引起身体的高度缺糖，从而引起人们对含糖量高的食品的强烈渴望，从而使他们吃更多含糖量高的食品。
   以下哪项是上述论证所必须假设的？
   A. 人们趋向于甜食，而不是那些含有较多碳水化合物的食品。
   B. 如果他们不使用阿斯帕拓麻，则不可能产生对糖的强烈需求。
   C. 阿斯帕拓麻对人体的健康可能比糖更为有害。
   D. 很多体重超标的人都喜欢吃含糖量高的食品。
   E. 含糖量高的食品含的热量很多。

8~9题基于以下题干：
   甲、乙、丙、丁、戊、己6项工作需要按照一定的先后顺序才能顺利完成。已知：
   (1) 丁必须在甲之前完成，并且中间只能隔着一项工作；
   (2) 丙必须在乙之前完成，并且中间只能隔着二项工作。

8. 若戊第二个完成，则己第几个完成？
   A. 2　　　　B. 3　　　　C. 4　　　　D. 5　　　　E. 6

9. 若甲、乙不是紧挨着先后完成，则可以得出以下哪项？
   A. 甲在乙之前完成。　　　　B. 乙在甲之前完成。　　　　C. 戊在己之前完成。
   D. 己在戊之前完成。　　　　E. 甲在戊之前完成。

10. 张丽：尽管都知道吸烟有害健康，但目前全国范围内并没有禁止吸烟的法律。在家里我可以自由地吸烟，但在高铁上却被禁止吸烟。这种规定实际上侵犯了我吸烟的权利。
    王华：在高铁或其他公共场合禁止吸烟，是一种有限制的禁烟法规。这样的规定之所以必要，是因为你在家里吸烟只影响到你自己或少数人，但在飞机上吸烟影响公众。
    张丽：如果影响公众就应当禁止，那么，我们恰好不应该禁止吸烟。因为，中国烟民数量世界第一，目前已达到3.5亿，比美国总人口还多，这本身就是一个大公众。
    以下哪项如果为真，能最为恰当地概括张丽对王华的反驳中存在的漏洞？
    A. 忽视了：中国的烟民尽管绝对数量世界第一，但在全国总人口中占的比例并不高。
    B. 忽视了：世界上的国家或者不禁止吸烟，或者只是有限制地禁止吸烟，并没有国家无条件禁止吸烟。
    C. 忽视了：高铁吸烟可能引起火灾。
    D. 忽视了：烟草的利润是国家税收的重要来源。
    E. 低估了吸烟对健康的严重危害。

11. 尽管象牙交易已被国际协议宣布为非法行为，一些钢琴的制造者仍使用象牙来覆盖钢琴键，这些象牙通常通过非法手段获得。最近，专家们发明出一种合成象牙，不像早期的象牙替代物，这种合成象牙受到了全世界范围内钢琴家的好评。但是，因为钢琴制造者从来不是象牙的主要消费者，所以合成象牙的发展可能对抑制为获得最自然的象牙而捕杀大象的活动没什么帮助。

下面哪一项，如果正确，最有助于加强上述论述？

A. 大多数弹钢琴，但不是钢琴家的人也可以轻易地区分新的合成象牙和较次的象牙替代物。
B. 新型的合成象牙可被生产出来，这种象牙的颜色表面质地可以与任何一种具有商业用途的自然象牙的质地相似。
C. 其他自然产物，如骨头和乌龟壳证明不是自然象牙在钢琴键上的替代物。
D. 自然象牙最普遍的应用是在装饰性雕刻品方面，这些雕刻品不但因为它们的工艺质量，而且因为它们的材料真实性而被珍藏。
E. 生产新型象牙的费用要比生产科学家们以前开发的任何象牙替代品的低得多。

12. A 地区与 B 地区相邻，如果基于耕种地和休耕地的总面积计算最近 12 年的平均亩产，A 地区是 B 地区的 120%，如果仅基于耕种地的面积，A 地区是 B 地区的 70%。

如果上述断定为真，最可能推出以下哪项？

A. A 地区生产的谷物比 B 地区多。
B. A 地区休耕地比 B 地区耕种地少。
C. A 地区少量休耕地是可利用的农田。
D. 耕种地占总农田的比例，A 地区比 B 地区高。
E. B 地区休耕地面积比 A 地区耕种地面积多。

13. 在四川的一些沼泽地中，剧毒的链蛇和一些无毒蛇一样，在蛇皮表面都有红白黑相间的鲜艳花纹。而就在离沼泽地不远的干燥地带，链蛇的花纹中没有了红色。奇怪的是，这些地区的无毒蛇的花纹中同样没有了红色。对这种现象的一个解释是，在上述沼泽地和干燥地带中，无毒蛇为了保护自己，在进化过程中逐步变异为和链蛇具有相似的体表花纹。

以下哪项最可能是上述解释所假设的？

A. 毒蛇比无毒蛇更容易受到攻击。
B. 在干燥地带，红色是自然界中的一种常见色，动物体表的红色较不容易被发现。
C. 链蛇体表的颜色对其捕食的对象有很强的威慑作用。
D. 以蛇为食物的捕猎者尽量避免捕捉剧毒的链蛇，以免在食用时发生危险。
E. 蛇在干燥地带比在沼泽地更易受到攻击。

14. 智人的第一波殖民潮正是整个动物界最大也最快速的一场生态浩劫。其中受创最深的是那些大型动物。在认知革命发生的时候，地球上大约有 200 种体重超过 50 公斤的大型野生哺乳动物。而等到农业革命的时候，只剩下大约 100 种。换句话说，远在人类还没有发明轮子、文字和铁器之前，智人就已经让全球一半的大型兽类魂归西天、就此灭绝。

以下哪项如果为真，不能支持上面的论述？

A. 该时期人类已经掌握了火耕等新技术，狩猎能力大幅提升。
B. 认知革命后，地球气候出现多次冷却和暖化循环，变化幅度较大。
C. 地球上大部分大型动物虽然身形巨大但并不凶猛，易被人类猎杀。
D. 考古研究发现，只要人类抵达新的土地，那里就会发生大型动物大灭绝。
E. 智人的出现使得绿色植物的覆盖率大幅减少，而这些植物是大型野生哺乳动物的主要食物。

15. 在镇压太平天国之后，曾国藩在奏折中请求朝廷遣散湘军，但对他个人的去留问题却只字不提。因为他知道，如果在奏折中自己要求留在朝廷效力，就会有贪权之疑；如果在奏折中请求解职归乡，就会给朝廷留下他不愿意继续为朝廷尽忠的印象。

以下哪项中的推理与上文中的最相似？

A. 在加入人寿保险的人当中，如果你有平安的好运气，就会给你带来输钱的坏运气；如果你有不平安的坏运气，就会给你带来赢钱的好运气。正反相生，损益相成。

B. 一位贫穷的农民喜欢这样教导他的孩子们："在这个世界上，你不是富就是穷，不是诚实就是不诚实。由于所有穷人都是诚实的，所以，每个富人都是不诚实的。"

C. 在处理雍正王朝的一次科场舞弊案中，如果张廷玉上奏折主张杀张廷璐，会使家人认为他不义；如果张廷玉上奏折主张保张廷璐，会使雍正认为他不忠。所以，张廷玉在家装病，迟迟不上奏折。

D. 在梁武帝和萧宏这对兄弟之间，如果萧宏放弃权力而贪恋钱财，梁武帝就不担心他会夺权；如果萧宏既贪财又争权，梁武帝就会加以防范。尽管萧宏敛财无度，梁武帝还是非常信任他。

E. 如果张珊这场官司胜诉，那么，按合同的约定，他应付给我另一半学费；如果他没有付给我另一半学费，那么张珊这场官司败诉。

16. 某会议海报在黑体、宋体、楷体、隶书、篆书和幼圆6种字体中选择3种进行编排设计。已知：
（1）若黑体、楷体至少选择一种，则选篆书而不选择幼圆；
（2）若宋体、隶书至少选择一种，则选择黑体而不选择篆书。
根据上述信息，该会议海报选择的字体是？
A. 黑体、宋体、隶书。　　B. 隶书、篆书、幼圆。　　C. 黑体、楷体、篆书。
D. 宋体、楷体、黑体。　　E. 楷体、隶书、幼圆。

17. 张教授：法律的制定和实施应当有助于提高整个社会的道德水准。法律规范自然不同于道德规范，但立法和执法不应当排斥考虑道德因素。
李研究员：您的陈述会导致一种不正确的见解，因此我不完全赞同。法律的功能是建立强有力的社会秩序，这是社会成员和谐共处、社会机器良性运转的基本条件。对于一部能体现此种功能的法律来说，任何一点实施上的偏差都会削弱它的此种功能。在中外的法律审判中，都不乏这样的实例，由于顾及道德上的考虑，法庭审判或多或少偏离法律的标准。这是应当反对和避免，而不是应当肯定的现象。
以下哪项最可能是两人争论的焦点问题？
A. 法律的制定和实施是否应当有助于提高整个社会的道德水准。
B. 在法律的实施中考虑道德因素是否会弱化法律的社会功能。
C. 一部能体现其社会功能的法律是否有助于提高社会的道德水准。
D. 实施中的偏差是否一定会削弱法律的社会功能。
E. 法律规范和道德规范的区别在哪里。

18. 标准抗生素通常只含有一种活性成分，而草本抗菌药物却含有多种。因此，草本药物在对抗新的抗药菌时，比标准抗生素更有可能维持其效用。对菌株来说，它对草本药物产生抗性的难度，就像厨师难以做出一道能同时满足几十位客人口味的菜肴一样，而做出一道满足一位客人口味的菜肴则容易得多。
以下哪项中的推理方式与上述论证中的最相似？
A. 如果你在银行有大量存款，你的购买力就会很强。如果你的购买力很强，你就会幸福。所以，如果你在银行有大量存款，你就会幸福。
B. 足月出生的婴儿在出生后所具有的某种本能反应到2个月时就会消失，这个婴儿已经3个月了，还有这种本能反应。所以，这个婴儿不是足月出生的。
C. 根据规模大小的不同，超市可能需要1至3个保安来防止偷窃。如果哪个超市决定用3个保安，那么它肯定是个大超市。
D. 电流通过导线如同水流通过管道。由于大口径的管道比小口径的管道输送的流量大，所以，较粗的导线比较细的导线输送的电量大。
E. 所有的学生都可以参加这一次的决赛，除非没有通过资格赛的测试。这个学生不能参加决赛，因此他一定没有通过资格赛的测试。

19. 某社会学家认为：每个企业都力图降低生产成本，以便增加企业的利润，但不是所有降低生产成本的努力都对企业有利，如有的企业减少对职工社会保险的购买，暂时可以降低生产成本，但从长远看是得不偿失，这会对职工的利益造成损害，减少职工的归属感，影响企业的生产效率。

以下哪项最能准确表示上述社会学家陈述的结论？
A. 如果一项措施能够提高企业的利润，但不能提高职工的福利，此项措施是不值得提倡的。
B. 企业采取降低成本的某些措施对企业的发展不一定总是有益的。
C. 只有当企业职工和企业家的利益一致时，企业采取的措施才是对企业发展有益的。
D. 企业降低生产成本的努力需要从企业整体利益的角度进行综合考虑。
E. 减少对职工社保的购买会损害职工的切身利益，对企业也没有好处。

20. 我的大多数思想开放的朋友都读了很多书，我的大部分思想不开放的朋友就不是这样。你读得越多，你就越有可能遇到新思想的挑战，你对自己思想的坚持就会被削弱，这种说法是有道理的。阅读还把你从日常生活中解放出来，向你展示生活的多样性和丰富性。因此，阅读使人思想开放。
以下陈述如果为真，哪一项最有力地削弱了上文中的结论？
A. 某人爱读文学作品，特别爱读诗歌，后来自己也写诗，现在是一位很有名的诗人。
B. 有人读了很多书，每读一本书都觉得有道理，不同的道理老在脑袋里打架，都快变成疯子了。
C. 如果只选择性地阅读特定类型或有特定观点的书，很可能读得越多越偏执。
D. 有些人读书喜欢把自己摆进去，读《红楼梦》时，就觉得自己是林黛玉或者是贾宝玉。
E. 某人阅读各种思想史的著作，写作了不少富有感想的博文，也因此吸引了很多思想不太开放的粉丝的关注。

21. 甲：亲兄弟明算账，不是亲兄弟就不能明算账。
    乙：不对！不知者无罪，即使不知者也是有罪的。
    以下哪项与上述论证结构最为相似？
    A. 甲：沉默是金，不沉默就不是金。
       乙：不对！吃苦耐劳是福，不吃苦就没有福。
    B. 甲：撒娇女人有好命，不撒娇的女人命不会好。
       乙：不对！仁者无敌，即使仁者也会被人打败。
    C. 甲：浓缩的就是精华，不浓缩的就不是精华。
       乙：不对！眼见为实，即使事实也是不会被眼见的。
    D. 甲：爱拼才会赢，不爱拼就不会赢。
       乙：不对，付出就会有回报，即使付出了也会没有回报。
    E. 甲：态度决定命运，态度不好的人命运就不好。
       乙：不对！战略决定决策，即使战略好决策也会不好。

22. 一家超市的六个货架是这样安排的：出售玩具的货架紧挨着出售服装的货架，但玩具货架不是一号架；出售餐具的货架在小家电货架的前一排；日化品在服装前面的第二个货架上；餐具在食品后面的第四个货架出售。
    根据以上陈述可以判断以下正确的一项是？
    A. 出售玩具的货架紧挨着出售食品的货架。   B. 出售小家电的货架在服装货架的前一排。
    C. 玩具在小家电前面的第三个货架上。   D. 玩具在四号货架。
    E. 出售食品的货架在服装货架的前一排。

23. 框架效应是指对于相同的事实信息，采用不同的表达方式，会使人产生不同的判断决策。一般来讲，在损失和收益方面，人们更倾向关注损失。
    根据上述定义，下列情形描述最不可能存在框架效应的是？
    A. 小明每天能得到一个面包，当被问"你吃了半个面包了，还吃吗"时，他选择不吃；而要是问"还有半个面包，你吃吗"？他会选择吃完。
    B. 小红看到A理财产品能100%地让自己获得获利10%，而B产品能让自己有85%的机会获利200%，依然选择了投资B产品。
    C. 鉴于消费者对脂肪的抵触情绪，某牛奶公司把所产牛奶产品相关描述从"含脂肪3%"变成"脱脂量97%"，为此该公司销售业绩迅速上涨。

D. "甲汽车客运站的客车发生车祸的概率仅为0.001%，而乙汽车客运站的客车平安送达率为99.999%"，看到这，乘客小坤选择乘坐乙汽车客运站的车。

E. 某服装公司A产品在新品上市阶段打九折，最近为了备战"双十一"，先将A产品原价提高20%，再将打折力度提升至七五折，这一办法果然使A产品获得大卖。

24. 美元加息的预期使得黄金等贵金属的价格一直面临着下跌趋势。除了投资，黄金还用于装饰行业，黄金的下跌使得装饰行业的成本大大降低，然而，令人惊讶的是，装饰行业在黄金大跌的去年和今年，尽管装饰业务并没有明显降低，但是整个行业利润却显示为亏损。
下面哪项如果正确，为上面的装饰行业的亏损提供了合理解释？
A. 黄金仅仅是装饰行业消耗材料中的一小部分。
B. 由于黄金价格下跌，一些原本不用黄金进行装饰的客户，这两年也要求使用黄金进行装饰。
C. 装饰行业中的大多数企业将重要的贵金属原材料作为储备，不仅是为了生产也是一种投资。
D. 装饰行业使用的铂金、铜材等价格也随着黄金价格下跌而下跌。
E. 由于房地产行业的快速发展，房屋装修成为装饰行业重要的工作。

25. 熊蜂是一类多食性昆虫，与蜜蜂相比，熊蜂体型更大且多毛，颜色各异，大多有着经典的黄黑条纹，黑身红尾。人们发现，由于密集管理型农业系统的推广，熊蜂在这些地方开始衰落，有的种类已经灭绝，相对而言，普通蜜蜂的数量并没有明显减少。因此，相比普通蜜蜂，农田利用方式的改变对熊蜂的生存威胁更大。
以下哪项如果为真，最能支持上述结论？
A. 蜜蜂采食会派出"侦查员"，回来后通过一种"摆动舞"告知蜂群食源在哪里，而熊蜂不会跳舞，因此大多独自采食。
B. 蜜蜂会在蜂巢内储藏大量食物，熊蜂的蜂巢储存食物量较少，一旦出现食物短缺，熊蜂就会处于劣势。
C. 蜜蜂属于大型化社群，而熊蜂属于小型化社群，这会导致基因分异度降低，更易受到寄生虫感染而大量死亡。
D. 密集型农田往往种植单一植物，如果植物不是处于花期，熊蜂就会因无法如蜜蜂般进行远距离飞行而岌岌可危。
E. 密集型农田更适合蜜蜂的天敌繁衍生长，它们常常与蜜蜂争夺食物和蜂巢。

26~27题基于以下题干：
大众影院准备在周一到周日7天内上演7部电影，分别是《疯狂外星人》《喜剧之王》《白蛇：缘起》《飞驰人生》《密室逃脱》《大黄蜂》《流浪地球》。每天上演一部电影，每部电影不能重复上演。电影的安排必须满足以下条件：
（1）《喜剧之王》必须在周三上演。
（2）《密室逃脱》和《流浪地球》不能连续上演。
（3）《飞驰人生》必须安排在《白蛇：缘起》和《流浪地球》之前上演。
（4）《疯狂外星人》和《白蛇：缘起》必须安排在连续的两天中上演。

26. 如果把《疯狂外星人》安排在周五上演，以下哪项正确地列出了所有可以安排在周日上演的电影？
A. 《白蛇：缘起》和《大黄蜂》。　　　　B. 《密室逃脱》和《大黄蜂》。
C. 《白蛇：缘起》和《流浪地球》。　　　D. 《飞驰人生》《密室逃脱》和《大黄蜂》。
E. 《密室逃脱》《大黄蜂》和《流浪地球》。

27. 如果把《密室逃脱》恰好安排在《白蛇：缘起》的前一天，以下哪项一定是真的？
A. 把《疯狂外星人》安排在《密室逃脱》之前。
B. 《大黄蜂》被安排在第一天或第二天。
C. 《飞驰人生》被安排在《喜剧之王》之前的某一天。
D. 《流浪地球》恰好安排在《飞驰人生》之后的那一天。
E. 把《喜剧之王》安排在《白蛇：缘起》之后的那一天。

28. 某珠宝店被盗，警方通过调查确定为甲、乙、丙三人中一人或多人作案，并获得了如下信息：
   (1) 或者甲是窃贼，或者乙是窃贼。
   (2) 乙和丙至少一个不是窃贼。
   (3) 丙是窃贼，或乙不是窃贼。
   以上调查信息为真，以下哪项一定为真？
   A. 甲是窃贼。　　　　　　B. 乙是窃贼。　　　　　　C. 丙是窃贼。
   D. 窃贼不是甲。　　　　　E. 窃贼不是丙。

29~30题基于以下题干：
   在一次全国网球比赛中，来自湖北、广东、辽宁、北京和上海五省市的五名运动员遇到一起，他们的名字是李明、陈虹、林成、赵琪、张辉。
   (1) 李明只和其他两名运动员比赛过。
   (2) 上海运动员和其他三名运动员比赛过。
   (3) 陈虹不是广东运动员，也没有和广东运动员交过锋，辽宁运动员和林成比赛过。
   (4) 广东、辽宁和北京三名运动员都相互比赛过。
   (5) 赵琪只与一名运动员比赛过；张辉则相反，除了一名运动员外，与其他运动员都比赛过。

29. 依据以上资料，对于各位运动员来自哪个省、市，以下哪项说法成立？
   A. 张辉来自广东。　　　　B. 李明来自湖北。　　　　C. 赵琪来自上海。
   D. 林成来自北京。　　　　E. 陈虹来自辽宁。

30. 依据题干的资料，对于各位运动员各与哪几位运动员比赛过，以下哪项说法成立？
   A. 张辉与赵琪比赛过。　　B. 李明与赵琪比赛过。　　C. 赵琪与陈虹比赛过。
   D. 陈虹与李明比赛过。　　E. 林成与赵琪比赛过。

逻辑模拟试卷（二十二）

建议测试时间：55-60分钟　　　实际测试时间（分钟）：_____　　　得分：_____

本测试题共 **30** 小题，每小题 **2** 分，共 **60** 分，从下面每小题所列的 **5** 个备选答案中选取出一个，多选为错。

1. 没有人民的支持和参与，任何改革都不可能取得成功。只有充分尊重人民意愿，形成广泛共识，人民才会积极支持改革。要坚持人民主体地位，发挥群众首创精神，就要紧紧依靠人民推动改革开放。
   如果以上陈述为真，则以下各项都为真，除了？
   A. 只要人民积极支持改革，就会充分尊重人民意愿，形成广泛共识。
   B. 如果有的改革可能取得成功，那么就一定会有人民的支持和参与。
   C. 只有紧紧依靠人民推动改革开放，才能坚持人民主体地位、发挥群众首创精神。
   D. 离开人民的支持和参与，任何改革都不可能取得成功。
   E. 只要充分尊重人民意愿，形成广泛共识，人民就会积极支持改革。

2. 某公司公布了公司员工年终考核结果，现择其中一部分内容列表如下：

部门人员	年龄	考核结果	部门人员	年龄	考核结果
生产部甲	26	优	财务部戊	42	良
销售部乙	34	及格	行政部己	51	中
物流部丙	37	中	技术部庚	36	良
后勤部丁	48	优	人事部辛	52	良

   根据以上信息，可以得出以下哪项？
   A. 由于所列人员分处不同的年龄段，所以所列的考核结果一定是所有的考核结果类型。
   B. 由于所列人员不一定展示所有的考核结果类型，所以所列的考核结果可能不是所有的考核结果类型。
   C. 由于所列人员并非公司的所有人员，所以所列的考核结果一定不是所有的考核结果类型。
   D. 由于所列人员涉及了所有的部门，所以所列的考核结果一定是所有的考核结果类型。
   E. 由于所列人员是公司的所有人员，所以所列的考核结果一定是所有的考核结果类型。

3. 为了减少汽车追尾事故，有些国家的法律规定，汽车在白天行驶时也必须打开尾灯。一般地说，一个国家的地理位置离赤道越远，白天的能见度越差；而白天的能见度越差，实施上述法律效果越显著。事实上，目前世界上实施上述法律的国家都比中国离赤道远。
   上述断定最能支持以下哪项结论？
   A. 中国离赤道较近，没有必要制定和实施上述法律。
   B. 在实施上述法律的国家中，能见度差是造成白天汽车追尾的最主要原因。
   C. 一般地说，和目前已实施上述法律的国家相比，如果在中国实施上述法律，其效果将较不显著。
   D. 中国白天汽车追尾事故在交通事故中的比例，高于已实施上述法律的国家。
   E. 如果离赤道的距离相同，则实施上述法律的国家每年发生的白天汽车追尾事故的数量，少于未实施上述法律的国家。

4. 地球距离火星最近约为5500万公里，最远则超过4亿公里，只有地球与火星夹角为70°时发射探测器才能如期抵达火星。2020年，我国发射了火星探测器，预计2021年登陆火星。一位航天专家对此评论道："如果没抓住2020年这个机会，那么，下一次合适的发射时间至少要推迟到2022年之后。"
   以下哪项如果为真，最能支持上述航天专家的评论？
   A. 火星探测器发射后，需要经过不少于7个月的飞行，才能抵达火星轨道。
   B. 我国于2020年发射了火星探测器，缩小了与西方航天大国的差距。
   C. 地球与火星的相对近点约每15年出现一次，二者距离近的年份是登陆火星的最佳时机。
   D. 发射火星探测器须等到地球和火星形成一定夹角，而这个机会每隔26个月才出现一次。
   E. 我国之前发射航天器的时候，夹角超过了70°，最后航天器很遗憾的没能抵达火星。

5~6题基于以下题干：

某影院在六天里放映六部电影，放映期自周一到周六。这六部电影是：一部爱情片、一部动画片、一部喜剧片、一部灾难片、一部战争片、一部科幻片。每天只放一部影片，但不一定按以上顺序。在放映期间，五位影评师甲、乙、丙、丁和戊除了以下情况，每天都观看电影：

① 甲和乙从不在同一天看电影。
② 丙从来不看战争片与科幻片。
③ 星期三和星期六丁不看电影。
④ 星期二、星期五和星期六，甲不看电影。
⑤ 乙从来不看喜剧片、动画片和灾难片。
⑥ 戊从来不看爱情片、喜剧片和动画片。

5. 如果有一天只有两位影评员去看同一部影片，那么下列哪个判断有可能正确？
   A. 那一天是星期四，上映的是动画片。   B. 那一天是星期二，上映的是科幻片。
   C. 那一天是星期一，上映的是爱情片。   D. 那一天是星期六，上映的是灾难片。
   E. 那一天是星期四，上映的是战争片。

6. 如果从星期三到星期四两天时间内，每一个影评师都看了一次电影，且不可能所有的影评师都在同一天看电影，那么，下面哪两部影片分别在星期三和星期四上映？
   A. 喜剧片、动画片。   B. 灾难片、喜剧片。   C. 动画片、爱情片。
   D. 爱情片、动画片。   E. 战争片、动画片。

7. 某社区住着很多的中学生，统计发现，所有参加游泳的中学生都参加足球，所有参加足球的中学生都是体力和耐力水平一流的，有的马拉松爱好者参加足球，所有马拉松爱好者都是爱运动的阳光男孩。
   如果上述断定为真，以下哪项不可能为真？
   A. 有的体力和耐力水平一流的中学生是马拉松爱好者。
   B. 所有爱运动的阳光男孩都是体力和耐力水平一流的。
   C. 所有体力和耐力水平一流的中学生都参加游泳。
   D. 所有体力和耐力水平一流的中学生都不是爱运动的阳光男孩。
   E. 有的参加游泳的中学生不是马拉松爱好者。

8. 为了参加万圣节聚会，小红、小黄、小紫、小蓝四个人分别穿着红、黄、紫、蓝四种颜色的上衣和红、黄、紫、蓝四种颜色的裤子。已知情况如下：
   （1）只有1个人的名字与自己上衣的颜色相同。
   （2）只有1个人的名字与自己裤子的颜色相同。
   （3）没有1个人的名字与自己的上衣和裤子的颜色完全相同。
   （4）穿红上衣的人（不是小蓝）的名字与小蓝穿的裤子颜色相同。
   （5）穿蓝上衣的人（不是小黄）的名字与小黄穿的裤子颜色相同。
   根据上述陈述，四个人分别穿什么颜色的上衣和裤子？
   A. 小红，黄上衣红裤子；小黄，紫上衣蓝裤子；小紫，蓝上衣黄裤子；小蓝，红上衣紫裤子。
   B. 小红，紫上衣红裤子；小黄，黄上衣蓝裤子；小紫，红上衣黄裤子；小蓝，蓝上衣紫裤子。
   C. 小红，黄上衣红裤子；小黄，紫上衣蓝裤子；小紫，红上衣黄裤子；小蓝，蓝上衣紫裤子。
   D. 小红，红上衣蓝裤子；小黄，蓝上衣红裤子；小紫，黄上衣紫裤子；小蓝，紫上衣黄裤子。
   E. 小红，蓝上衣紫裤子；小黄，黄上衣红裤子；小紫，红上衣黄裤子；小蓝，紫上衣蓝裤子。

9. 如果一所大学的教学计划没有如期制订，正常的教学工作将无法进行；现在南方大学的教学工作不正常，所以南方大学一定没有制订教学计划。
   以下各项的推理方式都与题干相似，除了？
   A. 如果没有极特殊的原因，任何一所大学都不会停课；现在某大学没有停课，所以某大学一定没有出现极特殊的原因。
   B. 倘若希腊足球队主场是在高温条件下与俄罗斯队比赛，就一定会赢；现在希腊队赢了，说明这场比赛一定是在高温条件下进行的。
C. 如果一位博士生导师的水平足够高，那么他一定能把鸡培养成凤凰；现在鸡没有变成凤凰，所以这位博士生导师的水平一定不够高。
D. 如果你开的是奔驰，那么你一定是老板；现在你是老板，所以你一定开着奔驰。
E. 一个男人，没有结婚就一定不修边幅，胡子拉碴；张明成天衣冠不整，蓬头垢面，他一定没有结婚。

10. 老王在 A 市有两套住房，一套自己居住，另一套闲置。老张是老王的好朋友，一直居住在 B 市，现由于工作原因，需要在 A 市长期租住。老张希望租住老王闲置的那套房子，老王说："我女儿两个月后大学毕业，如果她毕业后不回 A 市工作，我就把房子出租给你。"
以下哪项如果为真，可以证明老王没有说真话？
Ⅰ. 老王的女儿毕业后留在 C 市工作生活，老王拒绝把房子租给老张。
Ⅱ. 老王的女儿毕业后回到 A 市工作，老王把房子租给了老张。
Ⅲ. 老王的女儿毕业后回到 A 市工作，老王拒绝把房子租给老张。
   A. 仅仅Ⅰ。   B. 仅仅Ⅱ。   C. 仅仅Ⅲ。   D. 仅Ⅰ和Ⅱ。   E. 仅Ⅱ和Ⅲ。

11. 某机构为研究"轻断食"与人体健康的关系，招募一批志愿者做试验。志愿者分为两组，试验期 6 个月，饮食推荐量实行同一标准。第一组志愿者，每个月中有 5 天连续断食，第 1 天，热量摄入被减至推荐量的一半，后 4 天每日仅为推荐量的三分之一。第二组志愿者，在试验期中的每一天都正常饮食。试验结果显示，第一组志愿者的身体状况得到明显改善。由此研究人员得出结论："轻断食"使志愿者体内产生较多酮体，氧化应激和炎症标志物水平均有所下降。
以下哪项如果为真，最能削弱研究人员的结论？
A. 所招募志愿者的身体机能和应激反应等本身就有巨大差异。
B. 实行连续断食的志愿者身体炎症得到较大缓解。
C. 试验开始之前志愿者体检显示相关健康指标基本相似。
D. 第二组的某些志愿者在试验结束后健康水平有所下降。
E. "轻断食"能够明显增强志愿者的某些身体机能反应，进而改善健康状况。

12. 如果这个世界上存在真正的锦鲤，那么"努力"一定是最好的锦鲤。
如果以上断定为真，则以下哪项一定为真？
A. 除非这个世界上存在真正的锦鲤，否则"努力"也不一定是最好的锦鲤。
B. 或者这个世界上不存在真正的锦鲤，或者"努力"一定是最好的锦鲤。
C. 如果这个世界上不存在真正的锦鲤，那么"努力"也一定不是最好的锦鲤。
D. 只要"努力"是最好的锦鲤，这个世界上就存在真正的锦鲤。
E. 或者这个世界上存在真正的锦鲤，或者不需要"努力"就一定能是最好的锦鲤。

13. 一个大家庭中有 7 个孩子，分别为老大、老二、老三、老四、老五、老六、老七。这 7 个人的情况如下：① 老大有 3 个妹妹。② 老二有 1 个哥哥。③ 老三是女孩，她有 2 个妹妹。④ 老四有 2 个弟弟。⑤ 老五有 2 个姐姐。⑥ 老六是女孩。
以下哪项一定为真？
A. 老六有三个姐姐两个哥哥。
B. 老三对老四说咱俩哥哥数量一样，弟弟的数量也恰好一样。
C. 老三有一个姐姐一个妹妹。
D. 老四有两个哥哥和两个妹妹。
E. 老七是个女孩。

14. 几乎没有动物能受得住撒哈拉沙漠中午的高温，只有一种动物是例外，那就是银蚁。银蚁选择这个时段离开巢穴，在烈日下寻找食物，通常是被晒死动物的尸体。当然，银蚁也必须非常小心，弄得不好，自己也会成为高温下的牺牲品。
以下哪项最无助于解释银蚁为什么要选择中午时段觅食？
A. 银蚁靠辨别自身分泌的信息素返回巢穴，这种信息素即使在烈日下也不会挥发。

B. 随着下午气温的下降，剩下的动物尸体很快会被其他觅食动物搬走。
C. 银蚁的天敌食蚁兽在中午的烈日下不会出现。
D. 中午银蚁巢穴中的气温比地表更高。
E. 银蚁辨别外界信息的能力在中午最为灵敏。

15~16题基于以下题干：
中华医学会为了研究某种抗癌药物，组织了7名专家甲、乙、丙、丁、戊、己、庚进行研究实验，这7名专家被分成两个小组。第一组有3名成员，第二组有4名成员，专家的分组必须符合以下要求：
(1) 甲和丙不能在同一个小组；
(2) 如果乙在第一组，那么丁必须在第一组；
(3) 如果戊在第一组，那么丙必须在第二组；
(4) 己必须在第二组。

15. 如果戊和丙在同一组，那么以下除了哪项，都可能在同一组？
    A. 甲和乙   B. 乙和庚   C. 丙和庚   D. 丁和庚   E. 乙和丁

16. 若丁和庚在同一组，那么以下哪一项一定是真的？
    A. 甲在第一组   B. 乙在第一组   C. 戊在第二组
    D. 庚在第二组   E. 丙在第一组

17. 结构上的双边对称是一种常见的特性。因此，也就是说它赋予了生物生存的有利条件。毕竟，如果双边对称不能赋予这样的有利条件，那么它就不会成为一种常见的特性。
    下面哪一辩论的推理模式与上面的辩论最为相似？
    A. 既然是索耶在与市政府谈判，那么市政府一定会认真考虑那件事情。毕竟，如果索耶不出现，市政府就会坚持推迟谈判。
    B. 很明显，没有人比保罗更胜任那个工作。实际上，甚至对那些看见过保罗工作的人建议可能会有一个更合格的候选人会显得非常地荒谬。
    C. 如果鲍尔缺乏谈判的高级技巧，她就不可能被委任为这个案子的仲裁人。众所周知，她是指派的仲裁人，因此，尽管有些人贬低她，但是她的谈判技巧一定较高。
    D. 既然威尔在那时外出度假，那么一定是瑞福斯进行了那个秘密的谈判。任何其他的解释几乎都是毫无意义的，因为瑞福斯从来不参与谈判，除非威尔不在。
    E. 如果王红被委任为仲裁人，他就能很快做出判决。既然任命除了王红之外的任何人作仲裁人都是荒谬的，那么期望会有迅速的判决就是合情合理的。

18. 2009年法国航空公司一架客机失事。如果法国及其他多国没有采取积极的搜救行动，就不会尽早发现失事飞机的残骸。如果失事飞机设计公司提供技术支持并且派专家参与失事原因分析，那么关于失事事件的调查报告就会更客观。
    如果以上陈述如果为真，以下哪项不可能为假？
    A. 或者法国及其他多国采取积极的搜救行动，或者不会尽早发现失事飞机的残骸。
    B. 除非失事飞机设计公司提供技术支持，否则就不会尽早发现失事飞机的残骸。
    C. 如果法国及其他多国采取积极的搜救行动，就会尽早发现失事飞机的残骸。
    D. 如果失事飞机设计公司提供技术支持，那么关于失事事件的调查报告就会更客观。
    E. 如果失事飞机设计公司派专家参与失事原因分析，那么关于失事事件的调查报告就会更客观。

19. 在美国备案申报纳税的公司中有38家公司纯收入超过1亿美元，在所有税收报表上报道的国外来源总的应征税收入中，它们占了53%。在国外来源总的应征税收入中，有60%是来自10多个国家的200份纳税申报。
    如果上面陈述为真，则下面哪项也一定正确？
    A. 净收入超过1亿的公司赚取的大部分应征税收入都来自国外。
    B. 有大量个人收入的人有47%的应征税收入来自国外。
    C. 来自国外的收入相当于上报应征税收入的53%~60%。

D. 一些净收入超过1亿美元的公司报告其收入来自10多个国家。
E. 绝大部分收入来自10多个国家的公司净收入超过1亿美元。

20. 学生小王参加模拟考试，一共考了四门科目：语文、物理、化学、生物。语文和化学的成绩之和与另外两门科目的成绩之和相等。语文和生物的成绩之和大于另外两门科目的成绩之和。化学的成绩比语文和物理两门科目的成绩之和还高。

    根据上以条件，小王四门科目的成绩从高到低依次是？
    A. 化学、生物、物理、语文。 B. 生物、化学、语文、物理。
    C. 化学、生物、语文、物理。 D. 生物、化学、物理、语文。
    E. 语文、物理、化学、生物。

21. 上海欢乐谷全园共有七大主题区：阳光港、欢乐时光、上海滩、香格里拉、欢乐海洋、金矿镇和飓风湾。赵甲、钱乙、孙丙、李丁四位同学相约一起去游玩，他们的想法如下：
    (1) 赵甲：如果游玩阳光港，就要游玩欢乐时光。
    (2) 钱乙：金矿镇和飓风湾至多有一个不游玩。
    (3) 孙丙：香格里拉和飓风湾至少有一个不游玩。
    (4) 李丁：除非不游玩欢乐时光，否则游玩香格里拉。
    如果上述四个人的想法都为真，则以下哪项不可能符合上述断定？
    A. 阳光港和金矿镇都游玩。 B. 没游玩阳光港，也没游玩香格里拉。
    C. 欢乐时光和飓风湾都没游玩。 D. 游玩了阳光港，但没游玩金矿镇。
    E. 没游玩香格里拉，游玩了金矿镇。

22~23题基于以下题干：
研究生考试考完，7名同学甲、乙、丙、丁、戊、己、庚相约去电影院看最新电影《长津湖》，因为票订晚了的原因，七人只能在前后排坐，前排恰有四个位置，后排三个位置。他们座位需满足以下条件：
(1) 丙视力不好，所以只能坐前排。
(2) 甲和戊关系太好，坐一起讲话影响太大，所以他们不会在同一排。
(3) 如果乙在后排，那么丁也会在后排。
(4) 或者戊不在后排，或者庚在前排。

22. 如果甲在前排的话，则下列哪项中的同学一定在后排？
    A. 乙。 B. 丙。 C. 丁。 D. 己。 E. 庚。

23. 如果丁和庚在同一排的话，那么可以得出以下哪项？
    A. 乙在后排。 B. 丁在前排。 C. 己在后排。 D. 戊在后排。 E. 甲在后排。

24. 利什曼病是一种传染病，这种病是通过沙蝇叮咬患病的老鼠后再咬人而传播的。在某地区建设一个新的城镇时，虽然在该地区利什曼病和沙蝇都是常见的，流行病专家却警告说，加强灭鼠的力度以降低老鼠的数量，这种做法将弊大于利。

    以上陈述如果真实，则以下哪项最好地证实了专家的警告？
    A. 感染利什曼病的老鼠直接把病传染给人的机会很少。
    B. 利什曼病在老鼠中的传染性比在人群中的传染性要强。
    C. 不传染利什曼病的沙蝇对人类的健康危害不大。
    D. 沙蝇只有在老鼠的数量不足时才会叮咬人。
    E. 有老鼠的地方才会有沙蝇。

25. 赵、钱、孙、李四人承包了四个果园，其中赵承包的果园中的各种果树树种都能在钱承包的果园找到，孙承包的果园中的果树种类包含所有的钱承包的果园果树种类，而孙承包的果园中有一些果树在李承包的果园中也有种植。

    根据以上信息，以下哪项一定是正确的？
    A. 赵承包的果园中有一些果树树种能在李承包的果园中找到。
    B. 赵承包的果园中所有的果树树种都能在孙承包的果园中找到。
    C. 李承包的果园中所有的果树树种都能在钱承包的果园中找到。

141

D. 钱承包的果园中有一些果树树种能在李承包的果园中找到。
E. 李承包的果园中的一些果树树种不能在赵承包的果园中找到。

26. 如果学校的财务部门没有人上班，我们的支票就不能入账；我们的支票不能入账，因此，学校的财务部门没有人上班。
   下列哪项与上句推理结构最为相似？
   A. 如果太阳神队主场是在雨中与对手激战，就一定会赢。现在太阳神队主场输了，看来一定不是在雨中进行的比赛。
   B. 如果太阳晒得厉害，李明就不会去游泳。今天太阳晒得果然厉害，因此可以断定，李明一定没有去游泳。
   C. 所有的学生都可以参加这一次的决赛，除非没有通过资格赛的测试。这个学生不能参加决赛，因此他一定没有通过资格赛的测试。
   D. 倘若是妈妈做的菜，菜里面就一定会放红辣椒。菜里面果然有红辣椒，看来是妈妈做的菜。
   E. 如果没有特别的原因，公司一般不批准职员们的事假申请。公司批准了职员陈小鹏的事假申请，看来其中一定有一些特别的原因。

27. 有的网红是有超过一百万粉丝的，没有一个有超过一百万粉丝的人不是情商高的。所有网红都不是消费水平低的人，所有消费水平不低的人都是会挣钱的。
   以下哪项最能反驳上述信息？
   A. 会挣钱的人都是情商高的。
   B. 有的情商高的人是会挣钱的。
   C. 并非有的网红不是会挣钱的。
   D. 会挣钱的人都不是情商高的。
   E. 会挣钱的人都是网红。

28. 某班级有甲、乙、丙、丁、戊、己、庚7个人参与"班长"一职的竞选。在进入候选名单时，需要满足如下要求：
   （1）只有6人进入候选名单；
   （2）甲、乙、丙中最多两个人进入候选人名单；
   （3）如果丙和丁都进入候选人名单，那么戊和庚至少有一个人没有进入候选人名单。
   根据以上信息，可以得出以下哪项？
   A. 甲没进入候选人名单。
   B. 乙没进入候选人名单。
   C. 丙没进入候选人名单。
   D. 丁没进入候选人名单。
   E. 戊没进入候选人名单。

29~30题基于以下题干：
   一个宿舍六个人，分别是：沈佳、泰熙、秦灿、武晗、张丽、郑伟，决定商量暑期的出游计划。有四个出游城市供她们选择，分别为沈阳、武汉、泰安、郑州。限于条件，每人去两个地方，每个地方只有三人选择，并且每人所选择城市名称的第一个字与自己的姓氏均不相同。已知：
   （1）除非沈佳和秦灿有且只有一人选择武汉，秦灿才会选择泰安。
   （2）沈佳如果选择泰安，也会选择沈阳。
   （3）没有人既选择郑州，又选择泰安。
   （4）除非张丽和郑伟不选择武汉，否则秦灿选择武汉。

29. 根据上述信息，可以得出以下哪项？
   A. 武晗选择泰安和郑州。
   B. 泰熙选择武汉。
   C. 张丽不选择郑州也不选择泰安。
   D. 郑伟选择的两个城市可能是沈阳和武汉。
   E. 泰熙不可能既选择沈阳，又选择武汉。

30. 若对于张丽要选择的两个城市来说，或者是沈阳和武汉，或者是泰安和武汉，那么以下哪项一定为真？
   A. 郑伟不选择武汉，也不选择沈阳。
   B. 泰熙可能选择武汉。
   C. 张丽或者选择沈阳，或者选择郑州。
   D. 张丽不选择沈阳，但是选择了武汉。
   E. 沈佳不可能同时选择武汉和郑州。

逻辑模拟试卷（二十三）

建议测试时间：55-60 分钟　　实际测试时间（分钟）：_____　　得分：_____

本测试题共 30 小题，每小题 2 分，共 60 分，从下面每小题所列的 5 个备选答案中选取出一个，多选为错。

1. 最新的联邦人口统计发现，2018 年纽约市人口数比 2017 年下降了 0.47%；2017 年的纽约市人口数比 2016 年下降了 0.45%。也就是说，纽约市人口已经连续两年出现下降趋势，这一趋势正是"逃离纽约"现象的表现。要扭转"逃离纽约"的现象，就必须减轻纽约市民的生活压力。如果不能遏制目前高昂的物价和房租，就无法减轻纽约市民的生活压力。如果不改变目前的高税收以及新的联邦税收政策，就不能遏制目前高昂的物价和房租。

   如果上述陈述为真，以下哪项也必然是真的？

   A. 只要减轻纽约市民的生活压力，就可以扭转"逃离纽约"的现象。
   B. 如果没有扭转"逃离纽约"的现象，就说明目前高昂物价和房租并没有得到遏制，而且目前的高税收以及新的联邦税收政策也没有改变。
   C. 只要改变了目前的高税收以及新的联邦税收政策，就能扭转"逃离纽约"的现象。
   D. 没有遏制纽约目前的高昂物价和房租，也能扭转"逃离纽约"的现象。
   E. 不改变目前的高税收以及新的联邦税收政策，必定没法扭转"逃离纽约"的现象。

2. 经 A 省的防疫部门检测，在该省境内接受检疫的长尾猴中，有 1% 感染上了狂犬病。但是只有与人及其宠物有接触的长尾猴才接受检疫。防疫部门的专家因此推测，该省长尾猴中感染有狂犬病的比例，将大大小于 1%。

   以下哪项如果为真，将最有力地支持专家的推测？

   A. 在 A 省境内，与人及其宠物有接触的长尾猴，只占长尾猴总数的不到 10%。
   B. 在 A 省，感染有狂犬病的宠物，约占宠物总数的 0.1%。
   C. 在与 A 省毗邻的 B 省境内，至今没有关于长尾猴感染狂犬病的疫情报告。
   D. 与和人的接触相比，健康的长尾猴更愿意与人的宠物接触。
   E. 与健康的长尾猴相比，感染有狂犬病的长尾猴更愿意与人及其宠物接触。

3. 甲、乙、丙、丁四位棋手组队参加国际象棋团体赛。比赛共进行四天，每天每人要在编号为 1、2、3、4 的某一棋桌上下一盘棋，每人四天中每天的棋桌号各不相同。已知：

   (1) 第一天，甲、乙两人依次在 1、2 号桌下棋。
   (2) 第三天，乙在 1 号桌下棋。
   (3) 最后一天，丙在 4 号桌下棋。

   根据以上信息，以下哪项一定为真？

   A. 第二天丙在 3 号桌下棋。　　　　B. 第二天丁在 1 号桌下棋。
   C. 第二天丁在 2 号桌下棋。　　　　D. 第二天丁在 3 号桌下棋。
   E. 第二天丁在 4 号桌下棋。

4. 研究人员先前认为小脑参与认知活动主要是通过语言的不断重复来帮助记忆那些可用语言表达的信息。但是杜塞尔多夫大学核医学医院的研究人员最近用功能性核磁共振成像技术，对比了人们在进行语言短期记忆和抽象的非语言短期记忆时小脑的活动，结果发现小脑的各个部分都参与了这两种短期记忆过程。研究人员由此得出结论，小脑显然也对短期记忆的高级认识功能有支持作用。

   以下哪项最可能是上述论证的一个假设？

   A. 小脑的主要功能是协调运动、维持机体平衡。

· 143 ·

B. 高级认知功能是通过短期记忆过程实现的。
C. 小脑参与主要是通过重复作用而进行的长期记忆过程。
D. 小脑参与认知活动主要是通过语言的不断重复来达到的。
E. 对认识没有支持作用，小脑就不会参与相应的记忆过程。

5~6题基于以下题干：
在一次执行任务中，要将甲、乙、丙、丁、戊、己、庚七人分成三个小组。安排规则如下：
(1) 甲、乙、丙三人中的任意两人均不在同一组；
(2) 己和庚一定在同一组；
(3) 如果乙和丁不在同一组，则甲和戊必须在同一组。

5. 若三组的人数分别是2、2、3，则以下哪项是不可能的？
   A. 丙和戊在同一组。　　　B. 丙和己在同一组。　　　C. 甲和丁在同一组。
   D. 甲和己在同一组。　　　E. 甲和庚在同一组。

6. 若三组的人数分别是1、3、3，则以下哪项一定为真？
   A. 丁和戊在同一组。　　　B. 丙和己在同一组。　　　C. 丙和庚在同一组。
   D. 甲和己在同一组。　　　E. 甲和戊在同一组。

7. 老式荧光灯因成本低、寿命长而在学校广泛使用。但是，老式荧光灯老化后因放电产生的紫外辐射会导致灯光颜色和亮度的不断闪烁。对此，有研究人员建议，由于使用老式荧光灯易引发头痛和视觉疲劳，学校应该尽快将其淘汰。
   以下哪项如果为真，最能支持上述研究人员的建议？
   A. 老式荧光灯蒙上彩色滤光纸后，可以有效减弱荧光造成的颜色变化。
   B. 有些学校改换了新式荧光灯后，很多学生的头痛和视觉疲劳开始消失。
   C. 新式荧光灯设计新颖、外形美观、节能环保，很受年轻人喜爱。
   D. 灯光闪烁会激发眼部的神经细胞对刺激作出快速反应，加重视觉负担。
   E. 全部淘汰老式荧光灯，学校要支出一大笔经费，但很多家长认为这笔钱值得花。

8. 饮酒驾车简称酒驾，在对酒驾的常规测试中，每100个未饮酒的被测试者中，平均有5个会被测定为酒驾；而每100个饮酒的被测试者中，平均有99个被测定为酒驾。因此，可以有把握地说：被测定为酒驾的人中，绝大多数确实喝了酒。
   以下哪项对上述论证的评价最为恰当？
   A. 上述论证是正确的。
   B. 上述论证有漏洞：忽略了酒驾者在所有驾车者中的比例。
   C. 上述论证有漏洞：试图依据一个价值判断来推出一个事实判断。
   D. 上述论证有漏洞：没有恰当地指出严禁酒驾对于维护交通安全的重要意义。
   E. 上述论证有漏洞：忽略了被测试者在所有驾车者中的比例。

9. 一则公益广告建议喝酒的人应该等到他们能够安全开车时再开车。然而在一次医院调查中，在喝完酒之后就立即被询问的人低估了他们恢复开车能力所必需的时间。这个结果表明，喝酒的许多人很难遵从广告中的安全开车的建议。
   下面哪一项如果正确，最能支持上面论述？
   A. 如果许多人打算喝酒，他们将事先安排一个不喝酒的人开车送他们回家。
   B. 在医院调查中的被调查者对自己的能力估计，相对于那些在医院环境之外喝酒的人来说，要更保守一些。
   C. 有些人如果在喝酒之后必须开车回家，那么他们将会忍住不喝酒。
   D. 医院调查中的被调查者也被问及那些在安全驾驶中起作用不大的能力恢复所必需的时间。
   E. 普通人里关注该公益广告的人要高于医院调查中的被调查者。

10. 某医院针灸科专家林医生提供给甲、乙、丙3人下周一至下周五的门诊预约信息如下：

星期 门诊时间	星期一	星期二	星期三	星期四	星期五
上午	约满	余1个	余1个	约满	余2个
下午	休息	余2个	休息	余2个	余1个

据此，她们3人每人预约了3次针灸，且一人一天只安排1次。还已知：
(1) 甲和乙没有预约同一天下午的门诊；
(2) 如果乙预约了星期二上午的门诊，则乙还预约了星期五下午的门诊；
(3) 如果丙预约了星期五上午的门诊，则丙还预约了星期三上午的门诊。
根据上述信息，可以得出以下哪项？
A. 甲预约了星期四下午的门诊。　　B. 乙预约了星期二上午的门诊。
C. 丙预约了星期五上午的门诊。　　D. 甲预约了星期三上午的门诊。
E. 乙预约了星期二下午的门诊。

11. 在下列的正方形矩阵中，每个小方格可填入一个汉字，要求每行每列以及粗线框成的4个小正方形中均含有天、地、日、月4个汉字。

			月
	地	日	
		①	
	天		

根据上述条件，方格①中应填入的汉字是：
A. 地　　B. 天　　C. 月　　D. 日　　E. 以上都有可能

12. 创新中学羽毛球队有5名队员，分别为小张、小王、小赵、小钱、小李。现在他们要选出2人参加区里的羽毛球双打比赛。
(1) 如果小张未入选，那么小李不能入选。
(2) 如果小钱未入选，那么小赵不能入选。
若上述论述为真，以下哪个选项一定为假？
A. 小张和小钱均未入选。　　B. 小钱和小赵均入选。
C. 小李和小赵均未入选。　　D. 小张和小李均入选。
E. 小王未入选。

13. 一家有五个儿子，一次期末考试之后，爸爸询问孩子们的成绩。他不知道哪个儿子考试没及格，但他知道，这些孩子之间彼此知道底细，且考试没及格的人肯定会说假话，说真话的人考试才及格。
老大说："老三说过，我的四个兄弟中，只有一个考试没及格。"
老二说："我的四个兄弟中，有三个考试没及格。"
老三说："老四说过，我们兄弟五个都考试及格了。"
老四说："老大和老二都考试没及格。"
老五说："老三考试没及格，另外老大承认过他考试没及格。"
根据以上信息可以推出以下哪个选项？
A. 及格的是老大和老三；不及格的是老二、老四和老五。
B. 及格的是老三和老四；不及格的是老大、老二和老五。

C. 及格的是老二和老三；不及格的是老大、老四和老五。
D. 及格的是老大、老二和老三；不及格的是老四和老五。
E. 及格的是老大和老二；不及格的是老三、老四和老五。

14. 如果空气中温度合适，土壤中的湿度也合适，正常的种子就会发芽。空气中有了合适的温度，但有些正常的种子并没有发芽，所以有些土壤中的湿度不够。
    以下哪项中的推理形式与上述推理最为相似？
    A. 每当走读生与住宿生约会，学生家长向校方提出抗议时，班主任就会受到责备。走读生与住宿生约会但没有班主任受到责备，所以没有学生家长向校方提出抗议。
    B. 每当文明进步，曾经合理的观念被视为荒唐可笑的时候，这些观念就会在常识中消失。某些曾经合理的观念没有在常识中消失，所以文明还没有取得进步。
    C. 每当法官面带微笑，所有陪审团员正襟危坐的时候，律师便挥汗如雨。法官面带微笑，但某些律师没有挥汗如雨，所以某些陪审团员不在座位上。
    D. 如果追求苗条和健壮身材，就不能吃油腻食物。所以吃油腻食物的人身材不会苗条。
    E. 如果农作物歉收，粮食的价格就会上涨，而且猪肉的价格也会上涨。农作物没有歉收，但猪肉的价格却大幅度上涨。所以粮食价格没有上涨。

15. 全球经济发展不景气，好运来公司的经济也开始走下坡路，公司资不抵债，公司领导决定裁员来节省开支。现在，钱多多、蔡多多、马东东、高西西这四名员工有可能被裁减，有三位员工对此做了预测。
    员工一：如果钱多多被裁，则蔡多多也会被裁。
    员工二：如果马东东被裁，则高西西不会被裁。
    员工三：或者马东东被裁，或者蔡多多不被裁。
    如果三位员工的预测都为真，则以下哪项一定为假？
    A. 钱多多和马东东都会被裁。   B. 高西西被裁，蔡多多不被裁。
    C. 钱多多和高西西都被裁。   D. 钱多多被裁，高西西不被裁。
    E. 高西西被裁，钱多多不被裁。

16. 酒吧里有三个好友在喝酒，他们有不同的职业，每人喝的酒也各不相同。已知：
    （1）他们分别是周晨、健身教练和喝威士忌的小伙子；
    （2）李斯不是税务员；
    （3）乔亮不是汽车销售员；
    （4）喝啤酒的不是税务员；
    （5）喝杜松子酒的不是李斯；
    （6）喝啤酒的不是乔亮。
    以下正确的一项是？
    A. 李斯是汽车销售员。   B. 乔亮喝威士忌。   C. 周晨是税务员。
    D. 喝啤酒的人是汽车销售员。   E. 李斯不喝啤酒。

17. 第二次世界大战期间，海洋上航行的商船常常遭到德国轰炸机的袭击，许多商船都先后在船上架设了高射炮。但是，商船在海上摇晃得比较厉害，用高射炮射击天上的飞机是很难命中的。战争结束后，研究人员发现，从整个战争期间架设过高射炮的商船的统计资料看，击落敌机的命中率只有4%。因此，研究人员认为，商船上架设高射炮是得不偿失的。
    以下哪项如果为真，最能削弱上述研究人员的结论？
    A. 在战争期间，未架设高射炮的商船，被击沉的比例高达25%；而架设了高射炮的商船，被击沉的比例只有不到10%。
    B. 架设了高射炮的商船，即使不能将敌机击中，在某些情况下也可能将敌机吓跑。
    C. 架设高射炮的费用是一笔不小的投入，而且在战争结束后，为了运行的效率，还要再花费资金将高射炮拆除。

D. 一般地说，上述商船用于高射炮的费用，只占整个商船的总价值的极小部分。
E. 架设高射炮的商船速度会受到很大的影响，不利于逃避德国轰炸机的袭击。

18. 张先生：现在不少年轻人是左撇子，但很难在 70 岁以上的老人中找到左撇子。我所熟悉的七旬以上老人，都习惯在日常生活中使用右手。
李女士：我不同意你的看法。60 多年前，孩子如果用左手吃饭或写字，就会受到父母严厉的责骂，甚至体罚。
对以下哪个问题，张先生和李女士最可能有不同观点？
A. 现在年轻人中左撇子的数量是否不少？
B. 现在 70 岁以上的老人中是否很难找到左撇子？
C. 是否能根据个人所熟悉的局部事实就得出一般性的结论？
D. 习惯在日常生活中使用右手的人，是否就一定不是左撇子？
E. 左撇子在人群中的比例，是否低于右撇子？

19. 对核能持批评态度的人抱怨继续经营现有的核电厂可能会导致严重的危害。但是这样的抱怨并不能证明关闭这些核电厂是合理的。毕竟，它们的经营导致的危害还不及作为目前最重要的其他电力来源的燃煤和燃油发电厂产生的污染导致的危害大。
以上论述依据下面哪个假设？
A. 仅当能证实核电厂的继续运行比现在运行已造成的危害大时，现有核电厂才应该被关闭。
B. 关闭核电厂会大量增加对燃煤发电厂或燃油发电厂的依靠性。
C. 到目前为止，现在燃煤发电厂和燃油发电厂的运营产生的危害已相当大。
D. 继续运行核电厂可能产生的危害能根据它们以前产生的危害可靠地预测。
E. 现有的燃煤、燃油发电厂的运营产生的唯一危害是它们产生的污染。

20. 一项调查研究表明，在普通人群中，与每晚睡眠时间保持在 7 至 9 小时的人相比，每晚睡眠时间少于 4 小时的人患肥胖症的危险高出 73%，而平均每天只睡 5 小时的人，这种危险则高出 50%。研究人员因此得出结论：缺乏睡眠容易使人变得肥胖。
以下哪项如果为真，最能支持上述论证？
A. 缺乏睡眠与糖尿病发病率上升存在关联，而大部分糖尿病患者都比较肥胖。
B. 缺乏睡眠容易导致慢性疲劳综合征，从而使人不愿意参加体育锻炼。
C. 睡眠不足者与每晚睡眠时间在 7 至 9 小时的人拥有同样的饮食和运动习惯。
D. 睡眠不足会导致人体内消脂蛋白浓度下降，而消脂蛋白具有抑制食欲的功能。
E. 缺乏睡眠会使得人体新陈代谢的速率降低，降低身体内脂肪的消耗。

21. 体育馆正在进行一场精彩的乒乓球双打比赛。两位熟悉运动员的观众相互议论：
（1）"张林比李廉年轻。"
（2）"赵刚比他的两个对手年龄都大。"
（3）"张林比他的伙伴年龄大。"
（4）"李廉与张林的年龄差距要比赵刚与关超的差距更大一些。"
这两个观众的议论都是符合实际的，那么这四位运动员的年龄由大到小的顺序应该是：
A. 赵刚、李廉、张林、关超。　　　　　　B. 赵刚、张林、李廉、关超。
C. 李廉、赵刚、张林、关超。　　　　　　D. 张林、李廉、关超、赵刚。
E. 赵刚、张林、李廉、关超。

22. 由于业务量增加，某服务中心计划增加登记、咨询、报送、投诉和综合 5 个业务窗口，拟安排的 5 名工作人员所熟悉的业务各有不同：小丽作为新人，只熟悉登记业务；小马熟悉登记和咨询业务；小高熟悉报送和投诉业务；老王除了综合和投诉，其他业务都很熟悉；老董所有业务都很精通。最终，5 名工作人员被分别安排到 5 个窗口负责各自熟悉的业务。
关于人员安排，以下说法正确的是？

A. 老董不负责综合业务窗口。   B. 小高负责报送业务窗口。
C. 小马不负责咨询业务窗口。   D. 老王负责报送业务窗口。
E. 老王负责咨询业务窗口。

23. 出身平平，也没有智力、天赋、遗传等方面的优势，到底是什么让少数人逆天成长？任何形式的成就，都源自心理成熟；任何形式的社会竞争，都是心理战；任何社会领域的优势，都源自心理上的优势。
根据以上信息，以下除哪项外都一定为真？
A. 只有是心理战，才是社会竞争。
B. 除非有心理上的优势，才有社会领域的优势。
C. 你不能取得任何形式的成就，除非心理成熟。
D. 如果不是心理战，就不是任何形式的社会竞争。
E. 除非是心理战，否则就是社会竞争。

24~25 题基于以下题干：
赵、钱、孙、李、周、吴、郑、王 8 个人出去旅游，其中的第一组和第二组各有 3 个人，第三组有 2 个人。同时出游的分配符合以下规则：
(1) 赵和钱不同组，钱和孙不同组，孙和赵不同组；
(2) 赵和李必须同组；
(3) 周和吴必须同组；
(4) 郑和王不能同组；

24. 若上述论述为真，则以下哪个选项一定为真？
A. 李和周不同组。   B. 吴和钱不同组。   C. 钱和王不同组。
D. 钱和周不同组。   E. 赵和郑不同组。

25. 若赵和王同在第一组，则以下哪个选项一定为真？
A. 钱在第二组。   B. 周在第三组。   C. 郑在第三组。
D. 钱在第一组。   E. 吴在第一组。

26. 当一名司机被怀疑饮用了过多的酒精时，检验该司机走直线的能力与检验该司机血液中的酒精水平相比，是检验该司机是否适于驾车的一个更可靠的指标。
下列哪一项，如果正确，能最好地支持上文中的声明？
A. 观察者们对一个人是否成功地走了直线不能全部达成一致。
B. 由于基因的不同和对酒精的抵抗能力的差别，一些人在高的血液酒精含量水平时所受的运动肌肉损伤比另一些人要多。
C. 用于检验血液酒精含量水平的测试是准确、低成本，并且易于实施的。
D. 造成致命性事故的司机中，一半以上的人的血液酒精含量水平高于法定限制，而在较轻的事故中，法律意义的醉酒司机的比率要低得多。
E. 一些人在血液酒精含量水平很高的时候，还可以走直线，但却不能完全驾车。

27. 有关研究表明，手机比电脑更伤人，因为手机屏幕小，玩手机时注意力更投入，目不转睛，因此更伤眼。使用电脑时，人们的肢体还能活动活动，可是"手机控"往往很少活动，这对身心健康更为不利。
以下哪项如果为真最能削弱上述论断？
A. 电脑在使用过程中，显示屏会发出电磁、电离辐射，严重威胁人体重要感应器官。
B. 电脑背景光比手机更容易引起使用者视力下降和头痛。
C. 科学研究表明使用手机与脑瘤和癌症的发病率无关。
D. 长期使用电脑人群容易患鼠标手、颈椎病等"电脑病"。
E. 长期在电脑前伏案工作的人患心血管疾病的概率是正常人的数十倍。

28. 针对当时建筑施工中工伤事故频发的严峻形势，国家有关部门颁布了《建筑业安全生产实施细则》。但是，在《细则》颁布实施两年间，覆盖全国的统计显示，在建筑施工中伤亡职工的数量每年仍有增加。这说明，《细则》并没有得到有效的实施。

以下哪项如果为真，最能削弱上述论证？

A. 在《细则》颁布后的两年中，施工中的建筑项目的数量有了很大的增长。

B. 严格实施《细则》将不可避免地提高建筑业的生产成本。

C. 在题干所提及的统计结果中，在事故中死亡职工的数量较《细则》颁布前有所下降。

D. 《细则》实施后，对工伤职工的补偿金和抚恤金的标准较前有所提高。

E. 在《细则》颁布后的两年中，在建筑业施工的职工数量有了很大的增长。

29~30题基于以下题干：

某动物园进行动物展览，有老虎、狮子、羚羊、大象、长颈鹿、牦牛六种动物。有六个展点 A、B、C、D、E、F 如右图所示，两个展馆之间有线路相连则为相邻的展馆，反之为不相邻的展馆。并且动物的安排符合如下规则：

（1）老虎和羚羊不能相邻；

（2）长颈鹿和狮子不能相邻。

29. 如果大象在 E 展馆展出，那么以下哪个选项一定为真？

A. 老虎在 A 展馆。　　　B. 牦牛在 F 展馆。　　　C. 狮子在 B 展馆。

D. 牦牛在 D 展馆。　　　E. 长颈鹿在 C 展馆。

30. 如果 D 展馆展出的是牦牛或者狮子中的一个，同时大象在 A 展馆展出，那么以下哪个选项一定为真？

A. 羚羊在 E 展馆。　　　B. 老虎在 B 展馆。　　　C. 老虎在 C 展馆。

D. 长颈鹿在 B 展馆。　　　E. 长颈鹿在 C 展馆。

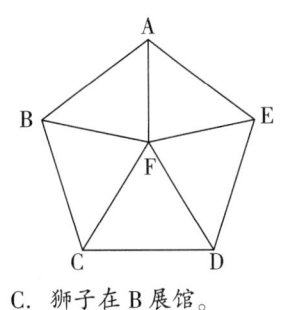

逻辑模拟试卷（二十四）

建议测试时间：50-55 分钟　　实际测试时间（分钟）：_____　　得分：_____

本测试题共 30 小题，每小题 2 分，共 60 分，从下面每小题所列的 5 个备选答案中选取出一个，多选为错。

1. 对于大学课程的学习，教育专家认为：在大学阶段，如果对学习具有热情的学生，就能够在大学阶段认真学习，除非他们受到了不良风气的影响；而如果学习方法正确，学生们在大学阶段就能够取得很好的学习成绩；而只有认真学习，才能取得很好的学习成绩。

    如果教育专家的看法是真的，则以下哪项也一定是真的？

    A. 张华学习具有热情，所以张华能够在大学阶段认真学习。
    B. 赵伟没有在大学阶段认真学习，所以，赵伟一定是受到不良风气的影响或者学习方法不正确。
    C. 李刚在大学阶段学习方法正确，所以，李刚肯定没有受到不良风气的影响。
    D. 王琳具有学习热情并且没有受到不良风气的影响，所以能够在学习阶段取得很好的学习成绩。
    E. 吴迪没有学习热情，所以吴迪一定不能在大学阶段取得很好的学习成绩。

2. 张教授多次在公开场合极力主张取消城市户籍。政府相关部门正筹备一个专门听证会，讨论是否应当取消城市户籍。张教授是这一听证会的发起人和组织者。显然，张教授本人不应当是听证会的成员，因为这可能使听证会的讨论不公正地向某一种观点倾斜，影响听证会的代表性与合理性。

    以下哪项如果为真，最能削弱上述论证？

    A. 作为发起人和组织者，张教授有权参与决定听证会的成员构成。
    B. 听证会的发起人和组织者，不必须是听证会的成员。
    C. 观点鲜明（即使互相对立）比观点不鲜明的成员所组成的听证会，更能体现代表性与合理性。
    D. 听证会的意见取向只是政府决策的参考，并不是最终依据。
    E. 听证会只是一种形式，实际上，许多决策在相关听证会举行以前已经由权威部门做出了。

3. 所有居住在 M 城的人在到达 65 岁以后都有权得到一张卡，保障他们对城中所售的大多数商品和服务享有折扣。2010 年的人口普查记录显示，M 城有 2450 位居民那一年到达了 64 岁，然而在 2011 年的时候，有超过 3000 人申请并合理地得到了折扣卡。因此，显而易见，2010 年至 2012 年间 M 的人口增长肯定部分来源于六十多岁的人向该城的移民。

    上面论述是基于下列哪项假设？

    A. M 城 2011 年没有完全的人口普查记录。
    B. M 的人口总规模在 2010 年期间增长了不止 500 人。
    C. 2011 年申请并得到折扣卡的人比 2012 年少。
    D. 2011 年移居 M 的 65 岁或以上的人中，没有人没有申请过折扣卡。
    E. 总的来说，2011 年申请并得到折扣卡的人在那一年是第一次有权申请该卡。

4. 小赵、小钱、小孙、小李四个人分别选上了各自想选的一门选修课，且均不相同。其中有"中外文化鉴赏""中外电影赏析""中外宗教文化""中国简史"。已知：

    （1）小孙要么选的是"中外宗教文化"，要么选的是"中外文化鉴赏"。
    （2）小赵和小孙喜欢了解中国与外国的差异性。
    （3）小李选的或者是"中国简史"，或者选的是"中外文化鉴赏"。
    （4）如果小赵选的不是"中国简史"，那么小钱选的是"中国简史"。

    根据以上信息，可以得出以下哪项？

    A. 小李选的是"中外电影赏析"。　　　　B. 小孙选的是"中外电影赏析"。
    C. 小钱选的是"中外文化鉴赏"。　　　　D. 小赵选的是"中外电影赏析"。
    E. 小钱选的是"中外电影鉴赏"。

· 150 ·

5. 城市的高质量发展离不开合理的规划，而房地产健康发展的必要条件也是合理的规划。因此，只有房地产的健康发展才能实现城市的高质量发展。

以下哪项与题干的论证最为相似？

A. 只要吃了头孢类药物就不能喝酒，此外，如果吃了中药，那么就不能喝酒。因此吃了中药就不能再吃头孢类药物。

B. 要想减肥必须要减少糖类食物的摄入，要想减少糖类食物的摄入必须要少吃米饭这一类的主食，因此，如果想减肥，那么就要少吃米饭。

C. 只有给予科技人才良好的发展空间才能留住科技人才，而良好的发展空间离不开企业实力的支撑，因此只有企业实力的支撑才能留住科技人才。

D. 儿童的健康成长必须要有父母的正确教育，而提升儿童的抗打击能力也离不开父母的正确教育，因此儿童健康成长的必要条件是提升其抗打击能力。

E. 任何一个正义的人都会在别人困难的时候伸出援手，而所有有责任心的人也都会在别人困难的时候伸出援手，因此，所有不邪恶的人都是有责任心的。

6~7题基于以下题干：

甲、乙、丙、丁、戊、己、庚7名代表分别去7个城市考察。7个城市分别为上海、北京、深圳、西安、成都、广州、南京。每个人只去一个城市考察，并且每个城市只考察一次。

(1) 如果甲去上海考察，那么乙去成都考察，并且丙去南京考察。

(2) 如果甲不去上海考察，那么丁去西安考察，并且戊去深圳考察。

(3) 或者丙去成都考察，或者己去南京考察。

(4) 如果丁去西安考察，那么庚去成都考察。

6. 如果上述论述为真，以下哪个选项一定为假？

A. 甲去广州考察。
B. 乙去上海考察。
C. 丙去北京考察。
D. 庚去成都考察。
E. 己去上海考察。

7. 如果确定安排丙去北京考察，那么以下哪个选项一定为真？

A. 甲去北京考察。
B. 乙去上海考察。
C. 丙去成都考察。
D. 己去广州考察。
E. 庚去西安考察。

8. 已知某高校体育生中，有些练习跳远的同时练习跳高，所有不练习长跑的都不练习铅球，所以小明断定：有的练习跳高的同时练习长跑。

以下哪项如果为真，最能支持小明的断定？

A. 所有练习铅球的都练习跳远。
B. 有的练习铅球的不练习跳远。
C. 所有练习跳远的都练习铅球。
D. 所有练习长跑的都练习跳远。
E. 有的练习跳高的不练习长跑。

9. 百慕大商场新购进一批商品，其中进口商品300种，国产商品200种；食品270种，非食品商品230种。

根据以上数据，以下除了哪项都为真？

A. 进口食品的种类多于国产非食品商品的种类。
B. 进口非食品商品种类多于国产食品种类。
C. 进口食品最少70种。
D. 进口非食品商品最少100种。
E. 国产食品最多200种。

10. 据医学资料记载，全球癌症的发病率20世纪下半叶比上半叶增长了近10倍，成为威胁人类生命的第一杀手。这说明，20世纪下半叶以高科技为标志的经济迅猛发展所造成的全球性生态失衡是诱发癌症的重要原因。

以下哪项如果为真，最不能削弱上述论证？

A. 人类的平均寿命，20世纪初约为30岁，20世纪中叶约为40岁，目前约为65岁。癌症发病率高的发达国家的人均寿命普遍超过70岁。

B. 20世纪上半叶，人类经历了两次世界大战，大量的青壮年人口死于战争。而20世纪下半叶，世界基本处于和平发展时期。

C. 高科技极大地提高了医疗诊断的准确率和这种准确的医疗诊断在世界范围内的覆盖率。

D. 高科技极大地提高了人类预防、早期发现和诊治癌症的能力,有效地延长着癌症病人的生命时间。
E. 从世界范围来看,医学资料的覆盖面和保存完好率,20世纪上半叶大约分别只有20世纪下半叶的50%和70%。

11. 某游乐场由于需要例行检修,提前公布了场地内各个游乐设施的下周开放时间:

过山车	大摆锤	旋转木马	摩天轮	海盗船	鬼屋
周二至周五 9:00-16:00 东区	周一到周四 13:00-17:00 北区	周一至周六 8:00-14:00 东区	周三至周四 12:00-18:00 南区	周三至周六 14:00-19:00 北区	周一至周二 11:00-15:00 西区

以下哪项对该游乐场这一周游乐设施的开放情况的概括最为准确?
A. 每日或者开放过山车,或者开放海盗船。
B. 每日或者开放东区,或者开放北区。
C. 每日或者开放大摆锤,或者开放海盗船。
D. 若东区开放且开放时间在15:00以后,则该日开放的游乐设施为旋转木马。
E. 若北区开放且开放时间在14:00以前,则该日开放的游乐设施为大摆锤。

12~13题基于以下题干:
某单位在大年初一、初二、初三安排6个人值班,他们是G、H、K、L、P、S。每天需要2人值班。人员安排要满足以下条件:
(1) L与P必须在同一天值班。
(2) G与H不能在同一天值班。

12. 以下哪一项必然为真?
   A. S与H不在同一天值班。　　B. G与S在同一天值班。　　C. K与G不在同一天值班。
   D. K与S不在同一天值班。　　E. H与S在同一天值班。

13. 如果H在S的前一天值班,则以下哪一项不能为真?
   A. G在初二值班。　　B. P在初二值班。　　C. K在初一值班。
   D. H在初一值班。　　E. G在初三值班。

14. 一位营养师为客户定制每天的饮食,从冬瓜、土豆、鸡蛋、豆腐、白菜、山药、菠菜、花菜八种食材中进行选择,并且每天必须安排其中的五种食材。食材中不存在重复品种。每天的安排必须符合以下条件:
    (1) 冬瓜入选,那么豆腐入选,且豆腐在冬瓜之后选。
    (2) 白菜入选,那么土豆入选,且白菜在土豆之前选。
    (3) 鸡蛋入选,则白菜不入选。
    (4) 第五个要么是山药,要么是菠菜。
    假设客户甲第一天选择了食材冬瓜、花菜,下列哪一项可以是其他三种食材?
    A. 白菜、豆腐、鸡蛋。　　B. 土豆、白菜、豆腐。　　C. 菠菜、鸡蛋、土豆。
    D. 豆腐、山药、土豆。　　E. 山药、菠菜、鸡蛋。

15. 张强:"川剧中'变脸'绝技被个别演员私下向外国传授,现已流传到日本、新加坡、德国等地。川剧的主要艺术价值就在于变脸。泄露变脸秘密等于断送了川剧的艺术生命。"
    李明:"即使外国人学会了变脸,也不会影响川剧传统艺术的生存与价值。非物质文化遗产只有打开门,走向公众,融入现代生活,才能传承与发展。"
    以下哪项如果为真,最能支持李明的观点?
    A. 外国人因倾慕变脸艺术学习川剧,这将促进川剧的传播,并促使川剧创造出新的绝技。
    B. 很多外国人学习京剧表演,但这丝毫无损于京剧作为国粹的形象。
    C. 变脸技术外传的结果是导致川剧艺术的变味。
    D. 1987年,文化部将川剧变脸艺术列为国家二级机密,这是中国戏剧界唯一一项国家机密。
    E. 日本等国的变脸技术占据了一半的国外市场。

16. 某地区近 14 天的天气预报内容如下：

3号	4号	5号	6号	7号	8号	9号
晴转多云	晴	晴	多云	多云	小雨转多云	多云
10号	11号	12号	13号	14号	15号	16号
雷阵雨	中雨	多云	晴	晴	雷阵雨转晴	多云

根据以上信息，可以得出以下哪项？
A. 如果某天不下雨，那么当天一定是晴天。
B. 如果某天的天气为雨天，那么第二天的天气一定是多云。
C. 如果某天的天气为晴，那么第二天可能为小雨。
D. 如果某天的天气为雷阵雨，那么第二天的天气可能为晴。
E. 如果某天的天气为多云，那么第二天可能会下雨。

17. 人们每天的膳食应包括谷薯类、蔬菜水果类、畜禽鱼蛋奶类、大豆坚果类等食物。为了追求更健康合理的饮食结构，小明决定自己的每一餐都符合以下规则：如果含有谷薯类和蔬菜水果类，则一定含有畜禽鱼蛋奶类；只有含有蔬菜水果类，才会含有大豆坚果类。
假设小明某餐的食品没畜禽鱼蛋奶类但是吃了大豆坚果类，则以下哪一个选项一定为真？
A. 该餐中小明没有吃谷薯类。
B. 该餐中小明没有吃蔬菜水果类。
C. 该餐中小明吃了谷薯类。
D. 该餐中小明吃了谷薯类又吃了蔬菜水果类。
E. 该餐中小明或者没有吃蔬菜水果类，或者吃了谷薯类。

18. 在 L 国，10 年前放松了对销售拆锁设备的法律限制后，盗窃案发生率急剧上升。因为合法购置的拆锁设备被用于大多数盗窃案，所以重新引入对销售该设备的严格限制将有助于减少 L 国的盗窃发生率。
下面哪一项，如果成立，最有力地支持以上论述？
A. L 国的总体犯罪率在过去 10 年中急剧增加了。
B. 对于重新引入对拆锁设备销售的严格限制，在 L 国得到了广泛的支持。
C. 在 L 国重新引入对拆锁设备的严格限制不会阻碍警察和其他公共安全机构对这种设备的合法使用。
D. 5 年前引进的对被控盗窃的人更严厉的惩罚对 L 国的盗窃率没有什么影响。
E. 在 L 国使用的大多数拆锁设备是易坏的，并且通常会在购买几年后损坏而无法修好。

19. 现在越来越多的消费者关心食品的安全，尤其是生鲜食品更是如此。欣欣超市卖的苹果沾有油污，超市售货员告诉消费者苹果运来时就是这样的，超市并未清洗它们。由于大多数水果在收获之前都被喷洒过有害的农药，如不清洗会对消费者有害。所以，欣欣超市肯定在卖表皮上有农药的水果，这样会危害它的顾客。
以下哪项是上述论证所必须假设的？
A. 在收获后和运到欣欣超市前，这些苹果没有经过彻底清洗。
B. 大多数喷洒在水果上的农药会有一层油污状的遗迹。
C. 大多数顾客并不知道欣欣超市在卖苹果前并不清洗苹果。
D. 只有农药在水果上留下的油渍才能被清洗掉。
E. 其他水果运到欣欣超市时也有一层油污。

20. 中世纪的阿拉伯人有许多古希腊原文的手稿。当需要的时候，人们就把它译成阿拉伯语。中世纪的阿拉伯哲学家对亚里士多德的《诗学》非常感兴趣，这种兴趣很明显不是被中世纪的阿拉伯人所分享的，因为一个对《诗学》感兴趣的诗人一定会想读荷马的诗。亚里士多德就经常参考荷马的诗，但是荷马的诗直到现在才被译成阿拉伯语。
下面哪一项如果正确，能最强有力地支持上述论述？
A. 有一些中世纪的翻译家拥有希腊原文的荷马的诗的手稿。
B. 中世纪阿拉伯的系列故事，如《阿拉伯人的夜晚》，在某些叙事方式上与荷马史诗的部分相似。
C. 除了翻译希腊文之外，中世纪的阿拉伯翻译家还把许多原版为印第安语和波斯语的著作译成了阿拉伯语。
D. 亚里士多德的《诗学》经常被现代的阿拉伯诗人引用和评论。

E. 亚里士多德的《诗学》的大部分内容都与戏剧有关。中世纪的阿拉伯人也写戏剧作品，并表演它们。

21~22题基于以下题干：

小王、小李、小周、小吴、小钱、小赵、小孙、小郑是八位委员，现需要分配八位委员的出差地点，他们分别去成都、重庆、北京、深圳、上海、杭州、西安、天津中的一个（顺序不定），每个地点只去一个人，且每个人只去一个地点。已知：

(1) 小钱去北京；
(2) 小郑去深圳，或者小郑去上海；
(3) 如果小周去重庆，则小吴去成都或者小孙去深圳；
(4) 只有小郑去天津，小周才不去重庆或者小王不去成都。

21. 根据上述信息，可以得出以下哪项？
    A. 小王去成都。　　　　　　B. 小周去天津。　　　　　　C. 小孙不去深圳。
    D. 小吴去成都。　　　　　　E. 小郑去深圳。

22. 若小李和小赵除非去杭州，否则去西安，则可以得出以下哪项？
    A. 小李去西安。　　　　　　B. 小赵去杭州。　　　　　　C. 小吴去天津。
    D. 小周去成都。　　　　　　E. 小孙去重庆。

23. 应该清醒地认识到，目前房地产市场最大的矛盾不是供需之间的矛盾，而是百姓囊中羞涩与房价不断上涨之间的矛盾。而这一问题产生的根源就在于房子被当作奇货可居、有利可图的商品，被房产商和手有余钱的业主一而再再而三地热炒。于是我们看到一些房产商宁愿把房子成片闲置也不愿平价或降价出售；某些富有的业主拥有两三套，甚至十数套房产，而大量炒房团也应运而生。
    以下哪项如果为真，能够对上述结论构成最大的支持？
    A. 经济学家近来十分关注炒房对房价上涨的影响。
    B. 在一些地区拟对拥有多套房者开征使用费，可以有效地抑制虚假的住房需求。
    C. 在一些经济发达的地区，炒房现象虽不突出，但房价仍然居高不下。
    D. 房价没有只涨不跌的道理，炒房的最终结果必然导致房产崩盘。
    E. 在一些内陆地区，未发生炒房现象，房价比较平稳。

24. 有些人若有一次厌食，会对这次膳食中有特殊味道的食物持续产生强烈厌恶，不管这种食物是否会对身体有利。这种现象可以解释为什么小孩更易于对某些食物产生强烈的厌食。
    以下哪项如果为真，最能加强上述解释？
    A. 小孩的膳食搭配中含有特殊味道的食物比成年人多。
    B. 对未尝过的食物，成年人比小孩更容易产生抗拒心理。
    C. 小孩的嗅觉和味觉比成年人敏锐。
    D. 和成年人相比，小孩较为缺乏食物与健康的相关知识。
    E. 如果讨厌某种食物，小孩厌食的持续时间比成年人更长。

25. 雄性的园丁鸟能构筑精心装饰的鸟巢，或称为凉棚。基于它们与本地同种园丁鸟不同群落，构筑凉棚的建筑和装饰风格不同这一事实的判断，研究者们得出结论，雄性园丁鸟构筑鸟巢的风格是后天习得的，而不是基因遗传的特征。
    以下哪一项如果是正确的，将最有力地加强研究者们得出的结论？
    A. 经过最广泛的研究发现：本地园丁鸟群落的凉棚构筑风格中，共同的特征多于它们之间的区别。
    B. 年幼的雄性园丁鸟不会构筑凉棚，在能以本地凉棚风格构筑凉棚之前很明显地花了好几年时间观看比它们年纪大的鸟构筑凉棚。
    C. 有一种园丁鸟的凉棚缺少大多数其他种类园丁鸟构筑凉棚的塔形和装饰特征。
    D. 只在新几内亚岛和澳大利亚发现有园丁鸟，而在那里本地鸟类显然很少相互接触。
    E. 众所周知，一些鸣禽的鸣唱方法是后天习得的，而不是基因遗传的。

26. 甲、乙、丙、丁每人只会编程、插花、绘画、书法四种技能中的两种，其中有一种技能只有一个人会。并且：
    (1) 乙不会插花；
    (2) 甲和丙会的技能不重复，乙和甲、丙各有一门相同的技能；

(3) 甲会书法，丁不会书法，甲和丁有相同的技能；
(4) 乙和丁中有且只有一人会插花；
(5) 甲和乙中有且只有一人会插花；
(6) 没有人同时会绘画和书法。
如果上述陈述为真，则以下哪项不可能为真？
A. 甲会书法，也会插花。
B. 乙会书法，也会编程。
C. 丙会绘画，也会插花。
D. 丁会插花，也会编程。
E. 丁不会绘画。

27. 某银行资金交易部最新报告指出，从国内宏观调控的需要看，除非人民币持续不断地加息，否则既不能从根本上控制经济扩张的冲动，也不能避免资产泡沫的出现和破灭。除非人民币加快升值，否则人民币的流动性就无法根治，利润偏低的状况就无法纠正，资产泡沫就有可能越吹越大。
如果上述断定是真的，那么以下哪项一定是真的？
A. 如果人民币加快升值，那么人民币的流动性就可以根治。
B. 如果人民币流动性无法根治，那么利率偏低的状况就无法纠正。
C. 如果人民币持续不断地加息，那么就可能从根本上抑制经济扩张的冲动。
D. 如果人民币不能持续不断地加息，那么就不可能从根本上抑制经济扩张的冲动。
E. 或者人民币持续不断地加息，或者可能从根本上抑制经济扩张的冲动。

28. 拥有少量受过高等教育人口的国家注定在经济和政治上疲软。然而，拥有大量受过高等教育人口的国家，他们的政府对公共教育有严肃认真的财政承诺。所以，任何一个拥有能做出这种承诺的政府的国家，都会摆脱经济和政治的疲软。
以下哪项论证中的缺陷与上述论证中的最相似？
A. 创作出高质量诗歌的诗人学过传统诗歌，没学过传统诗歌的诗人最有可能创作出创新的诗歌。所以，要创作出创新的诗歌最好不要学传统诗歌。
B. 不懂得教学的人不能理解他所教的学生的个性。因此，懂得教学的人能够理解他所教的学生的个性。
C. 缺乏感情共鸣的人不是公职的优秀候选人，而富有感情共鸣的人则善于操控他人的感情。因此，善于操控他人感情的人是公职的优秀候选人。
D. 如果气候突然变化，食物种类单一的动物将更难生存。但是，食物种类广泛的动物则不会，因为气候突变只会消除某些种类的食物。
E. 一个国家的人口不是少量受过高等教育就一定是大量受过高等教育。

29~30题基于以下题干：
欣欣小学的七位小朋友一起做游戏，七人坐成一列，按从前往后的顺序依次编号为1、2、3、4、5、6、7。老师为七人戴上黑色或白色的帽子，每位小朋友知道自己头上帽子的颜色，且只能看到坐在自己前方的所有人头上帽子的颜色。2号到7号小朋友依次进行发言，1号小朋友进行判断。已知戴黑色帽子的小朋友说假话，戴白色帽子的小朋友说真话。2号到7号的发言如下：
2号：1号戴的是黑帽子。
3号：我前面的人里面有一位戴黑帽子。
4号：3号说的是真话。
5号：4号说的是假话。
6号：5号说的是假话。
7号：我头上戴的不是黑色的帽子。

29. 若已知七人中有两人戴黑帽子，则以下哪项一定为真？
A. 1号小朋友头上戴的是黑色的帽子。
B. 5号小朋友头上戴的是白色的帽子。
C. 2号小朋友头上戴的是黑色的帽子。
D. 7号小朋友头上戴的是白色的帽子。
E. 1号小朋友头上戴的是白色的帽子。

30. 若已知七人中有三人戴黑帽子，则以下哪项可能为真？
A. 5号小朋友头上戴的是白色的帽子。
B. 1号小朋友和2号小朋友头上戴的都是白色的帽子。
C. 7号小朋友头上戴的是黑色的帽子。
D. 3号小朋友和4号小朋友头上戴的都是黑色的帽子。
E. 5号小朋友和6号小朋友头上戴的都是白色的帽子。

逻辑模拟试卷（二十五）

建议测试时间：50-55 分钟　　实际测试时间（分钟）：_____　　得分：_____

本测试题共 30 小题，每小题 2 分，共 60 分，从下面每小题所列的 5 个备选答案中选取出一个，多选为错。

1. 所有的地震都是以 P 波开始的，这些 P 波移动快速，使地面发生上下震动，造成的破坏较小。下一个是 S 波，它的移动很慢，使地面前后、左右晃动，破坏性极大。早期预警系统通过测量 P 波沿地面移动的情况，来预测 S 波所造成的影响，然后发出警报。然而，从事此类系统工作的科学家们发现，事实上人们并没有多少时间为大地震做好准备。
   以下哪项如果为真，最能支持上述科学家们的发现？
   A. 地球上每年大约发生 500 多万次地震，绝大多数的地震人们根本感觉不到。
   B. 根据历年大地震的记载，强震大多在夜里瞬间发生，无法在短时间内组织有效的防御行动。
   C. 地震越大，P 波与 S 波之间的间隔越短，留给人们预警的时间也就越短。
   D. 发生较大地震时，人们先感到上下颠簸，而后才有很强的水平晃动，这种晃动是由 S 波造成的。
   E. 大多数人缺乏地震自救常识，地震发生时往往不知所措。

2. 已知下列案情：
   (1) 除非侦破甲 1 号案件，否则赵华、钱华和李华三人不都是罪犯。
   (2) 甲 1 号案件没有被侦破。
   (3) 如果赵华不是罪犯，则赵华的供词是真的，而赵华说钱华不是罪犯。
   (4) 如果钱华不是罪犯，则钱华的供词是真的，而钱华说自己与李华是好朋友。
   (5) 现查明李华根本不认识钱华。
   根据以上案情，以下哪项为真？
   A. 三人都是罪犯。
   B. 三人都不是罪犯。
   C. 赵华、钱华是罪犯，李华不是罪犯。
   D. 赵华、钱华是罪犯，李华不能确定。
   E. 赵华和李华不能确定，钱华是罪犯。

3. 在最近一次战争重战区中执行任务的医疗人员，即使是那些身体未受伤害的，现在比在该战争不太激烈的战区中执行任务的医疗人员收入低而离婚率高，在衡量整体幸福程度的心理状况测验中得分比较低。这一证据表明即使是那些激烈的战争环境下没有受到身体创伤的人，也会受到负面影响。
   下面哪项如果正确，最强有力地支持了以上得出的结论？
   A. 重战区的医疗人员和其他战区的医疗人员相比，服役前所接受的学校教育明显比较少。
   B. 重战区的医疗人员比其他战区的医疗人员刚入伍时年轻。
   C. 重战区医疗人员的父母和其他战区医疗人员的父母，在收入、离婚率和整体幸福程度方面没有什么显著差别。
   D. 那些在重战区服务的医疗人员和建筑工人在收入、离婚率和整体幸福程度等方面非常相似。
   E. 早期战争中的重战区服务医疗人员在收入、离婚率和整体幸福程度等方面，和其他在该战争中服役的医疗人员没有表现出太大差别。

4. 赵甲、钱乙、孙丙和李丁 4 位哲学系学生正在接受训练，以便将来能当个预言家，实际上，她们之中只有一个后来当了预言家，其余 3 个人，一个当了律师，一个当了舞蹈演员，另一个当了钢琴演奏家。一天，她们 4 个在练习讲预言。
   赵甲预言：钱乙无论如何也成不了律师。
   钱乙预言：孙丙终将成为预言家。

孙丙预言：李丁不会成为钢琴演奏家。

李丁预言：她自己将嫁给一个叫小东的男人。

事实上她们4个人当中，只有1个人的预言是正确的，而正是这个人当上了预言家。

以下说法，正确的是哪项？

A. 钱乙没成为预言家；孙丙没成为律师。

B. 李丁成为了预言家，而且后来嫁给了一个叫小东的男人。

C. 赵甲没成为预言家；李丁没成为舞蹈演员。

D. 赵甲成为了预言家；钱乙成为了舞蹈演员。

E. 孙丙没成为预言家；李丁成为了律师。

5. 在整个欧洲的历史上，工资上涨阶段一般跟随在饥荒之后。因为当劳动力减少时，根据供求关系的规律，工人就会更值钱。但是，19世纪40年代爱尔兰的土豆饥荒却是个例外。它导致的结果是爱尔兰一半人口的死亡或移民，但在接下来的10年中，爱尔兰的平均工资并没有明显的上升。

对于上述这一一般中的例外，以下哪项最无助于解释？

A. 改进了的医疗条件减少了饥荒后10年里的身体健壮的成年人的死亡率，死亡率甚至比饥荒前的水平还低。

B. 爱尔兰地主驱逐政策强迫年老体弱者移居国外，而保留了相当高比例的体格健壮的工人。

C. 技术的发展提高了工农业生产的效率，在较少的劳动力的情况下保持经济发展。

D. 饥荒后的10年里出生率提高，这大大补偿了由于饥荒造成的人口锐减。

E. 在政治上控制爱尔兰的英国，人为地立法发低工资，目的是给英国所有的工业和爱尔兰的农业提供廉价的劳动力。

6. 某领导决定在赵、钱、孙、李、周、吴六人中挑一人或多人去执行一项重要任务，执行任务的人选应满足以下所有条件：

（1）赵、李两人中至多一人被选中；

（2）李、孙两人中只能一人被选中；

（3）赵、钱两人至少有一人被选中；

（4）李、钱、吴三人中至少有两人被选中；

（5）钱和孙要么都被选中，要么都不被选中；

（6）除非周不被选中，否则李一定要被选中。

根据领导的决定，可得出以下哪项？

A. 赵、钱不被选中，孙和李被选中。　　B. 李、周不被选中，孙和吴被选中。

C. 孙、李不被选中，赵和孙被选中。　　D. 周、吴不被选中，李和赵被选中。

E. 赵、吴不被选中，钱和李被选中。

7. 越来越多有说服力的统计数据表明，具有某种性格特征的人易患高血压，而另一种性格特征的人易患心脏病，如此等等。因此，随着对性格特征的进一步分类了解，通过主动修正行为和调整性格特征以达到防治疾病的可能性将大大提高。

以下哪项最能反驳上述观点？

A. 一个人可能会患有与各种不同性格特征均有关系的多种疾病。

B. 某种性格与其相关的疾病很可能由相同的生理因素导致。

C. 某一种性格特征与某一种疾病的联系可能只是数据上的巧合，并不具有一般性意义。

D. 人们往往是在病情已难以扭转的情况下，才愿意修正自己的行为，但已为时太晚。

E. 用心理手段医治与性格特征相关的疾病这一研究，导致心理疗法遭到淘汰。

8. 黑茶、白茶、黄茶、绿茶、红茶等5种茶叶分别装在1~5号5个盒子中，每个盒子只装1种茶叶，每种茶叶只装在1个盒子里。

已知：

（1）黄茶装在2号或者4号盒子中。

(2) 如果白茶装在3号盒子中，则绿茶装在5号盒子中。
(3) 红茶装在1号或者2号盒子中，当且仅当黑茶装在5号盒子中。
(4) 黄茶没有装在4号盒子中。

以下哪项如果为真，就能确定绿茶装在3号盒子中？

A. 白茶装在4号盒子中。 B. 白茶不装在3号盒子中。 C. 红茶装在2号盒子中。
D. 黄茶装在3号盒子中。 E. 黑茶装在5号盒子中。

9. 关于这周广播台谁主持的问题，几位台长工作安排如下：
(1) 如果甲要校稿的话，那么他不会去广播台主持。
(2) 如果丙帮老师做课题，那么甲或丁去广播台主持。
(3) 只有去广播台主持，丙才不用帮老师做课题。
(4) 或者丙不去广播台主持，或者甲去广播台主持。
(5) 甲由于喉咙不舒服，不能说话，不得不去校稿。

根据以上信息，可以得出以下哪项？

A. 乙去广播台主持了。 B. 丙去广播台主持了。
C. 丁去广播台主持了。 D. 丙没有帮助老师做课题。
E. 以上均不正确。

10. 李长江、段黄河、张珠江、何海河四人同时参加一次数学竞赛，赛后，他们在一起预测彼此的名次。李长江说："张珠江第一名，我第三名。"段黄河说："我第一名，何海河第四名。"张珠江说："何海河第二名，我第三名。"何海河没有表态。结果公布后，他们发现预测都只说对了一半。

由以上可以推出，竞赛的正确名次是？

A. 何海河第一，段黄河第二，张珠江第三，李长江第四。
B. 段黄河第一，何海河第二，李长江第三，张珠江第四。
C. 李长江第一，张珠江第二，段黄河第三，何海河第四。
D. 张珠江第一，李长江第二，何海河第三，段黄河第四。
E. 张珠江第一，李长江第二，段黄河第三，何海河第四。

11. 某机关甲、乙、丙、丁4个处室准备深入基层调研。他们准备调研的地方是红星乡、朝阳乡、永丰街道、幸福街道。每个处室恰好选其中一个地方，各不重复。已知：
(1) 要么甲选幸福街道，要么乙选幸福街道，两者必居其一；
(2) 要么甲选红星乡，要么丙选永丰街道，两者必居其一；
(3) 如果丙选永丰街道，则丁选幸福街道。

根据以上信息，可以得出以下哪项？

A. 甲选朝阳乡。 B. 乙选红星乡。 C. 丙选幸福街道。
D. 丙选永丰街道。 E. 丁选永丰街道。

12. 某单位需要派出下乡扶贫人员1至3人。经过宣传号召，众人纷纷报名。经过一番考虑，领导最后将派出人选集中在小王、小张和小李三人身上，并达成如下共识：
(1) 如果小王被挑选上，那么小张就会被挑选上；
(2) 只有小李被挑选上，小王才不会被挑选上；
(3) 如果小张被挑选上，那么小李就会被挑选上；
(4) 小王和小李都被挑选上是不可能的。

据此，可以推断出以下哪项？

A. 小王会被挑选上，而小李不会。 B. 小张会被挑选上，而小王不会。
C. 小李会被挑选上，而小王不会。 D. 小张会被挑选上，而小李不会。
E. 小李会被挑选上，而小张不会。

13. 研究显示，大多数有创造性的工程师，都有在纸上乱涂乱画，并记下一些看起来稀奇古怪想法的习惯。他们的大多数最有价值的设计，都直接与这种习惯有关。而现在的许多工程师都用电脑工作，在纸上乱涂乱画不再是一种普遍的习惯。一些专家担心，这会影响工程师的创造性思维，建议在用于工程设计的计算机程序中匹配模拟的便条纸，能让使用者在上面涂鸦。

以下哪项最可能是上述建议所假设的？

A. 在纸上乱涂乱画，只可能产生工程设计方面的灵感。
B. 计算机程序中匹配的模拟便条纸，只能用于乱涂乱画，或记录看起来稀奇古怪的想法。
C. 所有用计算机工作的工程师都不会备有纸笔可以随时记下有意思的想法。
D. 工程师在纸上乱涂乱画所记下的看来稀奇古怪的想法，大多数都有应用价值。
E. 乱涂乱画所产生的灵感，并不一定通过在纸上的操作获得。

14. 在不同语言中，数字的发音和写法都不一样。张教授在最近的研究报告中指出，代表不同文化背景的语言，会对人们大脑处理数学信息的方式产生影响。

以下哪项如果为真，最能支持张教授的观点？

A. 相比欧洲，亚洲地区的人们在进行数量大小比较时，大脑中个别区域的活跃程度有所不同。
B. 在同一国家，不同方言区的人们进行数学运算时，大脑语言区的神经传递路线并不十分一致。
C. 研究发现，以英语为母语的人进行心算时主要依赖大脑的语言区，而以中文为母语的人主要动用了大脑的视觉信息识别区。
D. 研究发现，不同专业背景的人们在计算数学题时会选择不同的思考方法，但都会不同程度地依赖大脑的语言区。
E. 研究发现，不同的语言表达方式，能够在很大程度上影响人们接受数学信息时的效率。

15~16题基于以下题干：

因工作需要，某单位决定从本单位的3位女性（小王、小李、小孙），和5位男性（小张、小金、小吴、小孟、小余）中选出4人组建谈判小组参与一次重要谈判，选择条件如下：
（1）小组成员既要有女性，也要有男性；
（2）小张与小王不能都入选；
（3）小李与小孙不能都入选；
（4）如果选小金，则不选小吴。

15. 如果小张一定要入选，可以得出以下哪项？

A. 如果选小吴，则选小余。　　B. 如果选小金，则选小孟。
C. 要么选小余，要么选小孟。　　D. 要么选小李，要么选小孙。
E. 要么选小王，要么选小李。

16. 如果小王和小吴入选，可以得出以下哪项？

A. 或者选小余，或者选小孟。　　B. 或者选小李，或者选小孙。
C. 如果选小李，那么选小张。　　D. 如果选小孙，那么选小金。
E. 如果选小孙，那么选小李。

17. 父母不可能整天与他们的未成年孩子待在一起。即使他们能够这样做，他们也并不总是能够阻止他们的孩子去做可能伤害他人或损坏他人财产的事情。因此，父母不能因为他们的未成年孩子所犯的过错而受到指责或惩罚。

如果以下一般原则成立，哪一项最有助于支持上面论证的结论？

A. 未成年孩子所从事的所有活动都应该受到成年人的监管。
B. 在司法审判体系中，应该像对待成年人一样对待未成年孩子。
C. 人们只应该对那些他们能够加以控制的行为承担责任。
D. 父母有责任教育他们的未成年孩子去分辨对错。
E. 人们不应该对自己全部的过错都承担相应的责任。

18. 公司拟从王、陈、刘、李、孙、赵中选择多人组成一个攻关小组。根据各人的特点，选择时需满足以下条件：
（1）王、李仅选一人。　　　　　　　　（2）李、刘仅选一人。
（3）王、陈至少选一人。　　　　　　　（4）王、孙、赵中选两人。
（5）陈入选当且仅当刘入选。　　　　　（6）如果孙入选，那么李也入选。

根据以上信息，以下哪项是一定为假的？
  A. 要么李入选，要么赵入选。
  B. 如果孙入选，那么赵入选。
  C. 只有孙入选，刘才入选。
  D. 如果李入选，那么刘不会入选。
  E. 如果陈入选，那么孙不会入选。

19. 我国是一个自然灾害发生相对比较频繁的国家，因此当灾害发生之后，除了政府方面的各种救援之外，社会的回应机制也非常重要。中华民族需要建立来自社会的救灾回应机制，这样它和政府的垂直性系统形成一个由下往上的补充系统。壹基金在雅安地震中的所作所为就赢得了网友的一片喝彩，因此我们的社会回应机制要依靠以壹基金为首的慈善机构。
   以下哪项如果为真，能支持上述论证？
   A. 地震灾害是必然的，但是出现地震灾害造成大量的伤亡不应该是必然的。
   B. 在紧急救灾阶段大概有60%到70%的受灾群体是靠自救的。
   C. 如果家庭和社区接受过应对灾害的训练，那么在地震中的损失可能会减少。
   D. 红十字会遭遇前所未有的信任危机，公众对于红十字会乃至各种公益组织的信任被耗尽和透支。
   E. 慈善机构的组织化、网络化程度、合作化程度跟以前比要有很大的提高。

20. 有一6×6的方阵，它包含的每个方格中都可以放入一个品种的花，已有部分品种放入，现要求该方阵中的每行每列均含有菊、兰、梅、桃、荷、桂6种花，不能重复不能遗漏。
    根据上述要求，以下哪项可以是方阵最左列5个空格中从上至下依次填入的花种？

桂	梅		兰		桃
		兰		荷	
	菊	桂	桃		梅
		梅	荷		
	桂		菊		荷
		菊		桃	兰

   A. 梅、桃、荷、兰、菊。
   B. 菊、荷、桃、梅、兰。
   C. 菊、荷、桃、兰、梅。
   D. 兰、桃、菊、荷、梅。
   E. 桃、兰、菊、梅、荷。

21. 有的人即便长时间处于高强度的压力下，也不会感到疲劳，而有的人哪怕干一点活也会觉得累。这就是人们通常所说的慢性疲劳综合征。导致这种症状的原因，通常认为除了体质或习惯不同之外，还可能与基因不同有关。英国格拉斯哥大学的研究小组通过对50名慢性疲劳综合征患者基因组的观察，发现这些患者的某些基因与同年龄、同性别健康人的基因是有差别的。该研究小组于是认为，这项研究成果可以应用于上述慢性疲劳综合征的诊断和治疗。
    以下哪项如果为真，最能支持上述观点？
    A. 基因鉴别已经在一些疾病的诊断中得到应用。
    B. 慢性疲劳综合征是现代人容易患上的一种疾病。
    C. 目前尚无诊断和治疗慢性疲劳综合征的方法。
    D. 在慢性疲劳综合征患者身上有一种独特的基因。
    E. 科学家们鉴别出了导致慢性疲劳综合征的基因。

22~23题基于以下题干：
  三个男同学张林、李牧和赵强，和三个女同学秋华、陈春和楚霞，参加课外兴趣小组。可供选择的课外兴趣小组有插花、茶道、剪纸。
  参加课外兴趣小组有以下规则：
  ①每人只能参加并且必须参加一个课外兴趣小组；②凡是有男同学参加的课外兴趣小组，就必须有女同学参加；③凡是有女同学参加的课外兴趣小组，就必须有男同学参加；④张林参加了插花或者茶道兴趣小组；⑤秋华参加了剪纸兴趣小组。

22. 如果李牧参加了插花兴趣小组，则以下哪项一定为真？
    A. 赵强参加了剪纸兴趣小组。
    B. 陈春参加了插花兴趣小组。
    C. 楚霞参加了茶道兴趣小组。
    D. 赵强参加了插花兴趣小组。
    E. 陈春参加了剪纸兴趣小组。

23. 按照题干的已知，则参加茶道兴趣小组的人中不可能同时包含哪两位？
    A. 张林和李牧。　　　　　　B. 张林和赵强。　　　　　　C. 陈春和楚霞。
    D. 李牧和楚霞。　　　　　　E. 李牧和赵强。

24. 为了胎儿的健康成长，大多数孕妇都特别关注高营养的饮食。但是，大多数新生儿，尽管他们的生母在怀孕时都特别关注高营养的饮食，在婴儿期仍然会生这样那样的病。这说明，新生儿在婴儿期的健康状况和其生母在孕期的饮食营养没有关系。
    以下哪项如果为真，最能削弱上述论证？
    A. 有些在孕期特别关注高营养饮食的妇女，在哺乳期不太关注饮食的营养。
    B. 一些其生母在怀孕时不关注高营养饮食的新生儿，在婴儿期很少生病。
    C. 和在孕期关注高营养饮食的妇女相比，在孕期不关注高营养饮食的妇女的新生儿，在婴儿期会出现较多的健康问题。
    D. 婴儿期的疾病如果得不到彻底医治，在青少年发育期会变得更为严重。
    E. 不同的孕妇对食品营养的吸收能力不尽相同，有的不关注高营养饮食孕妇的此种吸收能力，比有的关注高营养饮食的孕妇强。

25. 通常认为人的审美判断是主观的，短时间内的确如此，人们对当代艺术作品的评价就经常出现较大分歧。但是，随着时间的流逝，审美中的主观因素逐渐消失。当一件艺术作品历经几个世纪还能持续给人带来愉悦和美感，如同达·芬奇的绘画和巴赫的音乐那样，我们就可以相当客观地称它为伟大的作品。
    以上陈述最好地支持了以下哪项断定？
    A. 对于同一件艺术作品，不同时代人们的评价有很大差异。
    B. 如果批评家对一件当代艺术作品一致予以肯定，这件作品就是伟大的作品。
    C. 达·芬奇、巴赫在世时，人们对其作品的评价是不同的。
    D. 对于当代艺术作品的价值很难做出客观的认定。
    E. 艺术作品持续给人带来愉悦和美感在每个世纪是不同的。

26. 夏季到来，各种时令水果陆续上市，周末采摘游受到欢迎。甲、乙、丙三个人一起去"经贸水果园"采摘黄桃、荔枝、樱桃、杨梅等水果，三个人每人只能采摘一种水果。采摘前，三人就采摘水果的种类约定如下：
    （1）甲非常喜欢吃黄桃，如果乙采摘黄桃，那么甲会跟着一起去采摘黄桃。
    （2）乙对水果没要求，吃什么都行，如果采摘樱桃比采摘杨梅容易，那么乙就采摘樱桃。
    （3）丙的出游意愿强烈，除非预报有沙尘天气，否则丙就采摘杨梅。
    （4）如果能一起拼车回家，那么乙和丙就一起采摘荔枝。
    （5）甲和丙周末要去看望高中老师，如果时间允许，甲和丙就一起采摘樱桃。
    如果上述三个人的约定都得到满足，则可以得出以下哪项？
    A. 如果甲采摘黄桃，那么乙会和甲一起采摘黄桃。
    B. 如果三人都采摘杨梅，则说明采摘杨梅比采摘樱桃容易。
    C. 如果三人都采摘荔枝，则说明预报没有沙尘天气。
    D. 如果三人都采摘杨梅，则说明时间不允许。
    E. 如果三人都采摘樱桃，则说明有沙尘天气。

27. 下表为2021年某市城镇和农村居民不参加体育锻炼的影响因素：

	城镇（%）	农村（%）	男（%）	女（%）
缺乏组织	8.8	3.6	7.0	7.4
缺乏指导	7.8	4.7	7.1	6.8
缺乏场地设施	13.2	8.0	12.1	14.1
工作忙，缺少时间	21.8	21.5	32.7	24.6

(续)

	城镇（%）	农村（%）	男（%）	女（%）
家务忙，缺少时间	9.2	20.8	17.6	10.5
体力工作多，不用参加	3.4	15.9	7.8	11.8
惰性	4.9	7.5	15.9	6.7
没兴趣	1.4	9.1	6.8	6.1

根据上述表格，可以得出以下选项，除了哪项？
A. 家务过多成为影响男性不参加体育锻炼的第二大因素。
B. 无论城镇或农村，没兴趣都是影响人们不参加体育锻炼的最重要因素之一。
C. 惰性对女性不参加体育锻炼的影响小于对男性的影响。
D. 无论是城镇或农村，男或女，工作忙已成为影响人们不参加体育锻炼的第一大因素。
E. 工作忙对男性不参加体育锻炼的影响大于对女性的影响。

28. 左撇子的人比右撇子的人更经常患有免疫功能失调症，比如过敏。但是左撇子往往在完成由大脑右半球控制的任务上比右撇子具有优势，并且大多数人的数学推理能力都受到大脑右半球的强烈影响。
如果以上的信息正确，它最能支持下面哪项结论？
A. 大多数患有过敏或其他免疫功能失调症的人是左撇子而非右撇子。
B. 大多数左撇子的数学家患有某种过敏症。
C. 数学推理能力强于平均水平的人中，左撇子的人的比例，要高于数学推理能力弱于平均水平的人中的左撇子比例。
D. 如果一位左撇子患有过敏症，他很可能擅长数学。
E. 比起左撇子的人或者数学推理能力不寻常地好的人所占的比例来讲，患有过敏等免疫功能失调症的人的比例要高一些。

29~30题基于以下题干：
近期，世博会将在上海举行，其中服装贸易展区、智能装备展区、医疗器械及医疗保健展区、汽车展区、食品及农产品展区、高端装备展区、日用消费品展区、消费电子及家电展区这八个展区平均分布于"四叶草"展馆的东、南、西、北四个方位，已知：
（1）消费电子及家电展区不和日用消费品展区在一个方位，就和食品及农产品展区在一个方位。
（2）如果智能装备展区位于东部或者南部，那么北部不能设置汽车展区或者日用消费品展区。
（3）智能装备展区或医疗器械及医疗保健展区要设置在北部或者东部。
（4）服装贸易展区和汽车展区设置于北部。

29. 根据上述已知条件，以下哪项一定为真？
A. 日用消费品展区设置在南部。　　B. 日用消费品展区设置在东部。
C. 医疗器械及医疗保健展区设置在东部。　　D. 医疗器械及医疗保健展区设置在西部。
E. 食品及农产品展区设置在西部。

30. 根据上述已知条件，如果食品及农产品展区与医疗器械及医疗保健展区在一个方位，或者与高端装备展区在一个方位，则以下哪项一定为真？
A. 服装贸易展区设置在西部。　　B. 消费电子及家电展区设置在西部。
C. 高端装备展区设置在西部。　　D. 食品及农产品展区设置在北部。
E. 高端装备展区设置在南部。

逻辑模拟试卷（二十六）

建议测试时间：50-55 分钟　　实际测试时间（分钟）：_____　　得分：_____

本测试题共 30 小题，每小题 2 分，共 60 分，从下面每小题所列的 5 个备选答案中选取出一个，多选为错。

1. 专家：只有当一个物品的产权界定清晰，并且能够对它进行交易时，该物品的真正价值才能体现出来。我们说要保护农民的利益，如果连农民的最大利益是什么都搞不清楚，如何保护？农民有什么值钱的东西？就是那块宅基地。只有让宅基地的价值得到充分体现，才叫真正保护农民的利益。
   如果以上陈述为真，则以下哪项陈述必然为真？
   A. 要想真正保护农民的利益，就要允许对宅基地进行交易。
   B. 只要搞清楚了什么是农民的最大利益，就能保护农民的利益。
   C. 只要宅基地的产权界定清晰，并且能够对它进行交易，它的真正价值就能体现出来。
   D. 如果对宅基地进行交易，它的价值就能够得到充分体现。
   E. 如果让宅基地的价值得到充分体现，就能真正保护农民的利益。

2. 梳理现代企业管理 100 余年的历史会发现，对管理贡献最大的不是企业家，不是商学院，而是军队、军校。一方面，现代企业管理从军队管理中借鉴、汲取了许多营养；另一方面，现代企业管理中的许多方法与原则都直接取自军队。特别是两次世界大战后，军队的管理为现代企业组织管理提供了非常好的人员、实践和理论准备。
   以下哪项如果为真，最能支持上述结论？
   A. 军事化的管理原则和现代企业管理原则相一致。
   B. 军队高效，而管理理论的核心正是效率。
   C. 现代企业管理思想诞生于两次世界大战结束时期。
   D. 美国最优秀的"商学院"并非哈佛，而是西点军校。
   E. 现代企业管理的有些理念来源于企业和商学院。

3. 某侦查队长接到一项紧急任务，要他在代号为 A、B、C、D、E、F 六个队员中挑选若干人侦破一件案子，人选的配备要求必须注意下列各点：
   (1) A、B 两人中至少去一个人。　　(2) A、D 不能一起去。
   (3) A、E、F 三人中要派两人去。　　(4) B、C 两人都去或都不去。
   (5) C、D 两人中去一人。　　　　　(6) 若 D 不去，则 E 也不去。
   下面哪项符合题干中的人员配备要求？
   A. C、D、E 三个人去。　　B. E、F 两人去。　　C. B、D、F 三个人去。
   D. A、B、C、F 四个人去。　　E. 六个人都去。

4. 每年科学家们都要对聚集在主要繁殖地点的金蟾蜍数量进行统计。在过去 10 年里，科学家们每年都统计的地点的金蟾蜍数量从 1500 只降到 200 只。很明显，在过去的 10 年里，金蟾蜍的数量急剧下降了。
   下列哪一项如果为真，将使上文的结论能够适当地得出？
   A. 在过去的 10 年里，科学家们也对聚集在一些次要繁殖地点的金蟾蜍的数量进行了统计。
   B. 每年在主要繁殖地点聚集的金蟾蜍数量占所有金蟾蜍数量的比率是相同的。
   C. 在主要繁殖地点统计金蟾蜍数量的科学家们也研究其他种类的两栖动物的数量是否也下降了。
   D. 聚集在主要繁殖地点的金蟾蜍的数量占所有金蟾蜍数量的比率有时在每年之间会发生明显的变化。
   E. 一小部分金蟾蜍在某个次要繁殖地点繁殖出生后，在主要繁殖地点长大。

5. 某地开展企业结对扶贫创新活动，倡导企业家与贫困家庭互选，要求每户贫困家庭只能选 1 位企业家，而每位企业家只能在选他的贫困家庭中选择 1~2 户开展帮扶活动。现有企业家甲、乙、丙 3 人面对张、王、李、赵 4 户贫困家庭，已知：
   (1) 张、王 2 户至少有 1 户选择甲。
   (2) 王、李、赵 3 户中至少有 2 户选择乙。

· 163 ·

(3) 张、李 2 户中至少有 1 户选择丙。

事后得知，互选顺利完成，每户贫困家庭均按自己心愿选到了企业家，而每位企业家也按要求选到了贫困家庭。

根据以上信息，可以得出以下哪项？

A. 企业家甲选到了张户。
B. 企业家乙选到了赵户。
C. 企业家丙选到了李户。
D. 企业家甲选到了王户。
E. 企业家乙选到了王户。

6. 在 2017 年，波罗的海有很大比例的海豹死于病毒性疾病；然而在苏格兰的沿海一带，海豹由于病毒性疾病而死亡的比率大约是波罗的海的一半。波罗的海海豹血液内的污染性物质水平比苏格兰海豹的高得多。因为人们知道污染性物质能削弱海洋生哺乳动物对病毒感染的抵抗力，所以波罗的海中海豹的死亡率较高很可能是由于它们的血液中污染性物质的含量较高所致。

以下哪项如果为真，最能支持上述结论？

A. 绝大多数死亡的苏格兰海豹都是老的或不健康的海豹。
B. 波罗的海海域的气候和自然条件没有给海豹的生存带来明显不利。
C. 在波罗的海海豹的血液中发现的污染性物质的水平略有波动。
D. 在波罗的海发现的污染性物质种类与在苏格兰沿海水域发现的大相径庭。
E. 2017 年，在波罗的海内除了海豹之外的海洋生哺乳动物死于病毒性疾病的死亡率要比苏格兰海岸沿海水域的高得多。

7. 某大学将在赵、钱、孙、李、周、吴等 6 位同学中选拔几位参加全国大学生数学建模竞赛，通过一段时间的训练考察，老师们对 6 位同学形成如下共识：

(1) 不选拔赵。
(2) 钱和孙至少有一个不选。
(3) 如果选拔李，则不选拔周。
(4) 赵、钱、周至少有一个被选拔出来。
(5) 如果不选拔赵，则一定选拔李。
(6) 或者选拔孙，或者选拔吴。

根据以上信息，可以推出？

A. 选拔赵、钱、孙。
B. 选拔钱、孙、李。
C. 选拔孙、李、吴。
D. 选拔李、周、吴。
E. 选拔李、钱、吴。

8. 一个人智力的高低，百分之九十取决于他的思维能力，只有百分之十取决于他的知识拥有量。现代人虽然在知识的拥有量上已远远超过古人，但却还是达不到孔子和苏格拉底的智慧高度，原因就在这里。

如果上述断定为真，最能支持以下哪项结论？

A. 一个智力较高的人和另一个智力较低的人相比，其知识拥有量较少。
B. 现代人思维能力的增长幅度，低于知识拥有量的增长幅度。
C. 学习知识不利于提高一个人的智力。
D. 学习知识有利于提高一个人的思维能力。
E. 孔子和苏格拉底奠定了现代人知识的基础。

9. 心理学家观察一家大型商厦停车场时发现，当一辆车离开所占车位时，如果注意到有车在安静地等候，则离开的平均用时为 39 秒；如果等候进入的车不耐烦地按喇叭催促，则离开的平均用时为 51 秒；而如果没有车等候进入，则离开的平均用时为 25 秒。这说明，在停车场，车主对所使用的车位具有占有意识，越是意识到有其他车也要使用这一车位，这种占有意识越强。

以下哪项如果为真，最能削弱上述推理？

A. 当车主下意识认为自己拥有某个车位时，会不自主地想要保护自己的车位使用权。
B. 有的大型商厦停车场是免费的，有的则收费；后者更能使大多数驾车者对所使用的车位产生占有感。
C. 个别驾车者有不健康的恶作剧心理，越是发现有人要使用，特别是急于要使用自己将要离开的车位，越是故意放慢离开车位。
D. 当车辆在进入车位时，如果驾车者发现有其他车辆也想进入这一车位，则会明显缩短进入车位的时间。
E. 知道有人在等候使用自己将要离开的车位，会使大多数驾车者产生精神压力；这种压力越大，离开车位的操作越费时间。

10. 劳动节前，某宿舍的几人准备用3天时间去8个景点游玩，每天最多游玩3个景点。这8个景点是：故宫、长城、颐和园、圆明园、雍和宫、动物园、天坛、八奇洞。游玩时有如下要求：
    （1）故宫和天坛必须在同一天游玩；
    （2）若圆明园和雍和宫不在同一天游玩，则八奇洞和颐和园必须在同一天游玩
    （3）长城不能和颐和园在同一天游玩。
    如果长城和八奇洞在同一天游玩，则以下哪项不可能为真？
    A. 故宫和动物园在同一天游玩。 B. 颐和园和动物园在同一天游玩。
    C. 颐和园和圆明园在同一天游玩。 D. 颐和园和雍和宫在同一天游玩。
    E. 长城和动物园在同一天游玩。

11. 自城市化进程加速以来，人们大量占用可利用的耕地修建商品房及商业区，使得耕地面积急剧减少，导致了我国粮食储备一度降至警戒线上。如果要把可利用的农田面积控制在安全线以内，各地就要进行宏观调控，或者从源头上限制商业用地的使用，减少商业用地的占用比例；或者加强对现有耕地的保护，即通过科学种田把现有耕地的使用率提升至更高水平。
    如果上述断定都是真的，以下哪项也一定是真的？
    A. 如果从源头上限制商业用地的使用，就能避免粮食储备降至警戒线上。
    B. 如果通过科学种田加强对现有耕地的保护，就能避免粮食储备降至警戒线上。
    C. 如果各地既不从源头上限制商业用地的使用，又不加强对现有耕地的保护，就不能把可利用的农田面积控制在安全线以内。
    D. 如果各地从源头上限制商业用地的使用或通过科学种田加强对现有耕地的保护，就能把可利用的农田面积控制在安全线以内。
    E. 如果各地不从源头上限制商业用地的使用，或者加强对现有耕地的保护，就不能把可利用的农田面积控制在安全线以内。

12. 宝宝、贝贝、聪聪每人都有两个外号，每两个人的外号都不相同，人们会用"数学博士""短跑健将""跳高冠军""小画家""大作家"和"歌唱家"称呼他们，此外：
    （1）数学博士夸跳高冠军跳得高。
    （2）跳高冠军和大作家常常与宝宝一起看电影。
    （3）短跑健将请小画家画贺年卡。
    （4）数学博士和小画家关系很好。
    （5）贝贝向大作家借过书。
    （6）聪聪下象棋常常赢贝贝和小画家。
    则除了以下哪项外都一定为真？
    A. 宝宝的两个外号分别是小画家和歌唱家。 B. 贝贝的外号不是数学博士。
    C. 聪聪的两个外号并非是数学博士和小画家。 D. 宝宝的外号不是跳高冠军。
    E. 聪聪的外号是短跑健将。

13. 某医院为降低患者的误诊率，花巨资买了一批操作简单、精确度高的先进的辅助诊断设备，使用一年后，统计发现对患者的误诊率不但没有下降，反而有上升的趋势。
    以下哪项为真，最能对上述看来表面矛盾的现象做出解释？
    A. 该医院购买的辅助诊断设备存在严重质量问题。
    B. 医护人员对设备操作不熟练。
    C. 引进新设备后，医院门诊效率大大提高，前来就诊的患者增多。
    D. 医生过分依赖辅助设备检测出的结果，缺少一些必要的经验判断和会诊。
    E. 该医院所购买的这批辅助诊断设备并不是目前最好的。

14. 一个公司销售部正在组建互助工作小组，该部门共有李强、王亮、方圆、赵忠、贾义和郝仁6个人。一个工作小组必须至少由两个人组成，同时须满足以下条件：
    （1）如果有李强或贾义，则不能有郝仁；
    （2）有赵忠，必须有郝仁；
    （3）或者没有王亮，或者有贾义。

以下哪两个人不能在同一组？
A. 李强和王亮。
B. 李强和贾义。
C. 王亮和方圆。
D. 王亮和赵忠。
E. 方圆和郝仁。

15. 君子能亦好，不能亦好；小人能亦丑，不能亦丑。君子能，则宽容易直以开道人；不能，则恭敬缚绌以畏事人。小人能，则倨傲僻违以骄溢人；不能，则妒嫉怨诽以倾覆人。故曰：君子能，则人荣学焉；不能，则人乐告之。小人能，则人贱学焉；不能，则人羞告之。是君子、小人之分也。
根据上述陈述，能得出以下哪项？
A. 宽容易直以开道人，则非小人。
B. 君子不能，则人贱学焉。
C. 小人必然骄傲自大。
D. 人荣学焉，则小人能。
E. 人不乐告之，则宽容易直以开道人。

16~17 题基于以下题干：
参加某公司歌唱比赛的共有 7 个人。其中，3 个人力资源部员工：张强、刘军、马亮。3 个财务部员工：李军、赵敏、彭惠。1 个生产部员工：夏雨。每次只能一个人上场，7 个人上场的顺序必须符合下列条件：
（1）人力资源部员工不能连续上场，财务部员工也不能连续上场。
（2）除非第三个上场的是李军，否则彭惠不能在李军之前上场。
（3）彭惠必须在夏雨之前上场。
（4）马亮必须在张强之前上场，张强必须在赵敏之前上场。

16. 以下列出的是从第一到第七的上场顺序，哪项符合条件？
A. 彭惠、马亮、夏雨、李军、张强、赵敏、刘军。
B. 李军、马亮、夏雨、彭惠、张强、赵敏、刘军。
C. 刘军、彭惠、马亮、李军、夏雨、张强、赵敏。
D. 李军、马亮、彭惠、刘军、夏雨、张强、赵敏。
E. 马亮、李军、张强、刘军、彭惠、夏雨、赵敏。

17. 如果夏雨是第四个上场，以下哪项陈述必然为真？
A. 李军是第一个上场。
B. 马亮是第二个上场。
C. 李军是第三个上场。
D. 马亮是第三个上场。
E. 张强是第三个上场。

18. "中国市场这么大，欢迎大家都来看看。"第二届中国国际进口博览会日前圆满落幕。已知，"进博会"所展示的商品或者是具有地方特色的，或者是科技含量高的，所有科技含量高的商品均展示了国家的科技实力，但有些"进博会"所展示的商品并非展示了国家的科技实力。
根据以上陈述，可以得出以下哪项？
A. 有些"进博会"所展示的具有地方特色的商品科技含量并不高。
B. 具有地方特色的商品科技含量也很高。
C. 有些没有展示国家科技实力的商品同样具有地方特色。
D. 有些"进博会"所展示的商品尽管科技含量高但是不具有地方特色。
E. 展示国家科技实力的商品有些并非科技含量高。

19. 某学校最近进行的一项关于奖学金对学习效率促进作用的调查表明：获得奖学金的学生比那些没有获得奖学金的学生的学习效率平均要高出 25%。调查的内容包括自习的出勤率、完成作业所需要的时间、日阅读量等许多指标。这充分说明，奖学金对帮助学生提高学习效率的作用是很明显的。
以下哪项如果为真，最能削弱以上的论证？
A. 获得奖学金通常是因为那些同学有好的学习习惯和高的学习效率。
B. 获得奖学金的同学可以更容易改善学习环境来提高学习效率。
C. 学习效率低的同学通常学习时间长而缺少正常的休息。
D. 学习效率的高低与奖学金的多少的研究应当采用定量方法进行。
E. 没有获得奖学金的同学的学习压力重，很难提高学习效率。

20~21 题基于以下题干：
某节目一周内每天只安排 3 场演出。演出者从以下 9 位歌手中选择，其中赵、钱和孙 3 位流行歌手，李、陈和吴3位说唱歌手，郑、王和冯3位民谣歌手。在演出安排上需要满足以下条件：
（1）每天至少有1位流行歌手演出，每天至少有1位说唱歌手演出；
（2）一周中的任意一天，如果孙演出，则陈不能演出；
（3）一周中的任意一天，只有王演出，李才会演出；
（4）每位歌手一周内演出的次数不能超过3场。

20. 如果孙在周五、周六、周日连续演出三天，李在周一、周二、周三连续演出三天，而赵只在周四演出，则陈可以在哪几天演出？
    A. 仅在周二演出。　　　　　　　　　　　　B. 仅在周四演出。
    C. 仅在周一和周三演出。　　　　　　　　　D. 仅在周四和周五演出。
    E. 周一到周四的任意两天。

21. 如果每位说唱歌手都在一周内演出3场，则民谣歌手在这一周内最多可以演出多少天？
    A. 4。　　B. 5。　　C. 6。　　D. 7。　　E. 8。

22. 一些人类学家对现代的游牧社会进行了研究，目的是要弄明白曾经也是游牧者的我们的祖先。这种研究策略的缺陷在于游牧社会的变化很大。事实上，人类学家们所熟悉的任何游牧社会都已和现代非游牧社会进行了相当多的接触。
    下面哪项如果正确，会最严重地削弱以上对人类学家们的策略的批评？
    A. 所有历史上的游牧社会都有很多其他类型的社会所缺乏的重要的共同特征。
    B. 大多数古代游牧社会或者消失了，或者转向了另一种生活方式。
    C. 所有的人类学家都研究一种或另一种现代社会。
    D. 许多研究现代游牧社会的人类学家没有根据其研究对古代社会做出推论。
    E. 即使那些与现代社会没有显著联系的现代游牧社会也和古代社会有很大不同。

23. 洛杉矶这样的美国西部城市，几乎是和私人汽车业同步发展起来的，它的城市布局和风格明显带有相应的特点。由于有了私人汽车，住宅都散布在远离工作地点的地方；为了留出足够的停车空间，商业街的周边缺少林木绿化带。因此，如果私人汽车当初不发展，洛杉矶这样的城市会是另外一种完全不同的风貌。
    以下哪项对上述论证的评价最为恰当？
    A. 上述论证不恰当地假设：美国人可以接受没有私人汽车的生活。
    B. 上述论证不恰当地依据某个特例，轻率概括出一般性的结论。
    C. 上述论证不恰当地把某个结果归结为一个原因，并且仅仅归结为一个原因。
    D. 上述论证忽视了：当原因发生变化时，相应的结果也会发生变化。
    E. 上述论证忽视了：同一种原因，在不同的条件下可以产生不同的结果。

24~25题基于以下题干：
近日，某公司高层考虑在甲、乙、丙、丁、戊、己6人中选择优秀者负责督查长风、金鑫这两个子公司。最终，这两个子公司均由上述6人中的3人负责督查，且至少有1人要同时督查这两个子公司。已知：
（1）甲、丁分别督查不同的子公司。
（2）戊不会督查金鑫公司。
（3）乙、丙都不会同时督查两个子公司。
（4）如果丁负责督查某子公司，则戊也督查某子公司。

24. 根据以上信息，以下哪项一定为真？
    A. 甲负责督查长风公司。　　B. 乙负责督查长风公司。　　C. 丙负责督查长风公司。
    D. 丙负责督查金鑫公司。　　E. 戊负责督查长风公司。

25. 如果乙不负责督查任何子公司，则以下哪项一定为真？
    A. 甲负责督查长风公司。　　B. 丁负责督查金鑫公司。　　C. 丙负责督查长风公司。
    D. 戊负责督查金鑫公司。　　E. 己负责督查长风公司。

26. 葡萄干是鲜葡萄经阳光烘干制成的。在烘干过程中，鲜葡萄中的糖变为焦糖，此外，除了蒸发的水分外，没有失去，当然也没有增加任何东西。蒸发的水分中是不包含卡路里和任何营养素的。但令人费解的是，每卡路里鲜葡萄（即能产生一卡路里热量的鲜葡萄）中的铁元素含量，明显低于每卡路里葡萄干（即能产生一卡路里热量的葡萄干）。

以下哪项如果为真，最有助于解释上述看似费解的现象？

A. 葡萄有不同的品种，不同品种葡萄的卡路里和铁元素的平均含量不尽相同。
B. 焦糖不能被人消化，因此，其中的卡路里含量不计入葡萄干。
C. 鲜葡萄有较多的水分，这使得其中的铁和其他营养素较之葡萄干更容易被人体吸收。
D. 葡萄干的制作有不同的工艺。有的葡萄干商家宣称，他们的工艺能最大限度地减少鲜葡萄中卡路里和营养素的流失。
E. 葡萄干通常和含有铁元素的其他食物一起食用，而鲜葡萄通常是单独食用。

27. 如果甲作案，则乙肯定作案；只有丙不作案时，乙才作案。只有丁知道细节，甲才作案，而如果丁知道细节，则丙肯定作案。

如果以上为真，则以下哪一项一定是真的？

A. 甲作案，丙没有作案。
B. 甲没有作案，乙和丁都作案。
C. 甲、乙、丙是否作案都不能确定。
D. 甲没有作案，乙和丙不确定。
E. 甲作案，丁知道细节。

28. 人们在社会生活中常会面临选择，要么选择风险小、报酬低的机会；要么选择风险大、报酬高的机会。究竟是在个人决策的情况下富于冒险性，还是在群体决策的情况下富于冒险性？有研究表明，群体比个体更富有冒险精神，群体倾向于获利大但成功率小的行为。

以下哪项如果为真，最能支持上述研究结论？

A. 在群体进行决策时，人们往往会比个人决策时更倾向于向某一个极端偏斜，从而严重背离最佳决策。
B. 个体会将其意见与群体其他成员相互比较，因其想要被其他群体成员所接受及喜爱，所以个体往往会顺从群体的一般意见。
C. 在群体决策中，很可能出现以个体或子群体为主发表意见、进行决策的情况，使群体决策为个体或子群体所左右。
D. 群体决策有利于充分利用其成员不同的教育程度经验和背景，他们的广泛参与有利于提高决策的科学性。
E. 群体决策时的风险由所有人共同承担，很多人不想为自己的决策承担责任，往往会听从群体意见。

29~30题基于以下题干：

某公司最近准备开设分公司，公司高层决定让甲、乙、丙、丁、戊5人去外地考察，每人要从上海、深圳、香港、纽约、东京、伦敦这6座城市中选择某几座进行考察。已知每座城市都有2人选择，且每人都要选择其中的2~3座城市进行考察：

(1) 甲只在国内考察，乙国内外都去，但是国内与国外均只选了1座城市；
(2) 如果甲或者乙选择深圳，那么丙和丁均会选择纽约；
(3) 丙和戊喜欢结伴出行，他们选择的城市完全相同。

29. 根据上述条件，能够推出以下哪个选项一定为真？

A. 乙选择的城市有香港和纽约。
B. 甲选择的城市有上海和香港。
C. 丙选择的城市有深圳和伦敦。
D. 丁选择的城市有香港和东京。
E. 戊选择的城市有深圳和纽约。

30. 若公司高层又提出如下条件：除非丁选择深圳，否则乙选择香港和伦敦，那么以下哪项一定为真？

A. 丁选择的城市有上海。
B. 丙选择的城市有香港。
C. 丁选择的城市有纽约。
D. 戊选择的城市有上海。
E. 丙选择的城市有伦敦。